生物多样性优先保护丛书——大巴山系列

重庆金佛山国家级自然保护区生物多样性

邓洪平 等 著

科学出版社

北　京

内 容 简 介

金佛山保护区位于南川区东南部，地处渝、黔两省市交界处，距南川区城区约 16km，地理坐标为东经 107°00′～107°20′和北纬 28°50′～29°20′。金佛山地处中亚热带，是我国西南地区罕见的生物基因库，是同纬度喀斯特地区生物多样性最丰富的地区之一，濒危、特有、模式及孑遗物种保存较好且成片分布，如著名的银杉、珙桐、金佛山兰、白颊黑叶猴、金佛拟小鲵等，构成了罕见的生物多样性景观。本书以保护区多年科学考察成果为基础，分 11 章对保护区地质概况、地貌、气候、水文和土壤、植物多样性、动物多样性、植被类型及生态系统多样性、旅游资源、社区经济状况等做了全面的分析研究和评价。同时，辩证分析了保护区范围和功能区划分的合理性、主要保护对象管理的有效性等。

本书可为从事区域生物多样性研究、地质和环境保护研究、保护区管理以及科普教育的科学工作者提供参考。

图书在版编目（CIP）数据

重庆金佛山国家级自然保护区生物多样性/邓洪平等著. —北京：科学出版社，2019.4

（生物多样性优先保护丛书. 大巴山系列）

ISBN 978-7-03-060930-4

Ⅰ. ①重… Ⅱ. ①邓… Ⅲ. 自然保护区－生物多样性－研究－重庆市 Ⅳ. ①S759.992.719 ②Q16

中国版本图书馆 CIP 数据核字（2019）第 053851 号

责任编辑：冯 铂 刘 琳/责任校对：彭 映
责任印制：罗 科/封面设计：墨创文化

科 学 出 版 社 出版
北京东黄城根北街 16 号
邮政编码：100717
http://www.sciencep.com

成都锦瑞印刷有限责任公司 印刷
科学出版社发行 各地新华书店经销
*
2019 年 4 月第 一 版 开本：889×1194 1/16
2019 年 4 月第一次印刷 印张：23 1/4
字数：900 000
定价：108.00 元
（如有印装质量问题，我社负责调换）

《重庆金佛山国家级自然保护区生物多样性》著者名单

主　著：邓洪平

副主著：王志坚　陶建平　程　科　王　茜　张家辉

　　　　陈　锋　王军波　王　霞　梁琴

参与人：　谢嗣光　叶大进　李运婷　宗秀虹　王　鑫　张华雨

　　　　苏　岩　李九彬　甘小平　伍小刚　钱　凤　喻奉琼

　　　　汪　豪　曾彧莲　左有为　陈　森　党成强　曾嘉庆

　　　　文海军　郭　金　黄　琴　郭忠娣　詹素平　常　丽

　　　　熊俞淇　张劲松　焦　平　刘　钦　李丘霖　万海霞

　　　　蒋庆庆　瞿欢欢　顾　梨　倪东萍　何　松　程莅登

　　　　秦　余　林　乐　李满婷　夏常英　刘燕林　张雅婧

　　　　巴罗菊　杨　宇　唐吉耀　宁登豪　敖艳艳　杨　迎

　　　　胡　玲　熊　驰　张承伦　申　玲　孙　容　陈丽霞

　　　　马　琳　李树恒　王　馨

前　言

重庆金佛山国家级自然保护区（以下简称金佛山保护区）位于重庆市南川区境内，东邻重庆市武隆区、贵州省道真县，南与贵州省正安县、桐梓县接壤，西与重庆市綦江区相连，北依南川城区，界于东经 107°00′～107°20′、北纬 28°50′～29°20′，是四川盆地东南缘与云贵高原的过渡地带，属大娄山山脉东段，由金山、柏枝山、箐坝山、三元庙坝共四片 108 座山峰组成，海拔 650～2238m，2000 年批复国家级自然保护区总面积 41 850hm²，其中核心区 9324hm²，缓冲区 19 092hm²，实验区 13 434hm²。通过范围和功能区调整，金佛山保护区总面积为 40 597hm²。其中，核心区面积为 9870hm²；缓冲区面积为 11 113 hm²；实验区面积 19 614hm²。金佛山保护区为森林生态系统类型保护区，主要保护对象为亚热带森林生态系统、生物物种多样性和优美独特的自然景观。

金佛山保护区地处云贵高原与四川盆地过渡地带，生物物种丰富度高，保存了众多国家重点保护的古老、孑遗、特有、珍稀、濒危动植物种类，堪称"物种避难所"。金佛山保护区现有野生维管植物 210 科、1133 属、4016 种，其中，国家一级重点保护野生植物有银杉、红豆杉、珙桐等 6 种；国家一级保护野生植物有秦岭冷杉、巴山榧、连香树、野大豆等 23 种。有野生脊椎动物 465 种，其中有国家一级重点保护野生动物豹、云豹、林麝、金雕等 6 种；国家二级重点保护野生动物黄喉貂、黑熊、猕猴、鸢、赤腹鹰、普通鵟、红腹角雉、红腹锦鸡等 41 种。

丰富的珍稀、濒危动植物资源吸引着中外学者的关注。早在 19 世纪末，奥地利生物工作者罗斯•特恩，不远万里来到金佛山，采集了植物标本 2400 余种，于 1900～1901 年连续发表了植物新种 200 多个。随后，我国著名的植物学家方文培、曲桂龄、杨衔晋、耿伯介、熊济华、李国凤、陈心启、汪劲武、汤彦承、朱维明、俞德浚、傅立国等，从 20 世纪 20 年代起，先后对金佛山进行植物考察和标本采集，发表了 268 个植物新种并出版了专著。以后中国林科院宋朝枢、李建文等研究员，中科院洪德元、魏江春、袁道先等院士，李振宇、陈伟烈、傅德志、王印政、汪小全、谢宗强、马克平等研究员也先后对金佛山进行过考察，认为金佛山其野生生物资源是名副其实的"生物基因库"。

金佛山保护区是我国中亚热带常绿阔叶林森林生态系统保存完好的地区之一，也是野生珍稀濒危动植物富集的地区，具有古地理、古地质、古气候、古生物的历史研究价值和综合保护价值，在国内外学术界中极具影响力。世界自然基金会发起的"全球 200"项目以及《中国生物多样性保护行动计划》《中国生物多样性国情研究报告》等都已将该地区列入我国生物多样性保护的关键地区和优先、重点保护区域。

在重庆市生态功能区划中，金佛山保护区属于秦巴山地常绿阔叶-落叶林生态区，在生物多样性保护、水源涵养、水土保持方面发挥了重要的生态作用。金佛山保护区是长江中上游两大支流（乌江、綦江）主要水源地之一，其自然生态系统的稳定性对乌江和綦江流域乃至长江流域中下游地区的生态安全都产生着关键性影响。

为保护好金佛山保护区这一珍贵的天然生物基因库，原南川县人民政府于 1978 年向四川省人民政府提交了《关于建立金佛山保护区的报告》，四川省人民政府于 1979 年以川革函（1979）172 号文批准建立"四川省南川县金佛山保护区"，面积为 8660hm²。1994 年南川县人民政府《关于落实金佛山保护区面积区划的报告》，将自然保护区的面积扩大为 16 667hm²。1997 年重庆市直辖后，更名为"重庆市金佛山保护区"，金佛山保护区面积随之扩大为 41 850hm²。1999 年，重庆市人民政府和重庆市林业局向国家林业局申请建立"重庆金佛山国家级自然保护区"，国务院以国办发（2000）30 号文正式批准升级为"重庆金佛山国家级自然保护区"。在各级地方政府及主管部门的大力支持下，金佛山保护区管理部门与相关科研单位合作，开展了大量的科学考察工作，并取得了显著的成效。保护区自成立以来，经过保护区管理局工作人员的艰苦奋斗与不懈努力，在资源保护和本底调查等方面做了大量工作，为自然资源保护和自然保护区发展奠定了良好的基础。但由于保护区资金投入不足，基础设施建设滞后，保护管理技术手段相对落后，再加上部分规划区内有农户居住，人口数量较多，生产经营活动频繁，当地群众为了生存和发展，保护区内的生产经营活动无法停止，部分地段人为活动强烈，难以真正做到对保护区进行全面、科学、系统、有效的保护与管理，通过对保护区进行适度调整来解决保护区内、外的各类问题和矛盾，通过范围和功能区调整，金佛山保护区总面积为 40 597hm^2。

由于金佛山保护区面积大、生物资源丰富，限于人力、物力和财力等方面因素，还需进行深入的调查。同时，根据《中华人民共和国自然保护区条例》《中华人民共和国陆生野生动物保护实施条例》《中华人民共和国野生植物保护条例》相关规定，每 10 年应开展金佛山保护区的综合科学考察，而金佛山保护区最近一次科学考察至今已有 14 年。为及时掌握金佛山保护区内野生动植物资源的数量、质量、分布范围和生长、消亡的动态规律及其与自然环境和社区经济、人口等条件之间的关系，为制订和调整金佛山保护区相关政策，编制金佛山保护区发展规划，为管理与资源保护提供基础数据，实施有效保护管理，亟需再次进行综合科学考察。

为此，金佛山保护区管理局委托西南大学开展金佛山保护区生物多样性科学考察。本次考察时间为 2013～2017 年，一共 7 次。主要包括自然地理环境、植物多样性、动物多样性、生态系统、植被以及社区建设等方面的内容。在参照以往科考资料的基础上，重点整理分析本次科考数据，编写了本报告。本次科学考察取得了如下成果：①开展了系统、全面、持续的生物多样性科学考察，包括大型真菌、维管植物、生态学、昆虫、鱼类、两栖爬行类、鸟类、兽类等专业方向，涉及内容全面；科考队伍由这些学科专业的技术骨干和专业人员组成，队伍达 30 余人；科学考察持续 5 年，历时较长，科考范围以核心区重点保护对象为主，涵盖了各种代表性生境；②采集制作了 2000 个植物物种、达 8000 份腊叶标本，完成了标本的数字化查询系统；③在 2000 年科考金佛山报告的基础上，新发现昆虫 1 目 14 科 442 种，脊椎动物 46 种，增加了金佛山保护区物种记录；④根据最新的动植物分类系统，整理出金佛山保护区物种资源名录，进一步摸清了金佛山保护区物种资源本底，为有效保护亚热带森林生态系统、丰富的生物资源提供了基础数据，为金佛山保护区有效的管理和保护提供了理论依据。

在考察过程中，得到了重庆市林业局、重庆市环境保护局、重庆市南川区人民政府、重庆市南川区金佛山管理委员会的大力支持，尤其是金佛山保护区管理局的配合和帮助。他们不仅提供金佛山保护区相关信息，而且陪同野外考察，给予了大力的支持，在此表示感谢。

金佛山保护区生物资源非常丰富，本书在编制的过程中部分资料、照片由重庆市南川区相关单位提供，在此深表感谢。本书的物种名录根据最新分类系统编制，与《重庆金佛山生物资源名录》有出入。限于时间和业务水平，不足之处，在所难免，敬请批评指正。

作　者

2017 年 11 月

目　　录

第1章 自然地理概况

1.1 地 理 位 置

金佛山保护区位于南川区东南部，地处渝、黔两省市交界处，距南川区城区约 16km，地理坐标为东经 107°00′~107°20′，北纬 28°50′~29°20′。金佛山保护区范围东起鱼泉乡的三元，西至金山镇的娄家林，南起德隆乡的华林村，北至水江镇的乐村林场，涉及南川区林木良种场、南川区乐村林场、南川区金佛山林场管理范围和南城街道办事处、南平镇、金山镇、头渡镇、德隆乡、合溪镇、大有镇、三泉镇、鱼泉乡的行政管辖范围。

1.2 地质与地貌

1.2.1 地质

金佛山保护区在古生代是海洋的一部分，经过中生代燕山造山运动而形成。其后又受到喜马拉雅造山运动的几度抬升和伴随产生的断裂与陷裂，以及受长时期的侵蚀、冲刷、溶蚀逐渐演化而发育成目前的地貌。金佛山保护区属新华夏构造体系，地质构造主要展布为北北东、南北、北北西及部分弧形构造线，尤以北北东向构造线最为显著，并占有极大优势。骨干褶皱构造自西北向东南发展，依次有石溪向斜、龙骨溪背斜和金山向斜。龙骨溪背斜从西南至东北横贯金佛山保护区，支撑着整个地质构造。整个背斜由寒武系、奥陶系、志留系地层组成。在此背斜东南的金山向斜自成段落倒置山。向斜与背斜近于平行延伸，向斜轴线扭摆多弯曲，独立高点多，金佛山主峰正好是在向斜的轴部，向斜南端于湾塘一带志留系地层扬起，向北东至马咀附近消失，向斜轴部最新岩层为三叠系灰岩，两翼分别为二叠系灰岩及志留系页岩。

1.2.2 地貌

金佛山保护区属川东南褶皱地带，为大娄山山脉北端的最高峰，其地形地貌兼具四川盆地与云贵高原两地的特点，有典型的石灰岩喀斯特地貌。由于地表形态特征、岩溶性及新构造运动的差异性，构成了低山峡谷、中山台地两大地貌。山地占98.78%，是多山地形。地势高，切割强烈、多陡岩和峡谷，地形的层次性明显，岩溶发育，多溶洞，山体的海拔多在 1400m 以上。中山台地周围有梯级断层悬崖，上层由栖霞组灰岩构成了较大面积的缓坡与平台，北坡陡峭，沟谷深切，南坡较为平缓，少深沟峡谷。金佛山保护区两大地貌的分布区域是：

（1）中山台地：主要分布在金山、柏枝山、箐坝山等海拔 1000m 以上，相对高差 500~1000m 的地带。山脉展布方向大多与构造线一致，地层成层性明显，每层均有剥离面。

（2）低山狭谷：主要分布在龙骨溪背斜和金佛山向斜两翼，海拔 800~1200m，相对高差 500m 以上地带，由寒武系、奥陶系和志留系岩层组成，经风化溶蚀和金佛山水系冲刷，形成深沟狭谷地貌。向斜东翼岩层平缓，侵蚀作用强烈，多为深切地形。

1.3 气候类型与特征

金佛山保护区属亚热带湿润季风气候区，气候温和，雨量充沛，四季分明，具明显的季风气候特点，受西太平洋季风气候的影响，加上金佛山山体复杂，纵横交错，各种复杂地形和垂直高度的变化突出，对光、热、水资源起到了阻滞和再分配作用，是形成亚热带常绿阔叶林、落叶阔叶林的重要条件，也是形成该区生物资源丰富的主要因素。

根据位于海拔 1905.9m 的金佛山保护区气象站记录数据，金佛山保护区年均气温 8.3℃，年极端最高气温 29.2℃，出现在 7 月；年极端最低气温-14.4℃，出现在 1 月。多年的年平均日照 1173h，大于等于 10℃的积温 2185℃；年平均降水量 1431mm，年均有雨日 236 天，有雾日 263 天，年太阳总辐射量为 $3.31×10^5J/cm^2$，相对湿度 90%。有气温偏低、春迟少雨、盛夏不暑、冬早绵雨、隆冬严寒、雨量充沛、湿度较大的特点。

1.4　水系与水文

金佛山保护区内水系发达，溪流众多，呈树枝状遍布于区域内的腹心地带，大体上由中间向四周发散；主要河流有 26 条，其中集雨面积在 $100km^2$ 以上的 12 条，$100～50km^2$ 的 9 条，$50～20km^2$ 的 5 条，平均径流量 $57.053m^3/s$，年总水量为 16.6 亿 m^3，河流总长 506km，天然落差共 8901m，理论水能蕴藏量为 137119kW。地表水以河流、水库等形式分布。

金佛山保护区内河流水质达到国家 I 级地面水标准。

1.5　土壤与植被

1.5.1　土壤

金佛山保护区内土壤因受地质因素和生物气候因素的相互作用，具有地带性和地域性分布和明显的垂直带谱的特征。区内基本是山地黄壤和黄棕壤两类土壤，峡谷低洼处，有水稻土分布。

金佛山保护区土壤垂直分布带谱明显。海拔 580～1200m 为山地黄壤，海拔 1200～1700m 为山地暗黄壤，海拔 1700m 以上为山地黄棕壤，山间沟谷有粗骨性黄泥和少量的山地草甸土分布。其特点：一是地带性分布明显；二是有利于有机质积累，但腐殖分解缓慢；三是普遍存在黏化和淋溶淀积现象。土地有机质含量均在 1%～4%，全氮含量平均在 0.05%～0.25%。全磷含量 0.14%，速效钾含量均为 0.097%，pH 为 5.6～6.4。

1.5.2　植被

金佛山保护区地处中亚热带湿润季风气候区，森林覆盖率达 85%，有大面积的原始森林，蕴含着多种生态系统及其景观，从一定程度上反映出中国-日本森林植被区系向中国-喜马拉雅植物区系过渡地区中亚热带森林生态系统的天然本底。

金佛山保护区森林植被区系组成十分复杂，群落繁多，垂直分布明显。为此，根据不同的海拔和植物种类出现的差异，将其植被划分为四个垂直带，即山脚沟谷偏湿性常绿阔叶林带，浅丘偏暖性针叶林带，山腰偏暖性针阔混交林带，山顶落叶、常绿阔叶与竹类偏寒湿林带。按照《中国植被》的分类系统，金佛山保护区现已知有 11 个植被型、38 个群系组、53 个群系。

1.6　灾害性因子

金佛山保护区主要灾害性因子为冰雪、霜冻、火灾等。

第2章 调查内容和方法

2.1 调查内容

2.1.1 植物物种多样性调查

（1）金佛山保护区内各种生境中的大型真菌和维管植物的种类、分布、区系组成及特点分析。

（2）珍稀濒危、重点保护、模式植物及特有植物的种类、分布及保护现状。

（3）资源植物的种类、分布、利用现状及保护措施。

2.1.2 植被调查

样地概况：地理位置（包括地理名称、经纬度、海拔和部位等）、坡形、坡度、坡向；土壤类型、枯枝落叶层厚度、活地被层（苔藓层）厚度等生境特征；群落的名称、群落外貌特征和郁闭度等。

乔木层：高度大于5m的木本，进行每木检测，记录植物种名、高度（m）、胸径（围）（cm）、枝下高（m）及冠幅等。

灌木层：高度小于5m的木本植物及乔木树种的幼树，采用分株（丛）调查，记录种名、株（丛）数、盖度（冠幅）、高度（m）等。

草本层：草本植物，测定记录所有种类的种名、平均高度（m）和盖度（%）等。

除了线路调查和样地调查外，对区域内的植被还进行野外植被图初步勾绘工作，勾绘方法采取以对坡勾绘为主，线路调查标注为辅的方法，初步勾绘出植被的类型、分布范围和界限，经计算机处理完成金佛山保护区域植被类型图。

2.1.3 动物物种多样性调查

1. 昆虫

调查金佛山保护区内昆虫物种种类、数量、分布、习性、生境状况以及国家重点保护昆虫、特有昆虫、珍稀濒危昆虫、资源昆虫情况。

2. 脊椎动物

调查金佛山保护区内野生脊椎动物的物种种类、数量、分布、习性、生境状况以及国家重点保护动物、重庆市级重点保护动物、特有动物、珍稀濒危动物情况。

2.1.4 社会经济调查

社会经济与生态旅游，重点对社区共管和社区共管协同增效以及存在的主要问题做分析评价。

2.2 调查方法

2.2.1 植物物种多样性调查方法

1. 大型真菌调查方法

调查采用踏查、样地调查和访谈相结合的方法，对金佛山保护区的主要大型真菌进行了调查和标本采集，对采集的标本依据标本的彩色照片及形态学特征、生态分布及生活习性，结合制作孢子印、孢子的显微观察等方法分类。

采用了近代真菌学家普遍承认的 *Dictionary of the Fungi*（第十版）的分类系统，编制金佛山保护区主要大型真菌名录，部分种类根据传统的分类习惯做了少许修正。在此基础上，对金佛山保护区大型真菌的经济价值及其生态习性等进行统计分析。

2. 维管植物调查方法

本次调查采用了野外实地调查与资料收集相结合的方法。野外实地调查采取以线路调查法、样方调查法为主，辅以问询法进行现场观察与记录。金佛山保护区植物种类的调查仅调查维管束植物，即蕨类植物和种子植物（包括裸子植物和被子植物）。详细记录金佛山保护区内分布的植物种类。对现场能确认物种的，记录种名、分布的海拔、生境和盖度等。对现场不能准确确定的物种，采集标本，根据《中国植物志》《四川植物志》《重庆维管植物检索表》《重庆金佛山生物资源名录》等专著对其进行鉴定。最后，将样地内出现的物种与样地外沿途记录的物种汇总，得到金佛山保护区的植物名录。

珍稀濒危及保护植物，参照 1999 年《国家重点保护野生植物名录第一批》［国家林业局，农业部令（4号）］、《IUCN 物种红色名录》（2015）《重庆市重点保护野生植物名录（第一批）》（渝府发〔2015〕7 号）、《中国植物红皮书》（第一册，1992）、《濒危野生动植物种国际贸易公约》（CITES，2011）相关规定。

2.2.2　植被调查方法

1. 调查地点的选取原则

根据项目组前期工作基础及对金佛山保护区植被分布状况的初步了解，确定具体的调查地点。对于一般地域采取线路调查，对植被人为破坏较少的地域进行详细调查，调查时兼顾植物的垂直分布。样线选择以经过地海拔落差尽量大，植被破坏程度尽量小，植物多样性尽量丰富为标准；样线遍及整个金佛山保护区，样线间生态环境各具特色，以期全面反映金佛山保护区的植被特点。

2. 标本鉴定与植被类型划分依据

标本鉴定参考书：以《中国植物志》《四川植物志》为主，同时参考《中国树木志》《中国高等植物》《中国高等植物图鉴》《湖北植物志》等。

根据《中国植被》以及《四川植被》来划分植被类型。

3. 陆生植被调查与分析方法

将金佛山保护区植物物种多样性和植被的调查结合起来进行。植物区系调查包括物种的识别、统计、鉴定等。植被调查方法主要采用线路调查法和样地调查法相结合的方式进行，对典型生境中具有代表性的植被类型及垂直带上的主要植被类型采用样地调查法。

线路调查：根据金佛山保护区的地形地貌特点，分别设置水平样线和垂直样线。水平样线的线路调查内容包括记录金佛山保护区内生境，典型植被类型和人为干扰现状，记录方式有现场调查、咨询记录、数码拍摄记录等。同时通过沿线踏查选择合适的垂直样线，并为样地调查提供参考。垂直样线分别以三岔口、黄泥垭、小河、德隆等为起点，或顺着山坡垂直向上，或行至山顶垂直下行，并沿线记录植被类型的变化，同时选择典型的群落样地，进行样地调查。

样地调查：在垂直样线的线路调查基础上，根据地形、海拔、坡向、坡位、地质、土壤，以及植物群落的形态结构和主要组成成分的特点，采取典型选样的方式设置样地。

样方设置：根据不同植被类型，采用种-面积的方法确定调查面积，并运用相邻格子法和十字分割法对金佛山保护区的森林群落、灌丛群落、草本群落及竹林分别进行典型样方取样，具体方法主要分为以下几种。

森林群落：含常绿阔叶林、常绿落叶阔叶混交林、落叶阔叶林、针叶阔叶混交林、针叶林等森林群落类型，常绿阔叶林、常绿落叶阔叶混交林样方面积设置为 20m×20m，其他森林群落类型的样方面积设置为 10m×10m，又分别划分出 1 个 5m×5m 的灌木层小样方作灌木层物种调查，在每个灌木层样方内，设置 2 个 2m×2m 的草本层小样方作草本物种调查。

灌丛群落：样方面积统一设置为 10m×10m，每个样方采用十字分割法等分成 4 个 5m×5m 的样方作为灌木层多样性调查小样方，同时在每个小样方中划分出 2 个 2m×2m 的草本层小样方作草本物种调查。

草本群落：样方面积统一设置为 2m×2m，同样采用十字分割法等分成 4 个 1m×1m 的样方作为多样性调查。

竹林：对于金佛山保护区的竹林，样方面积均设置为 10m×10m，采用十字分割法等分成 4 个 5m×5m 的样方调查竹子及其他灌木、草本植物。

2.2.3　动物物种多样性调查方法

1. 昆虫调查方法

昆虫调查主要是采用野外直接网捕和诱虫灯诱集相结合的方法。将所采标本杀死后，带回实验室整理并初步鉴定，再分送国内有关的专家，作进一步鉴定，除少数种类鉴定到属外（标本不完整、仅有雌性标本或仅有幼体），绝大多数种类鉴定到种。

2. 脊椎动物调查方法

鱼类：自己捕获所得，包括用网捕、适当电捕等。如在个别地段水流不太急、地势平缓的地方还使用手网捕鱼。访问当地农民和管理局职工，获得鱼类的种类组成情况。

两栖爬行类：根据两栖爬行类的生活习性，主要选择在溪流、水塘、草丛、灌丛、乱石堆、洞穴等环境下采用样方法进行调查，同时采集不同生活史阶段的动物进行后期的鉴定。

鸟类：主要采用样线法完成，调查时观察记录所见鸟类种类、数量以及痕迹，对鸟类的数量等级采用路线统计法进行常规统计，一些未在调查中所见种则依据有关文献判断。

兽类：大中型兽类主要通过走访评价区范围内及其周边附近的村民，对照动物图鉴向他们核实曾经所见动物种类、数量、时间、地点等信息。同时也采用样线法沿途观察，样线布置与鸟类调查样线一致，根据观察到的兽类足迹、粪便以及兽类实体等判断种类；小型兽类采用铗夜法进行调查。针对数量稀少、活动规律特殊、在野外很难见到其踪迹或活动痕迹的物种，如黑熊（*Selenarctos thibetanus*）、野猪（*Sus scrofa*）、小麂（*Muntiacus reevesi*）等，采用红外线自动数码照相法。在调查地点布设自动数码照相机，选择在目标动物经常行走的小道以及野生动物水源地附近安装相机；对每一台相机进行编号，每台相机对应一本专用记录本，记录相应信息。根据照相机记录的信息确定动物的种类、数量和分布等。并记录相机安放位置的生境状况。

2.2.4　社会经济调查方法

采用 PRA 评估法（probabilistic risk assessment，概率风险评估），主要调查金佛山保护区内人口、民族、收入、产业结构等。重点调查金佛山保护区范围内社区现有经济活动及与金佛山保护区的关系。

2.3　调　查　时　间

西南大学考察组于 2013～2017 年，先后对金佛山保护区进行了 7 次野外考察。

2.4　调　查　路　线

调查路线涉及金佛山保护区的实验区、缓冲区和核心区各个区域，各种生态环境，各种海拔梯度，兼顾均匀性和重要性布设原则。重点对植被覆盖率较高、保存完好、珍稀濒危保护动植物较丰富的区域进行调查。

第3章 植物物种多样性

3.1 植物区系

3.1.1 大型真菌

1. 大型真菌的组成与数量

金佛山保护区内较充沛的降水使得区内林木繁茂,枯枝落叶层及土壤腐殖质肥厚,树种繁多且根系复杂,为大型真菌的繁衍提供了优越条件。而大型真菌在长期的系统发育和演变过程中,与外界的生态环境相互作用、制约,也形成了相对稳定的种类,使得大型真菌成为衡量该地区生物多样性丰富度的一个重要指标。

通过调查、鉴定及统计分析,金佛山保护区的大型真菌种类有 146 种,隶属于 2 门 17 目 53 科 97 属。其中子囊菌门 5 目 12 科 16 属 19 种,占总种数的 13.01%;担子菌门 12 目 41 科 81 属 127 种,占总种数的 86.99%(物种名录见附表 1.1)。

2. 大型真菌的生态类型

通过分析大型真菌获得营养的方式和生长基质或寄主的类型,可有效地反映大型真菌的生态类型。调查结果显示,金佛山保护区 146 种大型真菌中,木生真菌(包括生于木材、树木、枯枝、落叶、腐草等基质上的腐生真菌)所占比例最大,有 65 种,占总数的 44.52%;寄生真菌 2 种,即虫草属辛克莱虫草(*Cordyceps kobayasii*)和线虫草属蜂头虫草(*Ophiocordyceps sphecocephala*);生长于土壤的大型真菌有 79 种,占总数的 54.11%,其中有的是粪土生大型真菌,如粪缘刺盘菌(*Cheilymenia fimicola*),有的是外生菌根菌,主要是牛肝菌科(Boletaceae)、乳牛肝菌科(Suillaceae)、鹅膏菌科(Amanitaceae)和红菇科(Russulaceae)等的一些种类。

3. 优势科属分析

金佛山保护区内大型真菌的优势科(种数≥5 种)有 8 科,种类最多的科是伞菌科和多孔菌科,分别有 14 种,各占全部种类的 9.59%;第三大科是小皮伞科,共有 9 种,占全部种类的 6.17%;其余依次是红菇科、鹅膏菌科、木耳科(Auriculariaceae)、牛肝菌科和脆柄菇科(Psathyrellaceae)。该 8 科仅占总科数的 15.09%,所包含种数达 67 种,占整个金佛山保护区大型真菌总种数的 45.89%。可以看出,金佛山保护区大型真菌优势科明显(表 3-1)。

表 3-1 金佛山保护区大型真菌优势科(≥5 种)的统计

科名	种数	占总数的比例/%
伞菌科 Agaricaceae	14	9.59
多孔菌科 Polyporaceae	14	9.59
小皮伞科 Marasmiaceae	9	6.17
红菇科 Russulaceae	7	4.79
鹅膏菌科 Amanitaceae	6	4.11
木耳科 Auriculariaceae	6	4.11
牛肝菌科 Boletaceae	6	4.11
脆柄菇科 Psathyrellaceae	5	3.42
合计	67	45.89

金佛山保护区大型真菌共有 97 属，其中子囊菌有 16 属，担子菌有 81 属。据统计，优势属（种数≥3 种）有鹅膏菌属（*Amanita*）、皮伞属（*Marasmius*）、红菇属（*Russula*）、鬼伞属（*Coprinus*）、马勃属（*Lycoperdon*）、木耳属（*Auricularia*）、多孔菌属（*Polyporus*）等 10 个属，均为世界分布属，这 10 个属仅占总属数的 10.31%，含有大型真菌 42 种，占总种数的 28.71%；含 2 种的属有 17 个属，占总数属的 17.53%，含有大型真菌 34 种，占总种数的 23.29%；仅含 1 种的属有 70 属，占总属数的 72.16%，占总种数的 47.94%，其中裂褶菌属（*Schizophyllum*）为单种属（表 3-2）。

表 3-2 金佛山保护区大型真菌优势属（≥3 种）的统计

科名	种数	占总数的比例/%
鹅膏菌属 *Amanita*	6	4.11
皮伞属 *Marasmius*	6	4.11
红菇属 *Russula*	5	3.42
鬼伞属 *Coprinus*	4	2.73
马勃属 *Lycoperdon*	4	2.73
木耳属 *Auricularia*	4	2.73
多孔菌属 *Polyporus*	4	2.73
伞菌属 *Agaricus*	3	2.05
小鬼伞属 *Coprinellus*	3	2.05
枝瑚菌属 *Ramaria*	3	2.05
合计	42	28.71

4. 区系成分

从科的地理分布型上看，金佛山保护区仅有虫草科（Cordycipitaceae）、灵芝科（Ganodermataceae）等少数科为热带亚热带成分，齿菌科（Hydnaceae）为东亚-北美分布型，其余的科均为世界分布科或北温带分布科，缺少特有科的分布。同时由于目前人们对真菌的科的概念和范围划分上没有统一的标准，而且科级的分类单位比较适合于讨论大面积的生物区系特点，所以科的分布型很难体现出金佛山的真菌区系特点。因此，本部分将只重点讨论属的区系特征。

1）广布成分

广布成分指广泛分布于世界各大洲而没有特殊分布中心的属。在金佛山保护区 94 属中，子囊菌有：*Cheilymenia*、*Cordyceps*、*Daldinia*、*Dicephalospora*、*Peziza*、*Xylaria*；担子菌有：*Agaricus*、*Amanita*、*Armillaria*、*Auricularia*、*Auriscalpium*、*Boletellus*、*Calocera*、*Calvatia*、*Cantharellus*、*Clavaria*、*Coltricia*、*Conocybe*、*Coprinellus*、*Coprinus*、*Crucibulum*、*Cycloporus*、*Dacrymyces*、*Exidia*、*Geastrum*、*Gymnopilus*、*Gymnopus*、*Hexagonia*、*Hydnum*、*Hyphodontia*、*Laccaria*、*Laetiporus*、*Lepista*、*Lopharia*、*Lycoperdon*、*Marasmius*、*Microporus*、*Mycena*、*Naematoloma*、*Nigroporus*、*Panellus*、*Phallus*、*Phellinus*、*Phylloporus*、*Pleurotus*、*Polyporus*、*Psathyrella*、*Pseudohydnum*、*Pulveroboletus*、*Pycnoporus*、*Ramaria*、*Repidotas*、*Russula*、*Schizophyllum*、*Scleroderma*、*Serpula*、*Stereum*、*Strobilomyces*、*Stropharia*、*Tapinella*、*Trametes*、*Tremella*、*Tyromyces*、*Xerocomus*、*Xylobolus*；共计 65 属，占总属数的 67.01%。

2）泛热带成分

泛热带成分指分布于东、西两半球热带或可达亚热带至温带，但分布中心仍在热带的属。此成分在金佛山保护区内有 16 属，共占总属数 16.49%；子囊菌有 *Ophiocordyceps*、*Scorias*，其余 14 属为担子菌类，包括：*Campanella*、*Dictyophora*、*Ganoderma*、*Guepinia*、*Hymenochaete*、*Lacrymaria*、*Lentinus*、*Leucocoprinus*、*Lysurus*、*Mutinus*、*Oudemansiella*、*Rhodophyllus*、*Termitomyces*、*Trichaptum*。

3）北温带成分

北温带成分指广泛分布于北半球（欧亚大陆及北美）温带地区的属，个别种类可以到达南温带、但其分布中心仍在北温带的属。此成分在金佛山保护区内有 16 属，占 16.49%。包括：*Aleuria*、*Helvella*、*Morchella*、*Rhizina*、*Sarcoscypha*、*Sarcosphaera*、*Scutellinia*、*Spathularia*、*Bjerkandera*、*Fistulina*、*Flammulina*、*Favolaschia*、*Hygrophorus*、*Lactarius*、*Panus*、*Suillus*。

从以上分析可以看出，金佛山保护区大型真菌属是以广布成分为主；除广布成分外，金佛山大型真菌泛热带成分属和北温带成分差不多，这与金佛山保护区地处亚热带地区是相一致的，同时也显示出金佛山保护区大型真菌的分布具备从亚热带向北温带过渡的区系特征。

大型真菌区系的地理成分主要是按照属或种的分布类型来划分的；但由于目前对各属、种的现代分布区未必知道得很清楚，所以地理成分分析的准确性只能说是相对的。以上分析仅是作者根据现有文献资料进行初步分析和研究的结果，难免有不足之处。但随着有关研究的不断开展和研究资料的积累，金佛山保护区大型真菌区系研究将得到不断的修正和深化。

5. 资源植物

根据大型经济真菌的利用价值，将金佛山保护区内各种大型真菌的资源类型简略分为 4 大类：食用大型真菌、药用大型真菌、有毒大型真菌和腐生大型真菌；除此之外，还有一些用途不明的种类。这几类大型真菌之间的界限不是绝对的，有的食用菌和有毒菌也兼具药用价值或是木腐作用（分解作用）。

1）食用大型真菌资源

食用大型真菌是具有肉质或胶质的子实体，并具有食用价值的大型真菌类群。根据文献资料进行初步统计，金佛山保护区内有食用大型真菌 49 种。当地采食的美味食用菌有羊肚菌（*Morehella esculenta*）、松乳菇（*Lactarius deliciosus*）、美味红菇（大白菇）（*Russula delica*）、糙皮侧耳（*Pleurotus ostreatus*）、木耳（*Auricularia auricula-judae*）以及牛肝菌科和乳牛肝菌科的一些种类；头状秃马勃（*Calvatia craniiformis*）、网纹马勃（*Lycoperdon perlatum*）、长柄梨形马勃（*Lpyriforme* var. *excipuliforme*）等大型真菌幼嫩子实体也可食用，但基本没人采食；脆珊瑚菌（*Clavaria fragilis*）、红蜡蘑（*Laccaria laccata*）以及小菇属（*Mycena*）的菌类体积相对其他菌类弱小，虽然具有一定的食用价值，但因难于采集作为食材；而一些菌类，如花脸香蘑（*Lepista sordida*）、毛木耳（*A. polytricha*）和毛柄金钱菌（*Flammulina velutipes*）等因外形、色彩等较奇特，虽然美味却无人采食。银白木耳（*A. polytricha* var. *argentea*）是当地群众售卖较多的一种食用菌。

2）药用大型真菌资源

广义的药用菌指一切可用于制药的真菌种类。根据文献资料进行初步统计（截至 2017 年 12 月），金佛山保护区内有药用价值的大型真菌 42 种。已经开发用于临床治疗和保健的大型真菌种类有灵芝（*Ganoderma lucidum*）、云芝栓孔菌（*Trametes versicolor*）、裂褶菌（白参）（*Schizophyllum commne*）等；马勃属（*Lycoperdon*）的小马勃（*L. pusillum*）、长柄梨形马勃（*L. pyriforme* var. *excipuliforme*）等报道有抗癌作用和抑菌作用等；此外，金佛山保护区内分布较为广泛的药用大型真菌资源还有红鬼笔（*Phallus rubicundus*）、胶质刺银耳（*Pseudohydnum gelatinosum*）、橙黄硬皮马勃（*Scleroderma citrinum*）、裂蹄木层孔菌（*Phellinus linteus*）等；有的真菌兼具食用和药用价值，如木耳（*Auricularia auricula-judae*）等。

3）有毒大型真菌资源

有毒大型真菌，即通常所说的毒蘑菇，是指能引起人和动物产生中毒反应甚至死亡的大型真菌。金佛山保护区内明确记载有毒性的大型真菌 9 种。鹅膏菌属（*Amanita*）一般有毒，如豹斑毒鹅膏菌（*A. pantherina*）含有与毒蝇鹅膏菌相似的毒素及豹斑毒伞素等毒素；此外，绿褐裸伞（*Gymnopilus aeruginosus*）、毒红菇（*Russula emetica*）等有毒大型真菌分布也较多，但因色彩艳丽或气味难闻，一般无人采食；黑胶耳（*Exidia glandulosa*）因具有和木耳类相似的子实体，应提防误采误食而导致中毒。一些牛肝菌类在加工熟透后可以放心食用。有的真菌，如橙黄硬皮马勃虽含有微毒，但兼具食用和药用价值，子实体在幼时可食用，其孢子粉具有消炎作用。

4）腐生大型真菌资源

木腐真菌是腐生大型真菌资源中的一类重要组成部分，包括多孔菌科的所有种类在内的木腐菌类，具有或强或弱的木材分解能力，能够分解金佛山保护区内的枯木、朽木，对维持金佛山保护区的生态平衡具有重要的作用；但同时也要防止裂褶菌等木腐菌对活立木造成的损失。

除了上述类群外，金佛山保护区内的一些共生真菌，如牛肝菌科、红菇科的一些种类作为菌根菌，对于森林繁衍具有重要作用；蜜环菌属（*Armillaria*）真菌对于野生天麻资源的可持续利用具有重要的意义。

3.1.2　维管植物

1. 维管植物区系组成

金佛山保护区地处中亚热带，植物区系属泛北极植物区，中国-日本森林植物亚区中的华中地区，为中国-日本森林植物区系和中国-喜马拉雅森林植物区系的交汇区，各种地理成分联系广泛，植物区系地理成分复杂。植物种类非常丰富，是同纬度喀斯特地区最丰富的地区之一。早在 19 世纪末，奥地利生物工作者罗斯·特恩，不远万里、历尽艰辛来到金佛山采集植物标本并发表植物新种。20 世纪 20 年代起，我国著名的植物学家秦仁昌、方文培、曲桂龄、杨衔晋等先后进行金佛山植物考察和标本采集，发现 268 个植物新种并出版了专题论著。易思荣和黄娅（2004）的《金佛山自然保护区种子植物区系初步研究》[①]以及重庆南川区环境保护局（2010）《重庆金佛山生物资源名录》[②]较为系统地描述了金佛山内的维管植物资源，记录金佛山有维管植物科属种。2012 年，国家林业局调查规划设计院联合重庆市药物种植研究所进行"重庆金佛山国家级自然保护区范围及功能区调整科学考察"，发现共有维管植物 235 科 1290 属 4543 种。以往调查资料参考分类标准不一样，主要存在问题是物种的修订和归并问题，比如《中国植物志》（英文版）将镰羽复叶耳蕨（*Arachniodes falcata* Ching）归并为南川复叶耳蕨（*Arachniodes nanchuanensis* Ching et Z. Y. Liu）。为系统规范地整理出金佛山保护区维管植物名录，主要根据本次开展的科学考察结果，并在整理历次调查的物种名称基础上，按照《中国植物志》（英文版）进行修订和整理。金佛山保护区共有维管植物 210 科 1133 属 4016 种（野生植物 3996 种，隶属于 208 科 1124 属；栽培种、外来种 88 种，隶属于 37 科 68 属），其中蕨类植物有 43 科 108 属 484 种，裸子植物有 7 科 16 属 25 种，被子植物有 160 科 1009 属 3507 种（表 3-3）。

金佛山保护区维管植物物种约占重庆市维管植物物种总数的 71.23%，充分说明金佛山保护区维管植物物种的丰富性。

表 3-3　金佛山保护区维管植物物种统计表

种类	金佛山保护区			重庆			全国		
	科	属	种	科	属	种	科	属	种
蕨类植物	43	108	484	43	109	379	63	227	2200
裸子植物	7	16	25	7	25	42	10	34	193
被子植物	160	1009	3507	173	1154	5217	191	3135	25581
合计	210	1133	4016	223	1288	5638	264	3396	27974
保护区所占比例/%	—	—	—	94.17	87.96	71.23	57.69	33.36	14.36

2. 科的区系分析

1）科的数量级别统计及分析

根据李锡文《中国种子植物区系统计分析》中对科大小的统计，金佛山保护区内种子植物的科可被划分为 4 个等级：单种科（含 1 种）、少种科（含 2～10 种）、中等科（含 11～600 种）、大科（>600 种）（表 3-4）。

---

① 易思荣，黄娅，2004. 金佛山自然保护区种子植物区系初步研究[J].西北植物学报，24（1）：83-93.
② 重庆南川区环境保护局，2010. 重庆金佛山生物资源名录[M]. 重庆：西南师范大学出版社.

表 3-4　金佛山保护区种子植物科的级别统计

级别	数量	占总科数比例/%
单种科（1 种）	9	5.45
少种科（2～10 种）	32	19.39
中等科（11～600 种）	113	68.49
大科（>600 种）	11	6.67
合计	165	100.00

注：植物区系分析仅针对野生植物而言。

统计结果表明：中等科所占比例最大，共 113 科，占总科数的 68.49%（113/165），如马兜铃科（Aristolochiaceae）、五加科（Araliaceae）、桦木科（Betulaceae）、小檗科（Berberidaceae）等。少种科 32 科，如三尖杉科（Cephalotaxaceae）、杉科（Taxodiaceae）、三白草科（Saururaceae）、马桑科（Coriariaceae）、蜡梅科（Calycanthaceae）等。单种科 9 科，如连香树科（Cercidiphyllaceae）、水青树科（Tetracentraceae）、领春木科（Eupteleaceae）、杜仲科（Eucommiaceae）、透骨草科（Phrymaceae）等。少种科和单种科共占总科数的 24.84%。大科包括毛茛科（Ranunculaceae）、茜草科（Rubiaceae）、玄参科（Scrophulariaceae）、杜鹃花科（Ericaceae）、唇形科（Labiatae）、蔷薇科（Rosaceae）、豆科（Leguminosae）、菊科（Compositae）、莎草科（Cyperaceae）、禾本科（Gramineae）、兰科（Orchidaceae），共 11 科，仅占金佛山保护区种子植物总科数的 6.67%（11/165），但共包含了种子植物 1280 种，占金佛山保护区种子植物总数的 31.87%（1280/4016），说明该区大科的优势明显（表 3-4）。

2）科的区系成分分析

金佛山保护区野生种子植物科分为 10 种类型及 10 种变型，其中世界分布 37 科。热带分布（2～7 型）81 科，占非世界分布科的 63.28%。温带分布科（8～14 型）45 科，占非世界分布科的 35.16%。中国特有科 2 科：杜仲科（Eucommiaceae）、银杏科（Ginkgoaceae），占非世界分布科的 1.56%。从科的水平上看，该区种子植物区系热带成分大于温带成分，可见本植物区系种子植物科的分布类型具有明显热带区系性质的同时，有向温带过渡的趋势（表 3-5）。

表 3-5　金佛山保护区种子植物科的分布区类型

分布区类型	科数	占非世界科总数百分比/%
1 世界分布 Cosmopolitan	37	—
2 泛热带分布 Pantropic	61	47.66
2-1 热带亚洲，大洋洲（至新西兰）和中、南美（或墨西哥）间断分布 [Trop. Asia, Australasa (to N.Zeal.) &C. to S. Amer. (or Mexico) disjuncted]	4	3.13
2-2 热带亚洲，非洲和中南美间断分布 [Trop. Asia, Africa &C. to S. Amer. disjucted]	3	2.34
3 热带亚洲和热带美洲间断分布 [Trop. Asia & Trop. Amer. disjuncted]	4	3.13
4 旧世界热带（Old World Tropics）	2	1.56
4-1 热带亚洲，非洲（或东非，马达斯加）和大洋洲间断分布 [Trop. Asia, Africa (or E. Afr., Madagascar) and Australasia disjuncted]	2	1.56
5 热带亚洲至热带大洋洲分布 [Trop. Asia to Trop. Australasia]	1	0.78
7 热带亚洲（印度—马来西亚）分布 [Trop. Asia (Indo-Malaysia)]	3	2.34
7-3 缅甸，泰国至中国西南分布（Burma, Thailand to SW. China）	1	0.78
8 北温带分布（North Temperate）	20	15.63
8-4 北温带和南温带间断分布 "全温带" [N. Temp. & S. Temp. disjuncted（"Pan-temperate"）]	8	6.25
8-5 欧亚和南美温带间断分布（Eurasia & Temp. S. Amer. disjuncted）	2	1.56
8-6 地中海，东亚，新西兰和墨西哥—智利间断分布（Mediterranea, E. Asia, New Zealand and Mexico-Chile disjuncted）	1	0.78
9 东亚和北美间断分布（E. Asia & N. Amer. disjuncted）	7	5.47

续表

分布区类型	科数	占非世界科总数百分比/%
10-3 欧亚和南部非洲（有时也在大洋洲）间断分布［Eurasia & S. Africa（sometimes also Australasia）disjuncted］	1	0.78
14 东亚分布（E. Asia）	4	3.13
14-1 中国-喜马拉雅分布［Sino-Himalaya（SH）］	1	0.78
14-2 中国-日本分布［Sino-Japan（SJ）］	1	0.78
15 中国特有分布（Endemic to China）	2	1.56
总科数（不含世界分布）［Total（Excluded the cosmopolitan）］	128	100.00

注：植物区系分析仅针对野生植物而言。

种子植物科的分布区类型分述如下。

（1）世界分布科。世界分布 37 科，多为草本类群，如苋科（Amaranthaceae）、石竹科（Caryophyllaceae）、藜科（Chenopodiaceae）、菊科（Compositae）、旋花科（Convolvulaceae）、车前科（Plantaginaceae）、景天科（Crassulaceae）、鼠李科（Rhamnaceae）、蔷薇科（Rosaceae）等。其中，藜科（Chenopodiaceae）是一个广布于世界，但以温带、亚热带为主，尤其喜生于盐土、荒漠和半荒漠的较大自然科，容易成为新垦地、工程矿地的先锋植物。蔷薇科由南北温带广布而成世界分布，尤以北半球温带至亚热带为主，是河谷、山地灌丛的重要优势类群。菊科长期在东亚分化、发展，因此在东亚，菊科区系较为古老，种类也最为丰富。

（2）热带分布科。热带分布科共 81 科，占非世界分布科的 63.28%。其中泛热带分布及其变型共计 68 科，是本分布区类型的主要成分，如漆树科（Anacardiaceae）、夹竹桃科（Apocynaceae）、天南星科（Araceae）、五加科（Araliaceae）、蛇菰科（Balanophoraceae）、茄科（Solanaceae）、山茶科（Theaceae）、榆科（Ulmaceae）、荨麻科（Urticaceae）、马鞭草科（Verbenaceae）、安息香科（Styracaceae）、大戟科（Euphorbiaceae）、豆科（Leguminosae）、杜英科（Elaeocarpaceae）、防己科（Menispermaceae）、凤仙花科（Balsaminaceae）、壳斗科（Fagaceae）、苦苣苔科（Gesneriaceae）、兰科（Orchidaceae）、木犀科（Oleaceae）、葡萄科（Vitaceae）、荨麻科（Urticaceaec）、茜草科（Rubiaceae）等。热带亚洲和热带美洲间断分布 4 科：木兰科（Magnoliaceae）、省沽油科（Staphyleaceae）、椴树科（Tiliaceae）、桤叶树科（Clethraceae）。旧世界热带分布及其变型共 3 科：海桐花科（Pittosporaceae）、紫金牛科（Myrsinaceae）、紫葳科（Bignoniaceae）；热带亚洲至热带大洋洲分布 1 科：百部科（Stemonaceae）；热带亚洲（印度-马来西亚）分布包含的 3 科为姜科（Zingiberaceae）、清风藤科（Sabiaceae）、虎皮楠科（Daphniphyllaceae）。

（3）温带分布科。温带分布共 45 科，占非世界分布科的 35.16%。具代表性的科如报春花科（Primulaceae）、胡颓子科（Elaeagnaceae）、松科（Pinaceae）、柏科（Cupressaceae）、蓼科（Polygonaceae）、毛茛科（Ranunculaceae）、槭树科（Aceraceae）、忍冬科（Caprifoliaceae）、伞形科（Umbelliferae）、紫草科（Boraginaceae）。其中毛茛科（Ranunculaceae）以温带分布为主，是草本方面体现东亚特色的大科；紫草科是地中海到中亚分化较大的草本科，体现中国区系中有不少地中海-中亚成分。桔梗科南北温带间断分布，较为古老。罂粟科（Papaveraceae）多分布于北温带，较原始，属古地中海起源。杨柳科（Salicaceae）以东亚和北温带为主，东亚是其第一个分布中心。

北温带分布及其变型共 31 种。北温带分布共 20 科，包括忍冬科（Caprifoliaceae）、山茱萸科（Cornaceae）、桔梗科、杜鹃花科（Ericaceae）、罂粟科、报春花科（Primulaceae）等。在该区包含了 3 种变型，北温带和南温带间断分布共 8 科，如柏科（Cupressaceae）、败酱科（Valerianaceae）、虎耳草科（Saxifragaceae）、桦木科（Betulaceae）、金缕梅科（Hamamelidaceae）等；欧亚和南美温带间断分布 2 科：木通科（Lardizabalaceae）、七叶树科（Hippocastanaceae）。地中海，东亚，新西兰和墨西哥—智利间断分布 1 科：马桑科（Coriariaceae）。

东亚和北美间断分布 7 科，如小檗科（Berberidaceae）、蓝果树科（Nyssaceae）、三白草科（Saururaceae）、八角科（Illiciaceae）、五味子科（Schisandraceae）等。小檗科也是一个起源古老的类群，反映出该地区种子植物区系有着较悠久的演化历史。

地中海分布类型只有一种变型，欧亚和南部非洲（有时也在大洋洲）间断分布 1 科：川续断科。

东亚和北美间断分布及其变型共 7 科，如猕猴桃科（Actinidiaceae）、领春木科（Eupteleaceae）、连香树科（Cercidip- hyllaceae）、旌节花科（Stachyuraceae）等。

（4）中国特有分布科。金佛山保护区内共有中国特有分布科 2 科：杜仲科（Eucommiaceae）和银杏科（Ginkgoaceae）。

3. 属的区系分析

在植物分类学上，属的生物学特征相对一致而且比较稳定，占有比较稳定的分布区和一致的分布区类型。一个属内的物种起源常具有同一性，演化趋势上常具相似性，所以属比科更能反映植物区系系统发育过程中的物种演化关系和地理学特征。

1）属的数量级别统计及分析

金佛山保护区内野生种子植物共 992 属。可根据各属所含物种的数量将其分为 4 个等级：单种属（1 种）、少种属（2～10 种）、中等属（11～40 种）、大属（40 种以上）（表 3-6）。少种属所占比例最大，共 468 属，占了总属数的 47.18%。其次是中等属，共 276 属，占总属数的 27.82%。单种属 125 属，占总属数的 12.60%。大属 123 属，占总属数的 12.40%，包含了 1382 种，占金佛山保护区种子植物总数的 39.13%（1382/3532），可见该区大属优势较为明显。

表 3-6　金佛山保护区内种子植物属的级别统计

级别	该区包含的属数	占该区所有属的比例/%
单种属（1 种）	125	12.60
少种属（2～10 种）	468	47.18
中等属（11～40 种）	276	27.82
大属（40 种以上）	123	12.40
合计	992	100.00

注：属的大小是就我国境内该属所含的物种数而言，植物区系分析仅针对野生植物而言。

2）属的区系成分分析

根据吴征镒关于中国种子植物属分布区类型划分，区内 992 属分属于 14 种类型及 22 种变型（不含世界分布）。中国种子植物属的 14 种分布区类型在金佛山保护区有分布，体现了该区系地理成分的复杂性。热带、亚热带分布 386 属，占总属数的 43.13%，其中泛热带分布的属最多，约占总属数的 15.42%，如紫金牛属（Ardisia）、羊蹄甲属（Bauhinia）、黄杨属（Buxus）、金粟兰属（Chloranthus）、卫矛属（Euonymus）、楠属（Beilschmiedia）等。温带成分有 461 属，占总属数的 51.51%，其中以北温带分布较多，约占总属数的 15.87%，如槭属（Acer）、鹅耳枥属（Carpinus）、榆属（Ulmus）、乌头属（Aconitum）、胡颓子属（Elaeagnus）、鸢尾属（Iris）、忍冬属（Lonicera）、芍药属（Paeonia）、松属（Pinus）、栎属（Quercus）、杜鹃花属（Rhododendron）、蔷薇属（Rosa）、小檗属（Berberis）等。中国特有分布属 48 属，占总属数的 5.36%，如喜树属（Camptotheca）、杉木属（Cunninghamia）、珙桐属（Davidia）、香果树属（Emmenopterys）、血水草属（Eomecon）、大血藤属（Sargentodoxa）、通脱木属（Tetrapanax）等（表 3-7）。

表 3-7　金佛山保护区种子植物属的分布区类型

分布区类型 Areal-types	属数	占非世界属总数百分数/%
1 世界分布（Cosmopolitan）	97	—
2 泛热带分布（Pantropic）	138	15.42
2-1 热带亚洲、大洋洲和南美洲（墨西哥）间断（Trop. Asia，Astralasia &S. Amer. disjuncted）	6	0.67
2-2 热带亚洲、非洲和南美洲间断（Trop. Asia，Africa & Trop. Amer. disjuncted）	6	0.67

续表

分布区类型 Areal-types	属数	占非世界属总数百分数/%
3 热带亚洲—美洲分布（Trop. Asia & Trop. Amer. disjuncted）	16	1.79
4 旧世界热带分布（Old World Tropics）	40	4.47
4-1 热带亚洲、非洲和大洋洲间断（Trop. Asia.，Africa & Australasia disjuncted）	8	0.89
5 热带亚洲—大洋洲分布（Trop. Asia & Trop. Australasia）	32	3.58
5-1 中国（西南）亚热带和新西兰间断［Chia（SW.）Subtropics & New Zealand disjuncted］	1	0.11
6 热带亚洲—非洲分布（Trop. Asia to Trop. Africa）	34	3.80
6-1 华南、西南到印度和热带非洲间断（S.，SW. China to India & Trop. Africa disjuncted）	1	0.11
6-2 热带亚洲和东非间断（Trop. Asia & E. Afr.）	4	0.45
7 热带亚洲分布印度—马来西亚［Trop. Asia（Indo-Malesia）］	77	8.60
7-1 爪哇、喜马拉雅和华南、西南星散（Java，Himalaya to S. SW. China diffused）	8	0.89
7-2 热带印度至华南（Trop. India to S. China）	3	0.34
7-3 缅甸、泰国至华西南（Burma，Thailand to SW. China）	3	0.34
7-4 越南（或中南半岛）至华南（或西南）［Vietnam（or Indo-Chinese Peninsula）to S. China（or SW. China）］	9	1.01
8 北温带分布（North Temperate）	142	15.87
8-2 北极-高山（Actic-alpine）	2	0.22
8-4 北温带和南温带（全温带）间断［N. Temp. & S. Temp. disjuncted（Pan-temperate）］	33	3.69
8-5 欧亚和南美温带间断（Eurasia & Temp. S. Amer. disjuncted）	2	0.22
8-6 地中海区、东亚、新西兰和墨西哥到智利间断（Mediterranea, E. Asia, New Zealand and Mexico-Chile disjuncted）	1	0.11
9 东亚、北美间断分布（E. Asia & N. Amer. disjuncted）	72	8.04
9-1 东亚和墨西哥间断（E. Asia and Mexico disjuncted）	1	0.11
10 旧世界温带分布（Old World Temperate）	41	4.58
10-1 地中海区、西亚和东亚间断［Mediterranea. W. Asia（or C. Asia）&E. Asia disjuncted］	10	1.12
10-2 地中海区和喜马拉雅间断（Mediterranea & Himalaya disjuncted）	2	0.22
10-3 欧亚和南非洲（有时也在大洋洲）间断［Eurasia & S. Africa（Some-times also Australasia）disjuncted］	3	0.34
11 温带亚洲分布（Temp. Asia）	15	1.68
12 地中海区、西亚至中亚（Medterranea，W. Asia to C. Asia）	2	0.22
12-3 地中海区至温带、热带亚洲、大洋洲和南美洲间断（Mediterranea to Temp.-Trop. Asia, Australasia & S. Amer. disjuncted）	1	0.11
13-2 中亚至喜马拉雅（C. Asia to Himalaya & S. W. China）	1	0.11
14 东亚（东喜马拉雅-日本）（E. Asia）	59	6.59
14（SH）中国-喜马拉雅（SH）［Sino-Himalaya（SH）］	39	4.36
14（SJ）中国-日本（SJ）［Sino-Japan（SJ）］	35	3.91
15 中国特有分布（Endemic to China）	48	5.36
总属数（不含世界分布）［Total（Excluded the cosmopolitan）］	895	100.00

注：世界分布未列入统计。

　　种子植物属的具体分布区类型分述如下。

　　（1）世界分布属。金佛山保护区内种子植物中，世界分布 97 属。这些属的存在体现了金佛山保护区系与其他地区区系的广泛联系。这些属大多数在我国普遍分布，如鼠李属（*Rhamnus*）、悬钩子属（*Rubus*）、鬼针草属（*Bidens*）、千里光属（*Senecio*）、早熟禾属（*Poa*）、灯心草属（*Juncus*）、薹草属（*Carex*）、碎米荠属（*Cardamine*）、蔊菜属（*Rorippa*）、毛茛属（*Ranunculus*）、蓼属（*Polygonum*）、地杨梅属（*Luzula*）、黄芩属（*Scutellaria*）及鼠曲草属（*Gnaphalium*）等。其中千里光属（*Senecio*）分布于除南极洲之外的全球，在我国其分布以西南为多；薹草属（*Carex*）是我国第二大属，种类丰富；悬钩子属（*Rubus*）是全温带和热带、亚热带山区的亚热带至温带森林中的主要下木之一，或在次生灌草丛中更占优势；灯心草属（*Juncus*）多生于草甸或沼泽，水边或林下阴湿处，以西南山地（中国-喜马拉雅）为多样性中心；蔊菜属（*Rorippa*）是一个极广布的大属，多为杂草，该属在北大西洋扩张后期分化较烈，但起源和早期分化似仍在东北亚至澳大利亚东部；碎米荠属（*Cardamine*）为早期扩散到世界性分布的大属，但以北半球寒温带和热带高山为主；毛茛属（*Ranunculus*）分布于各大洲，包括北极和热带高山；蓼属（*Polygonum*）为北温带广布，但在新世界南达西印度群岛和热带南美，是蓼科中的骨干大属，有许多常见种和杂草。其中悬钩子属（*Rubus*）是全温带和热带、亚热带山区的亚热带至温带森林中的主要林下植物，或在次生灌草丛中更占优势。毛茛属（*Ranunculus*）分布于各大洲，包括北极和热带高山。千里光属（*Senecio*）分布于除南极洲的全球，在我国其分布以西南为多，但东北、华北、华南、华中、华东、新疆、西藏均有分布。

（2）热带分布属。该地热带分布属共 386 属，占金佛山保护区总属数（不包括世界分布）的 43.34%。其中泛热带分布及其变型共 150 属，占金佛山保护区总属数（不包括世界分布）的 16.76%。属于这一分布类型的有铁苋菜属（*Acalypha*）、紫金牛属（*Ardisia*）、鸭跖草属（*Commelina*）、菝葜属（*Smilax*）、黄杨属（*Buxus*）、冬青属（*Ilex*）、天胡荽属（*Hydrocotyle*）、卫矛属（*Euonymus*）、大戟属（*Euphorbia*）、榕属（*Ficus*）、扁莎草属（*Pycreus*）、狗牙根属（*Cynodon*）等。其中铁苋菜属（*Acalypha*）为热带、亚热带广布，以热带亚洲至太平洋岛屿为主；菝葜属（*Smilax*）为北半球古热带山地及亚热带森林中的重要组成，为层间藤本植物的重要组成部分。

热带亚洲—美洲分布属在金佛山保护区内有 16 属，占总属数的 1.79%，如无患子属（*Sapindus*）、木姜子属（*Litsea*）、楠属（*Phoebe*）等。其中木姜子属（*Litsea*）主产热带、亚热带亚洲，东南亚和东亚为其分化中心。但据李锡文的研究，木姜子属可能起源于我国南部至印度、马来西亚。因此，这一分布型的起源可能比过去所认为的更复杂。

旧世界热带分布及其变型共 48 属，占金佛山保护区总属数的 5.65%，如千金藤属（*Stephania*）、八角枫属（*Alangium*）、山姜属（*Alpinia*）、八角枫属（*Alangium*）、楼梯草属（*Elatostema*）、海桐花属（*Pittosporum*）及乌蔹莓属（*Cayratia*）等。

热带亚洲至热带大洋洲分布及其变型 33 属，占金佛山保护区总属数的 3.69%，包括新耳草属（*Neanotis*）、樟属（*Cinnamomum*）、通泉草属（*Mazus*）、野牡丹属（*Melastoma*）、梁王茶属（*Nothopanax*）、荛花属（*Wikstroemia*）、旋蒴苣苔属（*Boea*）、崖爬藤属（*Tetrastigma*）。其中通泉草属（*Mazus*）主产于我国，是印度洋扩张的产物。

热带亚洲至热带非洲分布及变型共 39 属，占金佛山保护区总属数的 4.36%，如大豆属（*Glycine*）、铁仔属（*Myrsine*）、莠竹属（*Microstegium*）、荩草属（*Arthraxon*）、水团花属（*Adina*）、杠柳属（*Periploca*）、芒属（*Miscanthus*）、水麻属（*Debregeasia*）、鱼眼草属（*Dichrocephala*）等。其中芒属（*Miscanthus*）为河岸及多数山坡灌丛的优势草本类群。

热带亚洲分布及变型共 100 属，占金佛山保护区总属数的 11.18%，如山茶属（*Camellia*）、草珊瑚属（*Sarcandra*）、木荷属（*Schima*）、构属（*Broussonetia*）、含笑属（*Michelia*）、山胡椒属（*Lindera*）、润楠属（*Machilus*）、箬竹属（*Indocalamus*）、蛇莓属（*Duchesnea*）、半蒴苣苔属（*Hemiboea*）等。

（3）温带分布属。北温带分布类型一般是指那些广泛分布于欧洲、亚洲和北美洲地区的属，由于地理历史的原因，有些属沿山脉向南延伸到热带地区，甚至远达南半球温带，但其原始类型或分布中心仍在温带。

温带分布共计 461 属，占金佛山保护区总属数的 51.51%。其中，北温带分布及变型共计 180 属，占总属数的 20.11%，包括松属（*Pinus*）、荚蒾属（*Viburnum*）、活血丹属（*Glechoma*）、婆婆纳属（*Veronica*）、葱属（*Allium*）、柳属（*Salix*）、槭属（*Acer*）、蓍属（*Achillea*）、乌头属（*Aconitum*）、蓟属（*Cirsium*）、胡颓子属（*Elaeagnus*）、杨属（*Populus*）、栎属（*Quercus*）、鸭儿芹属（*Cryptotaenia*）、柳叶菜属（*Epilobium*）、草莓属（*Fragaria*）、鸢尾属（*Iris*）、忍冬属（*Lonicera*）、芍药属（*Paeonia*）、杜鹃花属（*Rhododendron*）、

蔷薇属（*Rosa*）、小檗属（*Berberis*）、看麦娘属（*Alopecurus*）等。其中松属（*Pinus*）起源较早，在白垩纪晚期就已较广泛地在北半球的中纬度地区扩散开来；杨属（*Populus*）分布限于北温带，生态适应和进化水平方面都不如柳属，柳属（*Salix*）在起源后自东向西传播，欧亚大陆是它的分布中心。栎属分布于整个环北地区、东亚区、印度—马来西亚，北美至中美。杜鹃花属（*Rhododendron*）从"小三角"地区早期起源后，在新生代许多次变动中逐渐向喜马拉雅和环北地区扩散，并向东南亚热带高山发育，达到了顶级的最进化。小檗属（*Berberis*）较进化和特化，喜生于石灰岩上，为林下标识或刺灌丛的常见种。忍冬属（*Lonicera*）北温带广布，但亚洲种类最多，多样性尤以中国为最，为山地灌丛的组成成分。

东亚至北美间断分布及其变型共 73 属，占金佛山保护区总属数的 8.15%，如十大功劳属（*Mahonia*）、鼠刺属（*Itea*）、黄水枝属（*Tiarella*）、漆树属（*Toxicodendron*）、络石属（*Trachelospermum*）、勾儿茶属（*Berchemia*）、胡枝子属（*Lespedeza*）、楤木属（*Aralia*）、枫香树属（*Liquidambar*）、鹅掌楸属（*Liriodendron*）、三白草属（*Saururus*）及腹水草属（*Veronicastrum*）等。其中勾儿茶属（*Berchemia*）分布于旧世界，从东非至东亚，与北美西部的种对应分化，在东亚作中国-喜马拉雅和中国-日本的分化，并向高原高山延伸；胡枝子属（*Lespedeza*）在温带亚洲分布偏北、海拔偏低，显系古北大陆早期居民。

旧世界温带分布及其变型共计 56 属，占金佛山保护区总属数的 6.26%。金佛山保护区内属于该分布型的有旋覆花属（*Inula*）、重楼属（*Paris*）、火棘属（*Pyracantha*）、淫羊藿属（*Epimedium*）、鹅观草属（*Roegneria*）、天名精属（*Carpesium*）、沙参属（*Adenophora*）、侧金盏花属（*Adonis*）、筋骨草属（*Ajuga*）、天名精属（*Carpesium*）、川续断属（*Dipsacus*）、香薷属（*Elsholtzia*）、益母草属（*Leonurus*）、女贞属（*Ligustrum*）及萱草属（*Hemerocallis*）等。其中鹅观草属（*Roegneria*）于旧世界温带分布，尤以东亚为主，以林缘或林间草甸常见；天名精属（*Carpesium*）由欧亚大陆，南经印度—马来达热带澳大利亚，后者多在山地，我国占多数，且均在东亚林区范围内，西南尤为集中。

温带亚洲分布共计 15 属，占金佛山保护区总属数的 1.68%。包括：繁缕属（*Stellaria*）、大油芒属（*Spodiopogon*）、附地菜属（*Trigonotis*）、马兰属（*Kalimeris*）、粘冠草属（*Myriactis*）、大黄属（*Rheum*）、山牛蒡属（*Synurus*）等。

地中海区、西亚至中亚分布及其变型有：黄连木属（*Pistacia*）和白芥属（*Sinapis*），占金佛山保护区总属数的 0.33%。

中亚分布 1 属：固沙草属（*Orinus*），占金佛山保护区总属数的 0.11%。

东亚分布是被子植物早期分化的一个关键地区。该地区东亚分布及其变型共 133 属，占金佛山保护区总属数的 14.87%。包括金发草属（*Pogonatherum*）、桃叶珊瑚属（*Aucuba*）、无柱兰属（*Amitostigma*）、栾树属（*Koelreuteria*）、莸属（*Caryopteris*）、紫苏属（*Perilla*）、败酱属（*Patrinia*）、黄鹌菜属（*Youngia*）、四照花属（*Dendrobenthamia*）、青荚叶属（*Helwingia*）、柳杉属（*Cryptomeria*）、枫杨属（*Pterocary*）、泡桐属（*Paulownia*）、半夏属（*Pinellia*）等。

（4）中国特有属。中国特有属共 48 属，占金佛山保护区总属数的 5.36%。如杉木属（*Cunninghamia*）、异野芝麻属（*Heterolamium*）、华蟹甲属（*Sinacalia*）、紫伞芹属（*Melanosciadium*）、血水草属（*Eomecon*）、大血藤属（*Sargentodoxa*）、盾果草属（*Thyrocarpus*）、通脱木属（*Tetrapanax*）等。通脱木属（*Tetrapanax*）广布于秦岭、长江以南，南岭以北，台湾、华东、华中至西南特有，是一类古老植被（常绿阔叶林）中的旗帜成分。血水草属（*Eomecon*）是第四纪冰川后的孑遗份子，为新近纪古热带起源，在金佛山保护区内分布较多。

4. 种子植物区系特征

综上所述，金佛山保护区种子植物区系特征如下。

（1）区系成分复杂，类型丰富。区内共有野生植物 165 科 992 属 3996 种（不含栽培种），其中裸子植物 7 科 15 属 23 种、被子植物 158 科 1002 属 3489 种（含野生种和栽培种）。金佛山保护区科、属、种分别占重庆市科、属、种的 94.17%、87.96%、71.23%；占全国科、属、种的 57.69%、33.36%、14.36%。区内共有 10 种科的分布区类型，占全国范围内科分布区类型的 71.43%；有 14 种属的分布区类型，占全国范围内属的分布类型的 93.33%。这在一定程度上体现了金佛山保护区种子植物资源丰富、区系成分复杂的特点。

（2）大科及大属的优势明显。金佛山保护区内占总科数 5.24% 的大科（600 种以上）共包含了种子植物 1280 种，占金佛山保护区种子植物总数的 31.87%；占总属数 12.40% 的大属（40 种以上）共包含了种子植物 936 种，占金佛山保护区种子植物总数的 26.50%（936/3532）。可见金佛山保护区种子植物中大科及大属优势明显。

（3）种子植物区系具有明显的过渡性质。从科级水平上看，热带成分占 63.28%，温带成分占 35.16%；从属级水平上看，热带成分仅占 43.14%，温带成分占 51.51%。体现了该区从热带向温带过渡的性质。

（4）种子植物区系较为古老，特有属比较丰富。金佛山保护区内单种科、单种属、少种属、形态上原始的类型、间断分布等类型在该区均有分布，体现了种子植物区系较为古老。特有科属较为丰富，中国特有科 2 科，特有属 48 属，占金佛山保护区总属数的 5.36%。

3.2　维管植物生活型组成

植物的生活型是植物长期适应外界综合环境在形态上的表型特征，是对环境的综合反映。生活型是植物群落外貌、季相结构特征的决定因素。因此，研究植物生活型能有助于我们了解和掌握植物的群落特征和资源状况。在 4016 种维管植物中，以分布广、抗逆性强的草本植物最多，有 2417 种，占总种数的 60.18%；灌木次之，有 834 种，占总种数的 20.77%；乔木 461 种，占总种数的 11.48%；藤本 304 种，占总种数的 7.57%（表 3-8）。

表 3-8　金佛山保护区维管植物生活型组成

类型	乔木	灌木	草本	藤本
蕨类	0	0	484	0
裸子	25	0	0	0
被子	436	834	1933	304
合计	461	834	2417	304
占总种数/%	11.48	20.77	60.18	7.57

3.3　资　源　植　物

目前，植物资源类型的分类还没有统一的标准，本书参照《中国资源植物》（朱太平，2007），以资源植物的用途及其所含化合物为主要分类标准将金佛山保护区内各种植物的资源类型分为 5 大类（表 3-9）：药用资源、观赏资源、食用资源、蜜源及工业原料。据粗略统计，金佛山保护区内共有资源植物 1780 种（不重复统计）。本处仅列出典型例子简要说明，具体用途详见附表 1.2。

表 3-9　金佛山保护区维管植物资源类型统计

资源类型	蕨类植物/种	裸子植物/种	被子植物/种	合计/种	占本区物种总数（4016）的比例/%
药用资源	56	8	1349	1413	35.18
观赏资源	18	7	698	723	18.00
食用资源	1	4	216	221	5.50
蜜源	0	0	1113	1113	27.71
工业原料	0	25	587	612	15.24

3.3.1　药用资源

金佛山保护区内有 1413 种药用植物，占金佛山保护区内维管植物物种总数的 35.18%。不仅包含大量的民间常用药，还有黄连（*Coptis chinensis*）、淫羊藿（*Epimedium sagittatum*）、龙眼独活（*Aralia fargesii*）、天麻（*Gastrodia elata*）等名贵中药材。

毛茛科包含众多药用植物，为重要的药用植物大科，金佛山保护区内分布有：乌头（*Aconitum carmichaeli*）母根叫乌头，有镇静作用，治风痹、风湿神经痛。侧根（子根）入药，叫附子。有回阳、逐冷、祛风湿的作用。治大汗亡阳、四肢厥逆、霍乱转筋、肾阳衰弱的腰膝冷痛、形寒爱冷、精神不振以及风寒湿痛、脚气等症。升麻（*Cimicifuga foetida*）根茎含升麻碱、水杨酸、鞣质、树脂等，清热解毒，升举阳气，用于治疗风热头痛、齿痛、口疮、咽喉肿痛、麻疹不透、阳毒发斑；脱肛、子宫脱垂等。天葵（*Semiaquilegia adoxoides*），块根药用，有清热解毒、消肿止痛、利尿等作用，治乳腺炎、扁桃休炎、痈肿、瘰疬、小便不利等症；全草又作土农药。

紫金牛科包含许多药用植物，本地分布的如：百两金（*Ardisia crispa*），根、叶有清热利咽、舒筋活血等功效，用于治疗咽喉痛、扁桃体炎、肾炎水肿及跌打风湿等症。紫金牛（*Ardisia japonica*），为民间常用中药，全株及根供药用，治肺结核、咯血、咳嗽、慢性支气管炎效果很好；亦治跌打风湿、黄疸肝炎、睾丸炎、带下、闭经等症。

唇形科也包含了许多药用植物，本地分布有夏枯草（*Prunella vulgaris*）和紫背金盘（*Ajuga nipponensis*）等。夏枯草味苦、微辛，性微温，入肝经，祛肝风，行经络。治口眼歪斜，止胫骨疼，舒肝气，开肝郁。紫背金盘全草入药，治肺炎、扁桃腺炎、咽喉炎、气管炎、腮腺炎、急性胆囊炎、肝炎、痔疮肿痛，牙疼，目赤肿痛，黄疸病，便血，妇女血气痛，有镇痛散血之功效；外用治金创、刀伤、外伤出血、跌打损伤、骨折、狂犬咬伤等症。

五加科的白簕（*Acanthopanax trifoliatus*）、楤木（*Aralia chinensis*）及常春藤（*Hedera nepalensis* var. *sinensis*）等都具有重要的药用价值。白簕为民间常用草药，有祛风除湿、舒筋活血、消肿解毒之效，治感冒、咳嗽、风湿、坐骨神经痛等症。楤木为常用中草药，有镇痛消炎、祛风行气、祛湿活血之效，根皮治胃炎、肾炎及风湿疼痛，亦可外敷刀伤。常春藤全株药用，能够祛风利湿，活血消肿，平肝，解毒。

三叶崖爬藤（*Tetrastigma hemsleyanum*）全株供药用，有活血散瘀、解毒、化痰的作用，临床上用于治疗病毒性脑膜炎、乙型肝炎、病毒性肺炎、黄疸型肝炎，特别是块茎对小儿高烧有特效。

八角莲（*Dysosma versipelle*）根和根茎含抗癌成分鬼臼毒素和脱氧鬼臼毒素等，是民间常用的中草药，有其特殊的解毒功效，化痰散结，祛瘀止痛，清热解毒。用于治疗咳嗽、咽喉肿痛、瘰疬、瘿瘤、痈肿、疔疮、毒蛇咬伤、跌打损伤、痹证。

阔叶十大功劳（*Mahonia bealei*）全株供药用，滋阴强壮、清凉、解毒。根、茎、叶含小檗碱等生物碱。叶：滋阴清热，主治肺结核、感冒。根、茎：清热解毒，主治细菌性痢疾、急性肠胃炎、传染性肝炎、肺炎、肺结核、支气管炎、咽喉肿痛。外用治眼结膜炎、痈疖肿毒、烧、烫伤。

飞龙掌血（*Toddalia asiatica*）根或叶入药，散瘀止血，祛风除湿，消肿解毒。根皮：主治跌打损伤、风湿性关节炎、肋间神经痛、胃痛、月经不调、痛经、闭经、外用治骨折、外伤出血。叶：外用治痈疖肿毒、毒蛇咬伤。

积雪草（*Centella asiatica*）全草入药，清热利湿、消肿解毒，治痧氲腹痛、暑泄、痢疾、湿热黄疸、砂淋、血淋、吐血、咳血、目赤、喉肿、风疹、跌打损伤等。

金佛山保护区内还有一些名贵药材，如杜仲科植物杜仲（*Eucommia ulmoides*），干燥树皮入药，具补肝肾、强筋骨、降血压、安胎等诸多功效。兰科植物天麻（*Gastrodia elata*），可治疗头晕目眩、肢体麻木、小儿惊风等症。

3.3.2　观赏资源

自然界可作为观赏的植物资源十分丰富。有草本花卉、灌木花卉及观赏树木花卉；有观花植物、观叶植物还有观果植物。金佛山保护区内可供观赏的植物有 723 种，占金佛山保护区内维管植物物种总数的 18%。蕨类植物以观叶为主，铁线蕨（*Adiantum capillus-veneris*）、海金沙（*Lygodium japonicum*）、乌蕨（*Sphenomeris chinensis*）、瓦韦（*Lepisorus thunbergianus*）及石韦（*Pyrrosia lingua*）等常用于盆栽或者造景。裸子植物树干笔直，树形优美，大多数都可作为观赏植物，如银杏（*Ginkgo biloba*）、柏木（*Cupressus funebris*）等常被栽培作为行道树。被子植物具有各式的花，蔷薇科、杜鹃花科、锦葵科、报春花科、虎耳草科、豆科、茜草科、菊科、百合科等科有许多花大且颜色多样的种类，是常见的观赏植物。

根据生活型，观赏的乔木类如柳杉（*Cryptomeria fortunei*）、水杉（*Metaseqnois glyptostrbiodes*）、樟（*Cinnamomum camphora*）、灯台树（*Bothrocaryum controversum*）、枫香（*Liquidambar formosana*）、七叶树（*Aesculus chinensis*）等，树形优美，是良好的观赏树种，可作行道树或园林观赏树种。灌木类如小檗科、金缕梅科、蔷薇科、杜鹃花科、紫金牛科、木犀科的许多植物，形态各异，包含了南天竹（*Nandina domestica*）、六月雪（*Serissa japonica*）、火棘（*Pyracantha fortuneana*）等制作盆景的良好材料。草本类如凤仙花科、报春花科、龙胆科、苦苣苔科、百合科、石蒜科及兰科植物，往往花色艳丽，形态优美，是良好的观花植物。

3.3.3　食用资源

食用植物主要包括粮、果、菜和饮料用植物资源。金佛山保护区内的野生植物中共有 221 种可作为食用资源。特别是金佛山保护区内生长着大量野生的中华猕猴桃（*Actinidia chengkouensis*）。该物种已经作为一种营养价值极高的水果被选育出，并大量种植。其果实中含亮氨酸、苯丙氨酸、异亮氨酸、酪氨酸、缬氨酸、丙氨酸等十多种氨基酸，含有丰富的矿物质，还含有胡萝卜素和多种维生素，其中维生素 C 的含量达 100mg（每百克果肉中）以上，是柑橘的 5～10 倍，苹果等水果的 15～30 倍，有"水果之王"的美誉。

积椇果序轴肥厚，含糖丰富，可生食。紫花地丁嫩叶可做蔬菜。胡颓子属（*Elaeagnus*）植物果实可直接食用或酿酒。珍珠花（*Lyonia ovalifolia*）也称乌饭树，其果实成熟后酸甜，可食。

缫丝花（*Rosa roxburghii*）别名刺梨，是滋补健身的营养珍果。刺梨的果实是加工保健食品的上等原料，成熟的刺梨肉质肥厚、味酸甜，果实富含糖、维生素、胡萝卜素、有机酸和 20 多种氨基酸、10 余种对人体有益的微量元素，以及过氧化物歧化酶。尤其是维生素 C 含量极高，是当前水果中最高的，每 100g 鲜果中含量 841.58～3541.13mg，是柑橘的 50 倍，猕猴桃的 10 倍，具有"维生素 C 之王"的美称。刺梨汁具有阻断 N-亚硝基化合物在人体内合成并具有防癌作用；对治疗人体铅中毒有特殊疗效。刺梨提取物中有效成分维生素 C，有抗衰老、延长女性青春期等作用，刺梨果实可加工果汁、果酱、果酒、果脯、糖果、糕点等。

鸡桑（*Morus australis*）果可生食、酿酒、制醋。尖叶四照花（*Dendrobenthamia angustata*）等四照花属植物，果实成熟时味甜，可直接食用，亦可酿酒。紫苏（*Perilla frutescens*）以食用嫩叶为主，可生食或做汤，嫩叶营养丰富，含有蛋白质、脂肪、可溶性糖、膳食纤维、胡萝卜素、维生素 B_1、维生素 B_2、维生素 C、钾、钙、磷、铁、锰和硒等成分。紫苏不仅可食叶，其种子也因含有高蛋白、谷维素、维生素 E、维生素 B_1、亚麻酸、亚油酸、油酸、甾醇、磷脂等成分而可食用。

蕺菜（*Houttuynia cordata*）（俗名鱼腥草、折耳根）可炒食、凉拌或做汤。其气味特异，是贵州一大野菜，具有浓厚的地方特色，"折耳根炒腊肉"是贵州十大名菜之一。蕺菜有特异气味，营养价值较高，含有蛋白质、脂肪和丰富的碳水化合物，同时含有甲基正壬酮、羊脂酸和月桂油烯等，可入药，具有清热解毒、利尿消肿、开胃理气等功用。折耳根和腊肉加作料烹制，折耳根绵中带脆，腊肉香醇，腊肉的美味和折耳根的异香浑然一体，别有风味，是贵州人情有独钟的一道美味佳肴。近年民间采挖鱼腥草出售和作为特色山野菜食用之风渐盛，尤其在云南、四川、贵州等地，开发利用鱼腥草的规模不断扩大，野生资源供不应求，市场价格较高。

3.3.4　蜜源

能分泌花蜜供蜜蜂采集的植物，叫狭义蜜源植物；能产生花粉供蜜蜂采集的植物，叫粉源植物。蜜蜂主要食料的来源是花蜜和花粉；在养蜂实践上，常把它们通称为蜜源植物。蜜源植物主要包括主要蜜源植物、辅助蜜源植物、特殊蜜源植物。无论是野生植物或栽培植物，凡能提供大量商品蜜的，都称为主要蜜源植物；仅能维持蜂群生活和繁殖的，称为辅助蜜源植物。蜜源植物是发展养蜂业的物质基础，一个地区蜜源植物的分布和生长情况，对蜜蜂的生活有着极为重要的影响。

据统计，该区共有蜜源植物 1113 种，占该区物种总数的 27.71%。蜜源植物主要集中于蔷薇科、豆科、杜鹃花科、忍冬科、山茶科、十字花科、唇形科、玄参科、菊科、兰科等植物中。

杜鹃花科杜鹃花属（*Rhododendron*）植物蜜色浅淡，蜜质优良，蜜为淡琥珀色，味甘甜纯正，适口。

山茶科柃木属植物泌蜜量大，蜜蜂喜欢采集。蜜水白色，结晶细腻，有浓郁香气，属上等蜂蜜。柃木属植物具有重要价值，是我国生产优质商品蜜的主要蜜源，所产蜂蜜品质极佳，被视为蜜中珍品。

唇形科香薷属（*Elsholtzia*）植物开花沁蜜约 30 天，新蜜浅琥珀色，味醇正、芳香。广泛分布于我国西北和西南地区。

豆科胡枝子属（*Lespedeza*）植物花多、花期长、泌蜜量大。花粉中含有氨基酸 17 种，各类矿物质 16 种，微量元素铁、锰、硫、锌含量也较高。我国南北皆有分布。

菊科许多属植物的开花泌蜜期长，蜜粉丰富，头状花序有利于蜜蜂的繁殖和采蜜。新蜜气味芳香，甜度较高，颇为适口。

菜花蜜呈浅琥珀色，略混浊，有油菜花的香气，略具辛辣味，贮放日久辣味减轻，味道甜润；极易结晶，结晶后呈乳白色，晶体呈细粒或油脂状。性温，有行血破气、消肿散结和血补身的功能。

枣花蜜呈琥珀色、深色，因品种不同，蜜汁透明或略浊，有光泽。质地黏稠，不易结晶，有时在底部可见少量粗粒结晶。气味浊香，有特殊的浓郁气味（枣花香味）。味道甜腻，甜度大，略感辣喉，回味重。具有"主治肺热喘咳、胃热呕吐、烦热口渴"的药效，有清肺、泄热、化痰、止咳平喘等保健功效，是伤风感冒、咳嗽痰多患者的理想选择。

益母草蜜含有多种维生素、氨基酸、天然葡萄糖及天然果糖，常饮有活血祛风、滋润养颜的功效。

3.3.5 工业原料

可做工业原料的植物包括工业用材植物、纤维植物、鞣料植物、染料植物、芳香植物、油料植物、树脂植物及树胶植物等。金佛山保护区内共有工业原料植物 612 种。

用材植物如泡花树（*Meliosma cuneifolia*），木材红褐色，纹理略斜，结构细，质轻，为良材之一。刺楸（*Kalopanax septemlobus*），木质坚硬细腻、花纹明显，是制作高级家具、乐器、工艺雕刻的良好材料。山桐子（*Idesia polycarpa*），木材松软，可供建筑、家具、器具等的用材。南紫薇（*Lagerstroemia subcostata*），木材坚硬、耐腐，可作农具、家具、建筑等用材。各种榆树木材坚重，硬度适中，力学强度高，具花纹，韧性强，耐磨，为上等用材。

纤维植物如田麻（*Corchoropsis tomentosa*），茎皮可代黄麻制作绳索及麻袋。山杨（*Abutilon theophrasti*），茎皮纤维色白，具光泽，可编织麻袋、搓绳索、编麻鞋等纺织材料。梧桐（*Firmiana platanifolia*），树皮纤维洁白，可用以造纸和编绳等。小黄构（*Wikstroemia micrantha*），茎皮纤维是制作蜡纸的主要原料。

鞣料植物如杉木（*Cunninghamia lanceolata*）、构树（*Broussonetia papyrifera*）、青榨槭（*Acer davidii*）等，其果实、壳斗、树皮或根，均含有较丰富的单宁，经加工后可供制造栲胶。

染料植物如栾树（*Koelreuteria paniculata*）的叶做蓝色染料，花可做黄色染料。异叶鼠李（*Rhamnus heterophylla*），果实为黄色染料。栀子（*Gardenia jasminoides*）果实含栀子黄，为黄色系染料。栀子黄色素为栀子果实提取物，具有着色力强、色泽鲜艳、色调自然、无异味、耐热、耐光、稳定性好、色调不受 pH 的影响，对人体无毒副作用等优点。

芳香植物如川桂（*Cinnamomum wilsonii*），枝叶和果均含芳香油，川桂皮为提取芳香油的好材料。大叶醉鱼草（*Buddleja davidii*）和牛至（*Origanum vulgare*）等，花可提芳香油。山桐子（*Idesia polycarpa*），果实、种子均含油。粗糠柴，种子可提油。红椋子（*Swida hemsleyi*），种子榨油可供工业用。油茶（*Camellia oleifera*），种子可榨油，茶油色清味香，营养丰富，耐储藏，是优质食用油；也可作为润滑油、防锈油用于工业。

树脂植物如马尾松（*Pinus massoniana*）、漆树（*Toxicodendron succedaneum*）等，树胶植物如桃（*Amygdalus persica*）等。

3.4　珍稀濒危及保护植物

3.4.1　保护植物概念的说明

关于保护植物，出处多样，既有来自国家层面的，也有地方层面的；既有国家部委制定的，也有研究机构制定的；既有国内的，也有国外的。常见的有《药用动植物资源保护名录》（国家中医药管理局，1987 年）、《国家重点保护野生植物名录（第一批）》［国家林业局、农业部令（第 4 号），1999 年］、《IUCN 物种红色名录》（2013 年）等。每个名录制定的依据有所差别，导致罗列物种、保护级别多样。

保护植物名录在空间尺度上分为国际、国家和省级三个层次。本书主要就国家层面保护植物做一说明。有关国家保护植物的名录有 4 个出处。

第一个是 1975 年林业部发布的《关于保护、发展和利用珍贵树种的通知》，珍贵树种名录列有 132 种，其中 1 级保护 37 种，2 级保护 95 种。

第二个是 1987 年国家中医药管理总局公布的《药用动植物资源保护名录》，其中药用植物 168 种列为保护对象。

第三个名录是国务院环境保护委员会和中国科学院植物研究所于 1982 年确定了我国第一批《国家重点保护植物名录》354 种。1984 年 10 月，国务院环境保护委员会在《中国环境报》上公布了我国第一批《珍稀濒危保护植物名录》354 种。经征求意见后，1991 年出版的《中国植物红皮书》共列 388 种。20 世纪八九十年代，我国保护植物工作的依据就是《中国植物红皮书》。

第四个名录是 1999 年 9 月 9 日国家林业局、农业部令（第 4 号）发布的《国家重点保护野生植物名录（第一批）》，包括 8 类和 246 种。

以上名录中，第一和第二个名录可能由于专业不同或宣传力度不够等方面的原因，基本没有应用。目前应用较多的是《中国植物红皮书》和《国家重点保护野生植物名录》，这两个保护植物名录既有区别，也有联系。两个名录均体现了物种的保护，有共同的保护物种；区别在于，前者主要依据植物灭绝风险和科研方面，分 3 级保护；后者主要根据濒危程度、经济价值，综合人力、财力、物力以及当时技术手段等制定且具有一定法律效力，分 2 级保护。

3.4.2　IUCN 名录物种

依据《IUCN 物种红色名录》（2015 年），金佛山保护区共分布有《IUCN 物种红色名录》（2015 年）收录种 3167 种，其中，LC 2766 种、CR 14 种、DD 104 种、EX 1 种、EN 55 种、VU 94 种、NT 133 种（表 3-10）。其中蕨类植物 431 种，如心叶瓶儿小草（*Ophioglossum reticulatum*）、单叶贯众（*Cyrtomium hemionitis*）；裸子植物 24 种，如铁杉（*Tsuga chinensis*）、大果青扦（*Picea neoveitchii*）、红豆杉（*Taxus chinensis*）、南方红豆杉（*Taxus chinensis* var. *mairei*）等；被子植物 2711 种，如八角莲（*Dysosma versipellis*）、连香树（*Cercidiphyllum japonicum*）、领春木（*Euptelea pleiospermum*）、楠木（*Phoebe zhennan*）、杜仲（*Eucommia ulmoides*）等。

表 3-10　金佛山保护区 IUCN 物种保护级别数量统计

种类	LC（无危）	CR（极危）	DD(数据缺乏)	EX（绝灭）	EN（濒危）	VU（易危）	NT（近危）
蕨类植物	386	1	24	0	7	3	10
裸子植物	12	2	0	0	1	8	1
被子植物	2368	11	80	1	47	83	122
合计	2766	14	104	1	55	94	133
占金佛山保护区 IUCN 物种总数比例/%	87.34	0.44	3.28	0.03	1.74	2.97	4.20

3.4.3 CITES 名录物种

根据《濒危野生动植物种国际贸易公约》（CITES，2011 年），金佛山保护区共分布有 CITES 收录植物物种 158 种，其中，附录Ⅰ 1 种、附录Ⅱ 155 种、附录Ⅲ 2 种（表 3-11）。其中蕨类植物 2 种，小黑桫椤（*Alsophila metteniana*）、粗齿桫椤（*Alsophila denticulata*）；裸子植物 2 种，红豆杉（*Taxus chinensis*）、百日青（*Podocarpus neriifolius*）；被子植物 154 种，如水青树（*Tetracentron sinense*）、云木香（*Saussurea costus*）等。

表 3-11 金佛山保护区 CITES 名录物种保护级别数量统计

种类	附录Ⅰ	附录Ⅱ	附录Ⅲ
蕨类植物	0	2	0
裸子植物	0	1	1
被子植物	1	152	1
合计	1	155	2
占金佛山保护区 CITES 物种比例/%	0.63	98.10	1.27

3.4.4 国家重点保护野生植物名录物种

金佛山保护区受第四纪冰川影响较小，为许多珍稀濒危及保护植物提供了避难场所，此外金佛山保护区为喀斯特地貌，山体多陡崖，减少了人为的破坏，因此保存了种类多、数量大的保护植物。结合以往资料，根据此次科考结果，金佛山保护区共分布有国家重点野生保护植物 29 种（不包括栽培种）（表 3-12）。其中一级保护植物 6 种，如银杉（*Cathaya argyrophylla*）、红豆杉（*Taxus chinensis*）、南方红豆杉（*Taxus chinensis* var. *mairei*）、珙桐（*Davidia involucrata*）等；二级保护植物 23 种，如巴山榧树（*Torreya fargesii*）、润楠（*Machilus pingii*）、水青树（*Tetracentron sinense*）、连香树（*Cercidiphyllum japonicum*）等。

表 3-12 金佛山保护区国家重点保护野生植物保护级别数量统计

种类	一级	二级
蕨类植物	0	2
裸子植物	4	4
被子植物	2	17
合计	6	23
占金佛山保护区保护物种比例/%	20.69	79.31

2009 年邓洪平教授领衔的科研队伍开展了银杉、金佛山兰、荷叶铁线蕨、缙云黄芩等重庆市珍稀濒危或特有代表物种生存及保护现状研究，结合本次科考调查结果，重点介绍银杉的生物学形态特征、分布、种群数量、受到的威胁及保护措施。

1. 银杉（*Cathaya argyrophylla* Chun et Kuang）

分类学地位与形态特征：属松科（Pinaceae）、银杉属（*Cathaya*），为中国特有孑遗植物、新生代新近纪上新世以前残遗种，别名杉公子，为国家一级重点保护植物。与松属（*Pinus*）亲缘关系较近，与云杉属（*Picea*）、落叶松属（*Larix*）、黄杉属（*Pseudotsuga*）也有某些近似之处。成年植株高大挺拔，可达 24m，分枝平展，枝条多集中于树冠上部；叶条形，螺旋状着生，呈辐射状伸展，密集于枝端；雄球花穗呈圆柱形，雌球花长圆状卵圆形，基部无苞片；珠鳞近圆形，黄绿色，苞鳞三角状卵形，黄褐色；球果熟前绿色，熟时暗褐色，种鳞近圆形，苞鳞长达种鳞的 1/4～1/3；种子略扁，基部尖，斜倒卵圆形，橄榄绿带墨绿色，种翅膜质，黄褐色。

生长环境：银杉喜温凉湿润气候，生长的最适温度为 20℃，温度低于 15℃时植株停止生长，但它有较强的抗寒性和抗旱性；喜结构疏松、排水良好、土层较厚的酸性土壤，也显示出一定的耐瘠薄能力。尽管从生境来看银杉似乎表现出较强的抗逆特性，但是种群的研究表明，大部分种群都存在幼龄个体严重不足、老龄化加剧的现象，而且银杉种群数量有限，每一个群落中银杉种群的消长都将影响到整个银杉种群的稳定性，所以银杉种群的发展动态受到广泛的关注，而这又与其所处的群落特征密切相关。

种群数量：据本次调查，结合金佛山保护区管理局的普查结果显示，金佛山保护区有野生植株 455 株，其中幼苗有 53 株，另有 35 株已经枯死（表 3-13）。它们分散在 8 个分布点：金山老龙洞、德隆小米坪、头渡中长岗、黄草坪、岩夹坪—石人岗、甑子口—观山—双流水、懒龙岗和银杉岗（原名为老梯子）。最大的分布点在金佛山西坡的银杉岗（海拔 1650～1690m，N 29°01′57.7″，E 107°01′22.0″），有大树 127 株，分布在宽度仅为 1～2m 的山脊及其两侧上；最大一株胸径超过 40cm，胸径超过 20cm 的植株约有 50%；植株间的距离一般为 3～5m，近的仅相距 1m 左右。银杉生长的状况并不令人乐观，大部分植株向南的枝条较多，北面的枝条大多枯死；很多银杉被光叶水青冈（*Fagus lucida*）等阔叶树种遮住顶部或者一部分枝条，被遮住的枝条多生长不良或枯死。在银杉岗枯死植株较多，有 23 棵，部分为病虫害所致，很多是因为阔叶树遮蔽或植株密度过大造成生存竞争致死。在南川的 8 个分布点中有 5 个点的总数超过 40 株，最少的分布点只有 6 株；有 5 个点发现有幼苗，但除岩夹坪—石人岗的幼苗数较多外，其余的各点幼苗株数都少于 10。在金佛山保护区除银杉岗是集中分布外，其他分布点的植株多是分散的，各分部点间的距离一般在 3km 以上。此外，除 1 个种群附近有农户外，其他种群与农户居住区都比较远，大多数种群的人为活动较少，但由于多数银杉种群分布在集体林地内，无法杜绝当地居民在银杉生长地上的人为活动，有少数种群由于旅游开发提高了人为活动的强度，都直接影响着银杉植株的生存和生长。

除野生种群外，在金山镇共有人工栽培银杉 81 株（1 株已经枯死），总的来看，人工栽培的银杉枝叶茂盛，而比野生的银杉幼树生长迅速。

表 3-13　银杉在金佛山保护区的具体分布

编号	地点	大树	幼树	幼苗	合计	备注
1	金山老龙洞	69	4	4	77	枯死 11
2	黄草坪	11	—	—	11	
3	懒龙岗	6	—	—	6	
4	银杉岗（老梯子）	127	—	8	135	枯死 23
5	人工栽培地	80	—	—	81	栽培，枯死 1
6	甑子口—观山—双流水	80	1	—	81	枯死 1
7	岩夹坪-石人岗	48	—	34	82	
8	头渡中长岗	39	—	4	43	
9	德隆小米坪	17	—	3	20	
合计		477	5	53	536	

群落特征：银杉主要是与阔叶树形成群落，群落类型包括银杉-石栎混交林、银杉-光叶水青冈混交林，以及针叶树杉木和马尾松与银杉形成的混交林。在武隆白马山的银杉群落中，杉木（*Cunninghamia lanceolata*）、石栎（*Lithocarpus glaber*）、扁刺锥（*Castanopsis platyacantha*）、马尾松（*Pinus massoniana*）和曼青冈（*Cyclobalanopsis glauca*）是乔木层中的优势种，灌木主要有宜昌荚蒾（*Viburnum erosum*）、箭竹（*Fargesia spathacea*）、小果珍珠花（*Lyonia ovalifolia* var. *elliptica*）和腺萼马银花（*Rhododendron bachii*）等，草本层植物较少，零星分布有水龙骨（*Polypodiodes* sp.）、额河千里光（*Senecio argunensis*）和虎耳草（*Saxifraga stolonifera*）等，有些林中还可见到大量的杉木幼苗，而有的分布点地面覆盖了大量的落叶和枯枝，几乎没有草本植物。在南川的各分布点中，群落主要有 3 种类型，即银杉-杉木-马尾松群落、银杉-石砾群落和银杉-光叶水青冈群落。群落的郁闭度都比较大，伴生的乔木树种以壳斗科的最多，其次是樟科，包括光叶水青冈（*F. lucida*）、青冈（*C. glauca*）、褐叶青冈（*C. stewardiana*）、樟（*Cinnamomum camphora*）和新木姜子（*Neolitsea aurata*）等，马尾松和杉木等的优势也较大；灌木以杜鹃花科的杜鹃（*Rhododendron simsii*)、小果珍珠花、乌饭树（*Vaccinium bracteatum*）、无梗越橘（*V. henryi*）和箭竹（*Fargesia spathacea*）等植物植株最多，忍冬科和山茶科的次之，总盖度为 50%～70%；草本层植物较少，蕨类和苔藓类较为常见。总的来看，银杉群系的结构可分为乔木层、灌木层和草本层，在有些群落内草本层不发育；乔木层较为发达，可以分为 3 个亚层；灌木层的覆盖度不高，部分群落内竹类植物占有较大优势；草本层植物植株稀疏。此外，阔叶乔木幼苗幼树较多，局部地段有杉木等针叶幼苗幼树，而银杉幼苗往往生长困难。

经过现场记录样方和查阅相关文献资料，群落中银杉常见的伴生物种共有 101 种，其中蕨类植物 6 科 8 属 10 种，裸子植物 3 科 3 属 4 种，被子植物 33 科 64 属 55 种，而其中乔木 38 种，灌木 39 种，草本 21 种，藤本 3 种。

银杉面临的威胁如下。

（1）调查发现，在几个分布点都有植株枯死，总数达 37 棵（是多年来累积下来的结果）。如此大量的植株枯死，可能的原因有病害、虫害或自疏现象等，但具体原因与系统的防治措施，目前在重庆尚无深入研究。据报道，危害广西花坪自然保护区银杉人工林的病害有 3 种，虫害 17 种，主要病虫害种类为落针病、煤烟病、思茅松毛虫、木虱等，然而在重庆的相关工作有待进一步加强。

（2）火灾、地质灾害等威胁银杉的生存。尽管在重庆的几个分布点的降雨充沛，林中湿度一般较大，但森林中有较多枯枝落叶，不可避免存在火灾隐患。此外，银杉生长在山脊、山顶或悬崖边，如遇到暴雨极易发生山体滑坡等地质灾害，如 5 年前金佛山黄草坪在一处山顶发生山体滑坡直接导致 2 株银杉死亡，武隆向家湾最大个体位于绝壁之上，也面临山体垮塌的威胁。

（3）银杉遗传多样性偏低，繁殖力不强，生长缓慢，无力与其他树种竞争，只能分布于破碎化的生境中，因此出现自然更新不力和种群衰退迹象。幼龄个体数量严重不足是银杉种群发展壮大的限制因子，造成这种现状的原因是多方面的。银杉雌雄球花花期不一致，本来可能是避免自花传粉导致物种衰退的机制，但因栖息地的破碎化而被分割成许多很小的局部种群，其中个体数目很少，甚至为单个体种群，导致授粉率低、坐果率低，且传粉受精和结实历时较长、不利因素较多，最终导致球果成熟种子数少，繁殖率自然较低。调查中发现，在白马山自然保护区仅见一株银杉有球果产生。银杉幼苗的生长需有荫蔽的林下环境，而到幼树期则需要较多的阳光。目前群落中大量入侵的其他乔木和灌木遮蔽了阳光，导致林中郁闭度较大，使本来生长缓慢的银杉幼苗更失去了与其他树种幼苗的竞争能力，因而种群中幼树比例较低，出现衰退型种群。因此，银杉的繁殖与生长的特性导致其目前被逼退到少数的山顶或山脊上这种破碎的生境中，而这种破碎化的生境又加剧了其生长繁殖的困难，再加上银杉种群处于山地常绿落叶阔叶林带，当地的阔叶树多为高大乔木，竞争优势十分明显，银杉处于竞争的弱势地位，其种群退化趋势似乎不可避免。

（4）林业生产或旅游开发等人为活动影响着银杉的生存与生长状态。金佛山保护区是国家级风景名胜区，旅游活动频繁，旅游开发的强度在不断加大，有几个银杉的分布点都在旅游热点区域内或附近，而几乎所有有关金佛山风景区的旅游介绍网页都会提到银杉等珍稀濒危植物，所以游客的活动和旅游开发对银杉的影响将在所难免；调查中发现，在保护最为完好的银杉岗，均有人为破坏痕迹及白色垃圾遗弃现象存在。

（5）银杉分布点相距较远，保护管理的难度较大。金佛山保护区内的银杉种群分布在十几个不同的山脊上，种群最小水平间距 1km，种群最大水平间距 22km，最远种群之间人车同行需要的最少时间为 9h。银杉种群处于这种斑点状的分散状态，不利于管理保护人员巡山保护工作的开展。金佛山保护区目前以人工巡护方式为主，地方政府没有预算野外巡护经费和对银杉保护的特殊措施费用，金佛山保护区管理局无法对其实施更严格的保护措施。另外，银杉和一些伴生树种材质良好，是盗伐或误伐的对象，虽然有巡山保护工作，但也难以完全杜绝。

根据本次调查和相关研究的结果，针对目前银杉的保护与研究现状，应进一步做好以下几方面工作。

（1）进一步深化对银杉濒危机制和科学保护的相关研究。建议由主管部门牵头，建立科研单位和金佛山保护区合作共同开展相关研究，以制定科学的保护措施。首先要深化对银杉种群的动态研究，针对各种群落中银杉种群的生长状态、生境特征和潜在威胁等开展系列研究，才能更为准确地评估其生存质量。其次要开展繁育系统相关研究，科学地评估其繁殖能力，并在此基础上进行综合分析，深入探讨其濒危机制，预测其发展前景，并制定需要采取的有效措施。此外，还应系统开展野生银杉林和人工林的病虫害调查和防控研究，以利于相关工作的开展。

（2）加强原栖息地的保护，确立银杉种群生境人工控制措施。要保证现有野生种群的生存，并促进银杉的天然更新，首先应杜绝在野生银杉种群附近的旅游观光等人为活动。其次，除加强防火、防盗伐的巡护外，还应实时监控银杉的生长状况，避免发生大规模的病虫害和严重的山体滑坡等灾害威胁银杉生存。此外，可以在那些郁闭度较大、林下有幼树的分布点上，适当择伐部分生长较快的上层林木，以利于银杉幼苗、幼树的生长；在一些单株种群，择伐一些周围林木，并清理地面过多的枯枝落叶，以使种子能正常萌发。

（3）形成长效机制，保存种质资源，推动银杉人工种群的建立。目前银杉出种量低，如果大量采集种子必然会导致银杉自然更新更加困难，而人工育苗工作又存在种子易霉变和移栽成活率低等问题，因此，必要的研究工作必须首先开展。建议在相关研究的基础上，建立科研单位和金佛山保护区的长期合作机制。一方面，可以开展种子资源库或基因库的建设，保存珍贵的基因资源。另一方面，除继续完善用种子进行人工育苗繁殖的技术外，还应开展组织培养和提高扦插成活率的研究。待技术成熟后，成立研究与实践相结合的人工繁殖基地，组织培训一批从事基础研究和人工繁育工作的技术人员，利用扦插、组织培养等快速繁殖技术促进人工种群的建立。可以在原生地附近种植较大面积的人工林，由于在缙云山银杉的生长状况良好，所以也可以进行异地种植的探索。

（4）完善金佛山保护区管理体制。建议加大金佛山保护区的管理力度，规范金佛山保护区管理体制，以提高金佛山保护区管理机构的保护能力和法律、法规的执行能力。其中首先要解决一些管理的难题，如部分银杉种群分布地的林权，要由集体土地转为国有才更利于管护。另外，需确立银杉等珍稀濒危植物保护的专项资金投入机制，以利于保护工作的科学化和保护队伍的专业化。

2. 红豆杉（*Taxus chinensis*）

红豆杉为国家Ⅰ级保护植物，常绿乔木，小枝秋天变成黄绿色或淡红褐色，叶条形，雌雄异株，种子扁圆形。种子用来榨油，也可入药。属浅根植物，其主根不明显、侧根发达，高可达 30m，干径可达 1m。叶螺旋状互生，基部扭转为 2 列，条形略微弯曲，长 1～2.5cm，宽 2～2.5mm，叶缘微反曲，叶端渐尖，叶背有 2 条宽黄绿色或灰绿色气孔带，中脉上密生有细小凸点，叶缘绿带极窄，雌雄异株，雄球花单生于叶腋，雌球花的胚珠单生于花轴上部侧生短轴的顶端，基部有圆盘状假种皮。种子扁卵圆形，有 2 棱，种子呈卵圆形，假种皮杯状，红色。

红豆杉在我国多见于甘肃南部、陕西南部、湖北西部、四川和重庆海拔 1500～3000m 的山地。分布区的气候特点是夏温冬凉，四季分明，冬季有雪覆盖。年平均气温 10℃左右，最高气温 16～18℃，最低气温 0℃。年降水量 800～1000mm，年平均湿度 50%～60%。红豆杉能耐寒，并有较强的耐阴性，多生于河谷和较湿润地段的林中。主要群落为针阔混交林。

金佛山保护区 1200m 以上山地均有红豆杉分布。

3. 南方红豆杉（*Taxus chinensis* var. *mairei*）

南方红豆杉为国家Ⅰ级保护植物。常绿乔木，树皮淡灰色，纵裂成长条薄片；芽鳞顶端钝或稍尖，脱落或部分宿存于小枝基部。叶 2 列，近镰刀形，长 1.5～4.5cm，背面中脉带上无乳头角质突起，或有时零星分布，或与气孔带邻近的中脉两边有一至数条乳头状角质突起，颜色与气孔带不同，淡绿色，边带宽而明显。

南方红豆杉是中国亚热带至暖温带特有成分之一，在阔叶林中常有分布。耐荫树种，喜阴湿环境。喜温暖湿润的气候。自然生长在山谷、溪边、缓坡腐殖质丰富的酸性土壤中，中性土、钙质土也能生长。耐干旱瘠薄，不耐低洼积水。很少有病虫害，生长缓慢，寿命长。产于我国长江流域以南，常生于海拔 1000～1500m 的山林中，星散分布。

金佛山保护区为南方红豆杉主要分布于海拔 1200m 以下的阔叶林下，如茶沙、碧潭幽谷等海拔较低的地方。

4. 巴山榧树（*Torreya fargesii*）

巴山榧树为国家Ⅱ级保护植物，乔木，高可达 12m；树皮深灰色，不规则纵裂；一年生枝为绿色，二、三年生枝呈黄绿色或黄色，淡褐黄色。叶条形，条状披针形，通常直，微弯，长 1.3～3cm，宽 2～3mm，先端微凸尖或微渐尖，具刺状短尖头，基部微偏斜，宽楔形，上面亮绿色，无明显隆起的中脉，通常有两条较明显的凹槽，延伸不达中部以上，稀无凹槽，下脉淡绿色，中脉不隆起，气孔带较中脉带为窄，干后呈淡褐色，绿色边带较宽，约为气孔带的一倍。雄球花卵圆形，基部的苞片背部具纵脊，雄蕊常具 4 个花药，花丝短，药隔三角状，边具细缺齿。种子卵圆形、圆球形或宽椭圆形，肉质假种皮微被白粉，径约 1.5cm，顶端具小凸尖，基部有宿存的苞片；骨质种皮的内壁平滑；胚乳周围显著地向内深皱。花期 4～5 月，种子 9～10 月成熟。

巴山榧树为我国特有树种，产于陕西南部、湖北西部、重庆、四川东部、东北部及西部峨眉山海拔 1000～1800m 地带。散生于针、阔叶林中。模式标本采自重庆城口。

金佛山保护区 1000m 以上山地有巴山榧树的分布。

5. 连香树（*Cercidiphyllum japonicum*）

连香树为国家 II 级保护植物，稀有种。连香树在我国残遗分布于暖温带及亚热带地区。由于结实率低，幼树极少。加之历年来只砍伐，不种植，致使分布区逐渐缩小，成片植株更为罕见。

落叶乔木，高 10～20（～40）m，胸径达 1m；树皮灰色，纵裂，呈薄片剥落枝无毛，有长枝和距状短枝，短枝在长枝上对生；在短枝上单生，近圆形或宽卵形，长 4～7cm，宽 3.5～6cm，先端圆或锐尖，基部心形、圆形或宽楔形，边缘具圆钝锯齿，齿端具腺体，上面深绿色，下面粉绿色，具 5～7 条掌状脉；叶柄长 1～2.5cm。雌雄异株，先叶开放或与叶同放，腋生；每花有 1 苞片，花萼 4 裂，膜质，无花瓣；雄花常 4 朵簇生，近无梗，雄蕊 15～20，花丝纤细，花药红色，2 室，纵裂；雌花具梗，心皮 2～6，长 8～18mm，直径 2～3mm，微弯曲，熟时紫褐色，上部喙状，花柱宿存；种子卵圆形，顶端有长圆形透明翅。

连香树主要分布于山西南部，河南西部，陕西南部，甘肃南部，浙江西部及南部，江西及湖北、湖南、重庆、四川、贵州。生于海拔 400～2700m 的向阳山谷或溪旁的阔叶林中。日本也有分布。

连香树分布区的气候特点是冬寒夏凉，多数地区雨量多，湿度大。年平均气温 10～20℃，年降水量 500～2000mm，平均相对湿度 80%。土壤为棕壤和红黄壤，呈酸性，pH 为 5.4～6.1，有机质含量较丰富（高可达 8%～10%）。连香树耐阴性较强，幼树须长在林下弱光处，成年树要求一定的光照条件。深根性，抗风，耐湿，生长缓慢，结实稀少。萌蘖性强，于根基部常萌生多枝。多芽于 3 月上旬萌动，下旬至 4 月上旬为展叶期，10 月中旬以后叶开始变化，到 11 月中下旬落直。花于 4 月中旬开放，至 5 月下旬为凋谢期；果实于 9～10 月成熟。

连香树为古近-新近纪孑遗植物，中国和日本的间断分布种。对于阐明古近-新近纪植物区系起源以及中国与日本植物区系的关系，均有较大科研价值。树姿高大雄伟，叶形奇特，为很好的园林绿化树种。

金佛山保护区的连香树分布于黄草坪、狮子口山脚等地的海拔 1400～1900m 的阔叶林中。

6. 香果树（*Emmenopterys henryi*）

香果树为国家 II 级保护植物，稀有种。落叶大乔木；树皮灰褐色，鳞片状；小枝有皮孔，粗壮，扩展。叶纸质或革质，阔椭圆形、阔卵形或卵状椭圆形。托叶大，三角状卵形，早落。圆锥状聚伞花序顶生；花芳香，裂片近圆形，具缘毛，脱落，变态的叶状萼裂片白色、淡红色或淡黄色，纸质或革质，匙状卵形或广椭圆形；花冠漏斗形，白色或黄色，被黄白色绒毛，裂片近圆形；花丝被绒毛。蒴果长圆状卵形或近纺锤形；种子多数，小而阔翅。

产于陕西、甘肃、江苏、安徽、浙江、江西、福建、河南、湖北、湖南、广西、重庆、四川、贵州、云南东北部至中部；生于海拔 430～1630m 处山谷林中，喜湿润而肥沃的土壤。

树干高耸，花美丽，可作庭园观赏树。树皮纤维柔细，是制蜡纸及人造棉的原料。木材无边材和心材的明显区别，纹理直，结构细，供制家具和建筑用。耐涝，可作固堤植物。

金佛山保护区的香果树分布于柏枝山、金佛山箐巴山等山地沟谷中。

7. 珙桐（*Davidia involucrata* var. *vilmoriniana*）

珙桐为国家 I 级保护植物，濒危种。为落叶乔木。可生长到 15～25m 高，叶子广卵形，边缘有锯齿。

本科植物只有一属两种，两种相似，只是一种叶面有毛，另一种是光面。花奇色美，是 1000 万年前新生代新近纪留下的孑遗植物，在第四纪冰川时期，大部分地区的珙桐相继灭绝，只有在我国南方的一些地区幸存下来，洛阳绿诚农业已规模化繁育及种植成功。珙桐是植物界的"活化石"，被誉为"中国的鸽子树"，又称"鸽子花树""水梨子"，野生种只生长在湖北省和周边地区。该物种已被列为国家一级重点保护野生植物，为我国特有的单种属植物，也是全世界著名的观赏植物。

落叶乔木，高 15～20m；胸高直径约 1m；树皮深灰色或深褐色，常裂成不规则的薄片而脱落。幼枝圆柱形，当年生枝紫绿色，无毛，多年生枝深褐色或深灰色。叶纸质，互生，无托叶，常密集于幼枝顶端，阔卵形或近圆形，顶端急尖或短急尖，具微弯曲的尖头，基部心脏形或深心脏形，边缘有三角形而尖端锐尖的粗锯齿；叶柄圆柱形，长 4～5cm，稀达 7cm，幼时被稀疏的短柔毛。两性花与雄花同株，由多数的雄花与 1 个雌花或两性花呈近球形的头状花序，直径约 2cm，着生于幼枝的顶端，两性花位于花序的顶端，雄花环绕于其周围，基部具纸质、矩圆状卵形或矩圆状倒卵形花瓣状的苞片 2～3 枚，初淡绿色，继变为乳白色。雄花无花萼及花瓣，有雄蕊 1～7 枚，长 6～8mm，花丝纤细，无毛，花药椭圆形，紫色；雌花或两性花具下位子房，6～10 室，与花托合生，子房的顶端具退化的花被及短小的雄蕊，花柱粗壮，分成 6～10 枝，柱头向珙桐花果叶（11 张）外平展，每室有 1 枚胚珠，常下垂。果实为长卵圆形核果，长 3～4cm，直径 15～20mm，紫绿色具黄色斑点，外果皮很薄，中果皮肉质，内果皮骨质具沟纹，种子 3～5 枚；果梗粗壮，圆柱形。花期 4 月，果期 10 月。

金佛山保护区的珙桐主要分布于箐巴山老龙洞、柏枝山海拔约 1600m 沟谷落叶阔叶林中。

8. 楠木（*Phoebe zhennan*）

楠木为国家 II 级保护植物，渐危种。大乔木，高可达 30m，树干通直。芽鳞被灰黄色贴伏长毛。小枝通常较细，有棱或近于圆柱形，被灰黄色或灰褐色长柔毛或短柔毛。叶革质，椭圆形，少为披针形或倒披针形，先端渐尖，尖头直或呈镰状，基部楔形，最末端钝或尖，上面光亮无毛或沿中脉下半部有柔毛，下面密被短柔毛，脉上被长柔毛，中脉在上面下陷成沟，下面明显突起，侧脉每边 8～13 条，斜伸，上面不明显，下面明显，近边缘网结，并渐消失，横脉在下面略明显或不明显，小脉几乎看不见，不与横脉构成网格状或很少呈模糊的小网格状；叶柄细，长 1～2.2cm，被毛。聚伞状圆锥花序十分开展，被毛，纤细，在中部以上分枝，最下部分枝通常长 2.5～4cm，每伞形花序有花 3～6 朵，一般为 5 朵；花中等大，花梗与花等长；花被片近等大，外轮卵形，内轮卵状长圆形，先端钝，两面被灰黄色长或短柔毛，内面较密；第一、二轮花丝长约 2cm，第三轮长 2.3cm，均被毛，第三轮花丝基部的腺体无柄，退化雄蕊三角形，具柄，被毛；子房球形，无毛或上半部与花柱被疏柔毛，柱头盘状。果椭圆形；果梗微增粗；宿存花被片卵形，革质、紧贴，两面被短柔毛或外面被微柔毛。花期 4～5 月，果期 9～10 月。

楠木为我国特有，是驰名中外的珍贵用材树种。重庆有天然分布，是组成常绿阔叶林的主要树种。由于历代砍伐利用，致使这一丰富的森林资源近于枯竭。现存林分，多系人工栽培的半自然林和风景保护林，在庙宇、村舍、公园、庭院等处尚有少量的大树，但病虫危害较严重，也相继在衰亡。楠木材质优良，用途广泛，是楠木属中经济价值较高的一种。又是著名的庭院观赏和城市绿化树种。

金佛山保护区的楠木分布于碧潭幽谷、茶沙、黄草坪等地常绿阔叶林中。

9. 水青树（*Tetracentron sinense*）

水青树为国家 II 级保护植物，为水青树科水青树属落叶乔木，高可达 30m，胸径可达 1.5m，全株无毛；树皮灰褐色或灰棕色而略带红色，片状脱落；长枝顶生，细长，幼时暗红褐色，短枝侧生，距状，基部有叠生环状的叶痕及芽鳞痕。叶片卵状心形，长 7～15cm，宽 4～11cm，顶端渐尖，基部心形，边缘具细锯齿，齿端具腺点，两面无毛，背面略被白霜，掌状脉 5～7，近缘边形成不明显的网络；叶柄长 2～3.5cm。

水青树为深根性、喜光的阳性树种，幼龄期稍耐荫蔽。喜生于土层深厚、疏松、潮湿、腐殖质丰富、排水良好的山谷与山腹地带，在陡坡、深谷的悬岩上也能生长。零星散生于常绿、落叶阔叶林内或林缘。

金佛山保护区的水青树主要分布二级陡崖以上区域落叶阔叶林中。

10. 黄檗（*Phellodendron amurense*）

黄檗为国家Ⅱ级保护植物，渐危种。枝扩展，成年树的树皮有厚木栓层，浅灰或灰褐色，深沟状或不规则网状开裂，内皮薄，鲜黄色，味苦，黏质，小枝暗紫红色，无毛。叶轴及叶柄均纤细。花序顶生；萼片细小，阔卵形，长约 1mm；花瓣紫绿色；雄花的雄蕊比花瓣长，退化雌蕊短小。果圆球形，蓝黑色；种子通常 5 粒。

黄檗主产于东北和华北各省，河南、安徽北部、宁夏也有分布，内蒙古有少量栽种。多生于山地杂木林中或山区河谷沿岸。适应性强，喜阳光，耐严寒，宜于平原或低丘陵坡地、路旁、住宅旁及溪河附近水土较好的地方种植。

黄檗的木栓层是制造软木塞的材料。木材坚硬，边材淡黄色，心材黄褐色，是枪托、家具、装饰的优良材，亦为胶合板材。果实可作驱虫剂及染料。种子含油 7.76%，可制肥皂和润滑油。树皮内层经炮制后可入药，味苦，性寒，清热解毒、泻火燥湿。主治急性细菌性痢疾、急性肠炎、泌尿系统感染等炎症。外用治火烫伤、中耳炎、急性结膜炎等。

金佛山保护区的黄檗分布于金山镇、黄草坪等地，多为人工栽培。

3.4.5　重庆市重点保护野生植物名录物种

2012～2014 年邓洪平教授作为项目负责人，承担了制定重庆市重点保护植物名录的科研课题，经过大量的野外调查和多次讨论，最终确定了 46 种重庆市保护植物，重庆市人民政府以渝府发〔2015〕7 号公布这些保护植物（表 3-14）。

根据《重庆市重点保护野生植物名录（第一批）》，金佛山保护区共分布有重庆市重点野生保护植物 27 种，占重庆市重点野生保护植物总种数的 58.69%，包括金佛山兰（*Tangtsinia nanchuanica*）、延龄草（*Trillium tschonoskii*）、树枫杜鹃（*Rhododendron changii*）等。

表 3-14　金佛山保护区重庆市重点保护野生植物保护级别数量统计

种类	数量
蕨类植物	1
裸子植物	3
被子植物	23
合计	27

以金佛山兰为例，其生物学形态特征、分布、种群数量、受到的威胁及保护措施如下。

金佛山兰（*Tangtsinia nanchuanica* S. C. Chen）

分类学地位：隶属兰科（Orchidoideae）单蕊亚科（Monandrae）。在 20 世纪 60 年代，我国陈心启在南川金佛山地区发现金佛山兰，并定名发表且认定它是我国金佛山地区所特有的单属单种植物。它以其近辐射对称的花被、无特化唇瓣、顶生柱头以及具五枚退化雄蕊等更原始的特征，引起了分类学家的关注，对于研究兰科植物系统发育和起源有较高的科学价值。由于金佛山兰分布区域狭窄，种群数量极少，野外种子繁殖成功率低等自身原因，加上人类直接和间接的活动对其本体和栖息地的破坏，致使该物种目前近于濒危，已被《中国植物红皮书》评估为稀有种，也是《重庆市重点保护野生植物名录（第一批）》中的物种。

形态特征：金佛山兰植株高 15～35cm。根状茎粗短，具多数粗 2.5～4mm 的肉质纤维根。叶 4～6 枚；叶片椭圆形、椭圆状披针形或披针形，纸质，长 6～9cm，宽 1.2～3cm，先端急尖或渐尖，基部抱茎，无毛，具 5～7 脉。总状花序长 3～6cm，通常具 3～6 花，罕有减退为 1～2 花；花苞片三角状披针形，长 1～1.5mm，最下面的 1 枚常近镰刀状，长约 1cm；花梗和子房长 1.3～1.6cm；花黄色，基部稍带白色，直立，不开放或稍张开；萼片狭椭圆形或近椭圆形，长 1.5～1.7cm，宽 3.5～4.5mm，基部收狭成短爪，先端钝，具 5 脉；花瓣与唇瓣相似，均为倒卵状椭圆形，长 1.1～1.3cm，宽 4～4.5mm，基部明显具爪；蕊柱近三棱状圆柱形，顶端稍扩大，黄绿色，连花药长 6～7mm；花药长圆状卵球形，长约 1.5mm；花丝宽阔，近卵状披针形，长1～1.5mm；退化雄蕊5，较大的3枚近舌状，白包并具银色斑点，较小的2枚不甚明显，与蕊柱同色；花粉团白色，一端较细，侧面观近镰刀状狭卵形，长约1.6mm，宽约0.3mm。蒴果直立，近椭圆形，长约2cm、宽约6.5mm，顶端具宿存的蕊柱。花期4～6月，果期不详。

分布和生境：四川东南部（现重庆南川金佛山）和贵州北部（桐梓）。生于海拔700～2100m的林下透光处、灌丛边缘和草坡上（表3-15）。

表3-15　金佛山兰种群环境资料

样地地点	海拔/m	纬度	经度	郁闭度/%	种群个体数量	植被类型
金佛山黄草坪	1146	N29°3′38″	E107°11′59″	85	14	常绿阔叶林
金佛山洋芋坪 I	1538	N29°02′31.3″	E107°12′12.6″	89	7	阔叶混交林
金佛山洋芋坪 II	1543	N29°02′31.9″	E107°12′13.2″	87	9	阔叶混交林
金佛山洋芋坪III	1320	N29°03′7.3″	E107°11′47.9″	84	17	阔叶混交林

种群数量：本次野外调查对金佛山兰的自然分布状态进行了考察，仅找到4个种群，以洋芋坪种群长势较好，其次是黄草坪种群。

在调查中发现，金佛山兰主要生长在郁闭度0.8～0.9的林缘或路边，而郁闭度小于0.8或大于0.9的地方几乎未发现金佛山兰。本次调查对各金佛山兰种群中的伴生物种进行了详细记录，其中乔木、小乔木49种，灌木19种，草本42种，其中蕨类植物8科8属8种，裸子植物4科4属4种，被子植物48科84属98种。

金佛山兰面临的威胁如下：

（1）生境破碎化导致物种资源量的减少。由调查可知，现金佛山的金佛山兰分布地之间多数由农田、民宅和道路等分割开来，造成其生境片段化，影响种群之间的基因交流，限制了其种群的扩大，从而导致金佛山兰资源量的减少。而种群数的减少以及种群变小将导致其授粉率、结实率的降低，使其不具有以有性生殖扩大种群数量的优势，从而进一步导致种群数量的减少。

（2）病虫农害对一些小种群也可能造成灭绝，在金佛山兰果实发育的后期常常就会遭到虫害，在这次考察中发现，大多数植株的叶片、果实有被虫食过的痕迹，可能这也是导致金佛山兰濒危的一个原因。

（3）金佛山兰是一个生存竞争力较弱的物种。调查结果显示，生态位相同的芒、玉竹和蕨等物种的大量繁殖，会很快挤占金佛山兰的原有生境，与其形成资源竞争，使其不能生存下去。

（4）当人们在开采山地时，因为金佛山兰不为这些人所认识，而被当作杂草除去，这也会导致金佛山兰的濒危。

（5）群落演替对金佛山兰的生长有一定的影响。从调查结果可知，金佛山兰可能是群落中的先锋物种之一，当该群落中其他优势种群生长旺盛而造成生长环境郁闭度过大或过小时，都会影响金佛山兰本身的生长发育。比如，林窗的出现就会给它的发育繁殖以机会；而郁闭度增大就只能让其以无性繁殖的方式苟延残喘甚至死亡。

基于以上的研究和推测，提出以下几点对金佛山兰进行保护的措施。

（1）加强立法。兰科植物已定为我国优先重点保护的16个野生植物类群（种）之一，但是其类群主要集中于国兰、兜兰以及一些观赏或药用价值较高等经济价值较为明显的类群，尚没有对金佛山兰等具有潜在的科研和育种意义且濒于灭绝的物种进行专门立法保护。有鉴于此，建议提升金佛山兰的保护级别或专门针对金佛山兰予以立法保护，确保其野生生境持续良好存在，杜绝单位和个人的随意采挖和破坏，并且严格科学研究的审批程序和限制采集数量。

（2）加强宣传，增强公众的认知水平和保护意识。建议金佛山保护区管理处采用设立宣传栏、植物挂牌（道旁易受人为活动影响的种群）等形式对包括金佛山兰在内的金佛山特有和珍稀物种进行宣传，提高游人的认知水平，增强人们的保护意识，防止游人在不了解的情况下误采误挖；由于历史原因，在金佛山兰的分布区域仍然有不少居民存在，他们在种植药材（调查区主要是黄连）和粮食，以及放牧、开荒等过程中对金佛山兰植株本身和生存微环境的保存都有很大的影响。建议对当地居民进行有偿经济补偿或外迁以确保金佛山兰分布区域的良性存在和扩大。

（3）就地保护和迁地保护相结合。金佛山兰的生态域窄小，对生境依赖性高。加大对其种群生境的保护力度，使现有能正常生存的大种群不至于再退变为小而隔离的种群，以避免种种潜在的生存风险；同时对于个别生境已经完全或近于破坏或种群规模极其狭小近于灭绝的种群实施迁地保护，构建金佛山兰迁地保护中心，进行种群种质资源保存。

（4）建立金佛山兰的离体基因库。在可能的情况下，将金佛山兰的种子（果实）、根、茎、叶、花粉等器官、组织贮藏于基因库或种子库中，以备将来研究需要。

（5）开展人工栽培。目前在兰科植物组织培养及人工栽培方面，已开展了一些工作。运用生物技术进行大规模工厂化快速繁育种苗，探讨优质栽培成套技术，这样既满足了市场需求，又减少了野生资源的压力。

（6）继续开展生物学研究，为金佛山兰的保护提供更多、更深入的理论依据和实践经验。由于金佛山兰有较好的观赏价值，开展以下工作具有重大的意义：一是研究种群动态；二是研究群落生物多样性和群落生产力；三是研究濒危的机理，及最适生活格局、生殖对策等；四是研究繁育技术，为金佛山兰的生长创造适宜的生存环境，给它的保护、恢复与扩大繁育提供有力的保障。

3.4.6　中国植物红皮书名录物种

依据《中国植物红皮书名录》，金佛山保护区共分布有红皮书收录物种 39 种。其中濒危种 6 种，如峨眉含笑（*Michelia wilsonii*）、梓叶槭（*Acer amplum* subsp. *catalpifolium*）；渐危种 20 种，如八角莲（*Dysosma versipellis*）、黄檗（*Phellodendron amurense*）、黄连（*Coptis chinensis*）、麦吊云杉（*Picea brachytyla*）、延龄草（*Trillium tschonoskii*）、野大豆（*Glycine soja*）等；稀有种 13 种，如独花兰（*Changnienia amoena*）、珙桐（*Davidia involucrata*）、杜仲（*Eucommia ulmoides*）、水青树（*Tetracentron sinense*）等（表 3-16）。

表 3-16　金佛山保护区中国植物红皮书名录物种保护级别数量统计

类群	濒危	渐危	稀有
蕨类植物	2	0	0
裸子植物	0	5	1
被子植物	4	15	12
合计	6	20	13
占金佛山保护区中国植物红皮书名录物种比例/%	15.39	51.28	33.33

3.5　模　式　植　物

金佛山保护区地处云贵高原与四川盆地过渡地带，物种非常丰富，吸引了众多植物学家前来采集研究，发现了大量新种。综合已发表的科研文献，并根据《中国植物志》（英文版）进行物种整理后，金佛山保护区分布有南川模式植物 232 种，其中蕨类植物有 36 种，被子植物 196 种，如金佛山短肠蕨（*Allantodia jinfoshanicola*）、金佛山复叶耳蕨（*Arachniodes jinfoshanensi* Ching）、南川椴（*Tilia nanchuanensis*）、大叶当归（*Angelica megaphylla*）、南川桤叶树（*Clethra nanchuanensis*）等。

3-17　金佛山保护区模式植物

科名	属名	中文名	学名
石杉科	*Huperzia*	皱边石杉	*Huperzia crispata*（Ching ex H. S. Kung）Ching
石杉科	*Huperzia*	南川石杉	*Huperzia nanchuanensis*（Ching et H. S. Kung）Ching et H. S. Kung
阴地蕨科	*Botrypus*	下延阴地蕨	*Botrypus decurrens*（Ching）Ching et H. S. Kung
阴地蕨科	*Sceptridium*	药用阴地蕨	*Sceptridium officinale*（Ching）Ching et H. S. Kung
裸子蕨科	*Coniogramme*	乳头凤丫蕨	*Coniogramme rosthornii* Hieron
蹄盖蕨科	*Allantodia*	金佛山短肠蕨	*Allantodia jinfoshanicola* W. M. Chu
蹄盖蕨科	*Allantodia*	南川短肠蕨	*Allantodia nanchuanica* W. M. Chu

续表

科名	属名	中文名	学名
蹄盖蕨科	*Athyriopsis*	金佛山假蹄盖蕨	*Athyriopsis jinfoshanensis* Ching et Z. Y. Liu
蹄盖蕨科	*Athyrium*	圆羽蹄盖蕨	*Athyrium clivicola* Tagawa var. *rotundum*（Ching）Z. R. Wang
蹄盖蕨科	*Athyrium*	贵州蹄盖蕨	*Athyrium pubicostatum* Ching et Z. Y. Liu
蹄盖蕨科	*Athyrium*	绢毛蹄盖蕨	*Athyrium sericellum* Ching
蹄盖蕨科	*Lunathyrium*	南川蛾眉蕨	*Lunathyrium nanchuanense* Ching et Z. Y. Liu
蹄盖蕨科	*Lunathyrium*	金佛山蛾眉蕨	*Lunathyrium sichuanense* Z. R. Wang var. *jinfoshanense* Z. R. Wang
金星蕨科	*Cyclosorus*	秦氏毛蕨	*Cyclosorus chingii* Z. Y. Liu ex Ching et Z. Y. Liu
金星蕨科	*Cyclosorus*	平基毛蕨	*Cyclosorus falccidus* Ching et Z. Y. Liu
金星蕨科	*Cyclosorus*	阔羽毛蕨	*Cyclosorus macrophyllus* Ching et Z. Y. Liu
金星蕨科	*Cyclosorus*	南川毛蕨	*Cyclosorus nanchuanensis* Ching et Z. Y. Liu
金星蕨科	*Cyclosorus*	对羽毛蕨	*Cyclosorus oppositipinnus* Ching et Z. Y. Liu
金星蕨科	*Cyclosorus*	拟渐尖毛蕨	*Cyclosorus sino-acuminatus* Ching et Z. Y. Liu
金星蕨科	*Cyclosorus*	中华齿状毛蕨	*Cyclosorus sinodentatus* Ching et Z. Y. Liu
金星蕨科	*Glaphyropteridopsis*	毛囊方秆蕨	*Glaphyropteridopsis eriocarpa* Ching
金星蕨科	*Glaphyropteridopsis*	金佛山方秆蕨	*Glaphyropteridopsis jinfushanensis* Ching et Y. X. Lin
金星蕨科	*Leptogramma*	金佛山茯蕨	*Leptogramma jinfoshanensis* Ching et Z. Y. Liu
金星蕨科	*Stegnogramma*	金佛山溪边蕨	*Stegnogramma jinfoshanensis* Ching et Z. Y. Liu
岩蕨科	*Woodsia*	密毛岩蕨	*Woodsia rosthorniana* Diels
鳞毛蕨科	*Arachniodes*	多矩复叶耳蕨	*Arachniodes calarata* Ching
鳞毛蕨科	*Arachniodes*	金佛山复叶耳蕨	*Arachniodes jinfoshanensis* Ching
鳞毛蕨科	*Arachniodes*	南川复叶耳蕨	*Arachniodes nanchuanensis* Ching et Z. Y. Liu
鳞毛蕨科	*Arachniodes*	半育复叶耳蕨	*Arachniodes semifertilis* Ching
鳞毛蕨科	*Cyrtogonellum*	弓羽柳叶蕨	*Cyrtogonellum salicifolium* Ching ex Y. T. Hsieh
鳞毛蕨科	*Polystichum*	金佛山耳蕨	*Polystichum jinfoshanense* Ching et Z. Y. Liu
鳞毛蕨科	*Polystichum*	正宇耳蕨	*Polystichum liui* Ching
鳞毛蕨科	*Polystichum*	长叶耳蕨	*Polystichum longissimum* Ching et Z. Y. Liu
鳞毛蕨科	*Polystichum*	假线鳞耳蕨	*Polystichum pseudo-setosum* Ching et Z. Y. Liu ex Z. Y. Liu
鳞毛蕨科	*Polystichum*	中华对马耳蕨	*Polystichum sino-tsus-simense* Ching et Z. Y. Liu ex Z. Y. Liu
水龙骨科	*Lepidomicrosorum*	南川鳞果星蕨	*Lepidomicrosorum nanchuanense* Ching et Z. Y. Liu
杨柳科	*Salix*	南川柳	*Salix rosthornii* Franch.
桦木科	*Carpinus*	川黔千金榆	*Carpinus fangiana* Hu.
壳斗科	*Lithocarpus*	南川柯	*Lithocarpus rosthornii*（Schott）Barn.
桑科	*Artocarpus*	南川波罗蜜	*Artocarpus nanchuanensis* S. S. Chang
荨麻科	*Elatostema*	南川楼梯草	*Elatostema nanchuanensis* W. T. Wang
荨麻科	*Elatostema*	樱叶楼梯草	*Elatostema prunifolium* W. T. Wang
荨麻科	*Elatostema*	拟骤尖楼梯草	*Elatostema subcuspidatum* W. T. Wang
荨麻科	*Pellionia*	曲毛赤车	*Pellionia retrohispida* W. T. Wang
荨麻科	*Pilea*	南川冷水花	*Pilea nanchuanensis* C. J. Chen
荨麻科	*Pilea*	序托冷水花	*Pilea receptacularis* C. J. Chen
荨麻科	*Urtica*	荨麻	*Urtica thunbergiana* S. et Z.
马兜铃科	*Aristolochia*	金山马兜铃	*Aristolochia jinshanensis* Z. L. Yang et S. X. Tan
马兜铃科	*Asarum*	皱花细辛	*Asarum crispulatum* C. Y. Cheng et C. S. Yang
马兜铃科	*Asarum*	南川细辛	*Asarum nanchuanense* C. S. Yang et J. L. Wu

续表

科名	属名	中文名	学名
石竹科	*Silene*	齿瓣蝇子草	*Silene incids* C. L. Tang
毛茛科	*Cimicifuga*	南川升麻	*Cimicifuga nanchuanensis* Hsiao
毛茛科	*Clematis*	金佛铁线莲	*Clematis gratopsis* W. T. Wang
小檗科	*Berberis*	南川小檗	*Berberis fallaciosa* Schneid.
小檗科	*Berberis*	金佛山小檗	*Berberis jinfoshanwnsis* Ying
小檗科	*Mahonia*	峨眉十大功劳	*Mahonia polydonta* Fedde
五味子科	*Schisandra*	金山五味子	*Schisandra glaucescens* Diels
樟科	*Litsea*	红皮木姜子	*Litsea pedunculata*（Diels）Yang et P. H. Huang
樟科	*Machilus*	南川润楠	*Machilus nanchuanensis* N. Chao
樟科	*Neolitsea*	紫新木姜子	*Neolitsea purpurescens* Yang
十字花科	*Cardamine*	异叶碎米荠	*Cardamine heterophylla* T. Y. Cheo et R. C. Fang
十字花科	*Cardamine*	湿生碎米荠	*Cardamine hygrophylla* T. Y. Cheo et R.C.Tang
景天科	*Sedum*	大苞景天	*Sedum amplibracteatum* K. T. Fu
景天科	*Sedum*	凹叶大苞景天	*Sedum amplibracteatum* K. T. Fu var. *emarginatum*（S. H. Fu）S. F. Fu
景天科	*Sedum*	南川景天	*Sedum rosthornianum* Diels
虎耳草科	*Chrysosplenium*	韫珍金腰	*Chrysosplenium wuwenchenii* Jien
虎耳草科	*Deutzia*	多辐溲疏	*Deutzia multiradiata* W. T. Wang
虎耳草科	*Deutzia*	南川溲疏	*Deutzia nanchuanensis* W. T. Wang
虎耳草科	*Hydrangea*	绢毛绣球	*Hydrangea glaucophylla* C. C. Yang var. *sericea*（C. C. Yang）Wei
虎耳草科	*Hydrangea*	大枝绣球	*Hydrangea rosthornii* Diels
虎耳草科	*Hydrangea*	挂苦绣球	*Hydrangea xanthoneura* Diels
虎耳草科	*Parnassia*	南川梅花草	*Parnassia amoena* Diels et Engl.
虎耳草科	*Parnassia*	厚叶梅花草	*Parnassia perciliata* Diels.
海桐花科	*Pittosporum*	管花海桐	*Pittosporum tubiflorum* H. T. Chang et Yan
海桐花科	*Pittosporum*	波叶海桐	*Pittosporum undulatifolium* H. T. Chang et Yan
蔷薇科	*Cerasus*	微毛樱桃	*Cerasus clarofolia*（Schneid.）Yu. et C. L. Li
蔷薇科	*Cotoneaster*	木帚栒子	*Cotoneaster dielsianus* Pritz.
蔷薇科	*Rubus*	尖裂灰毛泡	*Rubus irenaeus* Focke var. *innoxius*（Focke ex Diels）Yu et Lu
蔷薇科	*Rubus*	金佛山悬钩子	*Rubus jinfoshanensis* Yu et Lu
蔷薇科	*Spiraea*	南川绣线菊	*Spiraea rosthornii* Pritz.
蔷薇科	*Stranvaesia*	绒毛红果树	*Stranvaesia tomentosa* Yu et Ku
豆科	*Lathyrus*	中华山黧豆	*Lathyrus dielsianus* Harms
豆科	*Millettia*	香花崖豆藤	*Millettia dielsiana* Harms
牻牛儿苗科	*Geranium*	金佛山老鹳草	*Geranium bockii* R. Knuth
芸香科	*Toddalia*	小飞龙掌血	*Toddalia asiatica* var. *porva* Z. M. Tan
芸香科	*Zanthoxylum*	菱叶花椒	*Zanthoxylum rhombifoliolatum* Huang
楝科	*Munronia*	地黄连	*Munronia sinica* Diels
大戟科	*Antidesma*	小肋五月茶	*Antidesma costulatum* Pax et Hoffm.
冬青科	*Ilex*	南川冬青	*Ilex nanchuanensis* Z. M. Tan
卫矛科	*Celastrus*	短柄南蛇藤	*Celastrus rosthornianus* Loes.
卫矛科	*Euonymus*	金佛山卫矛	*Euonymus jinfoshanensis* Z. M. Gu
卫矛科	*Euonymus*	石枣子	*Euonymus sanguineus* Loes.
卫矛科	*Microtropis*	三花假卫矛	*Microtropis triflora* Merr. et Freem.

续表

科名	属名	中文名	学名
槭树科	*Acer*	南川长柄槭	*Acer longipes* Franch. ex Rehd. var. *nanchuanense* Fang
槭树科	*Acer*	七裂薄叶槭	*Acer tenellum* Pax var. *septemlobum*（Fang et Soong）Fang et Soong
青风藤科	*Sabia*	四川清风藤	*Sabia schumanniana* Diels
凤仙花科	*Impatiens*	长距凤仙花	*Impatiens dolichoceras* Pritz.
凤仙花科	*Impatiens*	长翼凤仙花	*Impatiens longialata* Pritz. ex Diels.
鼠李科	*Rhamnus*	小冻绿树	*Rhamnus rosthornii* Pritz.
葡萄科	*Ampelopsis*	羽叶蛇葡萄	*Ampelopsis chaffanjoni*（Lévl. et Vant.）Rehd.
葡萄科	*Ampelopsis*	狭叶蛇葡萄	*Ampelopsis delavayana* var. *glabra*（Diels et Gilg）C. L. Li
葡萄科	*Ampelopsis*	大叶蛇葡萄	*Ampelopsis megalophylla* Diels et Gilg
葡萄科	*Cayratia*	华中乌蔹莓	*Cayratia oligocarpa*（Lévl. et Vant.）Gagnep.
椴树科	*Tilia*	南川椴	*Tilia nanchuanensis* H. T. Chang
猕猴桃科	*Clematoclethra*	南川藤山柳	*Clematoclethra nanchuanensis* W. T. Wang
猕猴桃科	*Clematoclethra*	变异藤山柳	*Clematoclethra variabilis* C. F. Liang et Y. C. Chen
山茶科	*Camellia*	南川茶	*Camellia nanchuanica* Chang et J. H. Xiong
堇菜科	*Viola*	尖叶柔毛堇菜	*Viola principis* H. de Boiss. var. *acutifolia* C. J. Wang
堇菜科	*Viola*	圆果堇菜	*Viola sphaerocarpa* W. Beck.
旌节花科	*Stachyurus*	矩圆叶旌节花	*Stachyurus oblongifolius* Weng et Thoms.
秋海棠科	*Begonia*	南川秋海棠	*Begonia dielsinan* E. Pritz.
胡颓子科	*Elaeagnus*	长叶胡颓子	*Elaeagnus bockii* Diels
胡颓子科	*Elaeagnus*	短柱胡颓子	*Elaeagnus difficilis* Serv. var. *brevistyla* W. K. Hu et H. F. Chow
胡颓子科	*Elaeagnus*	大披针叶胡颓子	*Elaeagnus lanceolata* Warb. spp. *grandifolia* Serv.
胡颓子科	*Elaeagnus*	南川牛奶子	*Elaeagnus nanchuanensis* C. Y. Chang
五加科	*Dendropanax*	树参	*Dendropanax dentiger*（Harms）Merr.
五加科	*Macropanax*	短梗大参	*Macropanax rosthornii*（Harms）C. Y. Wu ex Hoo
伞形科	*Angelica*	大叶当归	*Angelica megaphylla* Diels
伞形科	*Angelica*	四川当归	*Angelica setchuensis* Giels
伞形科	*Angelica*	金山当归	*Angelica valida* Diels
伞形科	*Bupleurum*	细柄柴胡	*Bupleurum gracilipes* Diels
伞形科	*Peucedanum*	南川前胡	*Peucedanum dissolutum*（Diels）H.Wolff
伞形科	*Peucedanum*	岩前胡	*Peucedanum medicum* Dunn var. *gracile* Dunn ex Shan et Sheh
伞形科	*Pimpinella*	菱叶茴芹	*Pimpinella rhomboidea* Diels
伞形科	*Pleurospermum*	川鄂囊瓣芹	*Pleurospermum rosthornii*（Diels）Hand.-Mazz.
伞形科	*Sanicula*	卵叶变豆菜	*Sanicula oviformis* X.T. Liu et Z. Y. Liu
山茱萸科	*Aucuba*	斑叶珊瑚	*Aucuba albo-punctifolia* Wang
山茱萸科	*Aucuba*	窄斑叶珊瑚	*Aucuba albo-punctifolia* Wang var. *angustula* Fang et Soong
山茱萸科	*Helwingia*	南川青荚叶	*Helwingia himalaica* Hook. f. et Thoms. ex C. B. Clarke var. *nanchuanensis*（Fang）et Soong
山柳科	*Clethra*	南川桤叶树	*Clethra nanchuanensis* Fang et L. C. Hu
杜鹃花科	*Rhododendron*	短梗杜鹃	*Rhododendron brachypodum* Fang et P. S. Liu
杜鹃花科	*Rhododendron*	金佛山美容杜鹃	*Rhododendron calophytum* Franch. var. *jingfuense* Fang et W. K. Hu
杜鹃花科	*Rhododendron*	疏花美容杜鹃	*Rhododendron calophytum* Franch. var. *puciflorum* W. K. Hu
杜鹃花科	*Rhododendron*	树枫杜鹃	*Rhododendron changii*（Fang）Fang
杜鹃花科	*Rhododendron*	粗脉杜鹃	*Rhododendron coeloneurum* Diels

续表

科名	属名	中文名	学名
杜鹃花科	*Rhododendron*	金山杜鹃	*Rhododendron longipes* Rehd. et Wils. var. *chienianum*（Fang）Chamb. ex Cullen et Chamb
杜鹃花科	*Rhododendron*	瘦柱绒毛杜鹃	*Rhododendron pachytrichum* Fr.var. *tenuistylum* W.K.Hu
杜鹃花科	*Rhododendron*	阔柄杜鹃	*Rhododendron platypodum* Deils
杜鹃花科	*Vaccinium*	贝叶越橘	*Vaccinium conchophyllum* R.
杜鹃花科	*Vaccinium*	西南越橘	*Vaccinium laetum* Diels
紫金牛科	*Ardisia*	九管血	*Ardisia brevicaulis* Diels
紫金牛科	*Embelia*	疏花酸藤子	*Embelia pauciflora* Diels
报春花科	*Lysimachia*	南川过路黄	*Lysimachia nanchuanensis* C. Y. Wu
报春花科	*Lysimachia*	短毛叶头叶过路黄	*Lysimachia phyllocephala* Hand.-Mazz. var. *polycephala*（Chien）Chen et C. M. He
山矾科	*Symplocos*	薄叶山矾	*Symplocos anomala* Brand
山矾科	*Symplocos*	老鼠矢	*Symplocos stellaris* Brand
安息香科	*Styrax*	南川安息香	*Styrax hemsleyana* Diels
木犀科	*Ligustrum*	光萼小蜡	*Ligustrum sinense* Lour. var. *myrianthum*（Diels）Hook.
木犀科	*Osmanthus*	红柄木犀	*Osmanthus armatus* Diels
木犀科	*Osmanthus*	南川木犀	*Osmanthus nanchuanesis* H. T. Chang
龙胆科	*Tripterospermum*	毛萼双蝴蝶	*Tripterospermum hirticalyx* C. Y. Wu ex C. J. Wu
萝藦科	*Biondia*	青龙藤	*Biondia henryi*（Warb. ex Schltr. et Diels）Tsiang et P. T. Li
紫草科	*Trigonotis*	狭叶附地菜	*Trigonotis compressa* Johnst.
紫草科	*Trigonotis*	金佛山附地菜	*Trigonotis jinfoshanica* W. T. Wang
紫草科	*Trigonotis*	南川附地菜	*Trigonotis laxa* Johnst.
马鞭草科	*Callicarpa*	南川紫珠	*Callicarpa bodinieri* var. *rosthornii*（Diels）Rehd.
马鞭草科	*Clerodendrum*	大萼臭牡丹	*Clerodendrum bungei* Steud. var. *megacalyxi* C. Y. Wu ex S. L. Chen
唇形科	*Ajuga*	狭叶金疮小草	*Ajuga decumbens* Thunb. *oblancifolia* Sun ex C. H. Hu
唇形科	*Amethystanthus*	瘿花香茶菜	*Amethystanthus rosthornii*（Diels）Hara
唇形科	*Comanthosphace*	南川绵穗苏	*Comanthosphace nanchuanensis* C. Y. Wu et H. W. Li
唇形科	*Hanceola*	块茎四棱香	*Hanceola tuberifera* Sun
唇形科	*Kinostemon*	镰叶动蕊花	*Kinostemon ornatum*（Hemsl.）Kudo f. *falcatum* C. Y. Wu et S. Chow
唇形科	*Microtoena*	南川冠唇花	*Microtoena prainiana* Diels
唇形科	*Salvia*	南川鼠尾草	*Salvia nanchuanensis* Sun
唇形科	*Scutellaria*	变黑黄芩	*Scutellaria nigricans* C. Y. Wu
唇形科	*Scutellaria*	光柄筒冠花	*Scutellaria nudipes*（Hemsl.）Kudo
唇形科	*Stachys*	黄花地钮菜	*Stachys xanthantha* C. Y. Wu
玄参科	*Mazus*	大花通泉草	*Mazus macranthus* Diels
玄参科	*Pedicularis*	南川马先蒿	*Pedicularis nanchuanensis* Tsoong
玄参科	*Veronicastrum*	南川腹水草	*Veronicastrum stenostachyum* ssp. *nanchuanense* Chin et Hong
苦苣苔科	*Briggsia*	川鄂粗筒苣苔	*Briggsia rosthornii*（Diels）Burtt
车前科	*Plantago*	长果车前	*Plantago asiatica* L. ssp. *densiflora*（J. Z. Liu）Z. Y. Li
忍冬科	*Abelia*	短枝六道木	*Abelia engleriana*（Graebn.）Rehd.
忍冬科	*Lonicera*	肉叶忍冬	*Lonicera carnosifolia* C. Y. Wu et H. J. Wang
忍冬科	*Viburnum*	金佛山荚蒾	*Viburnum chinshanense* Graebn.
忍冬科	*Viburnum*	合轴荚蒾	*Viburnum sympodiale* Graebn.
川续断科	*Dipsacus*	深紫续断	*Dipsacus atropurpureus* C. Y. Cheng et Z. T. Yin

科名	属名	中文名	学名
葫芦科	*Hemsleya*	金佛山雪胆	*Hemsleya pengxianensis* var. *jinfushanensis* L. T. Shen et W. J. Chang
葫芦科	*Hemsleya*	多果雪胆	*Hemsleya pengxianensis* W. J. Chang var. *polycarpa* L. T. Shen et W. J. Chang
葫芦科	*Trichosanthes*	中华栝楼	*Trichosanthes rosthornii* Harms T. *guizhouensis* C. Y. Cheng
菊科	*Ainsliaea*	多苞兔儿风	*Ainsliaea multibracteata* Mattf.
菊科	*Artemisia*	南川蒿	*Artemisia rosthornii* Pamp.
菊科	*Aster*	亮叶紫菀	*Aster nitidus* Ching
菊科	*Carpesium*	毛暗花金挖耳	*Carpesium triste* Maxim. var. *sinense* Diels
菊科	*Cirsium*	刺盖蓟	*Cirsium bracteiferum* Shih
菊科	*Eupatorium*	南川泽兰	*Eupatorium nanchuanense* Ling et Shih
菊科	*Faberia*	假花佩	*Faberia nanchuanensis* Shih et Y.L.Chen
菊科	*Gerbera*	多裂大丁草	*Gerbera anandria* L. Sch.-Bip. var. *densiloba* Mattf.
菊科	*Gnaphalium*	南川鼠麹草	*Gnaphalium nanchuanense* Ling et Tseng
菊科	*Ligularia*	植夫橐吾	*Ligularia fangiana* Hand.-Mazz.
菊科	*Ligularia*	南川橐吾	*Ligularia nanchuanica* S. W. Liu
菊科	*Notoseris*	金佛山紫菊	*Notoseris nanchuanensis* Shih
菊科	*Notoseris*	南川紫菊	*Notoseris porphyrolepis* Shih
菊科	*Notoseris*	紫菊	*Notoseris psilolepis* Shih
菊科	*Paraprenanthes*	林生假福王草	*Paraprenanthes sylvicola* Shih
菊科	*Prenanthes*	南川福王草	*Prenanthes nanchuanensis* Shih
菊科	*Sinosenecio*	腺苞蒲儿根	*Sinosenecio globigerus*（Chang）B. Nord. *adenophyllus* C. Jeffrey et Y. L. Chen
菊科	*Sinosenecio*	七裂蒲儿根	*Sinosenecio septilobus*（Chang）B.Nord.
菊科	*Sinosenecio*	革叶蒲儿根	*Sinosenecio subcoriaceus* C. Jeffey et Y. L. Chen
菊科	*Synotis*	华合耳菊	*Synotis sinica*（Diels）C. Jeffrey et Y. L. Chen
菊科	*Tephroseris*	莲座狗舌草	*Tephroseris changii* B. Nord.
菊科	*Vernonia*	南川斑鸠菊	*Vernonia bockiana* Diels
菊科	*Youngia*	多裂黄鹌菜	*Youngia rosthornii*（Diels）Babcock et Stebbin
禾本科	*Agrostis*	大锥剪股颖	*Agrostis megathyrsa* Keng
禾本科	*Chimonobambusa*	金佛山方竹	*Chimonobambusa utilis*（Keng）Keng f.
禾本科	*Dendrocalamus*	梁山慈竹	*Dendrocalamus farinosus*（Keng et Keng f.）Chia et H. L. Fung
禾本科	*Drepanostachyum*	南川镰序竹	*Drepanostachyum melicoideum* Keng f.
禾本科	*Lingnania*	料慈竹	*Lingnania diategia*（Keng et Keng f.）Keng f.
禾本科	*Roegneria*	微毛鹅观草	*Roegneria puberula* Keng
莎草科	*Carex*	金佛山薹草	*Carex jinfoshanensis* Tang et Wang ex S. Y. Liang
莎草科	*Carex*	南川薹草	*Carex nanchuamensis* Chu ex S. Y. Liang
莎草科	*Carex*	华芒鳞薹草	*Carex sino-aristata* Tang et Wang ex L. K. Dai
天南星科	*Amydrium*	雷公连	*Amydrium sinense*（Engl.）H. Li
天南星科	*Arisaema*	矮生花南星	*Arisaema lobatum* Engl. var. *eulobatum* Engl.
百合科	*Disporopsis*	金佛山竹根七	*Disporopsis jinfushanensis* Z. Y. Liu
百合科	*Diuranthera*	南川鹭鸶草	*Diuranthera inarticulata* Wang et K. Y. Lang
百合科	*Lilium*	南川百合	*Lilium rosthornii* Diels
百合科	*Maianthemum*	南川鹿药	*Maianthemum nanchuanense* H. L. et J. L. Huang
百合科	*Ophiopogon*	短药沿阶草	*Ophiopogon bockianus* Diels var. *angustifoliatus* Wang et Tang
百合科	*Polygonatum*	金佛山黄精	*Polygonatum jinfoshanicum* Wang et Tang

续表

科名	属名	中文名	学名
百合科	*Smilacina*	金佛山鹿药	*Smilacina jinfoshanica* Wang et Tang
百合科	*Smilax*	西南菝葜	*Smilax bocki* Warb.
百合科	*Smilax*	合蕊菝葜	*Smilax cyclophylla* Warb.
百合科	*Smilax*	折枝菝葜	*Smilax lanceifolia* Roxb. var. *elongata*（Warb.）Wang et Tang
百合科	*Smilax*	红果菝葜	*Smilax polycolea* Wanb.
百合科	*Tupistra*	金山开口箭	*Tupistra jinshanensis* Z. L. Yang et X. G. Luo
姜科	*Alpinia*	南川山姜	*Alpinia nanchuanensis* Z. Y. Zhu
姜科	*Hedychium*	白毛姜花	*Hedychium coronarium* Koen. var. *baimac* Z. Y. Zhu
兰科	*Gastrochilus*	南川盆距兰	*Gastrochilus nanchuanensis* Tsi
兰科	*Ischnogyne*	瘦房兰	*Ischnogyne mandarinorum*（Kraenzh.）Schltr.
兰科	*Listera*	南川对叶兰	*Listera nanchuanica* S. C. Chen
兰科	*Tangtsinia*	金佛山兰	*Tangtsinia nanchuanica* S. C. Chen

3.6　特 有 植 物

金佛山为大娄山脉最高峰，山体四周多为几百米高的绝壁。保护区境内岩溶地貌发育，生境多样，为物种的独立演化创造了条件，孕育了丰富的特有植物。金佛山保护区分布有金佛山特有植物 26 种，隶 15 科 21 属（表 3-18）。其中蕨类植物 3 科 5 属 6 种，被子植物 12 科 16 属 20 种，如金佛山复叶耳蕨（*Arachniodes jinfoshanensis*）、大叶当归（*Angelica megaphylla*）、南川桤叶树（*Clethra nanchuanensis*）。

表 3-18　金佛山保护区特有植物

科名	属名	中文名	学名
蹄盖蕨科	*Lunathyrium*	南川蛾眉蕨	*Lunathyrium nanchuanense* Ching et Z. Y. Liu
金星蕨科	*Cyclosorus*	平基毛蕨	*Cyclosorus falccidus* Ching et Z. Y. Liu
金星蕨科	*Cyclosorus*	拟渐尖毛蕨	*Cyclosorus sino-acuminatus* Ching et Z. Y. Liu
鳞毛蕨科	*Arachniodes*	金佛山复叶耳蕨	*Arachniodes jinfoshanensis* Ching
鳞毛蕨科	*Polystichum*	假线鳞耳蕨	*Polystichum pseudo-setosum* Ching et Z. Y. Liu ex Z. Y. Liu
水龙骨科	*Lepidomicrosorum*	南川鳞果星蕨	*Lepidomicrosorum nanchuanense* Ching et Z. Y. Liu
马兜铃科	*Asarum*	皱花细辛	*Asarum crispulatum* C. Y. Cheng et C. S. Yang
马兜铃科	*Asarum*	南川细辛	*Asarum nanchuanense* C. S. Yang et J. L. Wu
毛茛科	*Cimicifuga*	南川升麻	*Cimicifuga nanchuanensis* Hsiao
卫矛科	*Euonymus*	金佛山卫矛	*Euonymus jinfoshanensis* Z. M. Gu
椴树科	*Tilia*	南川椴	*Tilia nanchuanensis* H. T. Chang
伞形科	*Angelica*	大叶当归	*Angelica megaphylla* Diels
山柳科	*Clethra*	南川桤叶树	*Clethra nanchuanensis* Fang et L. C. Hu
杜鹃花科	*Rhododendron*	短梗杜鹃	*Rhododendron brachypodum* Fang et P. S. Liu
杜鹃花科	*Rhododendron*	金佛山美容杜鹃	*Rhododendron calophytum* Franch. var. *jingfuense* Fang et W. K. Hu
杜鹃花科	*Rhododendron*	疏花美容杜鹃	*Rhododendron calophytum* Franch. var. *puciflorum* W.K.Hu
杜鹃花科	*Rhododendron*	树枫杜鹃	*Rhododendron changii*（Fang）Fang
紫草科	*Trigonotis*	狭叶附地菜	*Trigonotis compressa* Johnst.
唇形科	*Comanthosphace*	南川绵穗苏	*Comanthosphace nanchuanensis* C. Y. Wu et H. W. Li
唇形科	*Stachys*	黄花地钮菜	*Stachys xanthantha* C. Y. Wu
菊科	*Ainsliaea*	多苞兔儿风	*Ainsliaea multibracteata* Mattf.

科名	属名	中文名	学名
菊科	*Eupatorium*	南川泽兰	*Eupatorium nanchuanense* Ling et Shih
菊科	*Ligularia*	南川橐吾	*Ligularia nanchuanica* S. W. Liu
菊科	*Notoseris*	金佛山紫菊	*Notoseris nanchuanensis* Shih
菊科	*Sinosenecio*	革叶蒲儿根	*Sinosenecio subcoriaceus* C. Jeffey et Y. L. Chen
兰科	*Gastrochilus*	南川盆距兰	*Gastrochilus nanchuanensis* Tsi

3.7　孑遗植物

金佛山保护区位于中亚热带，北边有秦岭阻挡，受第四纪冰期影响较小，保留了众多第四纪冰期以前的孑遗物种。如起源于中生代的银杏（*Ginkgo biloba*），新生代的银杉（*Cathaya argyrophylla*）、红豆杉（*Taxus chinensis*）、珙桐（*Davidia involucrata*）、穗花杉（*Amentotaxus argotaenia*）、鹅掌楸（*Liridendron chinense*）、水青树（*Tetracentron sinense*）等。金佛山保护区是全世界野生银杉种群数量最大的分布区之一；鹅掌楸属地形残遗种，曾广布于北半球欧亚大陆和北美洲。在白垩纪，北美与欧洲开始漂移，鹅掌楸开始在北美和亚欧大陆上各自独立演化，第四纪冰川以后仅在中国南方和美国东南部有分布，成为孑遗植物。这些植物曾经不同程度地经历过地球板块运动或第四纪冰期气候变迁的干扰，在全球目前仅存于少数地区。但在金佛山保护区，这些物种仍有集群或散生分布，保存较为完好，是十分珍贵的植物资源和生态记录，为研究古植物、古地理、古气候提供了重要的原始证据，具有重要的科研价值。

第4章 植 被

4.1 保护区植被总体特征

金佛山保护区由于处在亚热带湿润气候区，长期受太平洋湿润季风气候的影响，生物气候条件十分优越。加之未受第四纪冰川运动的影响，部分亚热带珍稀濒危植物得到保存、繁衍和发展，故区内植物种类繁多，类型复杂多样，形态特征各异。在分布上呈现出散、片、块状分布，不同地质年代的植物和不同区系成分的植物常常混合在一个植物群落里，珍稀、孑遗和特有种都相当丰富，是我国不可多得的中亚热带植物集中分布区。

该区森林植被区系组成十分复杂，群落繁多，垂直分布明显。为此，根据不同的海拔，植物种类出现的差异，将其植被划分为四个垂直带：①580～650m 为常绿阔叶林带；②650～1000m 为针叶林带；③1000～1400m 为针叶、阔叶混交林带；④1400～2251m 为落叶、常绿阔叶混交林带。

4.1.1 植被类型多样，原生性植被保存较好

金佛山保护区共有 11 个植被型、38 个群系组、53 个群系。地势险要的峡谷段及海拔较高的区域原始植被保存较为良好，在金佛山保护区的低山谷地分布有典型常绿阔叶林，如多脉青冈林、宜昌润楠林、包石栎林，在中山以上分布有较多的落叶阔叶林及常绿针叶林，山顶分布有一定面积的矮林，如杜鹃矮曲林。这些植被保存较好，原生性较强，充分体现了金佛山保护区的森林植被多样性及原始性的特点。

4.1.2 植被垂直分化明显

金佛山保护区内山地石灰岩分布较广，岩溶地貌颇为发育，经过强烈的褶皱断裂，又经过深刻侵蚀，因此山地高耸，地形变化较大，以中山地貌为主，加之境内河流密布，有凤咀江、半溪河、龙骨溪、木渡河等 26 条河流，各河出山处均切割成峡谷，峡谷幽深，增加了地貌的复杂性。区内相对海拔高差较大。复杂的地形变化造就了金佛山保护区内明显的植被垂直分布特点。

植被组合主要反映在垂直带谱上的变化，可划为常绿阔叶林、常绿阔叶与落叶阔叶混交林、落叶阔叶林带、山顶矮林带。

4.1.3 主要植被类型突出，植被过渡性质明显

金佛山保护区处于中亚热带和北亚热带的过渡区域，是我国温带和亚热带的分界线，植被分区泛北极植物压，中国-日本森林植物亚区，华中植物地区，其常绿阔叶林以典型的宜昌润楠林、多脉青冈林、包石栎林为典型代表，中山及以上由于垂直分布特点，其植被分布带有暖温带植被的特点，如中山落叶阔叶林以巴山水青冈林、红桦林为典型代表，同时有多种槭属、鹅耳枥属、桦木属参与形成各类落叶阔叶林和常绿、落叶阔叶混交林。除森林植被类型体现植被过渡性质外，在灌丛中也有此特点。

4.1.4 植被次生性质明显

由于历史原因，金佛山保护区海拔 1500m 以下的区域，有十分明显的人工干扰痕迹，河流冲积扇、冲积平谷以及坡度较为平缓的坡地均已被开垦为耕地，得益于金佛山保护区积极推进的退耕还林和植树造林、封山育林等政策，使得零星的常绿阔叶林、针叶林等原生植被得到保存，但由于次生恢复演替进展十分缓慢，至今，金佛山保护区植被整体上仍然具有十分明显的次生性质。

　　金佛山保护区内人工松林分布面积较多，包括杉木林、华山松林等。此外，由于早前砍伐后形成的次生栎类林及栎类灌丛较多，主要分布于中低山地段，受人为干扰较大，主要类型有栓皮栎林、麻栎林、白栎、短柄枹栎萌生灌丛。另外大量耕地弃耕后形成各种类型的次生草丛，如萱草草丛、菖蒲草丛、白茅草丛、五月艾草丛、一年蓬草丛、鹅观草草丛等类型。

　　综上所述，金佛山保护区植被总体上具有：植被类型多样、结构复杂、原始性较强、植被垂直分布特点突出、植被过渡性质明显以及具有一定次生性等特点。

4.2　保护区植被分类

4.2.1　植被分类原则

　　本书主要按照吴征镒所著《中国植被》中的分类原则并结合《四川植被》的植被分类原则进行划分。按照植物群落学原则，或植物群落学-生态学原则，主要以植物群落特征作为分类依据，但又十分注意群落的生态关系，力求利用能够利用的特征。具体来说，我们进行群落划分的依据有以下几个方面。

1. 植物种类组成

　　一定种类组成是一个群落最主要的特征，所有其他特征几乎全由这一特征所决定。因此，在进行植被分类时考虑群落的种类组成是很自然的。我们选择优势种作为划分类型的标准。

　　我们把植物群落中各个层或层片中数量最多、盖度最大、群落学作用最明显的种作为优势种。其中，主要层片（建群层片）的优势种称作建群种。如在建群层片中有两个以上的种共同占优势，则使用这些共建种来划分群落类型。

　　优势种（尤其是建群种）是群落的主要建造者，它们创造了特定的群落环境，并决定其他成分的存在，它们的存在是群落存在的前提。尤其是在自然植被中，这种关系是非常明显的，一旦建群种遭到破坏，它所创造的群落环境也就随之改变，适应特定群落环境的那些生态幅狭窄的种，也将随之消失。优势种与群落是共存亡的，优势种的改变常常使群落由一个类型演替为另一类型。可见，采用优势种原则是符合自然分类要求的。

2. 外貌和结构

　　外貌和结构相似的植物群落常常存在于环境条件相似的不同生境，这种分隔地区内植被结构和外貌的趋同性，是建立外貌分类的主要依据。但是不应该把结构、外貌的趋同性看成是绝对的，由于植物区系发生的历史不同，在非常相似的生态条件下可能存在种类组成上很不相同的群落。尽管如此，我们仍然将群落的结构和外貌作为植被分类中的重要依据。植被的外貌和结构取决于优势种的生活型，因而我们在群落类型的划分中，特别是在较高级的分类单位的划分中，重点考虑优势种的外貌以及由其决定的群落结构。

3. 生态地理特征

　　任何植被类型都与一定的环境特征联系在一起。它们除具有特定的种类成分和特定的外貌、结构外，还具有特定的生态幅度和分布范围。由于历史原因，有时生活型和外貌不一定能完全反映现代环境条件，按外貌原则划分的植被类型常常包括了异质的类群，因此，我们在植被类型划分中，也考虑群落的生态地理特征。

4. 动态特征

　　由于分类时采用了优势种原则，并着重群落现状，没有特别分出原生类型（顶级群落）和次生类型（或演替系列类型）。但在具体分类时，特别是在一些小斑块、次生性较强的情况下，我们考虑了群落动态的特征。

综上所述，本书按照《中国植被》中的分类原则和要求，以群落本身特征作为依据。但又充分考虑到它们的生态关系和植被动态关系，这是符合植被分类的群落学-生态学原则的。上述指标力图在不同方面反映植物群落的固有特征及其与环境的关系。此外，金佛山保护区人工栽培植被较少，且大部分具有一定的自然性质，于是我们并未将人工植被单独列出，只是在详述群系特征之时特别指出。

4.2.2 植被分区概述

金佛山保护区位于南川区的南部，东邻重庆市武隆白马山和贵州省道真县大沙河两个省级自然保护区，南连贵州桐梓县柏菁省级自然保护区，西靠重庆万盛黑山县级自然保护区，北接南川城区，相对海拔落差大，有 2 个气候带，即亚热带和山地暖温带，地形地貌复杂，土壤多样，有利于植物生长发育。金佛山保护区内植被类型多样，有较大面积的自然植被，其中，常绿阔叶林、常绿落叶阔叶混交林、退化生态系统人工林和自然恢复林生长发育良好，森林覆盖率较大。

金佛山保护区境内石灰岩分布较广，岩溶地貌发育，由于凤咀江、半溪河、龙骨溪、木渡河等 26 条河流深切，因此地形破碎，谷坡陡峭。自然植被主要特征是包石栎、青冈（*Cyclobalanopsis glauca*）、山楠（*Phoebe chinensis*）组成的常绿阔叶林，林中混有中华木荷（*Schima sinensis*）、八角、小果润楠（*Machilus microcarpa*）、黑壳楠（*Lindera megaphylla*）等湿润性常绿阔叶树种。在常绿与落叶阔叶混交林中，普遍分布着漆树和多种槭树，还有青冈、细叶青冈（*Cyclobalanopsis gracilis*）以及一些樟科植物。海拔 1500m 以下地区普遍分布着杉木林、柏木林，海拔 2000m 以上分布着次生草丛。栽培植被中作物以旱作的玉米、红薯和马铃薯为主，玉米可分布至海拔 1800m。水稻分布在浅丘平坝地区，面积不大。

4.2.3 植被类型及特征

1. 自然植被

1）自然植被分类简表

按照《中国植被》的植被分类原则和系统，即植物群落学-生态学原则，既强调植物群落本身特征，又十分注意群落的生态环境及其关系，结合野外调查的样地资料，对金佛山保护区的自然植被进行类型划分。

按照四川植被的分区，金佛山保护区在植被分区上属于川东盆地及川西南山地常绿阔叶林地带（植被区）、川东盆地偏湿性常绿阔叶林亚带（植被地带）、盆边南部中山植被地区（植被地区）、娄山北侧东段植被小区（植被小区），植被分区构成如下：

I 川东盆地及川西南山地常绿阔叶林地带；

IA 川东盆地偏湿性常绿阔叶林亚带；

IA$_2$ 盆边南部中山植被地区；

IA$_2$（1）娄山北侧东段植被小区。

娄山北侧东段植被小区位于四川盆地南部边缘山地东段，娄山北侧东段，黔北高原北缘向四川盆地过渡的地带。金佛山等地海拔较高，为具有岩溶地貌中等切割的中山，海拔 1800～2000m。水热条件在本植被地区居第二位，次于娄山北侧西段小区，主要表现在热量较娄山北侧西段小区差，而降水又较黄茅埂东侧小区少。土壤以黄壤、山地黄壤为主，其次有山地黄棕壤。

本书采用《中国植被》的三级分类系统，即植被型、群系、群丛的分类系统对保护区植被进行分类，但由于群丛类型较多，且变化较为丰富，由于篇幅所限，本书对植被的描述到群系一级，群系是本书在植被类型上描述的主要对象。

按照《中国植被》的植被分类原则和系统对自然保护区内的植被类型进行划分，结果表明，金佛山保护区植被类型可以划分为 11 个植被型和 53 个群系（表 4-1）。群系以下并未再进行划分，主要包括常绿阔叶林（7 个群系）、常绿落叶阔叶混交林（4 个群系）、落叶阔叶林（6 个群系）、暖性针叶林（4 个群系）、温性针叶林（2 个群系）、温性针阔混交林（5 个群系）、竹林（8 个群系）、常绿阔叶灌丛（4 个群系）、落叶阔叶灌丛（8 个群系）、灌草丛（4 个群系）、草甸（1 个群系）。栽培植被主要有农作物和经济作物。

表 4-1　金佛山保护区自然植被分类系统

植被型	群系组	群系
Ⅰ. 温性针叶林	（一）巴山松林	1. 巴山松林
	（二）柳杉林	2. 柳杉林
Ⅱ. 暖性针叶林	（三）暖性松林	3. 马尾松林
	（四）杉木林	4. 杉木林
	（五）银杉林	5. 银杉林
	（六）柏木林	6. 柏木林
Ⅲ. 温性针阔混交林	（七）铁坚油杉、亮叶桦林	7. 铁坚油杉、亮叶桦林
	（八）穗花杉、山羊角林	8. 穗花杉、山羊角林
	（九）马尾松林、阔叶混交林	9. 黄杉、枫香、马尾松林
	（十）黄杉、灯台树林	10. 灯台树、黄杉林
	（十一）巴山松、枫香林	11. 巴山松、枫香林
Ⅳ. 落叶阔叶林	（十二）栎、落叶阔叶林	12. 栓皮栎、枫香、尾叶樱林
	（十三）栎类林	13. 麻栎林
	（十四）落叶阔叶杂木林	14. 鹅掌楸、漆树、湖北木兰林
	（十五）鹅耳枥、常绿阔叶林	15. 水青冈、川黔鹅耳枥、刺榛林
	（十六）桦木林	16. 亮叶桦、尾叶樱林
	（十七）灯台、华香林	17. 灯台树、华香林
Ⅴ. 常绿落叶阔叶混交林	（十八）柯、落叶阔叶树林	18. 包槲柯、珙桐、水青树林
	（十九）栎、鹅耳枥林	19. 巴东栎、鹅耳枥林
	（二十）青冈、落叶阔叶树林	20. 曼青冈、化香树、丝栗栲林
	（二十一）栎类、落叶阔叶林	21. 巴东栎、川鄂山茱萸林
Ⅵ. 常绿阔叶林	（二十二）杜鹃、山茶林	22. 金山杜鹃、西南山茶林
	（二十三）栲类林	23. 扁刺栲、华木荷林
	（二十四）栎类林	24. 岩栎、大头茶林
	（二十五）青冈、常绿阔叶树林	25. 扁刺栲、金山杜鹃、华中八角林
	（二十六）栲类林	26. 扁刺栲林
	（二十七）楠木、槭树林	27. 紫楠、光叶槭林
	（二十八）青冈、常绿阔叶树林	28. 华木荷、麻叶杜鹃、曼青冈林
Ⅶ. 竹林	（二十九）河谷平原竹林	29. 梁山慈竹林
		30. 料慈竹林
	（三十）丘陵山地竹林	31. 箭竹林
		32. 金佛山方竹林
		33. 平竹林
		34. 刺竹林
		35. 水竹林
		36. 金山小赤竹林
Ⅷ. 常绿阔叶灌丛	（三十一）丘陵山地常绿阔叶灌丛	37. 油茶、细枝柃灌丛
		38. 香叶树、南天竹灌丛
		39. 小梾木、小腊灌丛
		40. 阔柄杜鹃、黄杨灌丛

续表

植被型	群系组	群系
IX. 落叶阔叶灌丛	（三十二）丘陵山地落叶阔叶灌丛	41. 白栎、杜鹃灌丛
		42. 高丛珍珠梅灌丛
	（三十三）石灰岩山地落叶阔叶灌丛	43. 马桑、盐肤木、黄荆灌丛
		44. 火棘、小果蔷薇灌丛
		45. 山麻杆灌丛
		46. 火棘、黄荆灌丛
	（三十四）山地旱生落叶阔叶灌丛	47. 平枝栒子、南川绣线菊灌丛
	（三十五）河谷落叶阔叶灌丛	48. 水麻、醉鱼草、火棘灌丛
X. 灌草丛	（三十六）禾草灌草丛	49. 白茅草丛
		50. 五节芒草丛
	（三十七）蕨草丛	51. 蕨草草丛
		52. 芒萁草丛
XI. 草甸	（三十八）亚高山杂类草草甸	53. 拂子茅、香青草丛

2）主要植被类型概述

Ⅰ. 温性针叶林

1. 巴山松林（Form. *Pinus henryi*）

巴山松林是一种分布范围较狭窄的亚热带山地常绿针叶树种，常见于川、鄂山地海拔 1000～1900m 的地区。金佛山保护区内巴山松林主要分布于海拔 800～1500m 的半阴坡。上界与落叶、常绿阔叶混交林相接，下界常与马尾松或山地马桑灌丛相邻。

巴山松林在花萼乡、曹家沟境内有分布。群落外貌翠青色，群落郁闭度为 0.6 左右，群落高度约 20m。金佛山保护区内巴山松林主要以两种群落类型存在，其一是以巴山松形成的近纯林，该群落类型较小，其二是以巴山松为主的，林内含有少量枫香（*Liquidambar formosana*）、麻栎（*Quercus acutissima*）等落叶阔叶树的混交林。此外，巴山松林的乔木层组成树种还有亮叶桦（*Betula luminifera*）、川陕鹅耳枥（*Carpinus fargesiana*）、巴东栎（*Quercus engleriana*）、化香树（*Platycarya strobilacea*）、槲栎等。灌木层物种种类较多，主要有盐肤木、牛奶子（*Elaeagnus pungens*）、箭竹（*Fargesia spathacea*）、卫矛（*Euonymus alatus*）、毛黄栌（*Cotinus coggygria* var. *pubescens*）、宜昌荚蒾（*Viburnum erosum*）、广东山胡椒（*Lindera kwangtungensis*）、杜鹃（映山红）（*Rhododendron simsii*）、铁仔（*Myrsine africana*）、豪猪刺（*Berberis julianae*）、猫儿刺（*Ilex pernyi*）、南方六道木（*Abelia dielsii*）等。草本层比较稀疏主要是蕨类植物，有金星蕨（*Parathelypteris glanduligera*）、狗脊（*Woodwardia japonica*）、蕨（*Pteridium aquilinum*）等。层间植物在林隙及林缘处分布较多，主要有中华猕猴桃（*Actinidia chinensis*）、菝葜（*Smilax china*）、五味子（*Schisandra chinensis*）等。

2. 柳杉林（Form. *Cryptomeria fortunei*）

柳杉林在金佛山保护区的公路两旁，山坡、山谷周边也分布。群落中，柳杉的平均高度为 15m 左右，胸径 20～30cm，林冠整齐，林冠亚层主要分布有少量的亮叶桦，平均高度为 11m 左右，胸径为 25cm 左右。

灌木层主要为白栎，杜鹃和少量的亮叶桦（*Betula luminifera*）幼树分布其中，高度为 1.8～3.9m，总盖度为 30% 左右。群落的草本层主要分布有狗脊蕨、里白（*Diplopterygium glaucum*）和栗褐薹草，其高度为 0.4～0.7m，盖度分别为 20%、10% 和 10%，群落中还分布有少量的芒萁（*Dicranopteris pedata*）、乌蕨（*Sphenomeris chinensis*）和展毛野牡丹（*Melastoma normale*），其高度为 0.3～0.6m，盖度均不足 5%。

Ⅱ. 暖性针叶林

暖性针叶林主要分布在亚热带低山、丘陵和平地。暖性针叶林分布区的基本植被类型属常绿阔叶林或其他类型阔叶林，但在现状植被中，针叶林较阔叶林而言面积较大，分布亦十分广泛。暖温性针叶林多分布于丘陵山地的酸性红黄壤，少数分布于平地及河岸，或适应石灰岩土壤。

金佛山保护区地处四川盆地东南区，低山丘陵区域本属于常绿阔叶林分布的地区，但由于人为开发较早，因此地带性常绿阔叶林基本都被破坏殆尽，飞机播种和人工种植的速生林面积分布较大，因此马尾松林、杉木林成为金佛山保护区低山区域分布最广的森林类型。林内常常混生大量阔叶树种，生境较好的阴坡和海拔较低的低山区段，常绿成分居多，而干旱和山脊地段落叶阔叶成分则较多。

3. 马尾松林（Form. *Pinus massoniana*）

马尾松林是我国东南部湿润亚热带地区分布最广、资源最大的森林群落。马尾松性喜温暖湿润气候，所在地的土壤为各种酸性基岩发育的黄褐土、黄棕壤，在淋溶已久的石灰岩上也能生长。马尾松生长快，能长大成径材。当阔叶林屡遭砍伐或火烧后，光照增强，土壤干燥，马尾松首先侵入，逐渐形成天然马尾松林。但马尾松作为一种先锋植物群落，发展到一定阶段，它的幼苗不能在自身林冠下更新，阔叶林又逐渐侵入，代替了马尾松而取得优势。

金佛山保护区内马尾松林在海拔 1200m 以下沿峡谷的山坡呈块状分布，区内马尾松纯林在花萼乡等境内分布较多，为金佛山保护区内早前飞机播种的人工林，林相十分整齐。群落中乔木层高度一般较矮，约 10m，林内除马尾松占优势外，在阳坡山脊、山顶等地段常与华山松组成混交针叶林类型，此外马尾松乔木层还常有槲栎（*Quercus aliena*）、麻栎（*Quercus acutissima*）、栓皮栎（*Quercus variabilis*）、亮叶桦（*Betula luminifera*）等混生其中。灌木层种类中盐肤木（*Rhus chinensis*）、宜昌荚蒾（*Viburnum erosum*）、檵木（*Loropetalum chinense*）、山胡椒（*Lindera glauca*）、毛叶木姜子（*Litsea mollifolia*）、火棘（*Pyracantha fortuneana*）、川榛（*Corylus heterophylla*）占优势地位，其他还有麻栎、云贵鹅耳枥（*Carpinus pubescens*）幼树、山莓（*Rubus corchorifolius*）、野鸦椿（*Euscaphis japonica*）、桦叶荚蒾（*Viburnum betulifolium*）等。草本层以芒萁（*Dicranopteris pedata*）、狗脊（*Woodwardia japonica*）占优势，另外，草本层中还有丝茅（*Imperata koenigii*）、五节芒（*Miscanthus floridulus*）、栗褐薹草（*Carex brunnea*）等物种。

4. 杉木林（Form. *Cunninghamia lanceolata*）

杉木林群系广泛分布于东部亚热带地区，它和马尾松、柏木林组成我国东部亚热带的三大常绿针叶林类型。目前大多是人工林，少量为次生自然林。杉木适生于温暖湿润、土壤深厚、静风的山凹谷地。土壤以土层深厚、湿润肥沃、排水良好的酸性红黄壤、山地黄壤和黄棕壤最适宜，石灰性土上生长不良。杉木林一般结构整齐，层次分明。

金佛山保护区内杉木林主要分布于海拔 800~1200m 的山坡中下部，区内杉木林均有分布，主要为人工种植。

此群落中乔木层高度为 13m 左右，除杉木外还混生有少量马尾松、苦槠（*Castanopsis sclerophylla*）、四川山矾（*Symplocos setchuanensis*）等乔木树种，林下层植物中较丰富，灌木层中以细枝柃（*Eurya loquaiana*）、湖北杜茎山（*Maesa hupehensis*）、山胡椒（*Lindera glauca*）、山莓（*Rubus corchorifolius*）、盐肤木、算盘子（*Glochidion puberum*）、白栎（*Quercus fabri*）、楤木（*Aralia chinensis*）等；草本层以中华里白（*Diplopterygium chinense*）为优势组成成分，还有狼尾草（*Pennisetum alopecuroides*）、山麦冬（*Liriope spicata*）、里白（*Diplopterygium glaucum*）、山姜（*Alpinia japonica*）、浆果薹草（*Carex baccans*）、栗褐薹草、卷柏（*Selaginella tamariscina*）等。

5. 银杉林（Form. *Cathaya argyrophylla*）

银杉林是由我国特产稀有的活化石银杉组成。以前只在广西龙胜和重庆金佛山发现，近年来又在贵州省道真县沙河区发现。在金佛山，银杉林分布在西部北坡的老梯子陡岩下二岩上和东南中长岗。生于海拔 1650~1800m，坡度很陡，一般 40°以上，土壤为黄棕壤，由石灰岩发育而成。

银杉并不形成纯林，无论是在老梯子还是中长岗，都与常绿阔叶林和落叶树混交。群落的总郁闭度为 0.6~0.8，外貌深绿点缀嫩绿，林冠并不整齐。其组成以银杉为主，在 2 个 400m² 的样方中，均各有 4 株大树、4 株小树和一定的苗木。银杉最高 17m，胸径 38cm，一般高 12~15m，胸径平均 22cm。第二亚层，高 5~8m，胸径十多厘米。其他成分在第二亚层中有常绿阔叶林，青冈栎、银木荷（*Schima argentea*）、巴东栎（*Quercus engleriana*）和交让木（*Daphniphyllum macropodum*），落叶树有亮叶水青冈（*Fagus lucida*）和三桠乌药。一般高 10m 左右，胸径大小不等，大者如亮叶水青冈 40cm，平均 20cm 左右。乔木亚层和灌木层区系组成丰富但优势都不明显。比较而言，稍多的是箭竹（*Fargesia spathacea*）、山矾（*Symplocos sumuntia*）、杜鹃花科的杜鹃属和乌饭树属（*Vaccinium*）、樟科的山胡椒属和木姜子属，此外有花椒

（*Zanthoxylum bungeanum*）、山枇杷、枸子、青荚叶（*Helwingia japonica*）、荚蒾（*Viburnum dilatatum*）等比较多见。除箭竹盖度达 10%以外，其他盖度都很小，高多为 1m 左右。

草本层种类不多，生长稀疏，偶见铁线蕨（*Adiantum capillus-veneris*）、沿阶草（*Ophiopogon bodinieri*）、马先蒿和堇菜（*Viola arcuata*）等。层外植物有菝葜（*Smilax discotis*）、铁线莲、木通（*Akebia quinata*）和蔓生勾儿茶、悬钩子。林内湿润，树干多苔藓植物，地面苔藓厚 1～2cm。

6. 柏木林（Form. *Cupressus funebris*）

柏木林是四川盆地东部地区主要的森林植被类型之一，金佛山保护区由于地处大巴山脉，海拔较高，区内柏木林分布较少，偶有小斑块分布于海拔 1000m 以下的低山丘陵地段，主要分布于山地农用地附近，在石灰岩发育形成的土壤基质生长良好，在金佛山保护区内庙坡乡大竹河两岸有分布。

群落外貌苍翠，林冠整齐，群落结构简单，层次分明。群落高度一般为 15m 左右，乔木层盖度 50%～70%，种类组成和群落结构随生境的变化和人为因素的影响而异。乔木层一般以柏木为主要优势种，其他还有马尾松、化香树（*Platycarya strobilacea*）、野漆（*Toxicodendron succedaneum*）等，灌木层种类较多，主要有马桑（*Coriaria nepalensis*）、城口黄栌（*Cotinus coggygria*）、毛黄栌（*Cotinus coggygria*）、火棘（*Pyracantha fortuneana*）、黄荆（*Vitex negundo*）等。草本层盖度较高，一般为 50%左右，主要种类有十字薹草（*Carex cruciata*）、中日金星蕨（*Parathelypteris nipponica*）、顶芽狗脊（*Woodwardia unigemmata*）、蜈蚣草（*Pteris vittata*）等。

Ⅲ. 温性针阔混交林

7. 铁坚油杉、亮叶桦林（Form. *Keteleeria davidiana*，*Betula luminifera*）

此类型分布在北坡海拔 1200m 左右的坡地上。林区为志留系石灰岩地层，岩石多裸露，常有大块岩石高矗。土壤为较浅薄的黑色石灰土，湿润，碱性，但无碳酸盐反应。林木种类较为丰富，乔木层一般可分两层。第一层以亮叶桦为主，高 12m 以上，胸径超过 10cm。第二层以铁坚油杉为主，高 5～9m，胸径 6～10cm。下层除了更新幼苗外，有球核荚蒾（*Viburnum propinquum*）、三颗针、十大功劳（*Mahonia fortunei*）、青荚叶等，以芸香科、忍冬科（Caprifoliaceae）、小檗科（Berberidaceae）植物为多。草本层沿阶草较多。另外匍匐在岩石上的走茎植物如常春藤（*Hedera sinensis*）、猕猴桃，再加上藓类植物覆盖，突出的大块岩石满布绿色，使人毫无光秃之感。层外植物极为丰富，以多种忍冬科的藤本植物为主。

8. 穗花杉、山羊角林（Form. *Amentotaxus argotaenia*，*Carrierea calycina*）

穗花杉在地球上濒临灭绝，而在南昆山却发现了十多株，在金佛山也发现了一定数量的分布。穗花杉为渐危种，为穗苑杉属中分布最广的种，但因森林采伐过度，生态环境恶化，植株越来越少，且生长缓慢，种子有休眠期，易遭鼠害，天然更新力较弱，林内幼树幼苗罕见，有濒危的危险。

山羊角林分布于海拔 1500m 左右，石灰岩裸露的境内，土层非常浅薄，在群落中以山羊角树为优势，常见的有亨氏鹅耳枥、大叶石栎、异叶梁王茶（*Metapanax davidii*）等，此外还混生有少量的穗花杉（*Amentotaxus argotaenia*）、巴山榧树（*Torreya fargesii*）。

9. 黄杉、枫香、马尾松林（Form. *Pseudotsuga sinensis*，*Liquidambar formosana*，*Pinus massoniana*）

此类型分布于海拔 1200m 以下砂岩出露的地区以及土层贫薄处，如大河坝以西一带有小块的分布，此林破坏较严重，林下空敞，层次分明。林木郁闭度仅 0.3，群落高 12m 左右，以马尾松占绝对优势，枫香和黄杉极少见。

此类型下木以白栎、映山红为主，另外有少许胡枝子（*Lespedeza bicolor*）等。草本以铁芒萁占绝对优势，有少数芒（*Miscanthus sinensis*）、莎草、山姜。层外植物多菝葜（*Smilax discotis*）、金银花，岩豆藤，地瓜藤等。本类型中的优势种如白栎、映山红、铁芒萁等均为强酸性土壤的指示植物。

此类型分布在海拔 1200m 左右页岩光露的地区，马尾松林中混生有青榨槭、鼠刺、野樱桃等。下木中则多常绿阔叶林树种的更新苗，另外有很多短柱柃木。草本则以杂类草和蕨类为主。

10. 灯台树、黄杉林（Form. *Bothrocaryum controversum*，*Pseudotsuga sinensis*）

此类型分布在北坡海拔 1400m 以下河谷陡坡的石灰岩基质上，以灯台树（*Bothrocaryum controversum*）、黄杉林等落叶树为优势的群落，常见的有灯台树、化香林、黄杉（*Pseudotsuga sinensis*）、鹅耳枥等落叶层片，其常绿树种有川桂等，此外还有少量的百日青（*Podocarpus neriifolius*）、三尖杉（*Cephalotaxus fortunei*）。

11. 巴山松、枫香林（Form. *Pinus henryi*，*Liquidambar formosana*）

巴山松、枫香林在小河及一些沟谷地带有分布。群落外貌翠青色，群落郁闭度为 0.6 左右，群落高度约 20m。金佛山保护区内巴山松林以巴山松、枫香为主，以及少量的麻栎（*Quercus acutissima*）等落叶阔叶树的混交林。此外，巴山松林的乔木层组成树种还有亮叶桦（*Betula luminifera*）、川陕鹅耳枥（*Carpinus fargesiana*）、巴东栎（*Quercus engleriana*）、化香树（*Platycarya strobilacea*）、槲栎（*Quercus aliena*）等。灌木层物种种类较多，主要有盐肤木、牛奶子（*Elaeagnus pungens*）、箭竹（*Fargesia spathacea*）、卫矛（*Euonymus alatus*）、毛黄栌（*Cotinus coggygria* var. *pubescens*）、宜昌荚蒾（*Viburnum erosum*）、广东山胡椒（*Lindera kwangtungensis*）、杜鹃（映山红）（*Rhododendron simsii*）、铁仔（*Myrsine africana*）、豪猪刺（*Berberis julianae*）、猫儿刺（*Ilex pernyi*）、南方六道木（*Abelia dielsii*）等。草本层比较稀疏，主要是蕨类植物，有金星蕨（*Parathelypteris glanduligera*）、狗脊（*Woodwardia japonica*）、蕨（*Pteridium aquilinum*）等。层间植物在林隙及林缘处分布较多，主要有中华猕猴桃（*Actinidia chinensis*）、菝葜（*Smilax china*）、五味子（*Schisandra chinensis*）等。

Ⅳ. 落叶阔叶林

12. 栓皮栎、枫香、尾叶樱林（Form. *Quercus variabilis*，*Liquidambar formosana*，*Cerasus dielsiana*）

栓皮栎林主要分布于盆地北部边缘山地，川东平行岭谷地区，垂直分布海拔 300～1800m。土壤多为砂岩、页岩发育的山地黄壤。本群落分布较广，但不连片。周围受人的影响较大，群落本身的次生性状也较强。

这是一个多丛生树的类型，一般高为 8m 左右。盛夏时，外貌呈鲜绿色（落叶树）和红褐色（常绿树）的彩色斑点状的镶嵌组合。林内具有茂密的竹子，人行动困难。栓皮栎（*Quercus variabilis*）、枫香、尾叶樱为乔木层建群种，郁闭度常 0.5～0.8；树高 10m 以下；胸径 8～15cm，最大 20cm。麻栎、栓皮栎是优势种，还伴生有尾叶樱、山胡椒（*Lindera glauca*）、老鼠矢等。林下灌木稀疏，盖度仅 10% 左右，主要种类有算盘子（*Glochidion puberum*）、胡颓子（*Elaeagnus pungens*）、盐肤木（*Rhus chinensis*）等。由于坡度不大，地表枯枝落叶层的厚度 6cm 以上，草本植物盖度极小，主要种类有白茅（*Imperata cylindrica*）、芒（*Miscanthus sinensis*）、黄背草、须芒草等。层外植物有菝葜等。

13. 麻栎林（Form. *Quercus acutissima*）

麻栎林主要分布于盆地北部边缘山地，川东平行岭谷地区，垂直分布海拔 300～1800m。土壤多为砂岩、页岩发育的山地黄壤。麻栎林外貌多为黄绿色，林冠较为整齐，林内较简单。麻栎为乔木层建群种，郁闭度常 0.5～0.8，树高 10m 以内；胸径 8～15cm，最大 20cm。麻栎（*Quercus acutissima*）、栓皮栎是优势种，还伴生有茅栗（*Castanea seguinii*）、山胡椒、老鼠矢、杉木、马尾松等。林下灌木稀疏，盖度仅 10% 左右，主要种类有化香（*Platycarya strobilacea*）、马桑、铁仔（*Myrsine africana*）、算盘子（*Glochidion puberum*）、胡颓子（*Elaeagnus pungens*）、盐肤木（*Rhus chinensis*）、香叶树（*Lindera communis*）等。草本植物盖度极小，主要种类有白茅、芒、黄背草、须芒草等。层外植物有菝葜、野葛、三叶木通（*Akebia trifoliata*）等。

14. 鹅掌楸、漆树、湖北木兰林（Form. *Toxicodendron vernicifluum*，*Liriodendron chinense*，*Magnolia sprengeri*）

此类型分布在金佛山北坡海拔 1400m 以下，龙谷溪、后河河谷两侧；坡度较陡（20°～60°）。土壤是以震旦纪—寒武纪石灰岩为母质的厚度不大的黄壤。此类型种类成分比较复杂、优势种不够明显，林木一般高 14m 左右，乔木层以落叶树种为主，如漆树、鹅掌楸（*Liriodendron chinense*）、湖北木兰、灯台树（*Bothrocaryum controversum*）。偶见常绿物种署豆、川桂等。因上层多落叶种类，下层局部地方阳光较充足，因此下木不均，较喜阳，且种类丰富。其下木层除了一些更新幼苗外，以异叶梁王茶（*Metapanax davidii*）、荚蒾（*Viburnum dilatatum*）为主，其外还有朱砂根（*Ardisia crenata*）、细齿柃木（*Eurya nitida*）等。林下草本多喜阴湿植物，常见的是翠云草（*Selaginella uncinata*），同时也可见到狗脊（*Woodwardia japonica*）、莎草（*Carex scaposa*）、淫羊藿（*Epimedium brevicornu*）、唐松草（*Thalictrum acutifolium*）等。在本群内，还有一些层外植物，如崖豆藤（*Callerya cinerea*）、菝葜（*Heterosmilax chinensis*）、乌莓（*Prunus mume*）等。

15. 水青冈、川黔鹅耳枥、刺榛林（Form. *Fagus longipetiolata*，*Carpinus fangiana*，*Corylus ferox*）

此类型分布在 1600～1800m 的斜坡和陇岗上，在山体的西部老梯子至洋芋坪以西一带地区常见。群落分布区的岩石以志留纪的页岩为主，山地黄壤，由于坡度不大，土层较为深厚，50cm 以上，肥力较高，湿度大，pH 5～5.5，林内受野猪找食和人们采伐竹笋的影响，枯枝落叶层的厚度不很大。林相具有浓绿色和黄褐色蘑菇状的斑点色彩，林下多种竹类占据主要地位，草本不多，以走根性的植物为主。树枝、树干及土壤表面都覆盖有大量的苔藓植物。

林内树种较为丰富。乔木层可分三层。第一层以川黔鹅耳枥（*Carpinus fangiana*）为主。第二层以刺榛（*Corylus ferox*）为主。第三层以多种杜鹃、水青冈（*Fagus longipetiolata*）为主。下木层以金佛山方竹（*Chimonobambusa utilis*）为主，另有平竹（*Chimonobambusa communis*）。其余绝大部分为更新幼苗，真正灌木较少，有胡颓子（*Elaeagnus bockii*）、杜鹃（*Rhododendron pulchrum*）。草本层有薹草、麦冬（*Liriope spicata*）。藤本植物仅有少许的菝葜（*Smilax polycolea*）、四川悬钩子（*Rubus lasiostylus*）。

16. 亮叶桦、尾叶樱林（Form. *Betula luminifera*, *Cerasus dielsiana*）

此类型分布在北坡海拔 1500m 左右的坡地上、洋芋坪东侧野猪凼。林区为志留纪石灰岩地层，岩石多裸露，常有大块岩石高矗。土壤为较浅薄的黑色石灰土，湿润，碱性，但无碳酸盐反应。林木种类较为丰富，乔木层一般可分三层。第一层以亮叶桦（*Betula luminifera*）为主。高 12m 以上，胸径超过 10cm。第二层以尾叶樱（*Cerasus dielsiana*）为主，高 5～9m，胸径 6～10cm。第三层以异叶梁王茶（*Metapanax davidii*）为主，高 6m 左右，胸径 6cm 以下。下层除了更新幼苗外，还有球核荚蒾（*Viburnum propinquum*）、三颗针（*Berberis sargentiana*）、十大功劳（*Mahonia bodinieri*）、青荚叶（*Helwingia japonica*）等，以芸香科、忍冬科、小檗科植物为多。草本层沿阶草较多。另外匍匐在岩石上的走茎植物如常春藤（*Lepidomicrosorum hederaceum*）、猕猴桃（*Actinidia chinensis*），再加上藓类植物覆盖，突出的大块岩石满布绿色。层外植物极为丰富，以多种忍冬科的藤本植物为主，另有勾儿茶（*Berchemia sinica*）、转子莲（*Clematis patens*）等。此类型若遭到破坏后则成为以灯台树（*Bothrocaryum controversum*）、野漆树（*Toxicodendron succedaneum*）、山梅花（*Philadelphus incanus*）、八角枫（*Alangium chinense*）、曼青冈（*Cyclobalanopsis oxyodon*）、异叶梁王茶和荚蒾等为主的稀疏灌丛。

17. 灯台、化香林（Form. *Bothrocaryum controversum*, *Platycarya strobilacea*）

灯台树、化香林分布在北坡海拔 1400m 以下河谷陡坡的石灰岩基质上，以灯台树、化香等落叶树为优势的群落，常见的有灯台树、化香林、黄杉（*Pseudotsuga sinensis*）、鹅耳枥（*Carpinus fargesiana*）等落叶层，其常绿树种有川桂等，此外还会有少量的百日青（*Podocarpus neriifolius*）、三尖杉（*Cephalotaxus fortunei*）。此类型在遭受到破坏以后则成为柏木、化香、月月青（*Itea ilicifolia*）疏林或柏木、马尾松混交林地带。

Ⅳ. 常绿落叶阔叶混交林

常绿落叶阔叶混交林在金佛山的分布较为广泛，几乎全山都有，不论是南坡或是北坡，不论是 1000m 以下的山麓或 2000m 以上的山脊均有分布。由于地形、岩石、土壤的复杂性，而显出在分布上较复杂。基本上可分两种情况，一种是在 1600m 以下受到人为影响较少的石灰岩陡坡上的类型，北坡分布较多，生长着亚热带喜钙的落叶树种，以榆科、四照花科、大风子科的树种为主。下木多忍冬科，芸香科种类，并多有刺植物。另一种是在 1600～2100m 的类型，由于海拔的升高，气温降低，而分布有中亚热带地区的山地常绿阔叶、落叶阔叶混交林，林内除含有亚热带常绿阔叶林成分外，还具有暖温带落叶林的种类，如桦木科、槭树科、蔷薇科、山毛榉属的落叶林木，其中特别以鹅耳枥属的树种占优势；林下常有山地竹类。

18. 包槲柯、珙桐、水青树林（Form. *Tetracentron sinense*, *Davidia involucrata*, *Lithocarpus cleistocarpus*）

本类型分布于山顶海拔 2000m 以上地区，如金佛寺四周、大垭附近等处，基质为石灰岩。群落中主要为包槲柯（*Lithocarpus cleistocarpus*），高 5～12m，珙桐（*Davidia involucrata*）、水青树（*Tetracentron sinense*）偶见。群落郁闭度为 0.65，种类组成丰富，其中以包石栎（*Lithocarpus cleistocarpus*）、鼠刺冬青（*Itea ilicifolia*）、茶条果（*Sympiocos ernestii*）占优势，其他有青冈栎（*Cyclobalanopsis glauca*）、短柱柃木（*Eurya brevistyla*）、川西花椒（*Zanthoxylum bungeanum*）、藏刺榛（*Corylus ferox*）、八仙花（*Hydrangea macrophylla*）、巴东栎（*Quercus engleriana*）、野樱桃（*Cerasus pseudocerasus*）、峨眉栲（*Castanopsis platyacantha*）、木荷（*Schima superba*）。灌木种类有美丽杜鹃（*Rhododendron pulchroides*）、灯笼树（*Enkianthus chinensis*）、麻叶杜鹃（*Rhododendron coeloneurum*）、麻花杜鹃（*Rhododendron maculiferum*）、黄杨（*Buxus microphylla* subsp. *sinica*）等。草本有金星蕨（*Parathelypteris glanduligera*）、蛇莓（*Duchesnea indica*）、龙胆（*Gentiana scabra*）、

鹿蹄草（*Pyrola calliantha*）、唐松草（*Thalictrum acutifolium*）、紫菀（*Aster ageratoides*）等。层外植物有五味子（*Schisandra chinensis*）、拔葜（*Smilax china*）等。

19. 巴东栎、鹅耳枥林（Form. *Quercus engleriana*，*Carpinus turczaninowii*）

此群落的分布和环境与上一类型相一致，彼此接触，在 1900~2000m 的二叠纪石灰岩地区。群落高 10m 以下。郁闭度小于 0.45，苔藓植物繁多，林木成分简单，在 200m² 内有 16 种乔木。4m 以上各种乔木共 34 株，常绿的 16 株，许多具有丛生的特点，建群种也是丛生，最高也只有 10m，植物中有巴东栎、鹅耳枥。其中大多林木属于第二乔木层。乔木落叶层片以鹅耳枥为主。常绿叶的层片有巴东栎、金山杜鹃（*Rhododendron longipes*）、美丽杜鹃（*Rhododendron pulchroides*）。除一些更新幼苗外，箭竹为下木主要成分。草本种类较多，但数量不大，盖度较小。

20. 曼青冈、化香树、丝栗栲林（Form. *Cyclobalanopsis oxyodon*，*Platycarya strobilacea*，*Castanopsis fargesii*）

此类型分布在南坡 1800m 左右的宣盆塘一带的坡地上，坡度一般为 40° 左右。群落树干直立、高大，远眺林顶由黄绿色、淡绿色、浓绿色等杂色绒球所铺成。郁闭度达 0.85。林木种类较杂，第一亚层，优势种为栲（*Castanopsis fargesii*）、曼青冈（*Cyclobalanopsis oxyodon*）。第二亚层优势种为化香树，除常见的种类还有野漆树（*Toxicodendron succedaneum*）、山矾（*Symplocos anomala*）等。下木中林木更新幼苗极为突出，林内树木高矮粗细不同。草本植物以蹄盖蕨、沿阶草（*Ophiopogon bodinieri*）、金星蕨（*Parathelypteris glanduligera*）为主。层外植物，多常春藤（*Hedera sinensis*）、拔葜等，树皮上附生少量藓类。本类型一般在坡地较平缓的地区，在群落周围越近坡顶石灰岩大块裸露的地区，则丝栗栲逐渐让位于曼青冈。而在坡度较陡的坡地上，则曼青冈（*Cyclobalanopsis glauca*）呈绝对优势。

21. 巴东栎、川鄂山茱萸林（Form. *Quercus engleriana*，*Cornus chinensis*）

此类型分布在金佛山西部老梯子、牵牛坪一带，海拔 1800~2000m 的范围内，一般为斜坡地带，坡度大小不均，样地坡度较陡，土层较厚的为二叠系石灰岩地区，土壤团粒结构很好，为有机质丰富的黑色石灰土。群落特点是：高度一般为 10m 左右，郁闭度 0.5 左右，多种树丛生，苔藓丰富，乔木种类成分比较简单，可分两层，8m 以上为第一层，以巴东栎（*Quercus engleriana*）、西南花楸（*Sorbus rehderiana*）为主。4~8m 为第二层，以川鄂山茱萸（*Cornus chinensis*）为主。本群里的灌木和草本的种类都较少，灌木层中主要以箭竹为主，另有十大功劳。箭竹一般为 1.0m 左右。草本有珍珠茅（*Scleria hookeriana*）、天门冬（*Asparagus cochinchinensis*）、巴兰贯众（*Cyrtomium urophyllum*）、鼠尾草（*Salvia japonica*）等。林内层外植物不少，如茜草（*Rubia cordifolia*）、勾儿茶（*Berchemia sinica*）、鸡爪槭（*Acer palmatum*）、几种拔葜和野木通、薯蓣（*Dioscorea althaeoides*）等。

Ⅵ. 常绿阔叶林

常绿阔叶林一般分布于海拔 1700m 以下，但随着海拔的升高在某一高度存在逆温的现象。因此在 1800m 以上又出现大片常绿阔叶林。虽然金佛山整个山体几乎都有常绿阔叶林的分布，但此类型仅分布在受人为干扰极少的地区。由于人为活动频繁，因此本类型在海拔 1400m 以下仅分布于河谷二侧陡岩上。海拔 1400m 以上地区此林保存较好，尤其以东南坡的长岗、宣盆塘一带为多。群落乔木层高 14m 左右，层次复杂，郁闭度在 0.8 以上，林木种类丰富，群落的种类结构随海拔不同有所差异，在海拔 1400m 以下的常绿阔叶林多山毛榉科的栲属、樟科、杜英科、山矾科等种类。林下多紫金牛科、鼠刺科植物。海拔 1400m 以上常绿阔叶林则多山毛榉科的石栎属、栲属、山茶科、杜鹃花科等种类。林下多山茶科、忍冬科的植物，且树皮上多苔藓，其中海拔 1600m 以上的常绿阔叶林，林下竹类较多。组成上常绿阔叶林的建群种一般为栲树（*Castanopsis fargesii*）、青冈栎、峨眉栲（*Castanopsis platyacantha*）、包石栎（*Lithocarpus cleistocarpus*）、曼青冈、华木荷（*Schima sinensis*）等。栲树为优势种的常绿阔叶林一般分布在海拔 1400m 以下砂页岩发育的黄壤土上。青冈栎为优势种的常绿阔叶林，不论海拔高度，砂页岩或灰岩均有分布，但面积不广，一般均分布在坡度较大地区，并常与杜鹃伴生出现。以峨眉栲为主的常绿阔叶林一般在 1600m 以上的山地，无论南坡北坡，砂页岩、灰岩均有分布。但一般分布的地区地势较平缓，土质深厚，在 1500m 以上长岗一带和凤凰寺周围常与巴东栎、包石栎（*Lithocarpus cleistocarpus*）等组成群落的优势，在宣盆塘一带与曼青冈（*Cyclobalanopsis glauca*）组成群落的优势。峨眉栲林下多方竹。以曼青冈为主的常绿阔叶林主要分布在山体南坡的石灰岩地区，如强盗坪、宣盆塘一带为多。在强盗坪的两侧陡坡上以曼青冈占绝对优势，在坡度较缓地区曼青冈常与峨眉栲组成群落的优势，下木伴生有箭竹。以杜鹃为主的常绿阔叶林仅分布在海拔 1800m 以上的凤凰寺周围二叠纪乐平煤系出露的地区。。

22. 金山杜鹃、西南山茶林（Form. *Rhododendron longipes*，*Camellia pitardii*）

此类型分布在海拔 1500m 以上，坡顶风力较大地区，特别是海拔 2100m 凉风垭一带山脊北坡 60°以上的石灰岩陡坡上，常有细雨和雾，苔藓矮林发育极为典型。

此林在总体上高约 5m，枝下高约 1m，树冠幅为 12m，呈丛生，一般胸径为 11cm，而基径有 30～65cm，郁闭度为 0.45。树皮满布苔藓，垂挂在枝干上，长 0.5m 以上，覆盖达 95%。

群落在种类组成上较简单，以金山杜鹃和西南山茶（*Camellia pitardii*）占优势，此外灯笼树（*Enlianthus chinensis*），美丽杜鹃、桦叶荚蒾（*Viburnum betulifolium*）、花椒（*Zanthoxylum bungeanum*）、川康槭（*Acer laxiflorum*）等也较多，另外有少许藏刺榛（*Corylus ferox* var. *thibetica*）、泡花树（*Meliosma cuneifolia*）、杜鹃多种，八仙花（*Hydrangea macrophylla*）以及灰木科、山茶科、樟科植物的更新小幼苗。下木以箭竹（*Sinarundinaria nitida*）为主，盖度达 70%，一般高为 1.5m，还有十大功劳、卫矛（*Euongymus cornuta*）、茶藨子（*Ribes glacialc*）、黄水枝（*Tiarella polyphylla*）。草本甚是简单，盖度为 5%，以蕨类为主，如有蹄盖蕨、山酢浆草。层外植物除了苔藓密布以外，其他极不显著，仅见有极少数的五味子（*Schisandra chinensis*）和菝葜。

23. 扁刺栲、华木荷林（Form. *Castanopsis platyacantha*，*Schima sinensis*）

此类型分布于北坡海拔 1400m 以下砂岩发育的酸性黄壤上，目前保留面积不大，仅在大河坝、黄草坪之间 50°以上的陡坡上。土壤为黄壤，明显分为两层，均无碳酸盐反应，腐殖质层厚 5cm，黑色，有团粒结构，pH 为 5.5；淋溶层 20cm，黄褐色，有少许的团粒结构，pH 为 6。枯枝落叶层厚约 8cm，盖度 70%。

群落乔木层高 14m 左右，胸径最粗 30cm，一般 10cm，郁闭度达 0.9。层外植物较多，土壤岩石上有苔藓，藤本常见有菝葜、铁线莲（*Clematis florida*）、爬藤榕（*Ficus sarmentosa* var. *impressa*）、黑刺菝葜（*Smilax nigrescens*）、葡萄、爬壁虎、常春藤、瓦韦（*Lepisorus thunbergianus*）、三叶木通（*Akebia trifoliata*）等。

此类型在砂岩上的常绿阔叶林不同于同海拔灰岩上的常绿阔叶林，前者在林木种类上多栲树（*Castanopsis fargesii*）、老鼠矢（*Symplocos stellaris*）等，其林木绝大部分为常绿阔叶林乔木，下木中常见有鼠刺（*Itea chinensis*）、柃木（*Eurya japonica*）、杜茎山（*Maesa japonica*）等，草本以狗脊为多，而后者林木中多灯台树（*Bothrocaryum controversum*）、朴树（*Celtis sinensis*）、枫香树（*Liquidambar formosana*）等落叶树种，此外还有罗汉松（*Podocarpus macrophyllus*），下木多异叶梁王茶（*Nothopanax davidii*）、月月青（*Itea ilicifolia*）。草本以镰狗脊（*Woodwardia japonica*）、新月蕨（*Pronephrium gymnopteridifrons*）占优势。藤本较前者更为丰富。砂岩上的常绿阔叶林，由于林木少落叶种类，因此下木一般为阴性，由于大量下木的覆盖，草本种类很耐阴湿。

24. 岩栎、大头茶林（Form. *Quercus acrodonta*，*Polyspora axillaris*）

此类型分布在金佛山西部老梯子、牵牛坪一带，海拔 1800～2000m 的范围内，一般为斜坡地带，坡度大小不均，样地坡度较陡，土层较厚的为二叠纪石灰岩地区，土壤团粒结构很好，为含有机质丰富的黑色石灰土。群落特点是：高度一般在 10m 左右，郁闭度较小为 0.5，多种树丛生，苔藓丰富，乔木种类成分比较简单。本群里的灌木和草本的种类都较少，灌木层中主要以箭竹为主。箭竹一般在 1.5m 左右。草本有鳞毛蕨（*Arachniodes speciosa*）、珍珠茅（*Scleria hebecarpa*）、天门冬（*Asparagus cochinchinensis*）、巴兰贯众、鼠尾草（*Salvia japonica*）等。林内层外植物不少，有转子莲（*Clematis patens*）、卵茜草（*Rubia ovatifolia*）、勾儿茶、鸡爪莓、几种菝葜和野木通、薯蓣（*Dioscorea althaeoides*）。

25. 扁刺栲、金山杜鹃、华中八角林（Form. *Castanopsis platyacantha*，*Rhododendron longipes*，*Illicium verum*）

此类型分布在海拔 1800m 以上二叠系石灰岩发育的棕黄壤地区。在凤凰寺前面麻雀河沟一带、长岗一带均成片分布（样方均在海拔 1900m 以上）。坡度较平缓，一般为 20°左右，土层深厚，多在 85cm 以上，明显分为四层：A（腐殖质）厚 8cm，黑色，有团粒结构，pH 为 5.5；B（淋溶层）厚 5cm，黑褐色，有团粒结构；C（淀积层）厚 30cm，黄褐色，有少数团粒结构；D（母质层）厚 42cm，黄色，无明显结构。地表枯枝落叶层厚 6cm，覆盖达 95%。

群落在外貌上远望树冠呈绿色的绒球，一团团地平铺在顶部，郁闭度 0.7～0.85，林木高 14m 左右，树干直立分三亚层，种类较复杂。下木很简单，以金佛山方竹（*Chimonobambusa utilis*）为主，高 2m 左右，它在林内的优势度一般随林木的破坏程度而变化。草本不明显。层外植物亦少。由于海拔较高，林木树皮上附上有大量苔藓植物，盖度达到 90%以上。此类型砍伐后则形成方竹和林木的混交类型，目前人们由于发展方竹采集笋子，对此群落中高大林木不断在加以破坏，继续下去必被纯的方竹群落所代替。此类型为高海拔的常绿阔叶林，若与 1600m 以下常绿阔叶林相比较，具有明显的差别。

26. 扁刺栲林（Form. *Castanopsis platyacantha*）

扁刺栲林是在海拔 1500～1800m 平缓的坡面（坡度 30°以下）发育的气候顶极植被类型。乔木层高度 18m 左右，优势种为扁刺栲，主要伴生种有多脉青冈、曼青冈、包果石栎（*Lithocarpus cleistocarpus*）、中华木荷（*Schima sinensis*）、革叶槭（*Acer coriaceifolium*）、藏刺榛等。灌木层高 8m，主要组成种为美容杜鹃、粗脉杜鹃（*Rhododendron coeloneurum*）、大白杜鹃（*Rhododendron decorum*）、西南山茶（*Camellia pitardii*）、小果南烛（*Lyonia ovalifolia* var. *elliptica*）、细齿柃（*Eurya nitida*）、山矾、薄叶山矾、茶条果（*Sympiocos ernestii*）等，部分地段形成金佛山方竹单优势层片。草本层高度 1m，种类较少，主要有莎草（*Cyperus rotundus*）、光蹄盖蕨（*Athyrium otophorum*）、沿街草、菝葜、华中五味子（*Schisandra sphenanthera*）、阔鳞鳞毛蕨（*Dryopteris championii*）、黑鳞鳞毛蕨（*Athyrium nigripes*）等。

27. 紫楠、光叶槭林（Form. *Phoebe sheareri*，*Acer laevigatum*）

此类型分布在北坡海拔 1400m 以上的砂页岩发育的黄壤上，如野猪凼的二坪山地海拔 1600m 陡坡上均有分布，本区在这样海拔上的页岩出露面积不广，因此本类型的分布的面积也较窄。地表为志留纪砂页岩出露，这种土壤特别贫瘠。土层有 50cm 厚，明显分为两层，腐殖质层带黑色有 10cm，有少许团粒结构，pH 为 5.5；淋溶层为棕黄色，厚 38cm，无明显结构，pH 为 5.5，均无碳酸盐反应。地表枯枝落叶层厚 5cm 左右，盖度 70%。群落乔木层高 10m 左右，郁闭度 0.8，树干直立，树皮附生大量苔藓植物，多达 70%。群落层次明显分四层。群落种类较复杂，下木中以更新的幼苗为主，种类少，其中以平竹为主，层外植物很不明显，常见的有菝葜等。此群落无论从种类成分、林木胸径、高度来看，均以紫楠、光叶槭为主，但在更新中则缺乏 1、2、3 级幼苗，因此类型在演替上处于衰老阶段，此类群落若受人为破坏后则形成砂岩上发育的光皮桦（*Betula luminifera*）、化香（*Platycarya strobilacea*）及少许马尾松等林木为主的混交林。

本类型与海拔 1400m 以下的砂岩上常绿阔叶林相比，有以下差别：①种类较简单；②优势种明显；③在种类成分上林木种类后者以紫楠、光叶槭为优势，树皮上附有大量苔藓；④藤本植物无论在种类上和数量上均不显著。下木后者以杜茎山为主，而此类型则以平竹为主，草本后者多以蕨类为主，这里以莎草为主。

28. 华木荷、麻叶杜鹃、曼青冈林（Form. *Schima sinensis*，*Rhododendron simsii*，*Clobalanopsis oxyodon*）

此类型分布在宣盆唐一带 1800m 以上山脊地区，该地二叠系灰岩大量裸露，岩石又约占整个样方的 50%，有的岩石突出有 3m 高，上面已形成石芽、溶沟、竖井等各种喀斯特小地形。无岩石处土壤则全为枯枝落叶覆盖，覆盖度达 95%以上，厚 5～9cm。

群落林木最高有 15m，一般为 10m。此群落特点是：树干笔直，枝下高达 10m 以上，树冠幅达（4×4）m，郁闭度为 0.7，树干胸径粗度不等，但植株甚多，群落中植株密度大，林木的种类教复杂，优势种较明显。其中以木荷（*Schima sinensis*）、曼青冈（*Clobalanopsis oxyodon*）占优势。本类型与同海拔常绿阔叶林比较突出的差异是树皮苔藓不多，仅覆盖 10%。

Ⅶ. 竹林

29. 梁山慈竹林/30. 料慈竹林（Form. *Sinocalmus affinis* and *Bmbusa distegia*）

此两种类型主要分布在海拔 1000m 以下，温暖、湿润的气候条件和肥厚湿润的微酸性至中性的土壤上，土层厚度 50cm 左右，为丛生型竹。竹竿高 3.1～13.5m，胸径 2.0～7.1cm，密度 3500～11000 株/hm^2，林分郁闭度 0.5～0.8。伴生的乔木树种有马尾松、柏木（*Cupressus funebris*）、杉木（*Cunninghamia lanceolata*）、麻栎（*Quercus acutissima*）、槲栎（*Quercus aliena*）等。灌木层盖度不足 5%，常见种类有白栎（*Quercus fabri*）、勾儿茶（*Berchemia sinica*）、火棘（*Pyracantha fortuneana*）、小叶菝葜（*Smilax microphylla*）、异叶榕（*Ficus heteromorpha*）等。草本层盖度约 10%，常见种类有沿阶草、细穗腹水草（*Veronicastrum stenostachyum*）、江南卷柏（*Selaginella moellendorfii*）、麦冬（*Ophiopogon japonicus*）、海金沙（*Lygodium japonicum*）、戟叶堇菜（*Viola betonicifolia*）等。慈竹林多为人工栽培，成丛分布于金佛山保护区实验区农户旁。

31. 箭竹林（Form. *Fargesia spathacea*）

箭竹林在金佛山保护区广泛分布，主要分布在林下及空旷地带，无论是平坦还是坡度较大的区域，箭竹都可生长。群落郁闭度可高达 0.9。群落在种类组成上较简单，其中多以常绿灌木，如山矾、川桂、卫矛（*Euongymus cornuta*）、茶藨子（*Ribes glacialc*）、黄水枝（*Tiarella polyphylla*）等为主，落叶物种较少，除少量幼苗以外，超过箭竹冠层的落叶物种罕见。草本甚是简单，盖度为 5%，以蕨类为主，如有蹄盖蕨、鳞毛蕨，另外还有山酢浆草。层外植物除了苔藓密布以外，其他极不显著，仅见有极少数的五味子和迷蒘。

32. 金佛山方竹林（Form. *Chimonobabusa utilis*）

此类型广泛分布于金佛山保护区，为当地居民的经济林业资源（方竹笋）。原本有大量的乔木分布于方竹林中，但是由于当地居民砍伐或者环剥，现存的方竹林多以纯林为主。群落郁闭度为 0.8，林下灌层物种有野樱桃、柃木、山矾、桦叶荚蒾等。林下草本甚少，有鳞毛蕨（*Arachniodes speciosa*）、金星蕨（*Parathelypteris glanduligera*），地表有藓类覆盖。树皮也有大量藓类附生。其他层外植物有少数菝葜等。

33. 平竹林（Form. *Qiongzhuea communis*）

本类型广泛分布于针叶林、常绿阔叶林和落叶阔叶林下，如金佛寺四周、大垭附近等处，基质为石灰岩，风很大。群落矮型，仅高 1～2.5m。群落郁闭度为 0.8～0.91，种类组成贫乏，主要为平竹，灌木种类有美丽杜鹃、灯笼树、麻叶杜鹃、麻花杜鹃、黄杨等。草本有金星蕨、蛇莓（*Duchesnea indica*）、龙胆（*Gentiana scabra*）、鹿蹄草（*Pyrola calliantha*）、唐松草（*Thalictrum aquilegifolium*）、紫菀（*Aster tataricus*）等。层外植物有五味子（*Schisandra chinensis*）、菝葜等。

34. 刺竹林（Form. *Chimonobambusa pachystachys*）

刺竹林分布于海拔 1000～2000m 处常绿阔叶林下，金佛山保护区有少量分布，面积不大。刺竹群落多为纯林，高 5m 左右，灌层主要伴生有山矾、柃木及金佛山荚蒾（*Viburnum chinshanense*）等。草本层主要有莎草等。

35. 水竹林（Form. *Phyllostachys heteroclada*）

水竹林在海拔 1700m 以下少量分布，尤其河岸两侧的平缓地分布最多。乔木较少，以灯台树（*Bothrocaryum controversum*）为主，主要伴生种有构树（*Broussonetia papyrifera*）、枫香、川陕鹅耳枥（*Carpinus fargesiana*）。灌木层以水竹（*Phyllostachys heteroclada*）为主，高 2～5m，伴生有卫矛（*Euonymus alatus*）、短序荚蒾（*Viburnum brevipes*）、金佛山荚蒾（*Viburnum chinshanense*）、烟管荚蒾（*Viburnum utile*）等。草本层平均高度 1m，主要组成种有南天竹、镰羽贯众（*Cyrtomium balansae*）、红盖鳞毛蕨（*Dryopteris erythrosora*）、中日金星蕨（*Parathelypteris nipponica*）、石松（*Diaphasiastrum veitchii*）及翠云草（*Selaginella uncinata*）等。

36. 金山小赤竹林（Form. *Sasa longiligulata*）

金山小赤竹分布在金佛山保护区的林下及空旷地带。群落中乔木主要有金山杜鹃（*Rhododendron longipes* var. *chienianum*）、山矾（*Symplocos sumuntia*）等，草本较少，偶见莎草（*Carex scaposa*）。

Ⅷ. 常绿阔叶灌丛

37. 油茶、细枝柃灌丛（Form. *Camellia oleifera*，*Eurya loquaiana*）

该类型广泛分布于金佛山保护区内，群落外貌呈绿色且参差不齐，细枝柃为优势种，盖度可达 45%，伴生灌木有油茶、火棘、铁仔、盐肤木、雀梅藤（*Sageretia thea*）、探春花（*Jasminum floridum*）、杭子梢（*Campylotropis macrocarpa*）等。草本层植物盖度 20%～40%，主要优势种有白茅、荩草、金发草、栗褐薹草（*Carex brunnea*）等，其他常见种类有碎米莎草（*Cyperus iria*）、野菊（*Dendranthema indicum*）、薄叶卷柏（*Selaginella delicatula*）等。

38. 香叶树、南天竹灌丛（Form. *Lindera communis*，*Nandina domestica*）

该群落主要分布于金佛山保护区的荒坡上，香叶树为优势种，盖度为 45%左右，其中还伴生有南天竹、杉木、异叶榕、朴树、罗浮械和三叶五加等，平均高度 1.2～3.5m 不等，盖度为 5%～10%，样方内还有少量的黄杞、糯米团和水麻等分布，其高度 1.1～1.8m 不等，盖度均为 3%左右。

群落的草本层植物数量较少，在灌木空隙处可见有集中分布的蝴蝶花、野山姜（*Alpinia japonica*）、翠云草（*Selaginella uncinata*）、新月蕨（*Pronephrium gymnopteridifrons*）、半边旗（*Pteris semipinnata*）、宝铎草（*Disporum sessile*）和紫珠（*Callicarpa bodinieri*）等，平均高度为 0.2～0.7m 不等，其盖度均不足 8%。

39. 小梾木、小腊灌丛（Form. *Swida paucinervis*，*Ligustrum sinense*）

该类型群落主要分布在金佛山保护区公路沿线及路边荒坡、灌丛群落中，优势种马桑的平均高度为 2.2m，盖度为 65%。常见种有蔓胡颓子（*Elaeagnus glabra*）和金山荚蒾等，其平均高度为 1.5m 左右，盖度均为 3%。

由于灌木树种盖度较大，草本层植物物种较少，优势种为野胡萝卜（*Daucus carota*），野胡萝卜的平均高度为 0.8m，盖度为 10%，其他常见种有黄鹌菜（*Youngia Japonica*）、丝茅（*Imperata koenigii*）和艾蒿（*Artemisia argyi*）等，其平均高度为 0.2～0.5m，盖度均为 5%左右，偶见的草本植物有油麻藤和苦苣菜（*Sonchus oleraceus*）等，其盖度都小于 3%。

40. 阔柄杜鹃、黄杨灌丛（Form. *Rhododendron platypodum*，*Buxus sinica*）

阔柄杜鹃、黄杨灌丛多分布在峡谷岩壁及平缓地方，由于立地条件较差，呈灌木状，呈带状分布。伴生灌木有山茱萸（*Cornus officinalis*）、小梾木（*Swida paucinervis*）、乌岗栎（*Quercus phillyraeoides*）等；草本主要为薹草、卷柏（*Selaginella tamariscina*）、复叶耳蕨（*Arachniodes exilis*）、瓦韦（*Lepisorus thunbergianus*）等。

Ⅸ. 落叶阔叶灌丛

41. 白栎、杜鹃灌丛（Form. *Quercus fabri*，*Rhododendron obtusum*）

在金佛山保护区有较多分布，发育在山脊附近的裸岩或土壤浅薄之地，加之风大，环境胁迫严重，是特殊的地形植被。

灌木层高 3m 左右，以白栎为优势种，主要的伴生种有杜鹃、青冈（*Cyclobalanopsis glauca*）、近轮叶木姜子、马醉木（*Pieris japonica*）、长蕊杜鹃（*Rhododendron stamineum*）、满山红（*Rhododendron mariesii*）、山矾、蜡莲绣球（*Hydrangea strigosa*）和平竹（*Qiongzhuea communis*）等。草本层高 1m 左右，主要组成种有紫萁（*Osmunda japonica*）、光里白、毛蕨（*Cyclosorus interruptus*）、华中五味子（*Schisandra sphenanthera*）、凹叶景天（*Sedum emarginatum*）、藓状景天（*Sedum polytrichoides*）、山莓、深山堇菜（*Viola selkirkii*）、常春藤（*Hedera nepalensis* var. *sinensis*）、风轮菜（*Clinopodium chinense*）、菝葜和毛胶薯蓣（*Dioscorea subcalva*）等。

42. 高丛珍珠梅灌丛（Form. *Sorbaria arborea*）

高丛珍珠梅群落外貌黄绿色，丛状生长，群落高度 1.8m，灌木层盖度 60%左右，且物种组成简单，仅以高丛珍珠梅为主要组成成分，其他如金花小檗、茶藨子、峨眉蔷薇等较少，草本层盖度 70%左右，物种组成丰富，包括鹅观草、小蓟（*Cirsium setosum*）、泽漆（*Euphorbia hetioscopia*）、西南银莲花（*Anemone davidii*）、瞿麦（*Dianthus superbus*）、川鄂蟹甲草（*Parasenecio vespertilio*）、齿叶橐吾等 20 余种。

43. 马桑、盐肤木、黄荆灌丛（Form. *Coriaria nepalensis*，*Rhus chinensis*，*Vitex negundo*）

此类型分布在海拔 1400m 以下两侧溪谷地区。环境湿度大，阳光弱，植株的根系一般扎在岩石缝中，枝条下垂，呈披散状，满布于岩壁上，便于接受光照，有些直立的植株则枝干很细弱，植株叶一般为椭圆形，革质，发亮，或多或少具有旱生结构。

44. 火棘、小果蔷薇灌丛（Form. *Pyracantha fortuneana*，*Rosa cymosa*）

此类型是在海拔 1200m 以下多石地点高强度干扰后形成的初期植被。灌木层盖度 60%，常见组成种类有火棘（*Pyracantha fortuneana*）、小果蔷薇（*Rosa cymosa*）、小构树（*Broussonetia kazinoki*）、黄荆（*Vitex negundo*）、马桑（*Coriaria nepalensis*）、爬藤榕（*Ficus sarmentosa* var. *impressa*）、多花勾儿茶（*Berchemia floribunda*）、野花椒（*Zanthoxylum bungeanum*）、铁仔、缫丝花（*Rosa roxburghii*）等。草本层盖度 70%，常见种类有大蓟（*Cirsium japonicum*）、白茅（*Imperata cylindrica*）、艾蒿、金星蕨（*Parathelypteris glanduligera*）、野古草（*Arundinella anomala*）、荩草（*Arthraxon hispidus*）等。

45. 山麻杆灌丛（Form. *Alchornea davidii*）

山麻杆灌丛是石灰岩地区原生植被遭到破坏后形成的次生性灌丛，金佛山保护区内山麻杆灌丛在公路两旁呈片段化带状分布，物种组成以中生性耐旱物种为主，灌木层高度 1.5～3m，盖度一般在 50%～70%，除山麻杆外，另有构树、盐肤木（*Rhus chinensis*）、假奓包叶（*Discocleidion rufescens*）、紫弹树（*Celtis biondii*）、朴树、野桐、长叶水麻等物种参与组成。草本层以求米草（*Oplismentls undulatifolius*）、狼尾草（*Pennisetum alopecuroides*）、细柄草（*Capillipedium parviflorum*）、荩草（*Arthraxon hispidus*）、柔毛路边青（*Geum japonicum* var. *chinense*)、野棉花（*Anemone vitifolia*）、紫菀（*Aster tataricus*）等物种组成。局部地段层间植物较为发达，常见的有美味猕猴桃、狗枣猕猴桃、大血藤（*Sargentodoxa cuneata*）、威灵仙（*Clematis chinensis*）、粗齿铁线莲（*Clematis argentilucida*）、八月瓜（*Musa chunii*）、中华栝楼（*Trichosanthes rosthornii* Harms）等。

46. 火棘、黄荆灌丛（Form. *Pyracantha fortuneana*，*Vitex negundo*）

此类型分布在海拔 1700m 以下石灰岩大块裸露的地区，如在大河坝、野猪凼一带比较多。这里石灰岩大块裸露于地表，肥厚的黑色石灰土仅仅积累于岩缝之间，这种土壤适合植物生长，但土壤面积有限，植物在岩缝中生长之后，由于面积的限制导致了彼此的遮阴，在互相争夺阳光的过程中，凡披散在岩石上生长的灌木和藤本则能适应光照条件而生存。石灰岩透水性比较强，植株生境干旱，在外形上常为多刺，小叶，由于对光照水分的适应，植株常形成以披散状有刺的藤本和灌木为主的类型。本类群落在当地具有"刺笼"之称。常常使得调查者难以深入群落内部。群落中还会有喜阳耐旱的乔木幼苗。因为灌木的盖度较大，达到 90%以上，在下层则有不少耐阴的植物。本类型种类比较简单，常见的有火棘、黄荆（*Vitex negundo*）、小叶绣线菊（*Spiraea cantoniensis*）、平枝栒子（*Cotoneaster horizontalis*）等。

47. 平枝栒子、南川绣线菊灌丛（Form. *Cotoneaster horizontalis* Decne，*Spiraea rosthornii* Pritz.）

此类型是分布在海拔 1400m 以上近山脊或垭口风力较大的大块裸露的石灰岩上，植株一般具有小叶厚革质和紧贴在岩石上生长的特点，这是对高山地区风大和石灰岩透水性强的干旱型环境的一种适应。

本类型种类比较简单，常见的有平枝栒子（*Cotoneaster horizontalis*）、南川绣线菊（*Spiraea rosthornii*）、木帚子（*Cotoneaster dielsianus*）、小叶黄杨（*Buxus sinica* var. *parvifolia*）、小叶绣线菊（*Spiraea cantoniensis*）等。

48. 水麻、醉鱼草、火棘灌丛（Form. *Debregeasia orientalis*，*Buddleja lindleyana* Fortune，*Pyracantha fortuneana*）

此类型是分布于海拔 800m 以下的河漫滩地区，为河漫滩地区所特有的类型，如在龙骨溪两侧呈现窄的带状分布。这里土壤厚 25cm，分两层，界限明显，上层为黑色，多腐殖质，有团粒结构，pH 6.5，下层为黄色，夹有黑色斑点，无结构，pH 7。群落高 1.5m，顶部较平整，组成群落的灌木一般呈披散状生长。叶带毛或呈厚革质状，具有旱生的特点，灌木中以水麻、醉鱼草为主，其他常见的有小木、救兵粮、马桑（*Coriaria nepalensis*）、小果蔷薇（*Rosa cymosa*）、绣球花（*Hydrangea macrophylla*）、梵天花（*Urena procumbens*）等。其中小果蔷薇（*Rosa cymosa*）、野蔷薇（*Rosa multiflora*）、火棘（*Pyracantha fortuneana*）等都为有刺状披散的灌木。草本一般以喜湿耐阴的禾草和杂类草为多，边缘光照强的地方以蒿属（*Artemisia*）为主。此外有小水麻、半边莲（*Lobelia chinensis*）、野棉花（*Anemone vitifolia*）、莎草（*Carex scaposa*）、过路黄（*Lysimachia christinae*）、夏枯草（*Prunella vulgaris*）、龙芽草（*Agrimonia pilosa*）、佛甲草（*Sedum lineare*）、蛇莓（*Duchesnea indica*）、千里光（*Senecio scandens*）、芒草、草木樨（*Melilotus suaveolens*）、瘦风轮（*Calamintha gracilie*）、酢浆草（*Oxalis corniculata*）、小车前（*Plantago minuta*）、茴茴蒜（*Ranunculus chinensis*）、细柄草（*Capillipedium parviflorum*）、莎草（*Carex scaposa*）、匍伏堇（*Viola diffusa*）、窃衣（*Torilis scabra*）、婆婆纳（*Veronica didyma*）、老鹳草（*Geranium wilfordii*）、苦蒿（*Acroptilon repens*）、鬼针草（*Bidens pilosa*）、木贼（*Equisetum hyemale*）、元宝草（*Hypericum sampsonii*）、毛蕨（*Cyclosorus interruptus*）等。贴附于地面的有念珠藻和少许的藓类。在近水边湿润的地方，具有芦苇（*Phragmites communis*）、早熟禾（*Poaannua* L.）、灯芯草（*Juncus effusus*）等。

X．灌草丛

49. 白茅草丛（Form. *Imperata cylindrica*）

白茅草分布较为广泛，但多为零星小块。白茅占草丛的主要优势，盖度一般为 20%～30%，一些地段可达 80%左右，株高 0.4～0.6m。芒萁、蕨、珠光香青也常形成 5%～10%的盖度，常见的草本植物还有金发草（*Pogonatherum paniceum*）、苔草、野古草、翻白草（*Potentilla discolor*）、瓜子金（*Polygala japonica*）、细叶苦荬菜（*Ixeridium gracile*）、风轮菜（*Clinopodium chinense*）、蕺菜（*Houttuynia cordata*）等。

50. 五节芒草丛（Form. *Miscanthus floridulus*）

五节芒草沿新修建道路以及林缘广泛分布，以草本植物为主，混生稀疏的灌木。优势种为五节芒，伴生野古草（*Arundinella anomala*）、白茅（*Imperata cylindrica*）、鬼针草、狼把草等，散生的灌木主要有马桑（*Coriaria nepalensis*）、火棘、盐肤木（*Rhus chinensis*）、构树等。

51. 蕨灌草丛

蕨灌草丛在金佛山保护区内林间旷地、荒山荒坡分布较为集中，群落建群种蕨的高度1.3m，盖度可达90%以上。群落分层不明显，伴生的其他草本植物主要为芒、荩草以及藤本植物乌蔹莓和杠板归等，盖度均低于10%，在群落中随机分布。

52. 芒萁草丛（Form. *Dicranopteris dichotoma*）

芒萁草丛与马尾松林同域分布，是马尾松林被砍伐或严重破坏后形成的植被类型。高度0.5m，伴生种类主要有石松（*Diaphasiastrum veitchii*）、海金沙、五节芒、画眉草、野古草（*Arundinella anomala*）等，散生灌木主要有满山红（*Rhododendron mariesii*）、盐肤木（*Rhus chinensis*）等。

XI. 草甸

53. 拂子茅、香青草丛（Form. *Calamagrostis epigeios*，*Pearleverlasting*）

金佛山保护区的草丛是指海拔1800m以上的山地草丛，均为常绿阔叶林、常绿落叶阔叶混交林、矮林、灌丛等被严重破坏后形成的次生类型，由于地形部位而影响到风力大小的不同以及土壤水分条件的差异，形成不同类型的草丛。但该类型由于严重的环境胁迫，短期内已难以恢复到原生植被类型，因而具有地形顶极性。分布在迎风坡地，这里不断有强风吹袭，林木幼苗难以更新，将长期保留以香青为主的山地草丛。此类型通常位于箭竹草丛的下延部分，生境较箭竹草丛更为湿润。香青草、拂子茅丛在种类组成上以杂草类为主，除优势种香青外，还有黄腺香青（*Anaphalis aureopunctata*）、宽翅香青（*Anaphalis latialata*）、中日金星蕨（*Parathelypteris nipponica*）、琴叶紫菀（*Aster panduratus*）、龙牙草（*Agrimonia pilosa*）、龙胆（*Gentiana scabra*）、黄毛草莓（*Fragaria nilgerrensis*）、大蓟（*Cirsium japonicum*）、牡蒿（*Artemisia japonica*）、箭竹（*Fargesia spathacea*）等。

2. 栽培植被

金佛山保护区以丘陵、山地为主，农耕地类型包括水田和旱地，水田仅分布于海拔较低且水利较为便利的低山丘陵冲积扇和冲积平坝处，面积极少。在中山及水利设施较差的区域以旱地为主。该区除满足日常生活需要所种植的粮食、蔬菜作物外，由于该区独特的地理优势，近年来大力发展中草药种植及山区林木经济，金佛山保护区栽培植被具有以下特点：粮食作物以旱生的玉米（*Zea mays*）、马铃薯（*Solanum tuberosum*）、冬小麦（*Triticum aestivum*）为主，蔬菜以瓜类、茄类、豆类等中生性物种为主要栽培对象；经济果园和经济林发挥山地优势，主要种植落叶经济树种核桃（*Juglans regia*）、板栗（*Castanea mollissima*）、杜仲（*Eucommia ulmoides*）等种。

栽培植被根据栽培对象生活型和用途，可以划分为4种型、5种组合型和6种组合，分类系统序号连续编排按《中国植被》的编号用字，型用一、二、三……，组合型用（一）、（二）、（三）……，组合用1、2、3，……。具体见表4-2。

表4-2　金佛山保护区栽培植被分类系统

型	亚型（组合型）	组合
一、大田作物型	（一）旱地作物亚型：一年两熟作物组合型	1.以冬小麦、玉米、马铃薯或荞麦为主的作物组合轮作
	（二）水田作物亚型：一年两熟作物组合型	2.以稻、麦为主的作物组合
二、蔬菜作物型	（三）一年三作的蔬菜组合型	3.春、夏种植瓜类、茄类蔬菜，秋冬季种植青菜、菠菜等耐寒蔬菜组合
三、经济林型	（四）落叶经济林亚型	4.杜仲林
四、果园型	（五）落叶果园亚型：温性果树组合型	5.核桃园
		6.板栗园

第5章 动物物种多样性

5.1 昆虫物种多样性

昆虫是金佛山保护区生物资源种类最多，数量最大的类群。为有效地保护好金佛山保护区北亚热带常绿落叶阔叶林森林生态系统的丰富生物资源提供基础数据，为有效地管理和保护该保护区提供理论依据，2013～2015年，笔者先后5次对金佛山保护区昆虫多样性开展科学考察。根据多次考察，结合有关科研单位和大专院校对金佛山保护区的昆虫调查资料，完成金佛山保护区昆虫多样性分析。

5.1.1 昆虫物种组成

据2000年《重庆金佛山生物资源名录》记载，金佛山保护区内有23目223科1625种。通过调查和查阅文献，现已知金佛山保护区昆虫有2067种，隶属于24目237科，增加了1目14科442种。各个目的科、属、种数见表5-1。

表 5-1 金佛山保护区昆虫物种组成

编号	目	科数	百分比/%	属数	百分比/%	种数	百分比/%
1	蚖目 Acerentomata	2	0.84	2	0.15	2	0.10
2	古蚖目 Eosentomta	1	0.42	1	0.07	1	0.05
3	弹尾目 Collembola	1	0.42	3	0.23	3	0.15
4	双尾目 Diplura	1	0.42	2	0.15	2	0.10
5	衣鱼目 Zygentoma	1	0.42	1	0.07	1	0.05
6	蜻蜓目 Odonata	11	4.65	29	2.19	56	2.71
7	蜚蠊目 Blattodea	4	1.69	8	0.60	10	0.48
8	螳螂目 Mantodea	3	1.27	7	0.53	12	0.58
9	等翅目 Isoptera	3	1.27	6	0.45	11	0.53
10	襀翅目 Plecoptera	1	0.42	3	0.23	3	0.15
11	蛸目 Phasmaodea	2	0.84	4	0.30	6	0.29
12	直翅目 Orthoptera	17	7.17	65	4.91	96	4.64
13	革翅目 Dermaptera	3	1.27	7	0.53	8	0.39
14	同翅目 Homoptera	28	11.82	115	8.69	162	7.84
15	半翅目 Hemiptera	23	9.71	134	10.12	193	9.34
16	缨翅目 Thysanoptera	2	0.84	7	0.53	11	0.53
17	虱目 Anoplura	2	0.84	2	0.15	3	0.15
18	鞘翅目 Coleoptera	36	15.19	299	22.58	483	23.37
19	广翅目 Megaloptera	2	0.83	3	0.23	7	0.34
20	脉翅目 Neuroptera	3	1.27	4	0.30	6	0.29
21	毛翅目 Trichoptera	2	0.84	3	0.23	4	0.19
22	鳞翅目 Lepidoptera	47	19.83	472	35.65	744	35.99
23	双翅目 Diptera	17	7.17	60	4.53	103	4.98
24	膜翅目 Hymenoptera	25	10.55	87	6.56	140	6.77
25	合计	237	100	1324	100	2067	100

从各目种类数量上看,鳞翅目最多,744 种,占金佛山保护区昆虫总种数的 35.99%;鞘翅目次之,483 种,占 23.37%;半翅目种类数量第三,193 种,占 9.34%;其余依次为同翅目 162 种,膜翅目 140 种,双翅目 103 种,直翅目 96 种,蜻蜓目 56 种,螳螂目 12 种,等翅目 11 种,缨翅目 11 种,蜚蠊目 10 种,革翅目 8 种,广翅目 7 种,脉翅目 6 种,蛇蛉目 6 种,毛翅目 4 种,襀翅目 3 种,弹尾目 3 种,虱目 3 种,蚖目 2 种,双尾目 2 种,古蚖目 1 种,衣鱼目 1 种。

5.1.2　昆虫组成特点

1. 不同目的科多度

金佛山保护区已知有 24 目 237 科,超过 10 个科的有 8 个目,占目数的 33.33%,分别是蜻蜓目 11 科、直翅目 17 科、同翅目 28 科、半翅目 23 科、鞘翅目 36 科、鳞翅目 47 科、双翅目 17 科和膜翅目 25 科,共计 204 科,占总科数的 86.08%。

2. 不同科的属多度

从属的数量看,超过 10 个属的有 32 个科,占总科数的 13.56%。分别是斑腿蝗科 13 属、露螽科 12 属、蝉科 16 属、叶蝉科 16 属、蚜科 18 属、蝽科 42 属、长蝽科 10 属、猎蝽科 14 属、盲蝽科 13 属、缘蝽科 16 属、步甲科 26 属、叩甲科 12 属、叶甲科 55 属、瓢虫科 31 属、天牛科 48 属、铁甲科 11 属、象甲科 15 属、螟蛾科 35 属、刺蛾科 11 属、尺蛾科 66 属、舟蛾科 24 属、毒蛾科 18 属、灯蛾科 27 属、夜蛾科 69 属、天蛾科 26 属、粉蝶科 10 属、眼蝶科 19 属、蛱蝶科 35 属、灰蝶科 20 属、弄蝶科 21 属、食蚜蝇科 20 属和姬蜂科 23 属等,共计 792 属,占总属数的 59.82%。上述各科构成金佛山保护区昆虫的优势种类。

3. 不同科的种多度

从种的数量看,超过 10 个种的有 53 个科,占总科数的 22.46%。分别是蜻科 26 种、斑腿蝗科 17 种、露螽科 18 种、蟋蟀科 10 种、尖胸沫蝉科 11 种、蝉科 23 种、叶蝉科 18 种、蚜科 28 种、蜡蚧科 11 科、蝽科 57 种、长蝽科 13 种、猎蝽科 17 种、盲蝽科 17 种、缘蝽科 26 种、步甲科 56 种、叩甲科 14 种、叶甲科 81 种、肖叶甲科 12 种、负泥虫科 13 种、瓢虫科 47 种、芫菁科 10 种、鳃角金龟科 17 种、花金龟科 14 种、天牛科 70 种、丽金龟科 25 种、铁甲科 20 种、象甲科 18 种、小蠹科 11 种、卷象科 12 种、螟蛾科 46 种、刺蛾科 16 种、钩蛾科 12 种、尺蛾科 83 种、波纹蛾科 11 种、舟蛾科 30 种、毒蛾科 46 种、灯蛾科 44 种、夜蛾科 89 种、天蛾科 37 种、大蚕蛾科 15 种、凤蝶科 28 种、粉蝶科 19 种、眼蝶科 57 种、蛱蝶科 71 种、灰蝶科 25 种、弄蝶科 33 种、寄蝇科 10 种、虻科 12 种、食蚜蝇科 31 种、条蜂科 11 种、蚁科 13 种、姬蜂科 26 种和茧蜂科 14 种等,共计 1491 种,占总种数的 72.13%。

5.1.3　昆虫区系分析

1. 蝶类昆虫区系

有关金佛山保护区的蝶类昆虫,进行过较为系统的调查和报道(万继扬等,1992;李树恒等,2001;刘文萍,2001,2002),根据采集到的标本以及文献记载,就此作为代表对金佛山保护区区系成分进行分析。从表 5-2 可见,现已知金佛山保护区蝶类昆虫有 246 种,隶属于 11 科 122 属。

表 5-2　金佛山保护区蝶类组成与区系成分

科名	种类组成		区系成分		
	属	种	东洋种	古北种	广布种
凤蝶科 Papilionidae	9	28	23	1	4

续表

科名	种类组成		区系成分		
	属	种	东洋种	古北种	广布种
粉蝶科 Pieridae	10	19	6	2	11
斑蝶科 Danaidae	3	4	4	0	0
环蝶科 Amathusiidae	2	2	2	0	0
眼蝶科 Satyridae	17	57	41	3	13
蛱蝶科 Nymphalidae	34	71	40	5	26
珍蝶科 Acraeidae	1	1	1	0	0
喙蝶科 Libytheidae	1	1	0	0	1
蚬蝶科 Riodinidae	4	5	5	0	0
灰蝶科 Lycaenidae	20	25	15	2	8
弄蝶科 Hesperiidae	21	33	18	1	14
合计	122	246	155	14	77

从科级水平的蝶类组成看，其物种由多至少的顺序依次为蛱蝶科（71 种）＞眼蝶科（57 种）＞弄蝶科（33 种）＞凤蝶科（28 种）＞灰蝶科（25 种）＞粉蝶科（19 种）＞蚬蝶科（5 种）＞斑蝶科（4 种）＞环蝶科（2 种）＞珍蝶科（1 种）＝喙蝶科（1 种）。蛱蝶科种类最多，占金佛山保护区蝶类种数的 28.86%；眼蝶科次之，占 23.17%；珍蝶科和喙蝶科最少，属于单种科，占 0.41%。

从金佛山保护区已知蝶类区系组成上看，东洋区种类有 155 种，占总种数的 63.01%；广布种有 77 种，占 31.30%；古北区种类最少，有 14 种，占 5.69%。金佛山保护区以东洋种占大多数，具有明显优势，广布种次之，古北种在该保护区的分布最少。表明金佛山保护区蝶类区系成分以东洋种为主，属于东洋界范畴。这与它们所处的地理位置是相一致的。

2. 蝶类属和种组成特点

对金佛山保护区蝶类昆虫 246 种的属数、种数、单种属数、多种属数以及属种比值系数进行统计计算，从而分析各种蝶类在金佛山保护区的相对丰富度和组成的结构（表 5-3）。从属种比值系数上看，金佛山保护区蝶类昆虫属种比值为 0.50，凤蝶科（0.32）、眼蝶科（0.30）和蛱蝶科（0.48）小于 0.50，其种类分别为 28 种、57 种和 71 种，说明这 3 个科在金佛山保护区丰富度相当高，区域代表性比较强；粉蝶科（0.53）、斑蝶科（0.75）、环蝶科（1.00）、蚬蝶科（0.80）、灰蝶科（0.80）和弄蝶科（0.64）大于 0.50，其种类分别为 19 种、4 种、2 种、5 种、25 种和 33 种，说明上述科在金佛山保护区仅次于凤蝶科和眼蝶科的活跃成分；珍蝶科（1.00）和喙蝶科（1.00）属于单种科，其丰富度相对较低。从单种属和多种属的统计上分析，单种属有 78 种，占总属数的 63.93%。从上述属、种数量在各科中的分布分析上看，在金佛山保护区蝶类昆虫的属和种都相对丰富，反映出金佛山保护区蝶类分布的地区复杂性和多样性，说明其区系在结构上比较复杂。

表 5-3 金佛山保护区蝶类昆虫属和种统计表

科名	属数	占总属数/%	种数	占总种数/%	属种比值系数	单种属数	多种属数
凤蝶科 Papilionidae	9	7.38	28	11.38	0.32	6	3
粉蝶科 Pieridae	10	8.20	19	7.72	0.53	4	6
斑蝶科 Danaidae	3	2.46	4	1.62	0.75	2	1
环蝶科 Amathusiidae	2	1.64	2	0.81	1.00	2	0
眼蝶科 Satyridae	17	13.93	57	23.17	0.30	10	7
蛱蝶科 Nymphalidae	34	27.87	71	28.86	0.48	22	12
珍蝶科 Acraeidae	1	0.82	1	0.41	1.00	1	0

续表

科名	属数	占总属数/%	种数	占总种数/%	属种比值系数	单种属数	多种属数
喙蝶科 Libytheidae	1	0.82	1	0.41	1.00	1	0
蚬蝶科 Riodinidae	4	3.28	5	2.05	0.80	3	1
灰蝶科 Lycaenidae	20	16.39	25	10.16	0.80	15	5
弄蝶科 Hesperiidae	21	17.21	33	13.41	0.64	12	9
合计	122	100	246	100	50	78	44

5.1.4　特有及珍稀昆虫

1. 特有昆虫

特有昆虫是相对于分布的地区而言，它的依据是要受到研究基础的影响。这里主要以金佛山保护区及附近地区为模式产地的昆虫种类，作为金佛山保护区的特有昆虫。就目前文献资料而论，被列为特有种的有 17 种，见表 5-4。

表 5-4　金佛山保护区特有昆虫统计表

目	科名	中文种名（拉丁学名）	数据来源
直翅目	剑角蝗科	重庆鸣蝗 *Mongolotettix chongqingnsis* Xie et Li	中国鸣蝗属一新种（直翅目：蝗总科）
直翅目	蚱科	重庆蚱 *Tetrix chongqingensis* Zheng et Shi	渝桂地区蚱总科三新种记述（直翅目）
直翅目	蛩螽科	长刺拟库蛩 *Psudokuzicus*（*Psudokuzicus*）*spinus* Shi，Mao et Chang	中国蛩螽亚科（长翅类）系统学研究（直翅目：螽斯科）
半翅目	花蝽科	东亚小花蝽 *Orius sauteri*（Poppius）	重庆金佛山生物资源名录
鞘翅目	步甲科	金佛山弯步甲 *Colpoideshauseri hauteri* Jedlicka	重庆金佛山生物资源名录
鞘翅目	步甲科	金山毛婪步甲 *Harpalus ginfushanus* Jedlicka	重庆金佛山生物资源名录
鞘翅目	叶甲科	黑额光叶甲 *Samaragdina nigrifrons*（Hope）	重庆金佛山生物资源名录
鞘翅目	瓢虫科	黑缘光瓢虫 *Exochomus nigromarginatus* Miyatake	重庆金佛山生物资源名录
鞘翅目	天牛科	白角虎天牛 *Anaglyptus apicicornis*（Gressitt）	重庆金佛山生物资源名录
鳞翅目	尺蛾科	尘尺蛾 *Hypomecis punctinalis conferenda*（Butler）	重庆金佛山生物资源名录
鳞翅目	尺蛾科	苹烟尺蛾 *Phthonosema tendinosaria* Bremer	重庆金佛山生物资源名录
双翅目	虻科	五带虻 *Tabannus quinquecinctus* Recardo	重庆金佛山生物资源名录
双翅目	寄蝇科	常怯寄蝇 *Phryxe vulgaris*（Fallen）	重庆金佛山生物资源名录
双翅目	摇蚊科	长胫趋流摇蚊 *Rheocricotopus tibialis* Wang et Zheng	中国趋流摇蚊属记述（双翅目：摇蚊科）
双翅目	摇蚊科	二带趋流摇蚊 *Rheocricotopus bifasciatus* Wang et Zheng	中国趋流摇蚊属记述（双翅目：摇蚊科）
膜翅目	蚁科	鳞蚁 *Strumigengs godeffroyilewisi* Cameron	重庆金佛山生物资源名录
膜翅目	姬蜂科	樗蚕黑点瘤姬蜂 *Xanthocampa konowi* Krieger	重庆金佛山生物资源名录

2. 珍稀昆虫

金佛山保护区的珍稀昆虫主要指在《国家重点保护野生动物名录》、《国家保护的有益的或者有重要经济、科学研究价值的陆生野生动物名录》和《中国珍稀昆虫图鉴》中所包括的重点保护和珍稀昆虫种类。除此以外，一些个体稀少、分布区域狭窄、生存环境特殊、形态特异的种类也可视为珍稀昆虫。

金佛山保护区具有国家保护的有益的或者有重要经济、科学研究价值的昆虫有乌桕大蚕蛾（*Attacus atlas*）、金裳凤蝶（*Troides aeacus*）、宽尾凤蝶（*Agehana elwesi*）、喙凤蝶（*Teinopalpus imperialis*）、燕凤蝶（*Lamproptera curia*）、箭环蝶（*Stichophthalma howqua*）、枯叶蛱蝶（*Kallima inachus*）和中华蜜蜂（*Apis cerana*）8 种。

金佛山保护区的珍稀昆虫有神女单脉色蟌（*Mnais orecades*）、中华屏顶螳（*Kishinouyeum sinensae*）、巫山短肛䗛（*Baculum wushanense*）、四川无肛䗛（*Paraentoria sichuanensis*）、秦岭蚱（*Tetrix qinlingensis*）、短翅悠背蚱（*Euparatettix brachyptera*）、木棉梳角叩甲（*Pectocera fortunei*）、黑条波萤叶甲（*Brachyphora nigrovittata*）、膨宽缘萤叶甲（*Pseudosepharia dilatipennis*）、基黄星齿蛉（*Protohermes basiflavus*）、三峡东蚁蛉（*Euroleon sanxianus*）、四面山长颊花天牛（*Gnathostraga lissimianshana*）、杨氏彩伪叶甲（*Mimoborchmannia yangi*）、链纹裸瓢虫（*Calvia sicardi*）、展六鳃金龟（*Hexatenius protensus*）、四川山角石蛾（*Stenopsyche sichuanensis*）、显脉球须刺蛾（*Scopelodes venosa*）、浅翅凤蛾（*Epieopeia hainesi sinicaria*）、光锦舟蛾（*Ginshachia plooebe*）、闽羽毒蛾（*Poda minensis*）、锯线荣夜蛾（*Gloriana dentilinea*）、黑轴美苔蛾（*Miltochrista stibivenata*）、直线野蚕蛾（*Theophila religiosa*）、著蕊舟蛾（*Dudusa nobilis*）、枯球箩纹蛾（*Brahmophthalma wallichii*）、牛郎凤蝶（*Papilio bootes*）、黎氏青凤蝶（*Graphium lecchi*）、三黄绢粉蝶（*Aporia larraldei*）、白条黛眼蝶（*Lethe albolineata*）、傲白蛱蝶（*Helcyra subalba*）、铺展趋流摇蚊（*Rheocricotopus effuses*）、萃熊蜂 [*Bombus*（*Rufipedibombus*）*eximius*] 和中华曲脉茧蜂（*Distilirella sinica*）33 种。

所有这些珍稀昆虫都应该加以重点保护，特别是对大多数珍稀种类的生物学习性还不清楚，因此需要进一步做较为深入的生物学研究，以便更好地为保护它们提供科学依据。

5.1.5　昆虫资源

昆虫资源分为可以带来直接效益的昆虫资源和非效益性的昆虫资源两大类。前者就是通常意义上的昆虫资源，主要包括工业原料、药用、食用、饲用、传粉等。后者主要是指有害昆虫、天敌昆虫、科研用昆虫和工艺观赏昆虫。

1. 有害昆虫

据《重庆市林业有害生物种类调查》记载，重庆市农林害虫有 284 种。这些种类大多数在金佛山保护区内有分布，多为等翅目、直翅目、同翅目、半翅目、鞘翅目和鳞翅目等种类，其中以鞘翅目和鳞翅目种类占绝大多数，如天牛、叶甲、金龟、卷象、象甲、小蠹、卷蛾、螟蛾、毒蛾、夜蛾、天蛾和枯叶蛾科的种类最多。所危害的主要有水稻、小麦、玉米、高粱、黄豆、马铃薯、油菜、棉花、柑橘、梨、苹果等农作物；林木主要有栎类、杉木、水杉、马尾松、华山松和竹类等。

森林害虫对森林资源的破坏起着一定的作用，有害昆虫的区系组成和分布与地形、地势、气候和植被等生态环境有关，而且与寄主的关系密切。金佛山方竹（*Chimonobabusa utilis*）分布面积 13000hm²，是金佛山特产竹类、重要的经济林木和当地农民的主要经济来源，防治病虫害是一项极其重要的工作。危害金佛山方竹的主要有黄脊竹蝗（*Ceracris kiangsu*）、黑斑丽沫蝉（*Cosmoscarta dorsimacula*）、橘红丽沫蝉（*Cosmoscara mandarina*）、黑竹缘蝽（*Notobitus meleagris*）、竹直锥象（*Chrtotrachelus longimanus*）、竹织叶野螟（*Algedonis coclesalis*）和刚竹毒蛾（*Pantana phyllostachysae*）等类群。从金佛山保护区成立以来，由于对有害昆虫调查，摸清了其发生发展变化的规律，确定了防治重点，制订出防治计划，减少了灾害的发生，未见虫害大规模发生的报道。

金佛山保护区内的昆虫由于长期对环境的适应，在生物群落中占据着重要的位置，因其种类和数量的相对稳定而构成各种群落间的相对稳定。昆虫与其植物及陆生动物形成的食物链，对维护该保护区的生态平衡起着重要的作用。虽然金佛山保护区内有害昆虫种类数量较多，但真正造成大危害的种类还是很少，这就反映出它们的存在价值。

2. 天敌昆虫

金佛山保护区的植食性昆虫种类有一些是取食杂草的，它们是防治杂草的自然天敌。肉食性昆虫主要包括捕食性和寄生性两种类型。天敌昆虫捕食或寄生害虫在各种生态环境中对抑制害虫的种群数量，维持自然生态平衡起重要作用。

经调查，金佛山保护区天敌昆虫种类有 12 目 44 科 211 属 367 种（表 5-5），占金佛山保护区昆虫种类数量的 17.76%。为害虫的生物防治奠定了良好的物种基础，在金佛山保护区害虫的自然控制方面发挥着重要作用。

主要天敌昆虫类群有蜻蜓目蜻科（Libellulidae）、蜓科（Aeschnidae）、箭蜓科（Gomphnida）、色螅科（Calopterygidae）、螅科（Coenagrionidae），螳螂目螳科（Mantidae）、花螳科（Hymenopodidae）、长颈螳科（Cephaloidae），革翅目蠼螋科（Labiduridae）、球螋科（Forficulidae），半翅目猎蝽科（Reduviidae）、蝎蝽科（Nepidae）、花蝽科（Anthocoridae），缨翅目蓟马科（Thripidae），广翅目齿蛉科（Corydalidae），脉翅目草蛉科（Chrysopidae），鞘翅目虎甲科（Cieindilidae）、步甲科（Carabidae）、隐翅虫科（Staphilinidae）、瓢虫科（Coccinellidae），双翅目食虫虻科（Asilidae）、瘿蚊科（Cecidomyiidae）、寄蝇科（Tachinidae）、食蚜蝇科（Syrphidae）和膜翅目的茧蜂科（Braconidae）、蚜茧蜂科（Aphidiidae）、胡蜂科（Vespidae）、泥蜂科（Sphecidae）、蚁科（Formicidae）、姬蜂科（Ichneumonidae）、金小蜂科（Pteromalidae）、蚜小蜂科（Aphelinidar）、跳小蜂科（Encyrtidae）等类群。

表 5-5　金佛山保护区天敌昆虫类群及捕食或寄生范围

目	科	属数	种数	捕食或寄生范围
蜻蜓目	10	27	53	捕食蚊类、小型蛾类及叶蝉等，幼虫捕食蚊类的幼虫等
螳螂目	3	7	12	捕食蝇类、蛾类及其幼虫，直翅目、半翅目的成虫和若虫
直翅目	1	1	1	捕食各种昆虫
革翅目	1	3	3	捕食鳞翅目幼虫、卵以及叶蝉、蚜虫及介壳虫
半翅目	3	18	21	捕食成虫和若虫多种农林害虫及蚊类
缨翅目	1	6	8	捕食蚜虫和粉虱粉蚧及木虱
广翅目	2	2	7	捕食蛾类等害虫
脉翅目	3	4	6	捕食蚜虫、叶蝉、粉虱、蚧（介壳虫）、鳞翅目的幼虫和卵以及蚁、螨等
鞘翅目	4	53	116	捕食蚜虫、介壳虫、粉虱、螨等鳞翅目的幼虫和卵
鳞翅目	1	1	1	捕食蚜虫或介壳虫等
双翅目	4	36	59	捕食蚜虫、蚧、叶蝉、蓟马、鳞翅目的幼虫
膜翅目	11	53	80	捕食多个目的昆虫，寄生鳞翅目的幼虫
合计	44	211	367	—

3. 传粉昆虫

金佛山保护区传粉昆虫多为鳞翅目、鞘翅目、双翅目和膜翅目昆虫，此外还见于直翅目、半翅目、缨翅目。常见的传粉昆虫主要有蜜蜂、蝶、蛾、蚁、甲虫、叶甲、蝇及螨等种类，如金佛山保护区蝶类有 224 种、蜜蜂类有 9 种、食蚜蝇类有 31 种。这些类群在农林作物传粉上起重要作用。

4. 药用昆虫

金佛山保护区药用昆虫主要为螳螂目、直翅目、同翅目、鞘翅目、鳞翅目和膜翅目中的种类。有些昆虫类群是农林、经济作物主要害虫，例如虽然直翅目的中华稻蝗（*Oxya chinensis*）和东方蝼蛄（*Gryllotlpa orientalis*）在农林业上是大害虫，但是成虫干燥可入药。鞘翅目的芫菁科（Meloidae）类昆虫是害豆科、葫芦科和茄科等植物，它们大多数都能入药，昆虫体内能分泌一种称为芫菁素或斑蝥素的刺激性物质，其药用价值在李时珍的《本草纲目》中记载有破血祛瘀攻毒等功能。金凤蝶（*Papilio machaon*）干燥成虫入药，药材名为茴香虫。螳螂入药主要是它的卵块（螵蛸），蝼蛄的若虫羽化成虫后，若虫脱下的皮在中医学上称为蝉蜕，这些是药典中提到的一些种类，其实还有很多昆虫的药用价值未被发现。对于新药的开发，昆虫是一种很好的原材料。本次调查金佛山保护区内有 20 来种，如何变害为利，是一个值得思考的问题。因此，研究开发药用昆虫有很大的实用价值。

5. 食用和饲用昆虫

作为一类特殊的食用资源，昆虫体内含有丰富的蛋白质、氨基酸、脂肪类物质、无机盐、微量元素、碳水化合物和维生素等成分。金佛山保护区的昆虫种类中，常见食用和饲用昆虫有直翅目、鳞翅目、鞘翅目、半翅目和膜翅目等的一些成虫或幼虫。如家蚕（*Bombys mori*）、豆天蛾（*Clanis bilineata*）、黑蚱蝉（*Cryptotympana atrata*）营养丰富，味道鲜美，具有较大的开发价值。有的可作为美食，有的可作为动物饲料。

6. 观赏昆虫

昆虫种类颜色丰富，形态多样。金佛山保护区观赏昆虫资源丰富。可供观赏的鳞翅目、鞘翅目、直翅目和半翅目昆虫种类有 400 多种。如翩翩起舞的蝶类主要为凤蝶科（Papilionidae）、粉蝶科（Pieridae）、眼蝶科（Satyridae）、环蝶科（Amathusiidae）、蛱蝶科（Nymphalidae）以及蛾类的大蚕蛾科（Saturniidae）、天蛾科（Sphingidae）等种类；形态奇特的虎甲、鳃金龟、花金龟、丽金龟、天牛、锹甲等甲虫类；鸣叫动听、好斗成性的蟋蟀，鸣声高亢的螽斯和蝉类；体型呈竹节状和叶片状的竹节虫；姿态优美色彩艳丽的蜻蜓等具有重要观赏价值，是人们喜闻乐见的观赏昆虫。对其进行开发利用，能更好地发挥其资源利用的经济价值。

7. 工业原料昆虫

工业对部分昆虫种类的虫体或其分泌物进行研究利用，这在中国有悠久的历史。金佛山保护区用于工业原料的有蚕蛾科（Bombycidae）的家蚕蛾（*Bomhyx mori*）和大蚕蛾科（Saturniidae）的蓖麻蚕（*Samia cynthia ricina*）、樗蚕（*Samia cynthia*）产的丝，蜜蜂科（Apidae）的中华蜜蜂（*Apis cerana*）和意大利蜜蜂（*Apis mellifera*）的蜂胶、蜂蜡均为重要的工业原料。蜡蚧科（Coccidae）的白蜡虫（*Ericerus pela*）寄生于女贞树和白蜡树，其雄虫的分泌物称为白蜡。白蜡经济价值高，在机械、纺织、食品、造纸、医药等方面有着广泛的用途。瘿绵蚜科（Pemphigidae）的角倍蚜（*Schlechtendalia chinensis*）寄生在盐肤木上形成的虫瘿称为五倍子。其含有丰富的五倍子鞣质，是生产单宁酸的重要原料，在制革、染料生产等方面有着广泛的用途。

8. 科研用昆虫

昆虫对环境变化十分敏感，利用昆虫对环境污染的不同忍耐程度，可以作为环境指示物，监测环境变化，指示环境质量。金佛山保护区有益于环保的昆虫种类繁多，例如鳞翅目蝶类有 10 科 143 属 244 种，蝶类对气候和光线非常敏感，许多研究者都认为蝶类是很好的环境指示物。此外，蜻蜓目、广翅目、半翅目、鞘翅目、双翅目和襀翅目等也可作为环境变化的指示昆虫，它们的一些成虫和幼虫对土壤、水体环境具有的敏感度，从生物学的角度可以为土壤、水体的监测和评价提供依据。

5.2　脊椎动物物种多样性

5.2.1　脊椎动物区系

金佛山保护区处于四川盆地东南边缘与云贵高原过渡地带，是我国南方喀斯特最发育的地区之一，孕育了丰富的野生动物资源。据统计，金佛山保护区内有野生脊椎动物 465 种，隶属于 5 纲 33 目 104 科 295 属，其中哺乳纲有 8 目 27 科 66 属 93 种，鸟纲有 16 目 49 科 152 属 268 种，爬行纲有 2 目 10 科 31 属 42 种，两栖纲有 2 目 8 科 21 属 33 种，鱼纲有 5 目 10 科 25 属 29 种。根据张荣祖（2011 年）的《中国动物地理》对陆生野生脊椎动物（兽类、鸟类、两栖类、爬行类）从属区系的划分，金佛山属东洋界中印亚界华中区西部山地高原亚区，生态地理动物群属于亚热带森林、林灌、草地动物群落。金佛山保护区有陆生脊椎动物 28 目 94 科 270 属 436 种，其中东洋界种类有 250 种，占 57.34%，包括兽类 58 种，鸟类 130 种，两栖爬行类各 31 种；广布种有 105 种，占 24.08%，包括兽类 35 种，鸟类 57 种，爬行类 11 种，两栖类 2 种；古北界种有 81 种，均为鸟类（表 5-6）。

表 5-6　金佛山保护区陆生脊椎动物区系

从属区系	东洋界	古北界	广布种
兽类	58	0	35
鸟类	130	81	57
爬行类	31	0	11
两栖类	31	0	2
合计	250	81	105

5.2.2　兽类

海拔 2238m 的金佛山是大娄山脉的最高峰，为一座傲然挺立在重庆南部的孤立卓山。这里不仅是我国南方喀斯特最发育的地区之一，且生物多样性极为丰富。早在清代晚期，便有外国采集者专程到此采集动植物标本，1910 年 9 月美国动物学家马尔科姆·普莱费尔·安德森（Malcolm Playfair Anderson）在金佛山采集到一哺乳动物新种——长吻鼩鼹（*Uropsilus gracilis*）。金佛山兽类调查文章的正式发表始于 2000 年后，韩宗先的《金佛山保护区兽类资源及其区系分析》以及刘正宇的《重庆金佛山生物资源名录》较为系统地描述了金佛山内的兽类资源，另外《四川资源动物志》《四川兽类原色图鉴》《金佛山动植物资源及保护》等文献资料也对金佛山兽类有一定的记述。需要注意的是，在《金佛山动植物资源及保护》中提到的灰金丝猴，也就是金佛山保护区综合考察初报中提到的黔金丝猴（*Rhniopitheus brelichi*）。但黔金丝猴主要分布在贵州梵净山，分布地距离金佛山甚远，在金佛山历次野外调查和其他相关文献中都没有黔金丝猴的记述，在南川金佛山保护区内不可能有黔金丝猴分布。另外在网络上关于金佛山的宣传资料中提到，金佛山内有梅花鹿（*Cervus nippon*）。但实际上梅花鹿为重庆市药物种植研究所在南川人工饲养，金佛山内没有野外生存种群。因此上述两个物种没有统计到本次科考报告中。在西南大学参与的 1999 年第一次全国陆生野生动物调查重庆地区调查、2014 年重庆市开展全国第二次陆生野生脊椎动物调查大娄山-乌江流域中山峡谷样区调查以及 2014 年开展金佛山保护区科学考察三项调查中，共记录到金佛山兽类 51 种。

综合上述资料和考察结果，金佛山保护区内共有兽类 8 目 27 科 66 属 93 种。其中啮齿目种类最多，有 8 科 19 属 30 种，占金佛山保护区兽类种数的 32.26%；其次为食肉目，有 6 科 16 属 22 种，占金佛山保护区兽类的 23.66%；第三为食虫目，有 3 科 9 属 16 种；翼手目种类也较为丰富，有 3 科 11 属 14 种；偶蹄目、灵长目、鳞甲目和兔形目种类均较少，四目合计有兽类 11 种，占金佛山保护区兽类的 11.83%（表 5-7）。

表 5-7　金佛山保护区兽类的种类组成

目	科数	科	属数	种数	比例/%
食虫目 Insectivora	3	猬科 Erinaceidae	1	1	1.08
		鼹科 Talpidae	3	7	7.53
		鼩鼱科 Soricidae	5	8	8.60
翼手目 Chiroptera	3	蹄蝠科 Hipposideridae	2	2	2.15
		菊头蝠科 Rhinolophidae	2	5	5.37
		蝙蝠科 Vespertilionidae	7	7	7.53
鳞甲目 Pholidota	1	鲮鲤科 Manidae	1	1	1.08

续表

目	科数	科	属数	种数	比例/%
灵长目 Primates	1	猴科 Cercopithecidae	2	3	3.22
食肉目 Carnivora	6	犬科 Canidae	3	4	4.30
		熊科 Ursidae	1	1	1.08
		鼬科 Mustelidae	5	8	8.60
		灵猫科 Viverridae	2	3	3.22
		獴科 Herpestidae	1	1	1.08
		猫科 Felidae	4	5	5.37
偶蹄目 Artiodactyla	4	猪科 Suidae	1	1	1.08
		麝科 Moschidae	1	1	1.08
		鹿科 Cervidae	2	3	3.22
		牛科 Bovidae	1	1	1.08
啮齿目 Rodentia	8	松鼠科 Sciuridae	4	5	5.37
		鼯鼠科 Petauristidae	2	3	3.22
		鼠科 Muridae	7	15	16.12
		田鼠科 Microtidae	1	2	2.15
		猪尾鼠科 Platacanthomyidae	1	1	1.08
		鼢鼠科 Myospalacidae	1	1	1.08
		竹鼠科 Rhizomyidae	1	1	1.08
		豪猪科 Hystricidae	2	2	2.15
兔形目 Lagomorpha	1	兔科 Leporidae	1	1	1.08
合计	27		64	93	100.00

兽类活动能力较强，分布范围较大。由于习性的不同，它们的分布也有所不同。根据兽类在金佛山保护区内的分布特征，可以将其分为如下 4 种生态类群。

1. 森林兽类

金佛山保护区内的森林覆盖率高、原始性强，植被类型以常绿阔叶林为主。金佛山保护区内所有兽类均能在森林生境很好地生存，而食肉目、偶蹄目等较为大型的兽类主要依赖于森林生活。

2. 灌丛兽类

在灌丛生境内的兽类主要有鼹科、鼩鼱科、鼬科、鼠科、豪猪（*Hystrix hodgsoni*）、草兔（*Lepus capensis*）等 47 种。

3. 水域兽类

金佛山保护区内仅有水獭（*Lutra lutra*）为真正的半水栖兽类，傍水而居，喜欢栖息在湖泊、河湾、沼泽等淡水区，善于游泳和潜水，掘洞而居，其巢穴筑在靠近水边的树根、树墩、芦苇和灌木丛下，利用自然的低洼来筑巢。

4. 村庄农田兽类

金佛山保护区内农耕地生态系统以种植水稻、玉米、马铃薯为主的作物组合。主要有鼩鼱科、鼠科、豪猪（*Hystrix hodgsoni*）、草兔（*Lepus capensis*）等，在食物缺乏的冬季，野猪（*Sus scrofa*）、黄鼬（*Mustela sibirca*）等也常光顾农田庄稼地。

5.2.3　鸟类

金佛山鸟类的早期文献是王希成先生于 1935 年发表的《四川鸣禽之研究》，仅记录鸟类 13 种。29 年后，即 1964 年由四川师范学院的余志伟、邓其祥、陈鸿熙、胡锦矗等在金佛山南、北坡开展了一次较为全面的鸟类调查，这次调查共获得标本 788 号，隶属 10 目 27 科 108 种，加上之前王希成先生的记录一共有 114 种。1991 年李桂恒、杨岚、余志伟在整理四川、湖南、湖北鸟类标本的过程中，发现 2 例采自金佛山、1 例采自湖南天平山、1 例采自湖北七姊妹山的 4 例斑翅鹩鹛（*Spelaeornis troglodytoides*）标本与已知亚种显著不同，经研究认为是一新亚种，命名为斑翅鹩鹛南川亚种（*spelaeprnis troglodytoides nanchuanensis*）。在第一次全国陆生野生动物调查重庆地区调查中记录到南川有鸟类 76 种，其中 68 种为调查见到。其中白冠长尾雉，在南川有见到，但数量极其稀少，为罕见种。进入 21 世纪后，观鸟风传入中国，陆续有观鸟爱好者到金佛山观鸟，同时各种鸟类调查研究工作进入一新阶段，一些鸟类陆续在金佛山内被发现。2000 年的金佛山保护区科学考察报告记述了鸟类 16 目 40 科 178 种，其中列为国家重点保护的有 15 种。国家 I 级保护动物有金雕（*Aquila chrysaetos*），国家 II 级保护动物有红腹角雉（*Tragopan temminckii*）、白腹锦鸡（*Chrysolophus amherstiae*），红腹锦鸡（*Chrysolophus pictus*）、白冠长尾雉（*Syrmaticus reevesii*）、白鹇（*Lophura nycthemera*）等。到 2010 年，《重庆市金佛山生物资源名录》（刘正宇，2010）记录金佛山鸟类 228 种及亚种，部分种类直接鉴定到亚种，如贵州雉鸡、川南野鸡实际应为环颈雉（*Phasianus colchicus*）的两个亚种，西南白鹡鸰、普通白鹡鸰实际应为白鹡鸰（*Motacilla alba*）的两个亚种，峨眉棕颈钩嘴鹛、中南棕颈钩嘴鹛应为棕颈钩嘴鹛（*Pomatorhinus ruficollis*）两个亚种，青藏北红尾鸲应为北红尾鸲（*Phoenicurus auroreus*）的亚种，湖北白眶鸦雀、滇西白眶鸦雀应为白眶鸦雀（*Paradoxornis conspicillatus*）的两个亚种。2014 年重庆市开展全国第二次陆生野生脊椎动物调查大娄山-乌江流域中山峡谷样区调查，长江师范学院与西南大学联合在金佛山内设置样线 40 条；同年开展金佛山保护区科学考察，西南大学王志坚教授及多名研究生多次前往金佛山保护区内进行野生物种调查。首次在金佛山内发现游隼（*Falco peregrinus*）、领鸺鹠（*Glaucidium brodiei*）、牛头伯劳（*Lanius bucephalus*）、红交嘴雀（*Loxia curvirostra*）、黄眉鹀（*Emberiza chrysophrys*）等鸟类。

将历次调查的物种名称按照《中国鸟类分类与分布名录》（第二版）（郑光美，2011）修订，并参考相关资料，将以往调查报告中的错误记述进行修订，如《金佛山国家级自然保护区综合考察初报》（马建伦和谢章桂，2006）提到绿尾虹雉（*Lophophorus lhuysii*），但绿尾虹雉是中国的特有鸟类，分布于云南西北部、西藏东南部、甘肃东南部、青海南部一带和四川西北，分布地距离金佛山较远，且绿尾虹雉为走禽，活动范围相对较小，在金佛山内出现的可能性较低。另外，绿尾虹雉栖息于林带以上 3000～4000m 的高山草甸、灌丛或裸岩，而金佛山主峰风吹岭海拔仅 2251m，金佛山内没有适合绿尾虹雉生存的生境。因此认为金佛山内的绿尾虹雉是误记。

《金佛山国家级自然保护区综合考察初报》和《金佛山保护区生物多样性及其保护浅析》（戴亚南，2002）以及网站上金佛山的宣传资料中均提到金佛山内有白冠鹤。但全世界有 15 种鹤，其中中国分布 9 种，没有白冠鹤，在历年的其他文献资料中，也未提到过金佛山内有鹤类分布。在 2000 年的金佛山保护区科学考察报告中也提到白冠鹤，其拉丁名为 *Ciconia ciconia*，拉丁名实为白鹳。而白鹳仅分布在新疆西部和北部，因此认为金佛山内的白冠鹤为误记。《重庆市金佛山生物资源名录》提到金佛山有四川山鹧鸪（*Arborophila rufipectus*）。但四川山鹧鸪是中国特有鸟类，没有亚种分化，仅分布于沐川、雷波、屏山、峨边、马边、甘洛等地，为留鸟《四川资源动物志》，金佛山内四川山鹧鸪应该是误记。

综合上述资料和考察结果，金佛山保护区共有鸟类 268 种，隶属 16 目 49 科 152 属（附表 5.2）。其中非雀形目鸟类有 15 目 19 科 64 属 88 种，占金佛山保护区鸟类种数的 32.84%。非雀形目各目中，以隼形目种类最多，有 2 科 8 属 14 种；其次为雁形目和鸮形目，有 1 科 6 属 9 种和 2 科 6 属 9 种；第三为鹳形目、鸽形目，分别有 1 科 8 属 8 种、2 科 7 属 8 种。雀形目鸟类有 29 科 88 属 180 种，占总种数的 67.16%。各科中，种数最多的为画眉科，有 33 种，占总种数的 12.31%；鸫科次之，有 27 种，占总种数的 10.07%；莺科第三，有 22 种，占总种数的 8.21%；其余各科种数较少，不超过 10 种（表 5-8）。其中白腹隼雕（*Emberiza chrysophrys*）、凤头鹰（*Accipiter trivirgatus*）、灰林鸮（*Strix aluco*）、领鸺鹠（*Glaucidium brodiei*）、红角鸮

（*Otus sunia*）、红交嘴雀（*Loxia curvirostra*）、黄眉鹀（*Emberiza chrysophrys*）、中杜鹃（*Cuculus saturatus*）、蚁鴷（*Jynx torquilla*）、淡绿鵙鹛（*Pteruthius xanthochlorus*）、褐顶雀鹛（*Alcippe brunnea*）、黑眉柳莺（*Phylloscopus ricketti*）、白喉林鹟（*Rhinomyias brunneata*）、红胁绣眼鸟（*Zosterops erythropleurus*）等种类为近年来金佛山新增记录物种。

表 5-8　金佛山保护区鸟类的种类组成

目	科数	科	属数	种数	比例/%
䴙䴘目 Podicipediformes	1	䴙䴘科 Podicipedidae	2	2	0.75
鹈形目 Pelecaniformes	1	鸬鹚科 Phalacrocoracidae	1	1	0.37
鹳形目 Ciconiiformes	1	鹭科 Ardeidae	8	8	2.99
雁形目 Anseriformes	1	鸭科 Anatidae	6	9	3.36
隼形目 Falconiformes	2	鹰科 Accipitridae	7	10	3.73
		隼科 Falconidae	1	4	1.49
鸡形目 Galliformes	1	雉科 Phasianidae	7	7	2.61
鹤形目 Gruiformes	1	秧鸡科 Rallidae	5	5	1.87
鸻形目 Charadriiformes	2	鸻科 Charadriidae	3	3	1.12
		鹬科 Scolopacidae	4	5	1.87
鸽形目 Columbiformes	1	鸠鸽科 Columbidae	2	5	1.87
鹃形目 Cuculiformes	1	杜鹃科 Cuculidae	2	7	2.61
鸮形目 Strigiformes	2	草鸮科 Tytonidae	1	1	0.37
		鸱鸮科 Strigidae	5	8	2.99
雨燕目 Apodiformes	1	雨燕科 Apodidae	2	2	0.75
佛法僧目 Coraciiformes	1	翠鸟科 Alcedinidae	3	3	1.12
戴胜目 Upupiformes	1	戴胜科 Upupidae	1	1	0.37
鴷形目 Piciformes	2	拟鴷科 Capitonidae	1	1	0.37
		啄木鸟科 Picidae	4	6	2.24
雀形目 Passeriformes	29	百灵科 Alaudidae	1	1	0.37
		燕科 Hirundinidae	4	5	1.87
		鹡鸰科 Motacillidae	3	8	2.99
		山椒鸟科 Campephagidae	2	2	0.75
		鹎科 Pycnonotidae	3	4	1.49
		伯劳科 Laniidae	1	5	1.87
		黄鹂科 Oriolidae	1	1	0.37
		卷尾科 Dicruridae	1	3	1.12
		椋鸟科 Sturnidae	2	3	1.12
		鸦科 Corvidae	6	9	3.36
		河乌科 Cinclidae	1	1	0.37
		岩鹨科 Prunellidae	1	1	0.37
		鸫科 Turdidae	15	27	10.07
		鹟科 Muscicapidae	6	9	3.36
		王鹟科 Monarchinae	1	1	0.37
		画眉科 Timaliidae	12	33	12.31
		鸦雀科 Paradoxornithidae	1	7	2.61
		扇尾莺科 Cisticolidae	2	4	1.49
		莺科 Sylviidae	6	22	8.21
		绣眼鸟科 Zosteropidae	1	2	0.75
		长尾山雀科 Aegithalidae	1	1	0.37
		山雀科 Paridae	2	6	2.24

目	科数	科	属数	种数	比例/%
雀形目 Passeriformes	29	鸭科 Sittidae	1	1	0.37
		啄花鸟科 Dicaeidae	1	1	0.37
		花蜜鸟科 Nectariniidae	1	2	0.75
		雀科 Passeridae	1	2	0.75
		梅花雀科 Estrildidae	1	1	0.37
		燕雀科 Fringillidae	6	7	2.61
		鹀科 Emberizidae	3	11	4.10
合计	48		152	268	100.00

　　金佛山保护区大多数鸟类都是全境分布，它们善于飞行，活动范围广，扩散能力强，在金佛山保护区内适宜生境类型中广泛分布。仅有少数种类受到生境、食物等因素的影响，在金佛山保护区内分布区域较窄，另外鸡形目部分种类因扩散能力较弱，且性机警胆怯，多分布在人迹罕至的森林、灌丛。根据鸟类在金佛山保护区内的分布特征，可以将其分为4种生态类群。即，森林鸟类：金佛山保护区内的森林覆盖率高、原始性强，植被类型以常绿阔叶林为主。分布有隼形目、鸡形目、鸽形目、鹃形目、鸮形目、鸳形目，以及雀形目中的鸦科、鸫科、画眉科、莺科等鸟类，共有176种。这些鸟类在森林里分散分布，较少集大群，就种群整体数量而言，以画眉科种类占优势。灌丛鸟类：灌丛生态系统主要分布有148种，主要为雉科、鸭科、伯劳科、鸫科、鹟科、画眉科、莺科、扇尾莺科、鸦雀科、燕雀科、鹀科种类，优势种为黄臀鹎（*Pycnonotus xanthorrhous*）、大山雀（*Parus major*）、白颊噪鹛（*Garrulax sannio*）、矛纹草鹛（*Babax lanceolatus*）、白领凤鹛（*Yuhina diademata*）、普通朱雀（*Carpodacus erythrinus*）、白腰文鸟（*Lonchura striata*）、三道眉草鹀（*Emberiza cioides*）。水域鸟类：本类生境包括河谷及其周边地带，植被分布类型多样。鸟类主要为小䴙䴘（*Tachybaptus ruficollis*）、普通鸬鹚（*Phalacrocorax carbo*）、鹭科、鸭科、秧鸡科、鸻科、鹬科、翠鸟科、鹡鸰科、鸫科等种类共58种，其中优势种为红尾水鸲（*Rhyacornis fuliginosus*）、白鹡鸰（*Motacilla alba*）、白顶溪鸲（*Chaimarrornis leucocephalus*）、褐河乌（*Cinclus pallasii*）、小燕尾（*Enicurus scouleri*）。村庄农田鸟类：金佛山保护区内农耕地生态系统以种植水稻、玉米、马铃薯为主的作物组合。本类型鸟类主要为雀形目鸫科、鸦科、鹡鸰科鸟类53种，优势种为山麻雀（*Passer rutilans*）、大山雀（*Parus major*）、白鹡鸰（*Motacilla alba*）、鹊鸲（*Copsychus saularis*）、乌鸫（*Turdus merula*）。本类群鸟类体型小，繁殖力强，种群数量通常较大，并在长期的进化过程中适应了人居环境，在金佛山保护区范围内的农田村庄生境中均有分布，在森林、灌丛等生境中也有少量分布。有些鸟类生活在多种生境类型中，如雉鸡（*Phasianus colchicus*）在森林、灌草丛和村庄农田都有分布。另外，有些鸟类可能是多个生境的优势种，如大山雀（*Parus major*）。

5.2.4　爬行类

　　关于金佛山爬行动物的最早报道是1960年胡淑琴、杨抚华对金佛山两栖爬行动物调查，调查到爬行动物17种；1991年张含藻、胡周强、张润林等对金佛山脆蛇资源动态进行调查，调查结果显示海拔900～1200m的分布量较大，平均有3.8条/200m^2；2010年李宏群和刘晓丽报道金佛山有爬行动物25种；2010年重庆市南川区环境保护局和重庆市药物种植研究所报道金佛山两栖动物共有2目10科41种。在2014年对金佛山保护区的科学考察中，发现黑带腹链蛇（*Amphiesma bitaeniatum*）和白头蝰（*Azemiops feae*）2个新记录种。其中黑带腹链蛇（*Amphiesma bitaeniatum*）1条，发现地点为庙坝村（海拔1346m）；白头蝰（*Azemiops feae*）1条，发现地点为观音村（海拔1135m）。

　　综合上述资料和考察结果，金佛山保护区共有爬行动物2目10科31属42种。龟鳖目仅有鳖科、地龟科各一种（表5-9）；有鳞有8科29属40种，占爬行动物总数的95.24%。其中游蛇科最多，有16属22种，占金佛山保护区爬行动物种类的52.38%；其次为蝰科，有6属7种，占金佛山保护区爬行动物的16.67%；蜥蜴科和石龙子科各有1属3种和2属3种，各占7.14%；壁虎科有1属2种，占4.76%；鬣蜥科、蛇蜥科、眼镜蛇科各1种，各占2.38%。

表 5-9　金佛山保护区爬行类的种类组成

目	科数	科	属数	种数	比例/%
龟鳖目 Testudoformes	2	鳖科 Trionychidae	1	1	2.38
		龟科 Emydidae	1	1	2.38
有鳞目 Squamata	8	壁虎科 Gekkonidae	1	2	4.77
		鬣蜥科 Agamidae	1	1	2.38
		蛇蜥科 Anguidae	1	1	2.38
		蜥蜴科 Lacertidae	1	3	7.14
		石龙子科 Scincidae	2	3	7.14
		游蛇科 Colubridae	16	22	52.38
		眼镜蛇科 Elapidae	1	1	2.38
		蝰科 Viperidae	6	7	16.67
合计	10		31	42	100.00

依据爬行动物的生态类型，金佛山保护区爬行动物分为水栖型、半水栖型、陆栖型和树栖型。其中水栖型有 3 种，占金佛山保护区爬行动物的 7.14%，包括底栖型，鳖（*Pelodiscus sinensis*）；静水型，乌龟（*Chinemys reevesii*）；流栖型，乌华游蛇（*Sinonatrix percarinata*）。半水栖型有 6 种，占金佛山保护区爬行动物的 14.29%，分别为绣链腹链蛇（*Amphiesma craspedogaster*）、黑带腹链蛇（*Amphiesma bitaeniatum*）、丽纹腹链蛇（*Amphiesma optatum*）、棕黑腹链蛇（*Amphiesma sauteri*）、斜鳞蛇（*Pseudoxenodon macrops*）和滑鼠蛇（*Ptyas mucosus*）。陆栖型有 31 种，占金佛山保护区爬行动物的 73.81%，分别为地上类型 29 种；地下类型 2 种，地下类型为脆蛇蜥（*Ophisaurus harti*）和黑脊蛇（*Achalinus spinalis*）。树栖型有 2 种，占金佛山保护区爬行动物的 4.76%，分别为菜花原矛头蝮（*Protobothrops jerdonii*）和竹叶青蛇（*Trimeresurus stejineeri*）。

5.2.5　两栖类

关于金佛山两栖动物专项调查的记录是 1960 年胡淑琴、杨抚华的《金佛山两栖类动物初步调查报告》，该次调查共发现两栖动物 7 种，隶属于 2 目 5 科；2009 年魏刚等报道在金佛山凤凰寺附近采集到的拟小鲵科通过分类手段鉴定为新种，并命名为金佛拟小鲵（*Pseudohynobius hynobiidae*）；2010 年重庆市南川区环境保护局报道金佛山两栖动物共有 2 目 8 科 32 种；2010 年李宏群和刘晓丽报道金佛两栖动物共有 15 种；2012 年慕泽泾等报道金佛山药用两栖类有 2 目 8 科 31 种（含亚种）；2015 年朱艳军等在重庆市南川区三泉镇采集到 5 号臭蛙标本，经过形态特征比较和 DNA 数据比对遗传距离分析，鉴定为宜章臭蛙（*Odorrana yizhangensis*），属重庆市新纪录。同时为宜章臭蛙已知分布最西点。

本次科考在金佛山保护区内共采集到两栖动物 21 种，隶属于 2 目 7 科 19 属，包括金佛拟小鲵（*Pseudohynobius jinfo*）、利川齿蟾（*Oreolalax lichuanensis*）、红点齿蟾（*Oreolalax rhodostigmatus*）、中华蟾蜍（*Bufo gargarizans*）、峨眉林蛙（*Rana omeimontis*）、绿臭蛙（*Odorrana margaretae*）、花臭蛙（*Odorrana schmackeri*）、隆肛蛙（*Feirana quadranus*）、经甫树蛙（*Rhacophorus chenfui*）、小弧斑姬蛙（*Microhyla ornata*）等。

综合实地调查和文献资料，金佛山共有两栖动物 33 种，隶属于 2 目 8 科（表 5-10）。其中蛙科种类最多，有 7 属 15 种，占所有种类的 45.45%；其次为角蟾科 3 属 6 种，占所有种类的 18.18%；姬蛙科为 2 属 4 种，占所有种类的 12.13%；其次为树蛙科 3 属 3 种，占所有种类的 9.09%；小鲵科 2 种，占所有种类的 6.06%；最少的为蟾蜍科、隐鳃鲵科和雨蛙科，只有 1 种，各占所有种类的 3.03%。

表 5-10　金佛山保护区爬行类的种类组成

目	科数	科	种数	比例/%
有尾目 Urodela	2	小鲵科 Hynobiidae	2	6.06
		隐鳃鲵科 Cryptobranchidae	1	3.03
无尾目 Anuradumeril	6	角蟾科 Megophryidae	6	18.18
		蟾蜍科 Bufonidae	1	3.03
		雨蛙科 Hylidae	1	3.03
		蛙科 Raninae	15	45.45
		树蛙科 Rhacophoridae	3	9.09
		姬蛙科 Microhylidae	4	12.13
合计	8		33	100.00

依据两栖动物的主要栖息地，综合考虑产卵、蝌蚪及其幼体生活的水域状态，金佛山保护区两栖类的生态类型分为陆栖静水型、陆栖流水型和树栖型。其中，陆栖静水型 17 种，占金佛山保护区内两栖动物总数的 51.52%；陆栖流水型 12 种，占金佛山保护区内两栖动物总数的 36.36%；树栖型 4 种，占金佛山保护区内两栖动物总数的 12.12%。

5.2.6　鱼类

金佛山保护区内有鱼类 5 目 10 科 25 属 29 种。其中鲤形目有 3 科 16 属 19 种，占鱼类总种数的 65.52%，包括鲤科 11 属 12 种，爬鳅科 4 属 6 种，鳅科 1 属 1 种；鲇形目有 3 科 5 属 6 种，为鲇科鲇（*Silurus asotus*）、大口鲇（*Silurus meridionalis*）、鲿科黄颡鱼（*Pelteobagrus fulvidraco*）、大鳍鳠（*Mystus macropterus*）、切尾拟鲿（*Pseudobagrus truncatus*）和鮡科中华纹胸鮡（*Glyptothorax sinensis*）；鳉形目有 2 科 2 属 2 种，为鳉科中华青鳉（*Oryzias latipes*）和胎鳉科食蚊鱼（*Gambusia affinis*）；合鳃鱼目、鲈形目各 1 科 1 属 1 种，分别为合鳃鱼科黄鳝（*Monopterus albus*）和鰕虎鱼科子陵吻鰕虎鱼（*Rhinogobius giurinus*）。

5.3　珍稀濒危及特有动物

5.3.1　IUCN 物种名录

根据《中国物种红色名录》，金佛山保护区内有濒危种类 6 种，为黑叶猴（*Presbytis francoisi*）、虎（*Panthera tigris*）、云豹（*Neofelis nebulosa*）、林麝（*Moschus berezovskii*）、乌龟（*Chinemys reevesii*）、棘腹蛙（*Paa boulengeri*）；极危种 1 种，大鲵（*Andrias davidianus*）；易危种 24 种，其中兽类 8 种，为猕猴（*Macaca mulatta*）、藏酋猴（*Macaca thibetana*）、黑熊（*Selenarctos thibetanus*）、水獭（*Lutra lutra*）、大灵猫（*Viverra zibetha*）、斑羚（*Naemorhedus goral*）、复齿鼯鼠（*Trogopterus xanthipes*）、帚尾豪猪（*Atherurus macrourus*）；鸟类 3 种，为白喉林鹟（*Rhinomyias brunneata*）、白冠长尾雉（*Syrmaticus reevesii*）、小燕尾（*Enicurus scouleri*）；爬行类 10 种，为鳖（*Pelodiscus sinensis*）、脆蛇蜥（*Ophisaurus harti*）、王锦蛇（*Elaphe carinata*）、玉斑锦蛇（*Elaphe mandarina*）、滑鼠蛇（*Ptyas mucosus*）、乌梢蛇（*Zaocys dhumnades*）、银环蛇（*Bungarus multicinctus*）、白头蝰（*Azemiops feae*）、尖吻蝮（*Deinagkistrodon acutus*）、短尾蝮（*Gloydius brevicaudus*）；两栖类 3 种，为黄斑拟小鲵（*Seudohynobius flavomaculatus*）、红点齿蟾（*Oreolalax rhodostigmatus*）、棘胸蛙（*Paa spinosa*）。近危种包括鸟类 9 种，为鸳鸯（*Aix galericulata*）、红腹角雉（*Tragopan temminckii*）、喜鹊（*Pica pica*）、白喉噪鹛（*Garrulax albogularis*）、画眉（*Garrulax canorus*）、宝兴鹛雀（*Moupinia poecilotis*）、红嘴相思鸟（*Leiothrix lutea*）、淡绿鵙鹛（*Pteruthius xanthochlorus*）、麻雀（*Passer montanus*）；爬行类 2 种，为黑带腹链蛇（*Amphiesma bitaeniatum*）和山烙铁头（*Ovophis monticola*）；两栖类 4 种，利川齿蟾（*Oreolalax lichuanensis*）、峨眉角蟾（*Megophrys omeimontis*）、黑斑侧褶蛙（*Pelophylax nigromaculatus*）、隆肛蛙（*Feirana quadranus*）。

5.3.2 CITES 附录物种

金佛山保护区内列入 CITES 附录 I 的物种包括黑熊（*Selenarctos thibetanus*）、水獭（*Lutra lutra*）、虎（*Panthera tigris*）、云豹（*Neofelis nebulosa*）、斑羚（*Naemorhedus goral*）、大鲵（*Andrias davidianus*）。金佛山保护区内列入 CITES 附录 II 的物种有 31 种，其中兽类 5 种，为穿山甲（*Manis pentadactyla*）、猕猴（*Macaca mulatta*）、藏酋猴（*Macaca thibetana*）、黑叶猴（*Presbytis froncoisi*）、林麝（*Moschus berezovskii*）；鸟类 25 种，包括隼形目、鸮形目所有种类，以及画眉（*Garrulax canorus*）和相思鸟（*Leiothrix lutea*）；爬行类 1 种，为鳖（*Pelodiscus sinensis*）。列入 CITES 附录 III 的物种包括黄喉貂（*Martes flavigula*）、黄腹鼬（*Mustela kathiah*）、大灵猫（*Viverra zibetha*）、小灵猫（*Viverricula indica*）、食蟹獴（*Herpestes urva*）、乌龟（*Chinemys reevesii*）。

5.3.3 重点保护物种

金佛山保护区内共有国家 I 级重点保护动物 6 种，分别为黑叶猴（*Presbytis froncoisi*）、虎（*Panthera tigris*）、豹（*Panthera pardus*）、云豹（*Neofelis nebulosa*）、林麝（*Moschus berezovskii*）、金雕（*Aquila chrysaetos*）。金佛山保护区内共有国家 II 级重点保护动物 41 种，其中兽类 11 种，包括穿山甲（*Manis pentadactyla*）、藏酋猴（*Macaca thibetana*）、猕猴（*Macaca mulatta*）、豺（*Cuon alpinus*）、黑熊（*Selenarctos thibetanus*）、黄喉貂（*Martes flavigula*）、水獭（*Lutra lutra*）、大灵猫（*Viverra zibetha*）、小灵猫（*Viverricula indica*）、金猫（*Felis temmincki*）、斑羚（*Naemorhedus goral*）；鸟类 29 种，包括除金雕（*Aquila chrysaetos*）外的隼形目所有种类，鸮形目所有种类，以及赤颈䴙䴘（*Podiceps grisegena*）、鸳鸯（*Aix galericulata*）、红腹角雉（*Tragopan temminckii*）、白鹇（*Lophura nycthemera*）、白冠长尾雉（*Syrmaticus reevesii*）、红腹锦鸡（*Chrysolophus pictus*）、红翅绿鸠（*Treron sieboldii*）；两栖类 1 种，大鲵（*Andrias davidianus*）。金佛山保护区内共有重庆市重点保护动物 31 种，其中兽类 10 种，包括狼（*Canis lupus*）、貉（*Nyctereutes procyonoides*）、赤狐（*Vulpes vulpes*）、黄鼬（*Mustela sibirca*）、香鼬（*Mustela altaica*）、花面狸（*Paguma larvata*）、豹猫（*Felis bengalensis*）、赤麂（*Muntiacus muntjak*）、小麂（*Muntiacus reevesi*）、毛冠鹿（*Elaphodus cephalophus*）；鸟类 15 种，包括小䴙䴘（*Tachybaptus ruficollis*）、普通鸬鹚（*Phalacrocorax carbo*）、栗苇鳽（*Ixobrychus cinnamomeus*）、黑苇鳽（*Dupetor flavicollis*）、大麻鳽（*Botaurus stellaris*）、灰胸竹鸡（*Bambusicola thoracica*）、红胸田鸡（*Porzana fusca*）、董鸡（*Gallicrex cinerea*）、四声杜鹃（*Cuculus micropterus*）、中杜鹃（*Cuculus saturatus*）、小杜鹃（*Cuculus poliocephalus*）、翠金鹃（*Chrysococcyx maculatus*）、噪鹃（*Eudynamys scolopacea*）、蓝翡翠（*Halcyon pileata*）、大拟啄木鸟（*Megalaima virens*）；爬行类 3 种，乌龟（*Chinemys reevesii*）、银环蛇（*Bungarus multicinctus*）、竹叶青蛇（*Trimeresurus stejineeri*）；两栖类 2 种，红点齿蟾（*Oreolalax rhodostigmatus*）、隆肛蛙（*Feirana quadranus*）；鱼类 1 种，四川华吸鳅（*Sinogastromyzon szechuanensis*）。国家级重点保护野生动物简介如下。

1. 黑叶猴（Presbytis francoisi）

黑叶猴为国家 I 级重点保护动物，只分布在广西西部，贵州南部、北部，重庆武隆、南川。张含藻等（1992）于 1980～1991 年在金佛山渔泉后河村的猎户家收购到白颊黑叶猴标本 2 具，1991 年 8 月 14 日在渔泉三元村灰研河沟谷悬岩处的常绿阔叶林中发现一群白颊黑叶猴 18 只，1992 年 4 月 17 日在渔泉坝村龙潭悬岩处发现另一群 9 只，由此证实金佛山保护区确有黑叶猴分布。受金佛山保护区管理局委托，长江师范学院和西南大学于 2014 年 9 月 27 日至 2015 年 2 月 8 日在金佛山对黑叶猴进行专项调查，其间观察记录到黑叶猴 151 只，其中 21 群共 147 只，另有孤猴 2 只，以及由 2 只雄猴组成的群。金佛山黑叶猴主要分布于金佛山保护区东北侧的核心区，沿灰牙河上游两侧分布，包括吊咀、龙塘、猴子湾、油槽沟、黑旺塘、三元、后河、三岔河一带，总面积约 50km²。该区域为峡谷地带，峡谷两岸是植被繁茂的乔灌混交林，人为干扰少，食物种类繁多，植被群落复杂，主要有桑科、樟科、山茶科、杜鹃花科、壳斗科等 30 余科，300 多种组成的植物群落。

2. 虎（Panthera tigris）

虎为食肉目，猫科，豹属。俗称老虎、大虫。国家Ⅰ级保护动物。体长 1.4～2.8m，尾长 0.9～1.1m，体重 100～300kg，是现存的最大的猫科动物。虎是唯一的条纹猫科动物，毛皮橙红色或橘黄色，并带有许多竖直的黑色条纹；腹部白色，眼睛上部有亮白区域；尾上一般有 10 条黑色环纹。虎历史上见于多种生境，热带雨林、常绿阔叶林、红树林沼泽、针叶林等生境下都能很好地生存，多夜间单独活动，行动敏捷，善于游泳。主要以大型哺乳动物为食，能捕食比自身大几倍的动物，秋季也采食浆果和大型昆虫。1～2 月繁殖，妊娠期 90～105 天，每胎 2～4 仔，2～3 年性成熟，寿命一般为 20～25 年。虎在中国有 5 个亚种，其中重庆地区曾经分布的为华南亚种，俗称华南虎，仅分布在中国南方地区，为中国特有亚种；过去曾广泛分布在东起闽浙，西至川西，南自广西，北及豫鲁边境，但最后一只野生华南虎在 1994 年被射杀之后再没有确凿证据证明野生种群的存在。分布在中国各地动物园中饲养的华南虎，大约有 100 只，皆繁衍自 20 世纪 50 年代捕捉的 6 只华南虎，其基因组合的变化不足以维持此亚种，普遍相信此亚种最后可能会灭绝。重庆动物园在华南虎的人工繁殖方面作出了积极的贡献，目前该园饲养有华南虎。金佛山保护区内虎为历史记载，现已有多年未在野外发现其踪迹。

3. 豹（Panthera pardus）

豹为食肉目，猫科，豹属。俗称金钱豹、豹子、文豹。国家Ⅰ级保护动物。体长 1～1.8m，尾长 0.7～1m，体重 50～90kg。体型与虎相似，但较小，为大中型食肉兽类，尾长超过体长之半，头圆、耳短、四肢强健有力，爪锐利伸缩性强；豹全身颜色鲜亮，毛色棕黄，遍布黑色斑点和环纹，形成古钱状斑纹，故称之为"金钱豹"；其背部颜色较深，腹部为乳白色。豹栖息环境多种多样，从低山、丘陵至高山森林、灌丛均有分布，具有隐蔽性强的固定巢穴。豹的体能极强，视觉和嗅觉灵敏异常，性情机警，既会游泳，又善于爬树，成为食性广泛、胆大凶猛的食肉类；可捕食有蹄类、猴、鼠、鸟、鱼等。繁殖时争雌行为激烈，3～4 月发情交配，6～7 月产仔，每胎 2～3 仔，幼豹于当年秋季就离开母豹，独立生活。豹曾经在中国范围内广泛分布，但在 20 世纪五六十年代"打虎除害"也同时除了"豹害"，又因民间用其骨骼代替虎骨用而遭到捕猎，另外其栖息地破坏，种群过小且相互隔离，导致种群退化，现在豹的自然种群急剧下降，近年金佛山调查没有发现豹的踪迹。

4. 云豹（Neofelis nebulosa）

云豹为国家Ⅰ级重点保护动物。比金猫略大，体重 15～20kg，体长 1m 左右，比豹要小。体侧由数个狭长黑斑连接成云块状大斑，故名之为"云豹"。云豹体毛灰黄，眼周具黑环。颈背有 4 条黑纹，中间两条止于肩部，外侧两条则继续向后延伸至尾部；胸、腹部及四肢内侧灰白色，具暗褐色条纹；尾长 80cm 左右，尾端有几个黑环。云豹属夜行性动物，清晨与傍晚最为活跃。栖息在山地常绿阔叶林内，毛色与周围环境形成良好的保护及隐蔽效果。爬树本领高，比在地面活动灵巧，尾巴成了有效的平衡器官，在树上活动和睡眠。从现场调查和访问来看，云豹在金佛山保护区还可能存在。

5. 林麝（Moschus berezovskii）

林麝为国家Ⅰ级重点保护动物。是麝属中体型最小的一种。体长 70cm 左右，肩高 47cm，体重 7kg 左右。雌雄均无角，耳长直立，端部稍圆。雄麝上犬齿发达，向后下方弯曲，伸出唇外；腹部生殖器前有麝香囊，尾粗短，尾脂腺发达。四肢细长，后肢长于前肢。体毛粗硬色深，呈橄榄褐色，并染以橘红色。下颌、喉部、颈下以至前胸间为界限分明的白色或橘黄色区。臀部毛色近黑色，成体不具斑点。林麝生活在针叶林、针阔混交林区。性情胆怯，过独居生活，嗅觉灵敏，行动轻快敏捷。随气候和饲料的变化垂直迁移，食物多以灌木嫩枝叶为主。雄麝所产麝香是名贵的中药材和高级香料。林麝在金佛山保护区内尚有一定种群。

6. 金雕（*Aquila chrysaetos*）

金雕为隼形目，鹰科，雕属。俗称老雕、洁白雕。国家 I 级保护动物。全长 0.7～9m 的大型猛禽，身体呈较深的褐色，因颈后羽毛金黄色而得名，幼鸟尾羽基部有大面积白色，翅下也有白色斑，因而飞行时仰视观察很好确认，成熟后白色不明显。主要栖息于高山森林、草原、荒漠、山区地带，冬季可能游荡到浅山及丘陵生境，常借助热气流在高空展翅盘旋，翅膀上举呈深"V"字形。以大中型的鸟类和兽类为食。3～4 月开始繁殖，巢在高大的乔木上或悬崖峭壁上，以树枝搭建而成，巢可沿用多年，年年添加新巢材，年产 1 窝，窝卵数 1～3 枚，卵呈青白色，孵化期 35～45 天，育雏期 75～80 天，由双亲共同孵化、共同育雏。由于气候变化、环境污染、食物资源短缺等原因，金雕的繁殖成功率明显下降；同时，金雕面临着栖息地恶化和丧失、过度放牧、非法狩猎、恶劣气候等因素威胁，其种群锐减，生存状态堪忧，亟须加强资源保护。

7. 猕猴（*Macaca mulatta*）

猕猴为国家 II 级重点保护动物。猕猴是我国常见的一种猴类，体长 43～55cm，尾长 15～24cm。头部呈棕色，背上部棕灰或棕黄色，下部橙黄或橙红色，腹面淡灰黄色。鼻孔向下，具颊囊。臀部的胼胝明显。营半树栖生活，多栖息在石山峭壁、溪旁沟谷和江河岸边的密林中或疏林岩石上，群居，一般 30～50 只为一群，大群可达 200 只左右。善于攀缘跳跃，会游泳和模仿人的动作，有喜怒哀乐的表现。取食植物的花、果、枝、叶及树皮，偶尔也吃鸟卵和小型无脊椎动物。在农作物成熟季节，有时到田里采食玉米和花生等。目前金佛山保护区内还有猕猴的分布。

8. 藏酋猴（*Macaca thibetana*）

藏酋猴为国家 II 级重点保护动物。体型粗壮，是中国猕猴属中最大的一种。头大，颜面皮肤肉色或灰黑色，成年雌猴面部皮肤肉红色。成年雄猴两颊及下颏有似络腮胡样的长毛。头顶和颈毛褐色，眉脊有黑色硬毛；背部毛色深褐，靠近尾基黑色，幼体毛色浅褐。尾短，不超过 10cm。多栖息于山地阔叶林区有岩石的生境中，集群生活，由十几只或 20～30 只组成，每群有两三只成年雄猴为首领，遇敌时首领在队尾护卫。喜在地面活动，在崖壁缝隙、陡崖或大树上过夜。以多种植物的叶、芽、果、枝及竹笋为食，亦食鸟及鸟卵、昆虫等动物性食物。目前金佛山保护区内还有藏酋猴的分布。

9. 穿山甲（*Manis pentodactyla*）

穿山甲为国家 II 级重点保护动物。全长约 1m，身被褐色角质鳞片，除头部、腹部和四肢内侧有粗而硬的疏毛外，鳞甲间也有长而硬的稀毛。头小呈圆锥状；吻长无齿；眼小而圆，四肢粗短，五趾具强爪。雄兽肛门后有凹陷，睾丸不外露。穿山甲多在山麓地带的草丛中或丘陵杂灌丛较潮湿的地方挖穴而居。昼伏夜出，遇敌时则蜷缩成球状。舌细长，能伸缩，带有黏性唾液，觅食时，以灵敏的嗅觉寻找蚁穴，用强健的爪掘开蚁洞，将鼻吻深入洞里，用长舌舔食之。外出时，幼兽伏于母兽背尾部。因为穿山甲的鳞片可以作为医药成分，所以被人类大肆捕杀，比如 2014 年 5 月 12 日，广东珠海边防支队破获一宗涉嫌走私野生保护动物案件，当场查获穿山甲冻体 956 只，总重约 4t。非法盗猎加上栖息地被破坏，使得它们的数量紧速锐减，政府部门还需加强保护和监管力度。

10. 豺（*Cuon alpinus*）

豺为食肉目犬科，外形与狗、狼相近，体型比狼小，体长 100cm 左右，体重 10kg 左右。体毛红棕色或灰棕色，杂有少量具黑褐色毛尖的针毛，腹色较浅。四肢较短。耳短，端部圆钝。尾较长。额部隆起，鼻长，吻部短而宽。全身被毛较短，尾毛略长，尾型粗大，尾端黑色。豺为典型的山地动物，栖息于山地草原、亚高山草甸及山地疏林中。多结群营游猎生活，性警觉，嗅觉很发达，晨昏活动最频繁。十分凶残，喜追逐，发现猎物后聚集在一起进行围猎，主要捕食狍、麝、羊类等中型有蹄动物。

11. 黑熊（*Selenarctos thibetanus*）

黑熊为国家II级重点保护动物。大型兽类。体长 150～170cm，体重 150kg 左右。体毛黑亮而长，下颌白色，胸部有一块"V"字形白斑。头圆、耳大、眼小，吻短而尖，鼻端裸露，足垫厚实，前后足具 5 趾，爪尖锐不能伸缩。黑熊主要栖息于山地森林，主要在白天活动，善爬树、游泳；能直立行走。视觉差，嗅觉、听觉灵敏。食性较杂，以植物叶、芽、果实、种子为食，有时也吃昆虫、鸟卵和小型兽类。

12. 黄喉貂（*Martes flavigula*）

黄喉貂为食肉目，鼬科，貂属。俗称蜜狗。国家II级重点保护动物。体长 0.4～0.6m，体重 2～3kg。因前胸部具有明显的黄橙色喉斑而得名；由于它喜欢吃蜂蜜，因而又有"蜜狗"之称；耳部短而圆，尾毛不蓬松，体型细长，大小如小狐狸。喜晨昏活动，但白天也经常出现；生活在山地森林或丘陵地带，穴居在树洞及岩洞中，善于攀缘树木陡岩，行动敏捷。6～7 月发情，妊娠期 9～10 个月，次年 5 月产仔，每胎 2～4 仔，饲养寿命可达 14 年。黄喉貂是益兽，它的主要食物是各种鼠类，对于解决鼠患有一定帮助，尾毛是高级毛笔"狼毫"的原料，这也是黄喉貂被肆意捕杀的原因。黄喉貂在金佛山有一定的分布，偶尔出现在居民家中寻觅食物。

13. 水獭（*Lutra lutra*）

水獭为国家II级重点保护动物。体长 60～80cm，体重可达 5kg。体型细长，呈流线形。头部宽而略扁，吻短，下颌中央有数根短而硬的须。眼略突出，耳短小而圆，鼻孔、耳道有防水灌入的瓣膜。四肢短，趾间具蹼，尾长而粗大。体毛短而密，呈棕黑色或咖啡色，具丝绢光泽；腹部毛色灰褐。栖息于林木茂盛的河、溪、湖沼及岸边，营半水栖生活。在水边的灌丛、树根下、石缝或杂草丛中筑洞，洞浅，有数个出口。多在夜间活动，善游泳。嗅觉发达，动作迅速。主要捕食鱼、蛙、蟹、水鸟和鼠类。

14. 大灵猫（*Viverra zibetha*）

大灵猫为国家II级重点保护动物。体重 6～10kg，体长 60～80cm，比家猫大得多，其体型细长，四肢较短，尾长超过体长之半。头略尖，耳小，额部较宽阔，沿背脊有一条黑色鬃毛。雌雄两性会阴部具发达的囊状腺体，雄性为梨形，雌性呈方形，其分泌物就是著名的灵猫香。体色棕灰，杂以黑褐色斑纹。颈侧及喉部有 3 条波状黑色领纹，间夹白色宽纹，四足黑褐。尾具五六条黑白相间的色环。大灵猫生性孤独，喜夜行，生活于热带、亚热带林缘灌丛。杂食，包括小型兽类、鸟类、两栖爬行类、甲壳类、昆虫和植物的果实、种子等。遇敌时，可释放极臭的物质，用于防身。

15. 小灵猫（*Viverricula indica*）

小灵猫为国家II级重点保护动物。其外形与大灵猫相似而较小，体重 2～4kg，体长 46～61cm，比家猫略大，吻部尖，额部狭窄，四肢细短，会阴部也有囊状香腺，雄性的较大。肛门腺体比大灵猫还发达，可喷射臭液御敌。全身以棕黄色为主，唇白色，眼下、耳后棕黑色，背部有五条连续或间断的黑褐色纵纹，具不规则斑点，腹部棕灰。四脚乌黑，故又称"乌脚狸"。尾部有 7～9 个深褐色环纹。栖息于多林的山地，比大灵猫更加适应凉爽的气候。多筑巢于石堆、墓穴、树洞中，有两三个出口。以夜行性为主，虽极善攀缘，但多在地面以巢穴为中心活动。喜独居，相遇时经常相互撕咬。小灵猫的食性与大灵猫一样，也很杂。该物种有占区行为，但无固定的排泄场所。

16. 金猫（*Catopuma temminckii*）

金猫为食肉目，猫科，金猫属。俗称黄虎。国家II级保护动物。体长 0.8～1m。金猫的体毛多为棕红或金褐色，也有一些变种为灰色甚至黑色；通常斑点只在下腹部和腿部出现，某些变种在身体其他部分会有浅浅的斑点。夜行性，喜晨昏活动，白天栖于树上洞穴内，夜间下地活动；善于爬树，但多在地面活动。主要以各种体型较大的啮齿动物为食，也能捕食黄麂、毛冠鹿、麝、雉鸡、野兔等。中国金猫数量不过 3000～5000 只，主要分布在低矮河谷地带的森林或灌丛中。

17. 斑羚（*Naemorhedus goral*）

斑羚为国家 II 级重点保护动物。体大小如山羊，但无胡须。体长 110～130cm，肩高 70cm 左右，体重 40～50kg。雌雄均具黑色短直的角，长 15～20cm。四肢短而匀称，蹄狭窄而强健。毛色随地区而有差异，一般为灰棕褐色，背部有褐色背纹，喉部有一块白斑。生活于山地森林中，单独或成小群生活。多在早晨和黄昏活动，极善于在悬崖峭壁上跳跃、攀登，视觉和听觉也很敏锐。以各种青草和灌木的嫩枝叶、果实等为食。

18. 赤颈䴙䴘（*Podiceps grisegena*）

赤颈䴙䴘为国家 II 级重点保护动物。赤颈䴙䴘的体长为 43～57cm，体重为 1kg 左右。个体较大，嘴短而粗，基部为黄色、尖端为黑色。夏季和冬季的羽色相同，夏季头顶的两侧羽毛延长和稍微突出，形成黑色冠羽，但比凤头䴙䴘的羽冠要短得多，头顶也是黑色，颊和喉灰白色，前颈、颈侧和上胸栗红色，因此得名；冬羽头顶黑色，头侧和喉部为白色，后颈和上体呈黑褐色，前颈为灰褐色，下体白色。主要栖息于湖泊、沼泽和大的水塘中，性情机警，行动极为谨慎小心，大多在远离岸边的水上活动，一般不到陆地上，活动和休息均在水中。善于游泳和潜水，能在水面下停留很长时间，面临突发的危险时，大多是通过潜水或游至附近植物丛里藏匿来逃避，一般很少起飞。春季于 3～4 月和秋季的 9 月末～10 月初迁徙。在我国数量极为稀少。根据水鸟调查的结果，1990 年在我国见到 1156 只，1992 年仅见到 574 只。

19. 鸳鸯（*Aix galericulata*）

鸳鸯为国家 II 级重点保护动物，小型游禽。全长约 40cm。雄鸟羽色艳丽，并带有金属光泽。额和头顶中央羽色翠绿；枕羽金属铜赤色，与后颈的金属暗绿和暗紫色长羽形成冠羽；头顶两侧有纯白眉纹；飞羽褐色至黑褐色，翅上有一对栗黄色、直立的扇形翼帆。尾羽暗褐色，上胸和胸侧紫褐色；下胸两侧绒黑，镶以两条纯白色横带；嘴暗红色，脚黄红色。雌鸟体羽以灰褐色为主，眼周和眼后有白色纹；无冠羽、翼帆，腹羽纯白。栖息于山地河谷、溪流、苇塘、湖泊、水田等处。以植物性食物为主，也食昆虫等小动物。繁殖期 4～9 月，雌雄配对后迁至营巢区。巢置于树洞中，用干草和绒羽铺垫。每窝产卵 7～12 枚，淡绿黄色。

20. 黑冠鹃隼（*Aviceda leuphotes*）

黑冠鹃隼为隼形目，鹰科，鹃隼属。国家 II 级保护动物。黑冠鹃隼体长约 0.3m，体重约 0.2kg。头顶具有长而垂直竖立的蓝黑色冠羽，整体体羽黑色，胸具白色宽纹，翼具白斑，腹部具深栗色横纹；两翼短圆，飞行时可见黑色翅下覆羽，翼灰而端黑。成对或成小群活动，振翼作短距离飞行至空中或于地面捕捉大型昆虫。栖息于平原低山丘陵和高山森林地带，也出现于疏林草坡、村庄和林缘田间地带；性警觉而胆小，但有时也显得迟钝而懒散。主要以蝗虫、蚱蜢、蝉、蚂蚁等昆虫为食，也特别爱吃蝙蝠，以及鼠类、蜥蜴和蛙等小型脊椎动物。繁殖期 4～7 月，每窝产卵二三枚。在中国分布于四川、浙江、福建、江西、湖南、广东、广西、贵州、云南、海南等地；地区性并不罕见，在四川、云南为留鸟，其他地区为夏候鸟。全世界共有 5 个亚种，我国有 3 个亚种，分布于四川的为四川亚种，分布于海南和云南河口的是指名亚种，分布于其他地区的是南方亚种。

21. 黑鸢（*Milvus migrans*）

黑鸢为隼形目，鹰科，鸢属。国家 II 级重点保护动物。俗称麻鹰、老鹰、老雕等。体长 0.5m。浅叉型尾为本种识别特征。飞行时初级飞羽基部浅色斑与近黑色的翼尖成对照，头有时比背色浅，与黑耳鸢的区别在于黑鸢的前额及脸颊棕色；初级飞羽黑褐色，外侧飞羽内翈基部白色，形成翼下一大型白色斑；飞翔时极为醒目。栖息于开阔平原、草地、荒原和低山丘陵地带，也常在城郊、村屯、田野、港湾、湖泊上空活动，偶尔也出现在 2000m 以上的高山森林和林缘地带。主要以小鸟、鼠类、蛇、蛙、鱼、野兔、蜥蜴、昆虫等动物性食物为食，偶尔也吃家禽和腐尸。黑鸢的繁殖期为 4~7 月；巢呈浅盘状，雌雄亲鸟共同营巢，通常雄鸟运送巢材，雌鸟留在巢上筑巢；每窝产卵二三枚；雌雄亲鸟轮流孵卵，孵化期 38 天；雏鸟晚成性，雌雄共同抚育，约 42 天后雏鸟即可飞翔。

22. 鹊鹞 (*Circus melanoleucos*)

鹊鹞为隼形目，鹰科，鹞属。国家 II 级重点保护动物。俗称喜鹊鹞、喜鹊鹰。中型猛禽，体长约 0.5m，体重约 0.3kg。头部、颈部、背部和胸部均为黑色，尾上的覆羽为白色，尾羽为灰色，翅膀上有白斑，下胸部至尾下覆羽和腋羽为白色，站立时外形很像喜鹊，因此得名。栖息于开阔的低山丘陵和山脚平原、草地、旷野、河谷、沼泽、林缘灌丛和沼泽草地。主要以小鸟、鼠类、林蛙、蜥蜴、蛇、昆虫等小型动物为食。繁殖期为 5~7 月；5 月初开始营巢，巢呈浅盘状，由干薹草的草茎和草叶构成；每窝产卵四五枚，产出第一枚卵后即开始孵卵；孵化期约 30 天，雏鸟为晚成性。中国各地较为常见。

23. 乌灰鹞 (*Circus pygargus*)

乌灰鹞为隼形目，鹰科，鹞属。俗称鹞子、黑鹞。国家 II 级保护动物。体长 0.4~0.5m，体重 0.25~0.38kg，是中等体型猛禽。上体、喉部至上胸暗灰色，下体白色、具有棕色纵纹，翅亦为棕色，初级飞羽末端黑色，翅上有一黑色横带，翅下有两条黑色横带，飞行时十分明显，虹膜、喙和脚均为黄色。栖息于低山丘陵和山脚平原，以及森林平原地区的河流、湖泊、沼泽和林缘灌丛等开阔地带，有时也到疏林、小块丛林和农田地区活动。主要以鼠类、蛙、蜥蜴以及大的昆虫为食，也吃小鸟、雏鸟和鸟卵。繁殖期为 5~8 月，通常营巢于水域附近地上的草丛或干的芦苇丛中，每窝产卵 3~6 枚，卵白色，通常无斑，偶尔带有褐色斑点，由雌鸟孵化，孵化期为 27~30 天，雏鸟需由亲鸟喂养 35~42 天才能出巢。由于草原大面积开荒种地和干旱，栖息地的破坏威胁着乌灰鹞种群的生存，环境压力造成了其种群数量的减少。

24. 松雀鹰 (*Accipiter virgatus*)

松雀鹰为隼形目，鹰科，鹰属。俗称松儿、松子鹰、摆胸、雀贼、雀鹰、雀鹞。国家 II 级保护动物。体长约 0.3m，体重 0.16~0.19kg，是小型鹰类。雄鸟上体深灰色，尾具粗横斑，下体白，两胁棕色且具褐色横斑，喉白而具黑色喉中线，有黑色髭纹；雌鸟及亚成鸟两胁棕色少，下体多具红褐色横斑，背褐，尾褐而具深色横纹，亚成鸟胸部具纵纹；翼下覆羽和腋羽棕色并具有黑色横斑，第二枚初级飞羽短于第六枚初级飞羽。通常栖息于海拔 2800m 以下的山地针叶林、阔叶林和混交林中，冬季时则会到海拔较低的山区活动，常单独生活。主要捕食鼠类、小型鸟类、昆虫、蜥蜴等。繁殖期为 4~6 月份，喜在 6~13m 高的乔木上筑巢，以树枝编成皿状，也会修理和利用旧巢；繁殖期间每窝可产卵四五枚，卵为浅蓝白色，并带有明显的赤褐色斑点；孵化期为 1 个月左右。中国目前已有 60 多个松雀鹰的保护区。

25. 雀鹰 (*Accipiter nisus*)

雀鹰为隼形目，鹰科，鹰属。俗称鹞子。国家 II 级保护动物。体长 0.3~0.4m，体重 0.2~0.3kg，是小型猛禽。雌鸟整体偏褐色，下体布满深色横纹，头部具白色眉纹，翼短圆而尾长；雄鸟较小，上体灰褐色，下体具棕红色横斑，脸颊棕红色；尾具四五道黑褐色横斑，飞翔时翼后缘略为突出，翼下飞羽具数道黑褐色横带。雀鹰栖息于针叶林、混交林、阔叶林等山地森林和林缘地带，冬季主要栖息于低山丘陵、山脚平原、农田村庄附近，尤其喜欢在林缘、河谷、采伐迹地的次生林和农田附近的小块丛林地带活动；日出性，常单独活动，飞行迅速。雀鹰主要以小型鸟类、昆虫、鼠类等为食，也捕鸠鸽类、鹑鸡类等体型稍大的鸟类以及野兔、蛇等，雀鹰是鹰类中的捕鼠能手。繁殖期 5~7 月，营巢于森林中的树上，巢通常放在靠近树干的枝杈上，巢区和巢均较固定，常多年利用；每窝通常产卵三四枚，卵呈椭圆形或近圆形，鸭蛋清色、光滑无斑，雌鸟孵卵，雄鸟偶尔也参与孵卵活动，孵化期 32~35 天，雏鸟经过 24~

30 天的巢期生活便离巢。重庆市各区县均有分布，较为常见。该物种分布范围广，种群数量趋势稳定，为无生存危机的物种。雀鹰能捕食大量的鼠类和害虫，对于农业、林业和牧业均十分有益，还可被驯养为狩猎禽。

26. 苍鹰（*Accipiter gentilis*）

苍鹰为隼形目，鹰科，鹰属。俗称鹰、牙鹰、黄鹰、鹞鹰、元鹰。国家 II 级保护动物。体长 0.4～0.6m，体重 0.5～1.1kg，是较大型鹰类，雌鸟体型明显大于雄鸟，成鸟上体青灰色，下体具棕褐色细横纹，白色眉纹和深色贯眼纹对比强烈，眼睛红色，翅宽尾长，尾灰褐色，具 3～5 道黑褐色横纹；幼鸟黄褐色，下体具深色的粗纵纹，眼睛黄色。栖息于疏林、林缘和灌丛地带，次生林中也较常见，也栖息于不同海拔的针叶林、混交林、阔叶林等森林内，以及平原、丘陵地带的疏林和小块林内。捕食中小型鸟类和小型兽类，是森林中肉食性猛禽。在中国东北的北部山林中繁殖，繁殖期为 4～5 月，在林密僻静处较高的树上筑巢，常利用旧巢，产卵后仍修巢，出雏后，修巢速度随雏鸟增长而加快；每窝卵数三四枚，卵椭圆形，孵化由雌鸟担任，孵化期 30～33 天；雌、雄鸟共同育雏，以雌鸟为主，雄鸟主要是警戒和送食，育雏期 35～37 天。苍鹰分布范围广，种群数量趋势稳定，中国目前共有 40 多个苍鹰保护区。

27. 凤头鹰（*Accipiter trivirgatus*）

凤头鹰为中等猛禽，体长 36～49cm，体重 0.36～0.53kg。头部具有羽冠；前额、头顶、后枕及其羽冠黑灰色；头和颈侧较淡，具黑色羽干纹。上体暗褐色，尾覆羽尖端白色；尾淡褐色，具白色端斑和一道隐蔽而不甚显著的横带和 4 道显露的暗褐色横带；飞羽亦具暗褐色横带，且内翈基部白色。颏、喉和胸白色，颏和喉具一黑褐色中央纵纹；胸具宽的棕褐色纵纹，尾下覆羽白色；胸以下具暗棕褐色与白色相间排列的横斑。虹膜金黄色，嘴角褐色或铅色，嘴峰和嘴尖黑色，口角黄色，蜡膜和眼睑黄绿色，脚和趾淡黄色，爪角黑色。幼鸟上体暗褐，具茶黄色羽缘，后颈茶黄色，微具黑色斑；头具宽的茶黄色羽缘。下体皮黄白色或淡棕色或白色，喉具黑色中央纵纹，胸、腹具黑色纵纹或纵行黑色斑点。留鸟，通常栖息在海拔 2000m 以下的山地森林和山脚林缘地带，也出现在竹林和小面积丛林地带，偶尔也到山脚平原和村庄附近活动。性情机警，善于藏匿，常躲藏在树叶丛中，有时也栖息于空旷处孤立的树枝上。飞行缓慢，也不很高，盘旋飞行时双翼常往下压或抖动。有时也利用上升的热气流在空中盘旋和翱翔，领域性很强。大多单独活动。主要以蛙、蜥蜴、鼠类、昆虫等动物性食物为食，也吃鸟和小型哺乳动物。主要在森林中的地面上捕食，常躲藏在树枝丛间，发现猎物时才突然出击。

28. 普通鵟（*Buteo buteo*）

普通鵟为隼形目，鹰科，鵟属。国家 II 级保护动物。俗称土豹子、鸡母鹞。中型猛禽，体长 50～59cm。体色变化也比较大，通常上体主要为暗褐色，下体主要为暗褐色或淡褐色，具深棕色横斑或纵纹，尾羽为淡灰褐色，具有多道暗色横斑，飞翔时两翼宽阔，在初级飞羽的基部有明显的白斑，翼下为肉色，仅翼尖、翼角和飞羽的外缘为黑色（淡色型）或者全为黑褐色（暗包型），尾羽呈扇形散开；翱翔时两翅微向上举成浅 "V" 字形。主要栖息于山地森林和林缘地带，从海拔 400m 的山脚阔叶林到海拔 2000m 的混交林和针叶林地带均有分布。主要以森林鼠类为食，食量甚大；也吃蛙、蜥蜴、蛇、野兔、小鸟和大型昆虫等，有时亦到村庄捕食鸡等家禽。部分为冬候鸟、部分为旅鸟，春季迁徙时间 3～4 月，秋季 10～11 月。繁殖期为 5～7 月份；通常营巢于林缘或森林中高大的树上，也有的个体营巢于悬岩上，或者侵占乌鸦的巢；5～6 月产卵，每窝产卵二三枚；孵化期大约 28 天；雏鸟为晚成性。

29. 白腹隼雕（*Hieraaetus fasciatus*）

白腹隼雕为大型猛禽，上体暗褐色，头顶和后颈呈棕褐色。颈侧和肩部的羽缘灰白色，飞羽为灰褐色，内侧的羽片上有云状的白斑。灰色的尾羽较长，上面具有 7 道不甚明显的黑褐色波浪形斑和宽阔的黑色亚端斑。下体白色，沾有淡栗褐色。飞翔时翼下覆羽黑色，飞羽下面白色而具波浪形暗色横斑，与白色的下体和翼缘均极为醒目。主要栖息于低山丘陵和山地森林中的悬崖和河谷岸边的岩石上，尤其是富有灌丛的荒山和有稀疏树木生长的河谷地带，金佛山保护区内数量极少，为罕见种类。

30. 红隼（*Falco tinnunculus*）

红隼为国家Ⅱ级重点保护动物，属小型猛禽，全长 0.35m 左右。雄鸟上体砖红色，背及翅上具黑色三角形斑；头顶、后颈、颈侧蓝灰色。飞羽近黑色，羽端灰白；尾羽蓝灰色，具宽阔的黑色次端斑，羽端灰白色。下体乳黄色带淡棕色，具黑褐色羽干纹及粗斑。嘴基蓝黄色，尖端灰色。脚深黄色。雌鸟上体深棕色，杂以黑褐色横斑；头顶和后颈淡棕色，具黑褐色羽干纹；尾羽深棕色，带 9～12 条黑褐色横斑。栖息于农田、疏林、灌木丛等旷野地带。主要以鼠类及小鸟为食。金佛山保护区内分布较广，但数量较少。

31. 燕隼（*Falco subbuteo*）

燕隼为隼形目，隼科，隼属。俗称青条子、儿隼、蚂蚱鹰。国家Ⅱ级保护动物。小型猛禽，体长约 0.35m。上体深蓝褐色，下体白色，具暗色条纹；头顶黑褐色，后颈具一白色颈斑；颊、喉白色；飞羽黑褐色；尾羽淡褐色，具黑褐色横斑。胸、腹部乳黄色而渐带棕黄色，密具淡黑褐色纵斑；嘴蓝灰色，先端转黑。栖息于有稀疏树木生长的开阔平原、旷野、耕地、海岸、疏林和林缘地带，有时也到村庄附近，但却很少在浓密的森林和没有树木的裸露荒原。以麻雀、山雀等雀形目小鸟为食；也大量地捕食蜻蜓、蟋蟀、蝗虫、天牛、金电子等昆虫，其中大多为害虫。5～7 月繁殖，大多占用乌鸦、喜鹊的旧巢；每窝产卵 2～4 枚；孵卵期 28 天，育雏期 28～32 天。燕隼是中国猛禽中较为常见的种类，分布几乎遍及中国各地。

32. 游隼（*Falco peregrinus*）

游隼为隼形目，隼科，隼属。俗称花梨鹰、鸭虎、青燕。国家Ⅱ级保护动物。中型猛禽，体长 0.4m。上体深蓝灰色，具黑褐色横斑，羽端白色，羽干纹黑色；头、颈部黑色，带蓝色光泽；飞羽黑褐色；尾羽蓝灰色，具黑色横斑；下体污白色，带淡棕色，具黑色羽干纹，至腹部后渐转为长三角形横斑。栖息于山地、丘陵、荒漠、半荒漠、海岸、旷野、草原、河流、沼泽与湖泊沿岸地带，也到开阔的农田、耕地和村屯附近活动。主要捕食野鸭、鸥、鸠鸽类、乌鸦和鸡类等中小型鸟类，偶尔也捕食鼠类和野兔等小型哺乳动物。繁殖期 4～6 月；每窝产卵 2～4 枚，偶尔也有多至五六枚的；雌雄亲鸟轮流孵卵，孵卵期间领域性极强，常常积极地保卫巢，孵卵期 28～29 天；雏鸟晚成性，孵出后由亲鸟抚养，经过 35～42 天的巢期生活后才能离巢。在世界范围内，游隼受到严重的威胁，数量正在急剧下降，造成这一现象的主要原因是世界范围的滥用农药。金佛山保护区内游隼有一定数量，应采取积极措施，做好保护工作。

33. 红腹角雉（*Tragopan temmunckii*）

红腹角雉为鸡形目，雉科，角雉属。俗称娃娃鸡、寿鸡。国家Ⅱ级保护动物。全长 0.4～0.6m。雄鸟通体绯红色，项上具肉裙，上体布满灰色而具黑色边缘的点斑，下体具大块的浅灰色鳞状斑，羽冠的两侧长着一对钴蓝色的肉质角，因此称为"角雉"。栖息于常绿阔叶林、针阔混交林、灌丛、竹林等。喜单独活动，冬季偶尔结小群。主要以植物嫩芽、嫩叶、青叶、花、果实和种子等为食，兼食少量动物性食物。3 月进入繁殖期，筑巢于树上，每窝产卵 3～5 枚，雌鸟孵卵，孵化期 28～30 天。金佛山保护区内数量少，且性隐匿，为少见留鸟。繁殖期雄鸟肉裙充血膨胀突然张开，色彩绚丽，像草书的"寿"字，具有很高的观赏价值和经济价值，曾远输欧洲，其栖息地和种数受到人类活动的干扰和威胁，应加强管理和保护。

34. 白鹇（*Lophura nycthemera*）

白鹇为国家Ⅱ级重点保护动物。属大型陆禽，雄鸟全长 1～1.19m，雌鸟 0.58～0.67m。雄鸟头顶及下体为蓝黑色，带金属光泽；脸部裸露皮肤呈红色；颈、背、翅均为白色带"V"形黑纹；中央尾羽为白色，两侧带黑纹；跗蹠部为红色。雌鸟全身棕褐色，枕部具黑色羽冠。栖息于海拔 1400～1800m 的密林中，尤其喜欢竹林和灌丛。食昆虫，植物茎叶、果实、种子等。一雄多雌，4 月繁殖。冬季则集群生活。

35. 白冠长尾雉（*Syrmaticus reevesii*）

白冠长尾雉为国家Ⅱ级重点保护动物。大型陆禽，雄鸟全长约 1.7m，雌鸟 0.68m 左右。雄鸟上体大部金黄色，具黑缘；头、颈均为白色，白色颈部的下方有一黑领；飞羽深栗色，具白斑；尾羽特长，具黑色和栗色并列横斑；下体栗色，具白色杂斑；腹部中央黑色；嘴角绿色，脚灰褐色。雌鸟体羽以棕褐色为主，具大型矢状斑。栖息于海拔 600～2000m 的山区，常见于长满树木的悬崖陡壁下的山谷中。以松、柏、橡树种子及野百合球茎为食，也食昆虫。3 月中旬进入繁殖期。

36. 红腹锦鸡（*Chrysolophus pictus*）

红腹锦鸡为国家Ⅱ级重点保护动物。大型陆禽，雄鸟全长约 1m，雌鸟约 0.7m。雄鸟头顶具金黄色丝状羽冠；后颈披肩橙棕色；上体除上背为深绿色外，大都为金黄色，腰羽深红色；飞羽、尾羽黑褐色，布满桂黄色点斑；下体通红，羽缘散离；嘴角和脚黄色。雌鸟上体棕褐，尾淡棕色，下体棕黄，均杂以黑色横斑。栖息于海拔 600～1800m 的多岩山坡，活动于竹灌丛地带。以蕨类、麦叶、胡颓子、草籽、大豆等为食。3 月下旬进入繁殖期。金佛山保护区内分布较广，还有一定数量。

37. 红翅绿鸠（*Treron sieboldii*）

红翅绿鸠为鸽形目，鸠鸽科，绿鸠属的中型鸟类，体长 0.28～0.33m，体重 0.2～0.34kg。栖息于海拔 2000m 以下的山地针叶林和针阔叶混交林中，有时也见于林缘耕地，常成小群或单独活动。主要以山樱桃、草莓等浆果为食。繁殖期为 5～6 月。营巢于山沟或河谷边的树上，巢呈平盆状，甚为简陋，主要由枯枝堆集而成，每窝产卵 2 枚。

38. 东方草鸮（*Tyto longimembris*）

东方草鸮为鸮形目，草鸮科，草鸮属。俗称猴面鹰、猴子鹰。国家Ⅱ级保护动物。中型猛禽，体长约 0.35m。上体暗褐，具棕黄色斑纹，近羽端处有白色小斑点；面盘灰棕色，呈心脏形，有暗栗色边缘；飞羽黄褐色，有暗褐色横斑；尾羽浅黄栗色，有四道暗褐色横斑；下体淡棕白色，具褐色斑点；嘴黄褐色，爪黑褐色。栖息于山坡草地或开旷草原。以鼠类、蛙、蛇、鸟卵等为食。每年 9～10 月是东方草鸮繁殖的高峰期，此时雌雄形影不离；每只雌鸟产卵 2～4 枚，产卵时间一般在下午；孵卵由雌鸟单独承担，孵化期 22～25 天；雏为晚成性。在重庆比较稀少，渝北、巴南、北碚等地有分布记录。东方草鸮在中国南方农田地区分布较广，对控制鼠害有积极作用，有益于农林生产，应加强保护。

39. 领鸺鹠（*Glaucidium brodiei*）

领鸺鹠为国家Ⅱ级重点保护动物。小型猛禽，体长 0.14～0.16m，体重 40～64g。面盘不显著，没有耳羽簇。上体为灰褐色，具浅橙黄色的横斑，后颈有显著的浅黄色领斑，两侧各有一个黑斑，特征较为明显，可以同其他鸺鹠类相区别。栖息于山地森林和林缘灌丛地带，除繁殖期外都是单独活动。主要在白天活动，中午也能在阳光下自由地飞翔和觅食。主要以昆虫和鼠类为食，也吃小鸟和其他小型动物。繁殖期为 3～7 月。保护区内广泛分布，但数量较少。

40. 斑头鸺鹠（*Glaucidium cuculoides*）

斑头鸺鹠为国家Ⅱ级重点保护动物。小型猛禽，体长 0.2～0.26m，体重 0.15～0.26kg。面盘不明显，没有耳羽簇。体羽为褐色，头部和全身的羽毛均具有细的白色横斑，腹部白色，下腹部和肛周具有宽阔的褐色纵纹，喉部还具有两个显著的白色斑。虹膜黄色；嘴黄绿色，基部较暗；蜡膜暗褐色；趾黄绿色，具刚毛状羽；爪近黑色。栖息于从平原、低山丘陵到海拔 2000m 左右的中山地带的阔叶林、混交林、次生林和林缘灌丛中，也出现于村寨和农田附近的疏林和树上。大多单独或成对活动。大多在白天活动和觅食，能像鹰一样在空中捕捉小鸟和大型昆虫，也在晚上活动。高大乔木的树窟窿、古老建筑的墙缝和废旧仓库的裂隙，都是它们选择筑巢做窝的理想地点。繁殖期在 3~6 月。金佛山保护区内分布较广，但数量较少。

41. 领角鸮（*Otus bakkamoena*）

领角鸮为国家 II 级重点保护动物。小型猛禽，全长 0.25m 左右。上体及两翼大多灰褐色，体羽多具黑褐色羽干纹及虫蠹状细斑，并具棕白色眼斑。额、脸盘棕白色；后颈的棕白色眼斑形成一个不完整的半领圈。飞羽和尾羽为黑褐色，具淡棕色横斑；下体灰白；嘴淡黄染绿色；爪淡黄色。栖息于山地次生林林缘。以昆虫、鼠类、小鸟为食。筑巢于树洞中。

42. 红角鸮（*Otus scops*）

红角鸮为鸮形目，鸱鸮科，角鸮属。俗称棒槌雀。国家 II 级保护动物。全长约 0.2m，是中国体型最小的一种鸮形目猛禽。上体灰褐色，有黑褐色虫蠹状细纹；面盘灰褐色，密布纤细黑纹；领圈淡棕色；耳羽基部棕色；头顶至背和翅覆羽杂以棕白色斑；飞羽大部黑褐色，尾羽灰褐色，尾下覆羽白色；下体大部红褐至灰褐色，有暗褐色纤细横斑和黑褐色羽干纹。栖息于山地林间，以昆虫、鼠类、小鸟为食。营巢于树洞或岩石缝隙和人工巢箱中，繁殖期 5~8 月，每窝产卵 3~6 枚，雌鸟孵卵，孵化期 24~25 天，雏鸟晚成性。

43. 鹰鸮（*Ninox scutulata*）

鹰鸮为鸮形目，鸱鸮科，鹰鸮属。国家 II 级重点保护鸟类。体长约 0.3m。无明显的脸盘和领翎，额基和眼先白色，眼先具黑须；头、后颈、上背及翅上覆羽为深褐色，初级飞羽表面带棕色；胸以下白色，遍布粗重的棕褐色纵纹；尾棕褐色并有黑褐色横斑，端部近白色。常栖息于山地阔叶林中，也见于灌丛地带；生性活跃，黄昏前活动于林缘地带，飞行追捕空中昆虫，也捕食小鼠、小鸟等。在中国北方为夏候鸟，南方为留鸟。5~6 月繁殖，在树洞中营巢，每窝产卵二三枚。

44. 长耳鸮（*Asio otus*）

长耳鸮为鸮形目，鸱鸮科，耳鸮属。国家 II 级重点保护鸟类。体长约 0.4m。耳羽簇长，位于头顶两侧，竖直如耳；面盘显著，棕黄色，皱翎完整，白色而缀有黑褐色；上体棕黄色，且密杂以显著的黑褐色羽干纹；额白色，其余下体棕白色而具粗著的黑褐色羽干纹。栖息于山地阔叶林中，也见于灌丛地带。以小鼠、鸟、鱼、蛙和昆虫为食。繁殖期为 4~6 月，每窝产卵 3~8 枚。

45. 短耳鸮（*Asio flammeus*）

短耳鸮为鸮形目，鸱鸮科，耳鸮属。国家 II 级重点保护鸟类。体长 0.3~0.4m。面盘显著，眼周黑色，眼先及内侧眉斑白色，面盘余部棕黄色而杂以黑色羽干纹，耳羽束退化不明显，上体褐色缀以白斑，下体浅色具胸纹。栖息于开阔田野，白天亦常见。以小鼠、鸟类、昆虫和蛙类为食。繁殖期 4~6 月，通常营巢于沼泽附近地上草丛中，也见在次生阔叶林内朽木洞中营巢，每窝产卵 3~8 枚，孵化期为 24~28 天。短耳鸮在中国繁殖于内蒙古东部、黑龙江和辽宁等地，越冬时几乎见于中国各地。

46. 灰林鸮（*Strix aluco*）

灰林鸮为一种壮健的鸟，体长 0.37~0.43m，翼展达 0.81~0.96m。灰林鸮头大且圆，没有耳羽，围绕双眼的面盘较为扁平。灰林鸮指名亚种有两个不同的形态，其中一种的上身呈红褐色，另一种的则呈灰褐色，而亦有介于两者之间的。这两种形态的下身都呈白色，有褐色的斑纹。灰林鸮是两性异形的，雌鸟比雄鸟长 5% 及重 25%。夜间活动，主要猎食啮齿目。它们会从高处俯冲下来捉住猎物，将之整个吞下。它们夜间是以视觉及听觉来捕捉猎物，飞行时保持寂静。灰林鸮能够捕捉较小的猫头鹰，但年轻的灰林鸮有可能被雕鸮、苍鹰或狐狸等猎杀。栖息在落叶疏林中，有时会在针叶林中，较喜欢近水源的地方。它们在城市则栖息在墓地、花园及公园等地。在较寒冷的地区，它们主要分布在低地，亦在低海拔地区分布。金佛山保护区内分布数量极少，为罕见种。

47. 大鲵（*Andrias davidianus*）

大鲵为现存有尾目中最大的一种，最长可超过 1m。头部扁平、钝圆，口大，眼不发达，无眼睑。身体前部扁平，至尾部逐渐转为侧扁。体两侧有明显的肤褶，四肢短扁，指、趾前五后四，具微蹼。尾圆形，尾上下有鳍状物。体表光滑，布满黏液。身体背面为黑色和棕红色相杂，腹面颜色浅。生活在山区的清澈溪流中，一般都匿居在山溪的石隙间，洞穴位于水面以下。每年 7～8 月产卵，每尾产卵 300 枚以上，雄鲵将卵带绕在背上，2～3 周后孵化。大鲵为我国特有物种，因其叫声似婴儿啼哭，故俗称"娃娃鱼"。大鲵的心脏构造特殊，已经出现了一些爬行类的特征，具有重要的研究价值。由于肉味鲜美，被视为珍品，遭到捕杀，资源已受到严重的破坏，需加强保护。

5.3.4　特有物种

金佛山保护区内有特有动物 72 种，其中兽类 17 种，分别为长吻鼩鼹（*Uropsilus gracilis*）、少齿鼩鼹（*Uropsilus soricipes*）、峨眉鼩鼹（*Uropsilus andersoni*）、巨鼹（*Talpa grandis*）、长吻鼹（*Talpa longirostris*）、川鼩（*Blarinella quadraticauda*）、贵州菊头蝠（*Rhinolophus rex*）、西南鼠耳蝠（*Myotis altarium*）、中华山蝠（*Nyctalus velutinus*）、藏酋猴（*Macaca thibetana*）、林麝（*Moschus berezovskii*）、小麂（*Muntiacus reevesi*）、岩松鼠（*Sciurotamias davidianus*）、复齿鼯鼠（*Trogopterus xanthipes*）、灰鼯鼠（*Petaurista xanthotis*）、高山姬鼠（*Apodemus chevrieri*）、大绒鼠（*Eothenomys miletus*）；鸟类 16 种，灰胸竹鸡（*Bambusicola thoracica*）、白冠长尾雉（*Syrmaticus reevesii*）、红腹锦鸡（*Chrysolophus pictus*）、领雀嘴鹎（*Spizixos semitorques*）、白头鹎（*Pycnonotus sinensis*）、棕腹大仙鹟（*Niltava davidi*）、棕噪鹛（*Garrulax poecilorhynchus*）、画眉（*Garrulax canorus*）、橙翅噪鹛（*Garrulax elliotii*）、宝兴鹛雀（*Moupinia poecilotis*）、丽色奇鹛（*Niltava davidi*）、白领凤鹛（*Yuhina diademata*）、白眶鸦雀（*Paradoxornis conspicillatus*）、黄腹山雀（*Parus venustulus*）、酒红朱雀（*Carpodacus vinaceus*）、蓝鹀（*Latoucheornis siemsseni*）；爬行类 9 种，分别为丽纹龙蜥（*Japalura splendida*）、峨眉地蜥（*Platyplacopus intermedius*）、北草蜥（*Takydromus septentrionalis*）、中国石龙子（*Eumeces chinensis*）、蓝尾石龙子（*Eumeces elegans*）、锈链腹链蛇（*Amphiesma craspedoga*ster）、棕黑腹链蛇（*Amphiesma sauteri*）、双斑锦蛇（*Elaphe bimaculata*）、平鳞钝头蛇（*Pareas boulengeri*）；两栖类 19 种，分别为黄斑拟小鲵（*Pseudohynobius flavomaculatus*）、金佛拟小鲵（*Pseudohynobius jinfo*）、大鲵（*Andrias davidianus*）、利川齿蟾（*Oreolalax lichuanensis*）、红点齿蟾（*Oreolalax rhodostigmatus*）、峨山掌突蟾（*Paramegophrys oshanensis*）、峨眉树蛙（*Rhacophorus omeimontis*）、经甫树蛙（*Rhacophorus chenfui*）、四川狭口蛙（*Kaloula rugifera*）、峨眉林蛙（*Rana omeimontis*）、中国林蛙（*Rana chensinensis*）、湖北侧褶蛙（*Pelophylax hubeiensis*）、绿臭蛙（*Odorrana margaretae*）、花臭蛙（*Odorrana schmackeri*）、棘腹蛙（*paa boulengeri*）、隆肛蛙（*Feirana quadranus*）、崇安湍蛙（*Amolops chunganen*sis）、棘皮湍蛙（*Amolops granulosu*s）、华南湍蛙（*Amolops ricket*ti）；鱼类 11 种，分别为彩石鳑鲏（*Rhodeus lighti*）、云南光唇鱼（*Acrossocheilus yunnanensis*）、云南盘鮈（*Discogobio yunnanensis*）、麦穗鱼（*Pseudorasbora parva*）、鲤（*Cyprinus carpio*）、鲫（*Carassius auratus*）、泥鳅（*Misgurnus anguillicaudatus*）、峨嵋后平鳅（*Metahomaloptera omeiensis*）、大口鲇（*Silurus meridionalis*）、黄颡鱼（*Pelteobagrus fulvidraco*）、黄鳝（*Monopterus albus*）。

5.4　模　式　动　物

金佛山保护区内有模式动物两种，分别为长吻鼩鼹和金佛拟小鲵。

5.4.1　长吻鼩鼹（*Uropsilus gracilis*）

1910 年 9 月，美国动物学家马尔科姆·普莱费尔·安德森受伦敦动物学会的派遣，作为贝德福德公爵东亚探险队队长来到金佛山采集动物标本，并在这里采集到一哺乳动物新种——长吻鼩鼹。模式标本现保存于英国自然历史博物馆（图5.1）。

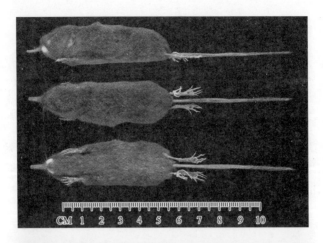

图 5.1　长吻鼩鼹模式标本及标签（供图：英国自然历史博物馆）

5.4.2　金佛拟小鲵（*Pseudohynobius jinfo*）

　　胡淑琴和杨抚华（1960）报道在金佛山洋芋坪采到小鲵科幼体 191 号，但未能确定种；费梁和叶昌媛（1976）报道南川金佛山北鲵一种，并附记该种与湖北省利川县的北鲵同属一种；半个世纪以来，该种长期被视为黄斑拟小鲵（*Pseudohynobius flavomaculatus*）或秦巴北鲵（*Ranodon tsinapensis*），直到近年才采到该种成体，随后，魏刚等（2009）依据重庆市南川区金佛山凤凰寺附近标本，定为新种：金佛拟小鲵。模式标本现藏于中国科学院成都生物研究所。本次调查在模式产地附近观察采集到亚成体 4 尾。

图 5.2　金佛拟小鲵

第6章 生态系统

6.1 生态系统类型

生态系统是在一定空间中共同栖居着的所有生物（所有生物群落）与环境之间通过不断的物质循环和能量流动过程而形成的统一整体。生态系统的范围和大小没有严格的限制，其分类也没有绝对的标准。本书根据结构特征与功能特征对大巴山保护区内的生态系统进行分类，并综合考虑自然与人工两种不同主导因素，将其生态系统主要分为自然生态系统和人工生态系统两大类。

金佛山保护区自然生态系统分为陆生生态系统、水域生态系统两大类，其中陆生生态系统包括森林生态系统、灌草丛生态系统；水域生态系统主要是河流生态系统和塘库生态系统。人工生态系统分为农业生态系统、人工林和经济林生态系统、乡村生态系统。

6.1.1 自然生态系统

金佛山保护区内自然生态系统类型组成多样，对于陆生生态系统类型的进一步划分主要是根据组成该生态系统的优势植被类型进行的，而对于水域生态系统则主要是根据其非生物要素进行的。在森林生态系统类型、灌草丛生态系统类型、河流生态系统、塘库生态系统四种类型中，森林生态系统类型占地面积最大，其下级类型最多，在金佛山保护区内各种生态系统类型中发挥的生态作用也最大，因此是陆地生态系统类型的主体。水域生态系统中，由于金佛山保护区溪谷、河流纵横，河流生态系统较为发达，有凤咀江、半溪河、龙骨溪、木渡河等26条。下面介绍森林生态系统和河流生态系统。

1. 森林生态系统

森林生态系统是陆地生态系统中最重要的类型之一，也是金佛山保护区内分布面积最广、生态功能作用最大的生态系统类型。金佛山保护区森林类型较多，包括以针叶林、麻栎林、栓皮栎林、巴山水青冈林为代表的落叶阔叶林，以巴山木竹林、箭竹林、刚竹林等为主的竹林，近30种森林类型，它们构成了金佛山保护区森林生态系统多样性。

如此丰富的森林生态系统为金佛山保护区内458种陆生脊椎动物提供了栖息地，为植食性动物提供了食物，从而维系复杂的食物链、食物网关系，这些动物、植物以及它们共同形成的网络关系组成了金佛山保护区多样而稳定的森林生态系统。

2. 河流生态系统

金佛山保护区受复杂的地形地貌影响，发育了众多的溪谷河流，包括凤咀江、半溪河、龙骨溪、木渡河等26条河流。庞大的支流体系及流域面积为金佛山保护区内河流生态系统中的两栖类和野生鱼类提供了稳定的生境。此外河流生态系统中还生活着少量的水生植物和底栖动物，这些生物同水域环境一起组成了复杂的河流生态系统。

6.1.2 人工生态系统

人工生态系统是一种人为干预下的"驯化"生态系统，其结构和运行既服从一般生态系统的某些普遍规律，又受到社会、经济、技术因素不断变化的影响。人工生态系统的组成主要包括了农业生物系统、农业环境系统和人为调控系统，大农业生态系统还涉及农田系统（农）、经济林生态系统（林）、草场生态系统（牧）和水体渔业生态系统（渔）等类型。大农业生态系统在金佛山保护区内主要在开阔且海拔较低处平坦低山，主要以农田和经济林为主。农田主要种植油菜、玉米等，旱地主要种植土豆、玉米、红薯等经济作物，经济林主要种植的是果树和药材，如杜仲等。金佛山保护区内人工生态系统的明显特点是接近于人类聚居地，在金佛山保护区内面积较小，该生态系统主要的作用是为当地居民提供食物，并为当地居民提高经济收入。

其进一步细分可以分为农业生态系统、人工林和经济林生态系统以及乡村生态系统三小类。

1. 农业生态系统

金佛山保护区内的农业生态系统主要为农田生态系统和农地生态系统。由于地处大娄山脉，受海拔、基质、岩性、地形地貌等各种自然因素的综合影响，金佛山保护区内可开发为农田的土地较狭窄，主要在河滩下游冲积河谷处，而农地则相对较多，主要由居民开发山地和河滩所形成。

农业生态系统组成简单，其植物主要以居民种植的人工粮食作物为主，间或生长些田地间杂草和灌丛，动物主要由土壤动物及小型啮齿目、鸟类等组成，共同构成简单的农业生态系统。

2. 人工林和经济林生态系统

金佛山保护区内的人工林和经济林生态系统以板栗林、杜仲林、核桃林等林型为主，生态系统结构简单，人工干预影响较大，但主要以多年人工经营为主，除漆树林外，基本人工抚育，林下物种结构简单，林内动物组成也相对简单，整个生态系统结构功能的稳定维持，均依靠人工经营。

3. 乡村生态系统

乡村生态系统是人工生态系统中非常突出的生态系统类型，人类干扰因素作用效果最为明显。涉及金佛山保护区内若干居民点，城镇生态系统不发达。该生态系统人类活动最为明显和突出，充分发挥该类生态系统的主观能动性，对金佛山保护区的整体保护和后续建设具有积极意义。

6.2　生态系统主要特征

生态系统的一般特征包括生态系统的结构组成特征和功能特征，关于金佛山保护区内生态系统的结构组成在 6.1 节中已作介绍，故本部分不再赘述，主要介绍金佛山保护区内生态系统的功能特征。

6.2.1　食物网和营养级

生物能量和物质通过一系列取食与被取食的关系在生态系统中传递，各种生物按其食物关系排列的链状顺序称为食物链，各种生物成分通过食物链形成错综复杂的普遍联系，这种联系使得生物之间都有间接或直接的关系，称为食物网。

金佛山保护区内主要存在 3 种类型的食物链：牧食食物链、寄生生物链和碎屑食物链。

由于寄生生物链和碎屑食物链普遍存在于各处，此处不作详细介绍，主要对牧食食物链作简述。牧食食物链又称捕食食物链，是以绿色植物为基础，从食草动物开始的食物链，该种类型在金佛山保护区内陆地生态系统和水域生态系统都存在。其构成方式是植物→植食性动物→肉食性动物。其中植物主要包括各生态系统类型中的草本植物、灌木和乔木的嫩叶嫩芽及果、种子等；植食性动物（主要分析哺乳类）主要包括哺乳类啮齿目、偶蹄目、兔形目、灵长目等类群，其中啮齿目 8 科 30 种，偶蹄目 5 科 6 种，兔形目 1 科 1 种，共计 14 科 37 种；肉食性动物主要包括食肉目、食虫目、翼手目等类群，其中食肉目 6 科 22 种，翼手目 3 科 14 种，食虫目 3 科 16 种，共计 52 种，食肉动物虽然种类不少，但个体数量较少；杂食性动物主要有灵长目的猕猴和偶蹄目的野猪。

营养级是指处于食物链某一环节上的所有生物种的总和。金佛山保护区内有隼形目的猛禽及食肉目的兽类存在，各生态系统中营养级包括 3～5 级。生态系统中各营养级的生物量结构组成呈现金字塔形。

6.2.2　生态系统稳定性

关于生态系统稳定性，此处着重讨论金佛山保护区内的自然生态系统类型，关于人工构建的生态系统只做简要说明。

1. 自然生态系统类型

金佛山保护区内自然生态系统类型主要分为两大类、五小类，且不同的生态系统又有不同的构成方式，特别是陆地生态系统类型，其由不同的植被类型所组成，因此稳定性也有较大差异。

森林生态系统是金佛山保护区陆地生态系统的主体，人为干扰较少，生境多样，物种多样性较高，其抵抗外界干扰的能力较强，因此此种类型的生态系统稳定性较高，如金佛山保护区内的栲树林、青冈林、包果柯林等组成的常绿阔叶林森林生态系统；但是如落叶阔叶林等森林生态系统，由于其群落生境的大部分土壤基质属于石灰岩土壤基质，在中山以上地段容易形成较干旱区，此类生态系统，其抵抗力稳定性较常绿阔叶林低。森林生态系统类型的抵抗力较高，但恢复力较低，倘若森林生态系统被破坏，其组成、结构和功能则很难在短时间内得到恢复，特别是金佛山保护区内还存在一类特殊的山顶矮曲林森林生态系统，该系统是在特殊生境下形成的，因而其受环境影响较大，一旦遭受破坏，恢复难度较大。

因此，应该注意对森林生态系统的保护。灌丛和亚高山草甸生态系统，由于其物种组成多样性较低，群落结构较简单，加之本身具有较强的次生性，这两类生态系统的对外界的抵抗力稳定性较低，在受到人为干扰或环境干扰时，系统很容易崩溃，形成退化生态系统。但相反，这两种生态系统类型在退化后，干扰一旦消除，则会很快恢复到先前的生态系统类型，即恢复力稳定性较高。甚至，受到干扰形成的马桑、火棘等灌丛生态系统，倘若人为干扰消失，则会向森林生态系统进行恢复性进展演替，假以时日，恢复为森林生态系统类型。

河流生态系统类型的稳定性主要与河流中的生物多样性及食物链、食物网相关。金佛山保护区内的河流生态系统，其河流主要发源于高山，其中的水生植物及水生动物组成结构均较为简单，因此其河流生态系统相对脆弱，其生态系统的抵抗力稳定性较低。

2. 人工生态系统

金佛山保护区内人工生态系统类型，其物种组成单一、群落结构简单，因此其生态系统的抵抗力稳定性非常低，其生态系统的维持主要依靠人工抚育，否则无法维持其稳定状态，例如金佛山保护区内的弃耕荒地，早前为农作物种植地，废弃后荒草丛生，向着灌丛演替方向进行。又如金佛山保护区内种植的漆树林，人工种植后，很少进行定期的人工抚育行为，则林内的植物组成日渐丰富，其原本单一的落叶松群落结构无法维持。

6.3　影响生态系统稳定的因素

6.3.1　自然因素

金佛山保护区内影响生态系统稳定的自然因素主要有泥石流、雷击火烧和长期干旱等，这些自然干扰因素其发生频率都较小，但一旦发生则会使较大面积的生态系统稳定性受到影响，如雷击造成的山火会导致大面积森林遭到破坏，长期干旱也会导致生态系统特别是河流生态系统和中山及亚高山的森林生态系统的稳定性受到影响。

6.3.2　人为因素

金佛山保护区内对生态系统稳定性干扰较大的是人为因素，金佛山保护区内特别是实验区内有居民点，这些居民的生产活动，主要表现为采伐、挖药和农作物生产等，这些活动势必会对金佛山保护区内的生态系统造成影响。

6.3.3　旅游潜在因素

旅游对金佛山保护区的生态系统稳定性的影响体现在以下几方面。首先，旅游开发及旅游活动可能导致大气、水和固体的直接污染。其次，旅游开发可能增加侵蚀、破坏地貌，造成对环境的间接影响。第三，景区建设占用森林或草地，对植被和动物栖息地造成影响。最后，旅游还可能增加外来有害生物入侵及增大森林火灾的可能性，对生物多样性的保护造成负面影响。

就目前金佛山保护区的现状而言，由于其良好的自然景观资源，近些年金佛山保护区内开发了一些景区，如金佛山景区等。这些旅游活动会对金佛山保护区内的生态系统造成一定影响，如景区开发侵占的林地及景观道两旁的植被等均会受到较大影响，其所带来的消费人群的消费需求，势必会扩大本区人类的生态足迹。但如果能合理控制旅游景区的开发及控制旅游活动的规模和旅游人数，并采取相应的生态补偿措施，积极开展生态旅游，那么旅游活动对金佛山保护区内生态系统稳定性的影响应该是可控制的。

第7章 特色资源及主要保护对象

金佛山保护区类型为森林生态系统，主要保护对象为亚热带森林生态系统、生物物种多样性和优美独特的自然景观。

7.1 金佛山保护区森林生态系统

金佛山保护区森林生态系统特征如下。

7.1.1 代表性和典型性

金佛山保护区处于亚热带，气候具有亚热带湿润季风区气候特点。金佛山保护区内地形变化较大，境内分布有中山、丘陵、洞穴、绝壁、河流，且金佛山保护区内相对海拔高差较大，接近2000m，植被垂直分布特点较为明显。发育的大片阔叶林为金佛山保护区优势植被，群落优势物种明显，代表性物种突出，而且包括了大量珍稀濒危物种，因此，代表了亚热带常绿阔叶林森林的典型特征，有较好的代表性和典型性。

7.1.2 多样性和资源的丰富性

金佛山保护区处于亚热带，同时也是云贵高原东北部和四川盆地南部的过渡地带，植物区系属泛北极植物区，中国—日本植物亚区的交汇区，生境多样，植物种类较为丰富。金佛山保护区内有森林生态系统、灌草丛生态系统、河流生态系统及农业生态系统、人工林和经济林生态系统、乡村生态系统等6种生态系统类型，保持了较高的生态系统多样性。生境类型的多样性孕育了丰富的植物群落和植物多样性。根据《中国植被》划分原则，金佛山保护区有11个植被型、38个群系组和53个群系；有菌类2门、17目、53科、97属、146种；有维管植物4016种，隶属于210科1133属。植物群落的多样性为动物群落提供了丰富的食物来源和栖息环境，孕育了丰富的动物种类。金佛山保护区共有昆虫1625种，隶属于23目223科，脊椎动物458种，隶属于5纲33目104科291属。其中，鱼类22种，两栖类33种，爬行类42种，鸟类268种；哺乳类93种。其中，共有国家重点保护动物47种，模式动物两种，长吻鼩鼹（*Uropsilus gracilis*）和金佛拟小鲵（*Pseudohynobius jinfo*）。

7.1.3 完整性和脆弱性

金佛山保护区主要由金佛山、箐巴山和柏枝山3山108峰组成，形成了较为完整的保护范围。金佛山保护区总面积40 595hm²，其中森林面积约占金佛山保护区总面积的89.38%。其面积足以维持该区域内森林生态系统的稳定性，为各种野生动植物提供了一个可靠、良好的生存空间。此外，金佛山保护区为喀斯特地貌，山体周围多陡崖，形成了以陡崖及以上区域为核心区，周围为缓冲、实验的功能区划，更为有效地起到保护作用。

金佛山保护区为喀斯特地貌，存在岩溶发育强、水土流失严重、土壤瘠薄的问题。因此，生态系统较为脆弱，一旦遭到破坏，很难恢复。此外，金佛山保护区旅游资源丰富，旅游开发和游客进出给生物多样性保护带来一定威胁。

7.2 珍稀濒危植物资源及其生态环境

金佛山保护区珍稀濒危及重点保护野生植物非常丰富，有银杉（*Cathaya argyrophylla*）、红豆杉（*Taxus chinensis*）、珙桐（*Davidia involucrata*）、金佛山兰（*Tangtsinia nanchuanica*）等。据统计，有IUCN物种红色名录收录物种297种，濒危野生动植物种国际贸易公约收录物种159种，国家重点保护野生植物21种，重庆市重点保护野生植物名录 27 种，中国植物红皮书名录收录 39 种。此外，金佛山有模式标本 232 种，其中特有种 26 种，可谓模式标本产地。因此，金佛山保护区是上述物种重要的栖息地。

7.3　珍稀动物资源及其栖息地

金佛山保护区内共有国家 I 级重点保护野生动物 6 种，如黑叶猴（*Presbytis francoisi*）、虎（*Panthera tigris*）、豹（*Panthera pardus*）、云豹（*Neofelis nebulosa*）、林麝（*Moschus berezovskii*）、金雕（*Aquila chrysaetos*）等；有国家 II 级重点保护野生动物 41 种，如穿山甲（*Manis pentadactyla*）、藏酋猴（*Macaca thibetana*）、猕猴（*Macaca mulatta*）、豺（*Cuon alpinus*）、黑熊（*Selenarctos thibetanus*）、黄喉貂（*Martes flavigula*）等。

此外，保护区还是众多特有动物的栖息地。

7.4　保护区喀斯特地貌和景观极具特色

区域自然景观集地学景观、气象景观、水体景观、植被景观和动植物景观于一体，溶洞密布、沟壑纵横、水质清澈、水量丰沛，具有很高的保护和利用价值。

第8章 社会经济与社区共管

8.1 金佛山保护区及周边社会经济状况

8.1.1 乡镇及人口

金佛山保护区所在区域行政隶属于重庆市南川区金山镇、南城街道、南平镇、大有镇、合溪镇、三泉镇、山王坪镇、德隆镇、头渡镇、古花乡等10个乡镇或街道。

据2014年统计资料显示，南川区人口总户数259 208户686 585人。其中，金佛山保护区内共涉及人口1789户8013人，分布于11个乡镇、35个行政村，全为汉族村民。其中，金佛山保护区核心区范围内涉及10个行政村294户1349人，缓冲区范围内涉及20个行政村175户761人，实验区范围内涉及19个行政村1320户5903人。金佛山保护区内绝大部分是汉族，另有仡佬族、苗、回、藏、土家等少数民族（表8-1）。

表8-1 金佛山保护区涉及行政村和人口数统计

乡镇名称	行政村名称	户	人	功能区
头渡镇	方竹村、玉台村、柏枝村			
金山镇	玉泉村、龙山村、金狮村			
南平镇	云雾村			
南城办事处	三汇村			核心区
山王坪镇	庙坝村	107	507	
德隆镇	茶树村	187	842	
小计	**10个行政村**	**294**	**1349**	
南平镇	云雾村、永安村	53	227	
金山镇	金狮村、小河居委、院星村、龙山村、玉泉村	8	34	
南城办事处	三汇村			
头渡镇	柏枝村、玉台村、方竹村	37	186	
三泉镇	观音村、莲花村			缓冲区
山王坪镇	庙坝村、山王坪村、河咀村	31	147	
德隆镇	隆兴村、洪湖村	30	95	
合溪镇	草坝村、广福村	16	72	
小计	**20个行政村**	**175**	**761**	
金山镇	龙山村	17	83	
南城办事处	三汇村	12	54	
三泉镇	观音村、白庙村、马嘴村、三泉居委	962	4330	
头渡镇	前星村、方竹村			
山王坪镇	庙坝村	16	47	
古花乡	穿洞村、万家村	42	179	实验区
德隆镇	银杏村、隆兴村、马安村、陶坪村	224	1020	
合溪镇	风门村	23	104	
大有镇	指拇村、大堡村、水源村	12	54	
石莲乡	桐梓村	12	32	
小计	**19个行政村**	**1320**	**5903**	
总计	**11个乡镇35个行政村（部分村跨不同区域）**	**1789**	**8013**	

8.1.2　交通与通信

南川区距重庆市区 60km，南川区内高速公路里程 55.98km。南川区内二级以上公路里程 290.75km，交通十分方便。

南川区邮电、通信基础建设较好，金佛山保护区内所有乡镇和大多数村社都具有有线和无线通信系统，与外界直接联系方便快捷。

南川城区通往金佛山保护区方向的乡镇公路有 5 条，都是水泥柏油公路，其中最近的长 30km，最远的有 90km。由于周边乡镇、行政村较多，而且村村通路、通电、通水、通电话与手机通信。

金佛山保护区交通区位优越，社区公路实现了村村通水泥路，乡镇道路实现了全部柏油化，交通十分便利。同时，金佛山保护区内广播、电视实现了村村通。

8.1.3　土地利用现状与结构

1. 土地权属

金佛山保护区总面积 40 597hm^2，其中包括国有林地、集体林地、其他林地等部分。国有林地部分，分属于金佛山林场、乐村林场、林业科技推广中心和林木良种场；集体林地部分，属于当地乡村集体所有。依照《中华人民共和国自然保护区条例》，金佛山保护区内野生动植物、土地（林地）、林木等资源归属金佛山保护区依法统一管理，其他权属保持不变。

2. 土地现状与利用结构

金佛山保护区总面积 40597hm^2，土地利用类型比较简单，仅有森林、宜林荒山荒地、坡耕地等类型。金佛山保护区划为核心区、缓冲区和实验区三个功能区，三区面积分别为 9870hm^2、11113hm^2 和 19614hm^2，面积比例分别为 24.3%、27.4%和 48.3%。

8.1.4　社区经济结构

南川区以工业为主，工业、农业和商业相结合。工业以煤炭、建材、化工和轻纺为支柱产业。农业以粮食为主，经济作物和养殖业兼顾。根据 2014 年重庆市南川区国民经济和社会发展统计公报，南川区累计实现地区生产总值为 173.19 亿元，可比价增长 9.0%，其中第一产业实现增加值 35.19 亿元，第二产业实现增加值 62.87 亿元，第三产业实现增加值 75.13 亿元。全年共接待旅游者 1145 万人次，比上年增长 14.3%；旅游综合收入 42.5 亿元，增长 17.1%。按常住人口计算，人均地区生产总值达到 31 212 元，全区全体居民人均可支配收入 17 819 元，城镇常住居民人均可支配收入 24 730 元，农村常住居民人均可支配收入首次突破万元大关，达到 10 160 元。

金佛山保护区及周边的行政村都建有村级公共服务中心，笋竹专业合作社、药材专业合作社、烟叶生产专业合作社等农业生产服务组织，居民主要经济来源于金佛山方竹林经营、劳务输出、农业生产经营、生态旅游接待、药材种植等，金山镇、头渡镇、德隆镇居民的主要经济收入来源于金佛山方竹林经营、药材种植收入，金佛山保护区内常住居民的人均年收入在 8500 元左右。

8.1.5　科教文化卫生体育

金佛山保护区及周边社区的文化教育设施相对完善，在金佛山保护区周边的乡镇的每行政村或两个行政村有一所小学，乡镇所在地有一所初级中学，大有镇有一职业高中，适龄儿童基本能就近入学，入学率接近 100%。

8.2　社　区　共　管

8.2.1　社区环境现状

社区共管是指当地社区和保护区对社区和保护区的自然资源进行共同管理的整个过程。它包括两层含义,一是保护区同当地社区共同制定社区自然资源管理计划,共同促进社区自然资源的管理;二是当地社区参与和协助保护区进行有关生物多样性的管理工作,并使社区的自热资源管理成为保护区综合管理的一个重要组成部分。社区共管的最基本目标是促进生物多样性保护事业的发展,是一个双赢的过程。

保护区内居住着大量的当地村民,他们依山傍水,祖祖辈辈在此耕作,靠山吃山,已经形成了当地固有的生产与生活方式。保护区晋升国家级之初,他们积极支持,但在后来由于自然保护区有关的政策对当地村民的生产生活有许多限制,村民收入较低,生活普遍贫穷,区内群众的生产生活受到一定限制,社区经济发展与自然保护的矛盾日渐突出。为了正确处理保护与社区发展之间的矛盾,有效制止"乱砍滥伐"和"乱捕滥猎",保护区根据中央、省委的要求,认真贯彻"以保护为主,林副结合"的方针,将自然资源和野生动植物的保护同群众的生产生活有机地结合起来,统筹规划,统一安排。保护区通过以下方式进行社区共管:①通过针对社区群众免费开展培训课程、提供外出学习培训机会等,组织学习保护区知识和有关的政策、法规。②创建有效的激励机制,包括经济激励、政治激励和社会激励。经济激励主要为物质奖励,如购买设备等;政治激励主要为在合适的条件下,将临时工转为固定护林人员;社会激励主要为开展生态旅游时提供劳动力或提供就业机会。③村民参与一些战略性决策的制定,同时有机会参加日常的保护区项目共管工作,主要包括村主任、书记等骨干参与基础设施建设、聘用社区身强力壮的年轻人为保护区护林人员等。

在此基础上,从保护区到乡、村、组,划片包干,层层实行保护工作责任制,订立乡规民约,使乱伐滥猎现象得到很大程度的改善。为使保护工作做到有法可依、有章可循,向群众广泛宣传《森林法》、《野生动物保护法》和《森林和野生动物类型自然保护区管理办法》,不断提高广大职工和当地群众的保护意识。

8.2.2　保护区与社区共管关系

社区内成立有多种合作组织,如笋竹合作社、中蜂养殖专业合作社、生态保护组织和协会、家庭农场等,通过这些组织,共同管理发展,共同保护生态家园,提高社区居民的收入,提高生态保护意识,通过协会向保护区反映社区居民的问题,在一定程度上起到了良好的沟通作用。协会组织社区居民,保护区引入技术和项目与协会共同促进社区的经济发展。

8.2.3　社区共管措施

(1)"三向分流"措施,即:通过金佛山保护区基础设施建设、保护工程的实施,生态旅游及相关产业的开展,以及多种经营项目的开发,解决社区农民生计和劳动就业、转产问题。

(2)采取"自下而上"的工作方法。社区群众提供劳动力,配合、支持管护活动,参与决策、规划、实施、监测等各个环节,可生产、销售和分配总体规划中所规定的产品与经营开发项目;管理局提供科技、宣教培训、技术指导、资金扶持。根据广大村民的意愿和要求开展相关工作,帮助周边社区脱贫致富,让农民从中得到实惠,使社区群众与金佛山保护区建立一种非过度消耗金佛山保护区资源的新型依赖关系。

(3)建立科技致富信息网络,通过金佛山保护区的各级机构,建立乡镇、行政村科技信息联络员制度,做好区内外致富信息的上传下达及协调工作,起到社区居民与外界交流的纽带和桥梁作用。

（4）提供技术与市场服务。金佛山保护区自建立以来，与社区的矛盾和冲突主要体现在自然资源利用和旅游开发上。由于金佛山保护区方竹和药材资源非常丰富，社区居民在相当长一段时间内都是以消耗这些资源来获取他们的经济收入。此外金佛山自然景观优美，近年来旅游人数与日俱增，农家乐也发展迅速。因此，为处理好资源保护与社区和谐相处的矛盾，金佛山保护区通过各方面技术扶持及信息、市场服务，开创第三产业，既增加了社区居民的经济收入，又减少了资源消耗和起到对环境的保护作用。

8.2.4　基于替代生计项目分析

金佛山保护区内资源丰富，气候条件优越，交通方便，为生物物种提供了良好的栖息地，为区内发展各项养殖、种植项目提供了有利条件。金佛山保护区在生态保护的前提下，适度合理开发生物资源，增强金佛山保护区的自养能力，同时积极引入国内外生态示范项目，学习先进农业技术，提高社区居民收入，增强社区的生态环境保护意识。社区居民在实施项目时，享受"先借后补"的政策，金佛山保护区会不时聘请专家对农民进行实地培训，为他们提供技术指导，鼓励社区产业合作发展，形成规模。目前社区内重点开展的项目有如下几项。

1. 方竹产业

南川区方竹资源十分丰富，各乡镇均有分布，在金佛山保护区范围内大约分布有 20 万亩（1 亩≈666.7m²），集中分布于南城街道、大有镇、合溪镇、金山镇、头渡镇、德隆乡，目前已组建有多个笋竹产业专业村、合作社和笋竹示范基地，且规模庞大，金佛山保护区允许社区居民在区内大面积种植方竹，并为其提供技术咨询和指导等工作。方竹产业主要为笋用，极少部分用于造纸，主要销往北京、上海、广州、成都等全国大中城市，以及美国、法国、德国、俄罗斯和东南亚地区等国家和地区，区内大部分居民依靠方竹产业生活。

2. 林下养殖

金佛山保护区内目前形成规模的林下养殖种类主要有中华蜜蜂、土鸡和山羊等，其中以中华蜜蜂养殖产业发展最好，在 2006 年申报并建立了重庆市级"中华蜜蜂保护区"，在 2007 年被中国养蜂学会授予"中华蜜蜂之乡"称号。中蜂养殖有利于提高社区居民收入，有效利用了天然的蜂蜜，促使社区居民参与到保护生态环境的队伍中来。金佛山保护区管理局多次聘请专家实地对蜂农进行养殖技术培训，并免费为蜂农提供蜂箱 200 只，帮助农户扩大养殖规模。目前金佛山保护区共计养殖中蜂 5 万群左右。因此，加强对金佛山中华蜜蜂的保护，将进一步有利于国家中蜂种质资源的安全，维护生物的多样性；有利于保护地打造地方品牌，发展地方经济；有利于山区农户利用本地资源脱贫致富。

3. 中药材产业

金佛山保护区支持社区居民在区内条件适宜的地方发展中药材产业，为社区居民提供幼苗、技术支持和部分扶持资金，使社区实现对黄檗（黄柏）、黄连、玄参、杜仲等中药材的高效种植和管理。目前金佛山保护区内栽培有黄檗约 1.5 万亩，其中在古花分布有 0.5 万亩，头渡分布有 1 万亩。黄连共栽培有约 1000 亩，其中山王坪约有 500 亩，头渡约 500 亩。玄参在金佛山保护区内主要栽培于头渡镇和德隆乡，大约 5000 亩。杜仲主要栽培于头渡、金山两镇，有 3000 亩左右，其中头渡有约 2000 亩，金山约有 1000 亩。

4. 果树种植

金佛山保护区鼓励社区居民在发展方竹等产业的同时种植果树，提高经济收入。目前区内种植的果树主要为李树，在金佛山保护区内共分布约 3.5 万亩，主要在金山镇、头渡镇和南平乡，其中金山镇栽培最多约有 2 万亩。

通过社区共管，既能对金佛山保护区进行有效的保护，又极大地照顾了当地居民的利益，实现了共赢，并且提高了区域的综合管理水平，使金佛山保护区内的生物多样性得到了有效保护，缓和资源保护与社区发展之间的矛盾，实现经济效益、社会效益和环境效益的协调发展。

第9章 保护区评价

9.1 保护区管理评价

9.1.1 保护区历史沿革与法律地位

1. 历史沿革

金佛寺始建于宋，兴于明，盛于清，复兴于20世纪80年代，已有700多年的历史，最早为南川佛教活动的场所。金佛山以其复杂的地形、奇特的地貌、丰富多样的生态环境，孕育了大量的珍稀生物物种，因而被誉为我国中亚热带和长江中上游地区的"生物宝库"。各级政府及林业主管部门对加强该区自然资源和历史文化遗产的保护和管理给予高度的重视。1978年，南川县人民政府向四川省人民政府提交了《关于建立重庆金佛山自然保护区的报告》。次年8月，四川省人民政府以川革函〔1979〕172号文正式批准成立四川省南川县金佛山自然保护区管理所，面积为8660hm^2。同时下达编制人员8名。不久后，南川市编制委员会将保护区的编制人员扩大为16人。1980年5月，正式成立四川省南川县金佛山自然保护区管理所，在职工人5名，干部1名，尚缺技术干部2名。根据保护和发展的不断需要，1994年经南川市人民政府同意，根据《关于落实金佛山自然保护区面积区划的报告》，将金佛山保护区的面积扩大为16 667hm^2。1997年重庆直辖市成立后，在级别无变动的情况下，将"四川省南川市金佛山自然保护区"改称为"重庆市金佛山自然保护区"。

1998年，南川市林业局和金佛山保护区管理所组织、收集了大量翔实可靠的资料，汇编了《金佛山自然保护区综合考察报告》和《金佛山自然保护区综合考察集》。同年经南川区人民政府建议，向重庆市人民政府提出申请扩大金佛山保护区面积。第二年，重庆市人民政府以渝府〔1999〕51号《关于金佛山自然保护区扩大管辖范围的批复》，同意重新规划金佛山保护区管辖范围及界线，总面积为41 850hm^2，其中核心区面积9324hm^2、缓冲区面积19 092hm^2、实验区面积13 434hm^2。扩大后的金佛山保护区管辖范围内林权清楚，原权属不变。同时，重庆市人民政府和重庆市林业局报请国家林业局同意向国务院提出了建立金佛山国家级自然保护区的申请。

国务院于2000年4月4日以国发办〔2000〕30号《国务院办公厅关于发布新建国家级自然保护区的通知》，正式批准建立重庆金佛山国家级自然保护区。金佛山保护区总面积为41 850hm^2，其中核心区面积9324hm^2，缓冲区面积19 092hm^2，实验区面积13 434hm^2，主要保护对象为以银杉、黑叶猴为主的珍稀野生动植物资源及其森林生态系统。

保护区自成立以来，经过保护区管理局工作人员的艰苦奋斗与不懈努力，在资源保护和本底调查等方面做了大量工作，为自然资源保护和自然保护区发展奠定了良好的基础。但由于保护区资金投入不足，基础设施建设滞后，保护管理技术手段相对落后，再加上部分规划区内有农户居住，人口数量较多，生产经营活动频繁，当地群众为了生存和发展，保护区内的生产经营活动无法停止，部分地段人为活动强烈，难以真正做到对保护区进行全面、科学、系统、有效的保护与管理，通过对保护区进行适度调整来解决保护区内、外的各类问题和矛盾势在必行。

金佛山保护区的合理有效保护管理与地方社会经济发展之间的矛盾，已经成为保护区实现可持续发展的首要问题，为深入贯彻落实科学发展观，以人为本的实现保护区内村民生产发展、生活富裕目标，加强当地自然资源和环境保护工作，在不影响保护区主要保护对象银杉、黑叶猴及其森林生态系统的前提下，将联家山、尖山、黄草坪、后槽、烂坝菁、云雾村、贵州桐梓等部分区域调出保护区，将道忠庙、烂坝菁、后槽和尖山的部分功能区进行调整，以满足保护区科学保护和可持续发展的需求。现通过范围和功能区调整，金佛山保护区总面积为40597hm^2。其中，核心区面积为9870hm^2，占总面积的24.3%；缓冲区面积为11113hm^2，占总面积的27.4%；实验区面积19614hm^2，占总面积的48.3%。

2000 年 9 月，由国家林业局调查规划设计院编制完成《重庆金佛山国家级自然保护区总体规划（2001—2010 年）》。11 月，国家林业局以林计发〔2000〕634 号文《关于重庆金佛山国家级自然保护区总体规划的批复》，"总体规划"所需的建设资金，根据建设项目性质，需要中央非经营性投资扶持的，按基本建设程序分阶段、分步骤按工程建设项目单报单批。需要由地方财政资金或贷款、集资等方式解决的项目，请重庆市林业局积极予以落实。

2005 年 12 月南川编委发〔2005〕45 号文件将"重庆市金佛山自然保护区管理所"更名为"重庆市金佛山国家级自然保护区管理局"，机构规格、人员编制和经费形式保持不变。2008 年，南川编办发〔2008〕24 号文件批复金佛山保护区管理局事业编制为 19 名，相比原来增加了 3 个事业编制名额。2011 年，金佛山保护区管理局核定事业编制在岗人员 18 名，管理局属于科级公益性事业单位，行政主管部门为重庆市南川区林业局。

2. 法律地位

金佛山保护区的建立，严格按照国家有关法律、法规及条例要求进行申报、审批；金佛山保护区管理机构建立和人员编制等，均按程序办理。例如：

1979 年，四川省人民政府正式批准建立四川省南川金佛山省级自然保护区，面积为 8660hm^2。

2000 年，国务院批准建立重庆金佛山国家级自然保护区，总面积 41 850hm^2。

2008 年，南川编办发〔2008〕24 号文件批准金佛山保护区管理局事业编制为 19 名，为正科级事业单位。

2015 年，南川编委发〔2015〕27 号文件批准设立重庆市南川区金佛山管理委员会，为南川区人民政府派出机构（正处级）。

9.1.2　保护区范围及功能区划评价

1. 金佛山保护区范围和面积评价

金佛山保护区保护范围以境内大娄山脉自然地形、地势等自然界线为主，根据保护对象的数量、空间分布特点、环境条件以及居民点及其生产生活方式等情况，采取自然区划为主的区划法，确定核心区、缓冲区和实验区，并综合确定金佛山保护区的保护范围应包括金佛山、箐坝山、柏枝山、庙坝、三元、黑山及其前缘地带，总面积 40 597hm^2，地理坐标为东经 107°00′～107°20′和北纬 28°50′～29°20′。几乎涵盖了南川区境内 98%的野生生物资源，因此金佛山保护区范围和面积较为合理。

2. 金佛山保护区功能区划评价

金佛山保护区划为核心区、缓冲区和实验区三个功能区，三区面积分别为 9870hm^2、11 113hm^2 和 19 614hm^2，面积比例分别为 24.3%、27.4%和 48.3%。

1）核心区

金佛山保护区核心区的划分主要考虑以下条件。

（1）被保护的物种丰富、集中、地域连片。

（2）生态系统较完整，未遭受人为破坏。

（3）保护对象有适宜的生长、栖息环境和条件。

（4）区内无不良因素的干扰和影响。

（5）保护种群有适宜的可容量。

（6）外围有较好的缓冲条件。

满足以上条件，结合金佛山保护区的实际，保护区核心区为金佛山二级岩大岩角至狮子口、金佛山腹地中长岗、柏枝山二级岩砍柴湾、箐坝山老龙洞到周山堡、山王坪镇的庙坝至三元，面积 9870hm^2，占金佛山保护区总面积的 24.3%。金佛山核心区、箐坝山核心区和柏枝山核心区是以保护银杉、银杏、珙桐和金钱豹、云豹等重点保护动植物为主，三元、庙坝核心区是以保护白颊黑叶猴、猕猴为主。

2）缓冲区

为防止和减少金佛山保护区核心区受到外界的影响和干扰，根据森林植被、自然地形、村民数量等实际情况，在核心区外围将金佛山、柏枝山、箐坝山三山海拔在 1400m 以上的整个林区和庙坝、三元的前缘地带等地区划为缓冲区，面积为 11 113hm^2，占金佛山保护区总面积的 27.4%。该缓冲区的土地（林地）、林木、野生动植物等归属金佛山保护区依法统一管理，其他权属保持不变。

3）实验区

实验区为金佛山保护区中最外围，对核心区和缓冲区起到更大的缓冲和保护作用，面积为 19 614hm^2，占金佛山保护区总面积的 48.3%。实验区外围与乡村集体林相接，由于被集体林包围，实验区森林植被大多保存较好。

整体而言，金佛山保护区核心区分布了主要保护对象，缓冲区起到了有效的缓冲和保护作用，实验区有效解决了社区共建公管、和谐发展的问题，因此，划分比较合理。

9.1.3　组织机构与人员配备

1. 组织机构

金佛山保护区管理局内设科室有办公室、财务科、保护科、资源宣教科、项目办、陆生野生动物疫源疫病监测站（国家级），下设机构有金山管理站、三泉管理站、天星管理站（图 9-1）。

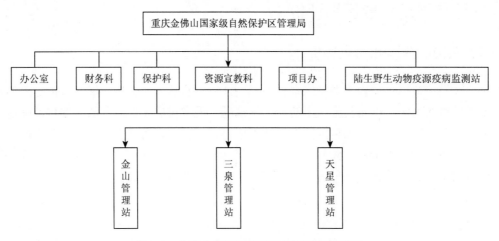

图 9-1　金佛山保护区管理局组织结构示意图

2. 人员构成

金佛山保护区的管理机构为财政全额拨款的全民制事业单位，正科级。管理局人员计划编制为 18 名，实际在编在岗工作人员 16 人。从人员组成来看，专业技术人员 3 名，行政管理人员 6 名，工人 7 名。从文化结构来看，硕士 1 人，本科 3 人，专科 7 人，中专或高中 1 人，初中及以下文化程度 4 人。从职称结构来看，正高 0 人，副高 2 人，中级 1 人。此外，聘用兼职护林员 69 人（表 9-1）。

表 9-1　金佛山保护区管理局人员现状表

职工数		人员组成				文化结构						职称结构				
在编在岗人员	兼职护林员	小计	工人	行政管理人员	专业技术人员	小计	硕士	本科	专科	中专或高中	初中及以下	小计	正高	副高	中级	其他
16	69	16	7	6	3	16	1	3	7	1	4	16	0	2	1	13

9.1.4 保护管理现状及评价

1. 机构建设

金佛山保护区自成立以来，经过逐步发展，拥有相对完善的管理机构。例如，2008 年南川编办发〔2008〕24 号文件批复金佛山保护区管理局事业编制为 19 名，管理局属于正科级公益性事业单位；2015 年成立金佛山管理委员会，加挂金佛山保护区管理局牌子，属于正处级的政府派出机构。金佛山保护区管理局内设办公室、保护科等部门，下设金山、三泉、天星管理站 3 处，黄草坪和木桥河管护点 2 处，三泉和大堰角哨卡 2 处，金山、山王坪、烂坝箐、中长岗、天窝和金佛山瞭望塔 6 处等。因此，金佛山保护区管理局的管理机构已较完善。

金佛山保护区管理局业务上分别接受重庆市林业局、南川区林业局和重庆市、南川区环境保护部门的指导。在金佛山保护区管理局，实行管理局—管理站的二级管理模式，管理局内设保护科等，管理站分片管理并制定巡护机制，整个管理体系已较健全简洁，运行效率高。

2003 年开始，南川区人民政府将金佛山保护区生态建设内容列入主管区长对管理局局长的生态环保目标责任内容，实行一年一检查考核。

2. 法制建设

以保护银杉、珙桐等珍稀野生植物资源及常绿阔叶林等主要保护对象为前提，在《中华人民共和国森林法》《中华人民共和国野生动物保护法》《中华人民共和国自然保护区条例》等相关法律法规的基础上，金佛山保护区管理局制定了一系列保护管理措施，包括《全所职工工作岗位责任管理制度》（即职工劳动考勤考核奖惩制度、职工请休假制度、职工劳动生产安全制度）、《重庆市金佛山国家级自然保护区管理所2000 年内部管理运行机制方案》、《重庆市金佛山国家级自然保护区疫情监测制度（2006）》、《重庆市金佛山国家级陆生野生动物监测站监测员岗位职责（2013）》、《重庆市金佛山国家级自然保护区管理局巡护管理工作制度（2014）》、《重庆市金佛山国家级自然保护区护林公约（2014）》等，并通过近十年实践来完善这些制度、机制，使之符合保护管理的实际需要。

同时，金佛山保护区自成立以来，管理局内部制定了一系列管理规章制度、长效考评机制，对机关科室和各管理站进行量化考评，使保护管理工作有法可依，有章可循，以制度管人，实现保护区管理工作的规范化、科学化和制度化。

3. 保护管理

按科研监测计划，金佛山保护区每年均开展资源监测活动，基本掌握区内原始森林和次生林以及珍稀野生动植物的主要分布范围，开展样地、样线、样方等调查监测。除此之外，金佛山保护区定期与高校科研院所等单位合作，先后共发表论文 4 篇。尤其是，2009~2010 年，金佛山保护区管理局与国家林业局调查规划设计院等单位的专家，对金佛山保护区森林资源、珍稀野生动植物资源、地质地貌等进行详细科学考察。通过科研监测合作，金佛山保护区科研人员的科研监测水平进一步得到提升。

4. 科学研究

金佛山保护区自建立以来，开展了金佛山保护区资源综合调查工作，编制了《重庆金佛山国家级自然保护区生物资源综合考察集》《重庆金佛山国家级自然保护区生物资源综合考察植物名录》，与重庆药物种植研究所、中科院植物研究所、北京大学生命科学院、西南大学、国家林业局调查规划设计院等科研单位合作，对金佛山的自然地理、生态环境、动植物区系、植被类型、森林资源、土壤地质、水文矿产资源作了不同程度的专业调查和研究，主要成果有："金佛山动植物资源调查""金佛山猴类资源调查""金佛山真菌资源调查""金佛山黑叶猴生物学特性研究""无毒蛇繁殖技术研究""龟类资源调查""金佛山野生观赏蕨类植物资源调查及开发利用""金佛山岩溶生态系统考察""银杉濒危机制的研究""金佛山银杉的繁殖试验研究""金佛山方竹繁育试验研究"等，公开发表 60 余篇论文，多次获得省、市、地区级科技成果奖。

1）主要科研项目

（1）银杉的保护与研究。银杉（*Cathaya argyrophylla*）属松科银杉属常绿乔木，是我国特有植物、国家 I 级重点保护植物、世界孑遗树种、古生物的活化石，享有"植物中的熊猫"之美誉。金佛山保护区内分布着全世界生长状态最好的天然野生银杉群落。野生银杉呈小群落分布状态，每一个群落间距在 5km 以上，除银杉群落内有银杉分布外，其他地方未发现银杉单株存在。金佛山、柏枝山、箐坝山的银杉多分布在海拔 1240～1860m 的中山深谷地带，所在地势高，坡度陡，一般在 35m 以上的山脊上或两侧。地理位置在北纬 28°52′42″～29°02′31″、东经 107°03′42″～107°12′17″，分布区涉及金山镇、头渡镇、德隆乡、三泉镇和南城街道办事处 5 个乡镇（街道办事处）。据统计，金佛山现有银杉 1978 株，最高的一株高 16m，胸径 53cm，现存树高超过 10m 的银杉只有 1300 余株。由于银杉种子的重量较小、败育率较高，饱满的种子中有生活力者仅占 53.3%；种子有一定的休眠过程，且种子含油量较高，易变质而丧失生活力，使其自然更新能力十分低下。研究如何保存和发展这一物种，意义十分重大。

为了"国宝"长存，为了银杉永世，在政府及区林业局的大力支持下，金佛山保护区采取了一系列措施。①成立了"银杉野外救护与人工繁育项目领导小组"，负责项目的组织、协调、指导、检查、监督工作。领导小组下设办公室，具体负责项目的落实，组织协调、技术指导、财务核算及日常事务等工作，办公室人员由金佛山保护区管理局各科室抽调。②落实了专人负责专项资金管理与核算，制定和完善了一系列财务管理制度，把财务核算、项目管理、监督检查有机结合起来，严格按照财政部关于《自然保护区专项资金使用管理办法》及其他有关法律法规的规定进行财政补助资金的使用管理，设立项目专账，采用项目法人责任制，确保专款专用。③建立并完善了项目实施前后的一系列管理制度，严格按制度办事，加强宏观调控力度和对项目实施过程中的指导、监督和检查。严格执行工程管理制度，充分发挥行政监察的职能，确保银杉保护项目有序进行。严格按照国家工程建设要求进行，杜绝工程带来的腐败，确保各项工程的建设质量。并加大人工银杉的繁育力度，对银杉幼树进行人工抚育，加大巡护力度，进行野外调查和挂牌保护，让银杉更好地生长和繁衍。

金佛山保护区自 1979 年成立以来，就非常重视银杉的科研科考工作。1990 年金佛山保护区管理所在海拔 1520m 的金佛山半坡（小地名：鹰咀）栽植了 89 株银杉人工繁殖苗。目前长势良好，存活率达 70%，平均高度 3.5m，最高可达 5m，地径达 4～16cm，标志着人工繁殖银杉已获成功。金佛山保护区管理所落实专人管护，并对每株人工繁殖银杉苗进行挂牌管理。为了促进银杉的天然更新和扩大分布范围，每年都会对银杉人工繁殖苗进行人工抚育，适当择伐部分生长较快的上层林木，以利银杉幼树的生长。经过几十年的努力，银杉人工繁殖已获成功，现有人工繁育造林保存下来的银杉幼树 99 株，且长势良好。

（2）金佛山方竹的研究。全世界竹类植物约有 70 多属 1200 多种，重庆南川金佛山方竹是最奇特的竹种之一。据《齐民要术》记载："笋皆四月生，唯巴竹笋，八月生，尽九月"，巴竹笋便是指的金佛山方竹笋，1940 年正式命名为"金佛山方竹"，从形成商品至今已有 900 多年的历史了。

金佛山方竹是金佛山特有的竹类资源，也是金佛山森林植被的重要组成部分。金佛山属于中亚热带湿润季风气候区，气候温和，雨量充沛，少晴多雾、空气湿度大，土层深厚，表层腐殖质含量高。十分适合金佛山方竹生长。现金佛山林区有近 15 万亩的金佛山方竹天然林，是我国少有的成片方竹林带。金佛山方竹纤维含量高，不但可编制日常用具，还是造纸的好原料；其竹笋味美、可口、营养价值高，在慈竹、楠竹、麻竹等众多竹类中独领风骚，被誉为"竹类之冠""笋中之王""世界一绝、中国独有"。

金佛山保护区自成立以来，先后独立成功进行了银杉、红豆杉、方竹的人工繁殖试验，与重庆市药物种植研究所、中国科学院植物研究所合作开展过多项研究等工作，已在植物繁育、研究等方面积累了不少的成功经验。对金佛山方竹的人工繁殖探索从 20 世纪 90 年代就开始了，在其种子的有性繁殖方面取得了较大的进展，并取得了方竹种子人工繁育造林的一些成功经验，已培养出方竹幼苗 20 多万株。

目前金佛山保护区仍在对金佛山方竹的种子繁殖和无性繁殖进行研究，并建成了金佛山方竹繁育基地。对金佛山方竹种子繁殖：利用金佛山方竹现有天然资源，采摘成熟的方竹种子，进行金佛山方竹的有性繁殖，经过种源调查、种子采集、储存、药物处理、催芽、播种等完成种子育苗。对金佛山方竹的无性繁殖：由于方竹种子资源的缺乏，无法满足大面积造林的需要而不得不采用方竹种胚、根尖、芽等器官组织在无菌条件下进行方竹的无性繁殖。

（3）金佛山兰的研究。金佛山兰（*Tangtsinia nanchuanica*）隶属兰科（Orchidacdeae）。20 世纪 60 年代，我国陈心启在南川金佛山地区发现金佛山兰，并定名发表且认定它是我国金佛山地区所特有的单属单种植物。金佛山兰全草药用，具有清热、祛痰之功效。它以其近辐射对称的花被、无特化唇瓣、顶生柱头以及具五枚退化雄蕊等更原始的特征，引起了分类学家的关注，对于研究兰科植物系统发育和起源有较高的科学价值。由于金佛山兰分布区域狭窄，种群数量极少，野外种子繁殖成功率低等自身原因，加上人类直接和间接的活动对其本体和栖息地的破坏，致使该物种目前近于濒危，已被确定为国家 Ⅱ 级保护植物和国际禁止贸易物种。

我国对兰科植物的研究源自 20 世纪 20 年代，唐进、王法赞两位老先生辛勤工作，做出了卓著的成就，近几十年来在众多科学家的积极努力下已取得了长足进展，但研究工作主要侧重于分类描述和系统学研究，同时对部分物种就濒危现状、生物学特性等方面进行了一些初步探讨。2002 年，李铭等比较了金佛山兰和金兰的形态特征，后郭志华等又将金兰与金佛山兰的生理生态特征进行了比较，并对金佛山兰的愈伤组织诱导进行了初步的研究。结果表明金佛山兰比金兰更为原始，并对两种兰花的保护提出了一定建议。

（4）白颊黑叶猴的保护与研究。白颊黑叶猴是我国 Ⅰ 级保护动物，IUCN 将其列为易危种（VU），中国濒危动物红皮书将其列为濒危种（EN）。据资料记载，我国的黑叶猴主要分布于广西和贵州的部分地区，重庆药物种植研究所的张含藻、刘正宇等几名研究员于 1991 年在金佛山东部庙坝地区的丛林中首次发现黑叶猴的分布，学名"白颊黑叶猴"，目前金佛山保护区为我国黑叶猴分布的最北缘。

金佛山的黑叶猴，毛色乌黑，因为从两颊到嘴角各有一道白毛，所以叫白颊黑叶猴，身躯短小灵巧，尾长于身，头顶有一道直立冠毛。黑叶猴主要栖息于金佛山东部庙坝、箐坝河的沟谷绝壁上，这些地方植被完好，几乎不受外界干扰。截至 1993 年已经发现 7 个猴群，总数为 75 只。其中 1991 年有大小黑叶猴71 只，1992 年 73 只，1993 年 75 只，三年间总共只增加了 4 只，表明了黑叶猴的繁殖率极低，愈见其珍贵。

目前金佛山保护区对黑叶猴的研究主要为：金佛山白颊黑叶猴生物学特性研究、黑叶猴种群资源及生态习性调查及其生活区域的生态恢复、金佛山保护区黑叶猴生活区域生态恢复研究、金佛山保护区黑叶猴种群调查、保护及其生境监测等。

2）科研获奖情况

金佛山猴类资源调查，获涪陵地区 1996 年科技进步奖二等奖。

金佛山动植物资源调查，获涪陵地区 1990 年科技进步奖一等奖。

金佛山白颊黑叶猴生物学特性研究，获涪陵地区 1998 年科技进步奖三等奖。

无毒蛇繁殖技术研究，获涪陵地区 1999 年科技进步奖三等奖。

龟类资源调查，获四川省 1997 年科技进步奖一等奖。

斑蝥生物学特性研究，获卫生部 1995 年科技进步奖二等奖。

金佛山野生观赏藻类植物资源调查及开发利用，获农业部 1993 年科技进步奖一等奖。

5. 科普教育

金佛山保护区具有丰富的野生动植物资源，是开展自然保护宣传教育的重要基地。而宣传教育是增强人们自觉保护生态环境意识和提高职工业务素质的最行之有效的手段之一。为提高科普教育水平，金佛山保护区在三泉镇黄草坪已建成 800m² 的宣教中心。该中心融接待、宣传、教育、培训等功能为一体，设有图书馆、资料室、学术报告厅、专家接待室、演播室、综合展厅等，以图片、文字、录像、幻灯片等形式展示了金佛山保护区的动植物、生态、历史、科学研究和管理方面的信息，介绍了动植物保护的科学价值及其对社会发展的实际意义，成了开展生物多样性保护与开发利用研究、普及自然保护知识和科学文化知识的平台，扩大了金佛山保护区的知名度，提高了公众的环保意识。

1999 年，金佛山保护区被列入全国首批科普教育基地；2010 年 3 月，中国科协对其进行了认定；同年 11 月，重庆市委宣传部、重庆市社科联、重庆市科委等部门联合对金佛山科普教育基地进行了考察；

2011 年重庆市级相关部门对金佛山科普教育基地进行了检查和复核，确定为重庆市科普教育基地并在市人民大礼堂授牌。

2014 年 4 月，金佛山保护区科普基地工作人员与重庆师范大学博士生导师彭建军教授及其所带领的学生一道在金佛山科普基地开展野生黑叶猴生境及其动态调查。调查活动结束后将形成学术论文在相关知名论刊上登载，以扩大金佛山科普基地的知名度，进而对野生动物的保护起到宣传和促进作用。

2014 年 5 月 13 日，西南大学邓洪平教授、王志坚教授、谢嗣光教授等一行到金佛山科普教育基地开展动、植物标本采集及制作培训。培训会邀请了区林业局、区科委、重庆药物种植研究所、道南中学等共计 44 位代表参加。三位教授对动、植物标本的前期采集、处理、后期制作和保存等内容进行了生动细致的讲解，使大家对动、植物标本的采集、制作和保存等知识有了更深刻的了解，提升了业务知识水平，更有利于今后开展野外调查及标本采集和制作等工作。

通过开展形式多样的宣传教育，增强公众和各组织机构对保护工作的理解和参与程度，使其主动配合保护区的总体规划和管理工作，更好地推动保护工作的顺利开展，从而有效保护金佛山自然资源和自然环境，维护生态系统的多样性、完整性和复杂性。通过多种形式的宣传教育提高了金佛山保护区及其周边群众的环境保护意识，提高了管理者的决策水平和工作人员的业务素质，提高了金佛山保护区的知名度和加强对外交流与合作的能力，为保护事业的发展起着积极的推动作用。

9.2　保护区自然属性评价

9.2.1　生态系统类型多样性

金佛山保护区地处云贵高原向四川盆地的过渡地带，气候具有亚热带湿润季风区山地气候特点，水热条件充裕。境内沟谷纵横，一、二级陡崖形成圈闭的环境，从上到下，发育了不同海拔的洞穴系统。适应海拔和土壤类型的变化，金佛山保护区有森林、灌丛、草地、溪流等生态系统类型，保持了较高的生境多样性。据调查，金佛山保护区共分有 11 个植被型、53 个群系，每一群系内都还有许多群丛，每一个群丛对不同动物来说，都是它们的生境或微生境。

9.2.2　物种多样性

金佛山保护区位于云贵高原与四川盆地过渡地带，因此多种生物区系物种汇聚于此，孕育了丰富的生物物种。

1. 植物物种多样性

金佛山保护区的生物区系起源古老，由于受第四纪冰川影响较小，许多子遗植物，如银杏、银杉、珙桐、红豆杉等珍稀物种得以保留，这些古老植物是经过长期的地质和气候变迁而遗留下来的活化石植物。其生物区系的古老性和多样性，在我国其他地区是少见的。

金佛山保护区有菌类 2 门、17 目、53 科、97 属、146 种，有维管植物 4016 种，隶属 210 科、1133 属，其中蕨类植物有 43 科 108 属 484 种，裸子植物有 7 科 16 属 25 种，被子植物有 160 科 1009 属 3507 种。占重庆市维管植物物种总数的 71.23%，充分说明金佛山保护区维管植物物种的丰富性。

金佛山保护区维管植物中，乔木 461 种，灌木 834 种，草本植物 2417 种，藤本植物 304 种，可见金佛山保护区植物生活型十分丰富。

金佛山保护区资源植物十分丰富，共计 1780 种，其中有野生观赏植物 698 种（不含栽培种）、药用植物 1413 种、野生食用植物 221 种、蜜源植物 1113 种和工业原料植物共计有 612 种。

2. 动物物种多样性

根据本次调查结果及资料记载，金佛山保护区已知的野生脊椎动物共计 465 种，分别隶属于 5 纲 36 目 100 科 303 属 466 种。

金佛山保护区有国家级重点保护野生动物 33 种，其中国家 I 级保护野生动物有云豹、黑叶猴、林麝、金雕等 7 种，国家 II 级保护野生动物有大鲵、红腹锦鸡、猕猴等 26 种。

9.2.3　稀有性

金佛山保护区位于大娄山山脉的东北端，北边横亘东西的秦岭山脉阻挡北方的冷湿气流，因此受第四纪冰川的影响相对较弱，这种独特的地理位置成为古、新近纪动植物的"避难所"。间冰期又是南方动植物的繁育地，成为新老物种荟萃的地方。境内保留了银杉（*Cathaya argyrophylla*）、金佛山兰（*Tangtsinia nanchuanica*）、红豆杉（*Taxus chinensis*）、水青树（*Tetracentron sinense*）、连香树（*Cercidiphyllum japonicum*）等保护植物 40 种，其中国家 I 级重点保护野生植物的有 7 种，国家 II 级重点保护野生植物的有 33 种，为古植物、古地理的研究提供了重要的科研素材。此外，有模式植物 232 种、金佛山特有植物 26 种。

脊椎动物中有国家 I 级重点保护野生动物黑叶猴（*Presbytis francoisi*）、豹（*Panthera pardus*）、金雕（*Aquila chrysaetos*）等 6 种，有国家 II 级重点保护野生动物包括穿山甲（*Manis pentadactyla*）、藏酋猴（*Macaca thibetana*）、黑熊（*Selenarctos thibetanus*）等 41 种；有重庆市重点保护动物 31 种；有中国特有脊椎动物 70 种。

9.2.4　典型性与自然性

金佛山保护区地处我国第二阶梯向第三阶梯过渡带，具有中亚热带典型的地带性植被，气候明显受太平洋暖气流的影响，形成典型的中亚热带山地气候。该区在植物区系划分上属于华中植物区系，中国特有属、种分别占有一定比例，具有重要的生物地理学意义。

金佛山保护区内植被是以原始林和次生林为主，是重庆市目前保存最完整的原始林区之一，有目前国内保存较好的原始银杉、银杏、嘉利树等群落。这些原生型的珍稀植物群落具有极高的科研价值，对进一步研究我国植物区系的起源、发展和植被的演替均具有重大意义。

9.2.5　脆弱性

1. 岩溶区具有土地石漠化的潜在危险性

金佛山保护区位于大娄山山脉北端的最高峰，其地形地貌兼具四川盆地与云贵高原两地的特点，有典型的喀斯特地貌。溶沟、溶洞、峰丛、洼地景观屡有所见，崩塌、滑落等现代地貌作用较强，多数地段坡陡谷深，坡积层、残积层较薄，常见基岩裸露。植被大部分生长在山地石灰岩上，这些石灰岩上的土壤较薄，地势陡峭、峡谷深切，水流落差大，植被一旦遭到破坏，就极难恢复，这在一定程度上说明金佛山保护区内的生态系统本身就极其脆弱。

2. 人为强烈干扰，将加剧生态系统的退化

随着旅游业的兴起，金佛山保护区内配套的道路、栈道、停车场等旅游设施修建，势必破坏地表植被，造成土壤严重侵蚀，基岩大面积裸露，就会成为岩溶石漠化土地，即"喀斯特石山""喀斯特半石山"。此外，游客增加也会不同程度干扰境内的生物多样性。因此，金佛山保护区是一种退化的生态系统，较为脆弱，一旦破坏，很难恢复。

3. 入侵植物带来的威胁

金佛山保护区实验区境内人为活动频繁的区域如公路、农用地、道路已分布有空心莲子草（*Alternanthera philoxeroides*）、苏门白酒草（*Erigeron sumatrensis*）、一年蓬（*Erigeron annuus*）等入侵植物。由于入侵植物具有生命力强、繁殖迅速、危害性大的特点，成为金佛山保护区生物多样性的一大威胁。因此，应加强对入侵生物的防疫和控制。

9.3　保护区价值评价

9.3.1　科学价值

1. 金佛山保护区生态系统的典型性和独特性，系统展示了重要的和正在进行的生态过程

金佛山保护区主要为喀斯特地貌，适应这一特殊的生态环境，植物表现出典型的旱生性、石生性和适钙性等生态特性，根穿石、根抱石、缠绕等生态适应现象明显，具有典型的喀斯特生态系统特征。但是金佛山保护区长期受太平洋湿润气候影响，湿度非常大，同时为方山喀斯特，土壤水分容易沉积，森林植被兼有典型的亚热带常绿阔叶林特征：群落结构复杂，层次明显，物种丰富，具有显著的独特性。

处于不同演替阶段的植物群落在金佛山保护区均有分布，植物群落演替例证明显。其中，处于演替顶级的常绿阔叶林群落，不仅是高原喀斯特上发育的顶级群落，而且也是中国南方喀斯特最具代表性的群落类型。因此，金佛山保护区是就地保存和科学研究全球亚热带喀斯特生态系统正在进行生态过程的天然和理想模式基地，具有突出普遍的科研价值。

2. 金佛山保护区拥有不同地质年代的古老生物群落是反映地理环境变迁的杰出范例

金佛山保护区保存有古生代、中生代的大量海洋生物化石，拥有记录从中生代演替至今的众多孑遗生物物种，及正在进行的植物群落演替及生态过程。金佛山保护区拥有的这些起源于不同地质年代的古老动植物，反映了地理环境变迁，为研究古植物、古地理、古气候提供了重要的原始证据，具有世界突出普遍的科研价值。

3. 金佛山保护区是就地保存物种多样性，尤其是珍稀濒危物种的富集地

金佛山保护区具有丰富的生物多样性，是同纬度地区生物多样性丰度最高，珍稀濒危、特有及孑遗生物最丰富、最集中的地区之一。金佛山保护区生境复杂，植被类型多样，植被垂直带谱明显，清晰地展示了植被在横向上沿沟谷、山体起伏与土壤分布和垂向上沿海拔与气候变化的生态过程。保存完好的森林生态系统成为保护生物多样性尤其是珍稀濒危物种最重要和显著的自然栖息地，具有突出普遍的保护价值。

9.3.2　生态价值

1. 涵养水源、保持水土

金佛山为大娄山脉最高峰，是乌江和綦江的分水岭，其特殊的地理位置决定了金佛山保护区是乌江流域重要的水源涵养区和重点生态建设区。金佛山保护区高覆盖率的森林植被在调节当地气候、水土保持、水源涵养、稳定乌江水源等方面都能起到极其重要的作用，为下游的农业生产和人民生活提供了一份保障。

2. 净化空气

金佛山保护区有保存完好的森林植被，据世界卫生组织监测测定，森林郁闭度在 0.8 以上的每公顷森林每年可释放 O_2 2.025t，吸收 CO_2 2.805t，吸尘 9.75t，初步估算，金佛山保护区每年可释放 O_2 759.92t 以上，吸收 CO_2 1055.24t 以上。

3. 保护生态系统和物种多样性及基因资源

金佛山保护区的植被类型多样，植物生长良好，森林面积较大，森林保存较好，有大面积的原始森林。保护好这里的森林资源，不仅是保护了这里的珍稀濒危动物的生存环境，为动物物种的繁衍提供了良好的

条件，而且也是我国"天然林保护工程"的重要组成部分，是乌江下游生态屏障的重要构成部分，是我国生态安全不可缺少的区域。

9.3.3　社会价值

1. 科研和宣教基地

银杉（*Cathaya argyrophylla*）、黑叶猴（*Presbytis francoisi*）是世界瞩目的珍稀濒危物种，金佛山保护区位于世界自然基金会（WWF）全球 200 优先保护生态区的热带亚热带湿润阔叶林区中的（23）中国东南-海南湿润森林区，也是中国生物多样性保护的 11 个关键区域之一，被《中国生物多样性国情研究报告》《中国生物多样性保护行动计划》"Eco-region 200"列入中国生物多样性保护的关键地区和优先重点保护区域。

金佛山保护区丰富的生物资源和优美的自然生态环境为青少年环境保护意识和生物多样性保护意识教育提供了天然的实习基地。通过金佛山保护区与社会各界人士的共同努力，必将使环境保护意识和生物多样性保护意识深入民心，使全民都来关心和参与生物多样性保护和环境保护，从而推动重庆乃至全国的自然保护事业的发展。

2. 遗传保护价值

金佛山保护区的建立积极主动地保护了自然资源，尤其是亚热带森林生态系统及珍稀动植物群落。这部分资源不但要为我们这一代人所利用，同时要保留给子孙后代，从这个意义上可以称之为世界公众遗产，而金佛山保护区正是提供了这种遗产保存地、基因库，使之成为科普教育最好的课堂和天然实验室。金佛山保护区拥有的保护价值符合遗产价值标准，2014 年 6 月 23 日，在卡塔尔举行的第 38 届世界遗产大会上被成功列入世界遗产名录。

9.3.4　经济价值

（1）金佛山保护区有着丰富的动植物资源，而且中药材资源和建材资源丰富。这些资源为当地社区居民的持续生存提供了基本条件，对这些资源在有效保护和可持续利用基础之上的开发和利用，可以促进金佛山保护区和当地的经济发展。

（2）金佛山保护区内每公顷的森林年价值是 302 美元，金佛山保护区的森林面积有 376.20hm^2，每年的经济价值就近 11.36 万美元。

（3）金佛山保护区具有多样的自然景观，景色优美，是游客休闲观光、避暑的理想去处。5A 级景区和世界自然遗产的成功申报，将提高金佛山保护区的知名度，通过生态旅游创造更大的价值。

第 10 章　城市化和生态旅游化进程对金佛山野生动植物的影响及其应对策略

10.1　金佛山保护区城市化和生态旅游化现状

金佛山保护区拥有保存较为完好的森林生态系统、丰富的物种多样性及具有美学价值的喀斯特景观，这些资源汇聚在一起形成了独具特色的旅游资源。金佛山保护区一年四季景观特色突出，春赏花、夏避暑、秋观叶、冬戏雪。集山、水、林、泉、洞于一身，雄、奇、幽、险、秀于一体；奇艳神秘的各种溶洞，特有的地理气候条件，使之形成了独特的"霞""雾""雨""雪""风"等景观。更兼明代以来的鼎盛香火，使人们流连忘返，是观光、拜佛、休闲、度假、养生的旅游胜地。自 1988 年以来先后被评为国家级风景名胜区、国家森林公园、国家自然遗产和国家 5A 级旅游景区。

2006 年，重庆旅投集团（原重庆交旅集团）入驻金佛山进行旅游开发。南川区委、区政府为加快金佛山的旅游开发和监管，成立区政府派出机构金佛山旅游景区管理委员会。

10.1.1　旅游线路

目前开发了 3 条旅游线路。

1. 金佛山西坡风景区线路

金佛山西坡风景区是重庆交旅集团巨资打造的金佛山核心景区。从南川乘车经马鞍山、天星小镇至金佛山西坡风景区大门，换乘景区大巴至西坡索道下站，沿途有天星慢动街区、碧潭幽谷等，乘索道上山，可观看山体景观、金龟朝阳等，再步行至风吹岭游览金佛洞、杜鹃王树、凤凰寺遗址等景点。

2. 金佛山北坡风景区线路

金佛山北坡始于距南川城区 14km 的三泉镇（因境内龙岩河同一断面中拥有冷、温、烫三眼泉水而得名）。从三泉镇步行至北坡索道下站，沿途可观看卧龙潭、银杏皇后、岩口瀑布等。搭乘索道至北坡索道上站，再步行至风吹岭可观赏金山石林、古佛洞、老龙洞、烟云洞、桃源洞、滑雪场、药池坝、绝壁栈道等。

3. 金佛山南坡风景区线路（正在开发）

从南川出发可自驾车上山，经金山镇、头渡镇、凤凰寺抵达南坡。可观赏石人峰、南天门、童子拜观音、母子峰、鹰嘴岩、金佛寺等。

10.1.2　旅游设施

1. 旅游交通设施

1）北坡公路

（1）原有路况。20 世纪 90 年代初，除红泉厂内有一段约 2km 的水泥路外，从厂区后门至半河三级电站仅有机耕道 4km，车辆只能从十里画廊末端漫水过河。1992 年县财政安排 10 万元资金将漫水路段进行了修砌，但"上山难"仍为最大难题。

（2）改造整修与新修。1993～1994 年，风管处争取四川省以工代赈款两期共 132 万元，解决了资金难题。1993 年 5 月，风管处动工修建北坡公路，从红泉厂后门至北坡索道下站全长 18.3km，12 月全部完工通车。

1999 年，南川市政府安排交通局硬化北坡公路，7 月下旬完工。2002 年 7 月，风管局成立了北坡经营管理有限责任公司，于 2002 年和 2003 年，先后投入资金 280 万元加宽公路并予以硬化，2004 年又投资 90 万元加设了波型防撞护栏，完成了北坡公路的全部工程。

2）北坡索道

金佛山风管处于 1992 年 8 月便着手北坡索道前期工程的准备，完善了报批手续，选定了站址并进行了测绘，但缺乏资金动工。1994 年西安黄河总公司金佛山黄河分公司拟出资修建，并于 8 月举行了开工仪式，但后来一直没有施工。1998 年 7 月，海南山立房地产公司（后改重庆市南川区金佛山旅业集团有限责任公司）接手修建，1997 年建成通车。

北坡索道下站位于白果林，上站位于"鸡爬坎"，离药池坝约 200m。上下站高差 525m，线路斜长 1056m，索道形式为车厢往复式，两组 6 车厢，单向小时运量 450 人。2001 年又增设 2 个车厢。

3）山顶公路

（1）公路概况。"山顶公路"仅指从牵牛坪至药池坝一段，长 4.4km。1994 年，竹林经营所为采笋运输组织笋农修了从牵牛坪至芹菜坝的机耕道，仅供农用车短暂通行，由于塌方水毁，后来已不能通行任何车辆。1997 年景区管委会出资修通了从牵牛坪至药池坝边缘的简易公路，总长 4km。1999 年旅业公司将该路延伸 400m，临近古佛洞，均为泥结石路面。

（2）山顶公路改造工程。该项目涵盖范围超出了山顶公路路段，扩大到南坡公路高穴子至牵牛坪段，另有牵牛坪至西坡索道上站一段。建设规模为：改建高穴子至药池坝公路，总长 14.4km，新修并油化牵牛坪至西坡索道上站 0.67km。工程于 2003 年 11 月开工，2004 年 12 月完工。摊铺沥青混凝土 54 000m²，安装波型防撞护栏 2692m，设置公路标示牌 23 块。

4）南坡公路

该路从头渡至牵牛坪，总长 22km，其中至高穴子一段 12km，于 20 世纪 70 年代初由 607 地质队为进行地勘而建；从高穴子至牵牛坪一段 10km，在同一年代由重庆造纸厂出资 30 万元修建，目的是运输方竹片下山。该路为非等级路，由于重车碾压、塌方、水毁等原因，又无维护责任单位，故常被阻断。

1990 年初，风管处请南川县政府拨款 10 万元进行了较大的维修，将路面拓宽为 6m。后风管处又争取涪陵地区三峡办资金 15 万元加以改造，路况进一步改善，公路基本畅通。2003 年，高穴子至牵牛坪段纳入山顶公路改造项目，改造为沥青混凝土路面。

5）西坡公路

该路从天星厂后门至西坡索道下站，总长 13.9km，于 2000 年 2 月开工，由于诸多原因，工程时断时续。

金佛山风管局实施的工程分三个阶段进行，第一阶段从 2000 年 2 月至 6 月为改造工程，从天星厂后门至碧潭幽谷入口，长 2.5km；第二阶段从 2000 年 12 月至翌年 5 月为新修工程，从兰花二级电站至西坡索道下站，长 10.6km，后因一些原因被迫停建，该段时期已完成工程总量 70%；第三阶段从 2003 年 6 月至年底为工程重新启动，修建了碧潭幽谷至兰花二级电站 800m 路段工程，后因资金匮乏再度停工。至 2006 年重庆交旅集团接手，将路基宽度扩展为 8m，完成了泥结石路面施工，尚待油化。

6）停车场

北坡索道下站停车场：位于北坡公路终端，修建于 2000 年 10 月，面积约 1300m²，混凝土铺设，可停车近 100 辆，是金佛山目前最大的停车场。

北大门停车场：位于金佛山北大门前，1999 年 5 月修建，面积约 120m²，混凝土铺设，可停车 10 余辆。

碧潭幽谷停车场：位于碧潭幽谷入口处，2000 年 8 月修建，面积 400 余平方米，平整后铺碎石碾压，可停车 30 余辆。

金佛山停车场：位于牵牛坪金佛山庄之前，1999 年 8 月修建，平整后铺碎石碾压，面积约 300m²，可停车 20 余辆。

2. 旅游度假区

1）金林宾馆

金林宾馆位于高穴子。竹林经营所原设简易床位近 100 个，因日益不敷应用，1999 年于该所西侧新建金林宾馆，主建筑与配套建筑共 3 栋，总建筑面积 2500m²，设套间和标间，共 200 床位，可容 150 人就餐，另设大小会议室，可供中小型会议之用。

2）古银杏宾馆

古银杏宾馆于 2000 年 4 月由古银杏开发有限公司投资修建，位于金佛山北坡古银杏园，建筑面积 460m²，两幢。设有豪华套房、豪华标间、普通标间等，有床位 105 个。设大小会议室可供中小型会议之用，餐厅可供 80 人就餐。设玻璃房、茶廊，可观狮子口绝壁风光。另设棋牌室、卡拉 OK 厅等。该宾馆是按规划修建的永久性设施，是目前金佛山第一流的接待设施。

3）卧龙潭宾馆

卧龙潭宾馆位于金佛山北坡大河坝，原为金佛山科技旅游实业公司于 1997 年所建，有木楼 3 幢，砖混结构建筑 1 幢。2003 年由南川市鑫川铝业公司接手后，又建别墅式砖混结构小楼 2 幢，并对原有设施进行更新改造。先后占地 0.6hm²，总建筑面积 760m²。设豪华套房、标间、普通房等，床位 200 余个。设大小餐厅，可供 150 人就餐。设大小会议室、小型自用停车场等。

4）温泉度假村

温泉度假村位于三泉，1997 年由重庆投资商王会川所建，占地面积 0.3hm²，建筑面积 480m²，共两幢，均为砖混结构小楼，设有豪华标间、普通标间和单间，床位 119 个，将温泉水引入房间以供洗浴，是其特色。餐厅可供 140 人就餐，设大小会议室、标准游泳池、室内游泳池，凡住宿者可免费游泳。

5）天星两江假日酒店

重庆天星两江假日酒店位于享有"东方阿尔卑斯山"美誉之称的金佛山，是一家集住宿、餐饮、会议、娱乐为一体的涉外旅游酒店。酒店是南川区金叶级绿色饭店，也是 2010 年度重庆最佳度假酒店。酒店拥有各类雅致客房，房内装修时尚、布局新颖。酒店内设宴会厅和餐厅包房，更有开放式的露天烧烤场，可尽情享用绿色生态美食；会议中心和会议室可同时容纳 500 人。

3. 其他建设项目

目前南川区正在兴建重庆市第三座大型水利工程——南川金佛山水利工程，该工程位于重庆市南部綦江河一级支流柏枝溪上游，其水库枢纽位于南川区头渡镇响水河段，距城区 54km。南川金佛山水利工程是以农业灌溉、城市工业及城镇生活供水为主，兼顾水力发电的综合水利工程。自工程建成以后，每年可供水量 8689 万 m³，解决 30.5 万亩农田灌溉、40 万城乡居民生活用水、工业用水。同时，该水利工程还将建设三座水电站，年平均发电量 4535 万 kW·h。该工程的完成将会给金佛山保护区的建设带来新的发展。

10.2　旅游及建设项目合规性分析

根据《中华人民共和国自然保护区条例》，在金佛山保护区的实验区内，不得建设污染环境、破坏资源或者景观的生产设施；建设其他项目，其污染物排放不得超过国家和地方规定的污染物排放标准。金佛山保护区内的建设项目主要为基础设施及旅游相关的建设项目，为非污染型项目，建设项目选址位于金佛山保护区实验区内，因此符合《中华人民共和国自然保护区条例》。

10.3　对植物植被影响及其应对策略

10.3.1　对植物植被影响

金佛山保护区内的建设项目主要为基础设施及旅游相关的建设项目，为非污染型项目，主要生态影响发生在施工期。地表开挖破坏植被、造成生物量损失，并会产生水土流失，如果涉及珍稀濒危及特有植物，会影响这些物种种群数量。开挖面及表土堆放会产生扬尘污染，同时造成对景观的影响。交通运输工具的进出，可能会带入外来入侵物种，造成生物入侵。

运营期的主要生态影响如下，建设项目形状、颜色与周边景观不一致会造成对景观的影响。金佛山保护区内的建设项目主要为旅游开发相配套的，而且位于实验区，因此项目建设符合《重庆金佛山国家级自然保护区总体规划》要求，项目建设前开展了项目对金佛山保护区生物多样性专题评价，按评价要求采取了相应的避让、减缓、恢复和补偿等生态措施。项目建设对金佛山保护区影响较小。

10.3.2　应对策略

按照生态避让、替代和保护的原则，减少临时占地，施工便道及永久性道路未占用成片的林地，施工活动严格限制在征地区域内进行，施工车辆均走固定路线。施工便道及临时占地尽量缩小范围。减少对林地的占用，占地优先选用裸地。加大对自然保护区保护的宣传力度，对外来物种的危害以及传播途径向施工人员进行宣传；对现有的外来物种，利用工程施工的机会，对有果实的植物进行现场烧毁，以防种子扩散。

为避免对原先较好的林地形成长期影响，施工结束后在绿地区域栽种一定数量的乡土植物作为廊道，除考虑选择适合当地的速生树种和乡土树种，在布局上还应考虑多种树种的交错分布，提高境内植物种类的多样性，增加抗病害能力，并增强植物群落自身的稳定性。树种种苗的选择应经过严格检疫，防止引入病害。

施工完成后应尽快进行道路硬化和绿化工作，及时搞好植被的恢复、再造，做到边坡稳定，岩石、表土不裸露，以免水土流失对其他植被造成影响。

10.4　对动物物种多样性影响及其应对策略

10.4.1　城市化对野生动物的影响

金佛山保护区内城市化建设一方面将零落的村庄、分散的住户集中起来，便于金佛山保护区的管理，降低管理成本，减少对动物生境的破坏；将部分田土退耕还林，降低了对野生动物栖息环境的干扰；以更为清洁的天然气等能源替代传统的伐木烧柴，减少了对森林的破坏和对环境的污染。金佛山保护区的城市化有利于对野生动物资源的保护。

另一方面，人造景观尤其是建筑和硬化路面逐渐取代了自然景观，人工林地和草坪取代了自然林地，高层建筑代替了低层建筑，环境结构发生了很大的变化。而野生动物生存的三要素是隐蔽的栖息环境、食物和水。城市化对野生动物的影响主要表现在城市化建设占地导致野生动物栖息环境的恶化和丧失；城市绿化多为单一的乔木、单一的灌木和单一的草坪，缺乏隐蔽地点和食物来源；一些污染严重的水域对野生动物的饮水安全也存在着威胁。

10.4.2　生态旅游化对野生动物的影响

金佛山保护区的生态旅游是在自然区域内的游览、探索自然或社区访问等活动。金佛山保护区所开展的生态旅游活动中，对野生动物具有干扰性的主要包括观鸟等野生动物观察、徒步游览、交通车和索道缆车运行、野外露营等活动。人为活动的增加和交通噪声等频繁的干扰会使部分动物放弃适宜的生境，尤其迁徙路线、水源等关键生境因子被占用时将迫使野生动物远离旅游线路，躲避人为干扰，这在大中型的兽类、鸡形目鸟类表现最明显。在时间分布上，春夏季节的旅游活动对处于繁殖期的动物的干扰较其他季节显著，而且一天内不同时间段的干扰也有强弱，在晨昏时分动物取食高峰时游客的干扰更大。在旅游发展中的基础设施建设，如修建公路、酒店、游览步道等将占用野生动物栖息地，旅游活动中带来的生活垃圾若处理不当也会破坏野生动物的栖息地。另外，由于旅游活动在野外进行，管理者很难为游客的行为实行即时的监管，只能通过设置警示牌等方式宣传教育，少数不法分子以游客的身份进入金佛山保护区进行打鸟、偷猎等不法活动，将对野生动物资源造成直接损失。

10.4.3　城市化和生态旅游化进程中野生动物保护措施

在城市化和生态化建设前期，需结合金佛山保护区野生动物类群及其生态习性做好建设规划，基础建设应远离野生动物的重要栖息地、迁徙路线、饮水源等。在绿化建设时需注意植被的多样性，尽量选择种植本地的原生植物种类，且尽量选择可为鸟类等提供果实的食源性植物。在建设中，注重生态环境，避免环境污染。通过社区教育、发放宣传资料、设置宣传栏等方式加强对居民、工作人员和游客对生态环境和野生动物的保护意识，严格控制游客的活动范围，禁止进入金佛山保护区的核心区和黑叶猴等国家重点保护野生动物的重要栖息场所，管理局加强护林员对金佛山保护区尤其是居民点和旅游线路周边的护林巡视，发现破坏生态环境、偷猎野生动物的行为时，及时制止并报相关部门予以严厉的处罚。

第 11 章 管 理 建 议

11.1 保护区存在的问题

1. 基础设施设备还有待补充完善

自升级为国家级自然保护区以来，管理局和部分管护站办公及生活用房得到了极大改善，进入金佛山保护区的大部分公路已完成水泥路面硬化，但是仍有部分道路是沙石路，冻融返浆时有发生。

先进科研设备比较欠缺，为保障科学研究的开展，需要进一步购买红外线照相机、鱼眼相机、光照仪等新型研究设备。

2. 经费不足、人员队伍缺乏和科研力量薄弱

目前金佛山保护区的资金来源主要靠国家投入，区财政仅能保证工作人员的基本工资，因此，金佛山保护区经费存在不足。现有在编职工 16 人，其中专业技术人员编制 3 人，缺乏生态学、地理学方面的专业技术人员。因此，专业人员队伍不足，科研力量薄弱。

3. 管护难度大，破坏资源与环境行为时有发生

金佛山保护区处于綦江、桐梓、南川三地交界处，区内居民点分散，周边人口较多，边界线长，巡护路少，这都为金佛山保护区的宣传、管护工作加大了难度。管理站较少，管理人力不足，由于贫困和受经济利益驱动，区外一些人员法制观念淡薄，置国家法律法规于不顾，非法进入金佛山保护区内采笋、开荒、乱挖药用植物等破坏资源与环境的活动时有发生，给保护管理工作带来较大压力。

4. 社区参与保护意识不足

金佛山保护区工作人员积极对金佛山保护区及周边居民开展生物多样性保护方面的教育和进行社区共管项目，但为了经济利益，部分居民还没有积极、主动参与的意识，影响了社区共管的进行。

11.2 保护管理建议

1. 加强管理，完善保护区制度建设

目前，金佛山保护区管理局作为金佛山旅游景区管理委员会的分支机构，保护管理、开发利用、执法监督等方面受制于管理委员会。因此，要完善金佛山保护区的政策和法规体系，进行行之有效的管理。

2. 拓展资金渠道，筹措经费

金佛山保护区面积大、地形复杂、物种丰富，保护压力较大。比如柏枝山和箐坝山，由于经费不足，基础设施建设非常滞后，巡护主要靠步行。为此，保护区应积极向南川区政府、重庆市林业局及相关部门申请资金，用于保护和管理。

3. 加强宣传教育和加大执法力度

金佛山成功申报世界遗产和创 5A 级景区后，前来参观的游客与日俱增，给金佛山保护区增加了保护

难度。因此，要加强对金佛山保护区工作人员、社区居民，尤其是游客关于《中国人民共和国自然保护区条例》《中华人民共和国野生动物保护法》《中华人民共和国野生植物保护条例》《中国人民共和国森林法》以及护林防火的宣传教育，提高他们的保护意识。同时，要加强对金佛山保护区境内森林、灌丛、岩溶地貌等的巡视工作，依靠法律武器，加大执法力度，严厉打击进入金佛山保护区进行违法犯罪活动。

4. 加强监督和防治

防治金佛山保护区内的森林火灾和病害、虫害、入侵生物等，严防发生大面积森林灾害。

5. 加强职工学习和培训

鉴于金佛山保护区内专业人员缺乏现状，应招聘相关专业的人员补充科研队伍。此外需要定期和不定期组织专业人员进行业务知识及管理能力的学习。加强同其他科研院所、兄弟单位的联系与交流，学习先进的管理和保护经验，以提高金佛山保护区相关人员的业务水平和管理能力。

6. 开展科学研究，促进保护区管理

金佛山保护区内资源极为丰富，受工作条件及专业技术人员水平的限制，对金佛山保护区的研究并不深入。建议在此基础上，有计划地引进科研人才，并加强与大专院校、科研院所的联系合作，系统深入开展金佛山保护区科研工作：如喀斯特地区植被恢复重建研究；建立典型样地永久定位监测站；研究银杉、黑叶猴等保护物种的生长状况、种群动态。以科学研究成果作为金佛山保护区有效保护管理的科学依据，促进金佛山保护区的有效管理。

7. 开展替代生计项目

针对金佛山保护区丰富的自然资源，构建替代生计的方式，提高居民生活水平与降低居民对生物资源的依赖性。选择产业关联度大，带动力强的旅游业作为先导产业，选择发展后劲大，综合效益高的服务业、种植业和养殖业作为支柱产业，利用"增长点-发展极"效应，带动和影响其他产业的发展，形成以保护自然生态环境为前提，以生态旅游和服务业为重点，带动加工业，促进农林牧业的发展，形成种、养、加、服务相结合的具有较强生命力的产业体群。

种植业以重楼、猕猴桃、核桃等物种为主，发展果品和中药材等初级加工和深加工。养殖业以中蜂养殖为主。

8. 保护区旅游建议

金佛山保护区旅游资源较为丰富。随着游客活动的增加，必然会给境内生态环境带来一定的负面影响。这就要求金佛山保护区要制定好严格的管理制度，在倡导生态旅游的同时，加大执法力度，坚决制止破坏生态环境和生物多样性的不良行为。

参 考 文 献

大型真菌：

巴图，乌云高娃，图力古尔，2005. 内蒙古高格斯台罕乌拉自然保护区大型真菌区系调查[J]. 吉林农业大学学报，27（1）：29-34.

柴新义，朱双杰，殷培峰，等，2012. 安徽皇埔山大型真菌区系地理成分分析[J]. 生态学杂志，31（9）：2344-2349.

陈晔，詹寿发，彭琴，等，2011. 赣西北地区森林大型真菌区系成分初步分析[J]. 吉林农业大学学报，33（1）：31-35，46.

戴玉成，杨祝良，2008. 中国药用真菌名录及部分名称的修订[J]. 菌物学报，27（6）：801-824.

戴玉成，周丽伟，杨祝良，等，2010. 中国食用菌名录[J]. 菌物学报，29（1）：1-21.

戴玉成，2009. 中国储木及建筑木材腐朽菌图志[M]. 北京：科学出版社.

廖宇静，于飞飞，刘正宇，等，2008. 重庆金佛山自然保护区大型真菌多样性及资源保护与可持续利用[J]. 生态科学，27（1）：42-45.

林晓民，李振岐，侯军，2005. 中国大型真菌的多样性[M]. 北京：中国农业出版社.

刘丛君，蒲盛才，2009. 金佛山动植物资源及保护[J]. 重庆工商大学学报（自然科学版），26（2）：132-136，140.

卵晓岚，2000. 中国大型真菌[M]. 郑州：河南科学技术出版社.

任毅，温战强，李刚，等，2008. 陕西米仓山自然保护区综合科学考察报告[M]. 北京：科学出版社.

宋斌，邓旺秋，2001. 广东鼎湖山自然保护区大型真菌区系初析[J]. 贵州科学，19（3）：41-49.

宋斌，李泰辉，章卫民，等，2001. 广东南岭大型真菌区系地理成分特征初步分析[J]. 生态科学，20（4）：37-41.

图力古尔，李玉，2000. 大青沟自然保护区大型真菌区系多样性的研究[J]. 生物多样性，8（1）：73-80.

吴兴亮，戴玉成，李泰辉，等，2011. 中国热带真菌[M]. 北京：科学出版社.

肖波，范宇光，2010. 常见蘑菇野外识别手册[M]. 重庆：重庆大学出版社.

徐江，2012. 湖北省大型真菌资源初步研究[D]. 武汉：华中农业大学：58-60.

杨祝良，臧穆，2003. 中国南部高等真菌的热带亲缘[J]. 云南植物研究，25（2）：129-144.

应建浙，臧穆，1994. 西南地区大型经济真菌[M]. 北京：科学出版社.

张春霞，曹支敏，2007. 火地塘大型真菌区系地理成分初步分析[J]. 云南农业大学学报，22（3）：345-348.

中国科学院青藏高原综合考察队，1994. 川西地区大型经济真菌[M]. 北京：科学出版社.

Kirk P M，Cannon P F，Minter D W，et al. 2008. Ainsworth & Bisby's Dictionary of the Fungi[M]. 10th ed. CABI Bioscience，CAB International.

Frankenberg P，1978. Methodische iiberlegungen zur florlstischen pflanzengeographie[J]. Erdkunde，32：251-258.

维管植物：

《四川植物志》编辑委员会，1988. 四川植物志（第六卷）[M]. 成都：四川科学技术出版社.

重庆南川区环境保护局，2010. 重庆金佛山生物资源名录[M]. 重庆：西南师范大学出版社.

丁博，唐粒，刘冬梅，等，2016. 重庆特有种子植物区系特征研究[J]. 西北植物学报，36（4）：825-830.

冯国楣，1996. 中国珍稀野生花卉（I）[M]. 北京：中国林业出版社.

傅立国，谭清，郎楷勇，等，2002. 中国高等植物[M]. 青岛：青岛出版社.

韩凤，林茂祥，肖杰易，等，2006. 浅谈南川金佛山植物资源的开发利用[J]. 时珍国医国药，（3）：483-484.

李先源，2007. 观赏植物学[M]. 重庆：西南师范大学出版社.

刘初钿，2001. 中国珍稀野生花卉（2）[M]. 北京：中国林业出版社.

马洪菊，何平，陈建民，等，2002. 重庆市珍稀濒危植物的现状及保护对策[J]. 西南师范大学学报（自然科学版），27（6）：932-938.

彭军，龙云，刘玉成，等，2000. 重庆的珍稀濒危植物[J]. 武汉植物学研究，18（1）：42-48.

宋希强，2012. 观赏植物种质资源学[M]. 北京：中国建筑工业出版社.

万方浩，谢柄炎，褚栋，2008. 生物入侵：管理篇[M]. 北京：科学出版社.

王荷生，1992. 植物区系地理[M]. 北京：科学出版社.

吴晓雯，罗晶，陈家宽，等，2006. 中国外来入侵植物的分布格局及其与环境因子和人类活动的关系[J]. 植物生态学报，30（4）：576-584.

吴征镒，孙航，周浙昆，等，2011. 中国种子植物区系地理[M]. 北京：科学出版社.

吴征镒，周浙昆，孙航，等，2006. 种子植物的分布区类型及其起源和分化[M]. 昆明：云南科技出版社.

吴征镒，1991. 中国种子植物属的分布区类型[J]. 云南植物研究，（增刊）：1-139.

吴征镒，2011. 中国种子植物区系地理[M]. 北京：科学出版社.

熊济华，2009. 重庆维管植物检索表[M]. 成都：四川科学技术出版社.

徐海根，强胜，2011. 中国外来入侵生物[M]. 北京：科学出版社.

徐海根，强胜，2004. 中国外来入侵物种编目[M]. 北京：中国环境科学出版社.

易思荣，黄娅，2004. 金佛山自然保护区种子植物区系初步研究[J]. 西北植物学报，24（1）：83-93.

易思荣，黄娅，肖波，等，2008. 重庆市种子植物区系特征分析[J]. 热带亚热带植物学报，16（1）：23-28.

易思荣，黄娅，全健，等，2016. 金佛山濒危药用植物资源及其评价体系的建立[J]. 热带亚热带植物学报，（1）：21-28.

张军，林茂祥，陈玉菡，等，2016. 重庆金佛山民间八大特效药[J]. 中国民族民间医药，25（18）：110-112.

中国科学院《中国植物志》编辑委员会，2004. 中国植物志（第一至八十卷）[M]. 北京：科学出版社.

中国科学院植物研究所，1972. 中国高等植物图鉴（第一册）[M]. 北京：科学出版社.

中国科学院植物研究所，1972. 中国高等植物图鉴（第二册）[M]. 北京：科学出版社.

中国科学院植物研究所，1974. 中国高等植物图鉴（第三册）[M]. 北京：科学出版社.

中国科学院植物研究所，1975. 中国高等植物图鉴（第四册）[M]. 北京：科学出版社.

中国科学院植物研究所，1976. 中国高等植物图鉴（第五册）[M]. 北京：科学出版社.

中国科学院植物研究所，1979. 中国高等植物科性属检索表[M]. 北京：科学出版社.

中国科学院植物研究所，1982. 中国高等植物图鉴（补编第一册）[M]. 北京：科学出版社.

中国科学院植物研究所，1983. 中国高等植物图鉴（补编第二册）[M]. 北京：科学出版社.

中国科学院西北植物研究所，1983. 秦岭植物志（第一卷至第五卷）[M].. 北京：科学出版社.

周先荣，刘玉成，尚进，等，2007. 缙云山自然保护区种子植物区系研究[J]. 四川师范大学学报，30（5）：648-651.

周先容，向邓云，戴玄，2007. 金佛山自然保护区中国种子植物特有属[J]. 生态学杂志，26（1）：88-93.

朱太平，刘亮，朱明，2007. 中国资源植物[M]. 北京：科学出版社.

植被：

李博，杨持，林鹏，2000. 生态学[M]. 北京：高等教育出版社.

李振基，陈圣宾，2011. 群落生态学[M]. 北京：气象出版社.

四川植被协作组，1980. 四川植被[M]. 成都：四川人民出版社.

宋永昌，2001. 植被生态学[M]. 上海：华东师范大学出版社.

吴征镒，1995. 中国植被[M]. 北京：科学出版社.

钟章成，1982. 南川金佛山森林植被的群落系数分析[J]. 西南师范学院学报（自然科学版），（2）：101-108.

昆虫：

卜文俊，郑乐怡，2001. 中国动物志 昆虫纲 第二十四卷 半翅目 毛唇花蝽科 细角花蝽科 花蝽科[M]. 北京：科学出版社.

陈家骅，杨建全，2006. 中国动物志 昆虫纲 第四十六卷 膜翅目 茧蜂科 窄径茧蜂亚科[M]. 北京：科学出版社.

陈世骧，等，1986. 中国动物志 昆虫纲 第二卷 鞘翅目 铁甲科[M]. 北京：科学出版社.

陈树椿，等，1999. 中国珍稀昆虫图鉴[M]. 北京：中国林业出版社.

陈学新，何俊华，马云，2004. 中国动物志 昆虫纲 第三十七卷 膜翅目 茧蜂科（二）[M]. 北京：科学出版社.

陈一心，马文珍，2004. 中国动物志 昆虫纲第三十五卷 革翅目[M]. 北京：科学出版社.

陈一心，1999. 中国动物志 昆虫纲 第十六卷 鳞翅目 夜蛾科[M]. 北京：科学出版社.

丁锦华，2006. 中国动物志 昆虫纲 第四十五卷 同翅目 飞虱科[M]. 北京：科学出版社.

范滋德，等，1997. 中国动物志 昆虫纲 第六卷 双翅目 丽蝇科[M]. 北京：科学出版社.

范滋德，等，2008. 中国动物志 昆虫纲 第四十九卷 双翅目 蝇科（一）[M]. 北京：科学出版社.

方承莱，2000. 中国动物志 昆虫纲 第十九卷　鳞翅目 灯蛾科[M]. 北京：科学出版社.

何俊华，等，2000. 中国动物志 昆虫纲 第十八卷　膜翅目 茧蜂科（一）[M]. 北京：科学出版社.

何俊华，许再福，2002. 中国动物志 昆虫纲 第二十九卷　膜翅目 螯蜂科[M]. 北京：科学出版社.

黄大卫，肖晖，2005. 中国动物志 昆虫纲 第四十二卷　膜翅目 金小蜂科[M]. 北京：科学出版社.

李鸿昌，夏凯龄，等，2006. 中国动物志 昆虫纲 第四十三卷　直翅目 蝗总科 斑腿蝗科[M]. 北京：科学出版社.

李树恒，侯江，2001. 金佛山自然保护区蝶类区系组成及变化[J]. 西南大学学报（自然科学版），23（1）：22-25.

刘文萍，2001. 重庆市蝶类调查报告（Ⅰ）凤蝶科、绢蝶科、粉蝶科、眼蝶科、蛱蝶科[J]. 西南大学学报（自然科学版），
　　23（6）：489-493.

刘文萍，2002. 重庆市蝶类调查报告（Ⅱ）—珍蝶科、喙蝶科、蚬蝶科、灰蝶科、弄蝶科[J]. 西南大学学报（自然科学版），
　　24（4）：293-295.

黄复生，等，2000. 中国动物志 昆虫纲 第十七卷 等翅目[M]. 北京：科学出版社.

梁铬球，郑哲民，1998. 中国动物志 昆虫纲 第十一卷　直翅目 蚱总科[M]. 北京：科学出版社.

刘友樵，李广武，2002. 中国动物志 昆虫纲 第二十七卷　鳞翅目 卷蛾科[M]. 北京：科学出版社.

刘友樵，武春生，2006. 中国动物志 昆虫纲 第四十七卷　鳞翅目 枯叶蛾科[M]. 北京：科学出版社.

陆宝麟，等，1997. 中国动物志 昆虫纲 第八卷　双翅目 蚊科（上）[M]. 北京：科学出版社.

陆宝麟，等，1997. 中国动物志 昆虫纲 第九卷　双翅目 蚊科（下）[M]. 北京：科学出版社.

马忠余，等，2002. 中国动物志: 昆虫纲 第26卷　双翅目蝇科（二）棘蝇亚科（Ⅰ）[M]. 北京：科学出版社.

毛少利. 2008. 中国蝎蠊亚科（长翅类）系统学研究（直翅目：螽斯科）[D]. 硕士学位论文. 河北：河北大学.（文中第56页）

漆波，杨德敏，任本权，等，2007. 重庆市林业有害生物种类调查[J]. 西南大学学报（自然科学版），29（5）：81-89.（第57页）

乔格侠，张广学，钟铁森，2005. 中国动物志 昆虫纲 第四十一卷　同翅目 斑蚜科[M]. 北京：科学出版社.

任树芝，1998. 中国动物志 昆虫纲 第十三卷　半翅目 异翅亚目 姬蝽科[M]. 北京：科学出版社.

谭娟杰，王书永，周红章，2005. 中国动物志　昆虫纲 第四十卷　鞘翅目 肖叶甲科 肖叶甲亚科[M]. 北京：科学出版社.

万源花萼山自然保护区管理处，2000. 万源花萼山自然保护区综合考察报告[R].

汪松，解炎，2004. 中国物种红色名录 第一卷　红色名录[M]. 北京：高等教育出版社.

汪松，解炎，2005. 中国物种红色名录 第三卷　无脊椎动物[M]. 北京：高等教育出版社.

王新华，郑乐怡. 1991. 中国趋流摇蚊属记述（双翅目：摇蚊科）[J]. 动物分类学报，16（01）：99～105.（文中第56页）

王子清，2001. 中国动物志 昆虫纲 第二十二卷 同翅目 蚧总科 粉蚧科 绒蚧科 蜡蚧科 链蚧科 盘蚧科 壶蚧科 仁蚧科[M].
　　北京：科学出版社.

吴燕如，2000. 中国动物志 昆虫纲 第二十卷 膜翅目 准蜂科 蜜蜂科[M]. 北京：科学出版社.

蒋书楠，陈力，2001. 中国动物志 昆虫纲 第二十一卷 鞘翅目 天牛科 花天牛亚科[M]. 北京：科学出版社.

万继扬，侯江，胡渝娟，1992. 金佛山蝶类调查初报[J]. 四川动物，（1）：34-35.

武春生，1997. 中国动物志 昆虫纲 第七卷 鳞翅目 祝蛾科[M]. 北京：科学出版社.

武春生，2001. 中国动物志 昆虫纲 第二十五卷 鳞翅目 凤蝶科 凤蝶亚科 锯凤蝶亚科 绢蝶亚科[M]. 北京：科学出版社.

武春生，言承莱，2003. 中国动物志 昆虫纲 第三十一卷 鳞翅目 舟蛾科[M]. 北京：科学出版社.

西南农业大学，四川省农业科学院植物保护研究所，1990. 四川农业害虫天敌图册[M]. 成都：四川科学技术出版社.

夏凯龄，等. 1994. 中国动物志 昆虫纲 第四卷 直翅目 癞蝗科 蝗总科 瘤锥蝗科 锥头蝗科[M]. 北京：科学出版社.

谢嗣光，李树恒. 2000. 中国鸣蝗属一新种（直翅目：蝗总科）[J]. 动物分类学报，25（1）：51～53.（文中第56页）

徐艳，石福明，杜喜翠，2004. 四川和重庆地区蝗虫调查（直翅目：蝗总科）[J]. 西南农业大学学报（自然科学版），26（3）：
　　340-344.

薛大勇，朱弘复，1999. 中国动物志 昆虫纲 第十五卷　鳞翅目 尺蛾科 花尺蛾亚科[M]. 北京：科学出版社.

杨定，刘星月，2010. 中国动物志 昆虫纲 第五十一卷　广翅目[M]. 北京：科学出版社.

杨定，杨集昆，2004. 中国动物志 昆虫纲 第三十四卷　双翅目 舞虻科 螳舞虻亚科 驼舞虻亚科[M]. 北京：科学出版社.

杨星科，杨集昆，李文柱，2005. 中国动物志 昆虫纲 第三十九卷　脉翅目 草蛉科[M]. 北京：科学出版社.

印象初，夏凯龄，等，2003. 中国动物志 昆虫纲 第三十二卷　直翅目 蝗总科 槌角蝗科 剑角蝗科[M]. 北京：科学出版社.

袁锋，周尧，2002. 中国动物志 昆虫纲 第二十八卷　同翅目 角蝉总科 犁胸蝉科 角蝉科[M]. 北京：科学出版社.

张广学，等，1999. 中国动物志 昆虫纲 第十四卷　同翅目 纩蚜科 瘿绵蚜科[M]. 北京：科学出版社.

张巍巍，2007. 常见昆虫野外识别手册[M]. 重庆：重庆大学出版社.

张巍巍，李元胜，2011. 中国昆虫生态图鉴[M]. 重庆：重庆大学出版社.

章士美，赵泳祥，1996. 中国动物志农林昆虫地理分布[M]. 北京：中国农业出版社.

赵建铭，等，2001. 中国动物志 昆虫纲 第二十三卷　双翅目 寄蝇科（一）[M]. 北京：科学出版社.

赵仲苓，2003. 中国动物志 昆虫纲 第三十卷　鳞翅目 毒蛾科[M]. 北京：科学出版社.

赵仲苓，2004. 中国动物志 昆虫纲 第三十六卷　鳞翅目 波纹蛾科[M]. 北京：科学出版社.

郑乐怡，吕楠，刘国卿，等，2004. 中国动物志 昆虫纲 第三十三卷　半翅目 盲蝽科 盲蝽亚科[M]. 北京：科学出版社.

郑哲民，等，1998. 中国动物志 昆虫纲 第十卷　直翅目 蝗总科[M]. 北京：科学出版社.

郑哲民，石福明. 2002.渝桂地区蚱总科三新种记述（直翅目）[J].陕西师范大学学报（自然科学版），30（2）：83～87（文中第 56 页）

中国科学院动物研究所，1983. 中国蛾类图鉴 I [M]. 北京：科学出版社.

中国科学院动物研究所，1983. 中国蛾类图鉴 II [M]. 北京：科学出版社.

中国科学院动物研究所，1983. 中国蛾类图鉴III[M]. 北京：科学出版社.

中国科学院动物研究所，1983. 中国蛾类图鉴IV[M]. 北京：科学出版社.

朱弘复，等，1984. 蛾类图册[M]. 北京：科学出版社.

朱弘复，王林瑶，韩红香，2004. 中国动物志 昆虫纲 第三十八卷　鳞翅目 蝙蝠蛾科 蛱蛾科[M]. 北京：科学出版社.

朱弘复，王林瑶，1991. 中国动物志 昆虫纲 第三卷　鳞翅目 圆钩蛾科 钩蛾科[M]. 北京：科学出版社.

朱弘复，王林瑶，1996. 中国动物志 昆虫纲第五卷　鳞翅目 蚕蛾科 大蚕蛾科 网蛾科[M]. 北京：科学出版社.

朱弘复，王林瑶，1997. 中国动物志 昆虫纲第十一卷　鳞翅目 天蛾科[M]. 北京：科学出版社.

脊椎动物：

《四川资源动物志》编辑委员会，1984. 四川资源动物志 第二卷 兽类[M]. 成都：四川科学技术出版社.

《四川资源动物志》编辑委员会，1985. 四川资源动物志 第三卷 鸟类[M]. 成都：四川科学技术出版社.

陈宜瑜，1998. 中国动物志 硬骨鱼纲鲤形目（中卷）[M]. 北京：科学出版社.

重庆南川区环境保护局，2010. 重庆金佛山生物资源名录[M]. 重庆：西南师范大学出版社.（文中第 65 页）

褚新洛，郑葆珊，戴定远，1991. 中国动物志：硬骨鱼纲鲇形目[M]. 北京：科学出版社.

戴亚南，2002. 金佛山保护区生物多样性及其保护浅析[J]. 热带地理，22（3）：279-282.（文中第 62 页）

丁瑞华，1994. 四川费粱鱼类志[M]. 成都：四川科学技术出版社.

费梁，胡淑琴，叶昌嫒，等，2006. 中国动物志 两栖纲（上卷）[M]. 北京：科学出版社.

费梁，胡淑琴，叶昌嫒，等，2009. 中国动物志 两栖纲（下卷）[M]. 北京：科学出版社.

费梁，胡淑琴，叶昌嫒，等，2009. 中国动物志 两栖纲（中卷）[M]. 北京：科学出版社.

费梁，叶昌嫒，黄永昭，等，2005. 中国两栖动物检索及图解[M]. 成都：四川科学技术出版社.

费梁，叶昌嫒，江建平，2012. 中国两栖动物及其分布彩色图鉴[M]. 成都：四川科学技术出版社.

费梁，叶昌嫒，2001. 四川两栖类原色图鉴[M]. 北京：中国林业出版社.

国家林业局，2000. 国家保护的有益的或者有重要经济、科学价值的陆生野生动物名录[J]. 野生动物，21（5）：49-82.

胡淑琴，杨抚华，1960. 金佛山两栖类动物初步调查报告[J]. 动物学杂志，（6）：18-25.（文中第 65 页）

华惠伦，殷静雯，1993. 中国保护动物[M]. 上海：上海科技教育出版社.

环境保护部，中国科学院，2015. 中国生物多样性红色名录—脊椎动物卷[R].

乐佩琦，陈宜瑜，1998. 中国濒危动物红皮书 鱼类[M]. 北京：科学出版社.

乐佩琦，2000. 中国动物志 硬骨鱼纲 鲤形目（下卷）[M]. 北京：科学出版社.

李桂垣，1993. 四川鸟类原色图鉴[M]. 北京：中国林业出版社.

李宏群，刘晓莉，2010. 重庆市金佛山自然保护区两栖爬行动物资源调查[J]. 安徽农业科学，38（5）：2391-2392.（文中第 65 页）

刘丛群，蒲盛才，2009. 金佛山动植物资源及保护[J]. 重庆工商大学学报（自然科学版），26（2）：132-136.（第 60 页）

马建伦，谢章桂，2006. 金佛山国家级自然保护区综合考察初报[J]. 重庆林业科技，（2）：25-30.（文中第 62 页）

慕泽泾，张含藻，谭杨梅，等，2012. 金佛山药用两栖类资源调查[J]. 中国现代中药，14（6）：16-19.（文中第 65 页）

潘清华，王应祥，岩崑，2007. 中国哺乳动物彩色图鉴[M]. 北京：中国林业出版社.

曲利明，2013. 中国鸟类图鉴（第一册）[M]. 福州：海峡书局.

曲利明，2013. 中国鸟类图鉴（第二册）[M]. 福州：海峡书局.

曲利明，2013. 中国鸟类图鉴（第三册）[M]. 福州：海峡书局.

盛和林，大泰司纪之，陆厚基，1999. 中国野生哺乳动物[M]. 北京：中国林业出版社.

Smith A T，解炎，2009. 中国兽类野外手册[M]. 长沙：湖南教育出版社.

汪松，解焱，2009. 中国物种红色名录[M]. 北京：高等教育出版社.

汪松，1998. 中国濒危动物红皮书：兽类[M]. 北京：科学出版社.

王酉之，胡锦矗，1999. 四川兽类原色图鉴[M]. 北京：中国林业出版社.

伍汉霖，钟俊生，2008. 中国动物志 硬骨鱼纲鲈形目（五）虾虎鱼亚目[M]. 北京：科学出版社.

杨奇森，岩崑，2007. 中国兽类彩色图鉴[M]. 北京：科学出版社.

叶昌媛，费梁，胡淑琴，1993. 中国珍稀及经济两栖动物[M]. 成都：四川科学技术出版社.

约翰·马敬能，卡伦·菲利普斯，何芬奇，2000. 中国鸟类野外手册[M]. 长沙：湖南教育出版社.

张荣祖，2011. 中国动物地理（第二版）[M]. 北京：科学出版社.

赵尔宓，1998. 中国濒危动物红皮书：两栖类和爬行类[M]. 北京：科学出版社.

赵尔宓，2003. 四川爬行类原色图鉴[M]. 北京：中国林业出版社.

赵尔宓，2006. 中国蛇类（上下册）[M]. 合肥：安徽科学技术出版社.

张含藻，刘正宇，胡周强，等，1992. 金佛山自然保护区首次发现白颊黑叶猴[J]. 四川动物，（4）：34.（文中第67页）

郑光美，王岐山，1998. 中国濒危动物红皮书：鸟类[M]. 北京：科学出版社.

郑光美，2011. 中国鸟类分类与分布名录（第二版）[M]. 北京：科学出版社.

朱艳军，陈卓，常利明，2015. 重庆市发现宜章臭蛙[J]. 动物学杂志，50（6）：969-973.（文中第65页）

中国野生动物保护协会，1995. 中国鸟类图鉴[M]. 郑州：河南科学技术出版社.

中国野生动物保护协会，1999. 中国两栖动物图鉴[M]. 郑州：河南科学技术出版社.

中国野生动物保护协会，2002. 中国爬行动物图鉴[M]. 郑州：河南科学技术出版社.

中国野生动物保护协会，2005. 中国哺乳动物图鉴[M]. 郑州：河南科学技术出版社.

附表 1　重庆金佛山国家级自然保护区植物名录

附表 1.1　重庆金佛山国家级自然保护区大型真菌名录

序号	目名	目拉丁名	科名	科拉丁名	中文名	学名
一				子囊菌门 Ascomycota		
1	煤炱目	Capnodiales	煤炱科	Capnodiaceae	海绵胶煤炱菌	*Scorias spongiosa*（Schwein.）Fr.
2	肉座菌目	Hypocreales	虫草科	Cordycipitaceae	辛克莱虫草	*Cordyceps kobayasii* Koval
3	肉座菌目	Hypocreales	虫草科	Cordycipitaceae	凉山虫草	*Cordyceps liangshanensis* M. Zang，D. Liu & R. Hu
4	肉座菌目	Hypocreales	线虫草科	Ophiocordycipitaceae	蜂头虫草	*Ophiocordyceps sphecocephala*（Klotzsch ex Berk.）G.H. Sung，J.M. Sung，Hywel-Jones & Spatafora
5	斑痣盘菌目	Rhytismatales	地锤菌科	Cudoniaceae	黄地勺菌	*Spathularia flavida* Pers.
6	炭角菌目	Xylariales	炭角菌科	Xylariaceae	黑轮层炭壳	*Daldinia concentrica*（Bolt.）Ces. et De Not.
7	炭角菌目	Xylariales	炭角菌科	Xylariaceae	多形炭角菌	*Xylaria polymorpha*（Pers.）Grev.
8	炭角菌目	Xylariales	炭角菌科	Xylariaceae	笔状炭角菌	*Xylaria sanchezii* Lloyd
9	盘菌目	Pezizales	马鞍菌科	Helvellaceae	碟形马鞍菌	*Helvella acetabulum*（L.）Quél.
10	盘菌目	Pezizales	马鞍菌科	Helvellaceae	棱柄马鞍菌	*Helvella lacunosa* Afzel.
11	盘菌目	Pezizales	羊肚菌科	Morchellaceae	羊肚菌	*Morehella esculenta*（L.）Pers.
12	盘菌目	Pezizales	根盘菌科	Rhizinaceae	波状根盘菌	*Rhizina undulata* Fr.
13	盘菌目	Pezizales	核盘菌科	Sclerotiniaceae	橙红二头孢盘菌	*Dicephalospora rufocornea*（Berk.& Broome）Spooner
14	盘菌目	Pezizales	盘菌科	Pezizaceae	茶褐盘菌	*Peziza praetervisa* Bres.
15	盘菌目	Pezizales	盘菌科	Pezizaceae	泡质盘菌	*Peziza vesicalosa* Bull.
16	盘菌目	Pezizales	盘菌科	Pezizaceae	紫星裂盘菌	*Sarcosphaera coronaria*（Jacq.）J. Schröt.
17	盘菌目	Pezizales	火丝菌科	Pyronemataceae	橙黄网孢盘菌	*Aleuria aurantia*（Pers.）Fuckel
18	盘菌目	Pezizales	火丝菌科	Pyronemataceae	粪缘刺盘菌	*Cheilymenia fimicola*（Bagl.）Dennis
19	盘菌目	Pezizales	火丝菌科	Pyronemataceae	红毛盾盘菌	*Scutellinia scutellata*（L.）Lambotte
20	盘菌目	Pezizales	肉杯菌科	Sarcoscyphaceae	小红肉杯菌	*Sarcoscypha occidentalis*（Schw.）Sacc.
二				担子菌门 Basidiomycota		
1	伞菌目	Agaricales	伞菌科	Agaricaceae	野蘑菇	*Agaricus arvensis* Schaeff.
2	伞菌目	Agaricales	伞菌科	Agaricaceae	假环柄蘑菇	*Agaricus lepiotiformis* Yu Li
3	伞菌目	Agaricales	伞菌科	Agaricaceae	林地蘑菇	*Agaricus silvaticus* Schaeff.
4	伞菌目	Agaricales	伞菌科	Agaricaceae	头状秃马勃	*Calvatia craniiformis*（Schw.）Fr.
5	伞菌目	Agaricales	伞菌科	Agaricaceae	灰盖鬼伞	*Coprinopsis cinerea*（Schaeff.）Redhead，Vilgalys & Moncalvo
6	伞菌目	Agaricales	伞菌科	Agaricaceae	毛头鬼伞	*Coprinus comatus*（O.F. Müll.）Pers.
7	伞菌目	Agaricales	伞菌科	Agaricaceae	小射纹鬼伞	*Coprinopsis patouillardii*（Quél.）G. Moreno
8	伞菌目	Agaricales	伞菌科	Agaricaceae	褶纹鬼伞	*Coprinus plicatilis*（Curtis）Fr.
9	伞菌目	Agaricales	伞菌科	Agaricaceae	乳白蛋巢菌	*Crucibulum laeve*（Huds.）Kambly
10	伞菌目	Agaricales	伞菌科	Agaricaceae	纯黄白鬼伞	*Leucocoprinus birnbaumii*（Corda）Singer
11	伞菌目	Agaricales	伞菌科	Agaricaceae	网纹马勃	*Lycoperdon perlatum* Pers.

续表

序号	目名	目拉丁名	科名	科拉丁名	中文名	学名
二						担子菌门 Basidiomycota
12	伞菌目	Agaricales	伞菌科	Agaricaceae	小马勃	*Lycoperdon pusillum* Batsch
13	伞菌目	Agaricales	伞菌科	Agaricaceae	梨形马勃	*Lycoperdon pyriforme* Schaeff.
14	伞菌目	Agaricales	伞菌科	Agaricaceae	长柄梨形马勃	*Lycoperdon pyriforme* var. *excipuliforme* Desm.
15	伞菌目	Agaricales	鹅膏菌科	Amanitaceae	毛柄白毒伞	*Amanita berkeleyi*（Hook. f.）Bas
16	伞菌目	Agaricales	鹅膏菌科	Amanitaceae	橙黄鹅膏	*Amanita citrina* Pers.
17	伞菌目	Agaricales	鹅膏菌科	Amanitaceae	格纹鹅膏	*Amanita fritillaria*（Berk.）Sacc.
18	伞菌目	Agaricales	鹅膏菌科	Amanitaceae	隐花青鹅膏菌	*Amanita manginiana* Pat. et Har.
19	伞菌目	Agaricales	鹅膏菌科	Amanitaceae	豹斑毒鹅膏菌	*Amanita pantherina*（DC.）Krombh.
20	伞菌目	Agaricales	鹅膏菌科	Amanitaceae	灰鹅膏	*Amanita vaginata*（Bull.）Lam.
21	伞菌目	Agaricales	球柄菌科	Bolbitiaceae	石灰锥盖伞	*Conocybe siliginea*（Fr.）Kühner
22	伞菌目	Agaricales	珊瑚菌科	Clavariaceae	脆珊瑚菌	*Clavaria fragilis* Holmsk.
23	伞菌目	Agaricales	丝膜菌科	Cortinariaceae	长腿丝膜菌	*Cortinarius longipes* Peck
24	伞菌目	Agaricales	囊韧革菌科	Cystostereaceae	黑紫粉褶菌	*Rhodophyllus ater* Hongo
25	伞菌目	Agaricales	囊韧革菌科	Cystostereaceae	方孢粉褶菌	*Rhodophyllus murrayi*（Berk. & M.A. Curtis）Singer
26	伞菌目	Agaricales	牛排菌科	Fistulinaceae	牛排菌	*Fistulina hepatica*（Schaeff.）With.
27	伞菌目	Agaricales	轴腹菌科	Hydnangiaceae	紫蜡蘑	*Laccaria amethystea* Cooke
28	伞菌目	Agaricales	轴腹菌科	Hydnangiaceae	红蜡蘑	*Laccaria laccata*（Scop.）Cooke
29	伞菌目	Agaricales	蜡伞科	Hygrophoraceae	变黑蜡伞	*Hygrophorus conicus*（Schaeff.）Fr.
30	伞菌目	Agaricales	丝盖菇科	Inocybaceae	粘锈耳	*Crepidotus mollis*（Schaeff.）Staude
31	伞菌目	Agaricales	离褶伞科	Lyophyllaceae	根白蚁伞	*Termitomyces eurrhizus*（Berk.）R. Heim
32	伞菌目	Agaricales	小皮伞科	Marasmiaceae	脉褶菌	*Campanella junghuhnii*（Mont.）Singer
33	伞菌目	Agaricales	小皮伞科	Marasmiaceae	栎裸柄伞	*Gymnopus dryophilus*（Bull.）Murrill
34	伞菌目	Agaricales	小皮伞科	Marasmiaceae	臭裸柄伞	*Gymnopus perforans*（Bolton）Gray
35	伞菌目	Agaricales	小皮伞科	Marasmiaceae	安络小皮伞	*Marasmius androsaceus*（L.）Fr.
36	伞菌目	Agaricales	小皮伞科	Marasmiaceae	乳白黄小皮伞	*Marasmius bekolacongoli* Beeli
37	伞菌目	Agaricales	小皮伞科	Marasmiaceae	叶生皮伞	*Marasmius epiphyllus*（Pers.）Fr.
38	伞菌目	Agaricales	小皮伞科	Marasmiaceae	绒柄小皮伞	*Marasmius confluens*（Pers.）P. Karst.
39	伞菌目	Agaricales	小皮伞科	Marasmiaceae	紫红小皮伞	*Marasmius pulcherripes* Peck
40	伞菌目	Agaricales	小皮伞科	Marasmiaceae	干小皮伞	*Marasmius siccus*（Schwein.）Fr.
41	伞菌目	Agaricales	小伞科	Mycenaceae	日本胶孔菌	*Favolaschia nipponica* Kobayasi
42	伞菌目	Agaricales	小伞科	Mycenaceae	浅灰色小菇	*Mycena leptocephala*（Pers.）Gillet
43	伞菌目	Agaricales	小伞科	Mycenaceae	洁小菇	*Mycena prua*（Pers.）P. Kumm.
44	伞菌目	Agaricales	小伞科	Mycenaceae	鳞皮扇菇	*Panellus stipticus*（Bull.）P. Karst.
45	伞菌目	Agaricales	侧耳科	Pleurotaceae	糙皮侧耳	*Pleurotus ostreatus*（Jacq.）Kumm..
46	伞菌目	Agaricales	侧耳科	Pleurotaceae	白黄侧耳	*Pleurotus cornucopiae*（Paulet）Rolland
47	伞菌目	Agaricales	膨瑚菌科	Physalacriaceae	蜜环菌	*Armillariella mellea*（Vahl）P. Kumm.
48	伞菌目	Agaricales	膨瑚菌科	Physalacriaceae	假蜜环菌	*Armillariella tabescens*（Scop.）Singer
49	伞菌目	Agaricales	膨瑚菌科	Physalacriaceae	毛柄金钱菌	*Flammulina velutipes*（Curtis）Singer
50	伞菌目	Agaricales	膨瑚菌科	Physalacriaceae	鳞柄小奥德蘑	*Oudemansiella furfuracea*（Peck）Zhu L. Yang et al.

序号	目名	目拉丁名	科名	科拉丁名	中文名	学名
二				担子菌门 Basidiomycota		
51	伞菌目	Agaricales	脆柄菇科	Psathyrellaceae	假小鬼伞	*Coprinellus disseminatus*（Pers.）J.E.Lange
52	伞菌目	Agaricales	脆柄菇科	Psathyrellaceae	晶粒小鬼伞	*Coprinellus micaceus*（Bull.）Fr.
53	伞菌目	Agaricales	脆柄菇科	Psathyrellaceae	辐毛小鬼伞	*Coprinellus radians*（Desm.）Vilgalys
54	伞菌目	Agaricales	脆柄菇科	Psathyrellaceae	绒毛鬼伞	*Lacrymaria lacrymabunda*（Bull.）Pat.
55	伞菌目	Agaricales	脆柄菇科	Psathyrellaceae	黄白小脆柄菇	*Psathyrella candolleana*（Fr.）G. Bertrand
56	伞菌目	Agaricales	裂褶菌科	Schizophyllaceae	裂褶菌	*Schizophyllum commne* Fr.
57	伞菌目	Agaricales	球盖菇科	Strophariaceae	绿褐裸伞	*Gymnopilus aeruginosus*（Peck）Singer
58	伞菌目	Agaricales	球盖菇科	Strophariaceae	桔黄裸伞	*Gymnopilus spectabilis*（Fr.）Singer
59	伞菌目	Agaricales	球盖菇科	Strophariaceae	土黄韧伞	*Naematoloma gracile* Hongo
60	伞菌目	Agaricales	球盖菇科	Strophariaceae	铜绿球盖菇	*Stropharia aeruginosa*（Curtis）Quél.
61	伞菌目	Agaricales	塔氏菌科	Tapinellaceae	黑毛小塔氏菌	*Tapinella atrotomentosa*（Batsch）Šutara
62	伞菌目	Agaricales	口蘑科	Tricholomataceae	花脸香蘑	*Lepista sordida*（Schum.）Singer
63	木耳目	Auriculariales	木耳科	Auriculariaceae	木耳	*Auricularia auricula-judae*（Bull.）Quél.
64	木耳目	Auriculariales	木耳科	Auriculariaceae	皱木耳	*Auricularia delicate*（Fr.）Henn.
65	木耳目	Auriculariales	木耳科	Auriculariaceae	毛木耳	*Auricularia polytricha*（Mont.）Sacc.
66	木耳目	Auriculariales	木耳科	Auriculariaceae	银白木耳	*Auricularia polytricha* var. *argentea* Zhao et Wang
67	木耳目	Auriculariales	木耳科	Auriculariaceae	黑胶耳	*Exidia glandulosa*（Bull.）Fr.
68	木耳目	Auriculariales	木耳科	Auriculariaceae	胶质刺银耳	*Pseudohydnum gelatinosum*（Scop.）P. Karst.
69	牛肝菌目	Boletales	牛肝菌科	Boletaceae	凤梨条孢牛肝菌	*Boletellus ananas*（M. A. Curtis）Murrill
70	牛肝菌目	Boletales	牛肝菌科	Boletaceae	美味牛肝菌	*Boletus edulis* Bull.
71	牛肝菌目	Boletales	牛肝菌科	Boletaceae	褶孔牛肝菌	*Phylloporus rhodoxanthus*（Schw.）Bres
72	牛肝菌目	Boletales	牛肝菌科	Boletaceae	黄粉牛肝菌	*Pulveroboletus ravenelii*（Berk. & M. A. Curtis）Murrill
73	牛肝菌目	Boletales	牛肝菌科	Boletaceae	松塔牛肝菌	*Strobilomyces strobilaceus*（Scop.）Berk.
74	牛肝菌目	Boletales	牛肝菌科	Boletaceae	砖红绒盖牛肝菌	*Xerocomus spadiceus*（Fr.）Quél.
75	牛肝菌目	Boletales	硬皮马勃科	Sclerodermataceae	橙黄硬皮马勃	*Scleroderma citrinum* Pers.
76	牛肝菌目	Boletales	蛇革菌科	Serpulaceae	伏果干腐菌	*Serpula lacrymans*（Wulfen）J. Schrot.
77	牛肝菌目	Boletales	乳牛肝菌科	Suillaceae	粘盖乳牛肝菌	*Suillus bovinus*（Pers.）Roussel
78	鸡油菌目	Cantharellales	鸡油菌科	Cantharellaceae	小鸡油菌	*Cantharellus minor* Peck
79	花耳目	Dacrymycetales	花耳科	Dacrymycetaceae	胶角耳	*Calocera cornea*（Batsch）Fr.
80	花耳目	Dacrymycetales	花耳科	Dacrymycetaceae	掌状花耳	*Dacrymyces palmatus*（Schw.）Burt
81	花耳目	Dacrymycetales	花耳科	Dacrymycetaceae	桂花耳	*Guepinia spathularia*（Schw.）Fr.
82	地星目	Geastrales	地星科	Geastraceae	尖顶地星	*Geastrum triplex* Jungh.
83	钉菇目	Gomphales	钉菇科	Gomphaceae	红顶枝瑚菌	*Ramaria botrytoides*（Peck）Corner
84	钉菇目	Gomphales	钉菇科	Gomphaceae	密枝瑚菌	*Ramaria stricta*（Pers.）Quél.
85	钉菇目	Gomphales	钉菇科	Gomphaceae	粉红枝瑚菌	*Ramaria formosa*（Pers.）Quél.
86	刺革菌目	Hymenochaetales	刺革菌科	Hymenochaetaceae	肉桂色集毛菌	*Coltricia cinnamomea*（Jacq.）Murrill
87	刺革菌目	Hymenochaetales	刺革菌科	Hymenochaetaceae	环孔菌	*Cycloporus greenei*（Berk.）Murrill
88	刺革菌目	Hymenochaetales	刺革菌科	Hymenochaetaceae	红锈刺革菌	*Hymenochaete mougeotii*（Fr.）Cooke

续表

序号	目名	目拉丁名	科名	科拉丁名	中文名	学名
二						担子菌门 Basidiomycota
89	刺革菌目	Hymenochaetales	刺革菌科	Hymenochaetaceae	平滑木层孔菌	*Phellinus laevigatus*（Fr.）Bourdot & Galzin
90	刺革菌目	Hymenochaetales	裂孔菌科	Schizoporaceae	奇形产丝齿菌	*Hyphodontia paradoxa*（Schrad.）Langer & Vesterh.
91	鬼笔目	Phallales	鬼笔科	Phallaceae	长裙竹荪	*Dictyophora indusiata*（Vent.）Desv.
92	鬼笔目	Phallales	鬼笔科	Phallaceae	棱柱散尾鬼笔	*Lysurus mokusin*（L.）Fr.
93	鬼笔目	Phallales	鬼笔科	Phallaceae	安顺假笼头菌	*Pseudoclathrus anshunensis* W. Zhou & K.Q. Zhang
94	鬼笔目	Phallales	鬼笔科	Phallaceae	红鬼笔	*Phallus rubicundus*（Bosc）Fr.
95	红菇目	Russulales	耳匙菌科	Auriscalpiaceae	耳匙菌	*Auriscalpium vulgare* Gray
96	红菇目	Russulales	齿菌科	Hydnaceae	白齿菌	*Hydnum repandum* var. *album*（Quél.）Rea
97	红菇目	Russulales	红菇科	Russulaceae	松乳菇	*Lactarius deliciosus*（L.）Gary
98	红菇目	Russulales	红菇科	Russulaceae	白乳菇	*Lactarius piperatus*（L.）Pers.
99	红菇目	Russulales	红菇科	Russulaceae	美味红菇（大白菇）	*Russula delica* Fr.
100	红菇目	Russulales	红菇科	Russulaceae	毒红菇	*Russula emetica*（Schaeff.）Pers.
101	红菇目	Russulales	红菇科	Russulaceae	臭黄菇	*Russula foetens* Pers.
102	红菇目	Russulales	红菇科	Russulaceae	稀褶黑菇（黑红菇）	*Russula nigricans* Fr.
103	红菇目	Russulales	红菇科	Russulaceae	绿菇	*Russula virescens*（Schaeff.）Fr.
104	红菇目	Russulales	韧革菌科	Stereaceae	粗毛韧革菌	*Stereum hirsutum*（Willid.）Pers.
105	红菇目	Russulales	韧革菌科	Stereaceae	金丝趋木革菌	*Xylobolus spectabilis*（Klotzsch）Boidin
106	银耳目	Tremellales	银耳科	Tremellaceae	金耳	*Tremella aurantia* Schw.
107	银耳目	Tremellales	银耳科	Tremellaceae	黄银耳	*Tremella mesenterica* Retz.
108	银耳目	Tremellales	银耳科	Tremellaceae	银耳	*Tremella fuciformis* Berk.
109	多孔菌目	Polyporales	拟层孔菌科	Fomitopsidaceae	硫磺菌	*Laetiporus sulphureus*（Bull.）Murrill
110	多孔菌目	Polyporales	拟层孔菌科	Fomitopsidaceae	紫褐黑孔菌	*Nigroporus vinosus*（Berk.）Murrill
111	多孔菌目	Polyporales	拟层孔菌科	Fomitopsidaceae	血红密孔菌	*Pycnoporus sanguineus*（L.）Murrill
112	多孔菌目	Polyporales	灵芝科	Ganodermataceae	树舌灵芝	*Ganoderma applanatum*（Pers.）Pat.
113	多孔菌目	Polyporales	灵芝科	Ganodermataceae	灵芝	*Ganoderma lucidum*（W. Curtis.: Fr.）P. Karst.
114	多孔菌目	Polyporales	干朽菌科	Meruliaceae	亚黑管孔菌	*Bjerkandera fumosa*（Pers.: Fr.）Karst.
115	多孔菌目	Polyporales	多孔菌科	Polyporaceae	淡黄粗毛盖孔菌	*Funalia cervina*（Schwein.: Fr.）Y. C. Dai
116	多孔菌目	Polyporales	多孔菌科	Polyporaceae	毛蜂窝菌	*Hexagonia apiaria*（Pers.）Fr.
117	多孔菌目	Polyporales	多孔菌科	Polyporaceae	香菇	*Lentinus edodes*（Berk.）Pegler
118	多孔菌目	Polyporales	多孔菌科	Polyporaceae	翘鳞韧伞	*Lentinus squarrosulus* Mont.
119	多孔菌目	Polyporales	多孔菌科	Polyporaceae	奇异脊革菌	*Lopharia mirabilis*（Berk. & Broome）Pat.
120	多孔菌目	Polyporales	多孔菌科	Polyporaceae	褐扇小孔菌	*Microporus vernicipes*（Berk.）Kuntze
121	多孔菌目	Polyporales	多孔菌科	Polyporaceae	大革耳	*Panus giganteus*（Berk.）Corner
122	多孔菌目	Polyporales	多孔菌科	Polyporaceae	漏斗棱孔菌	*Polyporus arcularius* Batsch: Fr.
123	多孔菌目	Polyporales	多孔菌科	Polyporaceae	黄多孔菌	*Polyporus leptocephalus*（Jacq.）Fr.
124	多孔菌目	Polyporales	多孔菌科	Polyporaceae	桑多孔菌	*Polyporus mori*（Pollini）Fr.
125	多孔菌目	Polyporales	多孔菌科	Polyporaceae	宽鳞多孔菌	*Polyporus squamosus*（Huds.）Fr.
126	多孔菌目	Polyporales	多孔菌科	Polyporaceae	云芝栓孔菌	*Trametes versicolor*（L.）Lloyd
127	多孔菌目	Polyporales	多孔菌科	Polyporaceae	冷杉附毛孔菌	*Trichaptum abietinum*（Dicks.）Ryvarden
128	多孔菌目	Polyporales	多孔菌科	Polyporaceae	蹄形干酪菌	*Tyromyces lacteus*（Fr.）Murrill

附表 1.2　重庆金佛山国家级自然保护区维管植物名录

科名	科拉丁名	物种名	学名	生活型	数据来源	药用	观赏	食用	蜜源	工业原料
蕨类植物 PTERIDOPHYTA											
松叶蕨科	Psilotaceae	松叶蕨	*Psilotum nudum*（L.）Beauv.	草本	2	+				
石杉科	Huperziaceae	皱边石杉	*Huperzia crispata*（Ching ex H. S. Kung）Ching	草本	2					
石杉科	Huperziaceae	南川石杉	*Huperzia nanchuanensis*（Ching et H. S. Kung）Ching et H. S. Kung	草本	2					
石杉科	Huperziaceae	蛇足石杉	*Huperzia serrata*（Thunb. ex Murray）Trev.	草本	2					
石杉科	Huperziaceae	四川石杉	*Huperzia sutchueniana*（Hert.）Ching	草本	2					
石杉科	Huperziaceae	金丝条马尾杉	*Phlegmariurus fargesii*（Hert.）Ching	草本	2					
石杉科	Huperziaceae	闽浙马尾杉	*Phlegmariurus minchegensis*（Ching）L. B. Zhang	草本	2					
石杉科	Huperziaceae	有柄马尾杉	*Phlegmariurus petiolatus*（C. B. Clarke）H. S. Kung et L. B. Zhang	草本	2					
石松科	Lycopodiaceae	扁枝石松	*Diphasiastrum complanatum*（L.）Holub	草本	2	+	+			
石松科	Lycopodiaceae	藤石松	*Lycopodiastrum casuarinoides*（Spring）Holub ex Dixit	草本	2	+	+			
石松科	Lycopodiaceae	多穗石松	*Lycopodium annotinum* L.	草本	2	+	+			
石松科	Lycopodiaceae	石松	*Lycopodium japonicum* Thunb. ex Murray	草本	2	+	+			
石松科	Lycopodiaceae	笔直石松	*Lycopodium obscurum* L.	草本	2	+	+			
石松科	Lycopodiaceae	毛枝垂穗石松	*Palhinhaea cernua*（L.）Vasc. et Franco f. *sikkimensis*（Mueller）H. S. Kung	草本	2					
石松科	Lycopodiaceae	垂穗石松	*Palhinhaea cernua*（L.）Vasc. et Franco	草本	1	+	+			
卷柏科	Selaginellaceae	大叶卷柏	*Selaginella bodinieri* Hieron.	草本	2					
卷柏科	Selaginellaceae	布朗卷柏	*Selaginella braunii* Baker	草本	2					
卷柏科	Selaginellaceae	蔓出卷柏	*Selaginella davidii* Franch.	草本	2					
卷柏科	Selaginellaceae	澜沧卷柏	*Selaginella davidii* Franch. ssp. *gebaueriana*（Hand.-Mazz.）X. C. Zhang	草本	2					
卷柏科	Selaginellaceae	薄叶卷柏	*Selaginella delicatula*（Desv.）Alston	草本	1					
卷柏科	Selaginellaceae	深绿卷柏	*Selaginella doederleinii* Hieron.	草本	2					
卷柏科	Selaginellaceae	异穗卷柏	*Selaginella heterostachys* Baker	草本	2					
卷柏科	Selaginellaceae	兖州卷柏	*Selaginella involvens*（Sw.）Spring	草本	2					
卷柏科	Selaginellaceae	细叶卷柏	*Selaginella labordei* Heron. ex Christ	草本	2					
卷柏科	Selaginellaceae	江南卷柏	*Selaginella moellendorffii* Hieron.	草本	1					
卷柏科	Selaginellaceae	伏地卷柏	*Selaginella nipponica* Franch. et Sav.	草本	2					
卷柏科	Selaginellaceae	垫状卷柏	*Selaginella pulvinata*（Hook. et Grev.）Maxim.	草本	1					
卷柏科	Selaginellaceae	疏叶卷柏	*Selaginella remotifolia* Spring	草本	1					
卷柏科	Selaginellaceae	红枝卷柏	*Selaginella sanguinolenta*（L.）Spring	草本	2					
卷柏科	Selaginellaceae	卷柏	*Selaginella tamariscina*（P. Beauv.）Spring	草本	1					
卷柏科	Selaginellaceae	翠云草	*Selaginella uncinata*（Desv.）Spring	草本	1	+	+			
卷柏科	Selaginellaceae	鞘舌卷柏	*Selaginella vaginata* Spring	草本	2					
木贼科	Equisetaceae	问荆	*Equisetum arvense* L.	草本	1					
木贼科	Equisetaceae	披散木贼	*Equisetum diffusum* D. Don	草本	1					
木贼科	Equisetaceae	犬问荆	*Equisetum palustre* L.	草本	1					
木贼科	Equisetaceae	节节草	*Equisetum ramosissimum* Desf.	草本	1					
木贼科	Equisetaceae	笔管草	*Equisetum ramosissimum* Desf. ssp. *debile*（Roxb. ex Vauch.）Hauke	草本	1					
阴地蕨科	Botrychiaceae	蕨萁	*Botrychium virginianum*（L.）Sw.	草本	1					

科名	科拉丁名	物种名	学名	生活型	数据来源	药用	观赏	食用	蜜源	工业原料
蕨类植物 PTERIDOPHYTA										
阴地蕨科	Botrychiaceae	下延阴地蕨	*Botrychium decurrens* Ching	草本	2					
阴地蕨科	Botrychiaceae	劲直阴地蕨	*Botrychium strictum* Underw.	草本	2					
阴地蕨科	Botrychiaceae	药用阴地蕨	*Botrychium officinale* Ching	草本	2					
阴地蕨科	Botrychiaceae	阴地蕨	*Botrychium ternatum*（Thunb.）Sw.	草本	1					
瓶尔小草科	Ophioglossaceae	裸茎瓶尔小草	*Ophioglossum nudicaule* L. f.	草本	2	+				
瓶尔小草科	Ophioglossaceae	心脏叶瓶尔小草	*Ophioglossum reticulatum* L.	草本	2	+				
瓶尔小草科	Ophioglossaceae	瓶尔小草	*Ophioglossum vulgatum* L.	草本	1	+				
观音座莲科	Angiopteridaceae	福建观音座莲	*Angiopteris fokiensis* Hieron.	草本	2					
紫萁科	Osmundaceae	分株紫萁	*Osmunda cinnamomea* L.	草本	2					
紫萁科	Osmundaceae	绒紫萁	*Osmunda claytoniana* L.	草本	2					
紫萁科	Osmundaceae	紫萁	*Osmunda japonica* Thunb.	草本	2		+			
紫萁科	Osmundaceae	华南紫萁	*Osmunda vachellii* Hook.	草本	2		+			
瘤足蕨科	Plagiogyriaceae	峨眉瘤足蕨	*Plagiogyria assurgens* Christ	草本	2					
瘤足蕨科	Plagiogyriaceae	华中瘤足蕨	*Plagiogyria euphlebia*（Kunze）Mett.	草本	2					
瘤足蕨科	Plagiogyriaceae	华东瘤足蕨	*Plagiogyria japonica* Nakai	草本	2					
瘤足蕨科	Plagiogyriaceae	镰叶瘤足蕨	*Plagiogyria adnata*（Blume）Bedd.	草本	2					
瘤足蕨科	Plagiogyriaceae	耳形瘤足蕨	*Plagiogyria stenoptera*（Hance）Diels	草本	2					
里白科	Gleicheniaceae	芒萁	*Dicranopteris pedata*（Houtt.）Nakaike	草本	1					
里白科	Gleicheniaceae	中华里白	*Hicriopteris chinensis*（Rosenst.）Ching	草本	2					
里白科	Gleicheniaceae	里白	*Hicriopteris glauca*（Thunb.）Ching	草本	1					
里白科	Gleicheniaceae	光里白	*Hicriopteris laevissima*（Christ）Ching	草本	2					
海金沙科	Lygodiaceae	海金沙	*Lygodium japonicum*（Thunb.）Sw.	草本	1	+				
膜蕨科	Hymenophyllaceae	翅柄假脉蕨	*Crepidomanes latealatam*（V. d. B.）lop.	草本	2					
膜蕨科	Hymenophyllaceae	峨眉假脉蕨	*Crepidomanes omeiense* Ching et Chiu	草本	2					
膜蕨科	Hymenophyllaceae	团扇蕨	*Gonocormus minutus*（Bl.）v. d. B.	草本	1					
膜蕨科	Hymenophyllaceae	华东膜蕨	*Hymenophyllum barbatum*（v. d. B.）Hk. et Bak.	草本	2					
膜蕨科	Hymenophyllaceae	顶果膜蕨	*Hymenophyllum khasyanum* Hk. et Bak	草本	2					
膜蕨科	Hymenophyllaceae	峨眉膜蕨	*Hymenophyllum omeiense* Christ	草本	2					
膜蕨科	Hymenophyllaceae	小果蕗蕨	*Mecodium polyanthos*（Sw.）Copel.	草本	2					
膜蕨科	Hymenophyllaceae	瓶蕨	*Vandenboschia auriculata*（Bl.）Cop.	草本	1					
膜蕨科	Hymenophyllaceae	管苞瓶蕨	*Vandenboschia birmanica*（Bedd.）Ching	草本	2					
膜蕨科	Hymenophyllaceae	华东瓶蕨	*Vandenboschia orientalis*（C. Chr.）Ching	草本	2					
膜蕨科	Hymenophyllaceae	南海瓶蕨	*Vandenboschia naseana*（Christ）Ching	草本	2					
膜蕨科	Hymenophyllaceae	漏斗瓶蕨	*Vandenboschia radicans*（Sw.）Cop.	草本	2					
桫椤科	Cyatheaceae	粗齿桫椤	*Alsophila denticulata* Bak.	草本	2					
桫椤科	Cyatheaceae	小黑桫椤	*Alsophila metteniana* Hance	草本	2					
稀子蕨科	Monachosoraceae	尾叶稀子蕨	*Monachosorum flagellare*（Maxim.）Hay.	草本	2					
姬蕨科	Dennstaedtiaceae	顶生碗蕨	*Dennstaedtia appendiculata*（Wall.）J. Sm.	草本	2					
姬蕨科	Dennstaedtiaceae	细毛碗蕨	*Dennstaedtia pilosella*（HK.）Ching	草本	1					

科名	科拉丁名	物种名	学名	生活型	数据来源	药用	观赏	食用	蜜源	工业原料
			蕨类植物 PTERIDOPHYTA							
姬蕨科	Dennstaedtiaceae	碗蕨	*Dennstaedtia scabra*（Wall.）Moore	草本	2					
姬蕨科	Dennstaedtiaceae	光叶碗蕨	*Dennstaedtia scabra*（Wall.）Moore var. *glabrescens*（Ching）C. Chr.	草本	2					
姬蕨科	Dennstaedtiaceae	溪洞碗蕨	*Dennstaedtia wilfordii*（Moore）Christ	草本	2					
姬蕨科	Dennstaedtiaceae	光盖鳞盖蕨	*Microlepia glabra* Ching	草本	1					
姬蕨科	Dennstaedtiaceae	边缘鳞盖蕨	*Microlepia marginata*（Houtt.）C. Chr.	草本	1					
姬蕨科	Dennstaedtiaceae	假粗毛鳞盖蕨	*Microlepia pseudo-strigosa* Makino	草本	2					
姬蕨科	Dennstaedtiaceae	粗毛鳞盖蕨	*Microlepia strigosa*（Thunb.）Presl	草本	1					
姬蕨科	Dennstaedtiaceae	四川鳞盖蕨	*Microlepia szechuanica* Ching	草本	1					
姬蕨科	Dennstaedtiaceae	姬蕨	*Hypolepis punctata*（Thunb.）Mett.	草本	2					
陵齿蕨科	Lindsaeaceae	乌蕨	*Sphenomeris chinensis*（L.）Maxon	草本	1					
蕨科	Pteridiaceae	蕨	*Pteridium aquilinum*（L.）Kuhn var. *latiusculum*（Desv.）Underw. ex Heller	草本	1			+		
蕨科	Pteridiaceae	毛轴蕨	*Pteridium revolutum*（Bl.）Nakai	草本	1					
凤尾蕨科	Pteridaceae	猪鬣凤尾蕨	*Pteris actiniopteroides* Christ	草本	2					
凤尾蕨科	Pteridaceae	凤尾蕨	*Pteris cretica* L. var. *nervosa*（Thunb.）Ching et S. H. Wu	草本	1					
凤尾蕨科	Pteridaceae	指叶凤尾蕨	*Pteris dactylina* Hook.	草本	2					
凤尾蕨科	Pteridaceae	岩凤尾蕨	*Pteris deltodon* Bak.	草本	2					
凤尾蕨科	Pteridaceae	刺齿半边旗	*Pteris dispar* Kze.	草本	2					
凤尾蕨科	Pteridaceae	剑叶凤尾蕨	*Pteris ensiformis* Burm. var. *ensiformis*	草本	2					
凤尾蕨科	Pteridaceae	阔叶凤尾蕨	*Pteris esquirolii* Christ	草本	2					
凤尾蕨科	Pteridaceae	溪边凤尾蕨	*Pteris excelsa* Gaud. var. *excelsa*	草本	1					
凤尾蕨科	Pteridaceae	狭叶凤尾蕨	*Pteris henryi* Christ	草本	2					
凤尾蕨科	Pteridaceae	井栏边草	*Pteris multifida* Poir.	草本	2					
凤尾蕨科	Pteridaceae	斜羽凤尾蕨	*Pteris oshimensis* Hieron var. *oshimensis*	草本	2					
凤尾蕨科	Pteridaceae	尾头凤尾蕨	*Pteris oshimensis* var. *paraemeiensis* Ching ex Ching et S. H. Wu	草本	2					
凤尾蕨科	Pteridaceae	半边旗	*Pteris semipinnata* L.	草本	2					
凤尾蕨科	Pteridaceae	蜈蚣草	*Pteris vittata* L.	草本	1	+				
凤尾蕨科	Pteridaceae	西南凤尾蕨	*Pteris wallichiana* Agardh var. *wallichiana*	草本	2					
中国蕨科	Sinopteridaceae	多鳞粉背蕨	*Aleuritopteris anceps*（Blanford）Panigrahi	草本	2					
中国蕨科	Sinopteridaceae	银粉背蕨	*Aleuritopteris argentea*（Gmél.）Fée	草本	1					
中国蕨科	Sinopteridaceae	毛轴碎米蕨	*Cheilosoria chusanna*（Hook.）Ching et Shing	草本	1					
中国蕨科	Sinopteridaceae	中华隐囊蕨	*Notholaena chinensis* Bak.	草本	1					
中国蕨科	Sinopteridaceae	野雉尾金粉蕨	*Onychium japonicum*（Thunb.）Kze.	草本	1					
中国蕨科	Sinopteridaceae	栗柄金粉蕨	*Onychium japonicum*（Thunb.）Kze. var. *lucidum*（Don）Christ	草本	2					
中国蕨科	Sinopteridaceae	滇西旱蕨	*Pellaea mairei* Brause	草本	2					
中国蕨科	Sinopteridaceae	旱蕨	*Pellaea nitidula*（Hook.）Bak.	草本	2					
中国蕨科	Sinopteridaceae	宜昌旱蕨	*Pellaea patula*（Bak.）Ching	草本	2					
铁线蕨科	Adiantaceae	团羽铁线蕨	*Adiantum capillus-junonis* Rupr.	草本	2					
铁线蕨科	Adiantaceae	铁线蕨	*Adiantum capillus-veneris* L.	草本	1					
铁线蕨科	Adiantaceae	条裂铁线蕨	*Adiantum capillus-veneris* L. f. *dissectum*（Mart. et Galeot.）Ching	草本	2					

续表

科名	科拉丁名	物种名	学名	生活型	数据来源	药用	观赏	食用	蜜源	工业原料
蕨类植物 PTERIDOPHYTA										
铁线蕨科	Adiantaceae	鞭叶铁线蕨	*Adiantum caudatum* L.	草本	2					
铁线蕨科	Adiantaceae	白背铁线蕨	*Adiantum davidii* Franch.	草本	1					
铁线蕨科	Adiantaceae	月芽铁线蕨	*Adiantum edentulum* Christ	草本	2					
铁线蕨科	Adiantaceae	肾盖铁线蕨	*Adiantum erythrochlamys* Diels	草本	1					
铁线蕨科	Adiantaceae	扇叶铁线蕨	*Adiantum flabellulatum* L.	草本	2					
铁线蕨科	Adiantaceae	白垩铁线蕨	*Adiantum gravesii* Hance	草本	2					
铁线蕨科	Adiantaceae	假鞭叶铁线蕨	*Adiantum malesianum* Ghatak	草本	2					
铁线蕨科	Adiantaceae	小铁线蕨	*Adiantum muriesii* Bak.	草本	2					
铁线蕨科	Adiantaceae	灰背铁线蕨	*Adiantum myriosorum* Bak.	草本	2					
铁线蕨科	Adiantaceae	掌叶铁线蕨	*Adiantum pedatum* L.	草本	1					
铁线蕨科	Adiantaceae	荷叶铁线蕨	*Adiantum reniforme* L. var. *sinense* Y. X. Lin	草本	2					
铁线蕨科	Adiantaceae	陇南铁线蕨	*Adiantum roborowskii* Maxim	草本	1					
裸子蕨科	Hemionitidaceae	尖齿凤丫蕨	*Coniogramme affinis* Hieron.	草本	2					
裸子蕨科	Hemionitidaceae	尾尖凤丫蕨	*Coniogramme caudiformis* Ching et Shing	草本	2					
裸子蕨科	Hemionitidaceae	圆齿凤丫蕨	*Coniogramme emeiensis* Ching et K. H. Shing	草本	2					
裸子蕨科	Hemionitidaceae	峨眉凤丫蕨	*Coniogramme emeiensis* Ching et Shing	草本	2					
裸子蕨科	Hemionitidaceae	镰羽凤丫蕨	*Coniogramme falcipinna* Ching et Shing	草本	1					
裸子蕨科	Hemionitidaceae	普通凤丫蕨	*Coniogramme intermedia* Hieron.	草本	1					
裸子蕨科	Hemionitidaceae	凤丫蕨	*Coniogramme japonica*（Thunb.）Diels	草本	2					
裸子蕨科	Hemionitidaceae	阔带凤丫蕨	*Coniogramme intermedia* Hieron.	草本	2					
裸子蕨科	Hemionitidaceae	假黑轴凤丫蕨	*Coniogramme robusta* Christ	草本	2					
裸子蕨科	Hemionitidaceae	黑轴凤丫蕨	*Coniogramme robusta* Christ	草本	2					
裸子蕨科	Hemionitidaceae	黄轴凤丫蕨	*Coniogramme robusta* var. *splendens* Ching ex Shing	草本	2					
裸子蕨科	Hemionitidaceae	上毛凤丫蕨	*Coniogramme suprapilosa* Ching	草本	2					
裸子蕨科	Hemionitidaceae	太白山凤丫蕨	*Coniogramme rosthornii* Hieron.	草本	2					
裸子蕨科	Hemionitidaceae	疏网凤丫蕨	*Coniogramme wilsonii* Ching et Shing	草本	2					
裸子蕨科	Hemionitidaceae	耳羽金毛裸蕨	*Paragymnopteris bipinnata* var. *auriculata*（Franch.）Ching	草本	2					
书带蕨科	Vittariaceae	书带蕨	*Haplopteris flexuosa*（Fée）E. H. Crane.	草本	2	+				
书带蕨科	Vittariaceae	平肋书带蕨	*Haplopteris fudzinoi*（Makino）E. H. Crane.	草本	2	+				
蹄盖蕨科	Athyriaceae	亮毛蕨	*Acystopteris japonica*（Luerss.）Nakai	草本	2					
蹄盖蕨科	Athyriaceae	中华短肠蕨	*Allantodia chinensis*（Bak.）Ching	草本	2					
蹄盖蕨科	Athyriaceae	毛柄短肠蕨	*Allantodia dilatata*	草本	2					
蹄盖蕨科	Athyriaceae	大型短肠蕨	*Allantodia gitantea*（Bak.）Ching	草本	2					
蹄盖蕨科	Athyriaceae	薄盖短肠蕨	*Allantodia hachijoensis*（Nakai）Ching	草本	2					
蹄盖蕨科	Athyriaceae	鳞轴短肠蕨	*Allantodia hirtipes*（Christ）Ching	草本	2					
蹄盖蕨科	Athyriaceae	金佛山短肠蕨	*Allantodia jinfoshanicola* W. M. Chu	草本	2					
蹄盖蕨科	Athyriaceae	异裂短肠蕨	*Allantodia laxifrons*（Rosenst.）Ching	草本	2					
蹄盖蕨科	Athyriaceae	大羽短肠蕨	*Allantodia megaphylla*（Bak.）Ching	草本	2					
蹄盖蕨科	Athyriaceae	江南短肠蕨	*Allantodia metteniana*（Miq.）Ching	草本	2					
蹄盖蕨科	Athyriaceae	小叶短肠蕨	*Allantodia metteniana* var. *fauriei*（Christ）Ching	草本	2					

科名	科拉丁名	物种名	学名	生活型	数据来源	药用	观赏	食用	蜜源	工业原料
蕨类植物 PTERIDOPHYTA										
蹄盖蕨科	Athyriaceae	南川短肠蕨	*Allantodia nanchuanica* W. M. Chu	草本	2					
蹄盖蕨科	Athyriaceae	假耳羽短肠蕨	*Allantodia okudairai*（Makino）Ching	草本	2					
蹄盖蕨科	Athyriaceae	卵果短肠蕨	*Allantodia ovata* W. M. Chu	草本	2					
蹄盖蕨科	Athyriaceae	双生短肠蕨	*Allantodia prolixa*（Rosenst.）	草本	2					
蹄盖蕨科	Athyriaceae	鳞柄短肠蕨	*Allantodia squamigera*（Mett.）Ching	草本	2					
蹄盖蕨科	Athyriaceae	淡绿短肠蕨	*Allantodia virescens*（Kunze）Ching var. *virescens*	草本	2					
蹄盖蕨科	Athyriaceae	华东安蕨	*Anisocampium sheareri*（Bak.）Ching	草本	2					
蹄盖蕨科	Athyriaceae	美丽假蹄盖蕨	*Athyriopsis concinna* Z. R. Wang	草本	2					
蹄盖蕨科	Athyriaceae	溪边蹄盖蕨	*Athyrium deltoidofrons* Makino var. *deltoidofrons*	草本	1					
蹄盖蕨科	Athyriaceae	假蹄盖蕨	*Athyriopsis japonica*（Thunb.）Ching	草本	2					
蹄盖蕨科	Athyriaceae	斜羽假蹄盖蕨	*Athyriopsis japonica* var. *oshimensis*（Christ）Ching	草本	2					
蹄盖蕨科	Athyriaceae	金佛山假蹄盖蕨	*Athyriopsis jinfoshanensis* Ching et Z. Y. Liu	草本	2					
蹄盖蕨科	Athyriaceae	峨眉假蹄盖蕨	*Athyriopsis omeiensis* Z. R. Wang	草本	2					
蹄盖蕨科	Athyriaceae	毛轴假蹄盖蕨	*Athyriopsis petersenii*（Kunze）Ching	草本	2					
蹄盖蕨科	Athyriaceae	坡生蹄盖蕨	*Athyrium clivicola* Tagawa	草本	2					
蹄盖蕨科	Athyriaceae	圆羽蹄盖蕨	*Athyrium clivicola* Tagawa var. *rotundum*（Ching）Z. R. Wang	草本	2					
蹄盖蕨科	Athyriaceae	翅轴蹄盖蕨	*Athyrium delavayi* Christ	草本	2					
蹄盖蕨科	Athyriaceae	薄叶蹄盖蕨	*Athyrium delicatulum* Ching et S. K.	草本	1					
蹄盖蕨科	Athyriaceae	湿生蹄盖蕨	*Athyrium devolii* Ching	草本	2					
蹄盖蕨科	Athyriaceae	轴果蹄盖蕨	*Athyrium epirachis*（Christ）Ching	草本	1					
蹄盖蕨科	Athyriaceae	密羽蹄盖蕨	*Athyrium imbricatum* Christ	草本	2					
蹄盖蕨科	Athyriaceae	长江蹄盖蕨	*Athyrium iseanum* Rosenst.	草本	2					
蹄盖蕨科	Athyriaceae	川滇蹄盖蕨	*Athyrium mackinnonii*	草本	2					
蹄盖蕨科	Athyriaceae	日本蹄盖蕨	*Athyrium niponicum* f. *niponicum*	草本	2					
蹄盖蕨科	Athyriaceae	峨眉蹄盖蕨	*Athyrium omeiense* Ching	草本	2					
蹄盖蕨科	Athyriaceae	光蹄盖蕨	*Athyrium otophorum*（Miq.）Koidz.	草本	2					
蹄盖蕨科	Athyriaceae	贵州蹄盖蕨	*Athyrium pubicostatum* Ching et Z. Y. Liu	草本	2					
蹄盖蕨科	Athyriaceae	毛轴蹄盖蕨	*Athyrium hirtirachis* Ching	草本	2					
蹄盖蕨科	Athyriaceae	绢毛蹄盖蕨	*Athyrium sericellum* Ching	草本	2					
蹄盖蕨科	Athyriaceae	上毛蹄盖蕨	*Athyrium suprapubescens* Ching	草本	2					
蹄盖蕨科	Athyriaceae	尖头蹄盖蕨	*Athyrium vidalii*（Franch. et Sav.）	草本	2					
蹄盖蕨科	Athyriaceae	胎生蹄盖蕨	*Athyrium viviparum* Christ	草本	2					
蹄盖蕨科	Athyriaceae	华中蹄盖蕨	*Athyrium wardii*（Hook.）Makino	草本	1					
蹄盖蕨科	Athyriaceae	禾秆蹄盖蕨	*Athyrium yokoscens*（Franch. et Sav.）Christ	草本	2					
蹄盖蕨科	Athyriaceae	角蕨	*Cornopteris decurrenti-alata*（Hook.）Nakai	草本	2					
蹄盖蕨科	Athyriaceae	黑叶角蕨	*Cornopteris opaca*（Don）Tagawa	草本	2					
蹄盖蕨科	Athyriaceae	宝兴冷蕨	*Cystopteris moupinensis* Franch.	草本	2					
蹄盖蕨科	Athyriaceae	川黔肠蕨	*Diplaziopsis cavaleriana*（Christ）C. Chr.	草本	2					
蹄盖蕨科	Athyriaceae	双盖蕨	*Diplazium donianum*（Mett.）Trad.-Blot	草本	2					
蹄盖蕨科	Athyriaceae	薄叶双盖蕨	*Diplazium pinfaense* Ching	草本	2					

续表

科名	科拉丁名	物种名	学名	生活型	数据来源	药用	观赏	食用	蜜源	工业原料
蕨类植物 PTERIDOPHYTA										
蹄盖蕨科	Athyriaceae	单叶双盖蕨	*Diplazium subsinuatum*（Wall. ex Hook. et Grev.）Tagawa	草本	2					
蹄盖蕨科	Athyriaceae	羽裂叶双盖蕨	*Athyriopsis tomitaroana*（Masam.）P. S. Wang	草本	2					
蹄盖蕨科	Athyriaceae	直立介蕨	*Athyriopsis erecta* Z. R. Wang	草本	2					
蹄盖蕨科	Athyriaceae	鄂西介蕨	*Dryoathyrium henryi*（Bak.）Ching	草本	2					
蹄盖蕨科	Athyriaceae	华中介蕨	*Dryoathyrium okuboanum*（Makino）Ching	草本	2					
蹄盖蕨科	Athyriaceae	川东介蕨	*Dryoathyrium stenopteron*（Bak.）Ching	草本	2					
蹄盖蕨科	Athyriaceae	峨眉介蕨	*Dryoathyrium unifurcatum*（Bak.）Ching	草本	2					
蹄盖蕨科	Athyriaceae	绿叶介蕨	*Dryoathyrium viridifrons*（Makino）Ching	草本	2					
蹄盖蕨科	Athyriaceae	东亚羽节蕨	*Gymnocarpium oyamense*（Bak.）Ching	草本	2					
蹄盖蕨科	Athyriaceae	南川蛾眉蕨	*Lunathyrium nanchuanense* Ching	草本	2					
蹄盖蕨科	Athyriaceae	华中蛾眉蕨	*Lunathyrium shennongense* Ching. Boufford et Shing	草本	2					
蹄盖蕨科	Athyriaceae	金佛山蛾眉蕨	*Lunathyrium sichuanense* var. *jinfoshanense* Z. R. Wang	草本	2					
蹄盖蕨科	Athyriaceae	峨山蛾眉蕨	*Lunathyrium wilsonii*（Christ）Ching	草本	2					
蹄盖蕨科	Athyriaceae	大叶假冷蕨	*Pseudocystopteris atkinsonii*（Bedd.）Ching	草本	2					
肿足蕨科	Hypodematiaceae	肿足蕨	*Hypodematium crenatum*（Forssk.）Kuhn	草本	2					
肿足蕨科	Hypodematiaceae	腺毛肿足蕨	*Hypodematium glandulisum* Ching ex Shing	草本	2					
金星蕨科	Thelypteridaceae	小叶钩毛蕨	*Cyclogramma flexilis*（Christ）Tagawa	草本	2					
金星蕨科	Thelypteridaceae	狭基钩毛蕨	*Cyclogramma leveillei*（Christ）Ching	草本	2					
金星蕨科	Thelypteridaceae	峨眉钩毛蕨	*Cyclogramma omeiensis*（Bak.）Tagawa	草本	2					
金星蕨科	Thelypteridaceae	渐尖毛蕨	*Cyclosorus acuminatus*（Houtt.）Nakai	草本	1					
金星蕨科	Thelypteridaceae	干旱毛蕨	*Cyclosorus aridus*（Don）Tagawa	草本	2					
金星蕨科	Thelypteridaceae	秦氏毛蕨	*Cyclosorus chingii* Z. Y. Liu ex Ching et Z. Y. Liu	草本	2					
金星蕨科	Thelypteridaceae	狭基毛蕨	*Cyclosorus cuneatus* Ching ex Shing	草本	2					
金星蕨科	Thelypteridaceae	齿牙毛蕨	*Cyclosorus dentatus*（Forssk.）Ching	草本	2					
金星蕨科	Thelypteridaceae	平基毛蕨	*Cyclosorus falccidus* Ching et Z. Y. Liu	草本	2					
金星蕨科	Thelypteridaceae	阔羽毛蕨	*Cyclosorus macrophyllus* Ching et Z. Y. Liu	草本	2					
金星蕨科	Thelypteridaceae	南川毛蕨	*Cyclosorus nanchuanensis* Ching et Z. Y. Liu	草本	2					
金星蕨科	Thelypteridaceae	对羽毛蕨	*Cyclosorus oppositipinnus* Ching et Z. Y. Liu	草本	2					
金星蕨科	Thelypteridaceae	华南毛蕨	*Cyclosorus parasticus*（L.）Farwell.	草本	2					
金星蕨科	Thelypteridaceae	拟渐尖毛蕨	*Cyclosorus sino-acuminatus* Ching et Z. Y. Liu	草本	2					
金星蕨科	Thelypteridaceae	中华齿状毛蕨	*Cyclosorus sinodentatus* Ching et Z. Y. Liu	草本	2					
金星蕨科	Thelypteridaceae	毛囊方秆蕨	*Glaphyropteridopsis eriocarpa* Ching	草本	2					
金星蕨科	Thelypteridaceae	方秆蕨	*Glaphyropteridopsis erubescens*（Hook.）Ching	草本	2					
金星蕨科	Thelypteridaceae	金佛山方秆蕨	*Glaphyropteridopsis jinfushanensis* Ching et Y. X. Lin	草本	2					
金星蕨科	Thelypteridaceae	粉红方秆蕨	*Glaphyropteridopsis rufostraminea*（Christ）Ching	草本	2					
金星蕨科	Thelypteridaceae	金佛山茯蕨	*Leptogramma jinfoshanensis* Ching et Z. Y. Liu	草本	2					
金星蕨科	Thelypteridaceae	峨眉茯蕨	*Leptogramma scallanii*（Christ）Ching	草本	2					
金星蕨科	Thelypteridaceae	小叶茯蕨	*Leptogramma tottoides* H. Ito	草本	2					
金星蕨科	Thelypteridaceae	雅致针毛蕨	*Macrothelypteris oligophlebia*（Bak.）Ching var. *elegans*（Koidz.）Ching	草本	2					
金星蕨科	Thelypteridaceae	普通针毛蕨	*Macrothelypteris torresiana*（Gaud.）Ching	草本	2					

科名	科拉丁名	物种名	学名	生活型	数据来源	药用	观赏	食用	蜜源	工业原料
			蕨类植物 PTERIDOPHYTA							
金星蕨科	Thelypteridaceae	林下凸轴蕨	*Metathelypteris hattorii*（H. Ito）Ching	草本	2					
金星蕨科	Thelypteridaceae	疏羽凸轴蕨	*Metathelypteris laxa*（Franch. et Sav.）Ching	草本	2					
金星蕨科	Thelypteridaceae	长根金星蕨	*Parathelypteris beddomei*（Bak.）Ching	草本	2					
金星蕨科	Thelypteridaceae	狭脚金星蕨	*Parathelypteris borealis*（Hara）Shing	草本	2					
金星蕨科	Thelypteridaceae	金星蕨	*Parathelypteris glanduligera*（Kze.）Ching	草本	2					
金星蕨科	Thelypteridaceae	光脚金星蕨	*Parathelypteris japonica*（Bak.）Ching	草本	2					
金星蕨科	Thelypteridaceae	禾秆金星蕨	*Parathelypteris japonica*（Bak.）Ching var. *musashiensis*（Hiyama）Jiang	草本	2					
金星蕨科	Thelypteridaceae	中日金星蕨	*Parathelypteris nipponica*（Franch. et Sav.）Ching	草本	2					
金星蕨科	Thelypteridaceae	延羽卵果蕨	*Phegopteris decursive-pinnata*（van Hall）Fée	草本	1					
金星蕨科	Thelypteridaceae	针毛新月蕨	*Pronephrium hirsutum* Ching et Y. X. Lin	草本	2					
金星蕨科	Thelypteridaceae	披针新月蕨	*Pronephrium penangianum*（Hook.）Holtt.	草本	1					
金星蕨科	Thelypteridaceae	西南假毛蕨	*Pseudocyclosorus esquirolii*（Christ）Ching	草本	2					
金星蕨科	Thelypteridaceae	普通假毛蕨	*Pseudocyclosorus subochthodes*（Ching）Ching	草本	2					
金星蕨科	Thelypteridaceae	耳状紫柄蕨	*Pseudophegopteris aurita*（Hook.）Ching	草本	2					
金星蕨科	Thelypteridaceae	星毛紫柄蕨	*Pseudophegopteris levingei*（Clarke）Ching	草本	2					
金星蕨科	Thelypteridaceae	禾秆紫柄蕨	*Pseudophegopteris microstegia*（Hook.）Ching	草本	2					
金星蕨科	Thelypteridaceae	紫柄蕨	*Pseudophegopteris pyrrhorachis*（Kunze）Ching	草本	1					
金星蕨科	Thelypteridaceae	光叶紫柄蕨	*Pseudophegopteris pyrrhorachis*（Kunze）Ching var. *glabrata*（Clarke）Holtt.	草本	2					
金星蕨科	Thelypteridaceae	贯众叶溪边蕨	*Stegnogramma cyrtomioides*（C. Chr.）Ching	草本	2					
铁角蕨科	Aspleniaceae	华南铁角蕨	*Asplenium austro-chinense* Ching	草本	2					
铁角蕨科	Aspleniaceae	线柄铁角蕨	*Asplenium capillipes* Makino	草本	2					
铁角蕨科	Aspleniaceae	线裂铁角蕨	*Asplenium coenobiale* Hance	草本	2					
铁角蕨科	Aspleniaceae	毛轴铁角蕨	*Asplenium crinicaule* Hance	草本	2					
铁角蕨科	Aspleniaceae	剑叶铁角蕨	*Asplenium ensiforme* Wall. ex Hook. et Grev.	草本	2					
铁角蕨科	Aspleniaceae	乌木铁角蕨	*Asplenium fuscipes* Bak.	草本	2					
铁角蕨科	Aspleniaceae	虎尾铁角蕨	*Asplenium incisum* Thunb.	草本	2					
铁角蕨科	Aspleniaceae	胎生铁角蕨	*Asplenium indicum*	草本	2					
铁角蕨科	Aspleniaceae	西北铁角蕨	*Asplenium nesii* Christ	草本	2					
铁角蕨科	Aspleniaceae	倒挂铁角蕨	*Asplenium normale* Don	草本	2					
铁角蕨科	Aspleniaceae	北京铁角蕨	*Asplenium pekinense* Hance	草本	2					
铁角蕨科	Aspleniaceae	长叶铁角蕨	*Asplenium prolongatum* Hook.	草本	1					
铁角蕨科	Aspleniaceae	卵叶铁角蕨	*Asplenium ruta-muraria* L.	草本	2					
铁角蕨科	Aspleniaceae	华中铁角蕨	*Asplenium sarelii* Hook.	草本	1					
铁角蕨科	Aspleniaceae	石生铁角蕨	*Asplenium saxicola* Rosent.	草本	2					
铁角蕨科	Aspleniaceae	疏羽铁角蕨	*Asplenium subtenuifolium*（Christ）Ching	草本	2					
铁角蕨科	Aspleniaceae	钝齿铁角蕨	*Asplenium subvarians* Ching	草本	2					
铁角蕨科	Aspleniaceae	都匀铁角蕨	*Asplenium toramanum* Makino	草本	2					
铁角蕨科	Aspleniaceae	铁角蕨	*Asplenium trichomanes* L.	草本	2					
铁角蕨科	Aspleniaceae	半边铁角蕨	*Asplenium unilaterale* Lam.	草本	1					
铁角蕨科	Aspleniaceae	变异铁角蕨	*Asplenium varians* Wall.	草本	1					

续表

科名	科拉丁名	物种名	学名	生活型	数据来源	药用	观赏	食用	蜜源	工业原料
蕨类植物 PTERIDOPHYTA										
铁角蕨科	Aspleniaceae	狭翅铁角蕨	*Asplenium wrightii* Eaton	草本	1					
铁角蕨科	Aspleniaceae	疏齿铁角蕨	*Asplenium wrightioides* Christ	草本	2					
睫毛蕨科	Pleurosoriopsidaceae	睫毛蕨	*Pleurosoriopsis makinoi*（Maxim. ex Makino）Fomin	草本	2					
球子蕨科	Onocleaceae	中华荚果蕨	*Pentarhizidium intermedium* C. Chr.	草本	2					
球子蕨科	Onocleaceae	东方荚果蕨	*Pentarhizidium orientalis*（Hook.）Trev.	草本	2					
球子蕨科	Onocleaceae	荚果蕨	*Matteuccia struthiopteris*（L.）Todaro	草本	2					
乌毛蕨科	Blechnaceae	乌毛蕨	*Blechnum orientale* L.	草本	2	+				
乌毛蕨科	Blechnaceae	荚囊蕨	*Struthiopteris eburnea*（Christ）Ching	草本	1					
乌毛蕨科	Blechnaceae	狗脊	*Woodwardia japonica*（L. f.）Sm.	草本	1	+				
乌毛蕨科	Blechnaceae	顶芽狗脊	*Woodwardia unigemmata*（Makino）Nakai	草本	1	+				
岩蕨科	Woodsiaceae	耳羽岩蕨	*Woodsia polystichoides* Eaton	草本	2					
岩蕨科	Woodsiaceae	密毛岩蕨	*Woodsia rosthorniana* Diels	草本	2					
球盖蕨科	Peranemaceae	东亚柄盖蕨	*Peranema cyatheoides* Don var. *luzonicum*（Cop.）Ching et S. H. Wu	草本	2					
鳞毛蕨科	Dryopteridaceae	南川复叶耳蕨	*Arachniodes nanchuanensis* Ching et Z. Y. Liu	草本	1					
鳞毛蕨科	Dryopteridaceae	美丽复叶耳蕨	*Arachniodes speciosa*（D. Don）Ching	草本	2					
鳞毛蕨科	Dryopteridaceae	多羽复叶耳蕨	*Arachniodes amoena*（Ching）Ching	草本	2					
鳞毛蕨科	Dryopteridaceae	南方复叶耳蕨	*Arachniodes caudata* Ching	草本	1					
鳞毛蕨科	Dryopteridaceae	中华复叶耳蕨	*Arachniodes chinensis*（Rosenst.）Ching	草本	2					
鳞毛蕨科	Dryopteridaceae	细裂复叶耳蕨	*Arachniodes coniifolia*（T. Moore）Ching	草本	2					
鳞毛蕨科	Dryopteridaceae	华南复叶耳蕨	*Arachniodes festina*（Hance）Ching	草本	1					
鳞毛蕨科	Dryopteridaceae	福建复叶耳蕨	*Arachniodes fujianensis* Ching	草本	2					
鳞毛蕨科	Dryopteridaceae	斜方复叶耳蕨	*Arachniodes rhomboidea*（Wall. ex Mett.）Ching	草本	1					
鳞毛蕨科	Dryopteridaceae	全缘斜方复叶耳蕨	*Arachniodes hekiana* Kurata	草本	1					
鳞毛蕨科	Dryopteridaceae	华西复叶耳蕨	*Arachniodes simulans*（Ching）Ching	草本	2					
鳞毛蕨科	Dryopteridaceae	紫云山复叶耳蕨	*Arachniodes ziyunshanensis* Y. T. Hsieh	草本	2					
鳞毛蕨科	Dryopteridaceae	柳叶蕨	*Cyrtogonellum fraxinellum*（Christ）Ching	草本	1					
鳞毛蕨科	Dryopteridaceae	斜基柳叶蕨	*Cyrtogonellum inaequalis* Ching	草本	2					
鳞毛蕨科	Dryopteridaceae	离脉柳叶蕨	*Cyrtogonellum caducum* Ching	草本	2					
鳞毛蕨科	Dryopteridaceae	镰羽贯众	*Cyrtomium balansae*（Christ）C. Chr.	草本	2	+				
鳞毛蕨科	Dryopteridaceae	刺齿贯众	*Cyrtomium caryotideum*（Wall. ex HK. et Grev.）Presl	草本	1	+				
鳞毛蕨科	Dryopteridaceae	粗齿贯众	*Cyrtomium caryotideum* f. *grossedentatum* Ching ex Shing	草本	2	+				
鳞毛蕨科	Dryopteridaceae	披针贯众	*Cyrtomium devexiscapulae*（Koidz.）Ching	草本	2	+				
鳞毛蕨科	Dryopteridaceae	贯众	*Cyrtomium fortunei* J. Sm.	草本	1					
鳞毛蕨科	Dryopteridaceae	全缘贯众	*Cyrtomium falcatum*（L. f.）Presl	草本	2					
鳞毛蕨科	Dryopteridaceae	惠水贯众	*Cyrtomium grossum* Christ	草本	2					
鳞毛蕨科	Dryopteridaceae	单叶贯众	*Cyrtomium hemionitis* Christ	草本	2	+				
鳞毛蕨科	Dryopteridaceae	尖羽贯众	*Cyrtomium hookerianum*（Presl）C. Chr.	草本	2					
鳞毛蕨科	Dryopteridaceae	小羽贯众	*Cyrtomium lonchitoides*（Christ）Christ	草本	1	+				
鳞毛蕨科	Dryopteridaceae	大叶贯众	*Cyrtomium macrophyllum*（Makino）Tagawa	草本	1	+				

续表

科名	科拉丁名	物种名	学名	生活型	数据来源	药用	观赏	食用	蜜源	工业原料
蕨类植物 PTERIDOPHYTA											
鳞毛蕨科	Dryopteridaceae	低头贯众	*Cyrtomium nephrolepioides*（Christ）Cop.	草本	1	+				
鳞毛蕨科	Dryopteridaceae	峨眉贯众	*Cyrtomium omeiense* Ching et Shing ex Shing	草本	2	+				
鳞毛蕨科	Dryopteridaceae	厚叶贯众	*Cyrtomium pachyphyllum*（Rosenst.）C. Chr	草本	2	+				
鳞毛蕨科	Dryopteridaceae	齿盖贯众	*Cyrtomium tukusicola* Tagawa	草本	2	+				
鳞毛蕨科	Dryopteridaceae	单行贯众	*Cyrtomium uniseriale* Ching	草本	2	+				
鳞毛蕨科	Dryopteridaceae	线羽贯众	*Cyrtomium urophyllum* Ching	草本	2	+				
鳞毛蕨科	Dryopteridaceae	阔羽贯众	*Cyrtomium yamamotoi* Tagawa	草本	1	+				
鳞毛蕨科	Dryopteridaceae	粗齿阔羽贯众	*Cyrtomium yamamotoi* var. *intermedium*（Diels）Ching et Shing ex Shing	草本	2					
鳞毛蕨科	Dryopteridaceae	暗鳞鳞毛蕨	*Dryopteris atrata*	草本	2					
鳞毛蕨科	Dryopteridaceae	大平鳞毛蕨	*Dryopteris bodinieri*（Christ）C. Chr.	草本	2					
鳞毛蕨科	Dryopteridaceae	阔鳞鳞毛蕨	*Dryopteris championii*（Benth.）C. Chr.	草本	2					
鳞毛蕨科	Dryopteridaceae	中华鳞毛蕨	*Dryopteris chinensis*（Bak.）Koidz.	草本	2					
鳞毛蕨科	Dryopteridaceae	混淆鳞毛蕨	*Dryopteris commixta* Tagawa	草本	2					
鳞毛蕨科	Dryopteridaceae	桫椤鳞毛蕨	*Dryopteris cycadina*（Fr. et Sav.）C.	草本	2					
鳞毛蕨科	Dryopteridaceae	迷人鳞毛蕨	*Dryopteris decipiens*（Hook.）O. Ktze.	草本	2					
鳞毛蕨科	Dryopteridaceae	远轴鳞毛蕨	*Dryopteris dickinsii*（Franch. et Sav.）C. Chr. Ind. Fil.	草本	2					
鳞毛蕨科	Dryopteridaceae	红盖鳞毛蕨	*Dryopteris erythrosora*（Eaton）O. Ktze.	草本	2					
鳞毛蕨科	Dryopteridaceae	台湾鳞毛蕨	*Dryopteris formosana*（Christ）C. Chr. Ind. Fil.	草本	2					
鳞毛蕨科	Dryopteridaceae	黑足鳞毛蕨	*Dryopteris fuscipes* C. Chr.	草本	2					
鳞毛蕨科	Dryopteridaceae	华北鳞毛蕨	*Dryopteris goeringiana*（Kunze）Koidz.	草本	2					
鳞毛蕨科	Dryopteridaceae	裸果鳞毛蕨	*Dryopteris gymnopsora*（Makino）C. Chr. Ind. Fil.	草本	2					
鳞毛蕨科	Dryopteridaceae	边生鳞毛蕨	*Dryopteris handeliana* C. Chr. Dansk Bot. Arkiv	草本	2					
鳞毛蕨科	Dryopteridaceae	假异鳞毛蕨	*Dryopteris immixta* Ching in Fl. Tsinl.	草本	1					
鳞毛蕨科	Dryopteridaceae	平行鳞毛蕨	*Dryopteris indusiata*（Makino）Yamamoto	草本	2					
鳞毛蕨科	Dryopteridaceae	粗齿鳞毛蕨	*Dryopteris juxtaposita* Christ in Bull.	草本	2					
鳞毛蕨科	Dryopteridaceae	齿头鳞毛蕨	*Dryopteris labordei*（Christ）C. Chr. Ind. Fl.	草本	1					
鳞毛蕨科	Dryopteridaceae	狭顶鳞毛蕨	*Dryopteris lacera*（Thunb.）O. Ktze. Rev. Gen. Pl.	草本	2					
鳞毛蕨科	Dryopteridaceae	黑鳞鳞毛蕨	*Dryopteris lepidoda* Hayata，Ic. Pl. Formos.	草本	2					
鳞毛蕨科	Dryopteridaceae	轴鳞鳞毛蕨	*Dryopteris lepidorachis* C. Chr.	草本	2					
鳞毛蕨科	Dryopteridaceae	大果鳞毛蕨	*Dryopteris panda*（C. B. Clarke）Christ in Acad.	草本	2					
鳞毛蕨科	Dryopteridaceae	半岛鳞毛蕨	*Dryopteris peninsulae*	草本	2					
鳞毛蕨科	Dryopteridaceae	微孔鳞毛蕨	*Dryopteris porosa* Ching in Bull.	草本	2					
鳞毛蕨科	Dryopteridaceae	假稀羽鳞毛蕨	*Dryopteris pseudosparsa* Ching	草本	2					
鳞毛蕨科	Dryopteridaceae	密鳞鳞毛蕨	*Dryopteris pycnopteroides*（Christ）C. Chr.	草本	2					
鳞毛蕨科	Dryopteridaceae	倒鳞鳞毛蕨	*Dryopteris reflexosquamata* Hayata	草本	2			+		
鳞毛蕨科	Dryopteridaceae	川西鳞毛蕨	*Dryopteris rosthornii*（Diels）C. Chr. Ind. Fil.	草本	2					
鳞毛蕨科	Dryopteridaceae	无盖鳞毛蕨	*Dryopteris scottii*（Bedd.）Ching ex C.	草本	1					
鳞毛蕨科	Dryopteridaceae	两色鳞毛蕨	*Dryopteris bissetiana*（Baker）C. Chr.	草本	2					
鳞毛蕨科	Dryopteridaceae	奇羽鳞毛蕨	*Dryopteris sieboldii*（van Houtte ex Mett.）O. Ktze.	草本	2					
鳞毛蕨科	Dryopteridaceae	高鳞毛蕨	*Dryopteris simasakii*（H. Ito）Kurata	草本	2					

科名	科拉丁名	物种名	学名	生活型	数据来源	药用	观赏	食用	蜜源	工业原料
蕨类植物 PTERIDOPHYTA										
鳞毛蕨科	Dryopteridaceae	密鳞高鳞毛蕨	*Dryopteris simasakii*（H. Ito）Kurata var. *paleacea*（H. Ito）Kurata	草本	2					
鳞毛蕨科	Dryopteridaceae	稀羽鳞毛蕨	*Dryopteris sparsa*（Buch.-Ham. ex D. Don）O.	草本	1					
鳞毛蕨科	Dryopteridaceae	无柄鳞毛蕨	*Dryopteris submarginata* Rosenst.	草本	2					
鳞毛蕨科	Dryopteridaceae	三角鳞毛蕨	*Dryopteris subtriangularis*（Hope）C. Chr. Ind. Fil.	草本	1					
鳞毛蕨科	Dryopteridaceae	华南鳞毛蕨	*Dryopteris tenuicula* Matthew	草本	1					
鳞毛蕨科	Dryopteridaceae	陇蜀鳞毛蕨	*Dryopteris thibetica*（Franch.）C. Chr. Ind. Fil.	草本	2					
鳞毛蕨科	Dryopteridaceae	变异鳞毛蕨	*Dryopteris varia*（L.）O. Ktze.	草本	2					
鳞毛蕨科	Dryopteridaceae	大羽鳞毛蕨	*Dryopteris wallichiana*（Spreng.）Hylander	草本	2					
鳞毛蕨科	Dryopteridaceae	毛枝蕨	*Leptorumohra miqueliana*（Maxim.）H. Ito	草本	2					
鳞毛蕨科	Dryopteridaceae	无鳞毛枝蕨	*Leptorumohra sinomiqueliana*（Ching）Tagawa	草本	2					
鳞毛蕨科	Dryopteridaceae	有盖肉刺蕨	*Nothoperanema hendersonii*（Bedd.）Ching	草本	2					
鳞毛蕨科	Dryopteridaceae	无盖肉刺蕨	*Nothoperanema shikokianum*（Makino）Ching	草本	2					
鳞毛蕨科	Dryopteridaceae	重齿黔蕨	*Phanerophlebiopsis duplicatoserrata* Ching	草本	2					
鳞毛蕨科	Dryopteridaceae	尖齿耳蕨	*Polystichum acutidens* Christ	草本	1					
鳞毛蕨科	Dryopteridaceae	角状耳蕨	*Polystichum alcicorne*（Bake.）Diels	草本	2					
鳞毛蕨科	Dryopteridaceae	川渝耳蕨	*Polystichum bissectum* C. Chr.	草本	2					
鳞毛蕨科	Dryopteridaceae	鞭叶耳蕨	*Polystichum craspedosorum*（Maxim.）Diels	草本	1					
鳞毛蕨科	Dryopteridaceae	对生耳蕨	*Polystichum deltodon*（Bak.）Diels	草本	1					
鳞毛蕨科	Dryopteridaceae	刀羽耳蕨	*Polystichum deltodon*（Bak.）Diels var. *cultripinnum* W. M. Chu et Z. R. He	草本	2					
鳞毛蕨科	Dryopteridaceae	蚀盖耳蕨	*Polystichum erosum* Ching et Shing	草本	1					
鳞毛蕨科	Dryopteridaceae	杰出耳蕨	*Polystichum excelsius* Ching et Z. Y. Liu	草本	2					
鳞毛蕨科	Dryopteridaceae	芒齿耳蕨	*Polystichum hecatopteron* Diels	草本	2					
鳞毛蕨科	Dryopteridaceae	草叶耳蕨	*Polystichum herbaceum* Ching et Z. Y. Liu	草本	1					
鳞毛蕨科	Dryopteridaceae	宜昌耳蕨	*Polystichum ichangense* Christ	草本	2					
鳞毛蕨科	Dryopteridaceae	金佛山耳蕨	*Polystichum jinfoshanense* Ching et Z. Y. Liu	草本	1					
鳞毛蕨科	Dryopteridaceae	亮叶耳蕨	*Polystichum lanceolatum*（Bak.）Diels	草本	2					
鳞毛蕨科	Dryopteridaceae	正宇耳蕨	*Polystichum liui* Ching	草本	2					
鳞毛蕨科	Dryopteridaceae	长鳞耳蕨	*Polystichum longipaleatum*	草本	2					
鳞毛蕨科	Dryopteridaceae	长叶耳蕨	*Polystichum longissimum* Ching et Z. Y. Liu	草本	2					
鳞毛蕨科	Dryopteridaceae	黑鳞耳蕨	*Polystichum makinoi*（Tagawa）Tagawa	草本	1					
鳞毛蕨科	Dryopteridaceae	革叶耳蕨	*Polystichum neolobatum* Nakai	草本	1					
鳞毛蕨科	Dryopteridaceae	峨眉耳蕨	*Polystichum omeiense* C. Chr.	草本	2					
鳞毛蕨科	Dryopteridaceae	假线鳞耳蕨	*Polystichum pseudo-setosum* Ching et Z. Y. Liu ex Z. Y. Liu	草本	2					
鳞毛蕨科	Dryopteridaceae	中华对马耳蕨	*Polystichum sino-tsus-simense* Ching et Z. Y. Liu ex Z. Y. Liu	草本	2					
鳞毛蕨科	Dryopteridaceae	密鳞耳蕨	*Polystichum squarrosum*（Don）Fee	草本	2					
鳞毛蕨科	Dryopteridaceae	猫儿刺耳蕨	*Polystichum stimulans*（Kunze ex Mett.）Bedd.	草本	2					
鳞毛蕨科	Dryopteridaceae	粗齿耳蕨	*Polystichum subdeltodon* Ching	草本	2					
鳞毛蕨科	Dryopteridaceae	戟叶耳蕨	*Polystichum tripteron*（Kunze）Presl	草本	2					
鳞毛蕨科	Dryopteridaceae	对马耳蕨	*Polystichum tsus-simense*（Hook.）J. Sm.	草本	2					

科名	科拉丁名	物种名	学名	生活型	数据来源	药用	观赏	食用	蜜源	工业原料
蕨类植物 PTERIDOPHYTA										
鳞毛蕨科	Dryopteridaceae	剑叶耳蕨	*Polystichum xiphophyllum*（Baker）Diels	草本	1					
叉蕨科	Aspidiaceae	泡鳞肋毛蕨	*Dryopsis mariformis*（Rosenst.）Holttum et P. J. Edwards	草本	1					
叉蕨科	Aspidiaceae	阔鳞肋毛蕨	*Dryopsis maximowicziana*（Miq.）Holttum et P. J. Edwards	草本	1					
叉蕨科	Aspidiaceae	亮鳞肋毛蕨	*Ctenitis subglandulosa*（Hance）Ching	草本	1					
叉蕨科	Aspidiaceae	毛叶轴脉蕨	*Ctenitopsis devexa*（Kunze）Ching et C. H. Wang	草本	2					
叉蕨科	Aspidiaceae	大齿叉蕨	*Tectaria coadunata*（Wall. ex Hook. et Grev.）C. Chr.	草本	2					
实蕨科	Bolbitidaceae	长叶实蕨	*Boltitis heteroclita*（Presl）Ching	草本	2					
肾蕨科	Nephrolepidaceae	肾蕨	*Nephrolepis cordifolia*（L.）C. Presl	草本	1	+				
骨碎补科	Davalliaceae	假钻毛蕨	*Paradavallodes multidentatum*（Hook. et Bak.）Ching	草本	2					
水龙骨科	Polypodiaceae	尾状节肢蕨	*Arthromeris caudata* Ching et Y. X. Ling	草本	2					
水龙骨科	Polypodiaceae	节肢蕨	*Arthromeris lehmanni*（Mett.）Ching	草本	2					
水龙骨科	Polypodiaceae	龙头节肢蕨	*Arthromeris lungtauensis* Ching	草本	2					
水龙骨科	Polypodiaceae	多羽节肢蕨	*Arthromeris mairei*（Brause）Ching	草本	2					
水龙骨科	Polypodiaceae	线蕨	*Colysis elliptica*（Thunb.）Ching	草本	1					
水龙骨科	Polypodiaceae	曲边线蕨	*Colysis elliptica*（Thunb.）Ching var. *flexiloba*（Christ）L. Shi et X. C. Zhang	草本	1					
水龙骨科	Polypodiaceae	宽羽线蕨	*Colysis elliptica*（Thunb.）Ching var. *pothifolia* Ching	草本	2					
水龙骨科	Polypodiaceae	矩圆线蕨	*Colysis henryi*（Baker）Ching	草本	1					
水龙骨科	Polypodiaceae	丝带蕨	*Drymotaenium miyoshianum* Makino	草本	2					
水龙骨科	Polypodiaceae	贴生骨牌蕨	*Lepidogrammitis adnascens*（Ching）Ching	草本	2					
水龙骨科	Polypodiaceae	披针骨牌蕨	*Lepidogrammitis diversa*（Rosenst.）Ching	草本	2					
水龙骨科	Polypodiaceae	抱石莲	*Lepidogrammitis drymoglossoides*（Baker）Ching	草本	1					
水龙骨科	Polypodiaceae	长叶骨牌蕨	*Lepidogrammitis elongata* Ching	草本	2					
水龙骨科	Polypodiaceae	中间骨牌蕨	*Lepidogrammitis intermidia* Ching	草本	2					
水龙骨科	Polypodiaceae	梨叶骨牌蕨	*Lepidogrammitis pyriformis*（Ching）Ching	草本	2					
水龙骨科	Polypodiaceae	短柄鳞果星蕨	*Lepidomicrosorum brevipes* Ching et Shing	草本	2					
水龙骨科	Polypodiaceae	鳞果星蕨	*Lepidomicrosorum buergerianum*（Miq.）Ching et Shing	草本	2					
水龙骨科	Polypodiaceae	尾叶鳞果星蕨	*Lepidomicrosorum caudifrons* Ching et M. W. Chu	草本	2					
水龙骨科	Polypodiaceae	常春藤鳞果星蕨	*Lepidomicrosorum hederaceum*（Christ）Ching	草本	2					
水龙骨科	Polypodiaceae	南川鳞果星蕨	*Lepidomicrosorum nanchuanense* Ching et Z. Y. Liu	草本	2					
水龙骨科	Polypodiaceae	狭叶瓦韦	*Lepisorus angustus* Ching	草本	1					
水龙骨科	Polypodiaceae	黄瓦韦	*Lepisorus asterolepis*（Baker）Ching	草本	1					
水龙骨科	Polypodiaceae	二色瓦韦	*Lepisorus bicolor* Ching	草本	2	+				
水龙骨科	Polypodiaceae	扭瓦韦	*Lepisorus contortus*（Christ）Ching	草本	1	+				
水龙骨科	Polypodiaceae	高山瓦韦	*Lepisorus eilophyllus*（Diels）Ching	草本	2					
水龙骨科	Polypodiaceae	线叶瓦韦	*Lepisorus lineariformis* Ching et S. K. Wu	草本	2					
水龙骨科	Polypodiaceae	大瓦韦	*Lepisorus macrosphaerus*（Baker）Ching	草本	2	+				
水龙骨科	Polypodiaceae	大叶瓦韦	*Lepisorus macrosphaerus* f. *maximus*（Ching）Y. X. Lin	草本	2					
水龙骨科	Polypodiaceae	粤瓦韦	*Lepisorus obscure-venulosus*（Hayata）Ching	草本	2					
水龙骨科	Polypodiaceae	鳞瓦韦	*Lepisorus oligolepidus*（Baker）Ching	草本	2	+				
水龙骨科	Polypodiaceae	百华山瓦韦	*Lepisorus paohuashanensis* Ching	草本	2					

续表

科名	科拉丁名	物种名	学名	生活型	数据来源	药用	观赏	食用	蜜源	工业原料
蕨类植物 PTERIDOPHYTA										
水龙骨科	Polypodiaceae	长瓦韦	*Lepisorus pseudonudus* Ching	草本	2					
水龙骨科	Polypodiaceae	瓦韦	*Lepisorus thunbergianus*（Kaulf.）Ching	草本	1	+				
水龙骨科	Polypodiaceae	阔叶瓦韦	*Lepisorus tosaensis*（Makino）H.	草本	1					
水龙骨科	Polypodiaceae	乌苏里瓦韦	*Lepisorus ussuriensis*	草本	2					
水龙骨科	Polypodiaceae	江南星蕨	*Microsorum fortunei*（T. Moore）Ching	草本	1					
水龙骨科	Polypodiaceae	羽裂星蕨	*Microsorum insigne*（Blume）Copel.	草本	2					
水龙骨科	Polypodiaceae	膜叶星蕨	*Microsorum membranaceum*（D. Don）Ching	草本	2					
水龙骨科	Polypodiaceae	表面星蕨	*Microsorum superficiale*（Blume）Ching	草本	2					
水龙骨科	Polypodiaceae	戟叶盾蕨	*Neolepisorus ovatus*（Bedd.）Ching f. *deltoidea*（Baker）Ching	草本	1					
水龙骨科	Polypodiaceae	剑叶盾蕨	*Neolepisorus ensatus*（Thunb.）Ching	草本	2					
水龙骨科	Polypodiaceae	梵净山盾蕨	*Neolepisorus lancifolius* Ching et Shing	草本	2					
水龙骨科	Polypodiaceae	盾蕨	*Neolepisorus ovatus*（Bedd.）Ching	草本	1					
水龙骨科	Polypodiaceae	三角叶盾蕨	*Neolepisorus ovatus*（Bedd.）Ching f. *deltoideus*（Baker）Ching	草本	2					
水龙骨科	Polypodiaceae	蟹爪盾蕨	*Neolepisorus ovatus*（Bedd.）Ching f. *doryopteris*（Christ）Ching	草本	2					
水龙骨科	Polypodiaceae	截基盾蕨	*Neolepisorus truncatus* Ching et P. S. Wang	草本	2					
水龙骨科	Polypodiaceae	交连假瘤蕨	*Phymatopteris conjuncta*（Ching）Pic. Serm.	草本	2					
水龙骨科	Polypodiaceae	大果假瘤蕨	*Phymatopteris griffithiana*（Hook.）Pic. Serm.	草本	1					
水龙骨科	Polypodiaceae	金鸡脚假瘤蕨	*Phymatopteris hastata*（Thunb.）Pic. Serm.	草本	2					
水龙骨科	Polypodiaceae	宽底假瘤蕨	*Phymatopteris majoensis*（C. Chr.）Pic. Serm.	草本	2					
水龙骨科	Polypodiaceae	喙叶假瘤蕨	*Phymatopteris rhynchophylla*（Hook.）Pic. Serm.	草本	2					
水龙骨科	Polypodiaceae	陕西假瘤蕨	*Phymatopteris shensiensis*（Christ）Pic. Serm.	草本	2					
水龙骨科	Polypodiaceae	细柄假瘤蕨	*Phymatopteris tenuipes*（Ching）Pic. Serm.	草本	2					
水龙骨科	Polypodiaceae	川拟水龙骨	*Polypodiastrum dielseanum*（C. Chr.）Ching	草本	2	+				
水龙骨科	Polypodiaceae	友水龙骨	*Polypodiodes amoena*（Wall. ex Mett.）Ching	草本	2	+				
水龙骨科	Polypodiaceae	柔毛水龙骨	*Polypodiodes amoena*（Wall. ex Mett.）Ching var. *pilosa*（C. B. Clarke）Ching	草本	2	+				
水龙骨科	Polypodiaceae	中华水龙骨	*Polypodiodes chinensis*（Christ）S. G. Lu	草本	2	+				
水龙骨科	Polypodiaceae	日本水龙骨	*Polypodiodes niponica*（Mett.）Ching	草本	2	+				
水龙骨科	Polypodiaceae	相近石韦	*Pyrrosia assimilis*（Baker）Ching	草本	2	+				
水龙骨科	Polypodiaceae	光石韦	*Pyrrosia calvata*（Baker）Ching	草本	1	+				
水龙骨科	Polypodiaceae	毡毛石韦	*Pyrrosia drakeana*（Franch.）Ching	草本	2	+				
水龙骨科	Polypodiaceae	西南石韦	*Pyrrosia gralla*（Gies.）Ching	草本	2	+				
水龙骨科	Polypodiaceae	石韦	*Pyrrosia lingua*（Thunb.）Farwell	草本	1	+				
水龙骨科	Polypodiaceae	有柄石韦	*Pyrrosia petiolosa*（Christ）Ching	草本	2	+				
水龙骨科	Polypodiaceae	拟毡毛石韦	*Pyrrosia pseudodrakeana* Shing	草本	2	+				
水龙骨科	Polypodiaceae	庐山石韦	*Pyrrosia sheareri*（Baker）Ching	草本	1	+				
水龙骨科	Polypodiaceae	石蕨	*Pyrrosia angustissima*（Giesenh. ex Diels）Tagawa et K. Iwats.	草本	2					
槲蕨科	Drynariaceae	团叶槲蕨	*Drynaria bonii* Christ	草本	2	+	+			
槲蕨科	Drynariaceae	槲蕨	*Drynaria roosii* Nakaike	草本	2	+	+			

续表

科名	科拉丁名	物种名	学名	生活型	数据来源	药用	观赏	食用	蜜源	工业原料
蕨类植物 PTERIDOPHYTA										
槲蕨科	Drynariaceae	秦岭槲蕨	*Drynaria sinica* Diels	草本	2					
剑蕨科	Loxogrammaceae	台湾剑蕨	*Loxogramme formosana* Nakai	草本	2					
剑蕨科	Loxogrammaceae	顶生剑蕨	*Loxogramme acroscopa* C. Chr	草本	2					
剑蕨科	Loxogrammaceae	黑鳞剑蕨	*Loxogramme assimilis* Ching	草本	2					
剑蕨科	Loxogrammaceae	中华剑蕨	*Loxogramme chinensis* Ching	草本	2					
剑蕨科	Loxogrammaceae	褐柄剑蕨	*Loxogramme duclouxii* Christ	草本	2	+	+			
剑蕨科	Loxogrammaceae	匙叶剑蕨	*Loxogramme grammitoides*（Baker）C. Chr.	草本	2	+	+			
剑蕨科	Loxogrammaceae	柳叶剑蕨	*Loxogramme salicifolia*（Makino）Makino	草本	2	+	+			
苹科	Marsileaceae	苹	*Marsilea quadrifolia* L.	草本	2		+			
槐叶苹科	Salviniaceae	槐叶苹	*Salvinia natans*（L.）All.	草本	2		+			
满江红科	Azollaceae	细叶满江红	*Azolla filiculoides* Lam.	草本	2					
满江红科	Azollaceae	满江红	*Azolla imbricata*（Roxb.）Nakai	草本	2		+			
裸子植物门 Gymnospermae										
银杏科	Ginkgoaceae	银杏	*Ginkgo biloba* L.	乔木	1	+	+	+		+
松科	Pinaceae	银杉	*Cathaya argyrophylla* Chun et Kuang	乔木	2	+	+			+
松科	Pinaceae	铁坚油杉	*Keteleeria davidiana*（Bertr.）Beissn.	乔木	2					+
松科	Pinaceae	华山松	*Pinus armandi* Franch.	乔木	2		+	+		+
松科	Pinaceae	巴山松	*Pinus tabuliformis* Carrière var. *henryi*（Mast.）C. T. Kuan	乔木	2					+
松科	Pinaceae	马尾松	*Pinus massoniana* Lamb.	乔木	1					+
松科	Pinaceae	黄杉	*Pseudotsuga sinensis* Dode	乔木	2					+
杉科	Taxodiaceae	*日本柳杉	*Cryptomeria japonica*（Thunb. ex L. f.）D. Don	乔木	1		+			+
杉科	Taxodiaceae	杉木	*Cunninghamia lanceolata*（Lamb.）Hook.	乔木	1					+
柏科	Cupressaceae	柏木	*Cupressus funebris* Endl.	乔木	2	+				+
柏科	Cupressaceae	福建柏	*Fokienia hodginsii*（Dunn）Henry et Thomas	乔木	2					+
柏科	Cupressaceae	刺柏	*Juniperus formosana* Hayata	乔木	2					+
柏科	Cupressaceae	圆柏	*Juniperus chinensis* L.	乔木	2					+
柏科	Cupressaceae	香柏	*Sabina pingii* var. *wilsonii*（Rehd.）Cheng et L. K. Fu	乔木	2					+
柏科	Cupressaceae	高山柏	*Juniperus squamata* Buch.-Ham. ex D. Don	乔木	2					+
罗汉松科	Podocarpaceae	百日青	*Podocarpus neriifolius* D. Don	乔木	2					+
罗汉松科	Podocarpaceae	*罗汉松	*Podocarpus macrophyllus*（Thunb.）D. Don	乔木	2	+	+			+
三尖杉科（粗榧科）	Cephalotaxaceae	三尖杉	*Cephalotaxus fortunei* Hook. f.	乔木	1	+				+
三尖杉科（粗榧科）	Cephalotaxaceae	篦子三尖杉	*Cephalotaxus oliveri* Mast.	乔木	2	+				+
三尖杉科（粗榧科）	Cephalotaxaceae	粗榧	*Cephalotaxus sinensis*（Rehd. et Wils.）Li	乔木	2					+
三尖杉科（粗榧科）	Cephalotaxaceae	宽叶粗榧	*Cephalotaxus sinensis*（Rehd. et Wils.）Li var. *latifolia* Cheng et L. K. Fu	乔木	2					+
红豆杉科	Taxaceae	穗花杉	*Amentotaxus argotaenia*（Hance）Pilger	乔木	2					+
红豆杉科	Taxaceae	红豆杉	*Taxus wallichiana* Zucc. var. *chinensis*（Pilg.）Florin	乔木	1	+	+	+		+
红豆杉科	Taxaceae	南方红豆杉	*Taxus wallichiana* Zucc. var. *mairei*（Lemée et H. Lév.）L. K. Fu et Nan Li	乔木	1	+	+	+		+
红豆杉科	Taxaceae	巴山榧树	*Torreya fargesii* Franch.	乔木	1					+

续表

科名	科拉丁名	物种名	学名	生活型	数据来源	药用	观赏	食用	蜜源	工业原料
被子植物门 Gymnospermae										
双子叶植物纲 Dicotyledoneae										
木麻黄科	Casuarinaceae	*木麻黄	*Casuarina equisetifolia* Forst.	乔木	2					
三白草科	Saururaceae	裸蒴	*Gymnotheca chinensis* Dence.	草本	2	+			+	
三白草科	Saururaceae	白苞裸蒴	*Gymnotheca involucrata* Pei	草本	2	+			+	
三白草科	Saururaceae	蕺菜	*Houttuynia cordata* Thunb.	草本	1	+		+	+	
三白草科	Saururaceae	三白草	*Saururus chinensis*（Lour.）Baill.	草本	2	+			+	
胡椒科	Piperaceae	石蝉草	*Peperomia blanda*（Jacq.）Kunth	藤本	2					
胡椒科	Piperaceae	豆瓣绿	*Peperomia tetraphylla*（Forst. f.）Hook. et Arn.	藤本	2					
胡椒科	Piperaceae	竹叶胡椒	*Piper bambusaefolium* Tseng	藤本	2	+				
胡椒科	Piperaceae	蒌叶	*Piper betle* L.	藤本	2					
胡椒科	Piperaceae	山蒟	*Piper hancei* Maxim.	藤本	2					
胡椒科	Piperaceae	毛蒟	*Piper hongkongense* C. DC.	藤本	2					
胡椒科	Piperaceae	华山蒌	*Piper simense*（Champ.）C. DC.	藤本	2					
胡椒科	Piperaceae	石南藤	*Piper wallichii*（Miq.）Hand.-Mazz.	藤本	1					
金粟兰科	Chloranthaceae	宽叶金粟兰	*Chloranthus henryi* Hemsl.	草本	2	+				
金粟兰科	Chloranthaceae	多穗金粟兰	*Chloranthus multistachya* Pei	草本	2	+				
金粟兰科	Chloranthaceae	四川金粟兰	*Chloranthus sessilifolius* K. F. Wu	草本	2	+				
金粟兰科	Chloranthaceae	金粟兰	*Chloranthus spicatus*（Thunb.）Makino	草本	1	+				
金粟兰科	Chloranthaceae	草珊瑚	*Sarcandra glabra*（Thunb.）Nakai	草本	1	+				
杨柳科	Salicaceae	响叶杨	*Populus adenopoda* Maxim.	乔木	2		+			+
杨柳科	Salicaceae	山杨	*Populus davidiana* Dode	乔木	2		+			+
杨柳科	Salicaceae	茸毛山杨	*Populus davidiana* var. *tomentella*（Schneid.）Nakai	乔木	2		+			+
杨柳科	Salicaceae	大叶杨	*Populus lasiocarpa* Oliv.	乔木	2		+			+
杨柳科	Salicaceae	钻天杨	*Populus nigra* var. *italica*（Moench）Koehne	乔木	2		+			+
杨柳科	Salicaceae	椅杨	*Populus wilsonii* Schneid.	乔木	2		+			工业原料
杨柳科	Salicaceae	垂柳	*Salix babylonica* L.	乔木	2		+			+
杨柳科	Salicaceae	中华柳	*Salix cathayana* Diels	乔木	2		+			+
杨柳科	Salicaceae	腺柳	*Salix chaenomeloides* Kimura	乔木	2		+			+
杨柳科	Salicaceae	腺叶腺柳	*Salix chaenomeloides* var. *glandulifolia*（C. Wang et C. Y. Yu）C. F. Fang.	乔木	2		+			+
杨柳科	Salicaceae	巴柳	*Salix etosia* Schneid.	乔木	2		+			+
杨柳科	Salicaceae	川鄂柳	*Salix fargesii* Burk.	乔木	2		+			+
杨柳科	Salicaceae	甘肃柳	*Salix fargesii* var. *kansuensis*（Hao）N. Chao	乔木	2		+			+
杨柳科	Salicaceae	紫枝柳	*Salix heterochroma* Seemen	乔木	2		+			+
杨柳科	Salicaceae	川柳	*Salix hylonoma* Schneid.	乔木	2		+			+
杨柳科	Salicaceae	小叶柳	*Salix hypoleuca* Seemen	乔木	2		+			+
杨柳科	Salicaceae	宽叶翻白柳	*Salix hypoleuca* var. *platyphylla* Schneid.	乔木	2		+			+
杨柳科	Salicaceae	丝毛柳	*Salix luctuosa* Levl.	乔木	2		+			+
杨柳科	Salicaceae	旱柳	*Salix matsudana* Koidz.	乔木	2		+			+
杨柳科	Salicaceae	龙爪柳	*Salix matsudana* var. *matsudana* f. *tortuosa*（Vilm.）Rehd.	乔木	2		+			+
杨柳科	Salicaceae	草地柳	*Salix praticoloa* Hand.-Mazz.	乔木	2		+			+
杨柳科	Salicaceae	裸柱头柳	*Salix psilostigma* Anderss.	乔木	2		+			+

科名	科拉丁名	物种名	学名	生活型	数据来源	药用	观赏	食用	蜜源	工业原料
被子植物门 Gymnospermae										
双子叶植物纲 Dicotyledoneae										
杨柳科	Salicaceae	南川柳	*Salix rosthornii* Seemen	乔木	2		+			+
杨柳科	Salicaceae	秋华柳	*Salix variegate* Franch.	灌木	2		+			+
杨柳科	Salicaceae	皂柳	*Salix wallichiana* Anderss.	灌木	2		+			+
杨柳科	Salicaceae	紫柳	*Salix wilsonii* Seemen	灌木	2		+			+
杨梅科	Myricaceae	毛杨梅	*Myrica esculeuta* Buch.-Ham.	乔木	2		+	+	+	+
杨梅科	Myricaceae	杨梅	*Myrica rubra*（Lour.）S.et Zucc.	乔木	2		+	+	+	+
胡桃科	Juglandaceae	青钱柳	*Cyclocarya paliurus*（Batal.）Iljinsk.	乔木	2					+
胡桃科	Juglandaceae	黄杞	*Engelhardia roxburghiana* Wall.	乔木	2					+
胡桃科	Juglandaceae	毛叶黄杞	*Engelhardtia colebrookiana* Lindl.	乔木	2					+
胡桃科	Juglandaceae	胡桃楸	*Juglans mandshurica* Maxim.	乔木	1	+	+	+	+	+
胡桃科	Juglandaceae	胡桃	*Juglans regia* L.	乔木	2	+	+	+	+	+
胡桃科	Juglandaceae	泡核桃	*Juglans sigillata* Dode	乔木	2	+	+	+	+	+
胡桃科	Juglandaceae	化香树	*Platycarya strobilacea* Sieb.et Zucc.	乔木	1					+
胡桃科	Juglandaceae	湖北枫杨	*Pterocarya hupehensis* Skan	乔木	2					+
胡桃科	Juglandaceae	华西枫杨	*Pterocarya macroptera* Batalin var. *insignis*（Rehder et E. H. Wilson）W. E. Manning	乔木	2					+
胡桃科	Juglandaceae	枫杨	*Pterocarya stenoptera* C. DC.	乔木	1					+
桦木科	Betulaceae	桤木	*Alnus cremastogyne* Burk.	乔木	2					+
桦木科	Betulaceae	红桦	*Betula albosinensis* Burk.	乔木	2					+
桦木科	Betulaceae	华南桦	*Betula austrosinensis* Chun ex P. C. Li	乔木	2					+
桦木科	Betulaceae	香桦	*Betula insignis* Franch.	乔木	2					+
桦木科	Betulaceae	亮叶桦	*Betula luminifera* H. Winkler	乔木	2					+
桦木科	Betulaceae	白桦	*Betula platyphylla* Suk.	乔木	2					+
桦木科	Betulaceae	糙皮桦	*Betula utilis* D. Don	乔木	2					+
桦木科	Betulaceae	川黔千金榆	*Carpinus fangiana* Hu.	乔木	2					+
桦木科	Betulaceae	川陕鹅耳枥	*Carpinus fargesiana* H. Winkl.	乔木	1					+
桦木科	Betulaceae	狭叶鹅耳枥	*Carpinus fargesiana* H. Winkl. var. *hwai*（Hu et Cheng）P. C. Li	乔木	2					+
桦木科	Betulaceae	川鄂鹅耳枥	*Carpinus henryana*（H. J. P. Winkl.）H. J. P. Winkl.	乔木	2					+
桦木科	Betulaceae	贵州鹅耳枥	*Carpinus kweichowensis* Hu	乔木	2					+
桦木科	Betulaceae	短尾鹅耳枥	*Carpinus londoniana* H.Winkl.	乔木	2					+
桦木科	Betulaceae	多脉鹅耳枥	*Carpinus polyneura* Franch.	乔木	2					+
桦木科	Betulaceae	云贵鹅耳枥	*Carpinus pubescens* Burk.	乔木	2					+
桦木科	Betulaceae	昌化鹅耳枥	*Carpinus tschonoskii* Maxima.	乔木	2					+
桦木科	Betulaceae	雷公鹅耳枥	*Carpinus viminea* Wall.	乔木	1					+
桦木科	Betulaceae	华榛	*Corylus chinensis* Franch.	乔木	2					+
桦木科	Betulaceae	披针叶榛	*Corylus fargesii* Schneid.	乔木	2					+
桦木科	Betulaceae	刺榛	*Corylus ferox* Wall.	乔木	2					+
桦木科	Betulaceae	川榛	*Corylus heterophylla* Fisch. var. *sutchuenensis* Franch.	乔木	2					+
桦木科	Betulaceae	藏刺榛	*Corylus ferox* Wall. var. *thibetica*（Batal.）Franch.	乔木	2					+
桦木科	Betulaceae	多脉铁木	*Ostrya multinervis* Rehd.	乔木	2					+

续表

科名	科拉丁名	物种名	学名	生活型	数据来源	药用	观赏	食用	蜜源	工业原料
			被子植物门 Gymnospermae							
			双子叶植物纲 Dicotyledoneae							
壳斗科	Fagaceae	锥栗	*Castanea henryi*（Skan）Rehd. et Wils.	乔木	1			+		+
壳斗科	Fagaceae	*栗	*Castanea mollissima* Bl.	乔木	1	+		+		+
壳斗科	Fagaceae	茅栗	*Castanea seguinii* Dode	乔木	2			+		+
壳斗科	Fagaceae	栲	*Castanopsis fargesii* Franch.	乔木	2					+
壳斗科	Fagaceae	短刺米槠	*Castanopsis carlesii*（Hemsl.）Hayata var. *spinulosa* Cheng et C. S. Chao	乔木	1					+
壳斗科	Fagaceae	米槠	*Castanopsis carlesii*（Hemsl.）Hay.	乔木	2					+
壳斗科	Fagaceae	厚皮锥	*Castanopsis chunii* Cheng	乔木	2					+
壳斗科	Fagaceae	甜槠	*Castanopsis eyrei*（Champ.）Tutch.	乔木	2					+
壳斗科	Fagaceae	湖北锥	*Castanopsis hupehensis* C. S. Chao	乔木	2					+
壳斗科	Fagaceae	扁刺锥	*Castanopsis platyacantha* Rehd. et Wils.	乔木	2					+
壳斗科	Fagaceae	苦槠	*Castanopsis sclerophylla*（Lindl.）Schott.	乔木	2					+
壳斗科	Fagaceae	钩锥	*Castanopsis tibetana* Hance	乔木	2					+
壳斗科	Fagaceae	福建青冈	*Cyclobalanopsis chungii*（Metc.）Y. C. Hsu et H. W. Jen ex Q. F. Zheng	乔木	2					+
壳斗科	Fagaceae	青冈	*Cyclobalanopsis glauca*（Thunb.）Oerst.	乔木	1					+
壳斗科	Fagaceae	细叶青冈	*Cyclobalanopsis gracilis*（Rekd. et Wils.）Cheng et T. Hong	乔木	2					+
壳斗科	Fagaceae	多脉青冈	*Cyclobalanopsis multinervis* W. C. Cheng et T. Hong	乔木	1					+
壳斗科	Fagaceae	小叶青冈	*Cyclobalanopsis myrsinaefolia*（Bl.）Oerst.	乔木	1					+
壳斗科	Fagaceae	云山青冈	*Cyclobalanopsis sessilifolia*（Blume）Schott.	乔木	2					+
壳斗科	Fagaceae	曼青冈	*Cyclobalanopsis oxyodon*（Miq.）Oerst.	乔木	1					+
壳斗科	Fagaceae	褐叶青冈	*Cyclobalanopsis stewardiana*（A. Camus）Y. C. Hsu et H. W. Jen	乔木	2					+
壳斗科	Fagaceae	米心水青冈	*Fagus engleriana* Seem.	乔木	2					+
壳斗科	Fagaceae	水青冈	*Fagus longipetiolata* Seem	乔木	2					+
壳斗科	Fagaceae	短尾柯	*Lithocarpus brevicaudatus*（Skan）Hay.	乔木	2					+
壳斗科	Fagaceae	包果柯	*Lithocarpus cleistocarpus*（Seem.）Rehd. et Wils.	乔木	2					+
壳斗科	Fagaceae	白柯	*Lithocarpus dealbatus*（Hook. f. et Thoms. ex DC.）Rehd.	乔木	2					+
壳斗科	Fagaceae	川柯	*Lithocarpus fangii*（Hu et Cheng）Huang et Y. T. Chang	乔木	1					+
壳斗科	Fagaceae	硬壳柯	*Lithocarpus hancei*（Benth.）Rehd.	乔木	2					+
壳斗科	Fagaceae	灰柯	*Lithocarpus henryi*（Seem.）Rehd. et Wils.	乔木	2					+
壳斗科	Fagaceae	木姜叶柯	*Lithocarpus litseifolius*（Hance）Chun	乔木	2					+
壳斗科	Fagaceae	大叶柯	*Lithocarpus megalophyllus* Rehd. et Wils.	乔木	2					+
壳斗科	Fagaceae	圆锥柯	*Lithocarpus paniculatus* Hand.-Mazz.	乔木	2					+
壳斗科	Fagaceae	南川柯	*Lithocarpus rosthornii*（Schott.）Barn.	乔木	2					+
壳斗科	Fagaceae	岩栎	*Quercus acrodonta* Seem.	乔木	2					+
壳斗科	Fagaceae	麻栎	*Quercus acutissima* Carr.	乔木	2					+
壳斗科	Fagaceae	槲栎	*Quercus aliena* Bl.	乔木	2					+
壳斗科	Fagaceae	锐齿槲栎	*Quercus aliena* Bl. var. *acuteserrata* Maxim. ex Wenz.	乔木	2					+
壳斗科	Fagaceae	橿子栎	*Quercus baronii* Skan	乔木	2					+
壳斗科	Fagaceae	小叶栎	*Quercus chenii* Nakai	乔木	2					+
壳斗科	Fagaceae	匙叶栎	*Quercus dolicholepis* A. Cam.	乔木	2					+

科名	科拉丁名	物种名	学名	生活型	数据来源	药用	观赏	食用	蜜源	工业原料
被子植物门 Gymnospermae										
双子叶植物纲 Dicotyledoneae										
壳斗科	Fagaceae	巴东栎	*Quercus engleriana* Seem.	乔木	1					+
壳斗科	Fagaceae	白栎	*Quercus fabri* Hance	乔木	2					+
壳斗科	Fagaceae	枹栎	*Quercus serrata* Thunb.	乔木	1					+
壳斗科	Fagaceae	尖叶栎	*Quercus oxyphylla*（Wils.）Hand.-Mazz.	乔木	2					+
壳斗科	Fagaceae	乌冈栎	*Quercus phillyraeoides* A. Gray	乔木	2					+
壳斗科	Fagaceae	栓皮栎	*Quercus variabilis* Bl.	乔木	2					+
榆科	Ulmaceae	紫弹树	*Celtis biondii* Pamp.	乔木	1					+
榆科	Ulmaceae	黑弹树	*Celtis bungeana* Bl.	乔木	2					+
榆科	Ulmaceae	珊瑚朴	*Celtis julianae* Schneid.	乔木	2					+
榆科	Ulmaceae	朴树	*Celtis sinensis* Pers.	乔木	1					+
榆科	Ulmaceae	假玉桂	*Celtis timorensis* Span.	乔木	2					+
榆科	Ulmaceae	山油麻	*Trema cannabina* Lour. var. *dielsiana*（Hand.-Mazz.）C. J. Chen	乔木	2					+
榆科	Ulmaceae	羽脉山黄麻	*Trema levigata* Hand.-Mazz.	乔木	2					+
榆科	Ulmaceae	银毛叶山黄麻	*Trema nitida* C. J. Chen	乔木	2					+
榆科	Ulmaceae	多脉榆	*Ulmus castaneifolia* Hemsl.	乔木	2					+
榆科	Ulmaceae	榔榆	*Ulmus parvifolia* Jacq.	乔木	2					+
榆科	Ulmaceae	榆树	*Ulmus pumila* L.	乔木	2					+
榆科	Ulmaceae	大叶榉树	*Zelkova schneideriana* Hand.-Mazz.	乔木	1					+
桑科	Coriariaceae	南川木波罗	*Artocarpus nanchuanensis* S. S. Chang	乔木	2					+
桑科	Coriariaceae	藤构	*Broussonetia kaempferi* Sieb. var. *australis* Suzuki	乔木	2					+
桑科	Coriariaceae	楮	*Broussonetia kazinoki* Sieb.	乔木	1					+
桑科	Coriariaceae	构树	*Broussonetia papyrifera*（L.）L'Her. ex Vent.	乔木	1					+
桑科	Coriariaceae	大麻	*Cannabis sativa* L.	草本	1					
桑科	Coriariaceae	构棘	*Maclura cochinchinensis*（Lour.）Corner	灌木	2					
桑科	Coriariaceae	柘树	*Maclura tricuspidata* Carrière	乔木	2					
桑科	Coriariaceae	无花果	*Ficus carica* L.	灌木	2			+		
桑科	Coriariaceae	台湾榕	Ficus formosana Maxim.	灌木	2					
桑科	Coriariaceae	菱叶冠毛榕	*Ficus gasparriniana* Miq. var. *laceratifolia*（Lévl. et Vant.）Corner	灌木	2					
桑科	Coriariaceae	冠毛榕	*Ficus gasparriniana* Miq.	灌木	2					
桑科	Coriariaceae	尖叶榕	*Ficus henryi* Warb. ex Diels	灌木	1					
桑科	Coriariaceae	异叶榕	*Ficus heteromorpha* Hemsl.	灌木	1					
桑科	Coriariaceae	榕树	*Ficus microcarpa* L.	乔木	1					
桑科	Coriariaceae	薜荔	*Ficus pumila* L.	藤本	1	+	+	+		
桑科	Coriariaceae	珍珠莲	*Ficus sarmentosa* Buch. -Ham ex J. E. Smith. var. *henryi*（King ex D. Oliv.）Corner	藤本	2		+			
桑科	Coriariaceae	爬藤榕	*Ficus sarmentosa* Buch. -Ham ex J. E. Smith. var. *impressa*（Champ.）Corner	藤本	2		+			
桑科	Coriariaceae	竹叶榕	*Ficus stenophylla* Hemsl.	灌木	2		+			
桑科	Coriariaceae	地果	*Ficus tikoua* Bur.	藤本	2		+	+		
桑科	Coriariaceae	岩木瓜	*Ficus tsiangii* Merr. ex Corner	灌木	2		+			

续表

科名	科拉丁名	物种名	学名	生活型	数据来源	药用	观赏	食用	蜜源	工业原料
被子植物门 Gymnospermae
双子叶植物纲 Dicotyledoneae
桑科	Coriariaceae	黄葛树	*Ficus virens* Aiton	乔木	1		+			+
桑科	Coriariaceae	啤酒花	*Humulus lupulus* L.	草本	2		+			+
桑科	Coriariaceae	葎草	*Humulus scandens*（Lour.）Merr.	草本	2		+			+
桑科	Coriariaceae	桑	*Morus alba* L.	灌木	2		+	+		+
桑科	Coriariaceae	鸡桑	*Morus australis* Poir.	灌木	2		+	+		+
桑科	Coriariaceae	华桑	*Morus cathayana* Hemsl.	灌木	2		+	+		+
桑科	Coriariaceae	蒙桑	*Morus mongolia*（Dur.）Schneid.	灌木	2		+	+		+
桑科	Coriariaceae	川桑	*Morus notabilis* Schneid.	灌木	2		+	+		+
荨麻科	Urticaceae	序叶苎麻	*Boehmeria clidemioides* Miq. var. *diffusa*（Wedd.）Hand.-Mazz.	草本	2					+
荨麻科	Urticaceae	密球苎麻	*Boehmeria densiglomerata* W. T. Wang	草本	2	+				+
荨麻科	Urticaceae	小赤麻	*Boehmeria spicata*（Thunb.）Thunb.	草本	2	+				+
荨麻科	Urticaceae	大叶苎麻	*Boehmeria japonica*（L. f.）Miq.	草本	2	+				+
荨麻科	Urticaceae	苎麻	*Boehmeria nivea*（L.）Gaudich.	草本	2	+				+
荨麻科	Urticaceae	悬铃叶苎麻	*Boehmeria tricuspis*（Hance）Makino	草本	2	+				+
荨麻科	Urticaceae	微柱麻	*Chamabainia cuspidata* Wight	草本	2	+				+
荨麻科	Urticaceae	长叶水麻	*Debregeasia longifolia*（Burm. f.）Wedd.	草本	2	+				+
荨麻科	Urticaceae	水麻	*Debregeasia orientalis* C. J. Chen	草本	1	+				+
荨麻科	Urticaceae	狭叶楼梯草	*Elatostema lineolatum* Wight	草本	2					
荨麻科	Urticaceae	短齿楼梯草	*Elatostema brachyodontum*（Hand.-Mazz.）W. T. Wang	草本	2					
荨麻科	Urticaceae	骤尖楼梯草	*Elatostema cuspidatum* Wight	草本	2					
荨麻科	Urticaceae	锐齿楼梯草	*Elatostema cyrtandrifolium*（Zoll. et Mor.）Miq.	草本	1					
荨麻科	Urticaceae	梨序楼梯草	*Elatostema ficoides* Wedd.	草本	2					
荨麻科	Urticaceae	宜昌楼梯草	*Elatostema ichangense* H. Schroter	草本	2					
荨麻科	Urticaceae	楼梯草	*Elatostema involucratum* Franch. et Sav.	草本	1					
荨麻科	Urticaceae	长梗楼梯草	*Elatostema longipes* W. T. Wang	草本	2					
荨麻科	Urticaceae	多序楼梯草	*Elatostema macintyrei* Dunn	草本	2					
荨麻科	Urticaceae	南川楼梯草	*Elatostema nanchuanensis* W. T. Wang	草本	2					
荨麻科	Urticaceae	托叶楼梯草	*Elatostema nasutum* Hook. f.	草本	1					
荨麻科	Urticaceae	长圆楼梯草	*Elatostema oblongifolium* Fu ex W. T. Wang	草本	2					
荨麻科	Urticaceae	钝叶楼梯草	*Elatostema obtusum* Wedd.	草本	2					
荨麻科	Urticaceae	三齿钝叶楼梯草	*Elatostema obtusum* Wedd. var. *trilobulatum*（Hayata）W. T. Wang	草本	2					
荨麻科	Urticaceae	樱叶楼梯草	*Elatostema prunifolium* W. T. Wang	草本	2					
荨麻科	Urticaceae	多脉楼梯草	*Elatostema pseudoficoides* W. T. Wang	草本	2					
荨麻科	Urticaceae	对叶楼梯草	*Elatostema sinense* H. Schroter	草本	2					
荨麻科	Urticaceae	庐山楼梯草	*Elatostema stewardii* Merr.	草本	2					
荨麻科	Urticaceae	拟骤尖楼梯草	*Elatostema subcuspidatum* W. T. Wang	草本	2					
荨麻科	Urticaceae	细尾楼梯草	*Elatostema tenuicaudatum* W. T. Wang	草本	2					
荨麻科	Urticaceae	疣果楼梯草	*Elatostema trichocarpum* Hand.-Mazz.	草本	1					
荨麻科	Urticaceae	大蝎子草	*Girardinia diversifolia*（Link）Friis	草本	2					

续表

科名	科拉丁名	物种名	学名	生活型	数据来源	药用	观赏	食用	蜜源	工业原料
被子植物门 Gymnospermae										
双子叶植物纲 Dicotyledoneae										
荨麻科	Urticaceae	红火麻	*Girardinia diversifolia*（Link）Friis ssp. *triloba*（C. J. Chen）C. J. Chen et Friis	草本	2					
荨麻科	Urticaceae	糯米团	*Gonostegia hirta*（Bl.）Miq.	草本	1					
荨麻科	Urticaceae	珠芽艾麻	*Laportea bulbifera*（Sieb. et Zucc.）Wedd.	草本	2					
荨麻科	Urticaceae	艾麻	*Laportea cuspidata*（Wedd.）Friis	草本	2					
荨麻科	Urticaceae	花点草	*Nanocnide japonica* Bl.	草本	2					
荨麻科	Urticaceae	毛花点草	*Nanocnide lobata* Wedd.	草本	1					
荨麻科	Urticaceae	紫麻	*Oreocnide frutescens*（Thunb.）Miq.	草本	2					
荨麻科	Urticaceae	墙草	*Parietaria micrantha* Ledeb.	草本	2					
荨麻科	Urticaceae	赤车	*Pellionia radicans*（Sieb. et Zucc.）Wedd.	草本	1					
荨麻科	Urticaceae	曲毛赤车	*Pellionia retrohispida* W. T. Wang	草本	2					
荨麻科	Urticaceae	蔓赤车	*Pellionia scabra* Benth.	草本	2					
荨麻科	Urticaceae	绿赤车	*Pellionia viridis* C. H. Wright	草本	2					
荨麻科	Urticaceae	山冷水花	*Pilea japonica*（Maxim.）Hand.-Mazz.	草本	2					
荨麻科	Urticaceae	圆瓣冷水花	*Pilea angulata*（Bl.）Bl.	草本	2					
荨麻科	Urticaceae	华中冷水花	*Pilea angulata*（Bl.）Bl. ssp. *latiuscula* C. J. Chen	草本	1					
荨麻科	Urticaceae	湿生冷水花	*ilea aquarum* Dunn	草本	2					
荨麻科	Urticaceae	波缘冷水花	*Pilea cavaleriei* Lévl.	草本	2					
荨麻科	Urticaceae	椭圆叶冷水花	*Pilea elliptilimba* C. J. Chen	草本	2					
荨麻科	Urticaceae	隆脉冷水花	*Pilea lomatograma* Hand.-Mazz.	草本	2					
荨麻科	Urticaceae	长茎冷水花	*Pilea longicaulis* Hand.-Mazz.	草本	2					
荨麻科	Urticaceae	黄花冷水花	*Pilea longicaulis* Hand.-Mazz. var. *flaviflora* C. J. Chen	草本	2					
荨麻科	Urticaceae	大叶冷水花	*Pilea martinii*（Lévl.）Hand.-Mazz.	草本	1					
荨麻科	Urticaceae	念珠冷水花	*Pilea monilifera* Hand.-Mazz.	草本	2					
荨麻科	Urticaceae	冷水花	*Pilea notata* C. H. Wright	草本	1					
荨麻科	Urticaceae	矮冷水花	*Pilea peploides*（Gaudich.）Hook. et Arn.	草本	2					
荨麻科	Urticaceae	石筋草	*Pilea plataniflora* C. H. Wright	草本	2					
荨麻科	Urticaceae	透茎冷水花	*Pilea pumila*（L.）A. Gray	草本	2					
荨麻科	Urticaceae	序托冷水花	*Pilea receptacularis* C. J. Chen	草本	2					
荨麻科	Urticaceae	红花冷水花	*Pilea rubriflora* C. H. Wright	草本	2					
荨麻科	Urticaceae	镰叶冷水花	*Pilea semisessilis* Hand.-Mazz.	草本	1					
荨麻科	Urticaceae	粗齿冷水花	*Pilea sinofasciata* C. J. Chen	草本	1					
荨麻科	Urticaceae	翅茎冷水花	*Pilea subcoriacea*（Hand.-Mazz.）C. J. Chen	草本	1					
荨麻科	Urticaceae	三角形冷水花	*Pilea swinglei* Merr.	草本	1					
荨麻科	Urticaceae	疣果冷水花	*Pilea verrucosa* Hand.-Mazz	草本	2					
荨麻科	Urticaceae	离基脉冷水花	*Pilea verrucosa* Hand.-Mazz. ssp. *subtriplinervia* C. J. Chen	草本	2					
荨麻科	Urticaceae	红雾水葛	*Pouzolzia sanguinea*（Bl.）Merr.	草本	1					+
荨麻科	Urticaceae	雾水葛	*Pouzolzia zeylanica*（L.）Benn.	草本	1					+
荨麻科	Urticaceae	小果荨麻	*Urtica atrichocaulis*（Hand.-Mazz.）C. J. Chen	草本	2	+				+
荨麻科	Urticaceae	宽叶荨麻	*Urtica laetevirens* Maxim.	草本	1	+				+

科名	科拉丁名	物种名	学名	生活型	数据来源	药用	观赏	食用	蜜源	工业原料
被子植物门 Gymnospermae										
双子叶植物纲 Dicotyledoneae										
荨麻科	Urticaceae	荨麻	*Urtica fissa* E. Pritz.	草本	2	+				+
铁青树科	Olacaceae	青皮木	*Schoepfia jasminodora* Sieb. et Zucc.	乔木	2					
檀香科	Santalaceae	米面蓊	*Buckleya lanceolate*（Sieb. et Zucc.）Miq.	灌木	1					
檀香科	Santalaceae	檀梨	*Pyrularia edulis*（Wall.）A. DC.	乔木	2					
檀香科	Santalaceae	百蕊草	*Thesium chinense* Turcz.	草本	2					
桑寄生科	Loranthaceae	油杉寄生	*Arceuthobium chinensis* Lecomte	灌木	1	+				
桑寄生科	Loranthaceae	栗寄生	*Korthalsella japonica*（Thunb.）Engl.	灌木	2	+				
桑寄生科	Loranthaceae	椆树桑寄生	*Loranthus delavayi* Van Tiegh.	灌木	2	+				
桑寄生科	Loranthaceae	鞘花	*Macrosolen cochinchinensis*（Lour.）V. Tiegh.	灌木	2	+				
桑寄生科	Loranthaceae	红花寄生	*Scurrula parasitica* L.	灌木	2	+				
桑寄生科	Loranthaceae	松柏钝果寄生	*Taxillus caloreas*（Diels）Danser	灌木	2	+				
桑寄生科	Loranthaceae	木兰寄生	*Taxillus limprichtii*（Grunning）H. S. Kiu	灌木	2	+				
桑寄生科	Loranthaceae	毛叶钝果寄生	*Taxillus nigrans*（Hance）Danser	灌木	2	+				
桑寄生科	Loranthaceae	桑寄生	*Taxillus sutchuenensis*（Lecomte）Danser	灌木	2	+				
桑寄生科	Loranthaceae	灰毛桑寄生	*Taxillus sutchuenensis*（Lecomte）Danser var. *duclouxii*（Lecomte）H. S. Kiu	灌木	2	+				
桑寄生科	Loranthaceae	扁枝槲寄生	*Viscum articulatum* Burm. f.	灌木	2	+				
桑寄生科	Loranthaceae	槲寄生	*Viscum colorarum*（Kom.）Nakai	灌木	2	+				
桑寄生科	Loranthaceae	棱枝槲寄生	*Viscum diospyrosicolum* Hayata	灌木	2	+				
桑寄生科	Loranthaceae	枫香槲寄生	*Viscum liquidambaricolum* Hayata	灌木	2	+				
马兜铃科	Aristolochiaceae	川南马兜铃	*Aristolochia austroszechuanica* Chien et C. Y. Cheng ex C. Y. Cheng	藤本	2	+				
马兜铃科	Aristolochiaceae	马兜铃	*Aristolochia debilis* Sieb. et Zucc.	藤本	2	+			+	
马兜铃科	Aristolochiaceae	异叶马兜铃	*Aristolochia kaempferi* Willd. f. *heterophylla*（Hemsl.）S. M. Hwang	藤本	2	+			+	
马兜铃科	Aristolochiaceae	广西马兜铃	*Aristolochia kwangsiensis* Chun et How ex C. F. Liang	藤本	2	+			+	
马兜铃科	Aristolochiaceae	木通马兜铃	*Aristolochia manshuriensis* Kom.	藤本	2	+			+	
马兜铃科	Aristolochiaceae	宝兴马兜铃	*Aristolochia moupinensis* Franch.	藤本	2	+			+	
马兜铃科	Aristolochiaceae	管花马兜铃	*Aristolochia tubiflora* Dunn	藤本	1	+			+	
马兜铃科	Aristolochiaceae	短尾细辛	*Asarum caudigerellum* C. Y. Cheng et C. S. Yang	草本	2	+			+	
马兜铃科	Aristolochiaceae	花叶尾花细辛	*Asarum cardiophyllum* Franch.	草本	2	+			+	
马兜铃科	Aristolochiaceae	尾花细辛	*Asarum caudigerum* Hance.	草本	1	+			+	
马兜铃科	Aristolochiaceae	双叶细辛	*Asarum caulescens* Maxim.	草本	2	+			+	
马兜铃科	Aristolochiaceae	川北细辛	*Asarum chinense* Franch.	草本	2	+			+	
马兜铃科	Aristolochiaceae	皱花细辛	*Asarum crispulatum* C. Y. Cheng et C. S. Yang	草本	2	+			+	
马兜铃科	Aristolochiaceae	铜钱细辛	*Asarum debile* Franch.	草本	2	+			+	
马兜铃科	Aristolochiaceae	川滇细辛	*Asarum delavayi* Franch.	草本	2	+			+	
马兜铃科	Aristolochiaceae	杜衡	*Asarum forbesii* Maxim.	草本	2	+			+	
马兜铃科	Aristolochiaceae	单叶细辛	*Asarum himalaicum* Hook. f. et Thoms. ex Klotzsch.	草本	1	+			+	
马兜铃科	Aristolochiaceae	小叶马蹄香	*Asarum ichangense* C. Y. Cheng et C. S. Yang	草本	2	+			+	
马兜铃科	Aristolochiaceae	大叶马蹄香	*Asarum maximum* Hemsl.	草本	1	+			+	
马兜铃科	Aristolochiaceae	南川细辛	*Asarum nanchuanense* C. S. Yang et J. L. Wu	草本	2	+			+	

续表

科名	科拉丁名	物种名	学名	生活型	数据来源	药用	观赏	食用	蜜源	工业原料
被子植物门 Gymnospermae										
双子叶植物纲 Dicotyledoneae										
马兜铃科	Aristolochiaceae	长毛细辛	*Asarum pulchellum* Hemsl.	草本	2	+			+	
马兜铃科	Aristolochiaceae	细辛	*Asarum sieboldii* Miq.	草本	1	+			+	
马兜铃科	Aristolochiaceae	青城细辛	*Asarum splendens*（Maekawa）C. Y. Cheng et C. S. Yang	草本	2	+			+	
马兜铃科	Aristolochiaceae	马蹄香	*Saruma henryi* Oliv.	草本	2	+			+	
蛇菰科	Balanophoraceae	红冬蛇菰	*Balanophora harlandii* Hook. f.	草本	1	+				
蛇菰科	Balanophoraceae	筒鞘蛇菰	*Balanophora involucrata* Hook. f.	草本	2	+				
蛇菰科	Balanophoraceae	多蕊蛇菰	*Balanophora polyandra* Griff.	草本	2	+				
蛇菰科	Balanophoraceae	疏花蛇菰	*Balanophora laxiflora* Hemsl.	草本	2	+				
蓼科	Polygonaceae	金线草	*Antenoron filiforme*（Thunb.）Rob. et Vaut.	草本	2	+				
蓼科	Polygonaceae	短毛金线草	*Antenoron filiforme*（Thunb.）Rob. et Vaut. var. *neofiliforme*（Nakai）A. J. Li	草本	1	+				
蓼科	Polygonaceae	金荞麦	*Fagopyrum dibotrys*（D. Don）Hara	草本	2	+			+	
蓼科	Polygonaceae	苦荞麦	*Fagopyrum tataricum*（L.）Gaertn.	草本	2	+			+	
蓼科	Polygonaceae	硬枝野荞麦	*Fagopyrum urophyllum*（Bur. et Franch.）H. Gross	草本	1	+			+	
蓼科	Polygonaceae	牛皮消蓼	*Fallopia cynanchoides*（Hemsl.）Harald.	草本	2	+			+	
蓼科	Polygonaceae	齿翅蓼	*Fallopia dentatoalata*（Fr. Schm.）Holub	草本	2	+			+	
蓼科	Polygonaceae	毛脉蓼	*Fallopia multiflora*（Thunb.）Harald. var. *ciliinerve*（Nakai）A. J. Li	草本	2	+			+	
蓼科	Polygonaceae	何首乌	*Fallopia multiflora*（Thunb.）Harald.	藤本	1	+			+	
蓼科	Polygonaceae	山蓼	*Oxyria digyna*（L.）Hill.	草本	2	+			+	
蓼科	Polygonaceae	抱茎蓼	*Polygonum amplexicaule* D. Don	草本	1	+			+	
蓼科	Polygonaceae	萹蓄	*Polygonum aviculare* L.	草本	2	+			+	
蓼科	Polygonaceae	毛蓼	*Polygonum barbatum* L.	草本	2	+			+	
蓼科	Polygonaceae	拳参	*Polygonum bistorta* L.	草本	2	+			+	
蓼科	Polygonaceae	头花蓼	*Polygonum capitatum* Buch.-Ham. ex D. Don	草本	2	+			+	
蓼科	Polygonaceae	火炭母	*Polygonum chinense* L.	草本	1	+			+	
蓼科	Polygonaceae	大箭叶蓼	*Polygonum darrisii* Levl.	草本	2	+			+	
蓼科	Polygonaceae	水蓼	*Polygonum hydropiper* L.	草本	2	+			+	
蓼科	Polygonaceae	蚕茧草	*Polygonum japonicum* Meisn.	草本	2	+			+	
蓼科	Polygonaceae	愉悦蓼	*Polygonum jucundum* Meisn.	草本	2	+			+	
蓼科	Polygonaceae	酸模叶蓼	*Polygonum lapathifoliym* L.	草本	2	+			+	
蓼科	Polygonaceae	长鬃蓼	*Polygonum longisetum* De Br.	草本	1	+			+	
蓼科	Polygonaceae	圆基长鬃蓼	*Polygonum longisetum* De Br. var. *rotundatum* A. J. Li	草本	2	+			+	
蓼科	Polygonaceae	长戟叶蓼	*Polygonum maackianum* Regel	草本	2	+			+	
蓼科	Polygonaceae	尼泊尔蓼	*Polygonum nepalense* Meisn.	草本	1	+			+	
蓼科	Polygonaceae	红蓼	*Polygonum orientale* L.	草本	2	+			+	
蓼科	Polygonaceae	草血竭	*Polygonum paleaceum* Wall. ex HK. f.	草本	2	+			+	
蓼科	Polygonaceae	杠板归	*Polygonum perfoliatum* L.	草本	2	+			+	
蓼科	Polygonaceae	春蓼	*Polygonum persicaria* L.	草本	2	+			+	
蓼科	Polygonaceae	习见蓼	*Polygonum plebeium* R. Br.	草本	2	+			+	
蓼科	Polygonaceae	丛枝蓼	*Polygonum posumbu* Buch.-Ham. ex D. Don	草本	1	+			+	

续表

科名	科拉丁名	物种名	学名	生活型	数据来源	药用	观赏	食用	蜜源	工业原料
被子植物门 Gymnospermae										
双子叶植物纲 Dicotyledoneae										
蓼科	Polygonaceae	伏毛蓼	*Polygonum pubescens* Blume	草本	2	+			+	
蓼科	Polygonaceae	羽叶蓼	*Polygonum runcinatum* Buch.-Ham. ex D. Don	草本	1	+			+	
蓼科	Polygonaceae	刺蓼	*Polygonum senticosum*（Meisn.）Franch. et Sav.	草本	2	+			+	
蓼科	Polygonaceae	箭叶蓼	*Polygonum sieboldii* Meisn.	草本	2	+			+	
蓼科	Polygonaceae	支柱蓼	*Polygonum suffultum* Maxim.	草本	1	+			+	
蓼科	Polygonaceae	细穗支柱蓼	*Polygonum suffultum* Maxim. var. *pergracile*（Hemsl.）Sam.	草本	1	+			+	
蓼科	Polygonaceae	戟叶蓼	*Polygonum thunbergii* Sieb. et Zucc.	草本	1	+			+	
蓼科	Polygonaceae	粘蓼	*Polygonum viscoferum* Mak.	草本	2	+			+	
蓼科	Polygonaceae	珠芽蓼	*Polygonum viviparum* L.	草本	2	+			+	
蓼科	Polygonaceae	虎杖	*Reynoutria japonica* Houtt.	草本	2	+			+	
蓼科	Polygonaceae	网果酸模	*Rheum chalepensis* Mill.	草本	2	+			+	
蓼科	Polygonaceae	长叶酸模	*Rheum longifolis* DC.	草本	1	+			+	
蓼科	Polygonaceae	尼泊尔酸模	*Rheum nepalensis* Spreng.	草本	1	+			+	
蓼科	Polygonaceae	钝叶酸模	*Rheum obtusifolius* L.	草本	2	+			+	
蓼科	Polygonaceae	药用大黄	*Rheum officinale* Baill.	草本	2	+			+	
蓼科	Polygonaceae	掌叶大黄	*Rheum palmatum* L.	草本	2	+			+	
蓼科	Polygonaceae	巴天酸模	*Rheum patientia* L.	草本	2	+			+	
蓼科	Polygonaceae	长刺酸模	*Rheum trisetifer* Stokes	草本	2	+			+	
蓼科	Polygonaceae	酸模	*Rumex acetosa* L.	草本	2	+			+	
蓼科	Polygonaceae	水生酸模	*Rumex aquaticus* L.	草本	2	+			+	
蓼科	Polygonaceae	皱叶酸模	*Rumex crispus* L.	草本	2	+			+	
蓼科	Polygonaceae	齿果酸模	*Rumex dentatus* L.	草本	1	+			+	
蓼科	Polygonaceae	羊蹄	*Rumex japonicus* Houtt.	草本	2	+			+	
藜科	Chenopodiaceae	千针苋	*Acroglochin Persicarioides*（Poir.）Moq.	草本	2	+				
藜科	Chenopodiaceae	藜	*Chenopodium album* L.	草本	2	+				
藜科	Chenopodiaceae	土荆芥	*Chenopodium ambrosioides* L.	草本	2	+				
藜科	Chenopodiaceae	杖藜	*Chenopodium giganteum* D. Don	草本	2	+				
藜科	Chenopodiaceae	细穗藜	*Chenopodium gracilispicum* Kung	草本	2	+				
藜科	Chenopodiaceae	杂配藜	*Chenopodium hybridum* L.	草本	2	+				
藜科	Chenopodiaceae	小藜	*Chenopodium serotinum* L.	草本	1	+				
藜科	Chenopodiaceae	地肤	*Kochia scoparia*（L.）Schrad.	草本	2	+				
苋科	Amaranthaceae	土牛膝	*Achyranthes aspera* L.	草本	2	+				
苋科	Amaranthaceae	牛膝	*Achyranthes bidentata* Blume	草本	1	+				
苋科	Amaranthaceae	红叶牛膝	*Achyranthes bidentata* Blume var. *bidentata* f. *rubra* Ho	草本	2	+	+			
苋科	Amaranthaceae	柳叶牛膝	*Achyranthes longifolia*（Makino）Makino	草本	2	+				
苋科	Amaranthaceae	红柳叶牛膝	*Achyranthes longifolia*（Makino）Makino f. *rubra* Ho	草本	2	+				
苋科	Amaranthaceae	白花苋	*Aerva sanguinolenta*（L.）Blume	草本	2	+				
苋科	Amaranthaceae	喜旱莲子草	*Alternanthera philoxeroides*（Mart.）Griseb.	草本	2	+				
苋科	Amaranthaceae	莲子草	*Alternanthera sessilis*（L.）DC.	草本	2	+				
苋科	Amaranthaceae	尾穗苋	*Amaranthus caudatus* L.	草本	2	+				

科名	科拉丁名	物种名	学名	生活型	数据来源	药用	观赏	食用	蜜源	工业原料
被子植物门 Gymnospermae										
双子叶植物纲 Dicotyledoneae										
苋科	Amaranthaceae	繁穗苋	*Amaranthus cruentus* L.	草本	2	+				
苋科	Amaranthaceae	绿穗苋	*Amaranthus hybridus* L.	草本	2	+				
苋科	Amaranthaceae	千穗谷	*Amaranthus hypochondriacus* L.	草本	2	+				
苋科	Amaranthaceae	凹头苋	*Amaranthus blitum* L.	草本	1	+				
苋科	Amaranthaceae	刺苋	*Amaranthus spinosus* L.	草本	1	+				
苋科	Amaranthaceae	皱果苋	*Amaranthus viridis* L.	草本	2	+				
苋科	Amaranthaceae	反枝苋	*Amaranthus retroflexus*	草本	2	+				
苋科	Amaranthaceae	青葙	*Celosia argentea* L.	草本	1	+	+			
紫茉莉科	Nyctaginaceae	紫茉莉	*Mirabilis jalapa* L.	草本	1	+	+			
商陆科	Phytolaccaceae	商陆	*Phytolacca acinosa* Roxb.	草本	2	+	+			
商陆科	Phytolaccaceae	垂序商陆	*Phytolacca americana* L.	草本	1	+	+		+	
番杏科	Aizoaceae	粟米草	*Mollugo stricta* L.	草本	2				+	
马齿苋科	Portulacaceae	马齿苋	*Portulaca oleracea* L.	草本	2				+	
马齿苋科	Portulacaceae	土人参	*Talinum paniculatum*（Jacq.）Gaertn.	草本	2				+	
落葵科	Basellaceae	落葵薯	*Anredera cordifolia*（Tenore）Steenis	藤本	2		+		+	
石竹科	Caryophyllaceae	无心菜	*Arenaria serpyllifolia* L.	草本	2				+	
石竹科	Caryophyllaceae	卷耳	*Cerastium arvense* L.	草本	1				+	
石竹科	Caryophyllaceae	簇生卷耳	*Cerastium fontanum* Baumg. ssp. *vulgare*（Hartm.）Greuter et Burdet	草本	2				+	
石竹科	Caryophyllaceae	缘毛卷耳	*Cerastium furcatum* Cham. et Schlecht.	草本	2				+	
石竹科	Caryophyllaceae	球序卷耳	*Cerastium glomeratum* Thuill.	草本	2				+	
石竹科	Caryophyllaceae	鄂西卷耳	*Cerastium wilsonii* Takeda	草本	2				+	
石竹科	Caryophyllaceae	狗筋蔓	*Silene baccifera*（L.）Roth	草本	1				+	
石竹科	Caryophyllaceae	瞿麦	*Dianthus superbus* L.	草本	2				+	
石竹科	Caryophyllaceae	剪红纱花	*Lychnis senno* Sieb. et Zucc.	草本	2				+	
石竹科	Caryophyllaceae	鹅肠菜	*Myosoton aquaticum*（L.）Moench	草本	2				+	
石竹科	Caryophyllaceae	异花孩儿参	*Pseudostellaria heterantha*（Maxim.）Pax	草本	1				+	
石竹科	Caryophyllaceae	孩儿参	*Pseudostellaria heterophylla*（Miq.）Pax	草本	2				+	
石竹科	Caryophyllaceae	漆姑草	*Sagina japonica*（Sw.）Ohwi	草本	2				+	
石竹科	Caryophyllaceae	肥皂草	*Saponaria officinalis* L.	草本	2				+	
石竹科	Caryophyllaceae	麦瓶草	*Silene conoidea* L.	草本	2				+	
石竹科	Caryophyllaceae	齿瓣蝇子草	*Silene incids* C. L. Tang	草本	2				+	
石竹科	Caryophyllaceae	石生蝇子草	*Silene tatarinowii* Regel	草本	2				+	
石竹科	Caryophyllaceae	雀舌草	*Stellaria alsine* Grimm	草本	2					
石竹科	Caryophyllaceae	中国繁缕	*Stellaria chinensis* Regel	草本	2				+	
石竹科	Caryophyllaceae	繁缕	*Stellaria media*（L.）Cyr.	草本	2				+	
石竹科	Caryophyllaceae	鸡肠繁缕	*Stellaria neglecta* Weihe ex Bluff et Fingerh.	草本	1				+	
石竹科	Caryophyllaceae	巫山繁缕	*Stellaria wushanensis* Williams	草本	2				+	
石竹科	Caryophyllaceae	麦蓝菜	*Vaccaria hispanica*（Mill.）Rauschert	草本	2				+	
领春木科	Eupteleaceae	领春木	*Euptelea pleiospermum* Hook. f. et Thoms.	乔木	1					
连香树科	Cercidiphyllaceae	连香树	*Cercidiphyllum japonicum* Sieb. et Zucc.	乔木	2					

续表

科名	科拉丁名	物种名	学名	生活型	数据来源	药用	观赏	食用	蜜源	工业原料
被子植物门 Gymnospermae										
双子叶植物纲 Dicotyledoneae										
毛茛科	Ranunculaceae	乌头	*Aconitum carmichaeli* Debx.	草本	2	+			+	+
毛茛科	Ranunculaceae	高乌头	*Aconitum sinomontanum* Nakai	草本	1	+			+	+
毛茛科	Ranunculaceae	瓜叶乌头	*Aconitum hemsleyanum* Pritz.	草本	1	+			+	+
毛茛科	Ranunculaceae	铁棒锤	*Aconitum pendulum* Busch	草本	2	+			+	+
毛茛科	Ranunculaceae	岩乌头	*Aconitum racemulosum* Franch.	草本	2	+			+	+
毛茛科	Ranunculaceae	花葶乌头	*Aconitum scaposum* Franch.	草本	2				+	+
毛茛科	Ranunculaceae	类叶升麻	*Actaea asiatica* Hara	草本	2	+	+		+	
毛茛科	Ranunculaceae	短柱侧金盏花	*Adonis davidii* Franch.	草本	2		+		+	
毛茛科	Ranunculaceae	蜀侧金盏花	*Adonis sutchuanensis* Franch.	草本	2		+		+	
毛茛科	Ranunculaceae	卵叶银莲花	*Anemone begoniifolia* Lévl. et Vant.	草本	2		+		+	
毛茛科	Ranunculaceae	西南银莲花	*Anemone davidii* Franch.	草本	2		+		+	
毛茛科	Ranunculaceae	鹅掌草	*Anemone flaccida* Fr. Schmidt	草本	2		+		+	
毛茛科	Ranunculaceae	三出银莲花	*Anemone griffithii* Hook. f. et Thoms.	草本	2		+		+	
毛茛科	Ranunculaceae	打破碗花花	*Anemone hupehensis* Lem.	草本	2		+		+	
毛茛科	Ranunculaceae	草玉梅	*Anemone rivularis* Buch.-Ham. ex DC.	草本	1		+		+	
毛茛科	Ranunculaceae	小花草玉梅	*Anemone rivularis* Buch.-Ham.ex DC. var. *flore-minore* Maxim.	草本	2		+		+	
毛茛科	Ranunculaceae	大火草	*Anemone tomentosa*（Maxim.）Pei	草本	2		+		+	
毛茛科	Ranunculaceae	野棉花	*Anemone vitifolia* Buch.-Ham.	草本	2		+		+	
毛茛科	Ranunculaceae	无距楼斗菜	*Aquilegia ecalcarata* Maxim.	草本	2		+		+	
毛茛科	Ranunculaceae	甘肃楼斗菜	*Aquilegia oxysepala* Trautv. et Mey. var. *kansuensis* Bruhl	草本	2		+		+	
毛茛科	Ranunculaceae	直距楼斗菜	*Aquilegia rockii* Munz	草本	2		+		+	
毛茛科	Ranunculaceae	华北楼斗菜	*Aquilegia yabeana* Kitag.	草本	2		+		+	
毛茛科	Ranunculaceae	裂叶星果草	*Asteropyrum peltatatum*（Franch.）Drumm. et Hutch. ssp. *cavaleriei*（H. Lév. et Vaniot）Drumm et Hutch.Q. Yuan et Q. E. Yang	草本	2		+		+	
毛茛科	Ranunculaceae	铁破锣	*Beesia calthifolia*（Maxim.）Ulbr.	草本	2	+	+		+	
毛茛科	Ranunculaceae	鸡爪草	*Orinus anomala* Keng ex Keng f. et L. Liou	草本	2	+	+		+	
毛茛科	Ranunculaceae	驴蹄草	*Caltha palustris* L.	草本	2	+	+		+	
毛茛科	Ranunculaceae	小升麻	*Cimicifuga japonica*（Thunb.）Spreng.	草本	2	+	+		+	
毛茛科	Ranunculaceae	短果升麻	*Cimicifuga brachycarpa* Hsiao	草本	2	+	+		+	
毛茛科	Ranunculaceae	升麻	*Cimicifuga foetida* L.	草本	2	+	+		+	
毛茛科	Ranunculaceae	南川升麻	*Cimicifuga nanchuanensis* Hsiao	草本	2	+	+		+	
毛茛科	Ranunculaceae	单穗升麻	*Cimicifuga simplex* Wormsk.	草本	2	+	+		+	
毛茛科	Ranunculaceae	钝齿铁线莲	*Clematis apiifolia* DC. var. *argentilucida*（H. Lév. et Vaniot）W. T. Wang	藤本	2				+	+
毛茛科	Ranunculaceae	粗齿铁线莲	*Clematis grandidentata*（Rehder et E. H. Wilson）W. T. Wang	藤本	2				+	+
毛茛科	Ranunculaceae	小木通	*Clematis armandii* Franch.	藤本	1				+	+
毛茛科	Ranunculaceae	威灵仙	*Clematis chinensis* Osbeck	藤本	2				+	+
毛茛科	Ranunculaceae	山木通	*Clematis finetiana* Lévl. et Vant.	藤本	2				+	+
毛茛科	Ranunculaceae	扬子铁线莲	*Clematis puberula* Hook. f. et Thomson var. *ganpiniana*（H. Lév. et Vaniot）W. T. Wang	藤本	2				+	+

续表

科名	科拉丁名	物种名	学名	生活型	数据来源	药用	观赏	食用	蜜源	工业原料
			被子植物门 Gymnospermae							
			双子叶植物纲 Dicotyledoneae							
毛茛科	Ranunculaceae	毛果扬子铁线莲	*Clematis ganpiniana*（Lévl. et Vant.）Tamura var. *tenuisepala*（Maxim.）C. T. Ting	藤本	2				+	+
毛茛科	Ranunculaceae	小蓑衣藤	*Clematis gouriana* Roxb. ex DC.	藤本	2				+	+
毛茛科	Ranunculaceae	丽江铁线莲	*Clematis grandidentata*（Rehder et E. H. Wilson）W. T. Wang var. *likiangensis*（Rehder）W. T. Wang	藤本	2				+	+
毛茛科	Ranunculaceae	金佛铁线莲	*Clematis gratopsis* W. T. Wang	藤本	2				+	+
毛茛科	Ranunculaceae	单叶铁线莲	*Clematis henryi* Oliv.	藤本	1				+	+
毛茛科	Ranunculaceae	大叶铁线莲	*Clematis heracleifolia* DC.	藤本	2				+	+
毛茛科	Ranunculaceae	贵州铁线莲	*Clematis kweichowensis* Pei	藤本	2				+	+
毛茛科	Ranunculaceae	毛蕊铁线莲	*Clematis lasiandra* Maxim.	藤本	1				+	+
毛茛科	Ranunculaceae	锈毛铁线莲	*Clematis leschenaultiana* DC.	藤本	2				+	+
毛茛科	Ranunculaceae	毛柱铁线莲	*Clematis meyeniana* Walp.	藤本	2				+	+
毛茛科	Ranunculaceae	绣球藤	*Clematis montana* Buch.-Ham.ex DC.	藤本	2				+	+
毛茛科	Ranunculaceae	大花绣球藤	*Clematis montana* Buch.-Ham.var. *grandiflora* Hook.	藤本	1				+	+
毛茛科	Ranunculaceae	晚花绣球藤	*Clematis montana* Buch.-Ham. ex DC. var. *wilsonii* Sprag.	藤本	2				+	+
毛茛科	Ranunculaceae	钝萼铁线莲	*Clematis peterae* Hand.-Mazz.	藤本	2				+	+
毛茛科	Ranunculaceae	毛果铁线莲	*Clematis peterae* Hand.-Mazz. var. *trichocarpa* W. T. Wang	藤本	2				+	+
毛茛科	Ranunculaceae	五叶铁线莲	*Clematis quinquefoliolata* Hutch.	藤本	2				+	+
毛茛科	Ranunculaceae	曲柄铁线莲	*Clematis repens* Finet et Gapn.	藤本	2				+	+
毛茛科	Ranunculaceae	柱果铁线莲	*Clematis uncinata* Champ.	藤本	2				+	+
毛茛科	Ranunculaceae	尾叶铁线莲	*Clematis urophylla* Franch.	藤本	2				+	+
毛茛科	Ranunculaceae	云南铁线莲	*Clematis yunnanensis* Franch.	藤本	2				+	+
毛茛科	Ranunculaceae	黄连	*Coptis chinensis* Franch.	草本	1	+			+	
毛茛科	Ranunculaceae	还亮草	*Delphinium anthriscifolium* Hance	草本	1				+	
毛茛科	Ranunculaceae	螺距黑水翠雀花	*Delphinium potaninii* Huth var. *bonvalotii*（Franch.）W. T. Wang	草本	2				+	
毛茛科	Ranunculaceae	毛梗翠雀花	*Delphinium honanense* W. T. Wang var. *piliferum* W. T. Wang	草本	2				+	
毛茛科	Ranunculaceae	三小叶翠雀花	*Delphinium trifoliolatum* Finet et Gagn.	草本	2				+	
毛茛科	Ranunculaceae	人字果	*Dichocarpum sutchuenense*（Franch.）W. T. Wang et Hsiao	草本	2				+	
毛茛科	Ranunculaceae	耳状人字果	*Dichocarpum auriculatum*（Franch.）W. T. Wang	草本	2				+	
毛茛科	Ranunculaceae	蕨叶人字果	*Dichocarpum dalzielii*（Drumm.et Hutch.）W. T. Wang et Hsiao	草本	2				+	
毛茛科	Ranunculaceae	纵肋人字果	*Dichocarpum fargesii*（Franch.）W. T. Wang et Hsiao	草本	1				+	
毛茛科	Ranunculaceae	小花人字果	*Dichocarpum franchetii*（Finet et Gagnep.）W. T. Wang et Hsiao	草本	2				+	
毛茛科	Ranunculaceae	川鄂獐耳细辛	*Hepatica henryi*（Oliv.）Steward	草本	2	+			+	
毛茛科	Ranunculaceae	禺毛茛	*Ranunculus cantoniensis* DC.	草本	2	+			+	
毛茛科	Ranunculaceae	茴茴蒜	*Ranunculus chinensis* Bunge	草本	2	+	+		+	
毛茛科	Ranunculaceae	西南毛茛	*Ranunculus ficariifolius* Lévl.et Vant.	草本	2	+	+		+	
毛茛科	Ranunculaceae	毛茛	*Ranunculus japonicus* Thunb.	草本	1	+	+		+	
毛茛科	Ranunculaceae	石龙芮	*Ranunculus sceleratus* L.	草本	1	+	+		+	
毛茛科	Ranunculaceae	扬子毛茛	*Ranunculus sieboldii* Miq.	草本	1	+	+		+	

续表

科名	科拉丁名	物种名	学名	生活型	数据来源	药用	观赏	食用	蜜源	工业原料
被子植物门 Gymnospermae										
双子叶植物纲 Dicotyledoneae										
毛茛科	Ranunculaceae	天葵	*Semiaquilegia adoxoides*（DC.）Makino	草本	2		+		+	
毛茛科	Ranunculaceae	尖叶唐松草	*Thalictrum acutifolium*（Hand.-Mazz.）Boivin	草本	2		+		+	
毛茛科	Ranunculaceae	西南唐松草	*Thalictrum fargesii* Franch.ex Finet et Gagn.	草本	2		+		+	
毛茛科	Ranunculaceae	盾叶唐松草	*Thalictrum ichangense* Lecoy.ex Oliv.	草本	2		+		+	
毛茛科	Ranunculaceae	爪哇唐松草	*Thalictrum javanicum* Bl.	草本	1		+		+	
毛茛科	Ranunculaceae	微毛爪哇唐松草	*Thalictrum javanicum* Bl. var. *puberulum* W. T. Wang	草本	2		+		+	
毛茛科	Ranunculaceae	小果唐松草	*Thalictrum microgynum* Lecoy. ex Oliv.	草本	2		+		+	
毛茛科	Ranunculaceae	东亚唐松草	*Thalictrum minus* L. var. *hypoleucum*（Sieb.et Zucc.）Miq.	草本	2		+		+	
毛茛科	Ranunculaceae	峨眉唐松草	*Thalictrum omeiense* W. T. Wang et S. H. Wang	草本	2		+		+	
毛茛科	Ranunculaceae	多枝唐松草	*Thalictrum ramosum* Boivin	草本	1		+		+	
毛茛科	Ranunculaceae	粗壮唐松草	*Thalictrum robustum* Maxim.	草本	2		+		+	
毛茛科	Ranunculaceae	锐裂箭头唐松草	*Thalictrum simplex* L. var. *affine*（Ledeb.）Regel	草本	2		+		+	
毛茛科	Ranunculaceae	短梗箭头唐松草	*Thalictrum simplex* L. var. *brevipes* Hara	草本	2		+		+	
毛茛科	Ranunculaceae	弯柱唐松草	*Thalictrum uncinulatum* Franch.	草本	1		+		+	
毛茛科	Ranunculaceae	尾囊草	*Urophysa henryi*（Oliv.）Ulbr.	草本	2		+		+	
芍药科	Ranunculaceae	草芍药	*Paeonia obovata* Maxim.	草本	2	+	+		+	
芍药科	Ranunculaceae	毛叶草芍药	*Paeonia obovata* Maxim. var. *willmottiae*（Stapf）Stern	草本	2	+	+		+	
木通科	Lardizabalaceae	大血藤	*Sargentodoxa cuneata*（Oliv.）Rehd. et Wils.	藤本	2	+			+	
木通科	Lardizabalaceae	木通	*Akebia quinata*（Houtt.）Decne	藤本	2	+		+	+	+
木通科	Lardizabalaceae	三叶木通	*Akebia trifoliata*（Thunb.）Koidz	藤本	2	+		+	+	+
木通科	Lardizabalaceae	白木通	*Akebia trifoliata*（Thunb.）Koidz. ssp. *australis*（Diels）T. Shimizu	藤本	2			+	+	+
木通科	Lardizabalaceae	猫儿屎	*Decaisnea insignis*（Griff.）Hook. f. et Thoms.	草本	1				+	+
木通科	Lardizabalaceae	五月瓜藤	*Holboellia angustifolia* Wall.	藤本	2				+	+
木通科	Lardizabalaceae	鹰爪枫	*Holboellia coriacea* Diels	藤本	2				+	+
木通科	Lardizabalaceae	牛姆瓜	*Holboellia grandiflora* Reaub.	藤本	2				+	+
木通科	Lardizabalaceae	串果藤	*Sinofranchetia chinensis*（Franch.）Hemsl.	藤本	2				+	+
木通科	Lardizabalaceae	西南野木瓜	*Stauntonia cavalerieana* Gagnep.	藤本	2				+	+
木通科	Lardizabalaceae	羊瓜藤	*Stauntonia duclouxii* Gagnep	藤本	2				+	+
木通科	Lardizabalaceae	牛藤果	*Parvatia brunoniana*（Wall. ex Hemsl.）Decne. ssp. *elliptica*（Hemsl.）H. N. Qin	藤本	2				+	+
小檗科	Berberidaceae	黑果小檗	*Berberis atrocarpa* Schneid	灌木	2	+			+	+
小檗科	Berberidaceae	秦岭小檗	*Berberis circumserrata*（Schneid.）Schneid.	灌木	2	+			+	+
小檗科	Berberidaceae	直穗小檗	*Berberis dasystachya* Maxim.	灌木	2	+			+	+
小檗科	Berberidaceae	南川小檗	*Berberis fallaciosa* Schneid.	灌木	2	+			+	+
小檗科	Berberidaceae	异长穗小檗	*Berberis feddeana* Schneid.	灌木	2	+			+	+
小檗科	Berberidaceae	大黄檗	*Berberis francisci-ferdinandi* Schneid.	灌木	2				+	+
小檗科	Berberidaceae	湖北小檗	*Berberis gagnepainii* Schneid.	灌木	1	+			+	+
小檗科	Berberidaceae	川鄂小檗	*Berberis henryana* Schneid.	灌木	2	+			+	+

续表

科名	科拉丁名	物种名	学名	生活型	数据来源	药用	观赏	食用	蜜源	工业原料
被子植物门 Gymnospermae										
双子叶植物纲 Dicotyledoneae										
小檗科	Berberidaceae	金佛山小檗	*Berberis jinfoshanwnsis* Ying	灌木	2	+			+	+
小檗科	Berberidaceae	豪猪刺	*Berberis julianae* Schneid	灌木	1	+			+	+
小檗科	Berberidaceae	平滑小檗	*Berberis levis* Franch.	灌木	2	+			+	+
小檗科	Berberidaceae	变刺小檗	*Berberis mouilicana* Schneid.	灌木	2	+			+	+
小檗科	Berberidaceae	刺黑珠	*Berberis sargentiana* Schneid.	灌木	1	+			+	+
小檗科	Berberidaceae	华西小檗	*Berberis silva-taroucana* Schneid.	灌木	2	+			+	+
小檗科	Berberidaceae	兴山小檗	*Berberis silvicola* Schneid.	灌木	2	+			+	+
小檗科	Berberidaceae	假豪猪刺	*Berberis soulieana* Schneid	灌木	2	+			+	+
小檗科	Berberidaceae	芒齿小檗	*Berberis triacanthophora* Fedde	灌木	2	+			+	+
小檗科	Berberidaceae	巴东小檗	*Berberis veitchii* Schneid.	灌木	2	+			+	+
小檗科	Berberidaceae	金花小檗	*Berberis wilsonae* Hemsl.	灌木	1	+			+	+
小檗科	Berberidaceae	红毛七	*Caulophyllum robustum* Maxim.	草本	2	+			+	+
小檗科	Berberidaceae	南方山荷叶	*Diphylleia sinensis* H. L. Li	草本	2	+			+	+
小檗科	Berberidaceae	贵州八角莲	*Dysosma majorensis*（Gagnep.）Ying	草本	2					
小檗科	Berberidaceae	六角莲	*Dysosma pleianthum*（Hance）Woods	草本	2	+	+		+	+
小檗科	Berberidaceae	川八角莲	*Dysosma veitchii*（Hemsl. et Wils）Fu ex Ying	草本	2	+	+		+	+
小檗科	Berberidaceae	八角莲	*Dysosma versipelle*（Hance）M. Cheng ex Ying	草本	2	+	+		+	+
小檗科	Berberidaceae	粗毛淫羊藿	*Epimedium acuminatum* Franch.	草本	1	+			+	
小檗科	Berberidaceae	宝兴淫羊藿	*Epimedium davidi* Franch.	草本	2	+			+	
小檗科	Berberidaceae	淫羊藿	*Epimedium brevicornu* Maxim.	草本	1	+			+	
小檗科	Berberidaceae	黔岭淫羊藿	*Epimedium leptorrhizum* Stearn	草本	2	+			+	
小檗科	Berberidaceae	柔毛淫羊藿	*Epimedium pubescens* Maxim.	草本	1	+			+	
小檗科	Berberidaceae	三枝九叶草	*Epimedium sagittatum*（Sieb. et Zucc.）Maxim.	草本	1	+			+	
小檗科	Berberidaceae	光叶淫羊藿	*Epimedium sagittatum*（Sieb. et Zucc.）Maxim. var. *glabratum* Ying	草本	1					
小檗科	Berberidaceae	四川淫羊藿	*Epimedium sutchuenense* Franch.	草本	2	+			+	
小檗科	Berberidaceae	巫山淫羊藿	*Epimedium wushanense* Ying	草本	2					
小檗科	Berberidaceae	阔叶十大功劳	*Mahonia bealei*（Fort.）Carr.	灌木	1	+	+		+	
小檗科	Berberidaceae	小果十大功劳	*Mahonia bodinieri* Gagnep.	灌木	2					
小檗科	Berberidaceae	宽苞十大功劳	*Mahonia eurybracteata* Fedde	灌木	2	+	+		+	
小檗科	Berberidaceae	安坪十大功劳	*Mahonia eurybracteata* Fedde ssp.*ganpinensis*（Levl.）Ying et Burff.	灌木	2	+	+		+	
小檗科	Berberidaceae	十大功劳	*Mahonia fortunei*（Lindl.）Fedde	灌木	1	+	+		+	
小檗科	Berberidaceae	细柄十大功劳	*Mahonia gracilipes*（Oliv.）Fedde.	灌木	1	+	+		+	
小檗科	Berberidaceae	峨眉十大功劳	*Mahonia polydonta* Fedde	灌木	2	+	+		+	
小檗科	Berberidaceae	长阳十大功劳	*Mahonia sheridaniana* Schneid.	灌木	2	+	+		+	
小檗科	Berberidaceae	*南天竹	*Nandina domestica* Thunb.	灌木	1	+	+		+	+
防己科	Menispermaceae	木防己	*Cocculus orbiculatus*（L.）DC.	藤本	2	+				+
防己科	Menispermaceae	毛木防己	*Cocculus orbiculatus*（L.）DC. var. *mollis*（Wall. ex Hook. F. et Thoms.）Hara	藤本	2	+				+
防己科	Menispermaceae	轮环藤	*Cyclea racemosa* Oliv.	藤本	2	+				+
防己科	Menispermaceae	四川轮环藤	*Cyclea sutchtenensis* Gagnep.	藤本	2	+				+

续表

科名	科拉丁名	物种名	学名	生活型	数据来源	药用	观赏	食用	蜜源	工业原料
被子植物门 Gymnospermae										
双子叶植物纲 Dicotyledoneae										
防己科	Menispermaceae	西南轮环藤	*Cyclea wattii* Diels	藤本	2	+				+
防己科	Menispermaceae	秤钩风	*Diploclisia affinis*（Oliv.）Diels	藤本	2	+				+
防己科	Menispermaceae	细圆藤	*Pericampylus glaucus*（Lam.）Merr.	藤本	2	+				+
防己科	Menispermaceae	风龙	*Sinomenium acutum*（Thunb.）Rehd. et Wils.	藤本	2	+				+
防己科	Menispermaceae	金线吊乌龟	*Stephania cepharantha* Hayata	藤本	1	+				+
防己科	Menispermaceae	江南地不容	*Stephania excentrica* Lo	藤本	2					
防己科	Menispermaceae	草质千金藤	*Stephania herbacea* Gagnep.	藤本	2	+				
防己科	Menispermaceae	桐叶千金藤	*Stephania hernandifolia*（Wall.）Walp.	藤本	2	+				+
防己科	Menispermaceae	千金藤	*Stephania japonica*（Thunb.）Miers	藤本	2	+				+
防己科	Menispermaceae	汝兰	*Stephania sinica* Diels	藤本	2	+				+
防己科	Menispermaceae	青牛胆	*Tinospora sagittata*（Oliv.）Gagnep.	藤本	2	+				
八角科	Illiciaceae	红茴香	*Illicium henryi*	乔木	2	+		+		+
八角科	Illiciaceae	野八角	*Illicium simonsii* Maxim	乔木	2	+		+		
八角科	Illiciaceae	大八角	*Illicium majus*	乔木	2	+		+		+
八角科	Illiciaceae	小花八角	*Illicium micranthum*	乔木	2	+		+		
八角科	Illiciaceae	厚皮香八角	*Illicium ternstroemioides*	乔木	1	+		+		
五味子科	Schisandraceae	黑老虎	*Kadsura coccinea*	藤本	2	+				
五味子科	Schisandraceae	异形南五味子	*Kadsura heteroclita*	藤本	2					
五味子科	Schisandraceae	南五味子	*Kadsura longipedunculata*	藤本	2	+				
五味子科	Schisandraceae	五味子	*Schisandra chinensis*	藤本	2	+				
五味子科	Schisandraceae	金山五味子	*Schisandra glaucescens*	藤本	2	+				
五味子科	Schisandraceae	翼梗五味子	*Schisandra henryi*	藤本	2	+				
五味子科	Schisandraceae	铁箍散	*Schisandra propinqua*（Wall.）Baill. ssp. *sinensis*（Oliv.）R. M. K. Saunders	藤本	2	+				
五味子科	Schisandraceae	毛叶五味子	*Schisandra pubescens*	藤本	2	+				
五味子科	Schisandraceae	毛脉五味子	*Schisandra pubinervis*（Rehder et E. H. Wilson）R. M. K. Saunders	藤本	2	+				
五味子科	Schisandraceae	红花五味子	*Schisandra rubriflora*	藤本	2	+				
五味子科	Schisandraceae	华中五味子	*Schisandra sphenanthera*	藤本	1	+				
木兰科	Magnoliaceae	鹅掌楸	*Liriodendron chinense*（Hemsl.）Sarg.	乔木	2	+	+		+	
木兰科	Magnoliaceae	厚朴	*Houpo?a officinalis*（Rehder et E. H. Wilson）N. H. Xia et C. Y. Wu	乔木	2	+	+		+	
木兰科	Magnoliaceae	武当木兰	*Yulania sprengerii*（Pamp.）D. L. Fu	乔木	2		+		+	
木兰科	Magnoliaceae	木莲	*Manglietia fordiana*	乔木	2		+		+	
木兰科	Magnoliaceae	红色木莲	*Manglietia insignis*（Wall.）Bl.	乔木	2		+		+	
木兰科	Magnoliaceae	巴东木莲	*Manglietia patungensis*	乔木	2		+		+	
木兰科	Magnoliaceae	四川木莲	*Manglietia szechuanica*	乔木	2		+		+	
木兰科	Magnoliaceae	黄心夜合	*Michelia martinii*（Lévl.）Lévl.	乔木	2		+		+	
木兰科	Magnoliaceae	川含笑	*Michelia wilsonii* Dandy ssp. *szechuanica*（Dandy）J. Li	乔木	2		+		+	
木兰科	Magnoliaceae	峨眉含笑	*Michelia wilsonii* Finet et.Gagn.	乔木	2					
蜡梅科	Calycanthaceae	*蜡梅	*Chimonanthus praecox*（L.）Link	灌木	1		+		+	+
水青树科	Tetracentraceae	水青树	*Tetracentron sinense* Oliv.	乔木	1					+

科名	科拉丁名	物种名	学名	生活型	数据来源	药用	观赏	食用	蜜源	工业原料
			被子植物门 Gymnospermae							
			双子叶植物纲 Dicotyledoneae							
樟科	Lauraceae	红果黄肉楠	*Actinodaphne cupularis*（Hemsl.）Gamble	乔木	1					+
樟科	Lauraceae	柳叶黄肉楠	*Actinodaphne lecomtei* Allen	乔木	1					+
樟科	Lauraceae	毛果黄肉楠	*Actinodaphne trichocarpa* Allen	乔木	2					+
樟科	Lauraceae	贵州琼楠	*Beilschmiedia kweichowensis* Cheng	乔木	2					+
樟科	Lauraceae	毛桂	*Cinnamomum appelianum* Schewe	乔木	2					+
樟科	Lauraceae	猴樟	*Cinnamomum bodinieri* Lévl.	乔木	2					+
樟科	Lauraceae	狭叶阴香（变种）	*Cinnamomum burmanni*（Nees et T.Nees）Blume f. *heyneanum*（Nees）H. W.	乔木	2					+
樟科	Lauraceae	樟	*Cinnamomum camphora*（L.）Presl	乔木	2	+				+
樟科	Lauraceae	云南樟	*Cinnamomum glanduliferum*（Wall.）Nees	乔木	2	+				+
樟科	Lauraceae	野黄桂	*Cinnamomum jensenianum* Hand.-Mazz.	乔木	2	+				+
樟科	Lauraceae	油樟	*Cinnamomum longepaniculatum*（Gamble）N. Chao ex H. W. Li	乔木	2	+				+
樟科	Lauraceae	银叶桂	*Cinnamomum mairei* Lévl.	乔木	2	+				+
樟科	Lauraceae	阔叶樟（银木）	*Cinnamomum platyphyllum*（Diels）Allen	乔木	2					+
樟科	Lauraceae	香桂	*Cinnamomum subavenium* Miq.	乔木	1					+
樟科	Lauraceae	川桂	*Cinnamomum wilsonii* Gamble	乔木	2					+
樟科	Lauraceae	香叶树	*Lindera communis* Hemsl.	乔木	1				+	+
樟科	Lauraceae	红果山胡椒	*Lindera erythrocarpa* Makino	乔木	2				+	+
樟科	Lauraceae	绒毛钓樟	*Lindera floribunda*（Allen）H. P. Tsui	乔木	2					+
樟科	Lauraceae	香叶子	*Lindera fragrans* Oliv.	乔木	2				+	+
樟科	Lauraceae	绿叶甘植	*Lindera neesiana*（Wall. ex Nees）Kurz	乔木	1				+	+
樟科	Lauraceae	山胡椒	*Lindera glauca*（Sieb. et Zucc.）Bl.	乔木	2				+	+
樟科	Lauraceae	广东山胡椒	*Lindera kwangtungensis*（Liou）Allen	乔木	2				+	+
樟科	Lauraceae	黑壳楠	*Lindera megaphylla* Hemsl.	乔木	2				+	+
樟科	Lauraceae	毛黑壳楠	*Lindera megaphylla* Hemsl. f. *t ouyunensis*（Lévl.）Rehd.	乔木	2				+	+
樟科	Lauraceae	绒毛山胡椒	*Lindera nacusua*（D. Don）Merr.	乔木	1				+	+
樟科	Lauraceae	三桠乌药	*Lindera obtusiloba* Bl.	乔木	1				+	+
樟科	Lauraceae	峨眉钓樟	*Lindera prattii* Gamble	乔木	2				+	+
樟科	Lauraceae	香粉叶	*Lindera pulcherrima*（Wall.）Benth. var. *attenuata* Allen	乔木	2				+	+
樟科	Lauraceae	川钓樟	*Lindera pulcherrima*（Wall.）Benth. var. *hemsleyana*（Diels）H. P. Tsui	乔木	1				+	+
樟科	Lauraceae	山橿	*Lindera reflexa* Hemsl.	乔木	2				+	+
樟科	Lauraceae	四川山胡椒	*Lindera setchuenensis* Gamble	乔木	2				+	+
樟科	Lauraceae	菱叶钓樟	*Lindera supracostata* Lec.	乔木	2				+	+
樟科	Lauraceae	高山木姜子	*Litsea chunii* Cheng	乔木	2				+	+
樟科	Lauraceae	毛豹皮樟	*Litsea coreana* Lévl. var. *lanuginosa*（Migo）Yang et P. H. Huang	乔木	2				+	+
樟科	Lauraceae	山鸡椒	*Litsea cubeba*（Lour.）Pers.	乔木	1				+	+
樟科	Lauraceae	黄丹木姜子	*Litsea elongata*（Wall. ex Nees）Benth. et Hook. f.	乔木	2				+	+
樟科	Lauraceae	近轮叶木姜子	*Litsea elongata*（Wall. ex Nees）Benth.et Hook. f. var.*subverticillata*（Yang）Yang et P. H. Huang	乔木	2				+	+

续表

科名	科拉丁名	物种名	学名	生活型	数据来源	药用	观赏	食用	蜜源	工业原料
被子植物门 Gymnospermae										
双子叶植物纲 Dicotyledoneae										
樟科	Lauraceae	石木姜子	*Litsea elongata* var. *faberi*（Hemsl.）Yang et P. H. Huang	乔木	2					
樟科	Lauraceae	湖北木姜子	*Litsea hupehana* Hemsl	乔木	2				+	+
樟科	Lauraceae	宜昌木姜子	*Litsea ichangensis* Gamble	乔木	1				+	+
樟科	Lauraceae	毛叶木姜子	*Litsea mollis* Hemsl.	乔木	2				+	+
樟科	Lauraceae	四川木姜子	*Litsea moupinensis* Lec. var. *szechuanica*（Allan）Yang et P. H. Huang	乔木	2				+	+
樟科	Lauraceae	红皮木姜子	*Litsea pedunculata*	乔木	1				+	+
樟科	Lauraceae	杨叶木姜子	*Litsea populifolia*（Hemsl.）Gamble	乔木	2				+	+
樟科	Lauraceae	木姜子	*Litsea pungens* Hemsl.	乔木	2				+	+
樟科	Lauraceae	豹皮樟	*Litsea coreana* Levl. var. *sinensis*（Allen）Yang et P. H. Huang	乔木	2				+	+
樟科	Lauraceae	红叶木姜子	*Litsea rubescens* Lec	乔木	1				+	+
樟科	Lauraceae	绢毛木姜子	*Litsea sericea*（Nees）Hook.f.	乔木	2				+	+
樟科	Lauraceae	栓皮木姜子	*Litsea suberosa* Yang et P. H. Huang	乔木	2				+	+
樟科	Lauraceae	钝叶木姜子	*Litsea veitchiana* Gamble	乔木	2				+	+
樟科	Lauraceae	绒叶木姜子	*Litsea wilsonii* Gamble	乔木	1				+	+
樟科	Lauraceae	川黔润楠	*Machilus chuanchienensis* S. Lee	乔木	1				+	+
樟科	Lauraceae	宜昌润楠	*Machilus ichangensis* Rehd. et Wils.	乔木	1				+	+
樟科	Lauraceae	利川润楠	*Machilus lichuanensis* Cheng ex S. Lee	乔木	1				+	+
樟科	Lauraceae	小果润楠	*Machilus microcarpa* Hemsl.	乔木	1				+	+
樟科	Lauraceae	南川润楠	*Machilus nanchuanensis* N. Chao ex S. Lee	乔木	1					
樟科	Lauraceae	润楠	*Machilus nanmu*（Oliv.）Hemsl.	乔木	2				+	+
樟科	Lauraceae	川鄂新樟	*Neocinnamomum fargesii*（Lec.）Kosterm.	乔木	1				+	+
樟科	Lauraceae	白毛新木姜子	*Neolitsea aurata*（Hayata）Koidz. var. *glauca* Yang	乔木	2				+	+
樟科	Lauraceae	簇叶新木姜子	*Neolitsea confertifolia*（Hemsl.）Merr.	乔木	2					
樟科	Lauraceae	大叶新木姜子	*Neolitsea levinei* Merr.	乔木	2					
樟科	Lauraceae	紫新木姜子	*Neolitsea purpurescens* Yang	乔木	2				+	+
樟科	Lauraceae	巫山新木姜子	*Neolitsea wushanica*（Chun）Merr.	乔木	2				+	+
樟科	Lauraceae	赛楠	*Nothaphoebe cavaleriei*（Lévl.）Yang	乔木	2					
樟科	Lauraceae	山楠	*Phoebe chinensis* Chun	乔木	2				+	+
樟科	Lauraceae	竹叶楠	*Phoebe faberi*（Hemsl.）Chun	乔木	2				+	+
樟科	Lauraceae	白楠	*Phoebe neurantha*（Hemsl.）Gamble	乔木	2				+	+
樟科	Lauraceae	紫楠	*Phoebe sheareri*（Hemsl.）Gamble	乔木	1				+	+
樟科	Lauraceae	楠木	*Phoebe zhennan* S. Lee	乔木	1				+	+
樟科	Lauraceae	檫木	*Sassafras tsumu*（Hemsl.）Hemsl.	乔木	2				+	+
金鱼藻科	Ceratophyllaceae	金鱼藻	*Ceratophyllum demersum* L.	草本	2	+				
罂粟科	Papaveraceae	白屈菜	*Chelidonium majus* L.	草本	2	+				
罂粟科	Papaveraceae	川东紫堇	*Corydalis acuminata* Franch.	草本	2		+			
罂粟科	Papaveraceae	地柏枝	*Corydalis cheilanthifolia*	草本	2	+				
罂粟科	Papaveraceae	南黄堇	*Corydalis davidii* Franch.	草本	1	+				
罂粟科	Papaveraceae	紫堇	*Corydalis edulis* Maxim.	草本	1	+			+	

续表

科名	科拉丁名	物种名	学名	生活型	数据来源	药用	观赏	食用	蜜源	工业原料
被子植物门 Gymnospermae										
双子叶植物纲 Dicotyledoneae										
罂粟科	Papaveraceae	蛇果黄堇	*Corydalis ophiocarpa*	草本	2	+			+	
罂粟科	Papaveraceae	黄堇	*Corydalis pallida*（Thunb.）Pers.	草本	2	+			+	
罂粟科	Papaveraceae	小花黄堇	*Corydalis racemosa*	草本	1					
罂粟科	Papaveraceae	石生黄堇	*Corydalis saxicola* Bunting	草本	2	+			+	
罂粟科	Papaveraceae	地锦苗	*Corydalis sheareri* S. Moore	草本	2					
罂粟科	Papaveraceae	大叶紫堇	*Corydalis temulifolia* Franch.	草本	2	+			+	
罂粟科	Papaveraceae	毛黄堇	*Corydalis tomentella* Franch.	草本	2	+			+	
罂粟科	Papaveraceae	川鄂黄堇	*Corydalis wilsonii* N. E. Br.	草本	2	+			+	
罂粟科	Papaveraceae	大花荷包牡丹	*Dicentra macrantha* Oliv.	草本	1					
罂粟科	Papaveraceae	血水草	*Eomecon chionantha* Hance	草本	2	+			+	
罂粟科	Papaveraceae	小果博落回	*Macleaya microcarpa*（Maxim.）Fedde	草本	2	+			+	
十字花科	Brassicaceae	鼠耳芥	*Arabidopsis thaliana*（L.）Heynh.	草本	2					
十字花科	Brassicaceae	硬毛南芥	*Arabis hiruta*（L.）Scop.	草本	2					
十字花科	Brassicaceae	圆锥南芥	*Arabis paniculata* Franch.	草本	2					
十字花科	Brassicaceae	垂果南芥	*Arabis pendula* L.	草本	2					
十字花科	Brassicaceae	白芥	*Sinapis alba* L.	草本	2					
十字花科	Brassicaceae	油芥菜	*Brassica juncea*（L.）Czern.	草本	2			+		
十字花科	Brassicaceae	*大头菜	*Brassica juncea* var. *nopiformis*（Palleux et Bois）Gladis	草本	2			+		
十字花科	Brassicaceae	*榨菜	*Brassica juncea*（L.）Czern. et Coss. var. *tumida* Tsen et Lee	草本	2			+		
十字花科	Brassicaceae	荠	*Capsella bursa-pastoris*（L.）Medic.	草本	2	+		+		+
十字花科	Brassicaceae	光头山碎米荠	*Cardamine engleriana*	草本	2					
十字花科	Brassicaceae	弯曲碎米荠	*Cardamine flexuosa* With.	草本	2	+				
十字花科	Brassicaceae	山芥碎米荠	*Cardamine griffithii*	草本	2	+				
十字花科	Brassicaceae	云南碎米荠	*Cardamine yunnanensis* Franch.	草本	2					
十字花科	Brassicaceae	碎米荠	*Cardamine hirsuta* L.	草本	1	+				
十字花科	Brassicaceae	弹裂碎米荠	*Cardamine impatiens* L.	草本	1	+				
十字花科	Brassicaceae	水田碎米荠	*Cardamine lyrata*	草本	2	+				
十字花科	Brassicaceae	小叶碎米荠	*Cardamine microzyga*	草本	2					
十字花科	Brassicaceae	紫花碎米荠	*Cardamine tangutorum*	草本	2	+		+		
十字花科	Brassicaceae	大叶碎米荠	*Cardamine macrophylla* Willd.	草本	1	+		+		
十字花科	Brassicaceae	播娘蒿	*Descurainia sophia*	草本	1	+		+		+
十字花科	Brassicaceae	葶苈	*Draba nemorosa*	草本	2	+				+
十字花科	Brassicaceae	小花糖芥	*Erysimum cheiranthoides* L.	草本	2	+				
十字花科	Brassicaceae	独行菜	*Lepidium apetalum*	草本	2	+		+		
十字花科	Brassicaceae	楔叶独行菜	*Lepidium cuneiforme*	草本	2					
十字花科	Brassicaceae	北美独行菜	*Lepidium virginicum*	草本	2	+				
十字花科	Brassicaceae	豆瓣菜	*Nasturtium officinale* R. Br.	草本	2	+		+		
十字花科	Brassicaceae	南花子	*Raphanus sativus* L. var. *raphanistroides*（Makino）Makino	草本	2					
十字花科	Brassicaceae	无瓣蔊菜	*Rorippa dubia*（Pers.）Hara	草本	2	+		+		

续表

科名	科拉丁名	物种名	学名	生活型	数据来源	药用	观赏	食用	蜜源	工业原料
colspan的被子植物门 Gymnospermae										

科名	科拉丁名	物种名	学名	生活型	数据来源	药用	观赏	食用	蜜源	工业原料
被子植物门 Gymnospermae										
双子叶植物纲 Dicotyledoneae										
十字花科	Brassicaceae	蔊菜	*Rorippa indica*（L.）Hiern	草本	1	+		+		
十字花科	Brassicaceae	沼生蔊菜	*Rorippa islandica*（Oed.）Rorb.	草本	2	+		+		
十字花科	Brassicaceae	菥蓂	*Thlaspi arvense* L.	草本	2	+		+		
伯乐树科	Bretschneideraceae	伯乐树	*Bretschneidera sinensis*	乔木	2	+	+			
景天科	Crassulaceae	狭穗八宝	*Hylotelephium angustum*（Maxim.）H.Ohba	草本	2					
景天科	Crassulaceae	八宝	*Hylotelephium erythrostictum*（Miq.）H. Ohba	草本	2	+			+	
景天科	Crassulaceae	轮叶八宝	*Hylotelephium verticillatum*（L.）H. Ohba	草本	2	+			+	
景天科	Crassulaceae	云南红景天	*Rhodiola yunnanensis*（Franch.）S. H. Fu	草本	1	+				
景天科	Crassulaceae	费菜	*Phedimus aizoon*（L.）'t Hart	草本	2	+			+	
景天科	Crassulaceae	大苞景天	*Sedum oligospermum* Maire	草本	1					
景天科	Crassulaceae	珠芽景天	*Sedum buibiferum* Makino	草本	1	+			+	
景天科	Crassulaceae	细叶景天	*Sedum elatinoides* Franch.	草本	2	+			+	
景天科	Crassulaceae	凹叶景天	*Sedum emarginatum* Migo	草本	2	+			+	
景天科	Crassulaceae	日本景天	*Sedum japonicum* Sieb. ex Miq.	草本	2	+			+	
景天科	Crassulaceae	佛甲草	*Sedum lineare* Thunb.	草本	2	+			+	
景天科	Crassulaceae	山飘风	*Sedum major*（Hemsl.）Migo	草本	2	+			+	
景天科	Crassulaceae	齿叶景天	*Phedimus odontophyllus*（Frod.）'t Hart	草本	2	+			+	
景天科	Crassulaceae	南川景天	*Sedum rosthornianum* Diels	草本	2	+			+	
景天科	Crassulaceae	垂盆草	*Sedum sarmentosum* Bunge	草本	2	+			+	
景天科	Crassulaceae	短蕊景天	*Sedum yvesii* Hamet	草本	2	+			+	
虎耳草科	Saxifragaceae	落新妇	*Astilbe chinensis*（Maxim.）Franch. et Savat.	草本	1	+			+	
虎耳草科	Saxifragaceae	大落新妇	*Astilbe grandis* Stapf ex Wils	草本	2	+			+	
虎耳草科	Saxifragaceae	多花落新妇	*Astilbe rivularis* Buch.-Ham. ex D. Don var. *myriantha*	草本	2	+				
虎耳草科	Saxifragaceae	岩白菜	*Bergenia purpurascens*（Hook. f. et Thoms.）Engl.	草本	1	+			+	
虎耳草科	Saxifragaceae	草绣球	*Cardiandra moellendorffii*（Hance）Migo	草本	2	+	+			
虎耳草科	Saxifragaceae	滇黔金腰	*Chrysosplenium cavaleriei* Lévl. et Vant.	草本	2	+			+	
虎耳草科	Saxifragaceae	锈毛金腰	*Chrysosplenium davidianum* Decne. ex Maxim.	草本	1	+			+	
虎耳草科	Saxifragaceae	肾萼金腰	*Chrysosplenium delavayi* Fr.	草本	2	+			+	
虎耳草科	Saxifragaceae	天胡荽金腰	*Chrysosplenium hydrocotylifolium* Lévl. et Vant.	草本	2	+			+	
虎耳草科	Saxifragaceae	绵毛金腰	*Chrysosplenium lanuginosum* Hook. f. et Thoms.	草本	2	+			+	
虎耳草科	Saxifragaceae	大叶金腰	*Chrysosplenium macrophyllum* Oliv.	草本	1	+			+	
虎耳草科	Saxifragaceae	中华金腰	*Chrysosplenium sinicum* Maxim.	草本	2					
虎耳草科	Saxifragaceae	韫珍金腰	*Chrysosplenium wuwenchenii* Jien	草本	2	+			+	
虎耳草科	Saxifragaceae	赤壁木	*Decumaria sinensis*	灌木	2	+			+	
虎耳草科	Saxifragaceae	异色溲疏	*Deutzia discolor* Hemsl.	灌木	2	+			+	
虎耳草科	Saxifragaceae	狭叶溲疏	*Deutzia esquirolii*（Levl.）Rehd.	灌木	2	+			+	
虎耳草科	Saxifragaceae	灰绿溲疏	*Deutzia glaucophylla* S. M. Huang	灌木	2	+			+	
虎耳草科	Saxifragaceae	粉背溲疏	*Deutzia hypoglauca* Rehd.	灌木	2	+			+	
虎耳草科	Saxifragaceae	长叶溲疏	*Deutzia longifolia* Franch.	灌木	2	+			+	
虎耳草科	Saxifragaceae	南川溲疏	*Deutzia nanchuanensis* W. T. Wang	灌木	2	+			+	

科名	科拉丁名	物种名	学名	生活型	数据来源	药用	观赏	食用	蜜源	工业原料
被子植物门 Gymnospermae										
双子叶植物纲 Dicotyledoneae										
虎耳草科	Saxifragaceae	粉红溲疏	*Deutzia rubens* Rehd.	灌木	2					
虎耳草科	Saxifragaceae	四川溲疏	*Deutzia setchuenensis* Franch.	灌木	1	+			+	
虎耳草科	Saxifragaceae	多花溲疏	*Deutzia setchuenensis* Franch. var. *corymbiflora*（Lemoine ex Andre）Rehd.	灌木	2	+				
虎耳草科	Saxifragaceae	常山	*Dichroa febrifuga*	灌木	1	+				
虎耳草科	Saxifragaceae	冠盖绣球	*Hydrangea anomala* D. Don	灌木	1		+		+	
虎耳草科	Saxifragaceae	马桑绣球	*Hydrangea aspera* D. Don	灌木	1		+		+	
虎耳草科	Saxifragaceae	中国绣球	*Hydrangea chinensis* Maxim.	灌木	1		+		+	
虎耳草科	Saxifragaceae	西南绣球	*Hydrangea davidii* Franch.	灌木	1		+		+	
虎耳草科	Saxifragaceae	白背绣球	*Hydrangea hypoglauca* Rehd.	灌木	2		+		+	
虎耳草科	Saxifragaceae	莼兰绣球	*Hydrangea longipes* Franch.	灌木	2		+		+	
虎耳草科	Saxifragaceae	锈毛绣球	*Hydrangea longipes* Franch. var. *fulvescens*（Rehd.）W. T. Wang ex Wei	灌木	2		+		+	
虎耳草科	Saxifragaceae	绣球	*Hydrangea macrophylla*（Thunb.）Ser.	灌木	1	+	+		+	
虎耳草科	Saxifragaceae	微绒绣球	*Hydrangea heteromalla* D. Don	灌木	2		+			
虎耳草科	Saxifragaceae	圆锥绣球	*Hydrangea paniculata* Sieb.	灌木	2	+	+			
虎耳草科	Saxifragaceae	乐思绣球	*Hydrangea rosthornii* Diels	灌木	2				+	
虎耳草科	Saxifragaceae	蜡莲绣球	*Hydrangea strigosa* Rehd.	灌木	1				+	
虎耳草科	Saxifragaceae	挂苦绣球	*Hydrangea xanthoneura* Diels	灌木	1				+	
虎耳草科	Saxifragaceae	冬青叶鼠刺	*Itea ilicifolia* Oliv.	灌木	1		+			
虎耳草科	Saxifragaceae	矩叶鼠刺	*C Itea omeiensis* C. K. Schneid.	灌木	1				+	
虎耳草科	Saxifragaceae	南川梅花草	*Parnassia amoena* Diels	草本	2				+	
虎耳草科	Saxifragaceae	突隔梅花草	*Parnassia delavayi* Franch.	草本	2				+	
虎耳草科	Saxifragaceae	白耳菜	*Parnassia foliosa* Hook. f. et Thoms.	草本	2				+	
虎耳草科	Saxifragaceae	厚叶梅花草	*Parnassia perciliata* Diels.	草本	2				+	
虎耳草科	Saxifragaceae	扯根菜	*Penthorum chinense* Pursh	草本	2	+			+	
虎耳草科	Saxifragaceae	滇南山梅花	*Philadelphus henryi* Koehne	灌木	2				+	
虎耳草科	Saxifragaceae	山梅花	*Philadelphus incanus* Koehne	灌木	1		+		+	
虎耳草科	Saxifragaceae	太平花	*Philadelphus pekinensis* Rupr.	灌木	2		+		+	
虎耳草科	Saxifragaceae	紫萼山梅花	*Philadelphus purpurrascens*（Koehne）Rehd.	灌木	2				+	
虎耳草科	Saxifragaceae	绢毛山梅花	*Philadelphus sericanthus* Koehne	灌木	2				+	
虎耳草科	Saxifragaceae	毛柱山梅花	*Philadelphus subcanus* Koehne	灌木	2				+	
虎耳草科	Saxifragaceae	冠盖藤	*Pileostegia viburnoides* Hook.	藤本	2				+	
虎耳草科	Saxifragaceae	渐尖茶藨子	*Ribes takare* D. Don	灌木	2				+	
虎耳草科	Saxifragaceae	大刺茶藨子	*Ribes alpestre* Wall. Decne. var. *gigantem* Janczewski	灌木	2				+	
虎耳草科	Saxifragaceae	革叶茶藨子	*Ribes davidii* Franch.	灌木	1				+	
虎耳草科	Saxifragaceae	糖茶藨子	*Ribes himalense* Royle ex Decne.	灌木	2				+	
虎耳草科	Saxifragaceae	冰川茶藨子	*Ribes glaciale* Wall.	灌木	2				+	
虎耳草科	Saxifragaceae	桂叶茶藨子	*Ribes laurifolium* Jancz.	灌木	2				+	
虎耳草科	Saxifragaceae	华西茶藨子	*Ribes maximowiczii* Batal	灌木	2				+	
虎耳草科	Saxifragaceae	宝兴茶藨子	*Ribes moupinense* Franch.	灌木	1				+	

续表

科名	科拉丁名	物种名	学名	生活型	数据来源	药用	观赏	食用	蜜源	工业原料
被子植物门 Gymnospermae										
双子叶植物纲 Dicotyledoneae										
虎耳草科	Saxifragaceae	三裂茶藨子	*Ribes moupinense* Franch. var. *tripartitum*（Batalin）Jancz.	灌木	2				+	
虎耳草科	Saxifragaceae	细枝茶藨子	*Ribes tenue* Jancz.	灌木	1				+	
虎耳草科	Saxifragaceae	七叶鬼灯檠	*Rodgersia aesculifolia* Batalin	草本	2	+			+	
虎耳草科	Saxifragaceae	蒙自虎耳草	*Saxifraga mengtzeana* Engl. et Irmsch.	草本	1				+	
虎耳草科	Saxifragaceae	叉枝虎耳草	*Saxifraga divaricata* Engl. et Irmsch.	草本	2	+			+	
虎耳草科	Saxifragaceae	齿瓣虎耳草	*Saxifraga fortunei* Hook. f.	草本	2				+	
虎耳草科	Saxifragaceae	红毛虎耳草	*Saxifraga rufescens* Balf. f.	草本	2				+	
虎耳草科	Saxifragaceae	扇叶虎耳草	*Saxifraga rufescens* Balf. f. var. *flabellifolia* C. Y. Wu et J. T. Pan	草本	2				+	
虎耳草科	Saxifragaceae	球茎虎耳草	*Saxifraga sibirica* L.	草本	2				+	
虎耳草科	Saxifragaceae	虎耳草	*Saxifraga stolonifera* Curt.	草本	2	+			+	
虎耳草科	Saxifragaceae	椭圆钻地风	*Schizophragma ellipsophyllum* C. F. Wei	草本	2				+	
虎耳草科	Saxifragaceae	白背钻地风	*Schizophragma hypodlaucum* Rehd.	藤本	2				+	
虎耳草科	Saxifragaceae	钻地风	*Schizophragma integrifolium* Oliv.	藤本	2				+	
虎耳草科	Saxifragaceae	柔毛钻地风	*Schizophragma molle*（Rehd.）Chun	藤本	2				+	
虎耳草科	Saxifragaceae	峨屏草	*Tanakaea radicans* Franchet et Savatier	草本	2				+	
虎耳草科	Saxifragaceae	黄水枝	*Tiarella polyphylla* D. Don	草本	1	+			+	
海桐花科	Pittosporaceae	大叶海桐	*Pittosporum daphniphylloides* Hayata var. *adaphniphylloides*（Hu et F. T. Wang）W. T. Wang	灌木	2				+	
海桐花科	Pittosporaceae	短萼海桐	*Pittosporum brevicalyx*（Oliv.）Gagnep.	灌木	2	+			+	
海桐花科	Pittosporaceae	小柄果海桐	*Pittosporum henryi* Gowda	灌木	2				+	
海桐花科	Pittosporaceae	异叶海桐	*Pittosporum heterophyllum* Franch.	灌木	1				+	
海桐花科	Pittosporaceae	海金子	*Pittosporum illicioides* Mak.	灌木	2				+	+
海桐花科	Pittosporaceae	峨眉海桐	*Pittosporum omeiense* Chang et Yan	灌木	2				+	
海桐花科	Pittosporaceae	柄果海桐	*Pittosporum podocarpum* Gagnep.	灌木	2				+	
海桐花科	Pittosporaceae	线叶柄果海桐	*Pittosporum podocarpum* Gagnep. var. *angustatum* Gowda	灌木	1	+			+	
海桐花科	Pittosporaceae	崖花子	*Pittosporum truncatum* Pritz.	灌木	1				+	
海桐花科	Pittosporaceae	管花海桐	*Pittosporum tubiflorum* Chang et Yan	灌木	2				+	
海桐花科	Pittosporaceae	波叶海桐	*Pittosporum undulatifolium* Chang et Yan	灌木	2				+	
海桐花科	Pittosporaceae	木果海桐	*Pittosporum xylocarpum* Hu et Wang	灌木	2				+	
金缕梅科	Hamamelidaceae	腺蜡瓣花	*Corylopsis glandullferu* Hemsl.	灌木	2				+	
金缕梅科	Hamamelidaceae	圆叶蜡瓣花	*Corylopsis rotundifolia* Chang	灌木	2				+	
金缕梅科	Hamamelidaceae	小果蜡瓣花	*Corylopsis microcarpa* Chang	灌木	2				+	
金缕梅科	Hamamelidaceae	黔蜡瓣花	*Corylopsis obodata* Chang	灌木	2				+	
金缕梅科	Hamamelidaceae	蜡瓣花	*Corylopsis sinensis* Hemsl.	灌木	2				+	
金缕梅科	Hamamelidaceae	星毛蜡瓣花	*Corylopsis stelligera* Guill.	灌木	2				+	
金缕梅科	Hamamelidaceae	红药蜡瓣花	*Corylopsis veitchiana* Bean.	灌木	2				+	
金缕梅科	Hamamelidaceae	窄叶蚊母树	*Distylium dunuianum* Levl.	灌木	2				+	
金缕梅科	Hamamelidaceae	杨梅叶蚊母树	*Distylium myricoides* Hemsl.	灌木	1				+	
金缕梅科	Hamamelidaceae	金缕梅	*Hamamelis mollis* Oliv.	灌木	2				+	
金缕梅科	Hamamelidaceae	缺萼枫香树	*Liquidambar acalycina* Chang	乔木	2				+	+

续表

科名	科拉丁名	物种名	学名	生活型	数据来源	药用	观赏	食用	蜜源	工业原料
被子植物门 Gymnospermae										
双子叶植物纲 Dicotyledoneae										
金缕梅科	Hamamelidaceae	枫香树	*Liquidambar formosana* Hance	乔木	1	+			+	+
金缕梅科	Hamamelidaceae	檵木	*Loropetalum chinense*（R. Br.）Oliver	灌木	1	+			+	
金缕梅科	Hamamelidaceae	半枫荷	*Semiliquidambar cathayensis* Chang	乔木	2	+			+	
金缕梅科	Hamamelidaceae	三脉水丝梨	*Sycopsis triplinervia* Chang	乔木	2				+	
杜仲科	Eucommiaceae	杜仲	*Eucommia ulmoides* Oliv.	乔木	1	+			+	
蔷薇科	Rosaceae	龙芽草	*Agrimonia pilosa* Ledeb.	草本	1				+	
蔷薇科	Rosaceae	唐棣	*Amelanchier sinica*（Schneid.）Chun	灌木	2	+	+		+	
蔷薇科	Rosaceae	山桃	*Amygdalus davidiana*（Carr.）C. de Vos ex Henry	灌木	2			+	+	+
蔷薇科	Rosaceae	*桃	*Amygdalus persica* L.	灌木	1	+		+	+	
蔷薇科	Rosaceae	*杏	*Armeniaca vulgaris* Lam.	灌木	2	+			+	
蔷薇科	Rosaceae	贡山假升麻	*Aruncus gombalanus* Hand.-Mazz.	草本	2				+	
蔷薇科	Rosaceae	假升麻	*Aruncus sylvester* Kostel.	草本	2				+	
蔷薇科	Rosaceae	微毛樱桃	*Cerasus clarofolia*（Schneid.）Yu et Li	乔木	1				+	
蔷薇科	Rosaceae	华中樱桃	*Cerasus conradina*（Koehne）Yu et Li	乔木	1				+	
蔷薇科	Rosaceae	尾叶樱桃	*Cerasus dielsiana*（Schneid.）Yu et C. L. Li	乔木	2				+	
蔷薇科	Rosaceae	迎春樱桃	*Cerasus discoides* Yu et Li	乔木	2				+	
蔷薇科	Rosaceae	毛樱桃	*Cerasus tomentosa*（Thunb.）Wall.	乔木	2	+			+	+
蔷薇科	Rosaceae	毛叶木瓜	*Chaenomeles cathayensis*（Hemsl.）Schneid.	灌木	2	+			+	
蔷薇科	Rosaceae	大头叶无尾果	*Coluria henryi* Batal.	草本	2				+	
蔷薇科	Rosaceae	匍匐栒子	*Cotoneaster adpressus* Bois	灌木	2				+	
蔷薇科	Rosaceae	泡叶栒子	*Cotoneaster bullatus* Bois	灌木	2				+	
蔷薇科	Rosaceae	矮生栒子	*Cotoneaster dammerii* Schneid.	灌木	2				+	
蔷薇科	Rosaceae	木帚栒子	*Cotoneaster dielsianus* Pritz.	灌木	2				+	
蔷薇科	Rosaceae	散生栒子	*Cotoneaster divaricatus* Rehd. et Wils.	灌木	1				+	
蔷薇科	Rosaceae	麻核栒子	*Cotoneaster foveolatus* Rehd. et Wils.	灌木	2				+	
蔷薇科	Rosaceae	西南栒子	*Cotoneaster franchetii* Bois	灌木	2				+	
蔷薇科	Rosaceae	粉叶栒子	*Cotoneaster glaucophyllus* Fr.	灌木	2				+	
蔷薇科	Rosaceae	平枝栒子	*Cotoneaster horizontalis* Dcne.	灌木	2				+	
蔷薇科	Rosaceae	小叶栒子	*Cotoneaster microphylla* Lindl.	灌木	2		+		+	
蔷薇科	Rosaceae	宝兴栒子	*Cotoneaster moupinensis* Franch.	灌木	2				+	
蔷薇科	Rosaceae	暗红栒子	*Cotoneaster obscurus* Rehd. et Wils.	灌木	2				+	
蔷薇科	Rosaceae	麻叶栒子	*Cotoneaster rhytidophyllus* Rehd. et wils.	灌木	2				+	
蔷薇科	Rosaceae	柳叶栒子	*Cotoneaster salicifolius* Franch.	灌木	2				+	
蔷薇科	Rosaceae	毛叶水栒子	*Cotoneaster submultiflorus* Popov	灌木	2				+	
蔷薇科	Rosaceae	野山楂	*Crataegus cuneata* Sieb. & Zucc.	灌木	2	+		+	+	
蔷薇科	Rosaceae	湖北山楂	*Crataegus hupihensis* Sarg. Pl. Wils.	灌木	1				+	
蔷薇科	Rosaceae	蛇莓	*Duchesnea indica*（Andr.）Focke	草本	1	+			+	
蔷薇科	Rosaceae	大花枇杷	*Eriobotrya cavaleriei*（Lévl.）Rehd.	乔木	2			+	+	+
蔷薇科	Rosaceae	*枇杷	*Eriobotrya japonica*（Thunb.）Lindl	乔木	2	+	+	+	+	+
蔷薇科	Rosaceae	栎叶枇杷	*Eriobotrya prinioidea* Rehd. et Wils.	乔木	2				+	

续表

科名	科拉丁名	物种名	学名	生活型	数据来源	药用	观赏	食用	蜜源	工业原料
被子植物门 Gymnospermae										
双子叶植物纲 Dicotyledoneae										
蔷薇科	Rosaceae	黄毛草莓	*Fragaria nilgerrensis* Schlecht. ex Gay	草本	1				+	
蔷薇科	Rosaceae	粉叶黄毛草莓	*Fragaria nilgerrensis* Schlecht. ex Gay var. *mairei*（Lévl.）Hand.-Mazz.	草本	2				+	
蔷薇科	Rosaceae	柔毛路边青	*Geum japonicum* Thunb. var. *chinense* F. Bolle	草本	1				+	
蔷薇科	Rosaceae	刺叶桂樱	*Laurocerasus spinulosa*（Sieb. et Zucc.）Schneid.	灌木	2				+	
蔷薇科	Rosaceae	尖叶桂樱	*Laurocerasus undulata*（D. Don）Roem.	灌木	2				+	
蔷薇科	Rosaceae	毛序尖叶桂樱	*Laurocerasus undulata*（D. Don）Roem. f. *pubigera* Yü et Li	灌木	2			+	+	
蔷薇科	Rosaceae	大叶桂樱	*Laurocerasus zippeliana*（Miq.）Yu et Lu	灌木	2				+	
蔷薇科	Rosaceae	山荆子	*Malus baccata*（L.）Borkh.	乔木	2		+		+	
蔷薇科	Rosaceae	垂丝海棠	*Malus halliana* Koehne	灌木	2		+		+	
蔷薇科	Rosaceae	河南海棠	*Malus honanensis* Rehd.	灌木	2				+	
蔷薇科	Rosaceae	湖北海棠	*Malus hupehensis*（Pamp.）Rehd.	灌木	1		+	+	+	
蔷薇科	Rosaceae	陇东海棠	*Malus kansuensis*（Batal.）Schneid.	灌木	2				+	
蔷薇科	Rosaceae	楸子	*Malus prunifolia*（Willd.）Borkh.	灌木	2			+	+	+
蔷薇科	Rosaceae	三叶海棠	*Malus siebodii*（Rehd.）Rehd.	灌木	2				+	
蔷薇科	Rosaceae	滇池海棠	*Malus yunnanensis*（Franch.）Schneid.	灌木	2				+	
蔷薇科	Rosaceae	川康绣线梅	*Neillia affinis* Hemsl.	灌木	2				+	
蔷薇科	Rosaceae	毛叶绣线梅	*Neillia ribesioides* Rehd.	灌木	1				+	
蔷薇科	Rosaceae	中华绣线梅	*Neillia sinensis* Oliv.	灌木	2				+	
蔷薇科	Rosaceae	短梗稠李	*Padus brachypoda*（Batal.）Schneid.	乔木	2				+	
蔷薇科	Rosaceae	灰叶稠李	*Padus grayana*（Maxim.）Schneid.	乔木	2				+	
蔷薇科	Rosaceae	细齿稠李	*Padus obtusata*（Koehne）Yu et Ku	乔木	1				+	
蔷薇科	Rosaceae	宿鳞稠李	*Padus perulata*（Koehne）Yu et Ku	乔木	2				+	
蔷薇科	Rosaceae	毡毛稠李	*Padus velutina*（Batal.）Schneid.	乔木	2				+	
蔷薇科	Rosaceae	绢毛稠李	*Padus wilsonoo* Schneid.	乔木	2				+	
蔷薇科	Rosaceae	中华石楠	*Photinia beauverdiana* Schneid.	乔木	2				+	
蔷薇科	Rosaceae	贵州石楠	*Photinia bodinieri* H. Lév.	乔木	1				+	
蔷薇科	Rosaceae	光叶石楠	*Photinia glabra*（Thunb.）Maxim.	乔木	1	+	+	+	+	+
蔷薇科	Rosaceae	小叶石楠	*Photinia parvifolia*（Pritz.）Schneid.	乔木	2	+			+	
蔷薇科	Rosaceae	毛果石楠	*Photinia pilosicalyx* Yü	乔木	2				+	
蔷薇科	Rosaceae	石楠	*Photinia serratifolia*（Desf.）Kalkman	乔木	2	+			+	+
蔷薇科	Rosaceae	毛叶石楠	*Photinia villosa*（Thunb.）DC.	乔木	2				+	
蔷薇科	Rosaceae	翻白草	*Potentilla discolor* Bunge	草本	2	+		+	+	
蔷薇科	Rosaceae	莓叶委陵菜	*Potentilla fragarioides* L.	草本	2				+	
蔷薇科	Rosaceae	三叶委陵菜	*Potentilla freyniana* Bornm.	草本	2				+	
蔷薇科	Rosaceae	西南委陵菜	*Potentilla lineata* Trevir.	草本	2				+	
蔷薇科	Rosaceae	蛇含委陵菜	*Potentilla kleiniana* Wight et Arn.	草本	1	+			+	
蔷薇科	Rosaceae	全缘火棘	*Pyracantha atalantioides*（Hance）Stapf	灌木	2				+	
蔷薇科	Rosaceae	细圆齿火棘	*Pyracantha crenulata*（D. Don）Roem.	灌木	2				+	
蔷薇科	Rosaceae	火棘	*Pyracantha fortuneana*（Maxim.）Li	灌木	1		+	+	+	
蔷薇科	Rosaceae	*沙梨	*Pyrus pyrifolia*（Burm. f.）Nakai	灌木	1				+	

续表

科名	科拉丁名	物种名	学名	生活型	数据来源	药用	观赏	食用	蜜源	工业原料
被子植物门 Gymnospermae										
双子叶植物纲 Dicotyledoneae										
蔷薇科	Rosaceae	木香花	*Rosa banksiae* Ait.	灌木	2		+		+	+
蔷薇科	Rosaceae	单瓣白木香	*Rosa banksiae* Ait. var. *normalis* Regel	灌木	2	+			+	+
蔷薇科	Rosaceae	拟木香	*Rosa banksiopsis* Baker	灌木	2				+	
蔷薇科	Rosaceae	尾萼蔷薇	*Rosa caudata* Baker	灌木	2				+	
蔷薇科	Rosaceae	城口蔷薇	*Rosa chengkouensis* Yu et Ku	灌木	2				+	
蔷薇科	Rosaceae	伞房蔷薇	*Rosa corymbulosa* Rolfe	灌木	2				+	
蔷薇科	Rosaceae	小果蔷薇	*Rosa cymosa* Tratt.	灌木	1				+	
蔷薇科	Rosaceae	陕西蔷薇	*Rosa giraldii* Crep.	灌木	2				+	
蔷薇科	Rosaceae	绣球蔷薇	*Rosa glomerata* Rehd. et Wils.	灌木	2				+	
蔷薇科	Rosaceae	卵果蔷薇	*Rosa helenae* Rehd. et Wils.	灌木	2				+	
蔷薇科	Rosaceae	软条七蔷薇	*Rosa henryi* Bouleng.	灌木	2				+	
蔷薇科	Rosaceae	贵州缫丝花	*Rosa kweichowensis* Yü et Ku	灌木	2				+	
蔷薇科	Rosaceae	金樱子	*Rosa laevigata* Michx.	灌木	2	+			+	+
蔷薇科	Rosaceae	华西蔷薇	*Rosa moyesii* Hemsl. et Wils.	灌木	2				+	
蔷薇科	Rosaceae	野蔷薇	*Rosa multiflora* Thunb.	灌木	2	+			+	+
蔷薇科	Rosaceae	七姊妹	*Rosa multiflora* Thunb. var. *carnea* Thory	灌木	2		+		+	
蔷薇科	Rosaceae	粉团蔷薇	*Rosa multiflora* Thunb. var. *cathayensis* Rehd.et Wils	灌木	2	+			+	+
蔷薇科	Rosaceae	缫丝花	*Rosa roxburghii* Tratt.	灌木	2	+	+	+	+	+
蔷薇科	Rosaceae	单瓣缫丝花	*Rosa roxburghii* Tratt. f. *normalis* Rehd. et Wils.	灌木	2				+	
蔷薇科	Rosaceae	悬钩子蔷薇	*Rosa rubus* Lévl. et Vant.	灌木	2	+			+	+
蔷薇科	Rosaceae	大红蔷薇	*Rosa saturata* Baker	灌木	2				+	
蔷薇科	Rosaceae	钝叶蔷薇	*Rosa sertata* Rolfe	灌木	2				+	
蔷薇科	Rosaceae	毛叶川滇蔷薇	*Rosa soulieana* Crep. var. *yunnanensis* Schneid.	灌木	2				+	
蔷薇科	Rosaceae	黄刺玫	*Rosa xanthina* Lindl.	灌木	2		+		+	
蔷薇科	Rosaceae	腺毛莓	*Rubus adenophorus* Rolfe	灌木	2				+	
蔷薇科	Rosaceae	秀丽莓	*Rubus amabilis* Focke	灌木	1			+	+	
蔷薇科	Rosaceae	刺萼秀丽莓	*Rubus amabilis* Focke var. *aculeatissimus* Yü et Lu	灌木	2	+		+	+	
蔷薇科	Rosaceae	周毛悬钩子	*Rubus amphidasys* Focke ex Diels	灌木	2				+	
蔷薇科	Rosaceae	西南悬钩子	*Rubus assamensis* Focke	灌木	2				+	
蔷薇科	Rosaceae	桔红悬钩子	*Rubus aurantiacus* Focke	灌木	2				+	
蔷薇科	Rosaceae	竹叶鸡爪茶	*Rubus bambusarum* Focke	灌木	2			+	+	
蔷薇科	Rosaceae	寒莓	*Rubus buergeri* Miq.	灌木	1	+		+	+	
蔷薇科	Rosaceae	长序莓	*Rubus chiliadenus* Focke	灌木	2				+	
蔷薇科	Rosaceae	毛萼莓	*Rubus chroosepalus* Focke	灌木	2	+			+	+
蔷薇科	Rosaceae	小柱悬钩子	*Rubus columelsris* Tutcher	灌木	2				+	
蔷薇科	Rosaceae	山莓	*Rubus corchorifolius* L. f.	灌木	2	+		+	+	
蔷薇科	Rosaceae	插田泡	*Rubus coreanus* Miq.	灌木	2	+		+	+	
蔷薇科	Rosaceae	毛叶插田泡	*Rubus coreanus* Miq. var. *tomentosus* Card.	灌木	2	+		+	+	
蔷薇科	Rosaceae	栽秧泡	*Rubus ellipticus* Smith var. *obcordatus*（Franch.）Focke	灌木	2				+	
蔷薇科	Rosaceae	桉叶悬钩子	*Rubus eucalyptus* Focke	灌木	2	+			+	

续表

科名	科拉丁名	物种名	学名	生活型	数据来源	药用	观赏	食用	蜜源	工业原料
被子植物门 Gymnospermae										
双子叶植物纲 Dicotyledoneae										
蔷薇科	Rosaceae	大红泡	*Rubus eustephanus* Focke ex Diels	灌木	2				+	+
蔷薇科	Rosaceae	腺毛大红泡	*Rubus eustephanus* Focke ex Diels var. *glanduliger* Yu et Lu	灌木	2				+	
蔷薇科	Rosaceae	攀枝莓	*Rubus flagelliflorus* Fock ex Diels	灌木	2				+	
蔷薇科	Rosaceae	鸡爪茶	*Rubus henryi* Hemsl.	灌木	2			+	+	
蔷薇科	Rosaceae	大叶鸡爪茶	*Rubus henryi* Hemsl. var. *sozostylus*（Focke）Yü et Lu.	灌木	2				+	
蔷薇科	Rosaceae	宜昌悬钩子	*Rubus ichangensis* Hemsl. et Ktze.	灌木	2	+		+	+	+
蔷薇科	Rosaceae	白叶莓	*Rubus innominatus* S. Moore	灌木	2	+		+	+	
蔷薇科	Rosaceae	无腺白叶莓	*Rubus innominatus* S. Moore var. *kuntzeanus*（Hemsl.）Bailey	灌木	2				+	
蔷薇科	Rosaceae	红花悬钩子	*Rubus inopertus*（Diels）Focke	灌木	2				+	
蔷薇科	Rosaceae	灰毛泡	*Rubus irenaeus* Focke	灌木	2	+		+	+	
蔷薇科	Rosaceae	尖裂灰毛泡	*Rubus irenaeus* Focke var. *innoxius*（Focke ex Diels）Yü et Lu	灌木	2				+	
蔷薇科	Rosaceae	金佛山悬钩子	*Rubus jinfoshanensis* Yü et Lu	灌木	2				+	
蔷薇科	Rosaceae	高粱泡	*Rubus lambertiamus* Ser.	灌木	2	+		+	+	
蔷薇科	Rosaceae	棠叶悬钩子	*Rubus malifolius* Focke	灌木	2				+	+
蔷薇科	Rosaceae	喜阴悬钩子	*Rubus mesogaeus* Focke	灌木	2				+	
蔷薇科	Rosaceae	脱毛喜阴悬钩子	*Rubus mesogaeus* Focke var. *glabrescens* Yü et Lu	灌木	2				+	
蔷薇科	Rosaceae	乌泡子	*Rubus parkeri* Hance	灌木	2				+	
蔷薇科	Rosaceae	茅莓	*Rubus parvifolius* L.	灌木	1	+		+	+	+
蔷薇科	Rosaceae	黄泡	*Rubus pectinellus* Maxim.	灌木	2	+			+	
蔷薇科	Rosaceae	盾叶莓	*Rubus peltatus* Maxim.	灌木	2	+			+	+
蔷薇科	Rosaceae	无刺掌叶悬钩子	*Rubus pentagonus* Wall. var. *modestus*（Focke）Yü et Lu	灌木	2				+	
蔷薇科	Rosaceae	菰帽悬钩子	*Rubus pileatus* Focke	灌木	2				+	
蔷薇科	Rosaceae	陕西悬钩子	*Rubus piluliferus* Focke	灌木	1				+	
蔷薇科	Rosaceae	红毛悬钩子	*Rubus wallichianus* Wight et Arn.	灌木	2	+			+	
蔷薇科	Rosaceae	羽萼悬钩子	*Rubus pinnatisepalus* Hemsl.	灌木	2				+	
蔷薇科	Rosaccac	密腺羽萼悬钩子	*Rubus pinnatisepalus* Hemsl. var. *glandulosa* Yü et Lu	灌木	2				+	
蔷薇科	Rosaceae	梨叶悬钩子	*Rubus pitifolius* Smith	灌木	1	+			+	
蔷薇科	Rosaceae	五叶鸡爪茶	*Rubus playfairianus* Hemsl.	灌木	2				+	+
蔷薇科	Rosaceae	针刺悬钩子	*Rubus pungens* Camb.	灌木	2	+			+	
蔷薇科	Rosaceae	空心泡	*Rubus rosaefolius* Smith	灌木	1	+			+	
蔷薇科	Rosaceae	棕红悬钩子	*Rubus rufus* Focke	灌木	2				+	
蔷薇科	Rosaceae	川莓	*Rubus setchuenensis* Bur. et Franch.	灌木	2	+		+	+	+
蔷薇科	Rosaceae	单茎悬钩子	*Rubus simplex* Focke	灌木	2				+	
蔷薇科	Rosaceae	红腺悬钩子	*Rubus sumatranus* Miq.	灌木	1	+			+	
蔷薇科	Rosaceae	木莓	*Rubus swinhoei* Hance	灌木	2				+	
蔷薇科	Rosaceae	三花悬钩子	*Rubus trianthus* Focke	灌木	2	+			+	

科名	科拉丁名	物种名	学名	生活型	数据来源	药用	观赏	食用	蜜源	工业原料
被子植物门 Gymnospermae										
双子叶植物纲 Dicotyledoneae										
蔷薇科	Rosaceae	三色莓	*Rubus tricolor* Focke	灌木	2			+	+	
蔷薇科	Rosaceae	黄脉莓	*Rubus xanthoneurus* Focke	灌木	1				+	
蔷薇科	Rosaceae	地榆	*Sanguisorba officinalis* L.	草本	2	+		+	+	+
蔷薇科	Rosaceae	长叶地榆	*Sanguisorba officinalis* L. var. *longifila*（Bert.）Yu et C. L. Li	草本	2				+	
蔷薇科	Rosaceae	高丛珍珠梅	*Sorbaria arborea* Schneid.	灌木	2				+	
蔷薇科	Rosaceae	水榆花楸	*Sorbus alnifolia*（Sieb. et Zucc.）K. Koch	乔木	2				+	+
蔷薇科	Rosaceae	美脉花楸	*Sorbus caloneura*（Stapf）Rehd.	乔木	2				+	
蔷薇科	Rosaceae	石灰花楸	*Sorbus folgneri*（Schneid.）Rehd.	乔木	1				+	
蔷薇科	Rosaceae	球穗花楸	*Sorbus glomerulata* Koehne	灌木	1				+	
蔷薇科	Rosaceae	毛序花楸	*Sorbus keissleri*（Schneid.）Rehd.	灌木	2				+	
蔷薇科	Rosaceae	陕甘花楸	*Sorbus koehneana* Schneid.	灌木	1		+		+	
蔷薇科	Rosaceae	大果花楸	*Sorbus megalocarpa* Rehd.	灌木	2				+	
蔷薇科	Rosaceae	西康花楸	*Sorbus prattii* Koehne	灌木	2				+	
蔷薇科	Rosaceae	西南花楸	*Sorbus rehderiana* Koehne	灌木	2				+	
蔷薇科	Rosaceae	四川花楸	*Sorbus setschwanensis*（Schneid.）Koehne	灌木	2				+	
蔷薇科	Rosaceae	华西花楸	*Sorbus wilsoniana* Schneid.	灌木	2		+		+	
蔷薇科	Rosaceae	江南花楸	*Sorbus hemsleyi*（C. K. Schneid.）Rehder	灌木	2				+	
蔷薇科	Rosaceae	长果花楸	*Sorbus zahlbruckneri* Schneid.	灌木	2				+	
蔷薇科	Rosaceae	绣球绣线菊	*Spiraea blumei* G. Don	灌木	2	+	+		+	
蔷薇科	Rosaceae	麻叶绣线菊	*Spiraea cantoniensis* Lour.	灌木	2	+	+		+	
蔷薇科	Rosaceae	中华绣线菊	*Spiraea chinensis* Maxim.	灌木	2				+	
蔷薇科	Rosaceae	翠蓝绣线菊	*Spiraea henryi* Hemsl.	灌木	2				+	
蔷薇科	Rosaceae	疏毛绣线菊	*Spiraea hirsuta*（Hemsl.）Schneid.	灌木	2				+	
蔷薇科	Rosaceae	光叶粉花绣线菊	*Spiraea japonica* L. f. var. *fortunei*（Planchon）Rehd.	灌木	2				+	
蔷薇科	Rosaceae	长芽绣线菊	*Spiraea longigemmis* Maxim.	灌木	2				+	
蔷薇科	Rosaceae	李叶绣线菊	*Spiraea prunifolia* S. et Z.	灌木	2		+		+	
蔷薇科	Rosaceae	南川绣线菊	*Spiraea rosthornii* Pritz.	灌木	2				+	
蔷薇科	Rosaceae	鄂西绣线菊	*Spiraea veitchii* Hemsl.	灌木	2		+		+	
蔷薇科	Rosaceae	毛萼红果树	*Stranvaesia amphidoxa* Schneid.	灌木	2				+	
蔷薇科	Rosaceae	毛萼红果树无毛变种	*Stranvaesia amphidoxa* Schneid. var. *amphileia*（Hand.-Mazz.）Yu	灌木	2				+	
蔷薇科	Rosaceae	红果树	*Stranvaesia davidiana* Dcne.	灌木	1				+	
豆科	Leguminosae	羽叶金合欢	*Acacia pennata*（L.）Willd.	藤本	2				+	
豆科	Leguminosae	藤金合欢	*Acacia sinuata*（Lour.）Merr.	藤本	2					
豆科	Leguminosae	合萌	*Aeschynomene indica* L.	草本	2	+				
豆科	Leguminosae	合欢	*Albizia julibrissin* Durazz.	乔木	1	+	+			
豆科	Leguminosae	楹树	*Albizia chinensis*（Osbeck.）Merr.	乔木	2	+				
豆科	Leguminosae	山槐	*Albizia kalkora*（Roxb.）Prain	灌木	2	+	+			
豆科	Leguminosae	紫穗槐	*Amorpha fruticosa* L.	灌木	2	+	+			
豆科	Leguminosae	土圞儿	*Apios fortunei* Maxim.	灌木	2	+				

科名	科拉丁名	物种名	学名	生活型	数据来源	药用	观赏	食用	蜜源	工业原料
			被子植物门 Gymnospermae							
			双子叶植物纲 Dicotyledoneae							
豆科	Leguminosae	落花生	*Arachis hypogaea* L.	草本	2	+		+		
豆科	Leguminosae	地八角	*Astragalus bhotanensis* Baker	草本	2	+				
豆科	Leguminosae	背扁黄耆	*Astragalus complanatus* Bunge	草本	2	+				
豆科	Leguminosae	草木樨状黄耆	*Astragalus melilotoides* Pall.	草本	2					
豆科	Leguminosae	黄耆	*Astragalus membranaceus*（Fisch.）Bunge	草本	2	+				
豆科	Leguminosae	紫云英	*Astragalus sinicus* L.	草本	1	+	+		+	
豆科	Leguminosae	鞍叶羊蹄甲	*Bauhinia brachycarpa* Wall.	灌木	2		+			
豆科	Leguminosae	龙须藤	*Bauhinia championii*（Benth.）Benth.	藤本	2		+			
豆科	Leguminosae	鄂羊蹄甲	*Bauhinia glauca*（Wall. ex Benth.）Benth. ssp. *hupehana*（Craib）T. Chen	乔木	2					
豆科	Leguminosae	显脉羊蹄甲	*Bauhinia glauca*（Wall. ex Benth.）Benth. ssp. *pernervosa*（L.Chen）T. Chen	乔木	2					
豆科	Leguminosae	刺果苏木	*Caesalpinia bonduc*（L.）Roxb.	灌木	2					
豆科	Leguminosae	云实	*Caesalpinia decapetala*（Roth）Alston	灌木	2	+				
豆科	Leguminosae	西南杭子梢	*Campylotropis delavayi*（Franch.）Schindl.	灌木	2	+				
豆科	Leguminosae	杭子梢	*Campylotropis macrocarpa*（Bunge）Rehd.	灌木	2		+			
豆科	Leguminosae	太白山杭子梢	*Campylotropis macrocarpa*（Bunge）Rehder var. *hupehensis*（Pamp.）Iokawa et H. Ohashi	灌木	2					
豆科	Leguminosae	披针叶杭子梢	*Campylotropis macrocarpa*（Bge.）Rehd. var. *macrocarpa* f. lanceolata P. Y. Fu	灌木	2					
豆科	Leguminosae	光果小雀花	*Campylotropis polyantha*（Franch.）Schindl. f. *leiocarpa*（Pamp.）Iokawa et H. Ohashi	灌木	2					
豆科	Leguminosae	锦鸡儿	*Caragana sinica*（Buc'hoz）Rehd.	灌木	2	+	+			
豆科	Leguminosae	短叶决明	*Chamaecrista nictitans*（L.）Moench ssp. *patellaris*（DC. ex Collad.）H. S. Irwin et Barneby var. *glabrata*（Vogel）H. S. Irwin et Barneby	灌木	2	+				
豆科	Leguminosae	含羞草决明	*Chamaecrista mimosoides*（L.）Greene	灌木	2	+		+		
豆科	Leguminosae	豆茶决明	*Chamaecrista nomame*（Siebold）H. Ohashi	灌木	2	+				
豆科	Leguminosae	决明	*Senna tora*（L.）Roxb.	灌木	2	+				
豆科	Leguminosae	湖北紫荆	*Cercis glabra* Pampan.	乔木	2		+			
豆科	Leguminosae	垂丝紫荆	*Cercis racemosa* Oliv.	灌木	2		+			
豆科	Leguminosae	鸡足香槐	*Cladrastis delavayi*（Franch.）Prain	灌木	2					
豆科	Leguminosae	香槐	*Cladrastis wilsonii* Takeda	灌木	2	+				
豆科	Leguminosae	细茎旋花豆	*Cochlianthus gracilis* Benth.	灌木	2	+				
豆科	Leguminosae	假地蓝	*Crotalaria ferruginea* Grah. ex Benth.	灌木	2	+				
豆科	Leguminosae	南岭黄檀	*Dalbergia balansae* Prain.	灌木	2		+			
豆科	Leguminosae	大金刚藤	*Dalbergia dyeriana* Prain.	灌木	2					
豆科	Leguminosae	藤黄檀	*Dalbergia hancei* Benth.	灌木	1	+				
豆科	Leguminosae	黄檀	*Dalbergia hupeana* Hance.	灌木	1	+	+			
豆科	Leguminosae	象鼻藤	*Dalbergia mimosoides* Franch.	灌木	2	+				
豆科	Leguminosae	狭叶黄檀	*Dalbergia stenophylla* Prain.	灌木	2					
豆科	Leguminosae	中南鱼藤	*Derris fordii* Oliv.	藤本	2	+				
豆科	Leguminosae	小槐花	*Desmodium caudatum*（Thunb.）DC.	灌木	1	+				

续表

科名	科拉丁名	物种名	学名	生活型	数据来源	药用	观赏	食用	蜜源	工业原料
被子植物门 Gymnospermae										
双子叶植物纲 Dicotyledoneae										
豆科	Leguminosae	圆锥山蚂蝗	*Desmodium elegans* DC.	草本	2	+				
豆科	Leguminosae	大叶拿身草	*Desmodium laxiflorum* DC.	草本	2	+				
豆科	Leguminosae	饿蚂蝗	*Desmodium multiflorum* DC.	草本	2	+				
豆科	Leguminosae	小鸡藤	*Dumasia forrestii* Diels	藤本	2	+				
豆科	Leguminosae	柔毛山黑豆	*Dumasia villosa* DC.	草本	2	+				
豆科	Leguminosae	黄毛野扁豆	*Dunbaria fusca*（Wall.）Kurz	草本	2					
豆科	Leguminosae	圆叶野扁豆	*Dunbaria rotundifolia*（Lour.）Merr.	草本	2					
豆科	Leguminosae	野扁豆	*Dunbaria villosa*（Thunb.）Makino	草本	2	+				
豆科	Leguminosae	山豆根	*Euchresta japonica* Hook. f. ex Regel	草本	2	+				
豆科	Leguminosae	管萼山豆根	*Euchresta tubulosa* Dunn	草本	2	+				
豆科	Leguminosae	皂荚	*Gleditsia sinensis* Lam.	乔木	2	+	+			+
豆科	Leguminosae	野大豆	*Glycine soja* Sieb. et Zucc.	草本	1	+		+		
豆科	Leguminosae	川鄂米口袋	*Gueldenstaedtia henryi* Ulbr.	草本	2	+				
豆科	Leguminosae	肥皂荚	*Gymnocladus chinensis* Baill.	灌木	2	+	+			+
豆科	Leguminosae	多花木蓝	*Indigofera amblyantha* Craib	草本	1					
豆科	Leguminosae	马棘	*Indigofera pseudotinctoria* Mats.	灌木	1	+				
豆科	Leguminosae	刺序木蓝	*Indigofera sylvestrii* Pamp.	草本	2					
豆科	Leguminosae	长萼鸡眼草	*Kummerowia stipulacea*（Maxim.）Makino	草本	2	+				
豆科	Leguminosae	鸡眼草	*Kummerowia striata*（Thunb.）Schindl.	草本	1					
豆科	Leguminosae	扁豆	*Lablab purpureus*（L.）Sweet	草本	2	+		+		
豆科	Leguminosae	中华山黧豆	*Lathyrus dielsianus* Harms	草本	2					
豆科	Leguminosae	牧地山黧豆	*Lathyrus pratensis* L.	草本	2	+			+	
豆科	Leguminosae	胡枝子	*Lespedeza bicolor* Turcz.	草本	2	+		+		
豆科	Leguminosae	中华胡枝子	*Lespedeza chinensis* G. Don	草本	2	+				
豆科	Leguminosae	截叶铁扫帚	*Lespedeza cuneata* G. Don	草本	1	+				
豆科	Leguminosae	大叶胡枝子	*Lespedeza davidii* Franch.	草本	2	+				
豆科	Leguminosae	多花胡枝子	*Lespedeza floribunda* Bunge	草本	2	+				
豆科	Leguminosae	美丽胡枝子	*Lespedeza formosa*（Vog.）Koehne	草本	1	+	+			+
豆科	Leguminosae	铁马鞭	*Lespedeza pilosa*（Thunb.）Sieb. et Zucc.	草本	2	+				
豆科	Leguminosae	绒毛胡枝子	*Lespedeza tomentosa*（Thunb.）Sieb. ex Maxim.	草本	2					
豆科	Leguminosae	细梗胡枝子	*Lespedeza virgata*（Thunb.）DC.	草本	2					
豆科	Leguminosae	百脉根	*Lotus corniculatus* L.	草本	2	+				
豆科	Leguminosae	马鞍树	*Maackia hupehensis* Takeda.	乔木	2		+			
豆科	Leguminosae	南苜蓿	*Medicago polymorpha* L.	草本	2	+				
豆科	Leguminosae	天蓝苜蓿	*Medicago lupulina* L.	草本	1	+	+			
豆科	Leguminosae	小苜蓿	*Medicago minima*（L.）Grufb.	草本	2					+
豆科	Leguminosae	白花草木犀	*Melilotus albus* Medic. ex Desr.	草本	2	+				+
豆科	Leguminosae	密花崖豆藤	*Millettia congestiflora* T. Chen	藤本	2					
豆科	Leguminosae	异果崖豆藤	*Callerya dielsiana* Harms var. *herterocarpa*（Chun ex T. C. Chen）X. Y. Zhu	藤本	2	+				
豆科	Leguminosae	亮叶崖豆藤	*Callerya nitida*（Benth.）R. Geesink	藤本	2	+				

科名	科拉丁名	物种名	学名	生活型	数据来源	药用	观赏	食用	蜜源	工业原料
被子植物门 Gymnospermae										
双子叶植物纲 Dicotyledoneae										
豆科	Leguminosae	厚果崖豆藤	*Millettia pachycarpa* Benth.	藤本	1	+				
豆科	Leguminosae	网络崖豆藤	*Callerya reticulata*（Benth.）Schot	藤本	2		+			
豆科	Leguminosae	锈毛崖豆藤	*Callerya cinerea*（Benth.）Schot	藤本	1					
豆科	Leguminosae	香花崖豆藤	*Callerya cinerea*（Benth.）Schot	藤本	2	+				
豆科	Leguminosae	常春油麻藤	*Mucuna sempervirens* Hemsl.	藤本	2	+	+			+
豆科	Leguminosae	*花榈木	*Ormosia henryi* Prain.	乔木	2	+				+
豆科	Leguminosae	红豆树	*Ormosia hosiei* Hemsl. et Wils.	乔木	2	+	+			
豆科	Leguminosae	亮叶猴耳环	*Abarema lucida*（Benth.）Kosterm.	乔木	2	+				
豆科	Leguminosae	宽卵叶长柄山蚂蝗	*Hylodesmum podocarpum*（DC.）H. Ohashi et R. R. Mill ssp. *fallax*（Schindl.）H. Ohashi et R. R. Mill	灌木	2	+				
豆科	Leguminosae	细长柄山蚂蝗	*Hylodesmum leptopus*（A. Gray ex Benth.）H. Ohashi et R. R. Mill	灌木	2					
豆科	Leguminosae	羽叶长柄山蚂蝗	*Hylodesmum oldhamii*（Oliv.）H. Ohashi et R. R. Mill	灌木	2	+				
豆科	Leguminosae	长柄山蚂蝗	*Hylodesmum podocarpum*（DC.）H. Ohashi et R. R. Mill	灌木	1	+				
豆科	Leguminosae	尖叶长柄山蚂蝗	*Hylodesmum podocarpum*（DC.）H. Ohashi et R. R. Mill ssp. *oxyphyllum*（DC.）H. Ohashi et R. R. Mill	灌木	2	+				
豆科	Leguminosae	四川长柄山蚂蝗	*Hylodesmum podocarpum*（DC.）H. Ohashi et R. R. Mill ssp. *szechuenense*（Craib）H. Ohashi et R. R. Mill	灌木	2	+				
豆科	Leguminosae	老虎刺	*Pterolobium punctatum* Hemsl.	灌木	2	+				
豆科	Leguminosae	食用葛	*Pueraria edulis* Pamp.	藤本	2			+		
豆科	Leguminosae	葛	*Pueraria montana*（Lour.）Merr. var. *lobata*（Willd.）Maesen et S. M. Almeida ex Sanjappa et Predeep	藤本	1	+		+		
豆科	Leguminosae	葛麻姆	*Pueraria montana*（Lour.）Merr.	藤本	2					
豆科	Leguminosae	粉葛	*Pueraria montana*（Lour.）Merr. var. *thomsonii*（Benth.）Wiersema ex D. B. Ward	藤本	1	+		+		
豆科	Leguminosae	苦葛	*Pueraria peduncularis*（Grah. ex Benth.）Benth.	藤本	2	+				
豆科	Leguminosae	紫脉花鹿藿	*Rhynchosia himalensis* Benth. ex Baker var. *craibiana*（Rehd.）Peter-Stibal	草本	2					
豆科	Leguminosae	菱叶鹿藿	*Rhynchosia dielsii* Harms.	草本	2	+				
豆科	Leguminosae	喜马拉雅鹿藿	*Rhynchosia himalensis* Benth. ex Baker.	草本	2					
豆科	Leguminosae	小鹿藿	*Rhynchosia minima*（L.）DC.	草本	2					
豆科	Leguminosae	鹿藿	*Rhynchosia volubilis* Lour.	草本	2	+				
豆科	Leguminosae	刺槐*	*Robinia pseudoacacia* L.	乔木	2	+	+		+	+
豆科	Leguminosae	刺田菁	*Sesbania bispinosa*（Jacq.）W. F. Wight.	草本	2					
豆科	Leguminosae	苦参	*Sophora flavescens* Ait.	草本	2	+				
豆科	Leguminosae	白刺花	*Sophora davidii*（Franch.）Skeels	灌木	2	+				
豆科	Leguminosae	西南槐	*Sophora prazeri* Prain var. *mairei*（Pamp.）P. C. Tsoong	灌木	2					
豆科	Leguminosae	红车轴草	*Trifolium pratense* L.	草本	1	+	+	+	+	
豆科	Leguminosae	白车轴草	*Trifolium repens* L.	草本	1	+	+			
豆科	Leguminosae	山野豌豆	*Vicia amoena* Fisch.ex DC.	草本	2	+	+			
豆科	Leguminosae	窄叶野豌豆	*Vicia pilosa* M. Beib.	草本	2					+
豆科	Leguminosae	广布野豌豆	*Vicia cracca* L.	草本	2	+			+	
豆科	Leguminosae	小巢菜	*Vicia hirsute*（L.）S. F. Gray	草本	2	+				

科名	科拉丁名	物种名	学名	生活型	数据来源	药用	观赏	食用	蜜源	工业原料
被子植物门 Gymnospermae										
双子叶植物纲 Dicotyledoneae										
豆科	Leguminosae	救荒野豌豆	*Vicia sativa* L.	草本	2	+				
豆科	Leguminosae	野豌豆	*Vicia sepium* L.	草本	2	+		+		+
豆科	Leguminosae	四籽野豌豆	*Vicia tetrasperma*（L.）Schreber	草本	2	+		+		
豆科	Leguminosae	歪头菜	*Vicia unijuga* A. Br.	草本	2	+	+	+	+	+
豆科	Leguminosae	野豇豆	*Vigna vexillata*（L.）Rich.	草本	2	+				
牻牛儿苗科	Geraniaceae	湖北老鹳草	*Geranium rosthornii* R. Knuth	草本	2					
牻牛儿苗科	Geraniaceae	野老鹳草	*Geranium carolinianum* L.	草本	1	+				
牻牛儿苗科	Geraniaceae	灰岩紫地榆	*Geranium franchetii* R. Knuth	草本	2					
牻牛儿苗科	Geraniaceae	尼泊尔老鹳草	*Geranium nepalense* Sw.	草本	1	+				
牻牛儿苗科	Geraniaceae	汉荭鱼腥草	*Geranium robertianum* L.	草本	2	+				
牻牛儿苗科	Geraniaceae	鼠掌老鹳草	*Geranium sibiricum* L.	草本	1	+				
牻牛儿苗科	Geraniaceae	反毛老鹳草	*Geranium strigellum* R. Knuth	草本	2					
亚麻科	Linaceae	野亚麻	*Linum stelleroides* Planch.	草本	2	+				
亚麻科	Linaceae	石海椒	*Reinwardtia indica* Dum.	草本	1	+	+			
酢浆草科	Oxalidaceae	山酢浆草	*Oxalis griffithii* Edgeworth et Hook. f.	草本	1	+				
酢浆草科	Oxalidaceae	酢浆草	*Oxalis corniculata* L.	草本	1	+				
酢浆草科	Oxalidaceae	红花酢浆草	*Oxalis corymbosa* DC.	草本	1	+	+			
芸香科	Rutaceae	臭节草	*Boenninghausenia albiflora*（Hook.）Reichb.	草本	2	+				
芸香科	Rutaceae	宜昌橙	*Citrus ichangensis* Swing.	灌木	1	+		+		
芸香科	Rutaceae	香橼	*Citrus medica* L.	灌木	2	+		+		
芸香科	Rutaceae	齿叶黄皮	*Clausena dunniana* Lévl.	灌木	2	+		+		
芸香科	Rutaceae	臭辣吴萸	*Tetradium glabrifolium*（Champ. ex Benth.）Hartley	灌木	2					
芸香科	Rutaceae	吴茱萸	*Tetradium ruticarpum*（A. Juss.）Hartley	灌木	2	+				
芸香科	Rutaceae	四川吴萸	*Tetradium daniellii*（Benn.）Hemsl.	灌木	2					
芸香科	Rutaceae	臭常山	*Orixa japonica* Thunb.	草本	2	+				
芸香科	Rutaceae	黄檗	*Phellodendron amurense* Rupr.	灌木	2	+				
芸香科	Rutaceae	川黄檗	*Phellodendron chinense* Schneid.	灌木	1	+				
芸香科	Rutaceae	枳	*Poncirus trifoliate*（L.）Raf.	灌木	2	+	+			
芸香科	Rutaceae	裸芸香	*Psilopeganum sinense* Hemsl.	草本	2	+				
芸香科	Rutaceae	乔木茵芋	*Skimmia arborescens* Anders.	灌木	2					
芸香科	Rutaceae	茵芋	*Skimmia reevesiana* Fort.	灌木	2	+				
芸香科	Rutaceae	飞龙掌血	*Toddalia asiatica*（L.）Lam.	灌木	2	+				
芸香科	Rutaceae	*花椒	*Zanthoxylum bungeanum* Maxim.	灌木	1	+		+		+
芸香科	Rutaceae	异叶花椒	*Zanthoxylum ovalifolium* Wight	灌木	1	+		+		
芸香科	Rutaceae	刺异叶花椒	*Zanthoxylum ovalifolium* Wight var. *spinifolium*（Rehd. et Wils.）Huang	灌木	2					

续表

科名	科拉丁名	物种名	学名	生活型	数据来源	药用	观赏	食用	蜜源	工业原料
被子植物门 Gymnospermae										
双子叶植物纲 Dicotyledoneae										
芸香科	Rutaceae	砚壳花椒	*Zanthoxylum dissitum* Hemsl.	灌木	2	+				
芸香科	Rutaceae	刺壳花椒	*Zanthoxylum echinocarpum* Hemsl.	灌木	2	+				
芸香科	Rutaceae	贵州花椒	*Zanthoxylum esquirolii* Lévl.	灌木	2	+		+		
芸香科	Rutaceae	小花花椒	*Zanthoxylum micranthum* Hemsl.	灌木	2	+				
芸香科	Rutaceae	竹叶花椒	*Zanthoxylum armatum* DC.	灌木	2	+				
芸香科	Rutaceae	毛竹叶花椒	*Zanthoxylum armatum* DC. var. *ferrugineum*（Rehd. et Wils.）Huang	灌木	2					
芸香科	Rutaceae	菱叶花椒	*Zanthoxylum rhombifoliolatum* Huang	灌木	2	+		+		
芸香科	Rutaceae	青花椒	*Zanthoxylum schinifolium* Sieb.et Zucc.	灌木	2	+	+	+		+
芸香科	Rutaceae	野花椒	*Zanthoxylum simulans* Hance	灌木	2	+		+		
芸香科	Rutaceae	狭叶花椒	*Zanthoxylum stenophyllum* Hemsl.	灌木	2	+				
苦木科	Simaroubaceae	臭椿	*Ailanthus altissima*（Mill.）Swingle	乔木	2	+	+			+
苦木科	Simaroubaceae	苦树	*Picrasma quassioides*（D. Don）Benn.	乔木	2	+				+
楝科	Meliaceae	楝	*Melia azedarach* L.	乔木	1	+	+			+
楝科	Meliaceae	地黄连	*Munronia pinnata*（Wall.）W. Theobald	草本	1	+				
楝科	Meliaceae	单叶地黄连	*Munronia unifoliolata* Oliv.	草本	2					
楝科	Meliaceae	红椿	*Toona ciliate* Roem.	乔木	2	+	+			+
楝科	Meliaceae	香椿	*Toona sinensis*（A. Juss.）Roem.	乔木	2	+		+		+
远志科	Polygalaceae	尾叶远志	*Polygala caudate* Rehd. et Wils.	草本	1	+				
远志科	Polygalaceae	香港远志	*Polygala hongkongensis* Hemsl.	草本	2					
远志科	Polygalaceae	瓜子金	*Polygala japonica* Houtt.	草本	2	+				
远志科	Polygalaceae	小扁豆	*Polygala tatariniwii* Regel.	草本	2	+				
远志科	Polygalaceae	长毛籽远志	*Polygala wattersii* Hance	草本	2	+				
大戟科	Euphorbiaceae	铁苋菜	*Acalypha australis* L.	草本	2	+		+		
大戟科	Euphorbiaceae	山麻杆	*Alchornea davidii* Franch.	灌木	2	+	+			+
大戟科	Euphorbiaceae	山地五月茶	*Antidesma montanum* Bl.	灌木	2					
大戟科	Euphorbiaceae	日本五月茶	*Antidesma japonicum* Sieb. et Zucc.	灌木	2					+
大戟科	Euphorbiaceae	*重阳木	*Bischofia polycarpa*（Lévl.）Airy Shaw	乔木	2	+	+			+
大戟科	Euphorbiaceae	禾串树	*Bridelia balansae* Tutcher	乔木	2					+
大戟科	Euphorbiaceae	巴豆	*Croton tiglium* L.	乔木	2	+				
大戟科	Euphorbiaceae	假奓包叶	*Discocleidion rufescens*（Franch.）Pax et Hoffm.	灌木	2					
大戟科	Euphorbiaceae	乳浆大戟	*Euphorbia esula* L.	草本	2	+				
大戟科	Euphorbiaceae	泽漆	*Euphorbia helioscopia* L.	草本	2	+				
大戟科	Euphorbiaceae	飞扬草	*Euphorbia hirta* L.	草本	2	+				
大戟科	Euphorbiaceae	地锦	*Euphorbia humifusa* Willd. ex Schlecht.	草本	2	+				
大戟科	Euphorbiaceae	湖北大戟	*Euphorbia hylonoma* Hand.-Mazz.	草本	2					
大戟科	Euphorbiaceae	续随子	*Euphorbia lathyris* L.	草本	2	+	+			+
大戟科	Euphorbiaceae	斑地锦	*Euphorbia maculata* L.	草本	2	+				
大戟科	Euphorbiaceae	钩腺大戟	*Euphorbia sieboldiana* Morr. et Decne.	草本	2					
大戟科	Euphorbiaceae	黄苞大戟	*Euphorbia sikkimensis* Boiss.	草本	2					
大戟科	Euphorbiaceae	千根草	*Euphorbia thymifolia* L.	草本	2	+				

科名	科拉丁名	物种名	学名	生活型	数据来源	药用	观赏	食用	蜜源	工业原料
			被子植物门 Gymnospermae							
			双子叶植物纲 Dicotyledoneae							
大戟科	Euphorbiaceae	一叶萩	*Flueggea suffruticosa*（Pall.）Baill.	灌木	2	+				
大戟科	Euphorbiaceae	革叶算盘子	*Glochidion daltonii*（Muell. Arg.）Kurz	灌木	2	+				+
大戟科	Euphorbiaceae	甜叶算盘子	*Glochidion philippicum*（Cav.）C. B. Rob.	灌木	2					
大戟科	Euphorbiaceae	算盘子	*Glochidion puberum*（L.）Hutch.	灌木	1	+				
大戟科	Euphorbiaceae	湖北算盘子	*Glochidion wilsonii* Hutch.	灌木	2					+
大戟科	Euphorbiaceae	薄叶雀舌木	*Leptopus chinensis*（Bunge）Pojark	灌木	2					
大戟科	Euphorbiaceae	尾叶雀舌木	*Leptopus esquirolii*（Lévl.）P. T. Li	灌木	2					
大戟科	Euphorbiaceae	缘腺雀舌木	*Leptopus clarkei*（Hook. f.）Pojark.	灌木	2					
大戟科	Euphorbiaceae	安达曼血桐	*Macaranga andamanica* Kurz	灌木	2					
大戟科	Euphorbiaceae	尼泊尔野桐	*Mallotus nepalensis* Muell. Arg.	灌木	1					
大戟科	Euphorbiaceae	白背叶	*Mallotus apelta*（Lour.）Muell. Arg.	灌木	2	+				
大戟科	Euphorbiaceae	毛桐	*Mallotus barbatus*（Wall.）Muell. Arg.	灌木	1					+
大戟科	Euphorbiaceae	粗糠柴	*Mallotus philippensis*（Lam.）Muell. Arg.	灌木	2	+				
大戟科	Euphorbiaceae	石岩枫	*Mallotus repandus*（Willd.）Muell. Arg.	灌木	1	+				
大戟科	Euphorbiaceae	山靛	*Mercurialis leiocarpa* Sieb. et Zucc.	灌木	2					
大戟科	Euphorbiaceae	越南叶下珠	*Phyllanthus cochinchinensis*（Lour.）Spreng.	草本	2					
大戟科	Euphorbiaceae	弯曲叶下珠	*Phyllanthus flexuosus*（Sieb. et Zucc.）Muell. Arg.	草本	2					
大戟科	Euphorbiaceae	青灰叶下珠	*Phyllanthus glaucus* Wall. ex Muell. Arg.	草本	2	+				
大戟科	Euphorbiaceae	密柑草	*Phyllanthus matsumurae* Hayata	草本	2	+				
大戟科	Euphorbiaceae	小果叶下珠	*Phyllanthus reticulata* Poir.	草本	2	+				
大戟科	Euphorbiaceae	叶下珠	*Phyllanthus urinaria* L.	草本	2	+				
大戟科	Euphorbiaceae	黄珠子草	*Phyllanthus virgatus* Forst.f.	草本	2	+				
大戟科	Euphorbiaceae	蓖麻	*Ricinus communis* L.	灌木	2	+				+
大戟科	Euphorbiaceae	山乌桕	*Sapium discolor*（Champ. ex Benth.）Muell. Arg.	乔木	2	+	+			+
大戟科	Euphorbiaceae	白木乌桕	*Sapium japonicum*（Sieb. et Zucc.）Pax et Hoffm.	乔木	2	+				
大戟科	Euphorbiaceae	乌桕	*Sapium sebiferum*（L.）Roxb.	乔木	1	+	+			+
大戟科	Euphorbiaceae	守宫木	*Sauropus androgynus*（L.）Merr.	灌木	2	+	+			
大戟科	Euphorbiaceae	苍叶守宫木	*Sauropus garrettii* Craib	灌木	2					
大戟科	Euphorbiaceae	广东地构叶	*Speranskia cantonensis*（Hance）Pax ex Hoffm.	灌木	2					
大戟科	Euphorbiaceae	地构叶	*Speranskia tuberculata*（Bunge）Baill.	灌木	2					
大戟科	Euphorbiaceae	油桐	*Vernicia fordii*（Hemsl.）Airy Shaw	乔木	1	+				+
大戟科	Euphorbiaceae	木油桐	*Vernicia montana* Lour.	乔木	2					
虎皮楠科	Daphniphyllaceae	狭叶虎皮楠	*Daphniphyllum angustifolium* Hutch.	乔木	2					
虎皮楠科	Daphniphyllaceae	交让木	*Daphniphyllum macropodum* Miq.	乔木	2	+	+			
虎皮楠科	Daphniphyllaceae	虎皮楠	*Daphniphyllum oldhami*（Hemsl.）Rosenth.	乔木	1	+	+			+
虎皮楠科	Daphniphyllaceae	脉叶虎皮楠	*Daphniphyllum paxianum* Rosenth.	乔木	2					
黄杨科	Buxaceae	匙叶黄杨	*Buxus harlandii* Hance	灌木	2	+				
黄杨科	Buxaceae	大花黄杨	*Buxus henryi* Mayr.	灌木	1					
黄杨科	Buxaceae	杨梅黄杨	*Buxus myrica* Lévl.	灌木	2					
黄杨科	Buxaceae	皱叶黄杨	*Buxus rugulosa* Hatusima	灌木	2					

续表

科名	科拉丁名	物种名	学名	生活型	数据来源	药用	观赏	食用	蜜源	工业原料
被子植物门 Gymnospermae										
双子叶植物纲 Dicotyledoneae										
黄杨科	Buxaceae	黄杨	*Buxus microphylla* Siebold et Zucc. ssp. *sinica*（Rehder et E. H. Wilson）Hatus.	灌木	1	+	+			
黄杨科	Buxaceae	尖叶黄杨	*Buxus sinica*（Rehd. et Wils.）Cheng ssp. *aemulans*（Rehd. et Wils.）M. Cheng	灌木	2					
黄杨科	Buxaceae	板凳果	*Pachysandra axillaris* Franch.	灌木	1	+				
黄杨科	Buxaceae	顶花板凳果	*Pachysandra terminalis* Sieb. et Zucc.	灌木	1	+	+			
黄杨科	Buxaceae	羽脉野扇花	*Sarcococca hookeriana* Baill.	灌木	1					
黄杨科	Buxaceae	长叶柄野扇花	*Sarcococca longipetiolata* M. Cheng	灌木	2	+				
黄杨科	Buxaceae	野扇花	*Sarcococca ruscifolia* Stapf	灌木	1	+	+			
马桑科	Coriariaceae	马桑	*Coriaria nepalensis* Wall.	灌木	2	+				
漆树科	Anacardiaceae	南酸枣	*Choerospondias axillaries*（Roxb.）Burtt et Hill	乔木	2	+		+		+
漆树科	Anacardiaceae	毛脉南酸枣	*Choerospondias axillaries*（Roxb.）Burtt et Hill var. *pubinervis*（Rehd. et Wils.）Burtt et Hill	乔木	2					
漆树科	Anacardiaceae	毛黄栌	*Cotinus coggygria* Scop. var. *pubescens* Engl.	乔木	2		+			
漆树科	Anacardiaceae	黄连木	*Pistacia chinensis* Bunge	乔木	1	+	+	+	+	+
漆树科	Anacardiaceae	盐肤木	*Rhus chinensis* Mill.	灌木	1	+	+		+	
漆树科	Anacardiaceae	青麸杨	*Rhus potaninii* Maxim.	灌木	2					
漆树科	Anacardiaceae	红麸杨	*Rhus Punjabensis* Stewart. var. *sinica*（Diels）Rehd. et Wils.	灌木	1					
漆树科	Anacardiaceae	刺果毒漆藤	*Toxicodendron radicans*（L.）O. Kuntze. ssp. *hispidum*（Engl.）Gillis	藤本	2					
漆树科	Anacardiaceae	野漆	*Toxicodendron succedaneum*（L.）O. Kuntze	乔木	2	+				+
漆树科	Anacardiaceae	漆	*Toxicodendron vernicifluum*（Stokes）f. A. Barkl.	乔木	2	+				+
冬青科	Aquifoliaceae	刺叶冬青	*Ilex bioritsensis* Hayata	灌木	2	+				
冬青科	Aquifoliaceae	华中枸骨	*Ilex centrochinensis* S. Y. Hu	灌木	2					
冬青科	Aquifoliaceae	冬青	*Ilex chinensis* Sims	灌木	1					
冬青科	Aquifoliaceae	纤齿枸骨	*Ilex ciliospinosa* Loes.	灌木	2					
冬青科	Aquifoliaceae	珊瑚冬青	*Ilex corallina* Franch	灌木	1					
冬青科	Aquifoliaceae	龙里冬青	*Ilex dunniana* Lévl.	灌木	2					
冬青科	Aquifoliaceae	显脉冬青	*Ilex editicostata* Hu et Tang	灌木	2					
冬青科	Aquifoliaceae	狭叶冬青	*Ilex fargesii* Franch.	灌木	2					
冬青科	Aquifoliaceae	榕叶冬青	*Ilex ficoidea* Hemsl.	乔木	2					
冬青科	Aquifoliaceae	台湾冬青	*Ilex formosana* Maxim.	乔木	2					
冬青科	Aquifoliaceae	康定冬青	*Ilex franchetiana* Loes.	灌木	2					
冬青科	Aquifoliaceae	细刺枸骨	*Ilex hylonoma* Hu et Tang	灌木	2					
冬青科	Aquifoliaceae	中型冬青	*Ilex intermedia* Loes. ex Diels	灌木	2					
冬青科	Aquifoliaceae	扣树	*Ilex koushue* S. Y. Hu	灌木	2					
冬青科	Aquifoliaceae	大果冬青	*Ilex macrocarpa* Oliv.	乔木	2					
冬青科	Aquifoliaceae	长梗冬青	*Ilex macrocarpa* Oliv. Var. *longipedunculata* S. Y. Hu	灌木	2					
冬青科	Aquifoliaceae	黑毛冬青	*Ilex melanotricha* Merr.	灌木	2					
冬青科	Aquifoliaceae	河滩冬青	*Ilex metabaptista* Loes. ex Diels	灌木	2					
冬青科	Aquifoliaceae	小果冬青	*Ilex micrococca* Maxim.	乔木	1					

科名	科拉丁名	物种名	学名	生活型	数据来源	药用	观赏	食用	蜜源	工业原料
被子植物门 Gymnospermae										
双子叶植物纲 Dicotyledoneae										
冬青科	Aquifoliaceae	毛梗冬青	*Ilex micrococca* Maxim. f. *pilosa* S. Y. Hu	乔木	2					
冬青科	Aquifoliaceae	南川冬青	*Ilex nanchuanensis* Z. M. Tan	乔木	2					
冬青科	Aquifoliaceae	具柄冬青	*Ilex pedunculosa* Miq.	乔木	2					
冬青科	Aquifoliaceae	猫儿刺	*Ilex pernyi* Franch.	灌木	2					
冬青科	Aquifoliaceae	香冬青	*Ilex suaveolens*（Lévl.）Loes.	灌木	2					
冬青科	Aquifoliaceae	四川冬青	*Ilex szechwanensis* Loes.	灌木	2					
冬青科	Aquifoliaceae	灰叶冬青	*Ilex tetramera*（Rehd.）C. J. Tseng	灌木	2					
冬青科	Aquifoliaceae	紫果冬青	*Ilex tsoii* Merr. et Chun	灌木	2					
冬青科	Aquifoliaceae	尾叶冬青	*Ilex wilsonii* Loes.	乔木	2					
冬青科	Aquifoliaceae	云南冬青	*Ilex yunnanensis* Franch.	乔木	2					
卫矛科	Celastraceae	苦皮藤	*Celastrus angulatus* Maxim.	藤本	1					
卫矛科	Celastraceae	大芽南蛇藤	*Celastrus gemmatus* Loes.	藤本	2	+				+
卫矛科	Celastraceae	灰叶南蛇藤	*Celastrus glaucophyllus* Rehd. et Wils.	藤本	2	+				+
卫矛科	Celastraceae	皱果南蛇藤	*Celastrus tonkinensis* Pitard	藤本	2	+				+
卫矛科	Celastraceae	粉背南蛇藤	*Celastrus hypoleucus*（Oliv.）Warb.	藤本	2	+				+
卫矛科	Celastraceae	南蛇藤	*Celastrus orbiculatus* Thunb.	藤本	2	+				+
卫矛科	Celastraceae	短柄南蛇藤	*Celastrus rosthornianus* Loes.	藤本	2	+				+
卫矛科	Celastraceae	显柱南蛇藤	*Celastrus stylosus* Wall.	藤本	1	+				+
卫矛科	Celastraceae	长序南蛇藤	*Celastrus vaniotii*（Levl.）Rehd.	藤本	2	+				+
卫矛科	Celastraceae	刺果卫矛	*Euonymus acanthocarpus* Franch.	灌木	1					+
卫矛科	Celastraceae	软刺卫矛	*Euonymus aculeatus* Hemsl.	灌木	2					+
卫矛科	Celastraceae	卫矛	*Euonymus alatus*（Thunb.）Sieb.	灌木	2					+
卫矛科	Celastraceae	白杜	*Euonymus maackii* Rupr.	乔木	2					+
卫矛科	Celastraceae	百齿卫矛	*Euonymus centidens* Lévl.	乔木	2					+
卫矛科	Celastraceae	缙云卫矛	*Euonymus chloranthoides* Yang	乔木	2					+
卫矛科	Celastraceae	隐刺卫矛	*Euonymus chuii* Hand.-Mazz.	乔木	2					+
卫矛科	Celastraceae	角翅卫矛	*Euonymus cornutoides* Hemsl.	乔木	2					+
卫矛科	Celastraceae	裂果卫矛	*Euonymus dielsianus* Loes.	乔木	1					+
卫矛科	Celastraceae	双歧卫矛	*Euonymus distichus* Levl.	乔木	1					+
卫矛科	Celastraceae	扶芳藤	*Euonymus fortunei*（Turcz）Hand.-Mazz.	藤本	1					+
卫矛科	Celastraceae	西南卫矛	*Euonymus hamiltonianus* Wall. ex Roxb.	灌木	2					+
卫矛科	Celastraceae	常春卫矛	*Euonymus hederaceus* Champ. ex Benth.	灌木	2					+
卫矛科	Celastraceae	金佛山卫矛	*Euonymus jinfoshanensis* Z.M.Gu	灌木	2					+
卫矛科	Celastraceae	大果卫矛	*Euonymus myrianthus* Hemsl.	灌木	2					+
卫矛科	Celastraceae	矩叶卫矛	*Euonymus oblongifolius* Loes. et Rehd.	灌木	2					+
卫矛科	Celastraceae	紫花卫矛	*Euonymus porphyreus* Loes.	灌木	2					+
卫矛科	Celastraceae	短翅卫矛	*Euonymus rehderianus* Loes.	灌木	2					+
卫矛科	Celastraceae	石枣子	*Euonymus sanguineus* Loes.	灌木	2					+
卫矛科	Celastraceae	棘刺卫矛	*Euonymus echinatus* Wall.	灌木	2					+
卫矛科	Celastraceae	染用卫矛	*Euonymus tingens* Wall.	灌木	2					+

续表

科名	科拉丁名	物种名	学名	生活型	数据来源	药用	观赏	食用	蜜源	工业原料
被子植物门 Gymnospermae										
双子叶植物纲 Dicotyledoneae										
卫矛科	Celastraceae	疣点卫矛	*Euonymus verrucosoides* Loes.	灌木	2					+
卫矛科	Celastraceae	荚蒾卫矛	*Euonymus viburnoides* Prain	灌木	2					+
卫矛科	Celastraceae	长刺卫矛	*Euonymus wilsonii* Sprague	灌木	1					+
卫矛科	Celastraceae	三花假卫矛	*Microtropis triflora* Merr. et Freem.	灌木	2					+
卫矛科	Celastraceae	核子木	*Perrottetia racemosa*（Oliv.）Loes.	灌木	2					+
卫矛科	Celastraceae	雷公藤	*Tripterygium wilfordii* Hook. f.	灌木	2					
省沽油科	Staphyleaceae	野鸦椿	*Euscaphis japonica*（Thunb.）Dippel	灌木	1					
省沽油科	Staphyleaceae	省沽油	*Staphylea bumalda* DC.	灌木	2	+				
省沽油科	Staphyleaceae	膀胱果	*Staphylea holocarpa* Hemsl.	灌木	2	+				
省沽油科	Staphyleaceae	利川瘿椒树	*Tapiscia lichuanensis* W. C. Cheng et C. D. Chu	乔木	2					
省沽油科	Staphyleaceae	瘿椒树	*Tapiscia sinensis* Oliv.	乔木	2	+				
省沽油科	Staphyleaceae	硬毛山香圆	*Turpinia affinis* Merr. et Perry	乔木	2	+				
省沽油科	Staphyleaceae	锐尖山香圆	*Turpinia arguta*（Lindl.）Seem.	乔木	2					
茶茱萸科	Icacinaceae	无须藤	*Hosiea sinensis*（Oliv.）Hemsl. et Wils.	藤本	2					
茶茱萸科	Icacinaceae	马比木	*Nothapodytes pittosporoides*（Oliv.）Sleum	灌木	2		+			
槭树科	Aceraceae	阔叶槭	*Acer amplum* Rehd.	乔木	2		+			
槭树科	Aceraceae	小叶青皮槭	*Acer cappadocicum* Gled. var. *sinicum* Rehd.	乔木	2		+			
槭树科	Aceraceae	梓叶槭	*Acer amplum* Rehder ssp. *catalpifolium*（Rehder）Y. S. Chen	乔木	2		+			
槭树科	Aceraceae	长尾槭	*Acer caudatum* Wall.	乔木	2		+			
槭树科	Aceraceae	紫果槭	*Acer cordatum* Pax	乔木	2		+			
槭树科	Aceraceae	革叶槭	*Acer coriaceifolium* Lévl.	乔木	2		+			
槭树科	Aceraceae	青榨槭	*Acer davidii* Franch.	乔木	1		+			
槭树科	Aceraceae	异色槭	*Acer discolor* Maxim.	乔木	2		+			
槭树科	Aceraceae	毛花槭	*Acer erianthum* Schwer.	乔木	2		+			
槭树科	Aceraceae	罗浮槭	*Acer fabri* Hance	乔木	2		+			
槭树科	Aceraceae	红果罗浮槭	*Acer fabri* Hance var. *rubrocarpum* Metc.	乔木	2		+			
槭树科	Aceraceae	房县槭	*Acer faranchetii* Pax	乔木	2		+			
槭树科	Aceraceae	扇叶槭	*Acer flabellatum* Rehd.	乔木	2		+			
槭树科	Aceraceae	血皮槭	*Acer griseum*（Franch.）Pax	乔木	2		+			+
槭树科	Aceraceae	建始槭	*Acer henryi* Pax	乔木	1		+			
槭树科	Aceraceae	光叶槭	*Acer laevigatum* Wall.	乔木	2		+			
槭树科	Aceraceae	疏花槭	*Acer laxiflorum* Pax	乔木	2		+			
槭树科	Aceraceae	长柄槭	*Acer longipes* Franch. ex Rehder	乔木	2		+			
槭树科	Aceraceae	五尖槭	*Acer maximowicazii* Pax	乔木	1		+			
槭树科	Aceraceae	色木槭	*Acer pictum* Thunb. ssp. *mono*（Maxim.）Ohashi	乔木	1		+			
槭树科	Aceraceae	三尖色木槭	*Acer pictum* Thunb. ssp. *tricuspis*（Rehder）Ohashi	乔木	2		+			
槭树科	Aceraceae	大翅色木槭	*Acer pictum* Thunb. ssp. *macropterum*（W. P. Fang）Ohashi	乔木	2		+			
槭树科	Aceraceae	飞蛾槭	*Acer oblongum* Wall. ex DC.	乔木	1		+			
槭树科	Aceraceae	峨眉飞蛾槭	*Acer oblongum* Wall. ex DC. var. *omeiense* Fang et Soong	乔木	2		+			

科名	科拉丁名	物种名	学名	生活型	数据来源	药用	观赏	食用	蜜源	工业原料
被子植物门 Gymnospermae										
双子叶植物纲 Dicotyledoneae										
槭树科	Aceraceae	五裂槭	*Acer oliverianum* Pax	乔木	1		+			
槭树科	Aceraceae	权叶槭	*Acer robustum* Pax	乔木	1		+			
槭树科	Aceraceae	中华槭	*Acer sinense* Pax	乔木	2		+			
槭树科	Aceraceae	毛叶槭	*Acer stachyophyllum* Hiern	乔木	2		+			
槭树科	Aceraceae	角叶槭	*Acer sycopseoides* Chun	乔木	2		+			
槭树科	Aceraceae	七裂薄叶槭	*Acer tenellum* Pax var. *septemlobum*（Fang et Soong）Fang et Soong	乔木	2		+			
槭树科	Aceraceae	三峡槭	*Acer wilsonii* Rehd.	乔木	2		+			
槭树科	Aceraceae	金钱槭	*Dipteronia sinensis* Oliv.	乔木	2		+			
七叶树科	Hippocastanaceae	日本七叶树	*Aesculus turbinata* Blume	乔木	2		+		+	
七叶树科	Hippocastanaceae	天师栗	*Aesculus chinensis* var. *wilsonii*（Rehder）Turland et N. H. Xia	乔木	2		+		+	
无患子科	Sapindaceae	倒地铃	*Cardiospermum halicacabum* L.	藤本	2		+		+	
无患子科	Sapindaceae	龙眼	*Dimocarpus longan* Lour.	灌木	2		+		+	
无患子科	Sapindaceae	复羽叶栾树	*Koelreuteria bipinnata* Franch.	乔木	2		+		+	
无患子科	Sapindaceae	全缘叶栾树	*Koelreuteria bipinnata* Franch. var. *integrifoliola*（Merr.）T.Chen	乔木	2				+	
无患子科	Sapindaceae	栾树	*Koelreuteria paniculata* Laxm.	乔木	1				+	
无患子科	Sapindaceae	川滇无患子	*Sapindus delavayi*（Franch.）Radlk.	乔木	2				+	
无患子科	Sapindaceae	无患子	*Sapindus mukorossi* Gaertn.	乔木	2				+	
清风藤科	Sabiaceae	珂楠树	*Meliosma beaniana* Rehd. et Wils.	乔木	2				+	
清风藤科	Sabiaceae	泡花树	*Meliosma cuneifolia* Franch.	乔木	1				+	
清风藤科	Sabiaceae	垂枝泡花树	*Meliosma flexuosa* Pamp.	乔木	2				+	
清风藤科	Sabiaceae	山青木	*Meliosma kirkii* Hemsl. et Wils.	乔木	2				+	
清风藤科	Sabiaceae	异色泡花树	*Meliosma myriantha* Sieb. et Zucc. var. *discolor* Dunn	乔木	2				+	
清风藤科	Sabiaceae	柔毛泡花树	*Meliosma myriantha* Sieb. et Zucc. var. *pilosa*（Lecomte）Law	乔木	2				+	
清风藤科	Sabiaceae	红柴枝	*Meliosma oldhamii* Maxim.	乔木	2				+	
清风藤科	Sabiaceae	暖木	*Meliosma veitchiorum* Hemsl.	乔木	2				+	
清风藤科	Sabiaceae	多花清风藤	*Sabia schumanniana* ssp. *pluriflora*（Rehd. et Wils.）Y. F. Wu	藤本	2				+	
清风藤科	Sabiaceae	鄂西清风藤	*Sabia campanulata* ssp. *ritchieae*（Rehd. et Wils.）Y. F. Wu	藤本	2				+	
清风藤科	Sabiaceae	凹萼清风藤	*Sabia emarinata* Lecomte	藤本	2				+	
清风藤科	Sabiaceae	四川清风藤	*Sabia schumanniana* Diels	藤本	2				+	
清风藤科	Sabiaceae	尖叶清风藤	*Sabia swinhoei* Hemsl. ex Forb. et Hemsl.	藤本	1				+	
清风藤科	Sabiaceae	阔叶清风藤	*Sabia yunnanensis* Franch. ssp. *latifolia*（Rehd.et Wils.）Y. F.Wu	藤本	2				+	
凤仙花科	Balsaminaceae	凤仙花	*Impatiens balsamina* L.	草本	1	+	+		+	
凤仙花科	Balsaminaceae	齿萼凤仙花	*Impatiens dicentra* Franch. ex Hook. f.	草本	2	+	+		+	
凤仙花科	Balsaminaceae	长距凤仙花	*Impatiens dolichoceras* Pritz. ex Diels	草本	2	+	+		+	
凤仙花科	Balsaminaceae	裂距凤仙花	*Impatiens fissicornis* Maxim.	草本	2	+	+		+	
凤仙花科	Balsaminaceae	细柄凤仙花	*Impatiens leptocaulon* Hook. f.	草本	2	+	+		+	
凤仙花科	Balsaminaceae	长翼凤仙花	*Impatiens longialata* Pritz. ex Diels.	草本	2	+	+		+	

续表

科名	科拉丁名	物种名	学名	生活型	数据来源	药用	观赏	食用	蜜源	工业原料
被子植物门 Gymnospermae										
双子叶植物纲 Dicotyledoneae										
凤仙花科	Balsaminaceae	山地凤仙花	*Impatiens monticolo* Hook. f.	草本	2	+	+		+	
凤仙花科	Balsaminaceae	水金凤	*Impatiens noli-tangere* L.	草本	2	+	+		+	
凤仙花科	Balsaminaceae	红雉凤仙花	*Impatiens oxyanthera* Hook. f.	草本	2	+	+		+	
凤仙花科	Balsaminaceae	块节凤仙花	*Impatiens pinfanensis* Hook. f.	草本	2	+	+		+	
凤仙花科	Balsaminaceae	湖北凤仙花	*Impatiens pritzelii* Hook. f.	草本	1	+	+		+	
凤仙花科	Balsaminaceae	翼萼凤仙花	*Impatiens pterosepala* Hook. f.	草本	2	+	+		+	
凤仙花科	Balsaminaceae	齿叶凤仙花	*Impatiens odontophylla* Hook. f.	草本	2	+	+		+	
凤仙花科	Balsaminaceae	黄金凤	*Impatiens siculifer* Hook. f.	草本	2	+	+		+	
凤仙花科	Balsaminaceae	窄萼凤仙花	*Impatiens stenosepala* Pritz. ex Diels	草本	2	+	+		+	
鼠李科	Rhamnaceae	黄背勾儿茶	*Berchemia flavescens*（Wall.）Brongn.	灌木	2					
鼠李科	Rhamnaceae	多花勾儿茶	*Berchemia floribunda*（Wall.）Brongn.	灌木	2					
鼠李科	Rhamnaceae	毛背勾儿茶	*Berchemia hispida*（Tsai et Feng）Y. L. Chen	灌木	2					
鼠李科	Rhamnaceae	光轴勾儿茶	*Berchemia hispida*（Tsai et Feng）Y. L. Chen var. *glabrata* Y. L. Chen et P. K. Chou	灌木	2					
鼠李科	Rhamnaceae	牯岭勾儿茶	*Berchemia kulingensis* Schneid.	灌木	2					
鼠李科	Rhamnaceae	峨眉勾儿茶	*Berchemia omeiensis* Fang ex Y. L. Chen	灌木	2					
鼠李科	Rhamnaceae	多叶勾儿茶	*Berchemia polyphylla* Wall. ex Laws.	灌木	1					
鼠李科	Rhamnaceae	光枝勾儿茶	*Berchemia polyphylla* Wall. ex Laws. var. *leioclada* Hand.-Mazz.	灌木	1					
鼠李科	Rhamnaceae	勾儿茶	*Berchemia sinica* Schneid.	灌木	1					
鼠李科	Rhamnaceae	枳椇	*Hovenia acerba* Lindl.	乔木	1	+		+		+
鼠李科	Rhamnaceae	光叶毛果枳椇	*Hovenia trichocarpa* Chun et Tsiang var. *robusta*（Nakai et Y. Kimura）Y. L. Chou et P. K. Chou	乔木	2	+		+		+
鼠李科	Rhamnaceae	铜钱树	*Paliurus hemsleyanus* Rehd.	灌木	2	+				+
鼠李科	Rhamnaceae	马甲子	*Paliurus ramosissimus*（Lour.）Poir	灌木	2	+				+
鼠李科	Rhamnaceae	多脉猫乳	*Rhamnella martinii*（Lévl.）Schneid	灌木	1	+				+
鼠李科	Rhamnaceae	陷脉鼠李	*Rhamnus bodinieri* Lévl.	灌木	2					+
鼠李科	Rhamnaceae	长叶冻绿	*Rhamnus crenata* Sieb. et Zucc.	灌木	2					+
鼠李科	Rhamnaceae	刺鼠李	*Rhamnus dumetorum* Schneid.	灌木	1					+
鼠李科	Rhamnaceae	圆齿刺鼠李	*Rhamnus dumetorum* Schneid. var. *crenoserrata* Rehd. et Wils.	灌木	2					+
鼠李科	Rhamnaceae	贵州鼠李	*Rhamnus esquirolii* Lévl.	灌木	1					+
鼠李科	Rhamnaceae	黄鼠李	*Rhamnus fulvo-tincta* Metcalf	灌木	2					+
鼠李科	Rhamnaceae	大花鼠李	*Rhamnus grandiflora* C. Y. Wu et Y. L. Chen	灌木	2					+
鼠李科	Rhamnaceae	亮叶鼠李	*Rhamnus hemsleyana* Schneid.	灌木	2					+
鼠李科	Rhamnaceae	毛叶鼠李	*Rhamnus henryi* Schneid.	灌木	2					+
鼠李科	Rhamnaceae	异叶鼠李	*Rhamnus heterophylla* Oliv.	灌木	2					+
鼠李科	Rhamnaceae	桃叶鼠李	*Rhamnus iteinophylla* Schneid.	灌木	1					+
鼠李科	Rhamnaceae	川滇鼠李	*Rhamnus gilgiana* Heppeler	灌木	2					+
鼠李科	Rhamnaceae	薄叶鼠李	*Rhamnus leptophyllus* Schneid.	灌木	2					+
鼠李科	Rhamnaceae	小叶鼠李	*Rhamnus parvifolia* Bunge	灌木	2					+
鼠李科	Rhamnaceae	小冻绿树	*Rhamnus rosthornii* Pritz.	灌木	1					+

续表

科名	科拉丁名	物种名	学名	生活型	数据来源	药用	观赏	食用	蜜源	工业原料
被子植物门 Gymnospermae										
双子叶植物纲 Dicotyledoneae										
鼠李科	Rhamnaceae	多脉鼠李	*Rhamnus sargentiana* Schneid.	灌木	2					+
鼠李科	Rhamnaceae	冻绿	*Rhamnus utilis* Decne.	灌木	2					+
鼠李科	Rhamnaceae	毛冻绿	*Rhamnus utilis* Decne. var. *hypochrysa*（Schneid.）Rehd.	灌木	2					+
鼠李科	Rhamnaceae	钩刺雀梅藤	*Sageretia hamosa*（Wall.）Brongn.	灌木	2					+
鼠李科	Rhamnaceae	亮叶雀梅藤	*Sageretia lucida* Merr.	灌木	2					+
鼠李科	Rhamnaceae	凹叶雀梅藤	*Sageretia horrida* Pax et K. Hoffm.	灌木	2					+
鼠李科	Rhamnaceae	刺藤子	*Sageretia melliana* Hand.-Mazz.	灌木	2					+
鼠李科	Rhamnaceae	峨眉雀梅藤	*Sageretia omeiensis* Schneid.	灌木	2					+
鼠李科	Rhamnaceae	对节刺	*Horaninowia ulicina* Fisch. et Mey.	灌木	2					+
鼠李科	Rhamnaceae	皱叶雀梅藤	*Sageretia rugosa* Hance	灌木	1					+
鼠李科	Rhamnaceae	尾叶雀梅藤	*Sageretia subcaudata* Schneid	灌木	2					+
鼠李科	Rhamnaceae	*枣	*Ziziphus jujuba* Mill.	灌木	2					+
葡萄科	Vitaceae	蓝果蛇葡萄	*Ampelopsis bodinieri*（Levl. et Vant.）Rehd	藤本	2					
葡萄科	Vitaceae	灰毛蛇葡萄	*Ampelopsis bodinieri*（Levl. et Vant.）Rehd. var. *cinerea*（Gagnep.）Rehd.	藤本	2					
葡萄科	Vitaceae	羽叶蛇葡萄	*Ampelopsis chaffanjoni*（Lévl.et Vant.）Rehd.	藤本	2					
葡萄科	Vitaceae	三裂蛇葡萄	*Ampelopsis delavayana* Planch.	藤本	2					
葡萄科	Vitaceae	狭叶蛇葡萄	*Ampelopsis delavayana* Planch. var. *tomentella*（Diels et Gilg）C. L. Li	藤本	2					
葡萄科	Vitaceae	异叶蛇葡萄	*Ampelopsis glandulosa* var. *heterophylla*（Thunb.）Momiy.	藤本	2					
葡萄科	Vitaceae	光叶蛇葡萄	*Ampelopsis glandulosa*（Wall.）Momiy. var. *hancei*（Planch.）Momiy.	藤本	2					
葡萄科	Vitaceae	牯岭蛇葡萄	*Ampelopsis glandulosa*（Wall.）Momiy. var. *kulingensis*（Rehder）Momiy.	藤本	2					
葡萄科	Vitaceae	锈毛蛇葡萄	*Ampelopsis heterophylla*（Thunb.）Sieb. et Zucc. var. *vestita* Rehd.	藤本	2					
葡萄科	Vitaceae	白蔹	*Ampelopsis japonica*（Thunb.）Makino	藤本	2					
葡萄科	Vitaceae	大叶蛇葡萄	*Ampelopsis megalophylla* Diels et Gilg	藤本	2					
葡萄科	Vitaceae	毛枝蛇葡萄	*Ampelopsis rubifolia*（Wall.）Planch.	藤本	2					
葡萄科	Vitaceae	白毛乌蔹莓	*Cayratia albifolia* C. L. Li	藤本	2					
葡萄科	Vitaceae	乌蔹莓	*Cayratia japonica*（Thunb.）Gagnep.	藤本	1					
葡萄科	Vitaceae	毛乌蔹莓	*Cayratia japonica*（Thunb.）Gagnep. var. *mollis*（Wall.）Momiyama	藤本	1					
葡萄科	Vitaceae	尖叶乌蔹莓	*Cayratia japonica*（Thunb.）Gagnep. var. *pseudotrifolia*（W. T. Wang）C. L. Li	藤本	2					
葡萄科	Vitaceae	华中乌蔹莓	*Cayratia oligocarpa*（Lévl. et Vant.）Gagnep.	藤本	2					
葡萄科	Vitaceae	苦郎藤	*Cissus assamica*（Laws.）Craib	藤本	2					
葡萄科	Vitaceae	异叶地锦	*Parthenocissus dalzielii* Gagnep.	藤本	2					
葡萄科	Vitaceae	三叶地锦	*Parthenocissus semicordata*（Wall. ex Roxb.）Planch.	藤本	2					
葡萄科	Vitaceae	绿叶地锦	*Parthenocissus laetevirens* Rehd.	藤本	2					
葡萄科	Vitaceae	*爬山虎	*Parthenocissus tricuspidata*（Sieb. et Zucc.）Planch.	藤本	1					
葡萄科	Vitaceae	三叶崖爬藤	*Tetrastigma hemsleyanum* Diels et Gilg	藤本	2					
葡萄科	Vitaceae	狭叶崖爬藤	*Tetrastigma serrulatum*（Roxb.）Planch.	藤本	2					

续表

科名	科拉丁名	物种名	学名	生活型	数据来源	药用	观赏	食用	蜜源	工业原料
被子植物门 Gymnospermae										
双子叶植物纲 Dicotyledoneae										
葡萄科	Vitaceae	崖爬藤	*Tetrastigma obtectum*（Wall.）Planch.	藤本	1					
葡萄科	Vitaceae	无毛崖爬藤	*Tetrastigma obtectum*（Wall.）Planch. var. *glabrum*（Lévl. et Vant.）Gagnep.	藤本	2					
葡萄科	Vitaceae	山葡萄	*Vitis amurensis* Rupr.	藤本	2					+
葡萄科	Vitaceae	美丽葡萄	*Vitis bellula*（Rehd.）W. T. Wang	藤本	2					+
葡萄科	Vitaceae	桦叶葡萄	*Vitis betulifolia* Diels et Gilg	藤本	2					+
葡萄科	Vitaceae	刺葡萄	*Vitis davidii*（Roman. du Caill.）Foex	藤本	2					+
葡萄科	Vitaceae	变叶葡萄	*Vitis piasezkii* Maxim.	藤本	2					+
葡萄科	Vitaceae	华东葡萄	*Vitis pseudoreticulata* W. T. Wang	藤本	2					+
葡萄科	Vitaceae	毛葡萄	*Vitis heyneana* Roem. et Schult.	藤本	2					+
葡萄科	Vitaceae	秋葡萄	*Vitis romaneti* Roman. du Cail. ex Planch.	藤本	2					+
葡萄科	Vitaceae	网脉葡萄	*Vitis wilsonae* Veitch	藤本	2					+
葡萄科	Vitaceae	俞藤	*Yua thomsonii*（Laws.）C. L. Li	藤本	2					
葡萄科	Vitaceae	华西俞藤	*Yua thomsonii*（Laws.）C. L. Li var. *glaucescens*（Diels et Gilg）C. L. Li	藤本	2					
杜英科	Elaeocarpaceae	山杜英	*Elaeocarpus sylvestris*（Lour.）Poir.	乔木	1		+			+
杜英科	Elaeocarpaceae	褐毛杜英（橄榄果杜英）	*Elaeocarpus duclouxii* Gagnep	乔木	1		+			+
杜英科	Elaeocarpaceae	仿栗	*Sloanea hemsleyana*（Ito）Rehd. et Wils.	乔木	2		+			+
杜英科	Elaeocarpaceae	薄果猴欢喜（缙云猴欢喜）	*Sloanea leptocarpa* Diels	乔木	2		+			
杜英科	Elaeocarpaceae	猴欢喜	*Sloanea sinensis*（Hance）Hemsl.	乔木	2		+			
椴树科	Tiliaceae	光果田麻	*Corchoropsis crenata* var. *hupehensis* Pamp.	草本	2		+			
椴树科	Tiliaceae	田麻	*Corchoropsis crenata* Sieb. et Zucc.	草本	1		+			
椴树科	Tiliaceae	扁担杆	*Grewia biloba* G. Don	草本	2		+			
椴树科	Tiliaceae	小花扁担杆	*Grewia biloba* G. Don var. *parviflora*（Bunge）Hand.-Mazz.	草本	2		+			+
椴树科	Tiliaceae	毛果扁担杆	*Grewia eriocarpa* Juss.	草本	2		+			+
椴树科	Tiliaceae	黔椴	*Tilia kueichouensis* Hu	乔木	2		+			+
椴树科	Tiliaceae	少脉椴	*Tilia paucicostata* Maxim.	乔木	2		+			+
椴树科	Tiliaceae	椴树	*Tilia tuan* Szyszyl.	乔木	2		+			+
椴树科	Tiliaceae	刺蒴麻	*Triumfetta rhomboidea* Jack.	灌木	2					
锦葵科	Malvaceae	苘麻	*Abutilon theophrasti* Medic.	灌木	1				+	
锦葵科	Malvaceae	华木槿	*Hibiscus sinosyriacus* Bailey	灌木	2				+	
锦葵科	Malvaceae	野西瓜苗	*Hibiscus trionum* L.	草本	2					
锦葵科	Malvaceae	圆叶锦葵	*Malva pusilla* Sm.	草本	2		+		+	
锦葵科	Malvaceae	地桃花	*Urena lobata* L.	草本	2		+	+		
梧桐科	Sterculiaceae	梧桐	*Firmiana simplex*（L.）W. Wight	乔木	2		+		+	
梧桐科	Sterculiaceae	马松子	*Melochia corcorifolia* L.	乔木	2		+		+	
梧桐科	Sterculiaceae	苹婆	*Sterculia monosperma* Vent.	乔木	2		+		+	
猕猴桃科	Actinidiaceae	软枣猕猴桃	*Actinidia arguta*（Siebold et Zucc.）Planch. ex Miq.	藤本	2		+	+	+	
猕猴桃科	Actinidiaceae	陕西猕猴桃	*Actinidia arguta*（Siebold et Zucc.）Planch. ex Miq. var. *giraldii*（Diels）Vorosch.	藤本	1		+	+	+	

科名	科拉丁名	物种名	学名	生活型	数据来源	药用	观赏	食用	蜜源	工业原料
			被子植物门 Gymnospermae							
			双子叶植物纲 Dicotyledoneae							
猕猴桃科	Actinidiaceae	京梨猕猴桃	*Actinidia callosa* Lindl. var. *henryi* Maxim.	藤本	2		+	+	+	
猕猴桃科	Actinidiaceae	中华猕猴桃	*Actinidia chinensis* Planch.	藤本	1		+	+	+	
猕猴桃科	Actinidiaceae	多花猕猴桃（阔叶猕猴桃）	*Actinidia latifolia*（Gardn. & Champ.）Merr. var. *latifolia*	藤本	2		+	+	+	
猕猴桃科	Actinidiaceae	狗枣猕猴桃	*Actinidia kolomikta*（Maxim. et Rupr.）Maxim.	藤本	2		+	+	+	
猕猴桃科	Actinidiaceae	黑蕊猕猴桃	*Actinidia melanandra* Franch.	藤本	2		+	+	+	
猕猴桃科	Actinidiaceae	葛枣猕猴桃（木天蓼）	*Actinidia polygama*（Sieb. et Zucc.）Maxim.	藤本	2		+	+	+	
猕猴桃科	Actinidiaceae	革叶猕猴桃	*Actinidia rubricaulis* Dunn var. *coriacea*（Fin. et Gagn.）C. F. Liang	藤本	1		+	+	+	
猕猴桃科	Actinidiaceae	星毛猕猴桃	*Actinidia stellato-pilosa* C. Y. Chang	藤本	2		+	+	+	
猕猴桃科	Actinidiaceae	毛蕊猕猴桃	*Actinidia trichogyna* Franch.	藤本	2		+	+	+	
猕猴桃科	Actinidiaceae	猕猴桃藤山柳	*Clematoclethra scandens*（Franch.）Maxim. ssp. *actinidioides*（Maxim.）Y. C. Tang et Q. Y. Xiang	藤本	1				+	
猕猴桃科	Actinidiaceae	多花藤山柳	*Clematoclethra floribunda* W. T. Wang	藤本	2				+	
猕猴桃科	Actinidiaceae	圆叶藤山柳	*Clematoclethra franchetii* Kom.	藤本	2				+	
猕猴桃科	Actinidiaceae	刚毛藤山柳	*Clematoclethra scandens* Maxim.	藤本	2				+	
山茶科	Theaceae	川杨桐	*Adinandra bockiana* Pritzel	灌木	1				+	
山茶科	Theaceae	普洱茶	*Camellia sinensis*（L.）Kuntze var. *assamica*（Mast.）Kitamura	乔木	2		+	+	+	
山茶科	Theaceae	川鄂连蕊茶	*Camellia rosthorniana* Hand.-Mazz.	灌木	2		+	+	+	
山茶科	Theaceae	贵州连蕊茶	*Camellia costei* Lévl.	灌木	2		+	+	+	
山茶科	Theaceae	尖连蕊茶	*Camellia cuspidata*（Kochs）Wright ex Gard.	灌木	2		+	+	+	
山茶科	Theaceae	秃房茶	*Camellia gymnogyna* Chang	乔木	2		+	+	+	
山茶科	Theaceae	毛蕊红山茶	*Camellia mairei* Melch.	灌木	2		+	+	+	
山茶科	Theaceae	南川茶	*Camellia tachangensis* F. C. Zhang var. *remotiserrata*（H. T. Chang et al. ex H. T. Chang）Ming	乔木	2		+	+	+	
山茶科	Theaceae	油茶	*Camellia oleifera* Abel	灌木	2		+	+	+	
山茶科	Theaceae	毛萼金屏连蕊茶	*Camellia tsingpienensis* Hu var. *pubisepala* H. T. Chang	灌木	2		+	+	+	
山茶科	Theaceae	小瘤果茶	*Camellia parvimuricata* Chang	灌木	2		+	+	+	
山茶科	Theaceae	西南红山茶	*Camellia pitardii* Coh.-St.	灌木	2		+	+	+	
山茶科	Theaceae	滇山茶	*Camellia reticulata* Lindl.	灌木	2		+	+	+	
山茶科	Theaceae	怒江山红茶	*Camellia saluenensis* Stapf	灌木	2		+	+	+	
山茶科	Theaceae	茶	*Camellia sinensis*（L.）O. Ktze.	灌木	1		+	+	+	
山茶科	Theaceae	细萼连蕊茶	*Camellia euryoides* Lindl. var. *nokoensis*（Hayata）Ming	灌木	2		+	+	+	
山茶科	Theaceae	瘤果茶	*Camellia tuberculata* Chien	灌木	2		+	+	+	
山茶科	Theaceae	小果毛蕊茶	*Camellia villicarpa* Chien	灌木	1		+	+	+	
山茶科	Theaceae	红淡比	*Cleyera japonica* Thunb.	灌木	2				+	
山茶科	Theaceae	齿叶红淡比	*Cleyera lipingensis*（Hand.-Mazz.）Ming	灌木	2				+	
山茶科	Theaceae	大花红淡比	*Cleyera japonica* Thunb. var. *wallichiana*（DC.）Sealy	灌木	2				+	
山茶科	Theaceae	川黔尖叶柃	*Eurya acuminoides* Hu et L. K. Ling	灌木	2				+	
山茶科	Theaceae	翅柃	*Eurya alata* Kobuski	灌木	2				+	

续表

科名	科拉丁名	物种名	学名	生活型	数据来源	药用	观赏	食用	蜜源	工业原料
被子植物门 Gymnospermae										
双子叶植物纲 Dicotyledoneae										
山茶科	Theaceae	金叶柃	*Eurya obtusifolia* H. T. Chang var. *aurea*（H. Lév.）Ming	灌木	2				+	
山茶科	Theaceae	短柱柃	*Eurya brevistyla* Kobuski	灌木	1				+	
山茶科	Theaceae	川柃	*Eurya fangii* Rehd.	灌木	2				+	
山茶科	Theaceae	大叶川柃	*Eurya fangii* Rehd. var. *megaphylla* Hsu	灌木	2				+	
山茶科	Theaceae	岗柃	*Eurya groffii* Merr.	灌木	2				+	
山茶科	Theaceae	丽江柃	*Eurya handel-mazzettii* H. T. Chang	灌木	2				+	
山茶科	Theaceae	微毛柃	*Eurya hebeclados* Ling	灌木	2				+	
山茶科	Theaceae	贵州毛柃	*Eurya kueichowensis* Hu et L. K. Ling	灌木	2				+	
山茶科	Theaceae	细枝柃	*Eurya loquaiana* Dunn	灌木	2				+	
山茶科	Theaceae	格药柃	*Eurya muricata* Dunn	灌木	2				+	
山茶科	Theaceae	细齿叶柃	*Eurya nitida* Korth.	灌木	1				+	
山茶科	Theaceae	矩圆叶柃	*Eurya oblonga* Yang	灌木	2				+	
山茶科	Theaceae	钝叶柃	*Eurya obtusifolia* H. T. Chang	灌木	2				+	
山茶科	Theaceae	半齿柃	*Eurya semiserrulata* H. T. Chang	灌木	2				+	
山茶科	Theaceae	窄叶柃	*Eurya stenophylla* Merr.	灌木	2				+	
山茶科	Theaceae	四川大头茶	*Polyspora speciosa*（Kochs）Bartholo et T. L. Ming	乔木	2				+	
山茶科	Theaceae	大头茶	*Polyspora axillaris*（Roxb. ex Ker Gawl.）Sweet	乔木	2				+	
山茶科	Theaceae	黄药大头茶	*Polyspora chrysandra*（Cowan）Hu ex Barthol. et Ming	乔木	2				+	
山茶科	Theaceae	银木荷	*Schima argentea* Pritz. ex Diels	乔木	2		+		+	
山茶科	Theaceae	中华木荷	*Schima sinensis*（Hemsl. et E. H. Wilson）Airy Shaw	乔木	2		+		+	
山茶科	Theaceae	小花木荷	*Schima parviflora* Cheng et Chang ex Chang	乔木	1		+		+	
山茶科	Theaceae	木荷	*Schima superba* Gardn. et Champ.	乔木	2		+		+	
山茶科	Theaceae	紫茎	*Stewartia sinensis* Rehd. et Wils.	乔木	2				+	
山茶科	Theaceae	厚皮香	*Ternstroemia gymnanthera*（Wight et Arn.）Sprague	乔木	2				+	
山茶科	Theaceae	四川厚皮香	*Ternstroemia sichuanensis* L.	乔木	2				+	
藤黄科	Guttiferae	尖萼金丝桃	*Hypericum acmosepalum* N. Robson	灌木	2				+	
藤黄科	Guttiferae	黄海棠	*Hypericum ascyron* L.	草本	2				+	
藤黄科	Guttiferae	赶山鞭	*Hypericum attenuatum* Choisy	草本	2		+		+	
藤黄科	Guttiferae	挺茎遍地金	*Hypericum elodeoides* Choisy	草本	1				+	
藤黄科	Guttiferae	小连翘	*Hypericum erectum* Thunb. ex Murray	草本	2	+			+	
藤黄科	Guttiferae	扬子小连翘	*Hypericum faberi* R. Keller	草本	2	+			+	
藤黄科	Guttiferae	川滇金丝桃	*Hypericum forrestii*（Chittenden）N. Robson	灌木	2	+			+	
藤黄科	Guttiferae	短柱金丝桃	*Hypericum hookerianum* Wight et Arn.	灌木	2	+			+	
藤黄科	Guttiferae	地耳草	*Hypericum japonicum* Thunb. ex Murray	草本	1	+			+	
藤黄科	Guttiferae	贵州金丝桃	*Hypericum kouytchense* Lévl.	灌木	2	+			+	
藤黄科	Guttiferae	长柱金丝桃	*Hypericum longistylum* Oliv.	灌木	2	+			+	
藤黄科	Guttiferae	金丝桃	*Hypericum monogynum* L.	灌木	1	+			+	
藤黄科	Guttiferae	金丝梅	*Hypericum patulum* Thunb. ex Murray	灌木	1	+			+	
藤黄科	Guttiferae	贯叶连翘	*Hypericum perforatum* L.	灌木	1	+			+	
藤黄科	Guttiferae	突脉金丝桃	*Hypericum przewalskii* Maxim.	灌木	2	+			+	

科名	科拉丁名	物种名	学名	生活型	数据来源	药用	观赏	食用	蜜源	工业原料
被子植物门 Gymnospermae										
双子叶植物纲 Dicotyledoneae										
藤黄科	Guttiferae	元宝草	*Hypericum sampsonii* Hance	草本	2	+			+	
藤黄科	Guttiferae	密腺小连翘	*Hypericum seniavinii* Maxim.	草本	2	+			+	
藤黄科	Guttiferae	遍地金	*Hypericum wightianum* Wall. ex Wight et Arn.	草本	1	+			+	
藤黄科	Guttiferae	川鄂金丝桃	*Hypericum wilsonii* N. Robson	灌木	2	+			+	
堇菜科	Violaceae	鸡腿堇菜	*Viola acuminata* Ledeb.	草本	2	+			+	
堇菜科	Violaceae	戟叶堇菜	*Viola betonicifolia* J. E. Smith	草本	2	+	+		+	
堇菜科	Violaceae	双花堇菜	*Viola biflora* L.	草本	2	+	+		+	
堇菜科	Violaceae	南山堇菜	*Viola chaerophylloides*（Regel）W. Beck.	草本	2	+	+		+	
堇菜科	Violaceae	球果堇菜	*Viola collina* Bess.	草本	2	+	+		+	
堇菜科	Violaceae	心叶堇菜	*Viola yunnanfuensis* W. Becker	草本	1	+	+		+	
堇菜科	Violaceae	蔓茎堇菜	*Viola diffusa* Ging.	草本	2	+	+		+	
堇菜科	Violaceae	裂叶堇菜	*Viola dissecta* Ledeb.	草本	2	+	+		+	
堇菜科	Violaceae	长梗紫花堇菜	*Viola faurieana* W. Beck.	草本	2	+	+		+	
堇菜科	Violaceae	阔萼堇菜	*Viola grandisepala* W.	草本	2	+	+		+	
堇菜科	Violaceae	紫花堇菜	*Viola grypoceras* A. Gray	草本	2	+	+		+	
堇菜科	Violaceae	紫叶堇菜	*Viola hediniana* W. Beck.	草本	1	+	+		+	
堇菜科	Violaceae	巫山堇菜	*Viola henryi* H. de Boiss.	草本	2	+	+		+	
堇菜科	Violaceae	长萼堇菜	*Viola inconspicua* Blume Cat.	草本	2	+	+		+	
堇菜科	Violaceae	白花堇菜	*Viola lactiflora* Nakai	草本	2	+	+		+	
堇菜科	Violaceae	萱	*Viola moupinensis* Franch.	草本	2	+	+		+	
堇菜科	Violaceae	小尖堇菜	*Viola mucronulifera* Hand.-Mazz.	草本	2	+	+		+	
堇菜科	Violaceae	白花地丁	*Viola patrinii* DC.	草本	1	+	+		+	
堇菜科	Violaceae	紫花地丁	*Viola philippica* Cav.	草本	2	+	+		+	
堇菜科	Violaceae	匍匐堇菜	*Viola pilosa* Blume	草本	2	+	+		+	
堇菜科	Violaceae	柔毛堇菜	*Viola fargesii* H. Boissieu	草本	2	+	+		+	
堇菜科	Violaceae	早开堇菜	*Viola prionantha* Bunge	草本	2	+	+		+	
堇菜科	Violaceae	深圆齿堇菜	*Viola davidii* Franch.	草本	1	+	+		+	
堇菜科	Violaceae	圆果堇菜	*Viola sphaerocarpa* W. Beck.	草本	2	+	+		+	
堇菜科	Violaceae	斑叶堇菜	*Viola variegata* Fisch	草本	2	+	+		+	
堇菜科	Violaceae	堇菜	*Viola arcuata* Blume	草本	1	+	+		+	
堇菜科	Violaceae	云南堇菜	*Viola yunnanensis* W. Beck. et H. De Boiss.	草本	1	+	+		+	
大风子科	Flacourtiaceae	山羊角树	*Carrierea calycina* Franch.	乔木	2		+		+	
大风子科	Flacourtiaceae	山桐子	*Idesia polycarpa* Maxim.	乔木	2				+	
大风子科	Flacourtiaceae	南岭柞木	*Xylosma controversum* Clos	乔木	2				+	
大风子科	Flacourtiaceae	柞木	*Xylosma congestum*（Lour.）Merr.	乔木	2				+	
大风子科	Flacourtiaceae	长叶柞木	*Xylosma longofolium* Clos	乔木	2				+	
旌节花科	Stachyuraceae	中国旌节花	*Stachyurus chinensis* Franch.	灌木	2					
旌节花科	Stachyuraceae	云南旌节花	*Stachyurus yunnanensis* Franch.	灌木	1					
旌节花科	Stachyuraceae	倒卵叶旌节花	*Stachyurus obovatus*（Rehd.）Hand.-Mazz.	灌木	2					
旌节花科	Stachyuraceae	柳叶旌节花	*Stachyurus salicifolius* Franch.	灌木	1					

续表

科名	科拉丁名	物种名	学名	生活型	数据来源	药用	观赏	食用	蜜源	工业原料
被子植物门 Gymnospermae										
双子叶植物纲 Dicotyledoneae										
西番莲科	Passifloraceae	月叶西番莲	*Passiflora altebilobata* Hemsl.	藤本	2					
西番莲科	Passifloraceae	杯叶西番莲	*Passiflora cupiformis* Passif	藤本	2					
西番莲科	Passifloraceae	镰叶西番莲	*Passiflora wilsonii* Hemsl.	藤本	2					
秋海棠科	Begoniaceae	歪叶秋海棠	*Begonia augustinei* Hemsl.	草本	2	+		+		
秋海棠科	Begoniaceae	盾叶秋海棠	*Begonia Peltatifolia* H. L. Li	草本	2	+		+		
秋海棠科	Begoniaceae	南川秋海棠	*Begonia dielsiana* E. Pritz.	草本	2	+		+		
秋海棠科	Begoniaceae	食用秋海棠	*Begonia edulis* Lévl.	草本	2	+		+		
秋海棠科	Begoniaceae	紫背天葵	*Begonia fimbristipulata* Hance	草本	2	+		+		
秋海棠科	Begoniaceae	*秋海棠	*Begonia grandis* Dry.	草本	2	+		+		
秋海棠科	Begoniaceae	掌叶秋海棠	*Begonia hemsleyana* Hook.f.	草本	2	+		+		
秋海棠科	Begoniaceae	柔毛秋海棠（独牛）	*Begonia henryi* Hemsl.	草本	2	+		+		
秋海棠科	Begoniaceae	红孩儿	*Begonia palmata* D. Don var. *bowringiana*（Champ. ex Benth.）J. Golding et C. Kareg.	草本	2	+		+		
秋海棠科	Begoniaceae	中华秋海棠	*Begonia grandis* Dry ssp. *sinensis*（A. DC.）Irmsch.	草本	2	+		+		
秋海棠科	Begoniaceae	长柄秋海棠	*Begonia smithiana* Yii ex Irmsch.	草本	2	+		+		
秋海棠科	Begoniaceae	变色秋海棠	*Begonia versicolor* Irmsch.	草本	2	+		+		
秋海棠科	Begoniaceae	一点血	*Begonia wilsonii* Gagnep.	草本	2	+		+		+
瑞香科	Thymelaeaceae	滇瑞香	*Daphne feddei* Lévl.	灌木	2					+
瑞香科	Thymelaeaceae	芫花	*Daphne genkwa* Sieb. et Zucc	灌木	2					+
瑞香科	Thymelaeaceae	黄瑞香	*Daphne giraldii* Nitsche	灌木	2					+
瑞香科	Thymelaeaceae	小娃娃皮	*Daphne gracilis* E. Pritz.	灌木	2					+
瑞香科	Thymelaeaceae	毛瑞香	*Daphne kiusiana* Miq. var. *atrocaulis*（Rehd.）Kamym.	灌木	2					+
瑞香科	Thymelaeaceae	瑞香	*Daphne odora* Thunb.	灌木	2					+
瑞香科	Thymelaeaceae	白瑞香	*Daphne papyracea* Wall. ex Steud.	灌木	2					+
瑞香科	Thymelaeaceae	结香	*Edgeworthia chrysantha* Lindl.	灌木	2				+	+
瑞香科	Thymelaeaceae	头序荛花	*Wikstroemia capitata* Rehd.	灌木	2				+	+
瑞香科	Thymelaeaceae	一把香	*Wikstroemia dolichantha* Diels	灌木	2				+	+
瑞香科	Thymelaeaceae	城口荛花	*Wikstroemia fargesii*（Lecomte）Domke	灌木	2				+	+
瑞香科	Thymelaeaceae	光叶荛花	*Wikstroemia glabra* Cheng	灌木	2				+	+
瑞香科	Thymelaeaceae	小黄构	*Wikstroemia micrantha* Hemsl.	灌木	1				+	+
胡颓子科	Elaeagnaceae	长叶胡颓子	*Elaeagnus bockii* Diels	灌木	1			+		
胡颓子科	Elaeagnaceae	巴东胡颓子	*Elaeagnus difficilis* Serv.	灌木	2			+		
胡颓子科	Elaeagnaceae	短柱胡颓子	*Elaeagnus difficilis* Serv. var. *brevistyla* W.K.Hu et H. F. Chow	灌木	2			+		
胡颓子科	Elaeagnaceae	蔓胡颓子	*Elaeagnus glabra* Thunb.	灌木	1			+		
胡颓子科	Elaeagnaceae	宜昌胡颓子	*Elaeagnus henryi* Warb. apud Diels	灌木	1			+		
胡颓子科	Elaeagnaceae	披针叶胡颓子	*Elaeagnus lanceolata* Warb.	灌木	1			+		
胡颓子科	Elaeagnaceae	大披针叶胡颓子	*Elaeagnus lanceolata* Warb. ssp. *grandifolia* Serv.	灌木	2			+		
胡颓子科	Elaeagnaceae	银果胡颓子	*Elaeagnus magna* Rehd.	灌木	2			+		
胡颓子科	Elaeagnaceae	木半夏	*Elaeagnus multiflora* Thunb.	灌木	2			+		
胡颓子科	Elaeagnaceae	南川牛奶子	*Elaeagnus nanchuanensis* C. Y. Chang	灌木	2			+		

科名	科拉丁名	物种名	学名	生活型	数据来源	药用	观赏	食用	蜜源	工业原料
被子植物门 Gymnospermae										
双子叶植物纲 Dicotyledoneae										
胡颓子科	Elaeagnaceae	白花胡颓子	*Elaeagnus pallidiflora* C. Y. Chang	灌木	2			+		
胡颓子科	Elaeagnaceae	毛柱胡颓子	*Elaeagnus pilostyla* C. Y. Chang	灌木	2			+		
胡颓子科	Elaeagnaceae	胡颓子	*Elaeagnus pungens* Thunb.	灌木	1			+		
胡颓子科	Elaeagnaceae	星毛羊奶子	*Elaeagnus stellipila* Rehd.	灌木	2			+		
胡颓子科	Elaeagnaceae	牛奶子	*Elaeagnus umbellata* Thunb.	灌木	1			+		
胡颓子科	Elaeagnaceae	文山胡颓子	*Elaeagnus wenshanensis* C. Y. Chang	灌木	2			+		
千屈菜科	Lythraceae	川黔紫薇	*Lagerstroemia excelsa*（Dode）Chun	乔木	2					
千屈菜科	Lythraceae	南紫薇	*Lagerstroemia subcostata* Koehne	乔木	2					
千屈菜科	Lythraceae	千屈菜	*Lythrum salicaria* L.	草本	2					
千屈菜科	Lythraceae	节节菜	*Rotala indica*（Willd.）Koehne	草本	1					
千屈菜科	Lythraceae	圆叶节节菜	*Rotala rotundifolia*（Buch.-Ham.ex Roxb.）Koehne	草本	2					
蓝果树科	Nyssaceae	*喜树	*Camptotheca acuminata* Decne.	乔木	1	+			+	
蓝果树科	Nyssaceae	蓝果树	*Nyssa sinensis* Oliv.	乔木	2	+			+	
蓝果树科	Nyssaceae	珙桐	*Davidia involucrata* Baill.	乔木	2	+			+	
八角枫科	Alangiaceae	八角枫	*Alangium chinense*（Lour.）Harms	灌木	1	+			+	
八角枫科	Alangiaceae	稀花八角枫	*Alangium chinense*（Lour.）Harms ssp. *pauciflorum* Fang	灌木	2	+			+	
八角枫科	Alangiaceae	深裂八角枫	*Alangium chinense*（Lour.）Harms ssp. *triangulare*（Wanger.）Fang	灌木	2	+			+	
八角枫科	Alangiaceae	小花八角枫	*Alangium faberi* Oliv.	灌木	2	+			+	
八角枫科	Alangiaceae	瓜木	*Alangium platanifolium*（Sieb. et Zucc.）Harms	灌木	2	+			+	
野牡丹科	Melastomataceae	红毛野海棠	*Bredia tuberculata*（Guillaum.）Diels	草本	2	+			+	
野牡丹科	Melastomataceae	云南野海棠	*Bredia yunnanensis*（Lévl.）Diels	草本	2	+			+	
野牡丹科	Melastomataceae	异药花	*Fordiophyton faberi* Stapf	草本	2	+			+	
野牡丹科	Melastomataceae	展毛野牡丹	*Melastoma normale* D. Don	草本	1	+			+	
野牡丹科	Melastomataceae	金锦香	*Osbeckia chinensis* L.	草本	2	+			+	
野牡丹科	Melastomataceae	假朝天罐	*Osbeckia crinita* Benth. ex C. B. Clarke	草本	2	+			+	
野牡丹科	Melastomataceae	锦香草	*Phyllagathis cavaleriei*（Lévl. et Vant.）Guillaum.	草本	2	+			+	
野牡丹科	Melastomataceae	小花叶底红	*Bredia fordii*（Hance）Diels	草本	2	+			+	
野牡丹科	Melastomataceae	肉穗草	*Sarcopyramis bodiniari* Lévl. et Vant.	草本	2	+			+	
野牡丹科	Melastomataceae	楮头红	*Sarcopyramis nepalensis* Wall.	草本	1	+			+	
柳叶菜科	Onagraceae	高山露珠草	*Circaea alpina* L.	草本	2	+				
柳叶菜科	Onagraceae	露珠草（牛泷草）	*Circaea cordata* Royle	草本	2	+				
柳叶菜科	Onagraceae	谷蓼	*Circaea erubescens* Franch. et Sav.	草本	2	+				
柳叶菜科	Onagraceae	秃梗露珠草	*Circaea glabrescens*（Pamp.）Hand.-Mazz.	草本	2					
柳叶菜科	Onagraceae	水珠草	*Circaea canadensis*（L.）Hill ssp. *quadrisulcata*（Maxim.）Boufford	草本	2					
柳叶菜科	Onagraceae	南方露珠草	*Circaea mollis* S. et Z.	草本	2					
柳叶菜科	Onagraceae	毛脉柳叶菜	*Epilobium amurense* Hausskn.	草本	2				+	
柳叶菜科	Onagraceae	柳兰	*Epilobium angustifolium* L.	草本	2				+	
柳叶菜科	Onagraceae	腺茎柳叶菜（广布柳叶菜）	*Epilobium brevifolium* D. Don ssp. *trichoneurum*（Hausskn.）Raven	草本	2				+	

续表

科名	科拉丁名	物种名	学名	生活型	数据来源	药用	观赏	食用	蜜源	工业原料
被子植物门 Gymnospermae										
双子叶植物纲 Dicotyledoneae										
柳叶菜科	Onagraceae	圆柱柳叶菜	*Epilobium cylindricum* D. Don	草本	2				+	
柳叶菜科	Onagraceae	细籽柳叶菜	*Epilobium himalayeuse* Hausskn	草本	2				+	
柳叶菜科	Onagraceae	柳叶菜	*Epilobium hirstutum* L.	草本	1				+	
柳叶菜科	Onagraceae	小花柳叶菜	*Epilobium parviflorum* Schreb.	草本	1				+	
柳叶菜科	Onagraceae	阔柱柳叶菜	*Epilobium platystigmatosum* C. Robin.	草本	1				+	
柳叶菜科	Onagraceae	短梗柳叶菜	*Epilobium royleanum* Hausskn.	草本	2				+	
柳叶菜科	Onagraceae	台湾水龙	*Ludwigia × taiwanensis* C. I. Peng	草本	2				+	
柳叶菜科	Onagraceae	假柳叶菜	*Ludwigia epilobioides* Maxim.	草本	2				+	
小二仙草科	Haloragidaceae	黄花小二仙草	*Haloragis micrantha* （Thunb.） R. Br.	草本	2					
小二仙草科	Haloragidaceae	小二仙草	*Haloragis micrantha* R. Br.	草本	2					
小二仙草科	Haloragidaceae	狐尾藻	*Myriophyllum verticillattum* L.	草本	2					
杉叶藻科	Hippuridaceae	杉叶藻	*Hippuris vulgaris* L.	草本	2					
五加科	Araliaceae	两歧五加	*Acanthopanax divaricatus* （Sieb. Zucc.） Seem.	灌木	2	+				
五加科	Araliaceae	藤五加	*Acanthopanax leucorrhizus* （Oliv.） Harms	灌木	1	+				
五加科	Araliaceae	糙叶藤五加	*Acanthopanax leucorrhizus* （Oliv.） Harms var. *fulvescens* Harms Rehd.	灌木	2	+				
五加科	Araliaceae	刚毛五加	*Acanthopanax simonii* Schneid.	灌木	2	+				
五加科	Araliaceae	中华五加	*Acanthopanax sinensis* Hoo	灌木	2	+				
五加科	Araliaceae	白簕	*Acanthopanax trifoliatus* （L.） Merr.	灌木	1	+				
五加科	Araliaceae	楤木	*Aralia chinensis* L.	灌木	2	+				
五加科	Araliaceae	头序楤木	*Aralia dasyphy* Miq.	灌木	2	+				
五加科	Araliaceae	棘茎楤木	*Aralia echinocaulis* Hand.-Mazz.	灌木	2	+				
五加科	Araliaceae	龙眼独活	*Aralia fargesii* Franch.	灌木	2	+			+	
五加科	Araliaceae	柔毛龙眼独活	*Aralia henryi* Harms	灌木	2	+			+	
五加科	Araliaceae	波缘楤木	*Aralia undulata* Hand.-Mazz.	灌木	2	+			+	
五加科	Araliaceae	树参	*Dendropanax dentiger* （Harms） Merr.	乔木	2	+			+	
五加科	Araliaceae	常春藤	*Hedera sinensis* （Tobler） Hand.-Mazz.	乔木	1	+			+	
五加科	Araliaceae	刺楸	*Kalopanax septemlobus* （Thunb.） Koidz.	乔木	2	+			+	
五加科	Araliaceae	短梗大参	*Macropanax rosthornii* （Harms） C. Y. Wu ex Hoo	乔木	1	+			+	
五加科	Araliaceae	异叶梁王茶	*Metapanax davidii* （Franch.） J. Wen ex Frodin	灌木	1	+			+	
五加科	Araliaceae	大叶三七	*Panax japonicus* （T. Nees） C. A. Mey.	灌木	2	+			+	
五加科	Araliaceae	短序鹅掌柴	*Schefflera bodinieri* （Lévl.） Rehd.	灌木	2	+			+	
五加科	Araliaceae	穗序鹅掌柴	*Schefflera delavayi* （Franch.） Harms ex Diels	灌木	1	+			+	
五加科	Araliaceae	通脱木	*Tetrapanax papyrifer* （Hook.） K. Koch	灌木	2	+			+	
五加科	Araliaceae	刺通草	*Trevesia palmate* （Roxb.） Vis.	灌木	2	+			+	
伞形科	Umbelliferae	巴东羊角芹	*Aegopodium henryi* Diels	草本	2				+	
伞形科	Umbelliferae	紫花前胡	*Angelica decursiva* （Miq.） Franch. et Sav.	草本	2				+	
伞形科	Umbelliferae	疏叶当归	*Angelica laxifoiata* Diels	草本	2	+			+	
伞形科	Umbelliferae	长尾叶当归	*Angelica longicaudata* Yuan et Shan	草本	2	+			+	

科名	科拉丁名	物种名	学名	生活型	数据来源	药用	观赏	食用	蜜源	工业原料
被子植物门 Gymnospermae										
双子叶植物纲 Dicotyledoneae										
伞形科	Umbelliferae	大叶当归	*Angelica megaphylla* Diels	草本	2	+			+	
伞形科	Umbelliferae	管鞘当归	*Angelica pseudoselinum* de Boiss.	草本	2	+			+	
伞形科	Umbelliferae	四川当归	*Angelica setchuensis* Giels	草本	2	+			+	
伞形科	Umbelliferae	当归	*Angelica sinensis*（Oliv.）Diels	草本	2	+			+	
伞形科	Umbelliferae	金山当归	*Angelica valida* Diels	草本	2	+			+	
伞形科	Umbelliferae	峨参	*Anthriscus sylvestris*（L.）Hoffm. Gen.	草本	2	+			+	
伞形科	Umbelliferae	细叶旱芹	*Cyclospermum leptophyllum*（Pers.）Sprague ex Britton et P. Wilson	草本	2	+			+	
伞形科	Umbelliferae	细柄柴胡	*Bupleurum gracilipes* Diels	草本	2	+			+	
伞形科	Umbelliferae	空心柴胡	*Bupleurum longicaule* Wall. ex DC. var. *franchetii* de Boiss.	草本	2	+			+	
伞形科	Umbelliferae	长茎柴胡	*Bupleurum longicaule* Wall. ex DC.	草本	2	+			+	
伞形科	Umbelliferae	紫花大叶柴胡	*Bupleurum boissieuanum* H. Wolff	草本	2	+			+	
伞形科	Umbelliferae	竹叶柴胡	*Bupleurum marginatum* Wall. ex DC.	草本	2	+			+	
伞形科	Umbelliferae	窄竹叶柴胡	*Bupleurum marginatum* Wall. ex DC. var. *stenophyllum*（Wolff）Shan et Y. Li	草本	2	+			+	
伞形科	Umbelliferae	小柴胡	*Bupleurum hamiltonii* Balakr.	草本	2	+			+	
伞形科	Umbelliferae	积雪草	*Centella asiatica*（L.）Urban	草本	1	+			+	
伞形科	Umbelliferae	川明参	*Chuanminshen violaceum* Sheh et Shan	草本	2	+			+	
伞形科	Umbelliferae	蛇床	*Cnidium monnieri*（L.）Cusson	草本	2	+			+	
伞形科	Umbelliferae	芫荽	*Coriandrum sativum* L.	草本	2	+			+	
伞形科	Umbelliferae	鸭儿芹	*Cryptotaenia japonica* Hassk.	草本	1	+			+	
伞形科	Umbelliferae	野胡萝卜	*Daucus carota* L.	草本	1	+			+	
伞形科	Umbelliferae	马蹄芹	*Dickinsia hydrocotyloides* Franch.	草本	1	+			+	
伞形科	Umbelliferae	独活	*Heracleum hemsleyanum* Diels	草本	2	+			+	
伞形科	Umbelliferae	短毛独活	*Heracleum moellendorffii* Hance	草本	2	+			+	
伞形科	Umbelliferae	中华天胡荽	*Hydrocotyle chinensis*（Dunn）Craib	草本	2	+			+	
伞形科	Umbelliferae	红马蹄草	*Hydrocotyle nepalensis* Hook.	草本	1	+			+	
伞形科	Umbelliferae	柄花天胡荽	*Hydrocotyle himalaica* P. K. Mukh.	草本	2	+			+	
伞形科	Umbelliferae	天胡荽	*Hydrocotyle sibthorpioides* Lam.	草本	2	+			+	
伞形科	Umbelliferae	破铜钱	*Hydrocotyle sibthorpioides* Lam. var. *batrachium*（Hance）Hand.-Mazz. ex Shan	草本	2	+			+	
伞形科	Umbelliferae	肾叶天胡荽	*Hydrocotyle wilfordi* Maxim.	草本	2	+				
伞形科	Umbelliferae	尖叶藁本	*Ligusticum acuminatum* Franch.	草本	2	+				
伞形科	Umbelliferae	短片藁本	*Ligusticum branchylobum* Franch	草本	2	+				
伞形科	Umbelliferae	匍匐藁本	*Ligusticum reptans*（Diels）Wolff	草本	2	+				
伞形科	Umbelliferae	藁本	*Ligusticum sinense* Oliv.	草本	2	+				
伞形科	Umbelliferae	紫伞芹	*Melanosciadium pimpinelloideum* de Boiss.	草本	2	+				
伞形科	Umbelliferae	宽叶羌活	*Notopterygium franchetii* H. Boissieu	草本	2	+				
伞形科	Umbelliferae	卵叶羌活	*Notopterygium oviforme* Shan	草本	2	+				
伞形科	Umbelliferae	短辐水芹（少花水芹）	*Oenanthe benghalensis* Benth. et Hook. f.	草本	2	+				

科名	科拉丁名	物种名	学名	生活型	数据来源	药用	观赏	食用	蜜源	工业原料
			被子植物门 Gymnospermae							
			双子叶植物纲 Dicotyledoneae							
伞形科	Umbelliferae	细叶水芹	*Oenanthe thomsonii* C. B. Clarke ssp. *stenophylla*（H. Boissieu）F. T. Pu	草本	2	+				
伞形科	Umbelliferae	水芹	*Oenanthe javanica*（Bl.）DC.	草本	2	+		+		
伞形科	Umbelliferae	卵叶水芹	*Oenanthe javanica*（Blume）DC. ssp. *rosthornii*（Diels）F. T. Pu	草本	2	+				
伞形科	Umbelliferae	线叶水芹	*Oenanthe linearis* Wall. ex DC.	草本	1	+				
伞形科	Umbelliferae	香根芹	*Osmorhiza aristata*（Thunb.）Makino et Yabe	草本	2	+				
伞形科	Umbelliferae	疏叶香根芹	*Osmorhiza aristata*（Thunb.）Makino et Yabe Bot. var. *laxa*（Royle）Constance et Shan	草本	2	+				
伞形科	Umbelliferae	竹节前胡	*Peucedanum dielsianum* Fedde ex Wolff	草本	2	+				
伞形科	Umbelliferae	南川前胡	*Peucedanum dissolutum*（Diels）H. Wolff	草本	2	+				
伞形科	Umbelliferae	华中前胡	*Peucedanum medicum* Dunn	草本	2	+				
伞形科	Umbelliferae	岩前胡	*Peucedanum medicum* Dunn var. *gracile* Dunn ex Shan et Sheh	草本	2	+				
伞形科	Umbelliferae	前胡	*Peucedanum praeruptortum* Dunn	草本	2	+				
伞形科	Umbelliferae	武隆前胡	*Peucedanum wulongense* Shan et Sheh	草本	2	+				
伞形科	Umbelliferae	杏叶茴芹	*Pimpinella candolleana* Wighe et Arn.	草本	2	+				
伞形科	Umbelliferae	革叶茴芹	*Pimpinella coriacea*（Franch.）de Boiss.	草本	2	+				
伞形科	Umbelliferae	异叶茴芹	*Pimpinella diversifolia* DC.	草本	2	+				
伞形科	Umbelliferae	城口茴芹	*Pimpinella fargesii* de Boiss.	草本	2	+				
伞形科	Umbelliferae	川鄂茴芹	*Pimpinella henryi* Diels	草本	2	+				
伞形科	Umbelliferae	菱叶茴芹	*Pimpinella rhomboidea* Diels	草本	1	+				
伞形科	Umbelliferae	囊瓣芹	*Pternopetalum davidii* Franch.	草本	1	+				
伞形科	Umbelliferae	羊齿囊瓣芹	*Pternopetalum filicinum*（Franch.）Hand.-Mazz.	草本	2	+				
伞形科	Umbelliferae	川鄂囊瓣芹	*Pternopetalum rosthornii*（Diels）Hand.-Mazz.	草本	2	+				
伞形科	Umbelliferae	东亚囊瓣芹	*Pternopetalum tanakae*（Franch. et Sav.）Hand.-Mazz.	草本	2	+				
伞形科	Umbelliferae	散血芹	*Pternopetalum botrychioides*（Dunn）Hand.-Mazz.	草本	2	+				
伞形科	Umbelliferae	膜蕨囊瓣芹	*Pternopetalum trichomanifolium*（Franch.）Hand.-Mazz.	草本	1	+				
伞形科	Umbelliferae	五匹青	*Pternopetalum vulgare*（Dunn）Hand.-Mazz.	草本	2	+				
伞形科	Umbelliferae	天全囊瓣芹	*Pternopetalum gracillimum*（H. Wolff）Hand.-Mazz.	草本	2	+				
伞形科	Umbelliferae	川滇变豆菜	*Sanicula astrantiifolia* Wolff ex Kretsch.	草本	2	+				
伞形科	Umbelliferae	变豆菜	*Sanicula chinensis* Bunge	草本	1	+				
伞形科	Umbelliferae	天蓝变豆菜	*Sanicula coerulescens* Franch.	草本	2	+				
伞形科	Umbelliferae	卵萼变豆菜	*Sanicula giraldii* Wolff var. *ovicalycina* Shan et S. L. Liou	草本	2	+				
伞形科	Umbelliferae	薄片变豆菜	*Sanicula lamelligera* Hance	草本	2	+				
伞形科	Umbelliferae	直刺变豆菜	*Sanicula orthacantha* S. Moore	草本	2	+				
伞形科	Umbelliferae	皱叶变豆菜	*Sanicula rugulosa* Diels	草本	2	+				
伞形科	Umbelliferae	防风	*Saposhnikovia divaricata*（Turcz.）Schischk.	草本	2	+				
伞形科	Umbelliferae	宜昌东俄芹	*Tongoloa dunnii*（de Boiss.）Wolff	草本	2	+				
伞形科	Umbelliferae	小窃衣	*Torilis japonica*（Houtt.）DC.	草本	1	+				
伞形科	Umbelliferae	窃衣	*Torilis scabra*（Thunb.）DC.	草本	1	+				
山茱萸科	Cornaceae	斑叶珊瑚	*Aucuba albo-punctifolia* Wang	灌木	2				+	

续表

科名	科拉丁名	物种名	学名	生活型	数据来源	药用	观赏	食用	蜜源	工业原料
被子植物门 Gymnospermae										
双子叶植物纲 Dicotyledoneae										
山茱萸科	Cornaceae	窄斑叶珊瑚	*Aucuba albo-punctifolia* Wang var. *angustula* Fang et Soong	灌木	2				+	
山茱萸科	Cornaceae	桃叶珊瑚	*Aucuba chnensis* Benth.	灌木	1		+		+	
山茱萸科	Cornaceae	喜马拉雅珊瑚	*Aucuba himalaica* Hook. f. et Thomson	灌木	2				+	
山茱萸科	Cornaceae	密毛桃叶珊瑚	*Aucuba himalaica* Hook. f. et Thoms. var. *pilosissima* Fang et Soong	灌木	2				+	
山茱萸科	Cornaceae	倒披针叶珊瑚	*Aucuba himalaica* Hook. f. et Thoms. var. *oblanceolata* Fang et Soong	灌木	2				+	
山茱萸科	Cornaceae	倒心叶珊瑚	*Aucuba himalaica* Hook. f. et Thomson var. *oblanceolata* Fang et Soong	灌木	1				+	
山茱萸科	Cornaceae	川鄂山茱萸	*Cornus chinensis* Wanger.	乔木	1				+	
山茱萸科	Cornaceae	灯台树	*Bothrocaryum controversum*（Hemsl.）Pojark.	乔木	1		+			
山茱萸科	Cornaceae	红椋子	*Swida hemsleyi*（Schneid. et Wanger.）Sojak	乔木	2					
山茱萸科	Cornaceae	梾木	*Swida macrophylla*（Wall.）Soják	乔木	2					
山茱萸科	Cornaceae	长圆叶梾木	*Swida oblonga* Wall.	乔木	1					
山茱萸科	Cornaceae	山茱萸	*Cornus officinalis* Sieb. et Zucc.	乔木	1		+		+	
山茱萸科	Cornaceae	小梾木	*Swida paucinervis*（Hance）Sojak	灌木	1					
山茱萸科	Cornaceae	灰叶梾木	*Swida poliophylla*（Schneid. et Wanger.）Sojak	乔木	2					
山茱萸科	Cornaceae	毛梾	*Swida walteri*（Wanger.）Sojak	乔木	2					
山茱萸科	Cornaceae	尖叶四照花	*Dendrobenthamia angustata*（Chun）Fang	乔木	1		+		+	
山茱萸科	Cornaceae	绒毛尖叶四照花	*Dendrobenthamia angustata*（Chun）Fang var. *mollis*（Rehd.）Fang	乔木	2		+		+	
山茱萸科	Cornaceae	头状四照花	*Dendrobenthamia capitata*（Wall.）Hutch.	乔木	2		+			
山茱萸科	Cornaceae	大型四照花	*Dendrobenthamia gigantea*（Hand.-Mazz.）Fang	乔木	2		+			
山茱萸科	Cornaceae	香港四照花	*Cornus hongkongensis* Hemsl.	乔木	2		+			
山茱萸科	Cornaceae	四照花	*Dendrobenthamia japonica*（DC.）Fang var. *chinensis*（Osborn.）Fang	乔木	1		+		+	
山茱萸科	Cornaceae	白毛四照花	*Dendrobenthamia japonica*（DC.）Fang var. *leucotricha* Fang et Hsieh	乔木	2		+		+	
山茱萸科	Cornaceae	黑毛四照花	*Dendrobenthamia melanotricha*（Pojark.）Fang	乔木	2		+		+	
山茱萸科	Cornaceae	中华青荚叶	*Helwingia chinensis* Batal.	灌木	2		+			
山茱萸科	Cornaceae	钝齿青荚叶	*Helwingia chinensis* Batal. var. *crenata*（Lingelsh. et Limpr.）Fang	灌木	2		+			
山茱萸科	Cornaceae	西域青荚叶	*Helwingia himalaica* Hook. f. et Thomson ex C. B. Clarke	灌木	2		+			
山茱萸科	Cornaceae	青荚叶	*Helwingia japonica*（Thunb.）Dietr.	灌木	1		+			
山茱萸科	Cornaceae	白粉青荚叶	*Helwingia japonica*（Thunb.）Dietr. ssp. *japonica* var. *hypoleuca* Hemsl. ex Rehd.	灌木	2		+			
山茱萸科	Cornaceae	四川青荚叶	*Helwingia japonica*（Thunb.）Dietr. ssp. *japonica* var. *szechuanensis*（Fang）Fang et Soong	灌木	2		+			
山茱萸科	Cornaceae	峨眉青荚叶	*Helwingia omeiensis*（Fang）Hara et Kuros	灌木	1		+			
山茱萸科	Cornaceae	光皮梾木	*Cornus wilsoniana* Wangerin	乔木	2					
山茱萸科	Cornaceae	角叶鞘柄木	*Toricellia angulata* Oliv.	灌木	2					
山茱萸科	Cornaceae	有齿鞘柄木	*Toricellia angulata* Oliv. var. *intermedia*（Harms）Hu	灌木	2					
桤叶树科	Clethraceae	城口桤叶树	*Clethra fargesii* Franch.	乔木	2					
桤叶树科	Clethraceae	单穗桤叶树	*Clethra monostachya* Rehd. et Wils.	乔木	2					

续表

科名	科拉丁名	物种名	学名	生活型	数据来源	药用	观赏	食用	蜜源	工业原料
被子植物门 Gymnospermae										
双子叶植物纲 Dicotyledoneae										
桤叶树科	Clethraceae	云南桤叶树（南川桤叶树）	*Clethra delavayi* Franch.	乔木	2					
鹿蹄草科	Pyrolaceae	水晶兰	*Monotropa uniflora* L.	草本	2	+				
鹿蹄草科	Pyrolaceae	拟水晶兰（大果假水晶兰）	*Cheilotheca macrocarpa*	草本	2	+				
鹿蹄草科	Pyrolaceae	鹿蹄草	*Pyrola calliantha* H. Andr.	草本	2				+	
鹿蹄草科	Pyrolaceae	普通鹿蹄草	*Pyrola decorata* H. Andr.	草本	2				+	
杜鹃花科	Ericaceae	灯笼树	*Enkianthus chinensis* Franch.	灌木	2		+		+	
杜鹃花科	Ericaceae	毛叶吊钟花	*Enkianthus deflexus*（Griff.）Schneid.	灌木	2		+		+	
杜鹃花科	Ericaceae	齿缘吊钟花	*Enkianthus serrulatus*（Wils.）Schneid.	灌木	2		+		+	
杜鹃花科	Ericaceae	四川白珠	*Gaultheria cuneata*（Rehd. et Wils.）Bean	灌木	2		+		+	
杜鹃花科	Ericaceae	芳香白珠	*Gaultheria fragrantissima* Wall.	灌木	2		+		+	
杜鹃花科	Ericaceae	尾叶白珠	*Gaultheria griffithiana* Wight	灌木	2		+		+	
杜鹃花科	Ericaceae	滇白珠	*Gaultheria leucocarpa* Bl. var. *crenulata*（Kurz）T. Z. Hsu	灌木	2		+		+	
杜鹃花科	Ericaceae	珍珠花（南烛）	*Lyonia ovalifolia*（Wall.）Drude	灌木	2		+		+	
杜鹃花科	Ericaceae	狭叶珍珠花	*Lyonia ovalifolia*（Wall.）Drude var. *lanceolata*（Wall.）Hand. Mazz.	灌木	2		+		+	
杜鹃花科	Ericaceae	小果珍珠花（小果南烛）	*Lyonia ovalifolia*（Wall.）Drude var. *elliptica*	灌木	2		+		+	
杜鹃花科	Ericaceae	美丽马醉木	*Pieris formosa*（Wall.）D. Don	灌木	1		+		+	
杜鹃花科	Ericaceae	马醉木	*Pieris japonica*（Thunb.）D. Don ex G. Don	灌木	1		+		+	
杜鹃花科	Ericaceae	弯尖杜鹃	*Rhododendron adenopodum* Franch.	灌木	2		+		+	
杜鹃花科	Ericaceae	紫花杜鹃	*Rhododendron amesiae* Rehd. et Wils.	灌木	2		+		+	
杜鹃花科	Ericaceae	毛肋杜鹃	*Rhododendron augustinii* Hemsl.	灌木	2		+		+	
杜鹃花科	Ericaceae	银叶杜鹃	*Rhododendron argyrophyllum* Franch.	灌木	2		+		+	
杜鹃花科	Ericaceae	黔东银叶杜鹃	*Rhododendron argyrophyllum* Franch. ssp. *nankingense*（Cowan）Chamb.	灌木	2		+		+	
杜鹃花科	Ericaceae	腺萼马银花	*Rhododendron bachii* Lévl.	灌木	2		+		+	
杜鹃花科	Ericaceae	短梗杜鹃	*Rhododendron brachypodum* Fang et P. S. Liu	灌木	2		+		+	
杜鹃花科	Ericaceae	美容杜鹃	*Rhododendron calophytum* Franch.	乔木	2		+		+	
杜鹃花科	Ericaceae	金佛山美容杜鹃	*Rhododendron calophytum* Franch. var. *jingfuense* Fang et W. K. Hu	乔木	2		+		+	
杜鹃花科	Ericaceae	疏花美容杜鹃	*Rhododendron calophytum* Franch. var. *puciflorum* W. K. Hu	乔木	2		+		+	
杜鹃花科	Ericaceae	树枫杜鹃	*Rhododendron changii*（Fang）Fang	灌木	1		+		+	
杜鹃花科	Ericaceae	粗脉杜鹃（麻叶杜鹃）	*Rhododendron coeloneurum* Diels	灌木	1		+		+	
杜鹃花科	Ericaceae	大白杜鹃	*Rhododendron decorum* Franch.	灌木	1		+		+	
杜鹃花科	Ericaceae	树生杜鹃	*Rhododendron dendrocharis* Franch.	灌木	2		+		+	
杜鹃花科	Ericaceae	高尚大白杜鹃	*Rhododendron decorum* Franch. ssp. *disprepes*（Balf. f. et W. W. Sm.）T. L. Ming	灌木	2		+		+	
杜鹃花科	Ericaceae	小头大白杜鹃	*Rhododendron decorum* Franch. ssp. *parvistigmaticum* W. K. Hu	灌木	2		+		+	
杜鹃花科	Ericaceae	喇叭杜鹃	*Rhododendron discolor* Franch.	灌木	2		+		+	
杜鹃花科	Ericaceae	云锦杜鹃	*Rhododendron fortunei* Lindl.	灌木	2		+		+	

续表

科名	科拉丁名	物种名	学名	生活型	数据来源	药用	观赏	食用	蜜源	工业原料
被子植物门 Gymnospermae										
双子叶植物纲 Dicotyledoneae										
杜鹃花科	Ericaceae	凉山杜鹃	*Rhododendron huianum* Fang	灌木	2		+		+	
杜鹃花科	Ericaceae	粉白杜鹃	*Rhododendron hypoglaucum* Hemsl.	灌木	1		+		+	
杜鹃花科	Ericaceae	薄叶马银花	*Rhododendron leptothrium* Balf. f. et Forrest	灌木	2		+		+	
杜鹃花科	Ericaceae	金山杜鹃	*Rhododendron longipes* Rehd. et Wils. var. *chienianum*（Fang）Chamb. ex Cullen et Chamb	灌木	1		+	·	+	
杜鹃花科	Ericaceae	黄花杜鹃	*Rhododendron lutescens* Franch.	灌木	2		+		+	
杜鹃花科	Ericaceae	麻花杜鹃	*Rhododendron maculiferum* Franch.	灌木	2		+		+	
杜鹃花科	Ericaceae	满山红	*Rhododendron mariesii* Hemsl. et Wils.	灌木	1		+		+	
杜鹃花科	Ericaceae	羊踯躅	*Rhododendron molle*（Blume）G. Don	灌木	2		+		+	
杜鹃花科	Ericaceae	宝兴杜鹃	*Rhododendron moupinense* Franch.	灌木	2		+		+	
杜鹃花科	Ericaceae	峨马杜鹃	*Rhododendron ochraceum* Rehd. et Wils.	灌木	2		+		+	
杜鹃花科	Ericaceae	阔柄杜鹃	*Rhododendron platypodum* Deils	灌木	1		+		+	
杜鹃花科	Ericaceae	锦绣杜鹃	*Rhododendron pulchrum* Sweet	灌木	2		+		+	
杜鹃花科	Ericaceae	美被杜鹃	*Rhododendron calostrotum* Balf. f. et Kingdon-Ward	灌木	2		+		+	
杜鹃花科	Ericaceae	杜鹃	*Rhododendron simsii* Planch.	灌木	1		+		+	
杜鹃花科	Ericaceae	长蕊杜鹃	*Rhododendron stamineum* Franch.	灌木	1		+		+	
杜鹃花科	Ericaceae	反边杜鹃	*Rhododendron thayerianum* R. et W.	灌木	2		+		+	
杜鹃花科	Ericaceae	南烛（乌饭树）	*Vaccinium bracteatum* Thunb	灌木	2		+		+	
杜鹃花科	Ericaceae	短尾越橘	*Vaccinium carlesii* Dunn	灌木	2		+		+	
杜鹃花科	Ericaceae	齿苞越桔	*Vaccinium fimbribracteatum* C. Y. Wu	灌木	2		+		+	
杜鹃花科	Ericaceae	无梗越桔	*Vaccinium henryi* Hemsl.	灌木	2		+		+	
杜鹃花科	Ericaceae	扁枝越桔	*Vaccinium japonicum* Miq. var. *sinicum*（Nakai）Rehd.	灌木	2		+		+	
杜鹃花科	Ericaceae	江南越桔	*Vaccinium mandarinorum* Diels	灌木	2		+		+	
杜鹃花科	Ericaceae	红花越桔	*Vaccinium urceolatum* Hemsl.	灌木	2		+		+	
紫金牛科	Myrsinaceae	少年红	*Ardisia alyxiifolia* Tsiang ex C. Chen	灌木	2	+	+			
紫金牛科	Myrsinaceae	九管血	*Ardisia brevicaulis* Diels	灌木	2	+	+			
紫金牛科	Myrsinaceae	尾叶紫金牛	*Ardisia caudata* Hemsl.	灌木	2	+	+			
紫金牛科	Myrsinaceae	硃砂根	*Ardisia crenata* Sims	灌木	1	+	+			
紫金牛科	Myrsinaceae	百两金	*Ardisia crispa*（Thunb.）A. DC.	灌木	1	+	+			
紫金牛科	Myrsinaceae	紫金牛	*Ardisia japonica*（Thunb.）Blume	灌木	1	+				
紫金牛科	Myrsinaceae	九节龙	*Ardisia pusilla* A. DC.	灌木	2	+				
紫金牛科	Myrsinaceae	长叶酸藤子	*Embelia longifolia*（Benth.）Hemsl.	藤本	2	+				
紫金牛科	Myrsinaceae	疏花酸藤子	*Embelia pauciflora* Diels	藤本	2	+				
紫金牛科	Myrsinaceae	网脉酸藤子	*Embelia rudis* Hand.-Mazz.	藤本	1	+				
紫金牛科	Myrsinaceae	湖北杜茎山	*Maesa hupehensis* Rehd.	灌木	2					
紫金牛科	Myrsinaceae	毛穗杜茎山	*Maesa insignis* Chun	灌木	2					
紫金牛科	Myrsinaceae	杜茎山	*Maesa japonica*（Thunb.）Moritzi	灌木	1					
紫金牛科	Myrsinaceae	金珠柳	*Maesa montana* A. DC.	灌木	1					
紫金牛科	Myrsinaceae	铁仔	*Myrsine africana* L.	灌木	1					
紫金牛科	Myrsinaceae	针齿铁仔	*Myrsine semiserrata* Wall.	灌木	2					
紫金牛科	Myrsinaceae	光叶铁仔	*Myrsine stolonifera*（Koidz.）Walder	灌木	2					

科名	科拉丁名	物种名	学名	生活型	数据来源	药用	观赏	食用	蜜源	工业原料
被子植物门 Gymnospermae										
双子叶植物纲 Dicotyledoneae										
紫金牛科	Myrsinaceae	密花树	*Rapanea neriifolia*（Sieb. et Zucc.）Mez.	灌木	2		+			
报春花科	Primulaceae	莲叶点地梅	*Androsace henryi* Oliv.	草本	1	+				
报春花科	Primulaceae	点地梅	*Androsace umbellata*（Lour.）Merr.	草本	1	+				
报春花科	Primulaceae	耳叶珍珠菜	*Lysimachia auriculata* Hemsl.	草本	2	+				
报春花科	Primulaceae	虎尾草（狼尾花）	*Chloris virgata* Sw.	草本	2	+				
报春花科	Primulaceae	泽珍珠菜	*Lysimachia candida* Lindl.	草本	1	+				
报春花科	Primulaceae	细梗香草	*Lysimachia capillipes* Hemsl.	草本	1	+				
报春花科	Primulaceae	过路黄	*Lysimachia christinae* Hance	草本	1	+				
报春花科	Primulaceae	露珠珍珠菜	*Lysimachia ciraeoides* Hemsl.	草本	1	+				
报春花科	Primulaceae	矮桃（珍珠菜）	*Lysimachia clethroides* Duby	草本	2	+				
报春花科	Primulaceae	聚花过路黄（临时救）	*Lysimachia congestiflora* Hemsl.	草本	1	+				
报春花科	Primulaceae	长柄过路黄	*Lysimachia esquirolii* Bonati	草本	2	+				
报春花科	Primulaceae	管茎过路黄	*Lysimachia fistulosa* Hand.-Mazz.	草本	1	+				
报春花科	Primulaceae	五岭管茎过路黄	*Lysimachia fistulosa* Hand.-Mazz. var. *wulingensis* Chen et C. M. Hu	草本	2	+				
报春花科	Primulaceae	大叶过路黄	*Lysimachia fordiana* Oliv.	草本	1	+				
报春花科	Primulaceae	点腺过路黄	*Lysimachia hemsleyana* Maxim.	草本	1	+				
报春花科	Primulaceae	宜昌过路黄	*Lysimachia henryi* Hemsl.	草本	2	+				
报春花科	Primulaceae	南川过路黄	*Lysimachia nanchuanensis* C. Y. Wu	草本	2	+				
报春花科	Primulaceae	琴叶过路黄	*Lysimachia ophelioides* Hemsl.	草本	2	+				
报春花科	Primulaceae	落地梅	*Lysimachia paridiformis* Franch.	草本	2	+				
报春花科	Primulaceae	狭叶落地梅	*Lysimachia paridiformis* Franch. var. *stenophylla* Franch.	草本	2	+				
报春花科	Primulaceae	巴东过路黄	*Lysimachia patungensis* Hand.-Mazz.	草本	1	+				
报春花科	Primulaceae	叶头过路黄	*Lysimachia phyllocephala* Hand.-Mazz.	草本	2	+				
报春花科	Primulaceae	短毛叶头过路黄	*Lysimachia phyllocephala* Hand.-Mazz. var. *polycephala*（Chien）Chen et C. M. Hu	草本	2	+				
报春花科	Primulaceae	点叶落地梅	*Lysimachia punctatilimba* C. Y. Wu	草本	2	+				
报春花科	Primulaceae	显苞过路黄	*Lysimachia rubiginosa* Hemsl.	草本	1	+				
报春花科	Primulaceae	阔叶假排草	*Lysimachia sikokiana* Miq. ssp. *petelotii*（Merr.）C. M. Hu	草本	2	+				
报春花科	Primulaceae	腺药珍珠菜	*Lysimachia stenosepala* Hemsl.	草本	1	+				
报春花科	Primulaceae	云贵腺药珍珠菜	*Lysimachia stenosepala* Hemsl. var. *flavescens* Chen et C. M. Hu	草本	2	+				
报春花科	Primulaceae	川香草	*Lysimachia wilsonii* Hemsl.	草本	2	+				
报春花科	Primulaceae	峨眉报春	*Primula faberi* Oliv.	草本	2	+	+		+	
报春花科	Primulaceae	小报春	*Primula forbesii* Franch.	草本	2	+	+		+	
报春花科	Primulaceae	鄂报春	*Primula obconica* Hance	草本	2	+	+		+	
报春花科	Primulaceae	齿萼报春	*Primula odontocalyx*（Franch.）Pax	草本	2	+	+		+	
报春花科	Primulaceae	卵叶报春	*Primula ovalifolia* Franch.	草本	2	+	+		+	
报春花科	Primulaceae	钻齿报春	*Primula pellucida* Franch.	草本	2	+	+		+	
报春花科	Primulaceae	小伞报春	*Primula sertulum* Franch.	草本	2	+	+		+	

科名	科拉丁名	物种名	学名	生活型	数据来源	药用	观赏	食用	蜜源	工业原料
被子植物门 Gymnospermae										
双子叶植物纲 Dicotyledoneae										
报春花科	Primulaceae	广东报春	*Primula kwangtungensis* W. W. Smith	草本	2	+	+		+	
报春花科	Primulaceae	葵叶报春	*Primula malvacea* Franch.	草本	2	+	+		+	
报春花科	Primulaceae	保康报春	*Primula neurocalyx* Franch.	草本	2	+	+		+	
报春花科	Primulaceae	俯垂粉报春	*Primula nutantiflora* Hemsl.	草本	1	+	+		+	
报春花科	Primulaceae	波缘报春	*Primula sinuata* Franch.	草本	2	+	+		+	
白花丹科	Plumbaginaceae	岷江蓝雪花（紫金莲）	*Ceratostigma willmottianum* Stapf.	草本	2	+	+		+	
白花丹科	Plumbaginaceae	白花丹	*Plumbago zeylanica* L.	草本	2	+	+		+	
柿树科	Ebenaceae	瓶兰花	*Diospyros armata* Hemsl.	草本	2	+	+		+	
柿树科	Ebenaceae	乌柿	*Diospyros cathayensis* Steward	灌木	1		+	+		
柿树科	Ebenaceae	福州柿	*Diospyros cathayensis* Steward var. *foochowensis*（Metc. et Chen）S. Lee	草本	2		+	+		
柿树科	Ebenaceae	*柿	*Diospyros kaki* Thunb.	乔木	1		+	+		
柿树科	Ebenaceae	君迁子	*Diospyros lotus* L.	灌木	2		+	+		
柿树科	Ebenaceae	罗浮柿	*Diospyros morrisiana* Hance	乔木	1		+	+		
柿树科	Ebenaceae	岩柿	*Diospyros dumetorum* W. W. Smith	灌木	2		+	+		
柿树科	Ebenaceae	油柿	*Diospyros oleifera* Cheng	乔木	2		+	+		
山矾科	Symplocaceae	腺柄山矾	*Symplocos adenopus* Hance	灌木	2				+	
山矾科	Symplocaceae	薄叶山矾	*Symplocos anomala* Brand	灌木	2				+	
山矾科	Symplocaceae	总状山矾	*Symplocos botryantha* Franch.	灌木	1				+	
山矾科	Symplocaceae	华山矾	*Symplocos chinensis*（Lour.）Druce	灌木	2				+	
山矾科	Symplocaceae	光叶山矾	*Symplocos lancifolia* Sieb. et Zucc.	灌木	1				+	
山矾科	Symplocaceae	黄牛奶树	*Symplocos laurina*（Retz.）Wall.	乔木	2				+	
山矾科	Symplocaceae	潮州山矾	*Symplocos mollifolia* Dunn	灌木	2				+	
山矾科	Symplocaceae	白檀	*Symplocos paniculata*（Thunb.）Miq.	乔木	2				+	
山矾科	Symplocaceae	叶萼山矾（茶条果）	*Symplocos phyllocalyx* Clarke	灌木	2				+	
山矾科	Symplocaceae	多花山矾	*Symplocos ramosissima* Wall. ex G. Don	灌木	2				+	
山矾科	Symplocaceae	四川山矾	*Symplocos setchuanensis* Brand.	灌木	2				+	
山矾科	Symplocaceae	铜绿山矾	*Symplocos aenea* Hand.-Mazz.	灌木	1				+	
山矾科	Symplocaceae	老鼠矢	*Symplocos stellaris* Brand.	灌木	1				+	
山矾科	Symplocaceae	银色山矾	*Symplocos subconnata* Hand.-Mazz.	灌木	2				+	
山矾科	Symplocaceae	山矾	*Symplocos sumuntia* Buch.-Ham. ex D. Don	灌木	1				+	
安息香科	Styracaceae	赤杨叶	*Alniphyllum fortunei*（Hemsl.）Makino	乔木	2		+			
安息香科	Styracaceae	白辛树	*Pterostyrax psilophyllus* Diels ex Perk.	乔木	1		+			
安息香科	Styracaceae	木瓜红	*Rehderodendron macrocarpum* Hu	乔木	2		+			
安息香科	Styracaceae	滇南安息香	*Styrax benzoinoides* Craib	乔木	2		+			
安息香科	Styracaceae	灰叶安息香	*Styrax calvescens* Perk.	乔木	2		+			
安息香科	Styracaceae	垂珠花	*Styrax dasyantha* Perk.	乔木	2		+			
安息香科	Styracaceae	白花龙	*Styrax faberi* Perk.	乔木	2		+			
安息香科	Styracaceae	老鸹铃	*Styrax hemsleyana* Diels	乔木	2		+			

续表

科名	科拉丁名	物种名	学名	生活型	数据来源	药用	观赏	食用	蜜源	工业原料
被子植物门 Gymnospermae									
双子叶植物纲 Dicotyledoneae									
安息香科	Styracaceae	墨泡	*Styrax huana* Rehd.	乔木	2		+			
安息香科	Styracaceae	野茉莉	*Styrax japonica* Sieb. et Zucc.	乔木	2		+			
安息香科	Styracaceae	粉花安息香	*Styrax roseus* Dunn	乔木	1		+			
安息香科	Styracaceae	栓叶安息香	*Styrax suberifolia* Hook. et Arn.	乔木	2		+			
木犀科	Oleaceae	流苏树	*Chionanthus retusus* Lindl. et Paxt.	灌木	2		+			
木犀科	Oleaceae	连翘	*Forsythia suspensa*（Thunb.）Vahl	灌木	2	+	+		+	
木犀科	Oleaceae	小叶梣	*Fraxinus bungeanu* DC.	灌木	2		⏐		⏐	
木犀科	Oleaceae	白蜡树	*Fraxinus chinensis* Roxb.	灌木	2		+		+	
木犀科	Oleaceae	光蜡树	*Fraxinus griffithii* C. B. Clarke	灌木	2		+		+	
木犀科	Oleaceae	对节白蜡	*Fraxinus hupehensis* Chu，Shang et Su	灌木	2		+		+	
木犀科	Oleaceae	苦枥木	*Fraxinus insularis* Hemsley	灌木	1		+		+	
木犀科	Oleaceae	宿柱白蜡树	*Fraxinus stylosa* Lingelsh.	灌木	2		+		+	
木犀科	Oleaceae	探春花	*Jasminum floridum* Bunge	灌木	1		+		+	
木犀科	Oleaceae	清香藤	*Jasminum lanceolarium* Roxb.	藤本	2		+		+	
木犀科	Oleaceae	迎春花	*Jasminum nudiflorum* Lindl.	灌木	1		+		+	
木犀科	Oleaceae	素方花	*Jasminum officinale* L. var. *officinale* L.	灌木	1		+		+	
木犀科	Oleaceae	素心清香藤	*Jasminum polyanthum* Franch	灌木	2		+		+	
木犀科	Oleaceae	华素馨	*Jasminum sinense* Hemsl.	灌木	2		+		+	
木犀科	Oleaceae	川素馨	*Jasminum urophyllum* Hemsley	灌木	2		+		+	
木犀科	Oleaceae	长叶女贞	*Ligustrum compactum*（Wall. ex G. Don）Hook. f.	灌木	2					
木犀科	Oleaceae	扩展女贞	*Ligustrum expansum* Rehd.	灌木	2					
木犀科	Oleaceae	丽叶女贞（苦丁茶）	*Ligustrum henryi* Hemsl.	灌木	2					
木犀科	Oleaceae	日本女贞	*Ligustrum japonicum* Thunb.	灌木	2					
木犀科	Oleaceae	紫药女贞	*Ligustrum lelavayanum* Hariot	灌木	2					
木犀科	Oleaceae	蜡子树	*Ligustrum leuanthum*（S. Moore）P. S. Green	灌木	2					
木犀科	Oleaceae	女贞	*Ligustrum lucidum* Ait.	乔木	1	+		+		+
木犀科	Oleaceae	总梗女贞	*Ligustrum pricei* Hayata	灌木	1	+				
木犀科	Oleaceae	小蜡	*Ligustrum sinense* Lour.	灌木	1					
木犀科	Oleaceae	多毛小蜡	*Ligustrum sinense* Lour. var. *coryanum*（W. W. Smith）Hand.-Mazz.	灌木	2	+		+		+
木犀科	Oleaceae	光萼小蜡	*Ligustrum sinense* Lour. var. *myrianthum*（Diels）Hook. f.	灌木	1					
木犀科	Oleaceae	峨边小蜡	*Ligustrum sinense* Lour. var. *opienense* Y. C. Yang	灌木	2					
木犀科	Oleaceae	红柄木犀	*Osmanthus armatus* Diels	灌木	1		+			
木犀科	Oleaceae	木犀	*Osmanthus fragrans*（Thunb.）Lour.	乔木	1		+			
木犀科	Oleaceae	蒙自桂花	*Osmanthus henryi* P. S. Green	灌木	2					
木犀科	Oleaceae	坛花木犀	*Osmanthus urceolatus* P. S. Green	灌木	2					
木犀科	Oleaceae	毛桂花	*Osmanthus venosus* Pampanini	灌木	2					
木犀科	Oleaceae	野桂花	*Osmanthus yunnanensis*（Franch.）P. S. Green	灌木	2					
木犀科	Oleaceae	紫丁香	*Syringa oblata* Lindl.	灌木	2					+
醉鱼草科	Loganiaceae	巴东醉鱼草	*Buddleja albiflora* Hemsl.	灌木	1					

续表

科名	科拉丁名	物种名	学名	生活型	数据来源	药用	观赏	食用	蜜源	工业原料
			被子植物门 Gymnospermae							
			双子叶植物纲 Dicotyledoneae							
醉鱼草科	Loganiaceae	白背枫（驳骨丹、七里香）	*Buddleja asiatica* Lour.	灌木	2	+				+
醉鱼草科	Loganiaceae	蜜香醉鱼草	*Buddleja candida* Dunn	灌木	2					
醉鱼草科	Loganiaceae	大叶醉鱼草	*Buddleja davidii* Franch.	灌木	1	+	+			
醉鱼草科	Loganiaceae	云川醉鱼草	*Buddleja forrestii* Diels	灌木	2					
醉鱼草科	Loganiaceae	醉鱼草	*Buddleja lindleyana* Fortune	灌木	1	+	+			
醉鱼草科	Loganiaceae	大序醉鱼草	*Buddleja macrostachya* Wall. ex Benth.	灌木	2					
醉鱼草科	Loganiaceae	密蒙花	*Buddleja officinalis* Maxim.	灌木	2	+				
醉鱼草科	Loganiaceae	狭叶蓬莱葛	*Gardneria angustifolia* Wall.	藤本	2	+				
醉鱼草科	Loganiaceae	柳叶蓬莱葛	*Gardneria lanceolata* Rehd. & Wilson	藤本	2					
醉鱼草科	Loganiaceae	蓬莱葛	*Gardneria multiflora* Makino	藤本	2	+				
龙胆科	Gentianaceae	杯药草	*Cotylanthera paucisquama* C. B. Clarke	草本	2					
龙胆科	Gentianaceae	莲座叶龙胆	*Gentiana complexa* T. N. Ho	草本	2					
龙胆科	Gentianaceae	黄山龙胆	*Gentiana delicata* Marq.	草本	2					
龙胆科	Gentianaceae	密花龙胆	*Gentiana densiflora* T. N. Ho	草本	2					
龙胆科	Gentianaceae	流苏龙胆	*Gentiana panthaica* Prain et Burk.	草本	2					
龙胆科	Gentianaceae	红花龙胆	*Gentiana rhodantha* Franch. ex Hemsl.	草本	1	+				
龙胆科	Gentianaceae	深红龙胆	*Gentiana rubicunda* Franch.	草本	1					
龙胆科	Gentianaceae	水繁缕龙胆	*Gentiana samolifolia* Franch.	草本	2					
龙胆科	Gentianaceae	龙胆	*Gentiana scabra* Bunge	草本	2					
龙胆科	Gentianaceae	鳞叶龙胆	*Gentiana squarrosa* Ledeb.	草本	2					
龙胆科	Gentianaceae	灰绿龙胆	*Gentiana yokusai* Burk.	草本	2					
龙胆科	Gentianaceae	椭圆叶花锚	*Halenia elliptica* D. Don	草本	2	+				
龙胆科	Gentianaceae	大花花锚	*Halenia elliptica* D. Don var. *grandiflora* Hemsl.	草本	2					
龙胆科	Gentianaceae	匙叶草	*Latouchea fokiensis* Franch.	草本	2					
龙胆科	Gentianaceae	美丽肋柱花	*Lomatogonium bellum*（Hemsl.）H. Smith	草本	2					
龙胆科	Gentianaceae	翼萼蔓龙胆	*Pterygocalyx volubilis* Maxim.	草本	2					
龙胆科	Gentianaceae	獐牙菜	*Swertia bimaculata*（Sieb. et Zucc.）Hook. f. et Thoms. ex C. B. Clarke	草本	1					
龙胆科	Gentianaceae	西南獐牙菜	*Swertia cincta* Burk.	草本	2					
龙胆科	Gentianaceae	川东獐牙菜	*Swertia davidii* Franch.	草本	2					
龙胆科	Gentianaceae	北方獐牙菜	*Swertia diluta*（Turze.）Benth. et Hook. f.	草本	2					
龙胆科	Gentianaceae	红直獐牙菜	*Swertia erythrosticta* Maxim.	草本	2					
龙胆科	Gentianaceae	贵州獐牙菜	*Swertia kouitchensis* Franch.	草本	2					
龙胆科	Gentianaceae	大籽獐牙菜	*Swertia macrosperma*（C. B. Clarke）C. B. Clarke	草本	2					
龙胆科	Gentianaceae	显脉獐牙菜	*Swertia nervosa*（G. Don）Wall. ex C. B. Clarke	草本	2					
龙胆科	Gentianaceae	鄂西獐牙菜	*Swertia oculata* Hemsl.	草本	2					
龙胆科	Gentianaceae	云南獐牙菜	*Swertia yunnanensis* Burk.	草本	2					
龙胆科	Gentianaceae	双蝴蝶	*Tripterospermum chinense*（Migo）H. Smith	藤本	1					
龙胆科	Gentianaceae	峨眉双蝴蝶	*Tripterospermum cordatum*（Marq.）H. Smith	藤本	1					
龙胆科	Gentianaceae	湖北双蝴蝶	*Tripterospermum discoideum*（Marq.）H. Smith	藤本	1					

续表

科名	科拉丁名	物种名	学名	生活型	数据来源	药用	观赏	食用	蜜源	工业原料
被子植物门 Gymnospermae										
双子叶植物纲 Dicotyledoneae										
龙胆科	Gentianaceae	细茎双蝴蝶	*Tripterospermum filicaule*（Hemsl.）H. Smith.	藤本	2					
龙胆科	Gentianaceae	毛萼双蝴蝶	*Tripterospermum hirticalyx* C. Y. Wu ex C. J. Wu	藤本	2					
龙胆科	Gentianaceae	日本双蝴蝶	*Tripterospermum japonicum*（Sieb. et Zucc.）Maxim.	藤本	1					
荇菜科	Gentianaceae	荇菜	*Nymphoides peltatum*（Gmel.）O. Ktze.	草本	2					
夹竹桃科	Apocynaceae	鸡骨常山	*Alstonia yunnanensis* Diels	灌木	2	+				
夹竹桃科	Apocynaceae	海南链珠藤	*Alyxia hainanensis* Merr. et Chun	藤本	2					
夹竹桃科	Apocynaceae	串珠子	*Alyxia vulgaris* Tsiang	藤本	1					
夹竹桃科	Apocynaceae	假虎刺	*Carissa spinarum* L.	灌木	2					
夹竹桃科	Apocynaceae	尖山橙	*Melodinus fusiformis* Champ. ex Benth.	灌木	2	+				
夹竹桃科	Apocynaceae	川山橙	*Melodinus hemsleyanus* Diels	灌木	2					
夹竹桃科	Apocynaceae	酸叶胶藤	*Ecdysanthera rosea* Hook. et Arn.	藤本	2	+				+
夹竹桃科	Apocynaceae	毛药藤	*Sindechites henryi* Oliv.	藤本	2	+				
夹竹桃科	Apocynaceae	羊角拗	*Strophanthus divaricatus*（Lour.）Hook. et Arn.	藤本	2	+				+
夹竹桃科	Apocynaceae	紫花络石	*Trachelospermum axillare* Hook. f.	藤本	2					+
夹竹桃科	Apocynaceae	短柱络石	*Trachelospermum brevistylum* Hand.-Mazz.	藤本	2					
夹竹桃科	Apocynaceae	乳儿绳	*Trachelospermum cathayanum* Schneid.	藤本	1					+
夹竹桃科	Apocynaceae	细梗络石	*Trachelospermum gracilipes* Hook. f.	藤本	2					
夹竹桃科	Apocynaceae	湖北络石	*Trachelospermum gracilipes* Hook. f. var. *hupehense* Tsiang et P. T. Li	藤本	2					
夹竹桃科	Apocynaceae	络石	*Trachelospermum jasminoides*（Lindl.）Lem.	藤本	1	+				
萝藦科	Asclepiadaceae	箭药藤	*Belostemma hirsutum* Wall.ex Wight	藤本	2					
萝藦科	Asclepiadaceae	青龙藤	*Biondia henryi*（Warb. ex Schltr. et Diels）Tsiang et P. T. Li	藤本	2					
萝藦科	Asclepiadaceae	宝兴藤	*Biondia pilosa* Tsiang et P. T. Li	藤本	2					
萝藦科	Asclepiadaceae	宝兴吊灯花	*Ceropegia paoshingensis* Tsiang et P. T. Li	藤本	2					
萝藦科	Asclepiadaceae	吊灯花	*Ceropegia trichantha* Hemsl.	藤本	2	+				
萝藦科	Asclepiadaceae	白薇	*Cynanchum atratum* Bunge	藤本	2	+				
萝藦科	Asclepiadaceae	牛皮消	*Cynanchum auriculatum* Royle et Wight	藤本	2	+				
萝藦科	Asclepiadaceae	刺瓜	*Cynanchum corymbosum* Wight	藤本	2	+				
萝藦科	Asclepiadaceae	豹药藤	*Cynanchum decipiens* Schneid.	藤本	2					+
萝藦科	Asclepiadaceae	大理白前	*Cynanchum forrestii* Schltr.	草本	2	+				
萝藦科	Asclepiadaceae	竹灵消	*Cynanchum inamoenum*（Maxim）Loes	草本	2	+				
萝藦科	Asclepiadaceae	华北白前	*Cynanchum mongolicum*（Maxim.）Hemsl.	草本	2					
萝藦科	Asclepiadaceae	朱砂藤	*Cynanchum officinale*（Hemsl.）Tsiang et Zhang	藤本	2	+				
萝藦科	Asclepiadaceae	青羊参	*Cynanchum otophyllum* Schneid.	草本	2					+
萝藦科	Asclepiadaceae	徐长卿	*Cynanchum paniculatum*（Bunge）Kitagawa.	草本	2	+				
萝藦科	Asclepiadaceae	柳叶白前	*Cynanchum stauntonii*（Decne.）Schltr. ex Lévl.	草本	2	+				
萝藦科	Asclepiadaceae	狭叶白前	*Cynanchum stenophyllum* Hemsl.	草本	2					
萝藦科	Asclepiadaceae	隔山消	*Cynanchum wilfordii*（Maxim.）Hemsl.	藤本	2	+				
萝藦科	Asclepiadaceae	苦绳	*Dregea sinensis* Hemsl.	藤本	2	+				+
萝藦科	Asclepiadaceae	贯筋藤	*Dregea sinensis* Hemsl. var. *corrugata*（Schneid.）Tsang et P. T. Li	藤本	2	+				+

科名	科拉丁名	物种名	学名	生活型	数据来源	药用	观赏	食用	蜜源	工业原料
被子植物门 Gymnospermae										
双子叶植物纲 Dicotyledoneae										
萝摩科	Asclepiadaceae	醉魂藤	*Heterostemma alatum* Wight	藤本	1	+				
萝摩科	Asclepiadaceae	通光散	*Marsdenia tenacissima*（Roxb.）Wight et Arn.	藤本	2	+				+
萝摩科	Asclepiadaceae	蓝叶藤	*Marsdenia tinctoria* R. Br.	藤本	2					+
萝摩科	Asclepiadaceae	青蛇藤	*Periploca calophylla*（Woght）Falc.	藤本	2	+				+
萝摩科	Asclepiadaceae	黑龙骨	*Periploca forrestii* Schltr.	藤本	2	+				
萝摩科	Asclepiadaceae	杠柳	*Periploca sepium* Bunge	藤本	1	+				+
萝摩科	Asclepiadaceae	人参娃儿藤	*Tylophora kerrii* Craib	藤本	2	+				
旋花科	Convolvulaceae	打碗花	*Calystegia hederacea* Wall. ex. Roxb.	草本	2					
旋花科	Convolvulaceae	长裂旋花	*Calystegia silvatica*（Kit.）Griseb. ssp. *orientalis* Brummitt	草本	2					
旋花科	Convolvulaceae	鼓子花（篱打旋花，篱天箭）	*Calystegia sepium*（L.）R. Br.	草本	1	+				
旋花科	Convolvulaceae	南方菟丝子	*Cuscuta australis* R. Br.	藤本	2	+				
旋花科	Convolvulaceae	菟丝子	*Cuscuta chinensis* Lam.	藤本	2	+				
旋花科	Convolvulaceae	马蹄金	*Dichondra micrantha* Urb.	草本	2	+				
旋花科	Convolvulaceae	土丁桂	*Evolvulus alsinoides*（L.）L.	草本	2	+				
旋花科	Convolvulaceae	变色牵牛	*Pharbitis indica*（Burm.）R. C. Fang	藤本	2					
旋花科	Convolvulaceae	腺毛飞蛾藤	*Porana duclouxii* Gagn. et Courch. var. *lasia*（Schneid.）Hand.-Mazz.	藤本	2					
旋花科	Convolvulaceae	飞蛾藤	*Porana racemosa* Roxb.	藤本	2	+				
旋花科	Convolvulaceae	大果飞蛾藤	*Porana sinensis* Hemsl.	藤本	2					
旋花科	Convolvulaceae	近无毛飞蛾藤	*Porana sinensis* Hemsl. var. *delavayi*（Gagn. et Courch.）Rehd.	藤本	2					
花荵科	polemoniaceae	中华花荵（花荵）	*Polemonium coeruleum* L. var. *chinense* Brand	草本	2					
紫草科	Boraginaceae	多苞斑种草	*Bothriospermum secundum* Maxim.	草本	2					
紫草科	Boraginaceae	柔弱斑种草	*Bothriospermum zeylanicum*（J. Jacq.）Druce	草本	2					
紫草科	Boraginaceae	倒提壶	*Cynoglossum amabile* Stapf et Drumm.	草本	1	+				
紫草科	Boraginaceae	小花琉璃草	*Cynoglossum lanceolatum* Forsk.	草本	2	+				
紫草科	Boraginaceae	琉璃草	*Cynoglossum furcatum* Wall.	草本	1	+				
紫草科	Boraginaceae	粗糠树	*Ehretia macrophylla* Wall.	乔木	2		+			
紫草科	Boraginaceae	光叶粗糠树	*Ehretia macrophylla* Wall. var. *glabrescens*（Nakai）Y. L. Liu	乔木	2					
紫草科	Boraginaceae	厚壳树	*Ehretia acuminata*（DC.）R. Br.	乔木	2	+				+
紫草科	Boraginaceae	紫草	*Lithospermum erythrorhizon* Sieb. et Zucc.	草本	1	+				
紫草科	Boraginaceae	梓木草	*Lithospermum zollingeri* DC.	草本	2	+				
紫草科	Boraginaceae	短蕊车前紫草	*Sinojohnstonia moupinensis*（Franch.）W. T. Wang	草本	2					
紫草科	Boraginaceae	车前紫草	*Sinojohnstonia plantaginea* Hu	草本	1					
紫草科	Boraginaceae	盾果草	*Thyrocarpus sampsonii* Hance	草本	2	+				
紫草科	Boraginaceae	西南附地菜	*Trigonotis cavaleriei*（Lévl.）Hand.-Mazz.	草本	1					
紫草科	Boraginaceae	狭叶附地菜	*Trigonotis compressa* Johnst.	草本	1					
紫草科	Boraginaceae	多花附地菜	*Trigonotis floribunda* Johnst.	草本	1					
紫草科	Boraginaceae	秦岭附地菜	*Trigonotis giraldii* Brand	草本	2					

续表

科名	科拉丁名	物种名	学名	生活型	数据来源	药用	观赏	食用	蜜源	工业原料
被子植物门 Gymnospermae										
双子叶植物纲 Dicotyledoneae										
紫草科	Boraginaceae	南川附地菜	*Trigonotis laxa* Johnst.	草本	2					
紫草科	Boraginaceae	毛果附地菜	*Trigonotis macrophylla* Vaniot var. *trichocarpa* Hand.-Mazz.	草本	2					
紫草科	Boraginaceae	长梗附地菜	*Trigonotis mairei*（Lévl.）Johnst.	草本	2					
紫草科	Boraginaceae	湖北附地菜	*Trigonotis mollis* Hemsl.	草本	2					
紫草科	Boraginaceae	附地菜	*Trigonotis peduncularis*（Trev.）Benth. ex Baker et Moore	草本	2	+				
马鞭草科	Verbenaceae	紫珠	*Callicarpa bodinieri* Lévl.	灌木	1	+				
马鞭草科	Verbenaceae	南川紫珠	*Callicarpa bodinieri* var. *rosthornii*（Diels）Rehd.	灌木	1					
马鞭草科	Verbenaceae	华紫珠	*Callicarpa cathayana* H. T. Chang	灌木	2					
马鞭草科	Verbenaceae	老鸦糊	*Callicarpa giraldii* Hesse ex Rehd.	灌木	2	+				
马鞭草科	Verbenaceae	毛叶老鸦糊	*Callicarpa giraldii* Hesse ex Rehder var. *subcanescens* Rehder	灌木	2					
马鞭草科	Verbenaceae	日本紫珠	*Callicarpa japonica* Thunb.	灌木	2					
马鞭草科	Verbenaceae	白毛长叶紫珠	*Callicarpa longifolia* Lamk. var. *floccosa* Schauer	灌木	2					
马鞭草科	Verbenaceae	尖尾枫	*Callicarpa longissima*（Hemsl.）Merr.	灌木	2	+				
马鞭草科	Verbenaceae	黄腺紫珠	*Callicarpa luteopunctata* H. T. Chang	灌木	2					
马鞭草科	Verbenaceae	红紫珠	*Callicarpa rubella* Lindl.	灌木	1	+				
马鞭草科	Verbenaceae	兰香草	*Caryopteris incana*（Thunb.）Miq.	草本	2	+				
马鞭草科	Verbenaceae	三花莸	*Caryopteris terniflora* Maxim.	草本	1	+				
马鞭草科	Verbenaceae	臭牡丹	*Clerodendrum bungei* Steud.	草本	2	+				
马鞭草科	Verbenaceae	大萼臭牡丹	*Clerodendrum bungei* Steud. var. *megocalyx* C. Y. Wu	草本	2					
马鞭草科	Verbenaceae	灰毛大青	*Clerodendrum canescens* Wall.	灌木	2					
马鞭草科	Verbenaceae	黄腺大青	*Clerodendrum luteopunctatum* C. Pei & S. L. Chen	灌木	2					
马鞭草科	Verbenaceae	海通	*Clerodendrum manderinorum* Diels	灌木	2					
马鞭草科	Verbenaceae	海州常山	*Clerodendrum trichotomum* Thunb.	灌木	1					
马鞭草科	Verbenaceae	滇常山	*Clerodendrum yunnanense* Hu	灌木	2					
马鞭草科	Verbenaceae	过江藤	*Phyla nodiflora*（L.）Greene	草本	1	+				
马鞭草科	Verbenaceae	臭黄荆	*Premna ligustroides* Hemsl.	灌木	2	+				
马鞭草科	Verbenaceae	豆腐柴	*Premna microphylla* Turcz.	灌木	2	+				
马鞭草科	Verbenaceae	狐臭柴	*Premna puberula* Pamp.	灌木	2	+		+		
马鞭草科	Verbenaceae	马鞭草	*Verbena officinalis* L.	灌木	1	+				
马鞭草科	Verbenaceae	灰毛牡荆	*Vitex cannescens* Kurz.	灌木	2	+				+
马鞭草科	Verbenaceae	黄荆	*Vitex negundo* L.	灌木	1	+				+
马鞭草科	Verbenaceae	荆条	*Vitex negundo* L. var. *heterophylla*（Franch.）Rehd.	灌木	2	+				+
马鞭草科	Verbenaceae	牡荆	*Vitex negundo* L. var. *cannabifolia*（Sieb. et Zucc.）Hand.-Mazz.	灌木	1	+				+
马鞭草科	Verbenaceae	山牡荆	*Vitex quinata*（Lour.）Will.	灌木	2					+
马鞭草科	Verbenaceae	微毛布惊	*Vitex quinata*（Lour.）Will. var. *puberula*（Lam.）Moldenke	灌木	2					+
唇形科	Labiatae	藿香	*Agastache rugosa*（Fisch. et Mey.）O. Ktze.	草本	1	+				
唇形科	Labiatae	金疮小草	*Ajuga decumbens* Thunb.	草本	2	+				
唇形科	Labiatae	紫背金盘	*Ajuga nipponensis* Makino	草本	2	+				
唇形科	Labiatae	拟缺香茶菜	*Isodon excisoides*（Y. Z. Sun ex C. H. Hu）H. Hara	草本	2					

科名	科拉丁名	物种名	学名	生活型	数据来源	药用	观赏	食用	蜜源	工业原料
被子植物门 Gymnospermae										
双子叶植物纲 Dicotyledoneae										
唇形科	Labiatae	显脉香茶菜	*Isodon nervosus*（Hemsl.）Kudo	草本	2	+				
唇形科	Labiatae	总序香茶菜	*Isodon racemosus*（Hemsl.）H. W. Li	草本	2					
唇形科	Labiatae	瘿花香茶菜	*Isodon rosthornii*（Diels）Kudo	草本	2	+				
唇形科	Labiatae	碎米桠	*Isodon rubescens*（Hemsl.）H. Hara	草本	2	+				
唇形科	Labiatae	溪黄草	*Rabdosia serra*（Maxim.）Hara	草本	2	+				
唇形科	Labiatae	风轮菜	*Clinopodium chinense*（Benth.）O. Ktze.	草本	1					
唇形科	Labiatae	细风轮菜	*Clinopodium gracile*（Benth.）Matsum.	草本	2	+				
唇形科	Labiatae	灯笼草	*Clinopodium polycephalum*（Vaniot）C. Y. Wu et Hsuan	草本	1	+				
唇形科	Labiatae	匍匐风轮菜	*Clinopodium repens*（D. Don）Wall. ex Benth.	草本	2					
唇形科	Labiatae	南川绵穗苏	*Comanthosphace nanchuanensis* C. Y. Wu et H. W. Li	草本	2					
唇形科	Labiatae	紫花香薷	*Elsholtzia argyi* Lévl.	草本	2					
唇形科	Labiatae	香薷	*Elsholtzia ciliata*（Thunb.）Hyland.	草本	2	+		+		
唇形科	Labiatae	野草香	*Elsholtzia cypriani*（Pavol.）C. Y. Wu et S. Chow	草本	2	+				+
唇形科	Labiatae	狭叶野草香	*Elsholtzia cyprianii*（Pavol.）S. Chow ex Hsu var. *angustifolia* C. Y. Wu et S. C. Huang	草本	2					
唇形科	Labiatae	活血丹	*Glechoma longituba*（Nakai）Kupr.	草本	2	+				
唇形科	Labiatae	块茎四棱香	*Hanceola tuberifera* Sun	草本	2					
唇形科	Labiatae	异野芝麻	*Heterolamium debile*（Hemsl.）C. Y. Wu	草本	2					
唇形科	Labiatae	细齿异野芝麻（心叶异野芝麻）	*Heterolamium debile*（Hemsl.）C. Y. Wu var. *cardiophyllum*（Hemsl.）C. Y. Wu	草本	2	+				
唇形科	Labiatae	尖齿异野芝麻	*Heterolamium debile*（Hemsl.）C. Y. Wu var. *tochauense*（Kudo）C. Y. Wu	草本	2					
唇形科	Labiatae	香筒草（四川霜柱）	*Keiskea szechuanensis* C. Y. Wu	草本	2					
唇形科	Labiatae	动蕊花	*Kinostemon ornatum*（Hemsl.）Kudo	草本	1					
唇形科	Labiatae	镰叶动蕊花	*Kinostemon ornatum*（Hemsl.）Kudo f. *falcatum* C. Y. Wu et S. Chow	草本	2					
唇形科	Labiatae	夏至草	*Lagopsis supina*（Steph.）Ik.-Gal	草本	2	+				
唇形科	Labiatae	宝盖草	*Lamium amplexicaule* L.	草本	2	+				
唇形科	Labiatae	野芝麻	*Lamium barbatum* Sieb. et Zucc.	草本	2	+				
唇形科	Labiatae	益母草	*Leonurus japonicus* Houtt	草本	1	+				
唇形科	Labiatae	疏花白绒草	*Leucas mollissima* Wall. var. *chinensis* Benth.	草本	2					
唇形科	Labiatae	斜萼草	*Loxocalyx urticifolius* Hemsl	草本	2					
唇形科	Labiatae	小叶地笋	*Lycopus cavaleriei* H. Lév.	草本	2					
唇形科	Labiatae	硬毛地笋	*Lycopus lucidus* Turcz. var. *hirtus* Regel	草本	2					
唇形科	Labiatae	地笋	*Lycopus lucidus* Turze.	草本	2					
唇形科	Labiatae	华西龙头草	*Meehania fargesii*（Lévl.）C. Y. Wu	草本	2	+				
唇形科	Labiatae	梗花华西龙头草	*Meehania fargesii*（Levl.）C. Y. Wu var. *pedunculata*（Hemsl.）C. Y. Wu	草本	2					
唇形科	Labiatae	松林华西龙头草	*Meehania fargesii*（Lévl.）C. Y. Wu var. *pinetorum*（Hand.-Mazz.）C. Y. Wu	草本	2					
唇形科	Labiatae	龙头草	*Meehania henryi*（Hemsl.）Sun ex C. Y. Wu	草本	1	+				
唇形科	Labiatae	蜜蜂花	*Melissa axillaris*（Benth.）Bakh. f.	草本	1	+				+

续表

科名	科拉丁名	物种名	学名	生活型	数据来源	药用	观赏	食用	蜜源	工业原料
被子植物门 Gymnospermae										
双子叶植物纲 Dicotyledoneae										
唇形科	Labiatae	薄荷	*Mentha canadensis* L.	草本	1	+		+		+
唇形科	Labiatae	留兰香	*Mentha spicata* L.	草本	2	+		+		+
唇形科	Labiatae	南川冠唇花	*Microtoena prainiana* Diels	草本	2					
唇形科	Labiatae	石香薷	*Mosla chinensis* Maxim.	草本	2	+				
唇形科	Labiatae	小鱼仙草	*Mosla dianthera*（Buch.-Ham.）Maxim.	草本	2	+				
唇形科	Labiatae	少花荠苧	*Mosla pauciflora*（C. Y. Wu）C. Y. Wu et H. W. Li	草本	2					
唇形科	Labiatae	石荠苧	*Mosla scabra*（Thunb.）C. Y. Wu et H. W. Li	草本	1					
唇形科	Labiatae	心叶荆芥	*Nepeta fodrii* Hemsl.	草本	2					
唇形科	Labiatae	裂叶荆芥	*Nepeta tenuifolia* Benth.	草本	2	+				+
唇形科	Labiatae	牛至	*Origanum vulgare* L.	草本	2	+			+	+
唇形科	Labiatae	白花假糙苏	*Paraphlomis albiflora*（Hemsl.）Hand.-Mazz.	草本	1					
唇形科	Labiatae	罗甸假糙苏	*Paraphlomis gracilis* Kudo var. *lutienensis*（Sun）C. Y. Wu	草本	2					
唇形科	Labiatae	假糙苏	*Paraphlomis javanica*（Bl.）Prain	草本	1					
唇形科	Labiatae	狭叶假糙苏	*Paraphlomis javanica* var. *angustifolia*（C. Y. Wu）C. Y. Wu et H. W. Li	草本	2					
唇形科	Labiatae	紫苏	*Perilla frutescens*（L.）Britt.	草本	2	+				+
唇形科	Labiatae	糙苏	*Phlomis umbrosa*	草本	1	+				
唇形科	Labiatae	南方糙苏（变种）	*Phlomis umbrosa* Turcz. var. *australis* Hemsl.	草本	2	+				
唇形科	Labiatae	夏枯草	*Prunella vulgaris* L.	草本	1	+				
唇形科	Labiatae	白花夏枯草	*Prunella vulgaris* L. var. *leucntha* Schur.	草本	2					
唇形科	Labiatae	血盆草	*Salvia cavaleriei* Levl. var. *simplicifolia* Stib.	草本	2					
唇形科	Labiatae	贵州鼠尾草	*Salvia cavaleriei* Lévl.	草本	1					
唇形科	Labiatae	华鼠尾草	*Salvia chinensis* Benth.	草本	2	+				
唇形科	Labiatae	鼠尾草	*Salvia japonica* Thunb.	草本	2					
唇形科	Labiatae	南川鼠尾草	*Salvia nanchuanensis* Sun	草本	2					
唇形科	Labiatae	荔枝草	*Salvia plebeia* R. Br.	草本	2	+				
唇形科	Labiatae	长冠鼠尾草	*Salvia plectranthoides* Griff.	草本	2					
唇形科	Labiatae	佛光草	*Salvia substolonifera* Stib.	草本	2	+				
唇形科	Labiatae	黄芩	*Scutellaria baicalensis* Georgi	草本	2	+		+	+	
唇形科	Labiatae	尾叶黄芩	*Scutellaria caudifolia* Sun	草本	1					
唇形科	Labiatae	岩藿香	*Scutellaria franchetiana* Lévl.	草本	2	+				
唇形科	Labiatae	韩信草	*Scutellaria indica* L.	草本	1	+				
唇形科	Labiatae	长毛韩信草	*Scutellaria indica* L. var. *elliptica* Sun ex C. H. Hu	草本	2					
唇形科	Labiatae	缩茎韩信草	*Scutellaria indica* L. var. *subcaulis*（Sun ex C. H. Hu）C.Y.Wu et C.Chen	草本	2					
唇形科	Labiatae	变黑黄芩	*Scutellaria nigricans* C. Y. Wu	草本	2					
唇形科	Labiatae	光柄筒冠花	*Siphocranion nudipes*（Hemsl.）Kudo	草本	2					
唇形科	Labiatae	京黄芩	*Scutellaria pekinensis* Maxim.	草本	2					
唇形科	Labiatae	英德黄芩	*Scutellaria yingtakensis* Sun	草本	2					
唇形科	Labiatae	小叶筒冠花	*Siphocranion macranthum*（Hook. f.）C. Y. Wu	草本	2					
唇形科	Labiatae	筒冠花	*Siphocranion macranthum*（Hook. f.）C. Y. Wu	草本	2	+				

科名	科拉丁名	物种名	学名	生活型	数据来源	药用	观赏	食用	蜜源	工业原料
被子植物门 Gymnospermae										
双子叶植物纲 Dicotyledoneae										
唇形科	Labiatae	西南水苏	*Stachys kouyangensis*（Vaniot）Dunn	草本	2	+				
唇形科	Labiatae	针筒菜	*Stachys oblongifolia* Benth.	草本	2	+		+		
唇形科	Labiatae	狭齿水苏	*Stachys pseudophlomis* C. Y. Wu	草本	2		+			
唇形科	Labiatae	甘露子	*Stachys sieboldii* Miq	草本	2					
唇形科	Labiatae	黄花地钮菜	*Stachys xanthantha* C. Y. Wu	草本	2					
唇形科	Labiatae	二齿香科科	*Teucrium bidentatum* Hemsl.	草本	2	+				
唇形科	Labiatae	穗花香科科	*Teucrium japonicum* Willd.	草本	2	+				
唇形科	Labiatae	大唇香科科	*Teucrium labiosum* C. Y. Wu et S. Chow	草本	2	+				
唇形科	Labiatae	峨眉香科科	*Teucrium omeiense* Sun ex S. Chow	草本	2	+				
唇形科	Labiatae	长毛香科科	*Teucrium pilosum*（Pamp.）C. Y. Wu et S. Chow	草本	2	+				
唇形科	Labiatae	微毛血见愁	*Teucrium viscidum* Bl. var. *nepetoides*（Levl.）C. Y. Wu et S. Chow	草本	2	+				
茄科	Solanaceae	天蓬子	*Atropanthe sinensis*（Hemsl.）Pascher	草本	2	+				
茄科	Solanaceae	洋金花	*Datura metel* L.	草本	2	+				
茄科	Solanaceae	曼陀罗	*Datura stramonium* L.	灌木	2	+				
茄科	Solanaceae	天仙子	*Hyoscyamus niger* L.	草本	2	+				
茄科	Solanaceae	红丝线	*Lycianthes biflora*（Lour.）Bitter	草本	1	+		+		
茄科	Solanaceae	密毛红丝线（变种）	*Lycianthes biflora*（Loureiro）Bitter var. *subtusochracea* Bitter	草本	2					
茄科	Solanaceae	鄂红丝线	*Lycianthes hupehensis*（Bitter）C. Y. Wu et S. C. Huang	草本	2					
茄科	Solanaceae	单花红丝线	*Lycianthes lysimachioides*（Wall.）Bitter	草本	1					
茄科	Solanaceae	紫单花红丝线（变种）	*Lycianthes lysimachioides*（Wall.）Bitter var. *purpuriflora* C. Y. Wu et S. C. Huang	草本	2					
茄科	Solanaceae	中华红丝线（变种）	*Lycianthes lysimachioides*（Wall.）Bitter var. *sinensis* Bitter	草本	2					
茄科	Solanaceae	茎根红丝线（变种）	*Lycianthes lysimachioides*（Wallich）Bitter var. *caulorhiza*（Dunal）Bitter	草本	2					
茄科	Solanaceae	心叶单花红丝线（变种）	*Lycianthes lysimachioides* var. *cordifolia* C. Y. Wu et S. C. Huang	草本	2					
茄科	Solanaceae	枸杞	*Lycium chinense* Mill.	灌木	1	+	+	+		
茄科	Solanaceae	假酸浆	*Nicandra physaloides*（L.）Gaertn.	草本	2	+				
茄科	Solanaceae	酸浆	*Physalis alkekengi* L.	草本	2	+		+		+
茄科	Solanaceae	挂金灯	*Physalis alkekengi* L. var. *francheti*（Msat.）Makino	草本	1	+				
茄科	Solanaceae	苦蘵	*Physalis angulata* L.	草本	2	+				
茄科	Solanaceae	小酸浆	*Physalis minima* L.（*Ph. angulata* var. *villosa* Bonati）	草本	2	+		+		+
茄科	Solanaceae	灯笼果	*Physalis peruviana* L.	草本	2			+		
茄科	Solanaceae	毛酸浆	*Physalis pubescens* L.	草本	1	+		+		
茄科	Solanaceae	喀西茄	*Solanum aculeatissimum* Jacquem.	草本	1	+		+		+
茄科	Solanaceae	白英	*Solanum lyratum* Thunb.	草本	2	+				
茄科	Solanaceae	刺天茄	*Solanum indicum* L.	草本	2	+				
茄科	Solanaceae	野海茄	*Solanum japonense* Nakai	草本	2	+		+		
茄科	Solanaceae	龙葵	*Solanum nigrum* L.	草本	1	+		+		

续表

科名	科拉丁名	物种名	学名	生活型	数据来源	药用	观赏	食用	蜜源	工业原料
被子植物门 Gymnospermae										
双子叶植物纲 Dicotyledoneae										
茄科	Solanaceae	矮株龙葵（变种）	*Solanum villosum* Mill.	草本	2					
茄科	Solanaceae	少花龙葵	*Solanum americanum* Mill.	草本	2	+		+		
茄科	Solanaceae	海桐叶白英	*Solanum pittosporifolium* Hemsll.	草本	2					
茄科	Solanaceae	牛茄子	*Solanum virginianum* L.	草本	2	+				
茄科	Solanaceae	野茄	*Solanum coagulans* Forsk.	草本	2	+				
茄科	Solanaceae	黄果茄	*Solanum virginianum* L.	草本	2	+				
茅膏菜科	Droseraceae	盾叶茅膏菜	*Drosera peltata* Sm. ex Willd.	草本	2					
玄参科	Scrophulariaceae	来江藤	*Brandisia hancei* Hook. f.	草本	1	+				
玄参科	Scrophulariaceae	幌菊	*Ellisiophyllum pinnatum*（Wall.）Makino	草本	2		+			
玄参科	Scrophulariaceae	鞭打绣球	*Hemiphragma heterophyllum* Wall.	草本	2	+				
玄参科	Scrophulariaceae	紫苏草	*Limnophila aromatica*（Lam.）Merr.	草本	2	+				
玄参科	Scrophulariaceae	长蒴母草	*Lindernia anagallis*（Burm. f.）Pennell	草本	2	+				
玄参科	Scrophulariaceae	泥花草	*Lindernia antipoda*（L.）Alston	草本	2					
玄参科	Scrophulariaceae	母草	*Lindernia crustacea*（L.）F. Muell	草本	2	+				
玄参科	Scrophulariaceae	宽叶母草	*Lindernia nummularifolia*（D. Don）Wettst.	草本	2	+				
玄参科	Scrophulariaceae	陌上菜	*Lindernia procumbens*（Krock.）Philcox	草本	2	+				
玄参科	Scrophulariaceae	旱田草	*Lindernia ruellioides*（Colsm.）Pennell	草本	2	+				
玄参科	Scrophulariaceae	狭叶通泉草	*Mazus lanceifolius* Hemsl. ex Forbes et Hemsl.	草本	2					
玄参科	Scrophulariaceae	大花通泉草	*Mazus macranthus* Diels	草本	2					
玄参科	Scrophulariaceae	匍茎通泉草	*Mazus miquelii* Makino	草本	2		+			
玄参科	Scrophulariaceae	美丽通泉草	*Mazus pulchellus* Hemsl. ex Forbes et Hemsl.	草本	2					
玄参科	Scrophulariaceae	毛果通泉草	*Mazus spicatus* Vant.	草本	2					
玄参科	Scrophulariaceae	弹刀子菜	*Mazus stachydifolius*（Turcz.）Maxim.	草本	2	+				
玄参科	Scrophulariaceae	四川沟酸浆	*Mimulus szechuanensis* Pai	草本	2	+				
玄参科	Scrophulariaceae	尼泊尔沟酸浆	*Mimulus tenellus* Bunge var. *nepalensis*（Benth.）Tsoong	草本	2					
玄参科	Scrophulariaceae	川泡桐	*Paulownia fargesii* Franch.	乔木	2	+				
玄参科	Scrophulariaceae	白花泡桐	*Paulownia fortunei*（Seem.）Hemsl.	乔木	2	+	+			
玄参科	Scrophulariaceae	毛泡桐	*Paulownia tomentosa*（Thunb.）Steud.	乔木	2	+	+			
玄参科	Scrophulariaceae	连齿马先蒿	*Pedicularis confluens* Tsoong	草本	2					
玄参科	Scrophulariaceae	大卫氏马先蒿	*Pedicularis davidii* Franch.	草本	2	+				
玄参科	Scrophulariaceae	羊齿叶马先蒿	*Pedicularis filicifolia* Hemsl.	草本	2					
玄参科	Scrophulariaceae	纤细马先蒿	*Pedicularis gracilis* Wall.	草本	2					
玄参科	Scrophulariaceae	亨氏马先蒿	*Pedicularis henryi* Maxim.	草本	2	+				
玄参科	Scrophulariaceae	藓生马先蒿	*Pedicularis muscicola* Maxim.	草本	2					
玄参科	Scrophulariaceae	南川马先蒿	*Pedicularis nanchuanensis* Tsoong	草本	2					
玄参科	Scrophulariaceae	假藓生马先蒿	*Pedicularis pseudomuscicola* Bonati	草本	2					
玄参科	Scrophulariaceae	返顾马先蒿	*Pedicularis resupinata* L.	草本	2					
玄参科	Scrophulariaceae	轮叶马先蒿	*Pedicularis verticillata* L.	草本	2		+			
玄参科	Scrophulariaceae	松蒿	*Phtheirospermum japonicum*（Thunb.）Kanitz	草本	2					
玄参科	Scrophulariaceae	地黄	*Rehmannia glutinosa*（Gaert.）Libosch. ex Fisch. et Mey.	草本	2	+				

科名	科拉丁名	物种名	学名	生活型	数据来源	药用	观赏	食用	蜜源	工业原料
被子植物门 Gymnospermae										
双子叶植物纲 Dicotyledoneae										
玄参科	Scrophulariaceae	湖北地黄	*Rehmannia henryi* N. E. Brown	草本	2	+				
玄参科	Scrophulariaceae	长梗玄参	*Scrophularia fargesii* Franch.	草本	2	+				
玄参科	Scrophulariaceae	玄参	*Scrophularia ningpoensis* Hemsl.	草本	2	+				
玄参科	Scrophulariaceae	阴行草	*Siphonostegia chinensis* Benth.	草本	2	+				
玄参科	Scrophulariaceae	西南蝴蝶草	*Torenia cordifolia* Roxb.	草本	2					
玄参科	Scrophulariaceae	长叶蝴蝶草	*Torenia asiatica* L.	草本	1					
玄参科	Scrophulariaceae	紫萼蝴蝶草	*Torenia violacea*（Azaola）Pennell.	草本	2	+				
玄参科	Scrophulariaceae	呆白菜	*Triaenophora rupestris*（Hemsl.）Soler.	草本	2	+				
玄参科	Scrophulariaceae	北水苦荬	*Veronica anagallis-aquatica* L.	草本	2	+				
玄参科	Scrophulariaceae	直立婆婆纳	*Veronica arvensis* L.	草本	2	+				
玄参科	Scrophulariaceae	婆婆纳	*Veronica didyma* Tenore	草本	1	+				
玄参科	Scrophulariaceae	毛果婆婆纳	*Veronica eriogyne* H. Winkl.	草本	2	+				
玄参科	Scrophulariaceae	城口婆婆纳	*Veronica fargesii* Franch	草本	2	+				
玄参科	Scrophulariaceae	华中婆婆纳	*Veronica henryi* Yamazaki	草本	2	+				
玄参科	Scrophulariaceae	多枝婆婆纳	*Veronica javanica* Bl.	草本	2	+				
玄参科	Scrophulariaceae	疏花婆婆纳	*Veronica laxa* Benth.	草本	1	+				
玄参科	Scrophulariaceae	蚊母草	*Veronica peregrina* L.	草本	2	+	+			
玄参科	Scrophulariaceae	阿拉伯婆婆纳	*Veronica persica* Poir.	草本	2	+				
玄参科	Scrophulariaceae	小婆婆纳	*Veronica serpyllifolia* L.	草本	2	+				
玄参科	Scrophulariaceae	陕川婆婆纳	*Veronica tsinglingensis* Hong	草本	2	+				
玄参科	Scrophulariaceae	水苦荬	*Veronica undulata* Wall.	草本	2					
玄参科	Scrophulariaceae	美穗草	*Veronicastrum brunonianum*（Benth.）Hong	草本	2	+				
玄参科	Scrophulariaceae	四方麻	*Veronicastrum caulopterum*（Hance）Yamazaki	草本	2	+				
玄参科	Scrophulariaceae	宽叶腹水草	*Veronicastrum latifolium*（Hemsl.）Yamazaki	草本	2					
玄参科	Scrophulariaceae	长穗腹水草	*Veronicastrum longispicatum*（Merr.）Yamazaki	草本	2					
玄参科	Scrophulariaceae	细穗腹水草	*Veronicastrum stenostachyum*（Hemsl.）Yamazaki ssp. *stenostachyum*	草本	1					
玄参科	Scrophulariaceae	毛叶腹水草	*Veronicastrum villosulum*（Miq.）Yamazaki	草本	2					
紫葳科	Bignoniaceae	楸	*Catalpa bungei* C. A. Mey.	乔木	2					+
紫葳科	Bignoniaceae	灰楸	*Catalpa fargesii* Bur.	乔木	2	+				
列当科	Orobanchaceae	野菰	*Aeginetia indica* L.	草本	2	+				
列当科	Orobanchaceae	丁座草	*Boschniakia himalaica* Hook. f. et Thoms.	草本	2	+				
列当科	Orobanchaceae	假野菰	*Christisonia hookeri* Clarke	草本	2					
列当科	Orobanchaceae	薦寄生	*Gleadovia ruborum* Gamble et Prain	草本	2	+				
列当科	Orobanchaceae	齿鳞草	*Lathraea japonica* Miq.	草本	2					
列当科	Orobanchaceae	豆列当	*Mannagettaea labiata* H. Smith	草本	2	+				
列当科	Orobanchaceae	列当	*Orobanche coerulescens* Steph.	草本	1	+				
列当科	Orobanchaceae	黄筒花	*Phacellanthus tubiflorus* Sieb.	草本	2	+				
苦苣苔科	Gesneriaceae	直瓣苣苔	*Ancylostemon saxatilis*（Hemsl.）Craib	草本	1					
苦苣苔科	Gesneriaceae	大花旋蒴苣苔	*Boea clarkeana* Hemsl.	草本	2	+				
苦苣苔科	Gesneriaceae	旋蒴苣苔	*Boea hygrometrica*（Bunge）R. Br.	草本	2					

续表

科名	科拉丁名	物种名	学名	生活型	数据来源	药用	观赏	食用	蜜源	工业原料
被子植物门 Gymnospermae										
双子叶植物纲 Dicotyledoneae										
苦苣苔科	Gesneriaceae	革叶粗筒苣苔	*Briggsia mihieri*（Franch.）Craib	草本	1					
苦苣苔科	Gesneriaceae	川鄂粗筒苣苔	*Briggsia rosthornii*（Diels）Burtt	草本	2					
苦苣苔科	Gesneriaceae	鄂西粗筒苣苔	*Briggsia speciosa*（Hemsl.）Craib	草本	2	+				
苦苣苔科	Gesneriaceae	牛耳朵	*Chirita eburnea* Hance	草本	1	+				
苦苣苔科	Gesneriaceae	珊瑚苣苔	*Corallodiscus lanuginosus*（Wall. ex A. DC.）B. L. Burtt	草本	2	+				
苦苣苔科	Gesneriaceae	西藏珊瑚苣苔	*Corallodiscus lanuginosa*（Wall. ex A. DC.）Burtt	草本	2	+				
苦苣苔科	Gesneriaceae	全唇苣苔	*Deinocheilos sichuanense* W. T. Wang	草本	2					
苦苣苔科	Gesneriaceae	纤细半蒴苣苔	*Hemiboea gracilis* Franch	草本	1					
苦苣苔科	Gesneriaceae	半蒴苣苔	*Hemiboea subcapitata* C. B. Clarke	草本	1					
苦苣苔科	Gesneriaceae	降龙草	*Hemiboea subcapitata* Clarke	草本	1	+				
苦苣苔科	Gesneriaceae	吊石苣苔	*Lysionotus pauciflorus* Maxim.	草本	1	+				
苦苣苔科	Gesneriaceae	异叶吊石苣苔	*Lysionotus heterophyllus* Franch.	草本	2	+				
苦苣苔科	Gesneriaceae	长瓣马铃苣苔	*Oreocharis auricula*（S. Moore）Clarke	草本	2	+				
苦苣苔科	Gesneriaceae	厚叶蛛毛苣苔	*Paraboea crassifolia*（Hemsl.）Burtt	草本	2	+				
苦苣苔科	Gesneriaceae	蛛毛苣苔	*Paraboea sinensis*（Oliv.）Burtt	草本	2	+				
苦苣苔科	Gesneriaceae	中华石蝴蝶	*Petrocosmea sinensis* Oliv.	草本	2					
水马齿科	Callitrichaceae	水马齿	*Callitriche stagnalis* Scop.	草本	2					+
狸藻科	Lentibulariaceae	高山捕虫堇	*Pinguicula alpina* L.	草本	2					
狸藻科	Lentibulariaceae	黄花狸藻	*Utricularia aurea* Lour.	草本	2		+			
狸藻科	Lentibulariaceae	挖耳草	*Utricularia bifida* L.	草本	2	+				
狸藻科	Lentibulariaceae	少花狸藻	*Utricularia exoleta* R. Br.	草本	2					
爵床科	Phrymaceae	白接骨	*Asystasiella neesiana*（Wall.）Lindau	草本	2	+				
爵床科	Phrymaceae	假杜鹃	*Barleria cristata* L.	草本	2	+				
爵床科	Phrymaceae	黄猄草	*Strobilanthes labordei* H. Lév.	草本	1	+				
爵床科	Phrymaceae	山一笼鸡	*Strobilanthes aprica*（Hance）T. Anders.	草本	2	+				
爵床科	Phrymaceae	水蓑衣	*Hygrophila salicifolia*（Vahl.）Nees	草本	2	+				
爵床科	Phrymaceae	九头狮子草	*Peristrophe japonica*（Thunb.）Bremek.	草本	2	+				
爵床科	Phrymaceae	城口马蓝	*Strobilanthes flexus* R. Ben	草本	2					
爵床科	Phrymaceae	少花黄猄草	*Strobilanthes oligantha* Miq.	草本	2					
爵床科	Phrymaceae	爵床	*Justicia procumbens* L.	草本	1	+				
透骨草科	Phrymaceae	透骨草	*Phryma leptostachya* L. ssp. *asiatica*（Hara）Kitamura	草本	2	+				
车前科	Plantaginaceae	车前	*Plantago asiatica* L.	草本	1	+				
车前科	Plantaginaceae	长果车前（密花车前）	*Plantago asiatica* L. ssp. *densiflora*（J. Z. Liu）Z. Y. Li	草本	2	+				
车前科	Plantaginaceae	疏花车前	*Plantago asiatica* L. ssp. *erosa*（Wall.）Z. Y. Li	草本	1	+				
车前科	Plantaginaceae	平车前	*Plantago depressa* Willd.	草本	2	+				
车前科	Plantaginaceae	长叶车前	*Plantago lanceolata* L.	草本	2	+				
车前科	Plantaginaceae	大车前	*Plantago major* L.	草本	1	+				
茜草科	Rubiaceae	水团花	*Adina pilulifera*（Lam.）Franch. ex Drake	草本	2	+				
茜草科	Rubiaceae	细叶水团花	*Adina rubella* Hance	草本	2	+				
茜草科	Rubiaceae	茜树	*Aidia cochinchinensis* Lour.	灌木	1					

续表

科名	科拉丁名	物种名	学名	生活型	数据来源	药用	观赏	食用	蜜源	工业原料
被子植物门 Gymnospermae										
双子叶植物纲 Dicotyledoneae										
茜草科	Rubiaceae	流苏子	*Coptosapelta diffusa*（Champ. ex Benth.）Van Steenis	灌木	2	+				
茜草科	Rubiaceae	虎刺	*Damnacanthus indicus*（L.）Gaertn.	灌木	2	+	+			
茜草科	Rubiaceae	柳叶虎刺	*Damnacanthus labordei*（Levl.）Lo	灌木	2					
茜草科	Rubiaceae	香果树	*Emmenopterys henryi* Oliv.	乔木	2	+	+			
茜草科	Rubiaceae	刚毛小叶葎	*Galium asperifolium* Wall. ex Roxb. var. *setosum* Cufod.	草本	2					
茜草科	Rubiaceae	拉拉藤	*Galium aparine* Linn. var. *echinospermum*（Wallr.）Cuf.	草本	1	+				
茜草科	Rubiaceae	猪殃殃	*Galium aparine* Linn. var. *tenerum*（Gren. et Godr.）Rcbb.	草本	1	+				
茜草科	Rubiaceae	小叶葎	*Galium asperifolium* Wall. ex Roxb. var. *sikkimense*（Gand.）Cuf.	草本	2					
茜草科	Rubiaceae	六叶葎	*Galium asperuloides* Edgew. ssp. *hoffmeisteri*（Klotzsch）Hara	草本	2					
茜草科	Rubiaceae	硬毛拉拉藤	*Galium boreale* Linn. var. *ciliatum* Nakai	草本	2					
茜草科	Rubiaceae	四叶葎	*Galium bungei* Steud.	草本	2	+				
茜草科	Rubiaceae	狭叶四叶葎	*Galium bungei* Steud. var. *angustifolium*（Loessen）Cuf.	草本	2					
茜草科	Rubiaceae	阔叶四叶葎	*Galium bungei* Steud. var. *trachyspermum*（A. Gray）Cuf.	草本	2					
茜草科	Rubiaceae	线梗拉拉藤	*Galium comari* Levl. et Van.	草本	2	+				
茜草科	Rubiaceae	小红参	*Galium elegans* Wall. ex Roxb.	草本	2					
茜草科	Rubiaceae	车前葎	*Galium asperuloides* Edgew.	草本	2					
茜草科	Rubiaceae	小叶猪殃殃	*Galium trifidum* L.	草本	2	+				
茜草科	Rubiaceae	蓬子菜	*Galium verum* L.	草本	2	+				
茜草科	Rubiaceae	栀子	*Gardenia jasminoides* Ellis	灌木	1	+	+			
茜草科	Rubiaceae	白花蛇舌草	*Hedyotis diffusa* Willd.	草本	2	+				
茜草科	Rubiaceae	纤花耳草	*Hedyotis tenellifloa* Bl.	草本	2					
茜草科	Rubiaceae	粗叶耳草	*Hedyotis verticillata*（L.）Lam.	草本	2	+				
茜草科	Rubiaceae	台湾粗叶木	*Lasianthus formosensis* Matsum.	灌木	2					
茜草科	Rubiaceae	日本粗叶木	*Lasianthus japonicus* Miq.	灌木	2					
茜草科	Rubiaceae	曲毛日本粗叶木	*Lasianthus japonicus* Miq. var. *satsumensis*（Matsum.）Makiao	灌木	2					
茜草科	Rubiaceae	云广粗叶木	*Lasianthus japonicus* Miq. ssp. *longicaudus*（Hook. f.）C. Y. Wu et H. Zhu	灌木	2					
茜草科	Rubiaceae	黄棉木	*Metadina trichotoma*（Zoll. et Mor.）Bakh. f.	灌木	2					+
茜草科	Rubiaceae	羊角藤	*Morinda umbellata* L. ssp. *obovata* Y. Z. Ruan	藤本	1	+				+
茜草科	Rubiaceae	展枝玉叶金花	*Mussaenda divaricata* Hutchins.	灌木	1					
茜草科	Rubiaceae	柔毛玉叶金花	*Mussaenda divaricata* Hutchins. var. *mollis* Hutch.	灌木	2					
茜草科	Rubiaceae	楠藤	*Mussaenda erosa* Champ.	灌木	1	+				
茜草科	Rubiaceae	藕花	*Mussaenda esquirolii* Levl.	灌木	2	+				+
茜草科	Rubiaceae	小玉叶金花	*Mussaenda parviflora* Miq.	灌木	2					
茜草科	Rubiaceae	玉叶金花	*Mussaenda pubescens* Ait. f.	灌木	2	+	+			+
茜草科	Rubiaceae	密脉木	*Myrioneuron faberi* Hemsl.	灌木	1					
茜草科	Rubiaceae	臭味新耳草	*Neanotis ingrata*（Wall. ex Hook. f.）Lewis	草本	2					
茜草科	Rubiaceae	西南新耳草	*Neanotis wightiana*（Wall. ex Wight et Arn.）Lewis	草本	2					
茜草科	Rubiaceae	薄柱草	*Nertera sinensis* Hemsl.	草本	2	+	+			

续表

科名	科拉丁名	物种名	学名	生活型	数据来源	药用	观赏	食用	蜜源	工业原料
被子植物门 Gymnospermae										
双子叶植物纲 Dicotyledoneae										
茜草科	Rubiaceae	广州蛇根草	*Ophiorrhiza cantoniensis* Hance	草本	2	+				
茜草科	Rubiaceae	中华蛇根草	*Ophiorrhiza chinensis* Lo	草本	2	+				
茜草科	Rubiaceae	峨眉蛇根草	*Ophiorrhiza chinensis* Lo f. *emeiensis* Lo	草本	2					
茜草科	Rubiaceae	日本蛇根草	*Ophiorrhiza japanica* Bl.	草本	1	+				
茜草科	Rubiaceae	红腺蛇根草	*Ophiorrhiza rufopunctata* Lo	草本	2					
茜草科	Rubiaceae	耳叶鸡矢藤	*Paederia cavaleriei* Levl.	藤本	2					
茜草科	Rubiaceae	鸡矢藤	*Paederia scandens*（Lour.）Merr.	藤本	1	+				
茜草科	Rubiaceae	毛鸡矢藤	*Paederia scandens*（Lour.）Merr. var. *tomentosa*（Bl.）Hand.-Mazz.	藤本	2					
茜草科	Rubiaceae	云南鸡矢藤	*Paederia yunnanensis*（Levl.）Rehd.	藤本	2	+				
茜草科	Rubiaceae	金剑草	*Rubia alata* Roxb.	草本	2					
茜草科	Rubiaceae	中国茜草	*Rubia chinensis* Regel et Maack.	草本	2					
茜草科	Rubiaceae	茜草	*Rubia cordifolia* L.	草本	1	+				
茜草科	Rubiaceae	长叶茜草	*Rubia dolichophylla* Schrenk	草本	2					
茜草科	Rubiaceae	阔瓣茜草	*Rubia latipetala* Lo	草本	2	+	+			
茜草科	Rubiaceae	金线草（小茜草）	*Antenoron filiforme*（Thunb.）Rob. et Vaut.	草本	2					
茜草科	Rubiaceae	卵叶茜草	*Rubia ovatifolia* Z. Y. Zhang	草本	1	+				
茜草科	Rubiaceae	钩毛茜草	*Rubia oncotricha* Hand.-Mazz.	草本	2	+	+			
茜草科	Rubiaceae	大叶茜草	*Rubia schumanniana* Pritzel	草本	1	+				
茜草科	Rubiaceae	六月雪	*Serissa japonica*（Thunb.）Thunb.	灌木	2	+	+			
茜草科	Rubiaceae	白马骨	*Serissa serissoides*（DC.）Druce	灌木	2	+				
茜草科	Rubiaceae	鸡仔木	*Sinoadina racemosa*（Sieb. et. Zucc.）Ridsd.	灌木	2					+
茜草科	Rubiaceae	广西乌口树	*Tarenna lanceolata* Chun et How ex W. C. Chen	灌木	2					
茜草科	Rubiaceae	狗骨柴	*Diplospora dubia*（Lindl.）Masam.	灌木	2					+
茜草科	Rubiaceae	钩藤	*Uncaria rhynchophylla*（Miq.）Miq. ex Havil	藤本	2		+			+
茜草科	Rubiaceae	华钩藤	*Uncaria sinensis*（Oliv.）Havil	藤本	2					
忍冬科	Caprifoliaceae	糯米条	*Abelia chinensis* R. Br.	灌木	1	+	+			
忍冬科	Caprifoliaceae	南方六道木	*Abelia dielsii*（Graebn.）Rehd.	灌木	1	+				
忍冬科	Caprifoliaceae	蓪梗花	*Abelia uniflora* R. Br.	灌木	2					
忍冬科	Caprifoliaceae	伞花六道木	*Abelia umbellata*（Graebn. et Buchw.）Rehd.	灌木	2					
忍冬科	Caprifoliaceae	双盾木	*Dipelta floribunda* Maxim.	灌木	1					
忍冬科	Caprifoliaceae	云南双盾木	*Dipelta yunnanensis* Franch.	灌木	2	+				
忍冬科	Caprifoliaceae	淡红忍冬	*Lonicera acuminata* Wall.	藤本	1	+				
忍冬科	Caprifoliaceae	无毛淡红忍冬	*Lonicera acuminata* Wall. var. *depilata* Hsu et H. J. Wang	藤本	2					
忍冬科	Caprifoliaceae	肉叶忍冬	*Lonicera carnosifolia* C. Y. Wu et H. J. Wang	藤本	2					
忍冬科	Caprifoliaceae	金花忍冬	*Lonicera chrysantha* Turcz.	藤本	1	+				
忍冬科	Caprifoliaceae	须蕊忍冬	*Lonicera chrysantha* Turcz. ssp. *koehneana*（Rehd.）Hsu et H. J. Wang	藤本	2					
忍冬科	Caprifoliaceae	匍匐忍冬	*Lonicera crassifolia* Batal.	藤本	2	+				
忍冬科	Caprifoliaceae	葱皮忍冬	*Lonicera ferdinandii* Franch.	灌木	2					
忍冬科	Caprifoliaceae	蕊被忍冬	*Lonicera gynochlamydea* Hemsl.	灌木	1					

科名	科拉丁名	物种名	学名	生活型	数据来源	药用	观赏	食用	蜜源	工业原料
被子植物门 Gymnospermae										
双子叶植物纲 Dicotyledoneae										
忍冬科	Caprifoliaceae	菰腺忍冬	*Lonicera hypoglauca* Miq.	灌木	2	+				
忍冬科	Caprifoliaceae	忍冬	*Lonicera japonica* Thunb.	藤本	1	+				
忍冬科	Caprifoliaceae	柳叶忍冬	*Lonicera lanceolata* Wall.	藤本	1					
忍冬科	Caprifoliaceae	光枝柳叶忍冬	*Lonicera lanceolata* Wall. var. *glabra* Chien ex Hsu et H. J. Wang	藤本	2					
忍冬科	Caprifoliaceae	女贞叶忍冬	*Lonicera ligustrina* Wall.	藤本	2	+				
忍冬科	Caprifoliaceae	大花忍冬	*Lonicera macrantha*（D.Don）Spreng	藤本	2	+				
忍冬科	Caprifoliaceae	灰毡毛忍冬	*Lonicera macranthoides* Hand.-Mazz.	藤本	2	+				
忍冬科	Caprifoliaceae	红脉忍冬	*Lonicera nervosa* Maxim.	藤本	2	+				
忍冬科	Caprifoliaceae	短柄忍冬（贵州忍冬）	*Lonicera pampaninii* Levl.	藤本	2	+				
忍冬科	Caprifoliaceae	蕊帽忍冬	*Lonicera pileata* Oliv.	藤本	2					
忍冬科	Caprifoliaceae	凹叶忍冬	*Lonicera retusa* Franch.	藤本	2					
忍冬科	Caprifoliaceae	细毡毛忍冬	*Lonicera similis* Hemsl.	藤本	2	+				
忍冬科	Caprifoliaceae	苦糖果	*Lonicera fragrantissima* Lindl. et Paxt. ssp. *standishii*（Carr.）Hsu et H. J. Wang	藤本	2	+				
忍冬科	Caprifoliaceae	唐古特忍冬	*Lonicera tangutica* Maxim.	藤本	2	+				
忍冬科	Caprifoliaceae	盘叶忍冬	*Lonicera tragophylla* Hemsl.	藤本	2	+	+			+
忍冬科	Caprifoliaceae	毛果忍冬	*Lonicera trichogyne* Rehd.	藤本	2					
忍冬科	Caprifoliaceae	毛花忍冬	*Lonicera trichosantha* Bur. et Franch.	藤本	2					
忍冬科	Caprifoliaceae	长叶毛花忍冬	*Lonicera trichosantha* Bur. et Franch. var. *xerocalyx*（Diels）Hsu et H. J. Wang	藤本	2					
忍冬科	Caprifoliaceae	血满草	*Sambucus adnata* Wall. ex DC.	草本	2	+				
忍冬科	Caprifoliaceae	接骨草	*Sambucus chinensis* Lindl.	草本	1	+				
忍冬科	Caprifoliaceae	接骨木	*Sambucus williamsii* Hance	灌木	1	+				
忍冬科	Caprifoliaceae	穿心莛子䕡	*Triosteum himalayanum* Wall.	灌木	2					
忍冬科	Caprifoliaceae	莛子藨	*Triosteum pinnatifidum* Maxim.	灌木	2	+				
忍冬科	Caprifoliaceae	蓝黑果荚蒾	*Viburnum atrocyaneum* C. B. Clarke	灌木	2					+
忍冬科	Caprifoliaceae	桦叶荚蒾	*Viburnum betulifolium* Batal.	灌木	2	+				
忍冬科	Caprifoliaceae	短序荚蒾	*Viburnum brachybotryum* Hemsl.	灌木	2	+				
忍冬科	Caprifoliaceae	短筒荚蒾	*Viburnum brevitubum*（Hsu）Hsu	灌木	2					
忍冬科	Caprifoliaceae	金佛山荚蒾	*Viburnum chinshanense* Graebn.	灌木	1					
忍冬科	Caprifoliaceae	金腺荚蒾	*Viburnum chunii* Hsu	灌木	2					
忍冬科	Caprifoliaceae	密花荚蒾	*Viburnum congestum* Rehd.	灌木	2					
忍冬科	Caprifoliaceae	伞房荚蒾	*Viburnum corymbiflorum* Hsu et S. C. Hsu	灌木	2	+				
忍冬科	Caprifoliaceae	水红木	*Viburnum cylindricum* Buch.-Ham. ex D. Don	灌木	1	+				+
忍冬科	Caprifoliaceae	毛花荚蒾	*Viburnum dasyanthum* Rehd.	灌木	2					
忍冬科	Caprifoliaceae	荚蒾	*Viburnum dilatatum* Thunb.	灌木	1	+	+			
忍冬科	Caprifoliaceae	宜昌荚蒾	*Viburnum erosum* Thunb.	灌木	1	+				+
忍冬科	Caprifoliaceae	红荚蒾	*Viburnum erubescens* Wall.	灌木	2	+				
忍冬科	Caprifoliaceae	珍珠荚蒾（变种）	*Viburnum foetidum* Wall. var. *ceanothoedes*（C. H. Wright）Hand.-Mazz.	灌木	2	+				+

科名	科拉丁名	物种名	学名	生活型	数据来源	药用	观赏	食用	蜜源	工业原料
被子植物门 Gymnospermae										
双子叶植物纲 Dicotyledoneae										
忍冬科	Caprifoliaceae	直角荚蒾	*Viburnum foetidum* Wall. var. *rectangulatum*（Graebn.）Rehd.	灌木	2					
忍冬科	Caprifoliaceae	光萼荚蒾（亚种）	*Viburnum formosanum* Hayata ssp. *leiogynum* Hsu	灌木	2					
忍冬科	Caprifoliaceae	巴东荚蒾	*Viburnum henryi* Hemsl.	灌木	2					
忍冬科	Caprifoliaceae	湖北荚蒾	*Viburnum hupehense* Rehd.	灌木	1					
忍冬科	Caprifoliaceae	阔叶荚蒾	*Viburnum lobophylllum* Craebn.	灌木	2					
忍冬科	Caprifoliaceae	长伞梗荚蒾	*Viburnum longiradiatum* Hsu et S. W. Fan	灌木	2					
忍冬科	Caprifoliaceae	绣球荚蒾	*Viburnum macrocephalum* Fort.	灌木	1		+			
忍冬科	Caprifoliaceae	显脉荚蒾	*Viburnum nervosum* D. Don	灌木	2	+				
忍冬科	Caprifoliaceae	珊瑚树	*Viburnum odoratissimum* Ker-Gawl.	灌木	2	+	+			
忍冬科	Caprifoliaceae	少花荚蒾	*Viburnum oliganthum* Batal.	灌木	2					
忍冬科	Caprifoliaceae	蝴蝶戏珠花	*Viburnum plicatum* Thunb. var. *tomentosum*（Thunb.）Miq.	灌木	2		+			
忍冬科	Caprifoliaceae	球核荚蒾	*Viburnum propinquum* Hemsl.	灌木	1					
忍冬科	Caprifoliaceae	狭叶球核荚迷（变种）	*Viburnum propinquum* Hemsl. var. *mairei* W. W. Smith	灌木	2					
忍冬科	Caprifoliaceae	皱叶荚蒾	*Viburnum rhytidophyllum* Hemsl.	灌木	2		+			+
忍冬科	Caprifoliaceae	陕西荚蒾	*Viburnum schensianum* Maxim.	灌木	2					
忍冬科	Caprifoliaceae	茶荚蒾（汤饭子）	*Viburnum setigerum* Hance	灌木	1	+				+
忍冬科	Caprifoliaceae	合轴荚蒾	*Viburnum sympodiale* Graebn.	灌木	2	+				
忍冬科	Caprifoliaceae	三叶荚蒾	*Viburnum ternatum* Rehd.	灌木	2					
忍冬科	Caprifoliaceae	烟管荚蒾	*Viburnum utile* Hemsl.	灌木	2	+				
忍冬科	Caprifoliaceae	水马桑（半边月）	*Weigela japonica* Thunb. var. *sinica*（Rehd.）Bailey	灌木	2	+				+
败酱科	Valerianaceae	少蕊败酱	*Patrinia monandra* C. B. Clarke	草本	2	+				
败酱科	Valerianaceae	台湾败酱	*Patrinia monandra* C. B. Clarke var. *formosana*（Kitam.）H. J. Wang	草本	2					
败酱科	Valerianaceae	斑花败酱	*Patrinia punctiflora* Hsu et H. J. Wang	草本	2	+				
败酱科	Valerianaceae	败酱	*Patrinia scabiosaefolia* Fisch. ex Trev.	草本	2	+		+		
败酱科	Valerianaceae	攀倒甑	*Patrinia villosa*（Thunb.）Juss.	草本	2	+				
败酱科	Valerianaceae	鞭枝缬草	*Valeriana flagellifera* Batalin	草本	2					
败酱科	Valerianaceae	柔垂缬草	*Valeriana flaccidissima* Maxim.	草本	2					
败酱科	Valerianaceae	长序缬草	*Valeriana hardwickii* Wall.	草本	2	+				
败酱科	Valerianaceae	蜘蛛香	*Valeriana jatamansi* Jones	草本	2	+				
败酱科	Valerianaceae	缬草	*Valeriana officinalis* L.	草本	2	+				
败酱科	Valerianaceae	宽叶缬草	*Valeriana officinalis* L. var. *latifolia* Miq.	草本	2	+				
川续断科	Dipsacaceae	川续断	*Dipsacus asper* Wall.	草本	1	+				
川续断科	Dipsacaceae	深紫续断	*Dipsacus atropurpureu*s C. Y. Cheng et Z. T. Yin	草本	2	+				
川续断科	Dipsacaceae	日本续断	*Dipsacus japonicus* Miq.	草本	1	+				
川续断科	Dipsacaceae	双参	*Triplostegia glandulifera* Wall. ex DC.	草本	2	+				
葫芦科	Cucurbitaceae	绞股蓝	*Gynostemma pentaphyllum*（Thunb.）Makino	藤本	1	+				+
葫芦科	Cucurbitaceae	马铜铃	*Hemsleya graciliflora*（Harms）Cogn.	藤本	2	+				

续表

科名	科拉丁名	物种名	学名	生活型	数据来源	药用	观赏	食用	蜜源	工业原料
被子植物门 Gymnospermae										
双子叶植物纲 Dicotyledoneae										
葫芦科	Cucurbitaceae	金佛山雪胆（变种）	*Hemsleya pengxianensis* W. J. Chang var. *jinfushanensis* L. T. Shen et W. J. Chang	藤本	2					
葫芦科	Cucurbitaceae	彭县雪胆	*Hemsleya pengxianensis* W. J. Chang	藤本	2					
葫芦科	Cucurbitaceae	多果雪胆（变种）	*Hemsleya pengxianensis* W. J. Chang var. *polycarpa* L. T. Shen et W. J. Chang	藤本	2					
葫芦科	Cucurbitaceae	母猪雪胆	*Hemsleya villosipetala* C. Y. Wu et C. L. Chen	藤本	2					
葫芦科	Cucurbitaceae	头花赤瓟	*Thladiantha capitata* Cogn.	藤本	2					
葫芦科	Cucurbitaceae	川赤瓟	*Thladiantha davidii* Fravch.	藤本	2	+				
葫芦科	Cucurbitaceae	台湾赤瓟	*Thladiantha punctata* Hayata	藤本	2					
葫芦科	Cucurbitaceae	南赤瓟	*Thladiantha nudiflora* Hemsl. ex Forbes. et Hemsl.	藤本	2	+				
葫芦科	Cucurbitaceae	齿叶赤瓟	*Thladiantha dentata* Cogn.	藤本	2	+				
葫芦科	Cucurbitaceae	云南赤瓟	*Thladiantha pustulata* （Levl.） C. Jeffrey ex Lu et Z. Y. Zhang	藤本	2					
葫芦科	Cucurbitaceae	刚毛赤瓟	*Thladiantha setispina* A. M. Lu et Z. Y. Zhang	藤本	2					
葫芦科	Cucurbitaceae	王瓜	*Trichosanthes cucumeroides* （Ser.） Maxim.	藤本	2	+				
葫芦科	Cucurbitaceae	栝楼	*Trichosanthes kirilowii* Maxim.	藤本	2	+				
葫芦科	Cucurbitaceae	全缘栝楼	*Trichosanthes origera* Bl.	藤本	2	+				
葫芦科	Cucurbitaceae	中华栝楼	*Trichosanthes rosthornii* Harms	藤本	1	+				
桔梗科	Campanulaceae	丝裂沙参	*Adenophora capillaris* Hemsl.	草本	2	+				
桔梗科	Campanulaceae	杏叶沙参	*Adenophora petiolata* Pax et Hoffm. ssp. *hunanensis* （Nannf.） D. Y. Hong et S. Ge	草本	2	+				
桔梗科	Campanulaceae	湖北沙参	*Adenophora longipedicellata* Hong	草本	2	+				
桔梗科	Campanulaceae	秦岭沙参	*Adenophora petiolata* Pax et Hoffm.	草本	2	+				
桔梗科	Campanulaceae	沙参	*Adenophora stricta* Miq.	草本	1	+				
桔梗科	Campanulaceae	无柄沙参	*Adenophora stricta* Miq. ssp. *sessilifolia* Hong	草本	2					
桔梗科	Campanulaceae	轮叶沙参	*Adenophora teraphylla* （Thunb.） Fisch.	草本	1	+				
桔梗科	Campanulaceae	聚叶沙参	*Adenophora wilsonii* Nannf.	草本	2	+				
桔梗科	Campanulaceae	紫斑风铃草	*Campanula punctata* Lam.	草本	2	+				
桔梗科	Campanulaceae	金钱豹	*Campanumoea javanica* Bl.	藤本	2	+		+		
桔梗科	Campanulaceae	长叶轮钟草	*Cyclocodon lancifolius* （Roxb.） Kurz	藤本	2	+				
桔梗科	Campanulaceae	羊乳	*Codonopsis lanceolata* （Sieb. et Zucc.） Trautv.	藤本	2	+				
桔梗科	Campanulaceae	川党参	*Codonopsis tangshen* Oliv.	藤本	2	+				
桔梗科	Campanulaceae	半边莲	*Lobelia chinensis* Lour.	草本	1	+				
桔梗科	Campanulaceae	江南山梗菜	*Lobelia davidii* Franch.	草本	2	+				
桔梗科	Campanulaceae	袋果草	*Peracarpa carnosa* （Wall.） Hook. f. et Thoms.	草本	2	+				
桔梗科	Campanulaceae	桔梗	*Platycodon grandiflorus* （Jacq.） A. DC.	草本	1	+		+		+
桔梗科	Campanulaceae	铜锤玉带草	*Lobelia angulata* Forst.	草本	1	+				
桔梗科	Campanulaceae	蓝花参	*Wahlenbergia marginata* （Thunb.） A. DC.	草本	2	+				
菊科	Compositae	云南蓍	*Achillea wilsoniana* Heimerl ex Hand.-Mazz.	草本	2	+				
菊科	Compositae	和尚菜（腺梗菜）	*Adenocaulon himalaicum* Edgew.	草本	2	+				
菊科	Compositae	下田菊	*Adenostemma lavenia* （L.） O. Kuntze	草本	1	+				

续表

科名	科拉丁名	物种名	学名	生活型	数据来源	药用	观赏	食用	蜜源	工业原料
被子植物门 Gymnospermae										
双子叶植物纲 Dicotyledoneae										
菊科	Compositae	藿香蓟（胜红蓟）	*Ageratum conyzoides* L.	草本	1	+	+			
菊科	Compositae	马边兔儿风	*Ainsliaea angustata* Chang	草本	2					
菊科	Compositae	狭叶兔儿风	*Ainsliaea angustifolia* Hook. f. et Thoms. ex C. B. Clarke	草本	2					
菊科	Compositae	心叶兔儿风	*Ainsliaea bonatii* Beauverd	草本	2	+				
菊科	Compositae	杏香兔儿风	*Ainsliaea fragrans* Champ.	草本	2	+				
菊科	Compositae	光叶兔儿风	*Ainsliaea glabra* Hemsl.	草本	1	+				
菊科	Compositae	纤枝兔儿风	*Ainsliaea gracilis* Franch.	草本	2					
菊科	Compositae	粗齿兔儿风	*Ainsliaea grossedentata* Franch.	草本	1	+				
菊科	Compositae	长穗兔儿风	*Ainsliaea henryi* Diels	草本	1	+				
菊科	Compositae	宽叶兔儿风	*Ainsliaea latifolia*（D. Don）Sch.-Bip.	草本	2					
菊科	Compositae	灯台兔儿风	*Ainsliaea macroclinidioides* Hayata	草本	2					
菊科	Compositae	多苞兔儿风	*Ainsliaea multibracteata* Mattf.	草本	2					
菊科	Compositae	白背兔儿风	*Ainsliaea pertyoides* Franch. var. *albo-tomentosa* Beauverd	草本	2	+				
菊科	Compositae	红背兔儿风	*Ainsliaea rubrifolia* Franch.	草本	2					
菊科	Compositae	红脉兔儿风	*Ainsliaea rubrinervis* Chang	草本	2					
菊科	Compositae	细穗兔儿风	*Ainsliaea spicata* Vant.	草本	2	+				
菊科	Compositae	细茎兔儿风	*Ainsliaea tenuicaulis* Mattf.	草本	1					
菊科	Compositae	云南兔儿风	*Ainsliaea yunnanensis* Franch.	草本	1	+				
菊科	Compositae	黄腺香青	*Anaphalis aureopunctata* Lingelsh et Borza	草本	2					
菊科	Compositae	旋叶香青	*Anaphalis contorta*（D. Don）Hook. f.	草本	2					
菊科	Compositae	宽翅香青	*Anaphalis latialata* Ling et Y. L. Chen	草本	2					
菊科	Compositae	珠光香青	*Anaphalis margaritacea*（L.）Benth. et Hook. f.	草本	1					
菊科	Compositae	香青	*Anaphalis sinica* Hance	草本	1	+				
菊科	Compositae	棉毛香青	*Anaphalis sinica* Hance var. *lanata* Ling	草本	2					
菊科	Compositae	牛蒡	*Arctium lappa* L.	草本	2	+		+		+
菊科	Compositae	黄花蒿	*Artemisia annua* L.	草本	2	+				
菊科	Compositae	奇蒿	*Artemisia anomala* S. Moore	草本	2	+				
菊科	Compositae	茵陈蒿	*Artemisia capillaris*	草本	2	+		+		
菊科	Compositae	青蒿	*Artemisia carvifolia*	草本	2	+				
菊科	Compositae	南毛蒿	*Artemisia chingii* Pamp.	草本	2					
菊科	Compositae	牛尾蒿	*Artemisia dubia* Wall. ex Bess.	草本	2	+				+
菊科	Compositae	无毛牛尾蒿	*Artemisia dubia* Wall. ex Bess. var. *subdigitata*（Mattf.）Y. R. Ling	草本	2	+				
菊科	Compositae	南牡蒿	*Artemisia eriopoda*	草本	2	+				
菊科	Compositae	湘赣艾	*Artemisia gilvescens*	草本	2	+				
菊科	Compositae	牡蒿	*Artemisia japonica*	草本	1	+				+
菊科	Compositae	西南牡蒿	*Artemisia parviflora*	草本	2	+				
菊科	Compositae	白苞蒿	*Artemisia lactiflora* Wall. ex DC.	草本	2	+				
菊科	Compositae	细裂叶白苞蒿	*Artemisia lactiflora* Wall. ex DC. var. *incisa*（Pamp.）Ling et Y. R. Ling	草本	2	+				

科名	科拉丁名	物种名	学名	生活型	数据来源	药用	观赏	食用	蜜源	工业原料
被子植物门 Gymnospermae										
双子叶植物纲 Dicotyledoneae										
菊科	Compositae	矮蒿	*Artemisia lancea* Vaniot	草本	1	+				
菊科	Compositae	魁蒿	*Artemisia princeps* Pamp.	草本	2	+				
菊科	Compositae	川南蒿	*Artemisia rosthornii* Pamp.	草本	2					
菊科	Compositae	灰苞蒿	*Artemisia roxburghiana* Bess.	草本	2					+
菊科	Compositae	白莲蒿	*Artemisia sacrorum* Ledeb.	草本	2	+				
菊科	Compositae	猪毛蒿	*Artemisia scoparia* Waldst. et Kit.	草本	2	+				
菊科	Compositae	蒌蒿	*Artemisia selengensis* Turcz. ex Bess.	草本	2	+				
菊科	Compositae	大籽蒿	*Artemisia sieversiana* Ehrhart ex Willd.	草本	2	+				+
菊科	Compositae	阴地蒿	*Artemisia sylvatica*	草本	2					
菊科	Compositae	甘青蒿	*Artemisia tangca* Pamp.	草本	2					+
菊科	Compositae	毛莲蒿	*Artemisia vestita*	草本	2	+				+
菊科	Compositae	三脉紫菀	*Aster ageratoides* Turcz.	草本	1	+				
菊科	Compositae	狭叶三脉紫菀	*Aster ageratoides* Turcz. var. *gerlachii*（Hce）Chang	草本	2					
菊科	Compositae	小舌紫菀	*Aster albescens*（DC.）Hand.-Mazz.	草本	1	+				+
菊科	Compositae	狭叶小舌紫菀	*Aster albescens*（DC.）Hand.-Mazz. var. *gracilior* Hand.-Mazz.	草本	2					
菊科	Compositae	耳叶紫菀	*Aster auriculatus* Franch.	草本	2	+				
菊科	Compositae	重冠紫菀	*Aster diplostephioides*（DC.）C. B. Clarke	草本	2	+				
菊科	Compositae	亮叶紫菀	*Aster nitidus* Chang	草本	2					
菊科	Compositae	琴叶紫菀	*Aster panduratus* Nees ex Walper	草本	2					
菊科	Compositae	甘川紫菀	*Aster smithianus* Hand.-Mazz.	草本	2	+				
菊科	Compositae	苍术	*Atractylodes lancea*（Thunb.）DC.	草本	1	+				
菊科	Compositae	白术	*Atractylodes macrocephala* Koidz.	草本	2					
菊科	Compositae	婆婆针	*Bidens bipinnata* L.	草本	1					
菊科	Compositae	金盏银盘	*Bidens biternata*（Lour.）Merr. et Sherff.	草本	2	+				
菊科	Compositae	羽叶鬼针草	*Bidens maximowicziana* Oett..	草本	2	+				
菊科	Compositae	小花鬼针草	*Bidens parviflora* Willd.	草本	2	+				
菊科	Compositae	鬼针草	*Bidens pilosa* L.	草本	1	+				
菊科	Compositae	白花鬼针草	*Bidens pilosa* L. var. *radiata* Sch.-Bip.	草本	2	+				
菊科	Compositae	狼杷草	*Bidens tripartita* L.	草本	2	+				
菊科	Compositae	馥芳艾纳香	*Blumea aromatica* DC.	草本	1	+				
菊科	Compositae	东风草	*Blumea megacephala*（Randeria）Chang et Tseng	草本	1	+				
菊科	Compositae	节毛飞廉	*Carduus acanthoides* L.	草本	2					
菊科	Compositae	丝毛飞廉	*Carduus crispus* L.	草本	2	+				
菊科	Compositae	天名精	*Carpesium abrotanoides* L.	草本	2	+				
菊科	Compositae	烟管头草	*Carpesium cernuum* L.	草本	1	+				
菊科	Compositae	金挖耳	*Carpesium divaricatum* Sieb. et Zucc.	草本	2	+				
菊科	Compositae	贵州天名精	*Carpesium faberi* Winkl.	草本	2					
菊科	Compositae	长叶天名精	*Carpesium longifolium* Chen et C. M. Hu	草本	2	+				
菊科	Compositae	小花金挖耳	*Carpesium minum* Hemsl.	草本	2	+				

续表

科名	科拉丁名	物种名	学名	生活型	数据来源	药用	观赏	食用	蜜源	工业原料
被子植物门 Gymnospermae										
双子叶植物纲 Dicotyledoneae										
菊科	Compositae	棉毛尼泊尔天名精	*Carpesium nepalense* Less. var. *lanatum*（Hook. f. et Thoms. ex Clarke）Kitamura.	草本	2	+				
菊科	Compositae	四川天名精	*Carpesium szechuanense* Chen et C. M. Hu	草本	2					
菊科	Compositae	粗齿天名精	*Carpesium trachelifolium* Less.	草本	2					
菊科	Compositae	暗花金挖耳	*Carpesium triste* Maxim.	草本	2					
菊科	Compositae	毛暗花金挖耳	*Carpesium triste* Maxim. var. *sinense* Diels	草本	2					
菊科	Compositae	石胡荽	*Centipeda minima*（L.）A. Br. et Aschers.	草本	2	+				
菊科	Compositae	刺盖草（金佛山大蓟）	*Cirsium bracteiferum*	草本	2	+				
菊科	Compositae	等苞蓟	*Cirsium fargesii*	草本	2					
菊科	Compositae	灰蓟	*Cirsium griseum* Lévl.	草本	2	+				
菊科	Compositae	湖北蓟	*Cirsium hupehense* Pamp.	草本	2					
菊科	Compositae	蓟	*Cirsium japonicum* Fisch. ex DC.	草本	1	+				
菊科	Compositae	线叶蓟	*Cirsium lineare*（Thunb.）Sch.-Bip.	草本	2	+				
菊科	Compositae	野蓟	*Cirsium maackii* Maxim.	草本	2	+				
菊科	Compositae	马刺蓟	*Cirsium monocephalum*	草本	2					
菊科	Compositae	烟管蓟	*Cirsium pendulum* Fisch. ex DC.	草本	2	+				
菊科	Compositae	刺儿菜	*Cirsium setosum*（Willd.）MB.	草本	2	+		+		
菊科	Compositae	牛口刺	*Cirsium shansiense* Petrak	草本	2	+				
菊科	Compositae	香丝草	*Conyza bonariensis*（L.）Cronq.	草本	2	+				
菊科	Compositae	小蓬草	*Conyza canadensis*（L.）Cronq.	草本	2	+				
菊科	Compositae	白酒草	*Conyza japonica*（Thunb.）Less.	草本	2	+				
菊科	Compositae	苏门白酒草	*Conyza sumatrensis*（Retz.）Walker	草本	2	+				
菊科	Compositae	山芫荽	*Cotula hemisphaerica* Wall.	草本	2					
菊科	Compositae	野茼蒿	*Crassocephalum crepidioides*（Benth.）S. Moore	草本	1	+		+		
菊科	Compositae	野菊	*Chrysanthemum indicum* L.	草本	1	+				
菊科	Compositae	鱼眼草	*Dichrocephala auriculata*（Thunb.）Druce.	草本	2	+				
菊科	Compositae	小鱼眼草	*Dichrocephala benthamii* C. B. Clarke	草本	2	+				
菊科	Compositae	菊叶鱼眼草	*Dichrocephala chrysanthemifolia* DC.	草本	2	+				
菊科	Compositae	鳢肠	*Eclipta prostrata*（L.）L.	草本	1	+				+
菊科	Compositae	一点红	*Emilia sonchifolia*（L.）DC.	草本	2	+	+	+		
菊科	Compositae	梁子菜	*Erechtites hieracifolia*（L.）Raf. ex DC.	草本	2					
菊科	Compositae	一年蓬	*Erigeron annuus*（L.）Pers.	草本	1	+				
菊科	Compositae	短葶飞蓬	*Erigeron breviscapus*（Vant.）Hand.-Mazz.	草本	2	+				
菊科	Compositae	长茎飞蓬	*Erigeron elongatus* Ledeb.	草本	2	+				
菊科	Compositae	佩兰	*Eupatorium fortunei* Turcz.	草本	2	+				
菊科	Compositae	异叶泽兰	*Eupatorium heterophyllum* DC.	草本	1	+				
菊科	Compositae	泽兰（白头婆）	*Eupatorium japonicum* Thunb.	草本	2	+				
菊科	Compositae	林泽兰	*Eupatorium lindleyanum* DC.	草本	2	+				
菊科	Compositae	南川泽兰	*Eupatorium nanchuanense* Ling et Shih	草本	2					

科名	科拉丁名	物种名	学名	生活型	数据来源	药用	观赏	食用	蜜源	工业原料
被子植物门 Gymnospermae										
双子叶植物纲 Dicotyledoneae										
菊科	Compositae	牛膝菊（辣子菜）	*Galinsoga parviflora* Cav.	草本	2	+	+	+		
菊科	Compositae	大丁草	*Gerbera anandria*（L.）Sch.-Bip.	草本	2	+				
菊科	Compositae	多裂大丁草	*Gerbera anandria*（L.）Sch.-Bip. var. *densiloba* Mattf.	草本	2					
菊科	Compositae	白背大丁草	*Gerbera nivea*	草本	2	+				
菊科	Compositae	毛大丁草	*Gerbera piloselloides*（L.）Cass.	草本	2	+				
菊科	Compositae	宽叶鼠麴草	*Gnaphalium adnatum*（Wall. ex DC.）Kitam.	草本	2	+		+		
菊科	Compositae	鼠麴草	*Gnaphalium affine* D. Don	草本	2	+		+		+
菊科	Compositae	秋鼠麴草	*Gnaphalium hypoleucum* DC.	草本	2	+				
菊科	Compositae	细叶鼠麴草	*Gnaphalium japonicum* Thunb.	草本	2					
菊科	Compositae	丝棉草	*Gnaphalium luteo-album* L.	草本	2					
菊科	Compositae	南川鼠麴草	*Gnaphalium nanchuanense* Ling et Tseng	草本	2					
菊科	Compositae	匙叶鼠麴草	*Gnaphalium pensylvanicum* Willd	草本	2					
菊科	Compositae	红凤菜	*Gynura bicolor*（Roxb. ex Willd.）DC.	草本	1					+
菊科	Compositae	菊三七（三七草）	*Gynura japonica*（Thumb.）Juel.	草本	2	+				
菊科	Compositae	菊芋	*Helianthus tuberosus* L.	草本	1		+			
菊科	Compositae	泥胡菜	*Hemistepta lyrata*（Bunge）Bunge.	草本	2	+				
菊科	Compositae	圆齿狗娃花	*Heteropappus crenatifolius*（Hand.-Mazz.）Griers.	草本	2	+				
菊科	Compositae	狗娃花	*Heteropappus hispidus*（Thunb.）Lees.	草本	2	+				
菊科	Compositae	山柳菊	*Hieracium umbellatum* L.	草本	2	+				
菊科	Compositae	羊耳菊	*Inula cappa*（Buch.-Ham.）DC.	草本	2	+				
菊科	Compositae	水朝阳旋覆花	*Inula helianthus-aquatica* C. Y. Wu ex Ling	草本	2	+				
菊科	Compositae	旋覆花	*Inula japonica* Thunb.	草本	2	+				
菊科	Compositae	线叶旋覆花	*Inula lineariifolia* Turcz.	草本	2	+				
菊科	Compositae	中华小苦荬	*Ixeridium chinense*（Thunb.）Tzvel	草本	2	+				
菊科	Compositae	细叶小苦荬	*Ixeridium gracilis*（DC.）Shih.	草本	2	+				
菊科	Compositae	窄叶小苦荬	*Ixeridium gramineum*（Fisch.）Tzvel	草本	2	+				
菊科	Compositae	抱茎小苦荬	*Ixeridium sonchifolium*（Maxim.）Shih	草本	1	+				
菊科	Compositae	苦荬菜	*Ixeris polycephala* Cass.	草本	1	+		+		
菊科	Compositae	马兰	*Kalimeris indica*（L.）Sch.-Bip.	草本	1	+				
菊科	Compositae	马兰多型变种（裂叶马兰）	*Kalimeris indica*（Fisch.）DC.	草本	2					
菊科	Compositae	毡毛马兰	*Kalimeris shimadai*（Kitam.）Kitam.	草本	2	+				
菊科	Compositae	六棱菊	*Laggera alata*（D. Don）Sch.-Bip. ex Oliv.	草本	2	+				+
菊科	Compositae	翼齿六棱菊	*Laggera pterodonta*（DC.）Benth.	草本	2	+				
菊科	Compositae	稻槎菜	*Lapsanastrum apogonoides*（Maxim.）J. H. Pak et Bremer	草本	2	+				
菊科	Compositae	艾叶火绒草	*Leontopodium artemisiifolium*（Lévl.）Beauv.	草本	2					
菊科	Compositae	川甘火绒草	*Leontopodium chuii* Hand.-Mazz.	草本	2					
菊科	Compositae	戟叶火绒草	*Leontopodium dedekensii*（Bur. et Franch.）Beauv.	草本	2	+				
菊科	Compositae	薄雪火绒草	*Leontopodium japonicum* Miq.	草本	2	+				

续表

科名	科拉丁名	物种名	学名	生活型	数据来源	药用	观赏	食用	蜜源	工业原料
被子植物门 Gymnospermae										
双子叶植物纲 Dicotyledoneae										
菊科	Compositae	峨眉火绒草	*Leontopodium omeiense* Ling.	草本	2	+				
菊科	Compositae	华火绒草	*Leontopodium sinense* Hemsl.	草本	2	+				
菊科	Compositae	垂头橐吾	*Ligularia cremanthodioides* Hand.-Mazz.	草本	2	+				
菊科	Compositae	齿叶橐吾	*Ligularia dentata*（A. Gray）Hara	草本	2	+				
菊科	Compositae	大黄橐吾	*Ligularia duciformis*（C. Winkl.）Hand.-Mazz.	草本	2	+				
菊科	Compositae	植夫橐吾	*Ligularia fangiana* Hand.-Mazz.	草本	2	+				
菊科	Compositae	蹄叶橐吾	*Ligularia fischeri*（Ledeb.）Turcz.	草本	2	+				
菊科	Compositae	鹿蹄橐吾	*Ligularia hodgsonii* Hook.	草本	2	+				
菊科	Compositae	细茎橐吾	*Ligularia hookeri*（C. B. Clarke）Hand.-Mazz.	草本	2	+				
菊科	Compositae	狭苞橐吾	*Ligularia intermedia* Nakai.	草本	2	+				
菊科	Compositae	贵州橐吾	*Ligularia leveillei*（Vant.）Hand.-Mazz.	草本	2	+				
菊科	Compositae	南川橐吾	*Ligularia nanchuanica* S. W. Liu	草本	2	+				
菊科	Compositae	橐吾	*Ligularia sibirica*（L.）Cass.	草本	2	+				
菊科	Compositae	窄头橐吾	*Ligularia stencoephala*（Maxim.）Matsum. et Koidz.	草本	2	+				
菊科	Compositae	离舌橐吾	*Ligularia veitchiana*（Hemsl.）Greenm.	草本	2	+				
菊科	Compositae	川鄂橐吾	*Ligularia wilsoniana*（Hemsl.）Greenm.	草本	1	+				
菊科	Compositae	圆舌粘冠草	*Myriactis nepalensis* Less.	草本	2	+				
菊科	Compositae	长叶紫菊	*Notoseris dolichophylla* Shih	草本	2		+			
菊科	Compositae	细梗紫菊	*Notoseris gracilipes* Shih	草本	2					
菊科	Compositae	多裂紫菊	*Notoseris henryi*（Dunn）Shih	草本	2					
菊科	Compositae	黑花紫菊	*Notoseris melanantha*（Franch.）Shih	草本	2					
菊科	Compositae	金佛山紫菊	*Notoseris nanchuanensis* Shih	草本	2					
菊科	Compositae	南川紫菊	*Notoseris porphyrolepis* Shih	草本	2					
菊科	Compositae	紫菊	*Notoseris psilolepis* Shih	草本	2					
菊科	Compositae	菱叶紫菊	*Notoseris rhombiformis* Shih	草本	2					
菊科	Compositae	三花紫菊	*Notoseris triflora*（Hemsl.）Shih	草本	2					
菊科	Compositae	黄瓜菜	*Paraixeris denticulata*（Houtt）Nakai	草本	2	+		+		
菊科	Compositae	羽裂黄瓜菜	*Paraixeris pinnatipartita*（Makino）Tzvel.	草本	2					
菊科	Compositae	密毛假福王草	*Paraprenanthes glandulosissima*（Chang）Shih	草本	2					
菊科	Compositae	雷山假福王草	*Paraprenanthes heptantha* Shih et D. J. Liou	草本	1					
菊科	Compositae	异叶假福王草	*Paraprenanthes prenanthoides*（Hemsl.）Shih	草本	2					
菊科	Compositae	假福王草	*Paraprenanthes sororia*（Miq.）Shih	草本	1					
菊科	Compositae	林生假福王草	*Paraprenanthes sylvicola* Shih	草本	2	+				
菊科	Compositae	披针叶蟹甲草	*Parasenecio lancifolius*（Franch.）Y. L. Chen，comb. nov.	草本	2					
菊科	Compositae	两似蟹甲草	*Parasenecio ambiguus*（Ling）Y. L. Chen，comb. nov.	草本	2					
菊科	Compositae	三角叶蟹甲草	*Parasenecio deltophyllus*（Maxim.）Y. L. Chen. comb. nov.	草本	2					
菊科	Compositae	白头蟹甲草	*Parasenecio leucocephalus*（Franch.）Y. L. Chen	草本	2	+				
菊科	Compositae	长穗蟹甲草	*Parasenecio longispicus*（Hand.-Mazz.）Y. L. Chen	草本	2					
菊科	Compositae	耳翼蟹甲草	*Parasenecio otopteryx*（Hand.-Mazz.）Y. L. Chen comb. nov.	草本	1					
菊科	Compositae	深山蟹甲草	*Parasenecio profundorum*（Dunn）Y. L. Chen	草本	2	+				

科名	科拉丁名	物种名	学名	生活型	数据来源	药用	观赏	食用	蜜源	工业原料
被子植物门 Gymnospermae										
双子叶植物纲 Dicotyledoneae										
菊科	Compositae	蜂斗菜	*Petasites japonicus*（Sieb. et Zucc.）Maxim.	草本	2	+				+
菊科	Compositae	毛裂蜂斗菜	*Petasites tricholobus* Franch.	草本	2	+				
菊科	Compositae	毛连菜	*Picris hieracioides* L.	草本	2	+				+
菊科	Compositae	日本毛连菜	*Picris japonica* Thunb.	草本	2	+	+			
菊科	Compositae	狭锥福王草（薯蓣叶福王草）	*Prenanthes faberi* Hemsl.	草本	2					
菊科	Compositae	高大翅果菊	*Pterocypsela elata*（Hemsl.）Shih	草本	2					
菊科	Compositae	台湾翅果菊	*Pterocypsela formosana*（Maxim.）Shih	草本	2					
菊科	Compositae	翅果菊（山莴苣）	*Pterocypsela indica*（L.）Shih	草本	1	+				
菊科	Compositae	多裂翅果菊	*Pterocypsela laciniata*（Hoult.）Shih	草本	2		+			
菊科	Compositae	秋分草	*Rhynchospermum verticillatum* Reinw.	草本	2	+				+
菊科	Compositae	翅茎风毛菊	*Saussurea cauloptera* Hand.-Mazz.	草本	2					
菊科	Compositae	心叶风毛菊	*Saussurea cordifolia* Hemsl.	草本	2	+				
菊科	Compositae	三角叶风毛菊	*Saussurea deltoidea*（DC.）Sch.-Bip	草本	2	+				
菊科	Compositae	狭头风毛菊	*Saussurea dielsiana* Koidz.，Symb. Or. Asiat.	草本	2					
菊科	Compositae	川陕风毛菊	*Saussurea Licentiana* Hand.-Mazz.	草本	2					
菊科	Compositae	风毛菊	*Saussurea japonica*（Thunb.）DC.	草本	2	+	+			
菊科	Compositae	少花风毛菊	*Saussurea oligantha* Franch.	草本	2					
菊科	Compositae	多头风毛菊	*Saussurea polycephala* Hand.-Mazz.	草本	2	+				
菊科	Compositae	杨叶风毛菊	*Saussurea populifolia* Hemsl.	草本	2	+				
菊科	Compositae	云木香	*Saussurea costus*（Falc.）Lipsch.	草本	2	+		+		
菊科	Compositae	华北鸦葱（笔管草）	*Scorzonera albicaulis* Bunge	草本	2					
菊科	Compositae	额河千里光	*Senecio argunensis* Turcz.	草本	2	+				
菊科	Compositae	峨眉千里光	*Senecio faberi* Hemsl.	草本	2	+				
菊科	Compositae	菊状千里光	*Senecio laetus* Edgew.	草本	2	+				
菊科	Compositae	林荫千里光	*Senecio nemorensis* L.	草本	2	+				+
菊科	Compositae	千里光	*Senecio scandens* Buch.-Ham. et D. Don	草本	1	+				
菊科	Compositae	缺裂千里光	*Senecio scandens* Buch.-Ham. ex D. Don var. *incisus* Franch.	草本	2					
菊科	Compositae	华麻花头	*Serratula chinensis* S. Moore	草本	2	+				
菊科	Compositae	毛梗豨莶	*Siegesbeckia glabrescens* Makino	草本	2	+				
菊科	Compositae	豨莶	*Siegesbeckia orientalis* L.	草本	2	+				
菊科	Compositae	腺梗豨莶	*Siegesbeckia pubescens* Makino	草本	2	+				
菊科	Compositae	双花华蟹甲草	*Sinacalia davidii*（Franch.）Koyama	草本	2					
菊科	Compositae	华蟹甲	*Sinacalia tangutica*（Maxim.）B. Nord.	草本	2					
菊科	Compositae	滇黔蒲儿根	*Sinosenecio bodinieri*（Vant.）B. Nord.	草本	1					
菊科	Compositae	匍枝蒲儿根	*Sinosenecio globigerus*（Chang）B. Nord.	草本	2					
菊科	Compositae	腺苞蒲儿根	*Sinosenecio globigerus* var. *adenophyllus* C. Jeffrey et Y. L. Chen	草本	2					
菊科	Compositae	单头蒲儿根（单头千里光）	*Sinosenecio hederifolius*（Dunn）B. Nord.	草本	2	+				

科名	科拉丁名	物种名	学名	生活型	数据来源	药用	观赏	食用	蜜源	工业原料
	被子植物门 Gymnospermae									
	双子叶植物纲 Dicotyledoneae									
菊科	Compositae	蒲儿根	*Sinosenecio oldhamianus*（Maxim.）B. Nord.	草本	1	+				
菊科	Compositae	掌裂蒲儿根	*Sinosenecio palmatisectus*（Kitam.）C. Jeffrey et Y. L. Chen	草本	2					
菊科	Compositae	秃果蒲儿根	*Sinosenecio phalacrocarpus*（Hance）B. Nord.	草本	2					
菊科	Compositae	七裂蒲儿根	*Sinosenecio septilobus*（Chang）B. Nord.	草本	2					
菊科	Compositae	革叶蒲儿根	*Sinosenecio subcoriaceus* C. Jeffey et Y. L. Chen	草本	2					
菊科	Compositae	紫毛蒲儿根	*Sinosenecio villiferus*（Franch.）B. Nord.	草本	2					
菊科	Compositae	一枝黄花	*Solidago decurrens* Lour.	草本	2	+	+			
菊科	Compositae	苣荬菜	*Sonchus arvensis* L.	草本	2	+	+			+
菊科	Compositae	花叶滇苦菜（续断菊）	*Sonchus asper*（L.）Hill	草本	2					
菊科	Compositae	苦苣菜	*Sonchus oleraceus* L.	草本	1	+	+			+
菊科	Compositae	金腰箭	*Synedrella nodiflora*（L.）Gaertn.	草本	1	+				
菊科	Compositae	兔儿伞	*Syneilesis aconitifolia*（Bge）Maxim.	草本	2	+				
菊科	Compositae	锯叶合耳菊	*Synotis nagensium*（C. B. Clarke）C. Jeffreyet Y. L. Chen	草本	2					
菊科	Compositae	华合耳菊	*Synotis sinica*（Diels）C. Jeffrey et Y. L. Chen	草本	2					
菊科	Compositae	山牛蒡	*Synurus deltoides*（Ait.）Nakai	草本	2	+		+		
菊科	Compositae	灰果蒲公英	*Taraxacum maurocarpum* Dahlst.	草本	2					
菊科	Compositae	蒲公英	*Taraxacum mongolicum* Hand.-Mazz.	草本	1	+		+		+
菊科	Compositae	白缘蒲公英（高山蒲公英）	*Taraxacum platypecidum* Diels	草本	2					
菊科	Compositae	莲座狗舌草	*Tephroseris changii* B. Nord.	草本	2					
菊科	Compositae	款冬	*Tussilago farfara* L.	草本	2	+				+
菊科	Compositae	南川斑鸠菊	*Vernonia bockiana* Diels	草本	1					
菊科	Compositae	夜香牛	*Vernonia cinerea*（L.）Less.	草本	2	+				+
菊科	Compositae	斑鸠菊	*Vernonia esculenta* Hemsl.	草本	2	+	+			
菊科	Compositae	山蟛蜞菊	*Wedelia wallichii* Less.	草本	2	+				
菊科	Compositae	苍耳	*Xanthium sibircum* Patrin ex Widder	草本	2	+				
菊科	Compositae	红果黄鹌菜	*Youngia erythrocarpa*（Vaniot）Babcock et Stebbins	草本	2					
菊科	Compositae	异叶黄鹌菜	*Youngia heterophylla*（Hemsl.）Babcock et Stebbins	草本	1					
菊科	Compositae	黄鹌菜	*Youngia japonica*（L.）DC.，Prodr.	草本	2	+		+		
菊科	Compositae	戟叶黄鹌菜	*Youngia longipes*（Hemsl.）Babcock et Stebbins（Diels）Babcock et Stebbins	草本	2					
菊科	Compositae	多裂黄鹌菜	*Youngia rosthornii*（Diels）Babcock et Stebbins	草本	2					
菊科	Compositae	少花黄鹌菜	*Youngia szechuanica*（Söderb.）S. Y. Hu	草本	2					
	单子叶植物纲 Dicotyledoneae									
香蒲科	Typhaceae	水烛	*Typha angustifolia*	草本	2	+	+	+		+
香蒲科	Typhaceae	宽叶香蒲	*Typha latifolia*	草本	2	+		+		+
香蒲科	Typhaceae	香蒲（东方香蒲）	*Typha orientalis* Presl	草本	2	+	+	+		+
黑三棱科	Sparganiaceae	黑三棱	*Sparganium stoloniferum*（Graebn.）Buch.-Ham. ex Juz.	草本	2	+	+			
眼子菜科	Potamogetonaceae	菹草	*Potamogeton crispus* L.	草本	2		+	+		+

科名	科拉丁名	物种名	学名	生活型	数据来源	药用	观赏	食用	蜜源	工业原料
单子叶植物纲 Dicotyledoneae										
眼子菜科	Potamogetonaceae	鸡冠眼子菜（小叶眼子菜）	*Potamogeton cristatus* Rgl et Maack	草本	2					
眼子菜科	Potamogetonaceae	眼子菜（浮叶眼子菜）	*Potamogeton distincus* A. Benn.	草本	2	+	+			+
眼子菜科	Potamogetonaceae	竹叶眼子菜	*Potamogeton wrightii* Morong	草本	2	+				+
眼子菜科	Potamogetonaceae	浮叶眼子菜	*Potamogeton natans* L.	草本	2	+	+			
茨藻科	Najadaceae	东方茨藻	*Najas orientalis* Triest et Uotila	草本	2					
茨藻科	Najadaceae	纤细茨藻	*Najas gracillima*（A. Braun ex Engelm.）Magnus	草本	2					
茨藻科	Najadaceae	小茨藻	*Najas minor* All.	草本	2					
角果藻科	Zannichelliaceae	角果藻	*Zannichellia palustris* L. Sp. Pl.	草本	2					
泽泻科	Alismataceae	窄叶泽泻	*Alisma canaliculatum* A. Braun et Bouche., Ind. Sem. Hort. Berol.	草本	2	+	+			
泽泻科	Alismataceae	矮慈姑	*Sagittaria pygmaea* Miq.	草本	2	+				
泽泻科	Alismataceae	野慈姑	*Sagittaria trifolia* L.	草本	2	+				
泽泻科	Alismataceae	剪刀草	*Sagittaria trifolia* L. var. *trifolia* f. *longiloba*（Turcz.）Makino	草本	2	+				
水鳖科	Hydrocharitaceae	有尾水筛	*Blyxa echinosperma*（Clarke）Hook. f. Fl. Brit. Ind.	草本	2	+				
水鳖科	Hydrocharitaceae	水筛	*Blyxa japonica*（Miq.）Maxim.	草本	2		+			
水鳖科	Hydrocharitaceae	罗氏轮叶黑藻	*Hydrilla verticillata* var. *roxburghii* Casp.	草本	2		+			
水鳖科	Hydrocharitaceae	黑藻	*Hydrilla verticillata*（Linn. f.）Royle, Ill. Rot. Him.	草本	2					
水鳖科	Hydrocharitaceae	水鳖	*Hydrocharis dubia*（Bl.）Backer	草本	2	+	+	+		
水鳖科	Hydrocharitaceae	龙舌草（水车前）	*Ottelia alismoides*（L.）Pers.	草本	2	+				
水鳖科	Hydrocharitaceae	苦草	*Vallisneria natans*（Lour.）Hara	草本	2	+		+		
禾本科	Gramineae	巨序剪股颖	*Agrostis gigantea* Roth	草本	2					
禾本科	Gramineae	华北剪股颖	*Agrostis clavata* Trin.	草本	2					
禾本科	Gramineae	大锥剪股颖	*Agrostis brachiata* Munro ex Hook. f.	草本	2					
禾本科	Gramineae	小花剪股颖	*Agrostis micrantha* Steud.	草本	2					
禾本科	Gramineae	外玉山剪股颖	*Agrostis sozanensis* Hayata	草本	2					
禾本科	Gramineae	看麦娘	*Alopecurus aequalis* Sobol.	草本	1	+				+
禾本科	Gramineae	日本看麦娘	*Alopecurus japonicus* Steud.	草本	2					
禾本科	Gramineae	荩草	*Arthraxon hispidus*（Thunb.）Makino	草本	2	+				
禾本科	Gramineae	野古草	*Arundinella anomala* Steud.	草本	2					+
禾本科	Gramineae	毛秆野古草	*Arundinella hirta*（Thunb.）Tanaka	草本	2					+
禾本科	Gramineae	芦竹	*Arundo donax* L. Gen. Pl. ed.	草本	2		+			+
禾本科	Gramineae	沟稃草	*Aniselytron treutleri*（Kuntze）Soják	草本	2					
禾本科	Gramineae	野燕麦	*Avena fatua* L.	草本	2	+				+
禾本科	Gramineae	光稃野燕麦	*Avena fatua* L. var. *glabrata* Peterm.	草本	2					
禾本科	Gramineae	燕麦	*Avena sativa* L.	草本	2	+		+		
禾本科	Gramineae	孝顺竹	*Bambusa multiplex*（Lour.）Raeusch. ex Schult.	草本	2		+	+		
禾本科	Gramineae	硬头黄竹	*Bambusa rigida* Keng et Keng f.	草本	2					+
禾本科	Gramineae	白羊草	*Bothriochloa ischaemum*（L.）Keng	草本	2					+
禾本科	Gramineae	毛臂形草	*Brachiaria villosa*（Lam.）A. Camus	草本	2					

续表

科名	科拉丁名	物种名	学名	生活型	数据来源	药用	观赏	食用	蜜源	工业原料
单子叶植物纲 Dicotyledoneae										
禾本科	Gramineae	短柄草	*Brachypodium sylvaticum*（Huds.）Beauv.	草本	2		+			
禾本科	Gramineae	雀麦	*Bromus japonicus* Thunb. ex Murr.	草本	2	+		+		
禾本科	Gramineae	疏花雀麦	*Bromus remotiflorus*（Steud.）Ohwi	草本	2					+
禾本科	Gramineae	拂子茅	*Calamagrostis epigejos*（L.）Roth	草本	2	+				
禾本科	Gramineae	假苇拂子茅	*Calamagrostis pseudophragmites*（Hall. f.）Koel.	草本	2					+
禾本科	Gramineae	硬秆子草	*Capillipedium assimile*（Stued.）A. Camus	草本	2					
禾本科	Gramineae	细柄草	*Capillipedium parviflorum*（R. Br.）Stapf	草本	2			+		
禾本科	Gramineae	沿沟草	*Catabrosa aquatica*（L.）Beauv.	草本	2	+				
禾本科	Gramineae	狭叶方竹	*Chimonobambusa angustifolia* C. D. Chu et C. S. Chao	灌木	1					
禾本科	Gramineae	寒竹	*Chimonobambusa marmorea*（Mitford.）Makino	灌木	2		+			
禾本科	Gramineae	金佛山方竹	*Chimonobambusa utilis*（Keng）Keng f.	灌木	1			+		
禾本科	Gramineae	薏苡	*Coix lacryma-jobi* L.	草本	2	+		+		
禾本科	Gramineae	柠檬草	*Cymbopogon citratus*（DC.）Stapf	草本	2	+		+		
禾本科	Gramineae	芸香草	*Cymbopogon distans*（Nees）Wats.	草本	2	+				+
禾本科	Gramineae	狗牙根	*Cynodon dactylon*（L.）Pers.	草本	1	+	+	+		
禾本科	Gramineae	弓果黍	*Cyrtococcum patens*（L.）A. Camus	草本	1	+				
禾本科	Gramineae	冬竹	*Fargesia hsuchiana* Yi	草本	2			+		
禾本科	Gramineae	发草	*Deschampsia caespitosa*（L.）Beauv.	草本	2			+		
禾本科	Gramineae	野青茅	*Deyeuxia arundinacea*（L.）Beauv.	草本	2			+		
禾本科	Gramineae	疏穗野青茅	*Deyeuxia effusiflora* Rendle	草本	2					
禾本科	Gramineae	箱根野青茅	*Deyeuxia hakonensis*（Franch. et Sav.）Keng	草本	2					
禾本科	Gramineae	房县野青茅	*Deyeuxia pyramidalis*（Host）Veldkamp	草本	1					
禾本科	Gramineae	糙野青茅	*Deyeuxia scabrescens*（Griseb.）Munro ex Duthie	草本	2					+
禾本科	Gramineae	尼泊尔双药芒	*Diandranthus nepalensis*（Trin.）L. Liu	草本	2					
禾本科	Gramineae	升马唐	*Digitaria ciliaris*（Retz.）Koel.	草本	2					
禾本科	Gramineae	十字马唐	*Digitaria cruciata*（Nees）A. Camus	草本	2					+
禾本科	Gramineae	止血马唐	*Digitaria ischaemum*（Schreb.）Schreb. ex Muhl.	草本	2	+				+
禾本科	Gramineae	马唐	*Digitaria sanguinalis*（L.）Scop.	草本	2	+				+
禾本科	Gramineae	紫马唐	*Digitaria violascens* Link	草本	2					
禾本科	Gramineae	南川镰序竹	*Ampelocalamus melicoideus*（Keng f.）D. Z. Li et Stapleton	灌木	2					
禾本科	Gramineae	油芒	*Spodiopogon cotulifer*（Thunb.）Hack.	草本	1					
禾本科	Gramineae	光头稗	*Echinochloa colonum*（L.）Link	草本	2					
禾本科	Gramineae	无芒稗	*Echinochloa crusgalli*（L.）Beauv. var. *mitis*（Pursh）Peterm	草本	2					
禾本科	Gramineae	西来稗	*Echinochloa crusgalli*（L.）Beauv. var. *zelayensis*（Hbk.）Hitche.	草本	2					
禾本科	Gramineae	稗	*Echinochloa crusgalli*（L.）P. Beauv.	草本	2					
禾本科	Gramineae	牛筋草	*Eleusine indica*（L.）Gaertn.	草本	1	+		+		
禾本科	Gramineae	大画眉草	*Eragrostis cilianensis*（All.）Link ex Vignolo-Lu-tati	草本	2	+				
禾本科	Gramineae	知风草	*Eragrostis ferruginea*（Thunb.）Beauv.	草本	2	+				
禾本科	Gramineae	画眉草	*Eragrostis pilosa*（L.）Beauv.	草本	2	+				
禾本科	Gramineae	蔗茅	*Saccharum rufipilum* Steud.	草本	2					
禾本科	Gramineae	野黍	*Eriochloa villosa*（Thunb.）Kunth	草本	2	+				

续表

科名	科拉丁名	物种名	学名	生活型	数据来源	药用	观赏	食用	蜜源	工业原料
单子叶植物纲 Dicotyledoneae										
禾本科	Gramineae	金茅	*Eulalia speciosa*（Debeaux）Kuntze	草本	2					
禾本科	Gramineae	拟金茅	*Eulaliopsis binata*（Retz.）C. E. Hubb.	草本	2					
禾本科	Gramineae	箭竹	*Fargesia spathacea* Franch.	草本	2	+	+	+		+
禾本科	Gramineae	素羊茅	*Festuca modesta* Steud.	草本	2					
禾本科	Gramineae	羊茅	*Festuca ovina* L.	草本	2		+			+
禾本科	Gramineae	小颖羊茅	*Festuca parvigluma* Steud.	草本	2					
禾本科	Gramineae	甜茅	*Glyceria acutiflora* Torrey ssp. *japonica*（Steud.）T. Koyama et Kawano	草本	2					
禾本科	Gramineae	牛鞭草	*Hemarthria altissima*（Poir.）Stapf et C. E. Hubb.	草本	2					
禾本科	Gramineae	猬草	*Hystrix duthiei*（Stapf.）Bor	草本	2					+
禾本科	Gramineae	丝茅（白茅）	*Imperata cylindrica*（L.）Raeuschel var. *major*（Nees）C. E. Hubb.	草本	2	+		+		+
禾本科	Gramineae	阔叶箬竹	*Indocalamus latifolius*（Keng）McClure	草本	2		+	+		+
禾本科	Gramineae	鄂西箬竹	*Indocalamus wilsoni*（Rendle）C. S. Chaoe	草本	2		+	+		+
禾本科	Gramineae	白花柳叶箬	*Isachne albens* Trin.	草本	1					
禾本科	Gramineae	纤毛柳叶箬	*Isachne ciliatiflora* Keng	草本	2					
禾本科	Gramineae	柳叶箬	*Isachne globosa*（Thunb.）Kuntze	草本	2	+				
禾本科	Gramineae	日本柳叶箬	*Isachne nipponensis* Ohwi	草本	2					
禾本科	Gramineae	假稻	*Leersia japonica*（Makino）Honda	草本	2					
禾本科	Gramineae	千金子	*Leptochloa chinensis*（L.）Nees	草本	2	+				
禾本科	Gramineae	虮子草	*Leptochloa panicea*（Retz.）Ohwi	草本	2					
禾本科	Gramineae	料慈竹	*Bambusa distegia*（Keng et Keng f.）Chia	草本	2			+		+
禾本科	Gramineae	多花黑麦草	*Lolium multiflorum* Lamk.	草本	1					
禾本科	Gramineae	淡竹叶	*Lophatherum gracile* Brongn.	草本	2	+				
禾本科	Gramineae	刚莠竹	*Microstegium ciliatum*（Trin.）A. Camus	草本	2					+
禾本科	Gramineae	竹叶茅	*Microstegium nudum*（Trin）A. Camus	草本	2					
禾本科	Gramineae	柔枝莠竹	*Microstegium vimineum*（Trin.）A. Camus	草本	2					
禾本科	Gramineae	粟草	*Milium effusum* L.	草本	1					
禾本科	Gramineae	五节芒	*Miscanthus floridulus*（Lab.）Warb. ex Schum. et Laut.	草本	2		+	+		+
禾本科	Gramineae	芒	*Miscanthus sinensis* Anderss	草本	1	+				+
禾本科	Gramineae	乱子草	*Muhlenbergia hugelii* Trin	草本	2					
禾本科	Gramineae	慈竹	*Bambusa emeiensis* L. C. Chia et H. L. Fung.	草本	2					+
禾本科	Gramineae	类芦	*Neyraudia reynaudiana*（Kunth）Keng ex Hitchc.	草本	2	+				
禾本科	Gramineae	竹叶草	*Oplismenus compositus*（L.）Beav.	草本	2	+				
禾本科	Gramineae	求米草	*Oplismenus undulatifolius*（Arduino）Beauv.	草本	2			+		+
禾本科	Gramineae	湖北落芒草	*Achnatherum henryi*（Rendle）S. M. Phillips et Z. L. Wu	草本	2					
禾本科	Gramineae	钝颖落芒草	*Piptatherum kuoi* S. M. Phillips et Z. L. Wu	草本	1					
禾本科	Gramineae	糠稷	*Panicum bisulcatum* Thunb.	草本	2					
禾本科	Gramineae	稷	*Panicum miliaceum* L.	草本	2					
禾本科	Gramineae	圆果雀稗	*Paspalum scrobiculatum* L. var. *orbiculare*（G. Forst.）Hack.	草本	2					
禾本科	Gramineae	双穗雀稗	*Paspalum paspaloides*（Michx.）Scribn.	草本	2					
禾本科	Gramineae	雀稗	*Paspalum thunbergii* Kunth ex Steud.	草本	2					

科名	科拉丁名	物种名	学名	生活型	数据来源	药用	观赏	食用	蜜源	工业原料
单子叶植物纲 Dicotyledoneae										
禾本科	Gramineae	狼尾草	*Pennisetum alopecuroides*（L.）Spreng.	草本	1	+				+
禾本科	Gramineae	白草	*Pennisetum flaccidum* Griseb.	草本	2					
禾本科	Gramineae	象草	*Pennisetum purpureum* Schum.	草本	2					
禾本科	Gramineae	显子草	*Phaenosperma globosa* Munro ex Benth.	草本	2	+				
禾本科	Gramineae	芦苇	*Phragmites australis*（Cav.）Trin. ex Steud.	灌木	2	+	+			+
禾本科	Gramineae	寿竹	*Phyllostachys bambusoides* Sieb. et Zucc. f. *shouzhu* Yi	灌木	2			·		+
禾本科	Gramineae	水竹	*Phyllostachys heteroclada* Oliver	灌木	1					
禾本科	Gramineae	龟甲竹	*Phyllostachys heterocycla*（Carr.）Mitford	灌木	1					
禾本科	Gramineae	筱竹	*Phyllostachys nidularia* Munro	灌木	2					
禾本科	Gramineae	紫竹	*Phyllostachys nigra*（Lodd. ex Lindl.）Munro	灌木	2					
禾本科	Gramineae	淡竹	*Phyllostachys glauca* McClure	灌木	2					
禾本科	Gramineae	苦竹	*Pleioblastus amarus*（Keng）Keng	灌木	2					
禾本科	Gramineae	斑苦竹	*Pleioblastus maculatus*（McClure）C. D. Chu et C. S. Chao	灌木	2					+
禾本科	Gramineae	白顶早熟禾	*Poa acroleuca* Steud.	草本	2					
禾本科	Gramineae	早熟禾	*Poa annua* L.	草本	1	+	+			+
禾本科	Gramineae	法氏早熟禾（华东早熟禾）	*Poa faberi* Rendle	草本	1					
禾本科	Gramineae	金丝草	*Pogonatherum crinitum*（Thunb.）Kunth	草本	2	+				
禾本科	Gramineae	金发草	*Pogonatherum paniceum*（Lam.）Hack.	草本	2					
禾本科	Gramineae	棒头草	*Polypogon fugax* Nees ex Steud.	草本	1					
禾本科	Gramineae	平竹（冷竹、油竹）	*Chimonobambusa communis*（J. R. Xue et T. P. Yi）T. H. Wen et Ohrnb.	草本	1					
禾本科	Gramineae	钙生鹅观草	*Elymus calcicola*（Keng）S. L. Chen	草本	2					
禾本科	Gramineae	纤毛鹅观草	*Elymus ciliaris*（Trin. ex Bunge）Tzvelev	草本	2					
禾本科	Gramineae	鹅观草	*Elymus kamoji*（Ohwi）S. L. Chen	草本	2		+			+
禾本科	Gramineae	东瀛鹅观草	*Roegneria mayebarana*（Honda）Ohwi	草本	2					
禾本科	Gramineae	微毛鹅观草	*Elymus puberulus*（Keng）S. L. Chen	草本	2					
禾本科	Gramineae	斑茅（巴茅）	*Saccharum arundinaceum* Retz.	草本	2	+				
禾本科	Gramineae	甜根子草（马儿杆）	*Saccharum spontaneum* L.	草本	2					
禾本科	Gramineae	囊颖草	*Sacciolepis indica*（L.）A. Chase	草本	2					
禾本科	Gramineae	裂稃草	*Schizachyrium brevifolium*（Sw.）Nees ex Buse.	草本	2					
禾本科	Gramineae	大狗尾草	*Setaria faberii* Herrm.	草本	1	+				
禾本科	Gramineae	西南莩草	*Setaria forbesiana*（Nees）Hook. f.	草本	2					
禾本科	Gramineae	金色狗尾草	*Setaria glauca*（L.）Beauv.	草本	2					
禾本科	Gramineae	棕叶狗尾草	*Setaria palmifolia*（Koen.）Stapf	草本	2					
禾本科	Gramineae	皱叶狗尾草	*Setaria plicata*（Lam.）T. Cooke	草本	2					
禾本科	Gramineae	狗尾草	*Setaria viridis*（L.）Beauv.	草本	1	+				+
禾本科	Gramineae	大油芒	*Spodiopogon sibiricus* Trin.	草本	2					
禾本科	Gramineae	鼠尾粟	*Sporobolus fertilis*（Steud.）W. D. Clayt.	草本	2					
禾本科	Gramineae	钝叶草	*Stenotaphrum helferi* Munro ex Hook. f.	草本	2	+				
禾本科	Gramineae	阿拉伯黄背草	*Themeda triandra* Forssk.	草本	2					

科名	科拉丁名	物种名	学名	生活型	数据来源	药用	观赏	食用	蜜源	工业原料
			单子叶植物纲 Dicotyledoneae							
禾本科	Gramineae	菅	*Themeda villosa*（Poir.）A. Camus	草本	2					
禾本科	Gramineae	南荻	*Triarrhena lutarioriparia* L. Liu	草本	2					
禾本科	Gramineae	线形草沙蚕	*Tripogon filiformis* Nees ex Steud	草本	2					
禾本科	Gramineae	三毛草	*Trisetum bifidum*（Thunb.）Ohwi	草本	2					
禾本科	Gramineae	湖北三毛草	*Trisetum henryi* Rendle	草本	2					
禾本科	Gramineae	西伯利亚三毛草	*Trisetum sibiricum* Rupr.	草本	2					
禾本科	Gramineae	尾稃草	*Urochloa reptans*（L.）Stapf	草本	2					
禾本科	Gramineae	鄂西玉山竹	*Yushania confusa*（MaClure）Z. P. Wang	草本	2					
禾本科	Gramineae	菰（茭白）	*Zizania latifolia*（Griseb.）Stapf	草本	2					
莎草科	Cyperaceae	丝叶球柱草	*Bulbostylis densa*	草本	2					
莎草科	Cyperaceae	广东薹草	*Carex adrienii* E. G. Camus	草本	2					
莎草科	Cyperaceae	浆果薹草	*Carex baccans* Nees	草本	2					
莎草科	Cyperaceae	青绿薹草	*Carex brevicalmis* R. Br.	草本	2					
莎草科	Cyperaceae	亚澳薹草	*Carex brownii* Tuckerm.	草本	2					
莎草科	Cyperaceae	褐果薹草	*Carex brunnea* Thunb.	草本	2					
莎草科	Cyperaceae	发秆薹草	*Carex capillacea* Boott	草本	2					
莎草科	Cyperaceae	中华薹草	*Carex chinensis* Retz.	草本	2					
莎草科	Cyperaceae	十字薹草	*Carex cruciata* Wahlenb.	草本	2					
莎草科	Cyperaceae	无喙囊薹草	*Carex davidii* Franch.	草本	2					
莎草科	Cyperaceae	二型鳞薹草	*Carex dimorpholepis* Steud.	草本	2					
莎草科	Cyperaceae	皱果薹草	*Carex dispalata* Boott ex A. Gray	草本	2					
莎草科	Cyperaceae	签草	*Carex doniana* Spreng.	草本	2					
莎草科	Cyperacesii	川东薹草	*Carex fargesii* Franch.	草本	2					
莎草科	Cyperaceae	簇穗薹草	*Carex fastigiata* Franch.	草本	2					
莎草科	Cyperaceae	蕨状薹草	*Carex filicina* Nees	草本	2					
莎草科	Cyperaceae	穹隆薹草	*Carex gibba* Wahlenb.	草本	2					
莎草科	Cyperaceae	长囊薹草	*Carex harlandii* Boott.	草本	2					
莎草科	Cyperaceae	亨氏薹草	*Carex henryi* C. B. Clarke ex Franch.	草本	2					
莎草科	Cyperaceae	长安薹草	*Carex heudesii* Lévl. et Vaniot.	草本	2					
莎草科	Cyperaceae	狭穗薹草	*Carex ischnostachya* Steud.	草本	2					
莎草科	Cyperaceae	日本薹草	*Carex japonica* Thunb.	草本	2					
莎草科	Cyperaceae	金佛山薹草	*Carex jinfoshanensis* Tang et Wang ex S. Y. Liang	草本	2					
莎草科	Cyperaceae	大披针薹草	*Carex lanceolata* Boott	草本	2					
莎草科	Cyperaceae	舌叶薹草	*Carex ligulata* Nees	草本	2					
莎草科	Cyperaceae	大雄薹草	*Carex macrosandra*（Franch.）V. Krecz.	草本	2					
莎草科	Cyperaceae	套鞘薹草	*Carex maubertiana* Boott	草本	2					
莎草科	Cyperaceae	乳突薹草	*Carex maximowiczii* Miq.	草本	2					
莎草科	Cyperaceae	宝兴薹草	*Carex moupinensis* Franch.	草本	2					
莎草科	Cyperaceae	南川薹草	*Carex nanchuanensis* Chu ex S. Y. Liang	草本	2					
莎草科	Cyperaceae	条穗薹草	*Carex nemostachys* Steud.	草本	2					
莎草科	Cyperaceae	峨眉薹草	*Carex omeiensis* Tang et Wang	草本	2					

续表

科名	科拉丁名	物种名	学名	生活型	数据来源	药用	观赏	食用	蜜源	工业原料
单子叶植物纲 Dicotyledoneae										
莎草科	Cyperaceae	粉被薹草	*Carex pruinosa* Boott	草本	2					
莎草科	Cyperaceae	书带薹草	*Carex rochebruni* Franch. et Savat.	草本	2					
莎草科	Cyperaceae	大理薹草	*Carex rubrobrunnea* C. B. Clarke var. *taliensis*（Franch.）Kukenth	草本	2					
莎草科	Cyperaceae	硬果薹草	*Carex sclerocarpa* Franch.	草本	2					
莎草科	Cyperaceae	锈点薹草	*Carex setosa* Boott var. *punctata* S. Y. Liang	草本	2					
莎草科	Cyperaceae	华芒鳞薹草	*Carex sinoaristata* Wang et Tang ex L. K. Dai	草本	2					
莎草科	Cyperaceae	近蕨薹草	*Carex subfilicinoides* Kukenth.	草本	2					
莎草科	Cyperaceae	藏薹草	*Carex thibetica* Franch.	草本	2					
莎草科	Cyperaceae	沙坪薹草	*Carex wui* Chii ex L. K. Dai	草本	2					
莎草科	Cyperaceae	花葶薹草	*Carex scaposa* C. B. Clare	草本	2					
莎草科	Cyperaceae	扁穗莎草	*Cyperus compressus* L.	草本	1					
莎草科	Cyperaceae	异型莎草	*Cyperus difformis* L.	草本	1					
莎草科	Cyperaceae	碎米莎草	*Cyperus iria* L.	草本	2					
莎草科	Cyperaceae	具芒碎米莎草	*Cyperus microiria* Steud.	草本	2					
莎草科	Cyperaceae	毛轴莎草	*Cyperus pilosus* Vahl	草本	2					
莎草科	Cyperaceae	香附子	*Cyperus rotundus* L.	草本	2	+				
莎草科	Cyperaceae	紫果蔺	*Heleocharis atropurpurea*（Retz.）Presl	草本	2					
莎草科	Cyperaceae	荸荠	*Heleocharis dulcis*（Burm. f.）Trin.	草本	2	+		+		
莎草科	Cyperaceae	稻田荸荠	*Heleocharis pellucida* Presl var. *japonica*（Miq.）Tang et wang	草本	2					
莎草科	Cyperaceae	牛毛毡	*Heleocharis yokoscensis*（Franch. et Savat.）Tang et Wang	草本	2					
莎草科	Cyperaceae	丛毛羊胡子草	*Eriophorum comosum* Nees	草本	2	+				
莎草科	Cyperaceae	夏飘拂草	*Fimbristylis aestivalis*（Retz.）Vahl.	草本	1					
莎草科	Cyperaceae	矮扁鞘飘拂草	*Fimbristylis complanata*（Retz.）Link var. *exalata*（T. Koyama）Y. C. Tang ex S. R. Zhang, S. Y. Liang et T. Koy	草本	2					
莎草科	Cyperaceae	两歧飘拂草	*Fimbristylis dichotoma*（L.）Vahl	草本	2					
莎草科	Cyperaceae	线叶两歧飘拂草	*Fimbristylis dichotoma*（L.）Vahl f. *annua*（All.）Ohwi	草本	2					
莎草科	Cyperaceae	矮两歧飘拂草	*Fimbristylis dichotoma*（L.）Vahl f. *depauperata*（C. B. Clarke）Ohwi	草本	2					
莎草科	Cyperaceae	宜昌飘拂草	*Fimbristylis henryi* C. B. Clarke	草本	2					
莎草科	Cyperaceae	水虱草	*Fimbristylis miliacea*（L.）Vahl	草本	2	+				
莎草科	Cyperaceae	双穗飘拂草	*Fimbristylis subbispicata* Nees et Meyen	草本	2					
莎草科	Cyperaceae	水莎草	*Juncellus serotinus*（Rottb.）C. B. Clarke	草本	2					
莎草科	Cyperaceae	水蜈蚣（短叶水蜈蚣）	*Kyllinga brevifolia* Rottb.	草本	2					
莎草科	Cyperaceae	磚子苗	*Mariscus sumatrensis*（Retz.）J. Raynal var. *microstachys*（Kükenth.）L. K. Dai	草本	1	+				
莎草科	Cyperaceae	球穗扁莎	*Pycreus flavidus*（Retz.）T. Koyama	草本	2					
莎草科	Cyperaceae	红鳞扁莎	*Pycreus sanguinolentus*（Vahl）Nees	草本	2					
莎草科	Cyperaceae	白喙刺子莞	*Rhynchospora rugosa*（Lour.）Makino ssp. *brownii*（Roem. et Schult.）T. Koyama	草本	2					
莎草科	Cyperaceae	萤蔺	*Schoenoplectus juncoides*（Roxb.）Palla	草本	2					
莎草科	Cyperaceae	百球藨草	*Scirpus rosthornii* Diels	草本	2					

科名	科拉丁名	物种名	学名	生活型	数据来源	药用	观赏	食用	蜜源	工业原料
单子叶植物纲 Dicotyledoneae										
莎草科	Cyperaceae	水毛花	*Schoenoplectus mucronatus*（L.）Palla ssp. *robustus*（Miq.）T. Koyama	草本	2					
莎草科	Cyperaceae	蔍草	*Schoenoplectus triqueter*（L.）Palla	草本	2					
莎草科	Cyperaceae	猪毛草	*Scirpus wallichii* Nees	草本	2					
莎草科	Cyperaceae	类头状花序蔍草	*Trichophorum subcapitatum*（Thwaites et Hook.）D. A. Simpson	草本	2					
莎草科	Cyperaceae	高秆珍珠茅	*Scleria terrestris*（L.）Fass	草本	1					
莎草科	Cyperaceae	毛果珍珠茅	*Scleria levis* Retz	草本	2					
莎草科	Cyperaceae	黑鳞珍珠茅	*Scleria hookeriana* Bocklr.	草本	2					
棕榈科	Palmae	棕榈	*Trachycarpus fortunei*（Hook.）H. Wendl.	草本	1	+	+			+
天南星科	Araceae	菖蒲	*Acorus calamus* L.	草本	2	+	+			+
天南星科	Araceae	金钱蒲	*Acorus gramineus* Soland.	草本	1	+	+			
天南星科	Araceae	石菖蒲	*Acorus tatarinowii* Schott	草本	2		+			
天南星科	Araceae	尖尾芋	*Alocasia cucullata*（Lour.）Schott	草本	2					
天南星科	Araceae	南蛇棒	*Amorphophallus dunnii* Tutcher	草本	2					
天南星科	Araceae	磨芋	*Amorphophallus konjac* K. Koch	草本	2	+		+		+
天南星科	Araceae	雷公连	*Amydrium sinense*（Engl.）H. Li	草本	2					
天南星科	Araceae	刺柄南星（三步跳）	*Arisaema asperatum* N. E. Brown	草本	2					
天南星科	Araceae	长耳南星	*Arisaema auriculatum* Buchet	草本	2					
天南星科	Araceae	棒头南星	*Arisaema clavatum* Buchet	草本	2					
天南星科	Araceae	一把伞南星	*Arisaema erubescens*（Wall.）Schott	草本	1	+				
天南星科	Araceae	螃蟹七	*Arisaema fargesii* Buchet	草本	2	+				
天南星科	Araceae	象头花	*Arisaema franchetianum* Engl.	草本	2					
天南星科	Araceae	天南星（异叶南星）	*Arisaema heterophyllum* Blume	草本	1					
天南星科	Araceae	湘南星	*Arisaema hunanense* Hand.-Mazt.	草本	2					
天南星科	Araceae	花南星	*Arisaema lobatum* Engl.	草本	1					
天南星科	Araceae	多裂南星	*Arisaema multisectum* Engl.	草本	2					
天南星科	Araceae	绥阳雪里见	*Arisaema rhizomatum* C. E. C. Fischer var. *nudum* C. E. C. Fischer	草本	2					
天南星科	Araceae	雪里见	*Arisaema rhizomatum* C. E. C. Fischer	草本	2					
天南星科	Araceae	灯台莲	*Arisaema bockii* Engl.	草本	1					
天南星科	Araceae	大野芋	*Colocasia gigantea*（Blume.）Hook. f.	草本	2					
天南星科	Araceae	滴水珠	*Pinellia cordata* N. E. Brown	草本	2	+				
天南星科	Araceae	石蜘蛛	*Pinellia integrifolia* N. E. Brown	草本	2	+				
天南星科	Araceae	虎掌	*Pinellia pedatisecta* Schott	草本	2	+				
天南星科	Araceae	半夏	*Pinellia ternata*（Thunb.）Breit.	草本	1	+				
天南星科	Araceae	大薸	*Pistia stratiotes* L. Sp. Pl. ed.	草本	2	+				+
天南星科	Araceae	石柑子	*Pothos chinensis*（Raf.）Merr.	藤本	1	+				
天南星科	Araceae	百足藤	*Pothos repens*（Lour.）Druce	藤本	2	+				+
天南星科	Araceae	爬树龙	*Rhaphidophora decursiva*（Roxb.）Schott	藤本	2	+				
天南星科	Araceae	犁头尖	*Typhonium blumei* Nicolson et Sivadasan	草本	2	+				

科名	科拉丁名	物种名	学名	生活型	数据来源	药用	观赏	食用	蜜源	工业原料
单子叶植物纲 Dicotyledoneae										
天南星科	Araceae	独角莲	*Typhonium giganteum* Engl.	草本	2					
浮萍科	Lemnaceae	浮萍	*Lemna minor* L.	草本	2	+				+
浮萍科	Lemnaceae	稀脉浮萍	*Lemna perpusilla* Torr.	草本	2					
浮萍科	Lemnaceae	少根紫萍	*Spirodela oligorrhiza*（Kurz）Hegalm.	草本	2					
浮萍科	Lemnaceae	紫萍	*Spirodela polyrrhiza*（L.）Schleid.	草本	2					
浮萍科	Lemnaceae	芜萍	*Wolffia arrhiza*（L.）Wimmer	草本	2			+		+
谷精草科	Eriocaulaceae	谷精草	*Eriocaulon buergerianum* Koern.	草本	2					
鸭跖草科	Commelinaceae	饭包草	*Commelina bengalensis* L.	草本	1					
鸭跖草科	Commelinaceae	鸭跖草	*Commelina communis* L.	草本	1					
鸭跖草科	Commelinaceae	地地藕	*Commelina maculata* Edgew.	草本	2					
鸭跖草科	Commelinaceae	蓝耳草	*Cyanotis vaga*（Lour.）Roem. et Schult. Syst. Veg.	草本	2					
鸭跖草科	Commelinaceae	紫背鹿衔草	*Murdannia divergens*（C. B. Clarke.）Fruckn.	草本	2					
鸭跖草科	Commelinaceae	根茎水竹叶	*Murdannia hookeri*（C. B. Clarke）Bruckn.	草本	2					
鸭跖草科	Commelinaceae	牛轭草	*Murdannia loriformis*（Hassk.）Rolla Rao et Kammathy	草本	2					
鸭跖草科	Commelinaceae	裸花水竹叶	*Murdannia nudiflora*（L.）Brenan	草本	2					
鸭跖草科	Commelinaceae	水竹叶	*Murdannia triquetra*（Wall.）Bruckn.	草本	2					
鸭跖草科	Commelinaceae	细竹篙草	*Murdannia simplex*（Vahl）Brenan	草本	2					
鸭跖草科	Commelinaceae	杜若	*Pollia japonica* Thunnb.	草本	2					
鸭跖草科	Commelinaceae	川杜若	*Pollia miranda*（Levl.）Hara	草本	2					
鸭跖草科	Commelinaceae	竹叶吉祥草	*Spatholirion longifolium*	草本	2					
鸭跖草科	Commelinaceae	竹叶子	*Streptolirion volubile* Edgew.	草本	2					
雨久花科	Pontederiaceae	凤眼莲（水葫芦）	*Eichhornia crassipes*（Mart.）Solms	草本	2	+		+		+
雨久花科	Pontederiaceae	雨久花	*Monochoria korsakowii* Regel et Maack	草本	1					
雨久花科	Pontederiaceae	鸭舌草	*Monochoria vaginalis*（Burm. f.）Presl，Rel. Haenk.	草本	2			+		+
灯心草科	Juncaceae	翅茎灯心草	*Juncus alatus* Franch. et Savat.	草本	2					
灯心草科	Juncaceae	小灯心草	*Juncus bufonius* L.	草本	2					
灯心草科	Juncaceae	扁茎灯心草	*Juncus compressus* Jacq.	草本	2					
灯心草科	Juncaceae	星花灯心草	*Juncus diastrophanthus* Buchen.	草本	2					
灯心草科	Juncaceae	灯心草	*Juncus effusus* L.	草本	1	+				+
灯心草科	Juncaceae	片髓灯心草	*Juncus inflexus* L.	草本	1					
灯心草科	Juncaceae	分枝灯心草	*Juncus luzuliformis* Franch.	草本	2					
灯心草科	Juncaceae	多花灯心草	*Juncus modicus* N. E. Brown.	草本	2					
灯心草科	Juncaceae	野灯心草	*Juncus setchuensis* Buchen.	草本	2					
灯心草科	Juncaceae	假灯心草	*Juncus setchuensis* Buchen. var. *effusoides* Buchen.	草本	2					
灯心草科	Juncaceae	笋石菖（江南灯心草）	*Juncus prismatocarpus* R. Br.	草本	2					
灯心草科	Juncaceae	散序地杨梅	*Luzula effusa* Buchen.	草本	2					
灯心草科	Juncaceae	多花地杨梅	*Luzula multiflora*（Retz.）Lej.	草本	2					
灯心草科	Juncaceae	淡花地杨梅	*Luzula pallescens*（Wahl.）Swartz	草本	2					
灯心草科	Juncaceae	羽毛地杨梅	*Luzula plumosa* E. Mey.	草本	2					
灯心草科	Juncaceae	中国地杨梅	*Luzula effusa* Buchen. var. *chinensis*（N. E. Brown）K.F.Wu	草本	2					

续表

科名	科拉丁名	物种名	学名	生活型	数据来源	药用	观赏	食用	蜜源	工业原料
单子叶植物纲 Dicotyledoneae										
百部科	Stemonaceae	百部	*Stemona japonica*	藤本	2	+				
百部科	Stemonaceae	大百部	*Stemona tuberosa* Lour.	藤本	2					
百合科	Liliaceae	高山粉条儿菜	*Aletris alpestris* Diels	草本	2					
百合科	Liliaceae	头花粉条儿菜	*Aletris capitata* Wang et Tang	草本	2					
百合科	Liliaceae	无毛粉条儿菜	*Aletris glabra* Bur. Et Franch.	草本	2					
百合科	Liliaceae	疏花粉条儿菜	*Aletris laxiflora* Bur. et Franch.	草本	2					
百合科	Liliaceae	少花粉条儿菜	*Aletris pauciflora*（Klotz.）Franch.	草本	2					
百合科	Liliaceae	粉条儿菜	*Aletris spicata*（Thunb.）Franch.	草本	1					
百合科	Liliaceae	狭瓣粉条儿菜	*Aletris stenoloba* Franch.	草本	2					
百合科	Liliaceae	野葱	*Allium chrysanthum* Regel	草本	2					
百合科	Liliaceae	天蓝韭	*Allium cyaneum* Regel	草本	2					
百合科	Liliaceae	玉簪叶韭	*Allium funckiaefolium* Hand.-Mzt.	草本	2			+		
百合科	Liliaceae	疏花韭	*Allium henryi* C. H. Wright	草本	2					
百合科	Liliaceae	异梗韭	*Allium heteronema* Wang et Tang	草本	2					
百合科	Liliaceae	宽叶韭	*Allium hookeri* Thwaites	草本	2					
百合科	Liliaceae	卵叶韭	*Allium ovalifolium* Hand.-Mzt.	草本	2			+		
百合科	Liliaceae	天蒜	*Allium paepalanthoides* Airy-Shaw	草本	2					
百合科	Liliaceae	太白韭	*Allium prattii* C. H. Wright apud Forb. et Hemsl.	草本	2					
百合科	Liliaceae	茖葱	*Allium victorialis* L.	草本	2					
百合科	Liliaceae	天门冬	*Asparagus cochinchinensis*（Lour.）Merr.	草本	1					
百合科	Liliaceae	羊齿天门冬	*Asparagus filicinus* D. Don	草本	1					
百合科	Liliaceae	短梗天门冬	*Asparagus lycopodineus*（Baker）Wang et Tang	草本	1					
百合科	Liliaceae	西南天门冬	*Asparagus munitus* Wang et S. C. Chen	草本	2					
百合科	Liliaceae	丛生蜘蛛抱蛋	*Aspidistra caespitosa* C Pei	草本	2					
百合科	Liliaceae	蜘蛛抱蛋	*Aspidistra elatior* Blume.	草本	2					
百合科	Liliaceae	九龙盘	*Aspidistra lurida* Ker-Gawl.	草本	2					
百合科	Liliaceae	小花蜘蛛抱蛋	*Aspidistra minutiflora* Stapf	草本	2					
百合科	Liliaceae	棕叶芦	*Thysanolaena latifolia*（Roxb. ex Hornem.）Honda	草本	2					
百合科	Liliaceae	荞麦叶大百合	*Cardiocrinum cathayanum*（Wils.）Stearn	草本	2					
百合科	Liliaceae	大百合	*Cardiocrinum giganteum*（Wall.）Makino	草本	2					
百合科	Liliaceae	西南吊兰	*Chlorophytum nepalense*（Ldl.）Baker	草本	2					
百合科	Liliaceae	七筋菇	*Clintonia udensis* Trautv. et Mey.	草本	2					
百合科	Liliaceae	山菅	*Dianella ensifolia*（L.）DC.	草本	2					
百合科	Liliaceae	散斑竹根七	*Disporopsis aspera*（Hua）Engl. ex Krause	草本	2					
百合科	Liliaceae	肖万寿竹（竹根七）	*Disporopsis fuscopicta* Hance	草本	2					
百合科	Liliaceae	深裂竹根七	*Disporopsis pernyi*（Hua）Diels	草本	2					
百合科	Liliaceae	长蕊万寿竹	*Disporum bodinieri*（Lévl. et Vaniot.）Wang et Y. C. Tang	草本	1					
百合科	Liliaceae	短蕊万寿竹	*Disporum bodinieri*（H. Lév. et Vaniot）F. T Wang et Ts. Tang	草本	2					
百合科	Liliaceae	万寿竹	*Disporum cantoniense*（Lour.）Merr.	草本	1					
百合科	Liliaceae	大花万寿竹	*Disporum megalanthum* Wang et Tang	草本	2					

科名	科拉丁名	物种名	学名	生活型	数据来源	药用	观赏	食用	蜜源	工业原料
单子叶植物纲 Dicotyledoneae										
百合科	Liliaceae	宝铎草	*Disporum sessile* D. Don	草本	1		+			
百合科	Liliaceae	南川鹭鸶草	*Diuranthera inarticulata* Wang et K. Y. Lang	草本	2					
百合科	Liliaceae	鹭鸶草	*Diuranthera major* Hemsl	草本	2					
百合科	Liliaceae	小鹭鸶草	*Diuranthera minor*（C. H. Wright）Hemsl	草本	2					
百合科	Liliaceae	天目贝母	*Fritillaria monantha* Migo	草本	2					
百合科	Liliaceae	太白贝母	*Fritillaria taipaiensis* P. Y. Li	草本	2					
百合科	Liliaceae	黄花菜	*Hemerocallis citrina* Baroni	草本	1					
百合科	Liliaceae	萱草	*Hemerocallis fulva*（L.）L.	草本	2	+		+		
百合科	Liliaceae	小黄花菜	*Hemerocallis minor* Mill.	草本	1			+		
百合科	Liliaceae	折叶萱草	*Hemerocallis plicata* Stapf	草本	2					
百合科	Liliaceae	华肖菝葜	*Heterosmilax chinensis* Wang	草本	2					
百合科	Liliaceae	玉簪	*Hosta plantaginea*（Lam.）Aschers.	草本	1		+			
百合科	Liliaceae	紫萼	*Teucrium tsinlingense* C. Y. Wu et S. Chow var. *porphyreum* C. Y. Wu et S. Chow	草本	1		+			
百合科	Liliaceae	百合	*Lilium brownii* var. *viridulum* Baker	草本	2		+			
百合科	Liliaceae	野百合	*Lilium brownie* L.	草本	1	+	+			
百合科	Liliaceae	川百合	*Lilium davidii* Duchartre	草本	2		+	+		
百合科	Liliaceae	宝兴百合	*Lilium duchartrei* Franch.	草本	2		+			
百合科	Liliaceae	湖北百合	*Lilium henryi* Baker	草本	2		+			
百合科	Liliaceae	卷丹	*Lilium tigrinum* Ker Gawl.	草本	2		+			
百合科	Liliaceae	宜昌百合	*Lilium leucanthum*（Baker）Baker	草本	2		+			
百合科	Liliaceae	川滇百合（金佛山百合）	*Lilium primulium* Baker var. *ochraceum*（Franch.）Stearn	草本	2		+			
百合科	Liliaceae	南川百合	*Lilium rosthornii* Diels	草本	2		+			
百合科	Liliaceae	泸定百合（通江百合）	*Lilium sargentiae* Wilson	草本	2		+			
百合科	Liliaceae	紫花百合	*Lilium souliei*（Franch.）Sealy	草本	2		+			
百合科	Liliaceae	大理百合	*Lilium taliense* Franch.	草本	2		+			
百合科	Liliaceae	卓巴百合	*Lilium wardii* Stapf ex Stearn	草本	2					
百合科	Liliaceae	禾叶山麦冬	*Liriope graminifolia*（L.）Baker	草本	2					
百合科	Liliaceae	长梗山麦冬	*Liriope longipedicellata* Wang et Tang	草本	1					
百合科	Liliaceae	山麦冬	*Liriope spicata*（Thunb.）Lour.	草本	1					
百合科	Liliaceae	高大鹿药	*Smilacina atropurpurea*（Franch.）Wang et Tang	草本	2					
百合科	Liliaceae	合瓣鹿药	*Maianthemum tubiferum*（Batalin）LaFrankie	草本	2					
百合科	Liliaceae	钝叶沿阶草	*Ophiopogon amblyphyllus* Wang et Dai	草本	2					
百合科	Liliaceae	连药沿阶草	*Ophiopogon bockianus* Diels	草本	2					
百合科	Liliaceae	短药沿阶草	*Ophiopogon angustifoliatus*（F. T. Wang et Ts. Tang）S. C. Chen	草本	2					
百合科	Liliaceae	沿阶草	*Ophiopogon bodinieri* Levl. Liliac. etc. Chine	草本	1	+	+			
百合科	Liliaceae	长茎沿阶草	*Ophiopogon chingii* Wang et Tang	草本	2					
百合科	Liliaceae	粉叶沿阶草	*Ophiopogon chingii* F. T. Wang et Ts. Tang	草本	2					
百合科	Liliaceae	棒叶沿阶草	*Ophiopogon clavatus* C. H. Wright	草本	2					
百合科	Liliaceae	异药沿阶草	*Ophiopogon heterandrus* Wang et Dai	草本	2					

科名	科拉丁名	物种名	学名	生活型	数据来源	药用	观赏	食用	蜜源	工业原料
单子叶植物纲 Dicotyledoneae										
百合科	Liliaceae	间型沿阶草	*Ophiopogon intermedius* D. Don	草本	1					
百合科	Liliaceae	麦冬	*Ophiopogon japonicus*（L. f.）Ker-Gawl.	草本	1	+				
百合科	Liliaceae	西南沿阶草	*Ophiopogon mairei* Levl.	草本	2					
百合科	Liliaceae	狭叶沿阶草	*Ophiopogon stenophyllus*（Merr.）Rodrig.	草本	2					
百合科	Liliaceae	林生沿阶草	*Ophiopogon sylvicola* Wang et Tang	草本	1					
百合科	Liliaceae	四川沿阶草	*Ophiopogon szechuanensis* Wang et Tang, sp. nov.	草本	2					
百合科	Liliaceae	簇叶沿阶草	*Ophiopogon tsaii* Wang et Tang	草本	2					
百合科	Liliaceae	阴生沿阶草	*Ophiopogon umbraticola* Hance	草本	2					
百合科	Liliaceae	巴山重楼	*Paris bashanensis* Wang et Tang	草本	2	+				
百合科	Liliaceae	球药隔重楼	*Paris fargesii* Franch.	草本	2	+				
百合科	Liliaceae	具柄重楼	*Paris fargesii* var. *petiolata*（Baker ex C. H. Wright）Wang et Tang	草本	2	+				
百合科	Liliaceae	花叶重楼	*Paris mairei* H. Lév.	草本	2	+				
百合科	Liliaceae	七叶一枝花	*Paris polyphylla* Sm.	草本	1	+				
百合科	Liliaceae	华重楼	*Paris polyphylla* var. *chinensis*（Franch.）Hara	草本	2	+				
百合科	Liliaceae	狭叶重楼	*Paris polyphylla* var. *stenophylla* Franch.	草本	2	+				
百合科	Liliaceae	长药隔重楼	*Paris thibetica* Franch.	草本	2	+				
百合科	Liliaceae	滇重楼（宽瓣重楼）	*Paris polyphylla* var. *yunnanensis*（Franch.）Hand.-Mazz.	草本	2	+				
百合科	Liliaceae	北重楼	*Paris verticillata*	草本	2	+				
百合科	Liliaceae	大盖球子草	*Peliosanthes macrostegia* Hance	草本	2					
百合科	Liliaceae	疏花无叶莲	*Petrosavia sakurai*（Makino）Dandy	草本	2					
百合科	Liliaceae	卷叶黄精	*Polygonatum cirrhifolium*（Wall.）Royle, Ill. Bot. Himal.	草本	2					
百合科	Liliaceae	垂叶黄精	*Polygonatum curvistylum* Hua	草本	2					
百合科	Liliaceae	多花黄精	*Polygonatum cyrtonema* Hua	草本	2	+				
百合科	Liliaceae	距药黄精	*Polygonatum franchetii* Hua	草本	2					
百合科	Liliaceae	毛筒玉竹	*Polygonatum inflatum* Kom.	草本	2					
百合科	Liliaceae	滇黄精	*Polygonatum kingianum* Coll. et Hemsl.	草本	2					
百合科	Liliaceae	节根黄精	*Polygonatum nodosum* Hua	草本	2					
百合科	Liliaceae	玉竹	*Polygonatum odoratum*（Mill.）Druce	草本	1	+				
百合科	Liliaceae	康定玉竹	*Polygonatum prattii* Baker	草本	2					
百合科	Liliaceae	轮叶黄精	*Polygonatum verticillatum*（L.）All. Fl. Pedem.	草本	2	+				
百合科	Liliaceae	湖北黄精	*Polygonatum zanlanscianense* Pamp.	草本	2					
百合科	Liliaceae	吉祥草	*Reineckea carnea*（Andr.）Kunth	草本	2		+			
百合科	Liliaceae	万年青	*Rohdea japonica*（Thunb.）Roth	草本	1					
百合科	Liliaceae	窄瓣鹿药	*Maianthemum tatsiense*（Franch.）LaFrankie	草本	2					
百合科	Liliaceae	少叶鹿药	*Maianthemum stenolobum*（Franch.）S. C. Chen et Kawano	草本	2					
百合科	Liliaceae	管花鹿药	*Maianthemum henryi*（Baker）LaFrankie	草本	2					
百合科	Liliaceae	鹿药	*Maianthemum japonicum*（A. Gray）LaFrankie	草本	1	+				
百合科	Liliaceae	金佛山鹿药	*Smilacina ginfoshanica* Wang et Tang	草本	2					
百合科	Liliaceae	弯梗菝葜	*Smilax aberrans* Gagnep.	灌木	2					
百合科	Liliaceae	密疣菝葜	*Smilax chapaensis* Gagnep.	灌木	2					

续表

科名	科拉丁名	物种名	学名	生活型	数据来源	药用	观赏	食用	蜜源	工业原料
单子叶植物纲 Dicotyledoneae										
百合科	Liliaceae	菝葜	*Smilax china* L.	灌木	1					
百合科	Liliaceae	柔毛菝葜	*Smilax chingii* Wang et Tang	灌木	1					
百合科	Liliaceae	银叶菝葜	*Smilax cocculoides* Warb.	灌木	2					
百合科	Liliaceae	合蕊菝葜	*Smilax cyclophylla* Warb.	灌木	2					
百合科	Liliaceae	平滑菝葜	*Smilax darrisii* Levl.	灌木	2					
百合科	Liliaceae	托柄菝葜	*Smilax discotis* Warb.	灌木	1					
百合科	Liliaceae	长托菝葜	*Smilax ferox* Wall. ex Kunth，Enum. Pl.	灌木	2					
百合科	Liliaceae	土茯苓	*Smilax glabra* Roxb.	灌木	2					
百合科	Liliaceae	黑果菝葜（粉菝葜）	*Smilax glaucochina* Warb.	灌木	1					
百合科	Liliaceae	马甲菝葜	*Smilax lanceifolia* Roxb.	灌木	2					
百合科	Liliaceae	折枝菝葜	*Smilax lanceifolia* var. *elongata* Wang et Tang	灌木	2					
百合科	Liliaceae	防己叶菝葜	*Smilax menispermoidea* A. DC.	灌木	1					
百合科	Liliaceae	小叶菝葜	*Smilax microphylla* C. H. Wright	灌木	1					
百合科	Liliaceae	黑叶菝葜	*Smilax nigrescens* Wang et Tang ex P. Y. Li	灌木	1					
百合科	Liliaceae	白背牛尾草	*Smilax nipponica* Miq.	灌木	2					
百合科	Liliaceae	抱茎菝葜	*Smilax ocreata* A. DC.	灌木	2					
百合科	Liliaceae	武当菝葜	*Smilax outanscianensis* Pamp.	灌木	1					
百合科	Liliaceae	红果菝葜	*Smilax polycolea* Warb.	灌木	2					
百合科	Liliaceae	牛尾菜	*Smilax riparia* A. DC.	灌木	2					
百合科	Liliaceae	尖叶牛尾菜	*Smilax riparia* A. DC. var. *acuminata*（C. H. Wright）Wang et Tang	灌木	2					
百合科	Liliaceae	毛牛尾菜	*Smilax riparia* A. DC. var. *pubescens*（C. H. Wright）Wang et Tang	灌木	2					
百合科	Liliaceae	短梗菝葜	*Smilax scobinicaulis* C. H. Wright	灌木	2					
百合科	Liliaceae	鞘柄菝葜	*Smilax stans* Maxim.	灌木	2					
百合科	Liliaceae	糙柄菝葜	*Smilax trachypoda* Norton	灌木	2					
百合科	Liliaceae	梵净山菝葜	*Smilax vanchingshanensis* Wang et Tang et Tang，stat. nov.	灌木	2					
百合科	Liliaceae	小花扭柄花	*Streptopus parviflorus* Franch.	草本	2					
百合科	Liliaceae	腋花扭柄花	*Streptopus simplex* D. Don	草本	2					
百合科	Liliaceae	叉柱岩菖蒲	*Tofieldia divergens* Bur. et Franch.	草本	2					
百合科	Liliaceae	岩菖蒲	*Tofieldia thibetica* Franch.	草本	2					
百合科	Liliaceae	黄花油点草	*Tricyrtis maculata*（D. Don）Machride	草本	2					
百合科	Liliaceae	延龄草	*Trillium tschonoskii* Maxim.	草本	2					
百合科	Liliaceae	开口箭	*Tupistra chinensis* Baker	草本	1					
百合科	Liliaceae	筒花开口箭	*Campylandra delavayi*（Franch.）M. N. Tamura，S. Yun Liang et Turland	草本	2					
百合科	Liliaceae	长柱开口箭	*Tupistra grandistigma* Wang et Liang	草本	2					
百合科	Liliaceae	碟花开口箭	*Campylandra tui*（F. T. Wang et Ts. Tang）M. N. Tamura, S. Yun Liang et Turla	草本	2					
百合科	Liliaceae	尾萼开口箭	*Campylandra urotepala*（Hand.-Mazz.）M. N. Tamura, S. Yun Liang et Turland	草本	2					
百合科	Liliaceae	弯蕊开口箭	*Campylandra wattii* C. B. Clarke	草本	2					
百合科	Liliaceae	藜芦	*Veratrum nigrum* L.	草本	2					

科名	科拉丁名	物种名	学名	生活型	数据来源	药用	观赏	食用	蜜源	工业原料
单子叶植物纲 Dicotyledoneae										
百合科	Liliaceae	长梗藜芦	*Veratrum oblongum* Loes. f.	草本	2					
百合科	Liliaceae	狭叶藜芦	*Veratrum stenophyllum* Diels	草本	2					
百合科	Liliaceae	高山丫蕊花	*Ypsilandra alpinia* Wang et Tang	草本	2					
百合科	Liliaceae	丫蕊花	*Ypsilandra thibetica* Franch.	草本	2					
仙茅科	Hypoxidaceae	大叶仙茅	*Curculigo capitulata*（Lour.）O. Ktze.	草本	2					
仙茅科	Hypoxidaceae	疏花仙茅	*Curculigo gracilis*（Wall. ex Kurz.）Hook. f.	草本	2					
仙茅科	Hypoxidaceae	仙茅	*Curculigo orchioides* Gaertn.	草本	2					
仙茅科	Hypoxidaceae	小金梅草	*Hypoxis aurea* Lour.	草本	2					
石蒜科	Hypoxidaceae	忽地笑	*Lycoris aurea*（L'Her.）Herb.	草本	2		+			
石蒜科	Hypoxidaceae	石蒜	*Lycoris radiata*（L'Her.）Herb.	草本	2					
薯蓣科	Dioscoreaceae	蜀葵叶薯蓣	*Dioscorea althaeoides* R. Kunth	藤本	2					
薯蓣科	Dioscoreaceae	黄独	*Dioscorea bulbifera* L.	藤本	1					
薯蓣科	Dioscoreaceae	薯莨	*Dioscorea cirrhosa* Lour.	藤本	2					
薯蓣科	Dioscoreaceae	叉蕊薯蓣	*Dioscorea collettii* Hk. f.	藤本	2					
薯蓣科	Dioscoreaceae	粉背薯蓣	*Dioscorea collettii* Hk. f. var. *hypoglauca*（Palibin）Pei et C. T. Ting	藤本	2					
薯蓣科	Dioscoreaceae	山薯	*Dioscorea fordii* Prain et Burkill	藤本	2					
薯蓣科	Dioscoreaceae	高山薯蓣	*Dioscorea delavayi* Franch.	藤本	1					
薯蓣科	Dioscoreaceae	日本薯蓣	*Dioscorea japonica* Thunb.	藤本	1					
薯蓣科	Dioscoreaceae	毛芋头薯蓣	*Dioscorea kamoonensis* Kunth	藤本	2					
薯蓣科	Dioscoreaceae	黑珠芽薯蓣	*Dioscorea melanophyma* Prain et Burkill	藤本	2					
薯蓣科	Dioscoreaceae	穿龙薯蓣	*Dioscorea nipponica* Makino	藤本	2					
薯蓣科	Dioscoreaceae	薯蓣（山药）	*Dioscorea opposita* Thunb.	藤本	2	+		+		
薯蓣科	Dioscoreaceae	黄山药	*Dioscorea panthaica* Prain et Burkill	藤本	2					
薯蓣科	Dioscoreaceae	五叶薯蓣	*Dioscorea pentaphylla* L.	藤本	1					
薯蓣科	Dioscoreaceae	毛胶薯蓣	*Dioscorea subcalva* Prain et Burk.	藤本	2					
薯蓣科	Dioscoreaceae	盾叶薯蓣	*Dioscorea zingiberensis* C.H.Wright	藤本	2					
薯蓣科	Dioscoreaceae	山草薢	*Dioscorea tokoro* Makino	藤本	2					
鸢尾科	Iridaceae	射干	*Belamcanda chinensis*（L.）Redoute.	草本	2		+			
鸢尾科	Iridaceae	西南鸢尾	*Iris bulleyana* Dykes	草本	2					
鸢尾科	Iridaceae	扁竹兰	*Iris confusa* Sealy	草本	2	+				
鸢尾科	Iridaceae	蝴蝶花	*Iris japonica* Thunb.	草本	1	+				
鸢尾科	Iridaceae	鸢尾	*Iris tectorum* Maxim.	草本	2	+				
鸢尾科	Iridaceae	黄花鸢尾	*Iris wilsonii* C. H. Wright	草本	2	+				
姜科	Zingiberaceae	山姜	*Alpinia japonica*（Thunb.）Miq.	草本	2					
姜科	Zingiberaceae	艳山姜	*Alpinia zerumbet*（Pers.）Burtt et Smith	草本	2					
姜科	Zingiberaceae	舞花姜	*Globba racemosa* Smith.	草本	2					
姜科	Zingiberaceae	姜花	*Hedychium coronarium* Koen	草本	1					
姜科	Zingiberaceae	圆瓣姜花	*Hedychium forrestii* Diels	草本	2					
姜科	Zingiberaceae	阳荷	*Zingiber striolatum* Diels	草本	2					
芭蕉科	Musaceae	芭蕉	*Musa basjoo* Sieb. et Zucc.	草本	1					
兰科	Orchidaceae	头序无柱兰	*Amitostigma capitatum* T. Tang et F. T. Wang	草本	2					

续表

科名	科拉丁名	物种名	学名	生活型	数据来源	药用	观赏	食用	蜜源	工业原料
单子叶植物纲 Dicotyledoneae										
兰科	Orchidaceae	峨眉无柱兰	*Amitostigma faberi*（Rolfe）Schltr.	草本	2					
兰科	Orchidaceae	无柱兰（细葶无柱兰）	*Amitostigma gracile*（Bl.）Schltr.	草本	2					
兰科	Orchidaceae	艳丽齿唇兰	*Anoectochilus moulmeinensis*（Par. et Rchb. f.）Seidenf.	草本	2					
兰科	Orchidaceae	金线兰（花叶开唇兰）	*Anoectochilus roxburghii*（Wall.）Lindl.	草本	2					
兰科	Orchidaceae	西南齿唇兰	*Anoectochilus elwesii*（Clarke ex Hook. f.）King et Pantl.	草本	2					
兰科	Orchidaceae	竹叶兰	*Arundina graminifolia*（D.Don）Hochr.	草本	2					
兰科	Orchidaceae	小白及	*Bletilla formosana*（Hayata）Schltr.	草本	2					
兰科	Orchidaceae	黄花白及	*Bletilla ochracea* Schltr.	草本	2					
兰科	Orchidaceae	白及	*Bletilla striata*（Thunb. ex A. Murray）Rchb. f.	草本	2	+				
兰科	Orchidaceae	梳帽卷瓣兰	*Bulbophyllum andersonii*（Hook. f.）J. J. Smith.	草本	2		+		+	
兰科	Orchidaceae	密花石豆兰	*Bulbophyllum odoratissimum*（J. E. Smith）Lindl.	草本	2		+		+	
兰科	Orchidaceae	伏生石豆兰	*Bulbophyllum reptans*（Lindl.）Lindl.	草本	2		+		+	
兰科	Orchidaceae	泽泻虾脊兰	*Calanthe alismaefolia* Lindl.	草本	2		+		+	
兰科	Orchidaceae	弧距虾脊兰	*Calanthe arcuata* Rolfe	草本	2		+		+	
兰科	Orchidaceae	剑叶虾脊兰	*Calanthe davidii* Franch.	草本	2		+		+	
兰科	Orchidaceae	少花虾脊兰	*Calanthe delavayi* Finet	草本	2		+		+	
兰科	Orchidaceae	密花虾脊兰	*Calanthe densiflora* Lindl.	草本	2		+		+	
兰科	Orchidaceae	叉唇虾脊兰	*Calanthe hancockii* Rolfe	草本	2		+		+	
兰科	Orchidaceae	疏花虾脊兰	*Calanthe henryi* Rolfe	草本	2		+		+	
兰科	Orchidaceae	细花虾脊兰	*Calanthe mannii* Hook. f.	草本	2		+		+	
兰科	Orchidaceae	反瓣虾脊兰	*Calanthe reflexa*（Kuntze）Maxim.	草本	2		+		+	
兰科	Orchidaceae	三棱虾脊兰	*Calanthe tricarinata* Wall. ex Lindl.	草本	2		+		+	
兰科	Orchidaceae	三褶虾脊兰	*Calanthe triplicata*（Willem.）Ames	草本	2		+		+	
兰科	Orchidaceae	四川虾脊兰	*Calanthe whiteana* King et Pantl.	草本	2		+		+	
兰科	Orchidaceae	流苏虾脊兰	*Calanthe alpina* Hook. f. ex Lindl.	草本	2		+		+	
兰科	Orchidaceae	肾唇虾脊兰	*Calanthe brevicornu* Lindl.	草本	2		+		+	
兰科	Orchidaceae	钩距虾脊兰	*Calanthe graciliflora* Hayata	草本	2		+		+	
兰科	Orchidaceae	银兰	*Cephalanthera erecta*（Thunb. ex A. Murray）Bl.	草本	2		+		+	
兰科	Orchidaceae	独花兰	*Changnienia amoena* S. S. Chien	草本	2		+		+	
兰科	Orchidaceae	蜈蚣兰	*Cleisostoma scolopendrifolium*（Makino）Garay	草本	2		+		+	
兰科	Orchidaceae	凹舌兰	*Coeloglossum viride*（L.）Hartm.	草本	2		+		+	
兰科	Orchidaceae	杜鹃兰	*Cremastra appendiculata*（D. Don）Makino	草本	2		+		+	
兰科	Orchidaceae	莎草兰	*Cymbidium elegans* Lindl.	草本	2		+		+	
兰科	Orchidaceae	建兰	*Cymbidium ensifolium*（L.）Sw.	草本	1		+		+	
兰科	Orchidaceae	长叶兰	*Cymbidium erythraeum* Lindl.	草本	2		+		+	
兰科	Orchidaceae	蕙兰	*Cymbidium faberi* Rolfe	草本	2		+		+	
兰科	Orchidaceae	多花兰	*Cymbidium floribundum* Lindl.	草本	2		+		+	
兰科	Orchidaceae	春兰	*Cymbidium goeringii*（Rchb. f.）Rchb. f.	草本	2		+		+	
兰科	Orchidaceae	线叶春兰	*Cymbidium serratum* Schltr.	草本	2		+		+	
兰科	Orchidaceae	虎头兰	*Cymbidium hookerianum* Rchb. f.	草本	2		+		+	

续表

科名	科拉丁名	物种名	学名	生活型	数据来源	药用	观赏	食用	蜜源	工业原料
单子叶植物纲 Dicotyledoneae										
兰科	Orchidaceae	黄蝉兰	*Cymbidium iridioides* D. Don	草本	2		+		+	
兰科	Orchidaceae	寒兰	*Cymbidium kanran* Makino	草本	2		+		+	
兰科	Orchidaceae	兔耳兰	*Cymbidium lancifolium* Hook.	草本	2		+		+	
兰科	Orchidaceae	大根兰	*Cymbidium macrorhizon* Lindl.	草本	2		+		+	
兰科	Orchidaceae	大叶杓兰	*Cypripedium fasciolatum* Franch.	草本	2		+		+	
兰科	Orchidaceae	黄花杓兰	*Cypripedium flavum* P. F.	草本	2		+		+	
兰科	Orchidaceae	绿花杓兰	*Cypripedium henryi* Rolfe	草本	2		+		+	
兰科	Orchidaceae	扇脉杓兰	*Cypripedium japonicum* Thunb.	草本	1		+		+	
兰科	Orchidaceae	斑叶杓兰	*Cypripedium margaritaceum* Franch.	草本	2		+		+	
兰科	Orchidaceae	小花杓兰	*Cypripedium micranthum* Franh.	草本	2		+		+	
兰科	Orchidaceae	细叶石斛	*Dendrobium hancockii* Rolfe	草本	2		+		+	
兰科	Orchidaceae	罗河石斛	*Dendrobium lohohense* T. Tang et F. T. Wang	草本	2		+		+	
兰科	Orchidaceae	细茎石斛	*Dendrobium moniliforme*（L.）Sw.	草本	2		+		+	
兰科	Orchidaceae	石斛	*Dendrobium nobile* Lindl	草本	2		+		+	
兰科	Orchidaceae	广东石斛	*Dendrobium wilsinii* Rolfe	草本	2		+		+	
兰科	Orchidaceae	铁皮石斛	*Dendrobium officinale* Kimura et Migo	草本	2		+		+	
兰科	Orchidaceae	单叶厚唇兰	*Epigeneium fargesii*（Finet）Gagnep.	草本	2		+		+	
兰科	Orchidaceae	火烧兰	*Epipactis helleborine*（L.）Crantz.	草本	2		+		+	
兰科	Orchidaceae	大叶火烧兰	*Epipactis mairei* Schltr.	草本	2		+		+	
兰科	Orchidaceae	山珊瑚	*Galeola faberi* Rolfr.	草本	2		+		+	
兰科	Orchidaceae	毛萼山珊瑚	*Galeola lindleyana*（Hook. f. et Thoms.）Rchb. f.	草本	2		+		+	
兰科	Orchidaceae	台湾盆距兰	*Gastrochilus formosanus*（Hayata）Hayata	草本	2		+		+	
兰科	Orchidaceae	南川盆距兰	*Gastrochilus nanchuanensis* Z. H. Tsi	草本	2		+		+	
兰科	Orchidaceae	城口盆距兰	*Gastrochilus fargesii*（Kraenzl.）Schltr.	草本	2		+		+	
兰科	Orchidaceae	细茎盆距兰	*Gastrochilus intermedius*（Griff. ex Lindl）Kuntze	草本	2		+			
兰科	Orchidaceae	天麻	*Gastrodia elata* Bl.	草本	2		+		+	
兰科	Orchidaceae	松天麻	*Gastrodia elata* Bl. f. *alba* S.Chow	草本	2		+		+	
兰科	Orchidaceae	绿天麻	*Gastrodia elata* Bl. f. *viridis*（Makino）Makino	草本	2		+		+	
兰科	Orchidaceae	地宝兰	*Geodorum densiflorum*（Lam.）Schltr.	草本	2		+		+	
兰科	Orchidaceae	大花斑叶兰	*Goodyera biflora*（Lindl.）Hook. f.	草本	2		+		+	
兰科	Orchidaceae	多叶斑叶兰	*Goodyera foliosa*（Lindl.）Benth.	草本	2		+		+	
兰科	Orchidaceae	光萼斑叶兰	*Goodyera henryi* Rolfe	草本	2		+		+	
兰科	Orchidaceae	斑叶兰	*Goodyera schechtendaliana* Rchb. f.	草本	2		+		+	
兰科	Orchidaceae	绒叶斑叶兰	*Goodyera velutina* Maxim.	草本	2		+		+	
兰科	Orchidaceae	手参	*Gymnadenia conopsea*（L.）R. Br.	草本	2		+		+	
兰科	Orchidaceae	西南手参	*Gymnadenia orchidis* Lindl.	草本	2		+		+	
兰科	Orchidaceae	长距玉凤花	*Habenaria davidii* Franch.	草本	2		+		+	
兰科	Orchidaceae	鹅毛玉凤花	*Habenaria dentata*（Sw.）Schltr.	草本	2		+		+	
兰科	Orchidaceae	宽药隔玉凤花	*Habenaria limprichtii* Schltr.	草本	2		+		+	
兰科	Orchidaceae	裂瓣玉凤花	*Habenaria petelotii* Gagnep.	草本	2		+		+	
兰科	Orchidaceae	丝裂玉凤花	*Habenaria polytricha* Rolfe	草本	2		+		+	

续表

科名	科拉丁名	物种名	学名	生活型	数据来源	药用	观赏	食用	蜜源	工业原料
单子叶植物纲 Dicotyledoneae										
兰科	Orchidaceae	粗距舌喙兰	*Hemipilia crassicalcarata* S. S. Chien	草本	2		+		+	
兰科	Orchidaceae	叉唇角盘兰	*Herminium lanceum*（Thunb. ex SW.）Vuijk	草本	2		+		+	
兰科	Orchidaceae	长瓣角盘兰	*Herminium ophioglossoides* Schltr.	草本	2		+		+	
兰科	Orchidaceae	瘦房兰	*Ischnogyne mandarinorum*（Kraenzh.）Schltr.	草本	2		+		+	
兰科	Orchidaceae	镰翅羊耳蒜	*Liparis bootanensis* Griff.	草本	2		+		+	
兰科	Orchidaceae	大花羊耳蒜	*Liparis distans* C. B. Clarke	草本	2		+		+	
兰科	Orchidaceae	小羊耳蒜	*Liparis fargesii* Finet.	草本	2		+		+	
兰科	Orchidaceae	羊耳蒜	*Liparis japonica*（Miq.）Maxim.	草本	2		+		+	
兰科	Orchidaceae	见血青	*Liparis nervosa*（Thunb. ex A. Murray）Lindl.	草本	2		+		+	
兰科	Orchidaceae	香花羊耳蒜	*Liparis odorata*（Willd.）Lindl.	草本	2		+		+	
兰科	Orchidaceae	长唇羊耳蒜	*Liparis pauliana* Hand.-Mazz.	草本	2		+		+	
兰科	Orchidaceae	大花对叶兰	*Listera grandiflora* Rolfe	草本	2		+		+	
兰科	Orchidaceae	南川对叶兰	*Listera nanchuanica* S. C. Chen	草本	2		+		+	
兰科	Orchidaceae	对叶兰	*Listera puberula* Maxim.	草本	2		+		+	
兰科	Orchidaceae	钗子股	*Luisia morsei* Rolfe	草本	2		+		+	
兰科	Orchidaceae	沼兰	*Malaxis monophyllos*（L.）Sw.	草本	2		+		+	
兰科	Orchidaceae	葱叶兰	*Microtis unifolia*（Forst.）Rchb.f.	草本	2		+		+	
兰科	Orchidaceae	全唇兰	*Myrmechis chinensis* Rolfe	草本	2		+		+	
兰科	Orchidaceae	密花兜被兰	*Neottianthe calcicola*（W. W. Smith）Schltr.	草本	2		+		+	
兰科	Orchidaceae	一叶兜被兰	*Neottianthe monophylla*（Ames et Schltr.）Schltr.	草本	2		+		+	
兰科	Orchidaceae	广布红门兰	*Orchis chusua* D. Don	草本	2		+		+	
兰科	Orchidaceae	长叶山兰	*Oreorchis fargesii* Finet	草本	2		+		+	
兰科	Orchidaceae	山兰	*Oreorchis patens*（Lindl.）Lindl.	草本	2		+		+	
兰科	Orchidaceae	耳唇兰	*Otochilus porrectus* Lindl.	草本	2		+		+	
兰科	Orchidaceae	小花阔蕊兰	*Peristylus affinis*（D. Don）Seidenf.	草本	2		+		+	
兰科	Orchidaceae	条叶阔蕊兰	*Peristylus bulleyi*（Rolfe）K. Y. Lang	草本	2		+		+	
兰科	Orchidaceae	阔蕊兰	*Peristylus goodyeroides*（D. Don）Lindl.	草本	2		+		+	
兰科	Orchidaceae	黄花鹤顶兰（斑叶鹤顶兰）	*Phaius flavus*（Bl.）Lindl.	草本	2		+		+	
兰科	Orchidaceae	云南石仙桃	*Pholidota yunnanensis* Rolfe	草本	2		+		+	
兰科	Orchidaceae	二叶舌唇兰	*Platanthera chlorantha* Cust. ex Rchb.	草本	2		+		+	
兰科	Orchidaceae	对耳舌唇兰	*Platanthera finetiana* Schltr.	草本	2		+		+	
兰科	Orchidaceae	舌唇兰	*Platanthera japonica*（Thunb. ex A.Marray）Lindl.	草本	2		+		+	
兰科	Orchidaceae	尾瓣舌唇兰	*Platanthera mandarinorum* Rchb. f.	草本	2		+		+	
兰科	Orchidaceae	小舌唇兰	*Platanthera minor*（Miq.）Rchb. f.	草本	2		+		+	
兰科	Orchidaceae	独蒜兰	*Pleione bulbocodioides*（Franch.）Rolfe	草本	2		+		+	
兰科	Orchidaceae	朱兰	*Pogonia japonica* Rchb. f.	草本	2		+		+	
兰科	Orchidaceae	苞舌兰	*Spathoglottis pubescens* Lindl.	草本	2		+		+	
兰科	Orchidaceae	绶草	*Spiranthes sinensis*（Pers.）Ames	草本	2		+		+	
兰科	Orchidaceae	带唇兰	*Tainia dunnii* Rolfe	草本	2		+		+	
兰科	Orchidaceae	金佛山兰	*Tangtsinia nanchuanica* S. C. Chen	草本	2		+		+	
兰科	Orchidaceae	小叶白点兰	*Thrixspermum japonicum*（Miq.）Rchb.f.	草本	2		+		+	

续表

科名	科拉丁名	物种名	学名	生活型	数据来源	药用	观赏	食用	蜜源	工业原料
单子叶植物纲 Dicotyledoneae										
兰科	Orchidaceae	蜻蜓兰	*Tulotis fuscescens*（L.）Czer. Addit. et Collig.	草本	2		+		+	
兰科	Orchidaceae	小花蜻蜓兰	*Tulotis ussuriensis*（Reg. et Maack）H. Hara	草本	2		+		+	
兰科	Orchidaceae	旗唇兰	*Vexillabium yakushimense*（Yamamoto）F. Maekawa	草本	2		+		+	
兰科	Orchidaceae	线柱兰	*Zeuxine strateumatica*（L.）Schltr.	草本	2		+		+	

注：*为栽培种、外来种，"1"为野外采集和见到，"2"为查阅文献。

附表 1.3　重庆金佛山国家级自然保护区 IUCN（2015）植物名录

序号	科名	科拉丁名	中文名	学名	中国生物多样性红色名录
一				蕨类植物	
1	松叶蕨科	Psilotaceae	松叶蕨	*Psilotum nudum*（L.）Beauv.	VU
2	石杉科	Huperziaceae	皱边石杉	*Huperzia crispata*（Ching ex H. S. Kung）Ching	VU
3	石杉科	Huperziaceae	南川石杉	*Huperzia nanchuanensis*（Ching et H. S. Kung）Ching et H. S. Kung	NT
4	石杉科	Huperziaceae	蛇足石杉	*Huperzia serrata*（Thunb. ex Murray）Trev.	EN
5	石杉科	Huperziaceae	四川石杉	*Huperzia sutchueniana*（Hert.）Ching	NT
6	卷柏科	Selaginellaceae	垫状卷柏	*Selaginella pulvinata*（Hook. et Grev.）Maxim.	NT
7	瓶尔小草科	Ophioglossaceae	心脏叶瓶尔小草	*Ophioglossum reticulatum* L.	NT
8	铁线蕨科	Adiantaceae	灰背铁线蕨	*Adiantum myriosorum* Bak.	NT
9	铁线蕨科	Adiantaceae	掌叶铁线蕨	*Adiantum pedatum* L.	NT
10	金星蕨科	Thelypteridaceae	贯众叶溪边蕨	*Stegnogramma cyrtomioides*（C. Chr.）Ching	NT
11	铁角蕨科	Aspleniaceae	石生铁角蕨	*Asplenium saxicola* Rosent.	NT
12	乌毛蕨科	Blechnaceae	荚囊蕨	*Struthiopteris eburnea*（Christ）Ching	NT
13	鳞毛蕨科	Dryopteridaceae	全缘贯众	*Cyrtomium falcatum*（L. f.）Presl	VU
14	鳞毛蕨科	Dryopteridaceae	惠水贯众	*Cyrtomium grossum* Christ	EN
15	鳞毛蕨科	Dryopteridaceae	单叶贯众	*Cyrtomium hemionitis* Christ	EN
16	鳞毛蕨科	Dryopteridaceae	大平鳞毛蕨	*Dryopteris bodinieri*（Christ）C. Chr.	EN
17	鳞毛蕨科	Dryopteridaceae	台湾鳞毛蕨	*Dryopteris formosana*（Christ）C. Chr. Ind. Fil.	EN
18	鳞毛蕨科	Dryopteridaceae	边生鳞毛蕨	*Dryopteris handeliana* C. Chr. Dansk Bot. Arkiv	EN
19	鳞毛蕨科	Dryopteridaceae	无鳞毛枝蕨	*Leptorumohra sinomiqueliana*（Ching）Tagawa	EN
20	槲蕨科	Drynariaceae	团叶槲蕨	*Drynaria bonii* Christ	NT
二				裸子植物	
1	松科	Pinaceae	银杉	*Cathaya argyrophylla* Chun et Kuang	EN
2	松科	Pinaceae	巴山松	*Pinus tabuliformis* Carrière var. *henryi*（Mast.）C. T. Kuan	VU
3	柏科	Cupressaceae	福建柏	*Fokienia hodginsii*（Dunn）Henry et Thomas	VU
4	罗汉松科	Podocarpaceae	百日青	*Podocarpus neriifolius* D. Don	VU
5	罗汉松科	Podocarpaceae	*罗汉松	*Podocarpus macrophyllus*（Thunb.）D. Don	VU
6	三尖杉科（粗榧科）	Cephalotaxaceae	篦子三尖杉	*Cephalotaxus oliveri* Mast.	VU
7	三尖杉科（粗榧科）	Cephalotaxaceae	粗榧	*Cephalotaxus sinensis*（Rehd. et Wils.）Li	NT
8	红豆杉科	Taxaceae	红豆杉	*Taxus wallichiana* Zucc. var. *chinensis*（Pilg.）Florin	VU
9	红豆杉科	Taxaceae	南方红豆杉	*Taxus wallichiana* Zucc. var. *mairei*（Lemée et H. Lév.）L. K. Fu et Nan Li	VU
10	红豆杉科	Taxaceae	巴山榧树	*Torreya fargesii* Franch.	VU

序号	科名	科拉丁名	中文名	学名	中国生物多样性红色名录
三				被子植物	
1	三白草科	Saururaceae	白苞裸蒴	*Gymnotheca involucrata* Pei	VU
2	杨柳科	Salicaceae	茸毛山杨	*Populus davidiana* var. *tomentella*（Schneid.）Nakai	NT
3	胡桃科	Juglandaceae	胡桃	*Juglans regia* L.	VU
4	胡桃科	Juglandaceae	泡核桃	*Juglans sigillata* Dode	VU
5	壳斗科	Fagaceae	大叶柯	*Lithocarpus megalophyllus* Rehd. et Wils.	NT
6	榆科	Ulmaceae	大叶榉树	*Zelkova schneideriana* Hand.-Mazz.	NT
7	马兜铃科	Aristolochiaceae	木通马兜铃	*Aristolochia manshuriensis* Kom.	NT
8	马兜铃科	Aristolochiaceae	短尾细辛	*Asarum caudigerellum* C. Y. Cheng et C. S. Yang	VU
9	马兜铃科	Aristolochiaceae	花叶尾花细辛	*Asarum cardiophyllum* Franch.	VU
10	马兜铃科	Aristolochiaceae	皱花细辛	*Asarum crispulatum* C. Y. Cheng et C. S. Yang	VU
11	马兜铃科	Aristolochiaceae	杜衡	*Asarum forbesii* Maxim.	NT
12	马兜铃科	Aristolochiaceae	单叶细辛	*Asarum himalaicum* Hook. f. et Thoms. ex Klotzsch.	VU
13	马兜铃科	Aristolochiaceae	大叶马蹄香	*Asarum maximum* Hemsl.	VU
14	马兜铃科	Aristolochiaceae	南川细辛	*Asarum nanchuanense* C. S. Yang et J. L. Wu	EN
15	马兜铃科	Aristolochiaceae	细辛	*Asarum sieboldii* Miq.	VU
16	马兜铃科	Aristolochiaceae	马蹄香	*Saruma henryi* Oliv.	EN
17	毛茛科	Ranunculaceae	裂叶星果草	*Asteropyrum peltatum*（Franch.）Drumm. et Hutch. ssp. *cavaleriei*（H. Lév. et Vaniot）Drumm et Hutch. Q. Yuan et Q. E. Yang	NT
18	毛茛科	Ranunculaceae	南川升麻	*Cimicifuga nanchuanensis* Hsiao	EN
19	毛茛科	Ranunculaceae	云南铁线莲	*Clematis yunnanensis* Franch.	NT
20	毛茛科	Ranunculaceae	黄连	*Coptis chinensis* Franch.	EN
21	毛茛科	Ranunculaceae	川鄂獐耳细辛	*Hepatica henryi*（Oliv.）Steward	VU
22	毛茛科	Ranunculaceae	尖叶唐松草	*Thalictrum acutifolium*（Hand.-Mazz.）Boivin	NT
23	毛茛科	Ranunculaceae	微毛爪哇唐松草	*Thalictrum javanicum* Bl. var. *puberulum* W. T. Wang	VU
24	毛茛科	Ranunculaceae	峨眉唐松草	*Thalictrum omeiense* W. T. Wang et S. H. Wang	VU
25	毛茛科	Ranunculaceae	多枝唐松草	*Thalictrum ramosum* Boivin	NT
26	毛茛科	Ranunculaceae	尾囊草	*Urophysa henryi*（Oliv.）Ulbr.	VU
27	木通科	Lardizabalaceae	白木通	*Akebia trifoliata*（Thunb.）Koidz. ssp. *australis*（Diels）T. Shimizu	NT
28	小檗科	Berberidaceae	贵州八角莲	*Dysosma majorensis*（Gagnep.）Ying	VU
29	小檗科	Berberidaceae	六角莲	*Dysosma pleianthum*（Hance）Woods	NT
30	小檗科	Berberidaceae	川八角莲	*Dysosma veitchii*（Hemsl. et Wils）Fu ex Ying	VU
31	小檗科	Berberidaceae	八角莲	*Dysosma versipelle*（Hance）M. Cheng ex Ying	VU
32	小檗科	Berberidaceae	宝兴淫羊藿	*Epimedium davidi* Franch.	NT
33	小檗科	Berberidaceae	淫羊藿	*Epimedium brevicornu* Maxim.	NT
34	小檗科	Berberidaceae	黔岭淫羊藿	*Epimedium leptorrhizum* Stearn	NT
35	小檗科	Berberidaceae	三枝九叶草	*Epimedium sagittatum*（Sieb. et Zucc.）Maxim.	NT
36	小檗科	Berberidaceae	光叶淫羊藿	*Epimedium sagittatum*（Sieb. et Zucc.）Maxim. var. *glabratum* Ying	VU
37	防己科	Menispermaceae	青牛胆	*Tinospora sagittata*（Oliv.）Gagnep.	EN
38	八角科	Illiciaceae	厚皮香八角	*Illicium ternstroemioides*	NT
39	五味子科	Schisandraceae	黑老虎	*Kadsura coccinea*	VU
40	木兰科	Magnoliaceae	红色木莲	*Manglietia insignis*（Wall.）Bl.	VU

续表

序号	科名	科拉丁名	中文名	学名	中国生物多样性红色名录
三				被子植物	
41	木兰科	Magnoliaceae	巴东木莲	*Manglietia patungensis*	VU
42	木兰科	Magnoliaceae	四川木莲	*Manglietia szechuanica*	VU
43	木兰科	Magnoliaceae	黄心夜合	*Michelia martinii*（Lévl.）Lévl.	NT
44	木兰科	Magnoliaceae	川含笑	*Michelia wilsonii* Dandy ssp. *szechuanica*（Dandy）J. Li	VU
45	木兰科	Magnoliaceae	峨眉含笑	*Michelia wilsonii* Finet et.Gagn.	VU
46	樟科	Lauraceae	油樟	*Cinnamomum longepaniculatum*（Gamble）N. Chao ex H. W. Li	NT
47	樟科	Lauraceae	阔叶樟（银木）	*Cinnamomum platyphyllum*（Diels）Allen	VU
48	樟科	Lauraceae	川黔润楠	*Machilus chuanchienensis* S. Lee	NT
49	樟科	Lauraceae	南川润楠	*Machilus nanchuanensis* N. Chao ex S. Lee	VU
50	樟科	Lauraceae	润楠	*Machilus nanmu*（Oliv.）Hemsl.	EN
51	樟科	Lauraceae	紫新木姜子	*Neolitsea purpurescens* Yang	NT
52	樟科	Lauraceae	楠木	*Phoebe zhennan* S. Lee	VU
53	伯乐树科	Bretschneideraceae	伯乐树	*Bretschneidera sinensis*	NT
54	虎耳草科	Saxifragaceae	狭叶溲疏	*Deutzia esquirolii*（Levl.）Rehd.	EN
55	虎耳草科	Saxifragaceae	灰绿溲疏	*Deutzia glaucophylla* S. M. Huang	NT
56	金缕梅科	Hamamelidaceae	腺蜡瓣花	*Corylopsis glandulifera* Hemsl.	NT
57	金缕梅科	Hamamelidaceae	圆叶蜡瓣花	*Corylopsis rotundifolia* Chang	EN
58	金缕梅科	Hamamelidaceae	小果蜡瓣花	*Corylopsis microcarpa* Chang	EN
59	金缕梅科	Hamamelidaceae	黔蜡瓣花	*Corylopsis obodata* Chang	EN
60	金缕梅科	Hamamelidaceae	红药蜡瓣花	*Corylopsis veitchiana* Bean.	NT
61	金缕梅科	Hamamelidaceae	半枫荷	*Semiliquidambar cathayensis* Chang	VU
62	杜仲科	Eucommiaceae	杜仲	*Eucommia ulmoides* Oliv.	VU
63	蔷薇科	Rosaceae	迎春樱桃	*Cerasus discoides* Yu et Li	NT
64	蔷薇科	Rosaceae	河南海棠	*Malus honanensis* Rehd.	NT
65	蔷薇科	Rosaceae	缫丝花	*Rosa roxburghii* Tratt.	NT
66	蔷薇科	Rosaceae	单瓣缫丝花	*Rosa roxburghii* Tratt. f. *normalis* Rehd. et Wils.	NT
67	蔷薇科	Rosaceae	麻叶绣线菊	*Spiraea cantoniensis* Lour.	NT
68	豆科	Leguminosae	显脉羊蹄甲	*Bauhinia glauca*（Wall. ex Benth.）Benth. ssp. *pernervosa*（L. Chen）T. Chen	NT
69	豆科	Leguminosae	黄檀	*Dalbergia hupeana* Hance.	NT
70	豆科	Leguminosae	小鸡藤	*Dumasia forrestii* Diels	NT
71	豆科	Leguminosae	山豆根	*Euchresta japonica* Hook. f. ex Regel	VU
72	豆科	Leguminosae	*花榈木	*Ormosia henryi* Prain.	VU
73	豆科	Leguminosae	红豆树	*Ormosia hosiei* Hemsl. et Wils.	EN
74	牻牛儿苗科	Geraniaceae	灰岩紫地榆	*Geranium franchetii* R. Knuth	NT
75	芸香科	Rutaceae	黄檗	*Phellodendron amurense* Rupr.	VU
76	芸香科	Rutaceae	裸芸香	*Psilopeganum sinense* Hemsl.	EN
77	芸香科	Rutaceae	菱叶花椒	*Zanthoxylum rhombifoliolatum* Huang	NT
78	楝科	Meliaceae	单叶地黄连	*Munronia unifoliolata* Oliv.	NT
79	楝科	Meliaceae	红椿	*Toona ciliate* Roem.	VU
80	黄杨科	Buxaceae	长叶柄野扇花	*Sarcococca longipetiolata* M. Cheng	EN

序号	科名	科拉丁名	中文名	学名	中国生物多样性红色名录
三				被子植物	
81	漆树科	Anacardiaceae	毛脉南酸枣	*Choerospondias axillaries*（Roxb.）Burtt et Hill var. *pubinervis*（Rehd. et Wils.）Burtt et Hill	VU
82	卫矛科	Celastraceae	缙云卫矛	*Euonymus chloranthoides* Yang	EN
83	卫矛科	Celastraceae	染用卫矛	*Euonymus tingens* Wall.	NT
84	槭树科	Aceraceae	阔叶槭	*Acer amplum* Rehd.	NT
85	槭树科	Aceraceae	血皮槭	*Acer griseum*（Franch.）Pax	VU
86	槭树科	Aceraceae	疏花槭	*Acer laxiflorum* Pax	NT
87	槭树科	Aceraceae	杈叶槭	*Acer robustum* Pax	NT
88	鼠李科	Rhamnaceae	黄鼠李	*Rhamnus fulvo-tincta* Metcalf	NT
89	鼠李科	Rhamnaceae	桃叶鼠李	*Rhamnus iteinophylla* Schneid.	NT
90	鼠李科	Rhamnaceae	亮叶雀梅藤	Sageretia lucida Merr.	VU
91	鼠李科	Rhamnaceae	峨眉雀梅藤	*Sageretia omeiensis* Schneid.	NT
92	猕猴桃科	Actinidiaceae	毛蕊猕猴桃	*Actinidia trichogyna* Franch.	VU
93	山茶科	Theaceae	普洱茶	*Camellia sinensis*（L.）Kuntze var. *assamica*（Mast.）Kitamura	VU
94	山茶科	Theaceae	滇山茶	*Camellia reticulata* Lindl.	VU
95	山茶科	Theaceae	小果毛蕊茶	*Camellia villicarpa* Chien	VU
96	山茶科	Theaceae	川黔尖叶柃	*Eurya acuminoides* Hu et L. K. Ling	NT
97	山茶科	Theaceae	川柃	*Eurya fangii* Rehd.	NT
98	山茶科	Theaceae	四川厚皮香	*Ternstroemia sichuanensis* L.	NT
99	堇菜科	Violaceae	小尖堇菜	*Viola mucronulifera* Hand.-Mazz.	VU
100	旌节花科	Stachyuraceae	云南旌节花	*Stachyurus yunnanensis* Franch.	VU
101	西番莲科	Passifloraceae	月叶西番莲	*Passiflora altebilobata* Hemsl.	NT
102	秋海棠科	Begoniaceae	南川秋海棠	*Begonia dielsiana* E. Pritz.	NT
103	瑞香科	Thymelaeaceae	小娃娃皮	*Daphne gracilis* E. Pritz.	VU
104	瑞香科	Thymelaeaceae	城口荛花	*Wikstroemia fargesii*（Lecomte）Domke	VU
105	野牡丹科	Melastomataceae	红毛野海棠	*Bredia tuberculata*（Guillaum.）Diels	NT
106	伞形科	Umbelliferae	大叶当归	*Angelica megaphylla* Diels	VU
107	伞形科	Umbelliferae	管鞘当归	*Angelica pseudoselinum* de Boiss.	NT
108	伞形科	Umbelliferae	川明参	*Chuanminshen violaceum* Sheh et Shan	EN
109	伞形科	Umbelliferae	武隆前胡	*Peucedanum wulongense* Shan et Sheh	NT
110	山茱萸科	Cornaceae	山茱萸	*Cornus officinalis* Sieb. et Zucc.	NT
111	桤叶树科	Clethraceae	城口桤叶树	*Clethra fargesii* Franch.	EN
112	鹿蹄草科	Pyrolaceae	水晶兰	*Monotropa uniflora* L.	NT
113	杜鹃花科	Ericaceae	弯尖杜鹃	*Rhododendron adenopodum* Franch.	VU
114	杜鹃花科	Ericaceae	黔东银叶杜鹃	*Rhododendron argyrophyllum* Franch. ssp. *nankingense*（Cowan）Chamb.	NT
115	杜鹃花科	Ericaceae	金佛山美容杜鹃	*Rhododendron calophytum* Franch. var. *jingfuense* Fang et W. K. Hu	NT
116	杜鹃花科	Ericaceae	树枫杜鹃	*Rhododendron changii*（Fang）Fang	VU
117	杜鹃花科	Ericaceae	树生杜鹃	*Rhododendron dendrocharis* Franch.	EN
118	杜鹃花科	Ericaceae	凉山杜鹃	*Rhododendron huianum* Fang	NT
119	杜鹃花科	Ericaceae	金山杜鹃	*Rhododendron longipes* Rehd. et Wils. var. *chienianum*（Fang）Chamb. ex Cullen et Chamb	VU

序号	科名	科拉丁名	中文名	学名	中国生物多样性红色名录
三				被子植物	
120	杜鹃花科	Ericaceae	宝兴杜鹃	*Rhododendron moupinense* Franch.	VU
121	杜鹃花科	Ericaceae	峨马杜鹃	*Rhododendron ochraceum* Rehd. et Wils.	VU
122	杜鹃花科	Ericaceae	阔柄杜鹃	*Rhododendron platypodum* Deils	VU
123	杜鹃花科	Ericaceae	反边杜鹃	*Rhododendron thayerianum* Rehd. et Wils.	EN
124	杜鹃花科	Ericaceae	短尾越橘	*Vaccinium carlesii* Dunn	NT
125	杜鹃花科	Ericaceae	齿苞越桔	*Vaccinium fimbribracteatum* C. Y. Wu	NT
126	报春花科	Primulaceae	五岭管茎过路黄	*Lysimachia fistulosa* Hand.-Mazz. var. *wulingensis* Chen et C. M. Hu	NT
127	报春花科	Primulaceae	大叶过路黄	*Lysimachia fordiana* Oliv.	NT
128	报春花科	Primulaceae	琴叶过路黄	*Lysimachia ophelioides* Hemsl.	NT
129	报春花科	Primulaceae	叶头过路黄	*Lysimachia phyllocephala* Hand.-Mazz.	NT
130	报春花科	Primulaceae	川香草	*Lysimachia wilsonii* Hemsl.	EN
131	报春花科	Primulaceae	峨眉报春	*Primula faberi* Oliv.	NT
132	报春花科	Primulaceae	小报春	*Primula forbesii* Franch.	NT
133	报春花科	Primulaceae	齿萼报春	*Primula odontocalyx*（Franch.）Pax	NT
134	报春花科	Primulaceae	卵叶报春	*Primula ovalifolia* Franch.	NT
135	报春花科	Primulaceae	小伞报春	*Primula sertulum* Franch.	NT
136	报春花科	Primulaceae	广东报春	*Primula kwangtungensis* W. W. Smith	EN
137	报春花科	Primulaceae	保康报春	*Primula neurocalyx* Franch.	NT
138	安息香科	Styracaceae	白辛树	*Pterostyrax psilophyllus* Diels ex Perk.	NT
139	安息香科	Styracaceae	木瓜红	*Rehderodendron macrocarpum* Hu	VU
140	安息香科	Styracaceae	滇南安息香	*Styrax benzoinoides* Craib	NT
141	木犀科	Oleaceae	扩展女贞	*Ligustrum expansum* Rehd.	NT
142	龙胆科	Gentianaceae	黄山龙胆	*Gentiana delicata* Marq.	NT
143	莕菜科	Gentianaceae	莕菜	*Nymphoides peltatum*（Gmel.）O. Ktze.	NT
144	萝摩科	Asclepiadaceae	箭药藤	*Belostemma hirsutum* Wall. ex Wight	NT
145	萝摩科	Asclepiadaceae	宝兴吊灯花	*Ceropegia paoshingensis* Tsiang et P. T. Li	VU
146	唇形科	Labiatae	南川绵穗苏	*Comanthosphace nanchuanensis* C. Y. Wu et H. W. Li	NT
147	唇形科	Labiatae	南川冠唇花	*Microtoena prainiana* Diels	VU
148	茄科	Solanaceae	天蓬子	*Atropanthe sinensis*（Hemsl.）Pascher	EN
149	茄科	Solanaceae	密毛红丝线（变种）	*Lycianthes biflora*（Loureiro）Bitter var. *subtusochracea* Bitter	NT
150	玄参科	Scrophulariaceae	假藓生马先蒿	*Pedicularis pseudomuscicola* Bonati	EN
151	玄参科	Scrophulariaceae	呆白菜	*Triaenophora rupestris*（Hemsl.）Soler.	EN
152	列当科	Orobanchaceae	假野菰	*Christisonia hookeri* Clarke	NT
153	列当科	Orobanchaceae	蔗寄生	*Gleadovia ruborum* Gamble et Prain	VU
154	列当科	Orobanchaceae	齿鳞草	*Lathraea japonica* Miq.	NT
155	列当科	Orobanchaceae	豆列当	*Mannagettaea labiata* H. Smith	VU
156	苦苣苔科	Gesneriaceae	全唇苣苔	*Deinocheilos sichuanense* W. T. Wang	VU
157	苦苣苔科	Gesneriaceae	半蒴苣苔	*Hemiboea subcapitata* C. B. Clarke	NT
158	茜草科	Rubiaceae	香果树	*Emmenopterys henryi* Oliv.	NT
159	忍冬科	Caprifoliaceae	云南双盾木	*Dipelta yunnanensis* Franch.	VU

续表

序号	科名	科拉丁名	中文名	学名	中国生物多样性红色名录
三				被子植物	
160	忍冬科	Caprifoliaceae	珍珠荚蒾（变种）	*Viburnum foetidum* Wall. var. *ceanothoedes*（C. H. Wright）Hand.-Mazz.	EN
161	忍冬科	Caprifoliaceae	长伞梗荚蒾	*Viburnum longiradiatum* Hsu and S. W. Fan	NT
162	葫芦科	Cucurbitaceae	马铜铃	*Hemsleya graciliflora*（Harms）Cogn.	VU
163	葫芦科	Cucurbitaceae	母猪雪胆	*Hemsleya villosipetala* C. Y. Wu et C. L. Chen	NT
164	眼子菜科	Potamogetonaceae	浮叶眼子菜	*Potamogeton natans* L.	NT
165	禾本科	Gramineae	寒竹	*Chimonobambusa marmorea*（Mitford.）Makino	VU
166	莎草科	Cyperaceae	发秆薹草	*Carex capillacea* Boott	EN
167	莎草科	Cyperaceae	南川薹草	*Carex nanchuanensis* Chu ex S. Y. Liang	NT
168	天南星科	Araceae	棒头南星	*Arisaema clavatum* Buchet	VU
169	天南星科	Araceae	大野芋	*Colocasia gigantea*（Blume.）Hook. f.	NT
170	百合科	Liliaceae	疏花韭	*Allium henryi* C. H. Wright	VU
171	百合科	Liliaceae	西南天门冬	*Asparagus munitus* Wang et S. C. Chen	VU
172	百合科	Liliaceae	天目贝母	*Fritillaria monantha* Migo	EN
173	百合科	Liliaceae	太白贝母	*Fritillaria taipaiensis* P. Y. Li	EN
174	百合科	Liliaceae	折叶萱草	*Hemerocallis plicata* Stapf	NT
175	百合科	Liliaceae	湖北百合	*Lilium henryi* Baker	NT
176	百合科	Liliaceae	高大鹿药	*Smilacina atropurpurea*（Franch.）Wang et Tang	NT
177	百合科	Liliaceae	林生沿阶草	*Ophiopogon sylvicola* Wang et Tang	NT
178	百合科	Liliaceae	四川沿阶草	*Ophiopogon szechuanensis* Wang et Tang，sp. nov.	NT
179	百合科	Liliaceae	巴山重楼	*Paris bashanensis* Wang et Tang	NT
180	百合科	Liliaceae	球药隔重楼	*Paris fargesii* Franch.	NT
181	百合科	Liliaceae	具柄重楼	*Paris fargesii* var. *petiolata*（Baker ex C. H. Wright）Wang et Tang	EN
182	百合科	Liliaceae	七叶一枝花	*Paris polyphylla* Sm.	NT
183	百合科	Liliaceae	华重楼	*Paris polyphylla* var. *chinensis*（Franch.）Hara	VU
184	百合科	Liliaceae	狭叶重楼	*Paris polyphylla* var. *stenophylla* Franch.	NT
185	百合科	Liliaceae	长药隔重楼	*Paris thibetica* Franch.	NT
186	百合科	Liliaceae	多花黄精	*Polygonatum cyrtonema* Hua	NT
187	百合科	Liliaceae	距药黄精	*Polygonatum franchetii* Hua	NT
188	百合科	Liliaceae	少叶鹿药	*Maianthemum stenolobum*（Franch.）S. C. Chen et Kawano	NT
189	薯蓣科	Dioscoreaceae	蜀葵叶薯蓣	*Dioscorea althaeoides* R. Kunth	VU
190	薯蓣科	Dioscoreaceae	高山薯蓣	*Dioscorea delavayi* Franch.	VU
191	薯蓣科	Dioscoreaceae	黑珠芽薯蓣	*Dioscorea melanophyma* Prain et Burkill	NT
192	薯蓣科	Dioscoreaceae	黄山药	*Dioscorea panthaica* Prain et Burkill	EN
193	薯蓣科	Dioscoreaceae	毛胶薯蓣	*Dioscorea subcalva* Prain et Burk.	EN
194	兰科	Orchidaceae	头序无柱兰	*Amitostigma capitatum* T. Tang et F. T. Wang	VU
195	兰科	Orchidaceae	峨眉无柱兰	*Amitostigma faberi*（Rolfe）Schltr.	VU
196	兰科	Orchidaceae	小白及	*Bletilla formosana*（Hayata）Schltr.	EN
197	兰科	Orchidaceae	黄花白及	*Bletilla ochracea* Schltr.	EN
198	兰科	Orchidaceae	白及	*Bletilla striata*（Thunb. ex A. Murray）Rchb. f.	EN
199	兰科	Orchidaceae	弧距虾脊兰	*Calanthe arcuata* Rolfe	VU
200	兰科	Orchidaceae	疏花虾脊兰	*Calanthe henryi* Rolfe	VU

序号	科名	科拉丁名	中文名	学名	中国生物多样性红色名录
三				被子植物	
201	兰科	Orchidaceae	四川虾脊兰	*Calanthe whiteana* King et Pantl.	NT
202	兰科	Orchidaceae	钩距虾脊兰	*Calanthe graciliflora* Hayata	NT
203	兰科	Orchidaceae	独花兰	*Changnienia amoena* S. S. Chien	EN
204	兰科	Orchidaceae	杜鹃兰	*Cremastra appendiculata*（D. Don）Makino	NT
205	兰科	Orchidaceae	莎草兰	*Cymbidium elegans* Lindl.	EN
206	兰科	Orchidaceae	建兰	*Cymbidium ensifolium*（L.）Sw.	VU
207	兰科	Orchidaceae	长叶兰	*Cymbidium erythraeum* Lindl.	VU
208	兰科	Orchidaceae	多花兰	*Cymbidium floribundum* Lindl.	VU
209	兰科	Orchidaceae	春兰	*Cymbidium goeringii*（Rchb. f.）Rchb. f.	VU
210	兰科	Orchidaceae	虎头兰	*Cymbidium hookerianum* Rchb. f.	EN
211	兰科	Orchidaceae	黄蝉兰	*Cymbidium iridioides* D. Don	VU
212	兰科	Orchidaceae	寒兰	*Cymbidium kanran* Makino	VU
213	兰科	Orchidaceae	大根兰	*Cymbidium macrorhizon* Lindl.	NT
214	兰科	Orchidaceae	大叶杓兰	*Cypripedium fasciolatum* Franch.	EN
215	兰科	Orchidaceae	黄花杓兰	*Cypripedium flavum* P. F.	VU
216	兰科	Orchidaceae	绿花杓兰	*Cypripedium henryi* Rolfe	NT
217	兰科	Orchidaceae	斑叶杓兰	*Cypripedium margaritaceum* Franch.	EN
218	兰科	Orchidaceae	小花杓兰	*Cypripedium micranthum* Frarch.	EN
219	兰科	Orchidaceae	细叶石斛	*Dendrobium hancockii* Rolfe	EN
220	兰科	Orchidaceae	罗河石斛	*Dendrobium lohohense* T. Tang et F. T. Wang	EN
221	兰科	Orchidaceae	石斛	*Dendrobium nobile* Lindl	VU
222	兰科	Orchidaceae	大叶火烧兰	*Epipactis mairei* Schltr.	NT
223	兰科	Orchidaceae	台湾盆距兰	*Gastrochilus formosanus*（Hayata）Hayata	NT
224	兰科	Orchidaceae	城口盆距兰	*Gastrochilus fargesii*（Kraenzl.）Schltr.	EN
225	兰科	Orchidaceae	细茎盆距兰	*Gastrochilus intermedius*（Griff. ex Lindl）Kuntze	EN
226	兰科	Orchidaceae	大花斑叶兰	*Goodyera biflora*（Lindl.）Hook. f.	NT
227	兰科	Orchidaceae	光萼斑叶兰	*Goodyera henryi* Rolfe	VU
228	兰科	Orchidaceae	斑叶兰	*Goodyera schechtendaliana* Rchb. f.	NT
229	兰科	Orchidaceae	手参	*Gymnadenia conopsea*（L.）R. Br.	EN
230	兰科	Orchidaceae	西南手参	*Gymnadenia orchidis* Lindl.	VU
231	兰科	Orchidaceae	长距玉凤花	*Habenaria davidii* Franch.	NT
232	兰科	Orchidaceae	宽药隔玉凤花	*Habenaria limprichtii* Schltr.	NT
233	兰科	Orchidaceae	粗距舌喙兰	*Hemipilia crassicalcarata* S. S. Chien	NT
234	兰科	Orchidaceae	长瓣角盘兰	*Herminium ophioglossoides* Schltr.	NT
235	兰科	Orchidaceae	小羊耳蒜	*Liparis fargesii* Finet.	NT
236	兰科	Orchidaceae	大花对叶兰	*Listera grandiflora* Rolfe	NT
237	兰科	Orchidaceae	南川对叶兰	*Listera nanchuanica* S. C. Chen	EN
238	兰科	Orchidaceae	全唇兰	*Myrmechis chinensis* Rolfe	VU
239	兰科	Orchidaceae	密花兜被兰	*Neottianthe calcicola*（W. W. Smith）Schltr.	NT
240	兰科	Orchidaceae	长叶山兰	*Oreorchis fargesii* Finet	NT
241	兰科	Orchidaceae	山兰	*Oreorchis patens*（Lindl.）Lindl.	NT

续表

序号	科名	科拉丁名	中文名	学名	中国生物多样性红色名录
三				被子植物	
242	兰科	Orchidaceae	云南石仙桃	*Pholidota yunnanensis* Rolfe	NT
243	兰科	Orchidaceae	对耳舌唇兰	*Platanthera finetiana* Schltr.	NT
244	兰科	Orchidaceae	朱兰	*Pogonia japonica* Rchb. f.	NT
245	兰科	Orchidaceae	带唇兰	*Tainia dunnii* Rolfe	NT
246	兰科	Orchidaceae	金佛山兰	*Tangtsinia nanchuanica* S. C. Chen	EN
247	兰科	Orchidaceae	小叶白点兰	*Thrixspermum japonicum*（Miq.）Rchb.f.	VU
248	兰科	Orchidaceae	蜻蜓兰	*Tulotis fuscescens*（L.）Czer. Addit. et Collig.	NT
249	兰科	Orchidaceae	小花蜻蜓兰	*Tulotis ussuriensis*（Reg. et Maack）H. Hara	NT
250	兰科	Orchidaceae	旗唇兰	*Vexillabium yakushimense*（Yamamoto）F. Maekawa	VU

注：* 为栽培物种。

附表 1.4　重庆金佛山国家级自然保护区 CITES 植物名录

序号	科名	科拉丁名	中文名	学名	CITES
一				裸子植物	
1	桫椤科	Cyatheaceae	粗齿桫椤	*Alsophila denticulata* Bak.	附录 II
2	桫椤科	Cyatheaceae	小黑桫椤	*Alsophila metteniana* Hance	附录 II
3	罗汉松科	Podocarpaceae	百日青	*Podocarpus neriifolius* D. Don	附录 III
4	红豆杉科	Taxaceae	红豆杉	*Taxus wallichiana* Zucc. var. *chinensis*（Pilg.）Florin	附录 II
二				被子植物	
1	水青树科	Tetracentraceae	水青树	*Tetracentron sinense* Oliv.	附录 III
2	豆科	Leguminosae	南岭黄檀	*Dalbergia balansae* Prain.	附录 II
3	豆科	Leguminosae	大金刚藤	*Dalbergia dyeriana* Prain.	附录 II
4	豆科	Leguminosae	藤黄檀	*Dalbergia hancei* Benth.	附录 II
5	豆科	Leguminosae	黄檀	*Dalbergia hupeana* Hance.	附录 II
6	豆科	Leguminosae	象鼻藤	*Dalbergia mimosoides* Franch.	附录 II
7	豆科	Leguminosae	狭叶黄檀	*Dalbergia stenophylla* Prain.	附录 II
8	大戟科	Euphorbiaceae	乳浆大戟	*Euphorbia esula* L.	附录 II
9	大戟科	Euphorbiaceae	泽漆	*Euphorbia helioscopia* L.	附录 II
10	大戟科	Euphorbiaceae	飞扬草	*Euphorbia hirta* L.	附录 II
11	大戟科	Euphorbiaceae	地锦	*Euphorbia humifusa* Willd. ex Schlecht.	附录 II
12	大戟科	Euphorbiaceae	湖北大戟	*Euphorbia hylonoma* Hand.-Mazz.	附录 II
13	大戟科	Euphorbiaceae	续随子	*Euphorbia lathyris* L.	附录 II
14	大戟科	Euphorbiaceae	斑地锦	*Euphorbia maculata* L.	附录 II
15	大戟科	Euphorbiaceae	钩腺大戟	*Euphorbia sieboldiana* Morr. et Decne.	附录 II
16	大戟科	Euphorbiaceae	黄苞大戟	*Euphorbia sikkimensis* Boiss.	附录 II
17	大戟科	Euphorbiaceae	千根草	*Euphorbia thymifolia* L.	附录 II
18	大戟科	Euphorbiaceae	一叶萩	*Flueggea suffruticosa*（Pall.）Baill.	附录 II
19	柿树科	Ebenaceae	瓶兰花	*Diospyros armata* Hemsl.	附录 II
20	柿树科	Ebenaceae	乌柿	*Diospyros cathayensis* Steward	附录 II
21	柿树科	Ebenaceae	福州柿	*Diospyros cathayensis* Steward var. *foochowensis*（Metc. et Chen）S. Lee	附录 II
22	柿树科	Ebenaceae	*柿	*Diospyros kaki* Thunb.	附录 II

序号	科名	科拉丁名	中文名	学名	CITES
二				被子植物	
23	柿树科	Ebenaceae	君迁子	*Diospyros lotus* L.	附录 II
24	柿树科	Ebenaceae	罗浮柿	*Diospyros morrisiana* Hance	附录 II
25	柿树科	Ebenaceae	岩柿	*Diospyros dumetorum* W. W. Smith	附录 II
26	柿树科	Ebenaceae	油柿	*Diospyros oleifera* Cheng	附录 II
27	菊科	Compositae	云木香	*Saussurea costus*（Falc.）Lipsch.	附录 I
28	兰科	Orchidaceae	头序无柱兰	*Amitostigma capitatum* T. Tang et F. T. Wang	附录 II
29	兰科	Orchidaceae	峨眉无柱兰	*Amitostigma faberi*（Rolfe）Schltr.	附录 II
30	兰科	Orchidaceae	无柱兰（细葶无柱兰）	*Amitostigma gracile*（Bl.）Schltr.	附录 II
31	兰科	Orchidaceae	艳丽齿唇兰	*Anoectochilus moulmeinensis*（Par. et Rchb. f.）Seidenf.	附录 II
32	兰科	Orchidaceae	金线兰（花叶开唇兰）	*Anoectochilus roxburghii*（Wall.）Lindl.	附录 II
33	兰科	Orchidaceae	西南齿唇兰	*Anoectochilus elwesii*（Clarke ex Hook. f.）King et Pantl.	附录 II
34	兰科	Orchidaceae	竹叶兰	*Arundina graminifolia*（D. Don）Hochr.	附录 II
35	兰科	Orchidaceae	小白及	*Bletilla formosana*（Hayata）Schltr.	附录 II
36	兰科	Orchidaceae	黄花白及	*Bletilla ochracea* Schltr.	附录 II
37	兰科	Orchidaceae	白及	*Bletilla striata*（Thunb. ex A. Murray）Rchb. f.	附录 II
38	兰科	Orchidaceae	梳帽卷瓣兰	*Bulbophyllum andersonii*（Hook. f.）J. J. Smith.	附录 II
39	兰科	Orchidaceae	密花石豆兰	*Bulbophyllum odoratissimum*（J. E. Smith）Lindl.	附录 II
40	兰科	Orchidaceae	伏生石豆兰	*Bulbophyllum reptans*（Lindl.）Lindl.	附录 II
41	兰科	Orchidaceae	泽泻虾脊兰	*Calanthe alismaefolia* Lindl.	附录 II
42	兰科	Orchidaceae	弧距虾脊兰	*Calanthe arcuata* Rolfe	附录 II
43	兰科	Orchidaceae	剑叶虾脊兰	*Calanthe davidii* Franch.	附录 II
44	兰科	Orchidaceae	少花虾脊兰	*Calanthe delavayi* Finet	附录 II
45	兰科	Orchidaceae	密花虾脊兰	*Calanthe densiflora* Lindl.	附录 II
46	兰科	Orchidaceae	叉唇虾脊兰	*Calanthe hancockii* Rolfe	附录 II
47	兰科	Orchidaceae	疏花虾脊兰	*Calanthe henryi* Rolfe	附录 II
48	兰科	Orchidaceae	细花虾脊兰	*Calanthe mannii* Hook. f.	附录 II
49	兰科	Orchidaceae	反瓣虾脊兰	*Calanthe reflexa*（Kuntze）Maxim.	附录 II
50	兰科	Orchidaceae	三棱虾脊兰	*Calanthe tricarinata* Wall. ex Lindl.	附录 II
51	兰科	Orchidaceae	三褶虾脊兰	*Calanthe triplicata*（Willem.）Ames	附录 II
52	兰科	Orchidaceae	四川虾脊兰	*Calanthe whiteana* King et Pantl.	附录 II
53	兰科	Orchidaceae	流苏虾脊兰	*Calanthe alpina* Hook. f. ex Lindl.	附录 II
54	兰科	Orchidaceae	肾唇虾脊兰	*Calanthe brevicornu* Lindl.	附录 II
55	兰科	Orchidaceae	钩距虾脊兰	*Calanthe graciliflora* Hayata	附录 II
56	兰科	Orchidaceae	银兰	*Cephalanthera erecta*（Thunb. ex A. Murray）Bl.	附录 II
57	兰科	Orchidaceae	独花兰	*Changnienia amoena* S. S. Chien	附录 II
58	兰科	Orchidaceae	蜈蚣兰	*Cleisostoma scolopendrifolium*（Makino）Garay	附录 II
59	兰科	Orchidaceae	凹舌兰	*Coeloglossum viride*（L.）Hartm.	附录 II
60	兰科	Orchidaceae	杜鹃兰	*Cremastra appendiculata*（D. Don）Makino	附录 II
61	兰科	Orchidaceae	莎草兰	*Cymbidium elegans* Lindl.	附录 II
62	兰科	Orchidaceae	建兰	*Cymbidium ensifolium*（L.）Sw.	附录 II

序号	科名	科拉丁名	中文名	学名	CITES
二				被子植物	
63	兰科	Orchidaceae	长叶兰	*Cymbidium erythraeum* Lindl.	附录 II
64	兰科	Orchidaceae	蕙兰	*Cymbidium faberi* Rolfe	附录 II
65	兰科	Orchidaceae	多花兰	*Cymbidium floribundum* Lindl.	附录 II
66	兰科	Orchidaceae	春兰	*Cymbidium goeringii*（Rchb. f.）Rchb. f.	附录 II
67	兰科	Orchidaceae	线叶春兰	*Cymbidium serratum* Schltr.	附录 II
68	兰科	Orchidaceae	虎头兰	*Cymbidium hookerianum* Rchb. f.	附录 II
69	兰科	Orchidaceae	黄蝉兰	*Cymbidium iridioides* D. Don	附录 II
70	兰科	Orchidaceae	寒兰	*Cymbidium kanran* Makino	附录 II
71	兰科	Orchidaceae	兔耳兰	*Cymbidium lancifolium* Hook.	附录 II
72	兰科	Orchidaceae	大根兰	*Cymbidium macrorhizon* Lindl.	附录 II
73	兰科	Orchidaceae	大叶杓兰	*Cypripedium fasciolatum* Franch.	附录 II
74	兰科	Orchidaceae	黄花杓兰	*Cypripedium flavum* P. F.	附录 II
75	兰科	Orchidaceae	绿花杓兰	*Cypripedium henryi* Rolfe	附录 II
76	兰科	Orchidaceae	扇脉杓兰	*Cypripedium japonicum* Thunb.	附录 II
77	兰科	Orchidaceae	斑叶杓兰	*Cypripedium margaritaceum* Franch.	附录 II
78	兰科	Orchidaceae	小花杓兰	*Cypripedium micranthum* Frarch.	附录 II
79	兰科	Orchidaceae	细叶石斛	*Dendrobium hancockii* Rolfe	附录 II
80	兰科	Orchidaceae	罗河石斛	*Dendrobium lohohense* T. Tang et F. T. Wang	附录 II
81	兰科	Orchidaceae	细茎石斛	*Dendrobium moniliforme*（L.）Sw.	附录 II
82	兰科	Orchidaceae	石斛	*Dendrobium nobile* Lindl	附录 II
83	兰科	Orchidaceae	广东石斛	*Dendrobium wilsinii* Rolfe	附录 II
84	兰科	Orchidaceae	铁皮石斛	*Dendrobium officinale* Kimura et Migo	附录 II
85	兰科	Orchidaceae	单叶厚唇兰	*Epigeneium fargesii*（Finet）Gagnep.	附录 II
86	兰科	Orchidaceae	火烧兰	*Epipactis helleborine*（L.）Crantz.	附录 II
87	兰科	Orchidaceae	大叶火烧兰	*Epipactis mairei* Schltr.	附录 II
88	兰科	Orchidaceae	山珊瑚	*Galeola faberi* Rolfr.	附录 II
89	兰科	Orchidaceae	毛萼山珊瑚	*Galeola lindleyana*（Hook. f. et Thoms.）Rchb. f.	附录 II
90	兰科	Orchidaceae	台湾盆距兰	*Gastrochilus formosanus*（Hayata）Hayata	附录 II
91	兰科	Orchidaceae	南川盆距兰	*Gastrochilus nanchuanensis* Z. H. Tsi	附录 II
92	兰科	Orchidaceae	城口盆距兰	*Gastrochilus fargesii*（Kraenzl.）Schltr.	附录 II
93	兰科	Orchidaceae	细茎盆距兰	*Gastrochilus intermedius*（Griff. ex Lindl）Kuntze	附录 II
94	兰科	Orchidaceae	天麻	*Gastrodia elata* Bl.	附录 II
95	兰科	Orchidaceae	松天麻	*Gastrodia elata* Bl. f. *alba* S. Chow	附录 II
96	兰科	Orchidaceae	绿天麻	*Gastrodia elata* Bl. f. *viridis*（Makino）Makino	附录 II
97	兰科	Orchidaceae	地宝兰	*Geodorum densiflorum*（Lam.）Schltr.	附录 II
98	兰科	Orchidaceae	大花斑叶兰	*Goodyera biflora*（Lindl.）Hook. f.	附录 II
99	兰科	Orchidaceae	多叶斑叶兰	*Goodyera foliosa*（Lindl）Benth.	附录 II
100	兰科	Orchidaceae	光萼斑叶兰	*Goodyera henryi* Rolfe	附录 II
101	兰科	Orchidaceae	斑叶兰	*Goodyera schechtendaliana* Rchb. f.	附录 II
102	兰科	Orchidaceae	绒叶斑叶兰	*Goodyera velutina* Maxim.	附录 II
103	兰科	Orchidaceae	手参	*Gymnadenia conopsea*（L.）R. Br.	附录 II
104	兰科	Orchidaceae	西南手参	*Gymnadenia orchidis* Lindl.	附录 II

续表

序号	科名	科拉丁名	中文名	学名	CITES
二				被子植物	
105	兰科	Orchidaceae	长距玉凤花	*Habenaria davidii* Franch.	附录 II
106	兰科	Orchidaceae	鹅毛玉凤花	*Habenaria dentata*（Sw.）Schltr.	附录 II
107	兰科	Orchidaceae	宽药隔玉凤花	*Habenaria limprichtii* Schltr.	附录 II
108	兰科	Orchidaceae	裂瓣玉凤花	*Habenaria petelotii* Gagnep.	附录 II
109	兰科	Orchidaceae	丝裂玉凤花	*Habenaria polytricha* Rolfe	附录 II
110	兰科	Orchidaceae	粗距舌喙兰	*Hemipilia crassicalcarata* S. S. Chien	附录 II
111	兰科	Orchidaceae	叉唇角盘兰	*Herminium lanceum*（Thunb. ex SW.）Vuijk	附录 II
112	兰科	Orchidaceae	长瓣角盘兰	*Herminium ophioglossoides* Schltr.	附录 II
113	兰科	Orchidaceae	瘦房兰	*Ischnogyne mandarinorum*（Kraenzh.）Schltr.	附录 II
114	兰科	Orchidaceae	镰翅羊耳蒜	*Liparis bootanensis* Griff.	附录 II
115	兰科	Orchidaceae	大花羊耳蒜	*Liparis distans* C. B. Clarke	附录 II
116	兰科	Orchidaceae	小羊耳蒜	*Liparis fargesii* Finet.	附录 II
117	兰科	Orchidaceae	羊耳蒜	*Liparis japonica*（Miq.）Maxim.	附录 II
118	兰科	Orchidaceae	见血青	*Liparis nervosa*（Thunb. ex A. Murray）Lindl.	附录 II
119	兰科	Orchidaceae	香花羊耳蒜	*Liparis odorata*（Willd.）Lindl.	附录 II
120	兰科	Orchidaceae	长唇羊耳蒜	*Liparis pauliana* Hand.-Mazz.	附录 II
121	兰科	Orchidaceae	大花对叶兰	*Listera grandiflora* Rolfe	附录 II
122	兰科	Orchidaceae	南川对叶兰	*Listera nanchuanica* S. C. Chen	附录 II
123	兰科	Orchidaceae	对叶兰	*Listera puberula* Maxim.	附录 II
124	兰科	Orchidaceae	钗子股	*Luisia morsei* Rolfe	附录 II
125	兰科	Orchidaceae	沼兰	*Malaxis monophyllos*（L.）Sw.	附录 II
126	兰科	Orchidaceae	葱叶兰	*Microtis unifolia*（Forst.）Rchb.f.	附录 II
127	兰科	Orchidaceae	全唇兰	*Myrmechis chinensis* Rolfe	附录 II
128	兰科	Orchidaceae	密花兜被兰	*Neottianthe calcicola*（W. W. Smith）Schltr.	附录 II
129	兰科	Orchidaceae	一叶兜被兰	*Neottianthe monophylla*（Ames et Schltr.）Schltr.	附录 II
130	兰科	Orchidaceae	广布红门兰	*Orchis chusua* D. Don	附录 II
131	兰科	Orchidaceae	长叶山兰	*Oreorchis fargesii* Finet	附录 II
132	兰科	Orchidaceae	山兰	*Oreorchis patens*（Lindl.）Lindl.	附录 II
133	兰科	Orchidaceae	耳唇兰	*Otochilus porrectus* Lindl.	附录 II
134	兰科	Orchidaceae	小花阔蕊兰	*Peristylus affinis*（D. Don）Seidenf.	附录 II
135	兰科	Orchidaceae	条叶阔蕊兰	*Peristylus bulleyi*（Rolfe）K.Y.Lang	附录 II
136	兰科	Orchidaceae	阔蕊兰	*Peristylus goodyeroides*（D. Don）Lindl.	附录 II
137	兰科	Orchidaceae	黄花鹤顶兰（斑叶鹤顶兰）	*Phaius flavus*（Bl.）Lindl.	附录 II
138	兰科	Orchidaceae	云南石仙桃	*Pholidota yunnanensis* Rolfe	附录 II
139	兰科	Orchidaceae	二叶舌唇兰	*Platanthera chlorantha* Cust. ex Rchb.	附录 II
140	兰科	Orchidaceae	对耳舌唇兰	*Platanthera finetiana* Schltr.	附录 II
141	兰科	Orchidaceae	舌唇兰	*Platanthera japonica*（Thunb. ex A. Marray）Lindl.	附录 II
142	兰科	Orchidaceae	尾瓣舌唇兰	*Platanthera mandarinorum* Rchb. f.	附录 II
143	兰科	Orchidaceae	小舌唇兰	*Platanthera minor*（Miq.）Rchb. f.	附录 II
144	兰科	Orchidaceae	独蒜兰	*Pleione bulbocodioides*（Franch.）Rolfe	附录 II
145	兰科	Orchidaceae	朱兰	*Pogonia japonica* Rchb. f.	附录 II

续表

序号	科名	科拉丁名	中文名	学名	CITES
二				被子植物	
146	兰科	Orchidaceae	苞舌兰	*Spathoglottis pubescens* Lindl.	附录 II
147	兰科	Orchidaceae	绶草	*Spiranthes sinensis*（Pers.）Ames	附录 II
148	兰科	Orchidaceae	带唇兰	*Tainia dunnii* Rolfe	附录 II
149	兰科	Orchidaceae	金佛山兰	*Tangtsinia nanchuanica* S. C. Chen	附录 II
150	兰科	Orchidaceae	小叶白点兰	*Thrixspermum japonicum*（Miq.）Rchb. f.	附录 II
151	兰科	Orchidaceae	蜻蜓兰	*Tulotis fuscescens*（L.）Czer. Addit. et Collig.	附录 II
152	兰科	Orchidaceae	小花蜻蜓兰	*Tulotis ussuriensis*（Reg. et Maack）H. Hara	附录 II
153	兰科	Orchidaceae	旗唇兰	*Vexillabium yakushimense*（Yamamoto）F. Maekawa	附录 II
154	兰科	Orchidaceae	线柱兰	*Zeuxine strateumatica*（L.）Schltr.	附录 II

注：＊为栽培种。

附表 1.5　重庆金佛山国家级自然保护区国家重点保护野生植物名录

序号	科名	科拉丁名	中文名	学名	等级
一				蕨类植物	
1	桫椤科	Cyatheaceae	小黑桫椤	*Alsophila metteniana* Hance	II
2	鳞毛蕨科	Dryopteridaceae	单叶贯众	*Cyrtomium hemionitis* Christ	II
二				裸子植物	
1	银杏科	Ginkgoaceae	银杏	*Ginkgo biloba* L.	I
2	松科	Pinaceae	银杉	*Cathaya argyrophylla* Chun et Kuang	I
3	松科	Pinaceae	黄杉	*Pseudotsuga sinensis* Dode	II
4	柏科	Cupressaceae	福建柏	*Fokienia hodginsii*（Dunn）Henry et Thomas	II
5	三尖杉科（粗榧科）	Cephalotaxaceae	篦子三尖杉	*Cephalotaxus oliveri* Mast.	II
6	红豆杉科	Taxaceae	红豆杉	*Taxus wallichiana* Zucc. var. *chinensis*（Pilg.）Florin	I
7	红豆杉科	Taxaceae	南方红豆杉	*Taxus wallichiana* Zucc. var. *mairei*（Lemée et H. Lév.）L. K. Fu et Nan Li	I
8	红豆杉科	Taxaceae	巴山榧树	*Torreya fargesii* Franch.	II
三				被子植物	
1	榆科	Ulmaceae	大叶榉树	*Zelkova schneideriana* Hand.-Mazz.	II
2	蓼科	Polygonaceae	金荞麦	*Fagopyrum dibotrys*（D. Don）Hara	II
3	木兰科	Magnoliaceae	鹅掌楸	*Liriodendron chinense*（Hemsl.）Sarg.	II
4	木兰科	Magnoliaceae	厚朴	*Houpo?a officinalis*（Rehder et E. H. Wilson）N. H. Xia et C. Y. Wu	II
5	木兰科	Magnoliaceae	峨眉含笑	*Michelia wilsonii* Finet et.Gagn.	II
6	樟科	Lauraceae	樟	*Cinnamomum camphora*（L.）Presl	II
7	樟科	Lauraceae	油樟	*Cinnamomum longepaniculatum*（Gamble）N. Chao ex H. W. Li	II
8	樟科	Lauraceae	润楠	*Machilus nanmu*（Oliv.）Hemsl.	II
9	樟科	Lauraceae	楠木	*Phoebe zhennan* S. Lee	II
10	伯乐树科	Bretschneideraceae	伯乐树	*Bretschneidera sinensis*	I
11	金缕梅科	Hamamelidaceae	半枫荷	*Semiliquidambar cathayensis* Chang	II
12	豆科	Leguminosae	野大豆	*Glycine soja* Sieb. et Zucc.	II
13	豆科	Leguminosae	红豆树	*Ormosia hosiei* Hemsl. et Wils.	II

续表

序号	科名	科拉丁名	中文名	学名	等级
三				被子植物	
14	芸香科	Rutaceae	川黄檗	*Phellodendron chinense* Schneid.	II
15	楝科	Meliaceae	红椿	*Toona ciliate* Roem.	II
16	槭树科	Aceraceae	梓叶槭	*Acer amplum* Rehder ssp. *catalpifolium*（Rehder）Y. S. Chen	II
17	蓝果树科	Nyssaceae	*喜树	*Camptotheca acuminata* Decne.	II
18	蓝果树科	Nyssaceae	珙桐	*Davidia involucrata* Baill.	I
19	玄参科	Scrophulariaceae	呆白菜	*Triaenophora rupestris*（Hemsl.）Soler.	II
20	茜草科	Rubiaceae	香果树	*Emmenopterys henryi* Oliv.	II

注：* 为栽培种。

附表1.6　重庆金佛山国家级自然保护区重庆市重点保护野生植物名录

序号	科名	科拉丁名	中文名	学名
一				蕨类植物
1	铁线蕨科	Adiantaceae	荷叶铁线蕨	*Adiantum reniforme* L. var. *sinense* Y. X. Lin
二				裸子植物
1	三尖杉科（粗榧科）	Cephalotaxaceae	粗榧	*Cephalotaxus sinensis*（Rehd. et WilS.）Li
2	三尖杉科（粗榧科）	Cephalotaxaceae	宽叶粗榧	*Cephalotaxus sinensis*（Rehd. et WilS.）Li var. *latifolia* Cheng et L. K. Fu
3	红豆杉科	Taxaceae	穗花杉	*Amentotaxus argotaenia*（Hance）Pilger
三				被子植物
1	桦木科	Betulaceae	华榛	*Corylus chinensis* Franch.
2	马兜铃科	Aristolochiaceae	木通马兜铃	*Aristolochia manshuriensis* Kom.
3	毛茛科	Ranunculaceae	南川升麻	*Cimicifuga nanchuanensis* Hsiao
4	小檗科	Berberidaceae	八角莲	*Dysosma versipelle*（Hance）M. Cheng ex Ying
5	木兰科	Magnoliaceae	巴东木莲	*Manglietia patungensis*
6	樟科	Lauraceae	阔叶樟（银木）	*Cinnamomum platyphyllum*（Diels）Allen
7	樟科	Lauraceae	紫楠	*Phoebe sheareri*（Hemsl.）Gamble
8	卫矛科	Celastraceae	缙云卫矛	*Euonymus chloranthoides* Yang
9	省沽油科	Staphyleaceae	瘿椒树	*Tapiscia sinensis* Oliv.
10	槭树科	Aceraceae	金钱槭	*Dipteronia sinensis* Oliv.
11	猕猴桃科	Actinidiaceae	中华猕猴桃	*Actinidia chinensis* Planch.
12	山茶科	Theaceae	紫茎	*Stewartia sinensis* Rehd. et Wils.
13	千屈菜科	Lythraceae	川黔紫薇	*Lagerstroemia excelsa*（Dode）Chun
14	千屈菜科	Lythraceae	南紫薇	*Lagerstroemia subcostata* Koehne
15	杜鹃花科	Ericaceae	树枫杜鹃	*Rhododendron changii*（Fang）Fang
16	杜鹃花科	Ericaceae	阔柄杜鹃	*Rhododendron platypodum* Deils
17	安息香科	Styracaceae	白辛树	*Pterostyrax psilophyllus* Diels ex Perk.
18	安息香科	Styracaceae	木瓜红	*Rehderodendron macrocarpum* Hu
19	百合科	Liliaceae	延龄草	*Trillium tschonoskii* Maxim.
20	薯蓣科	Dioscoreaceae	穿龙薯蓣	*Dioscorea nipponica* Makino

续表

序号	科名	科拉丁名	中文名	学名
三	被子植物			
21	薯蓣科	Dioscoreaceae	盾叶薯蓣	*Dioscorea zingiberensis* C. H. Wright
22	兰科	Orchidaceae	独花兰	*Changnienia amoena* S. S. Chien
23	兰科	Orchidaceae	金佛山兰	*Tangtsinia nanchuanica* S. C. Chen

附表 1.7　重庆金佛山国家级自然保护区中国植物红皮书植物名录

序号	科名	科拉丁名	中文名	学名	红皮书
一	蕨类植物				
1	桫椤科	Cyatheaceae	粗齿桫椤	*Alsophila denticulata* Bak.	濒危种
2	铁线蕨科	Adiantaceae	*荷叶铁线蕨	*Adiantum reniforme* L. var. *sinense* Y. X. Lin	濒危种
二	裸子植物				
1	银杏科	Ginkgoaceae	银杏	*Ginkgo biloba* L.	稀有种
2	松科	Pinaceae	银杉	*Cathaya argyrophylla* Chun et Kuang	渐危种
3	松科	Pinaceae	黄杉	*Pseudotsuga sinensis* Dode	渐危种
4	柏科	Cupressaceae	福建柏	*Fokienia hodginsii*（Dunn）Henry et Thomas	渐危种
5	三尖杉科（粗榧科）	Cephalotaxaceae	篦子三尖杉	*Cephalotaxus oliveri* Mast.	渐危种
6	红豆杉科	Taxaceae	穗花杉	*Amentotaxus argotaenia*（Hance）Pilger	渐危种
三	被子植物				
1	桦木科	Betulaceae	华榛	*Corylus chinensis* Franch.	渐危种
2	领春木科	Eupteleaceae	领春木	*Euptelea pleiospermum* Hook. f. et Thoms.	稀有种
3	连香树科	Cercidiphyllaceae	连香树	*Cercidiphyllum japonicum* Sieb. et Zucc.	稀有种
4	毛茛科	Ranunculaceae	黄连	*Coptis chinensis* Franch.	渐危种
5	小檗科	Berberidaceae	八角莲	*Dysosma versipelle*（Hance）M. Cheng ex Ying	渐危种
6	木兰科	Magnoliaceae	鹅掌楸	*Liriodendron chinense*（Hemsl.）Sarg.	稀有种
7	木兰科	Magnoliaceae	厚朴	*Houpo?a officinalis*（Rehder et E. H. Wilson）N. H. Xia et C. Y. Wu	渐危种
8	木兰科	Magnoliaceae	巴东木莲	*Manglietia patungensis*	濒危种
9	木兰科	Magnoliaceae	峨眉含笑	*Michelia wilsonii* Finet et Gagn.	濒危种
10	水青树科	Tetracentraceae	水青树	*Tetracentron sinense* Oliv.	稀有种
11	樟科	Lauraceae	银叶桂	*Cinnamomum mairei* Lévl.	濒危种
12	樟科	Lauraceae	楠木	*Phoebe zhennan* S. Lee	渐危种
13	伯乐树科	Bretschneideraceae	伯乐树	*Bretschneidera sinensis*	稀有种
14	金缕梅科	Hamamelidaceae	半枫荷	*Semiliquidambar cathayensis* Chang	稀有种
15	杜仲科	Eucommiaceae	杜仲	*Eucommia ulmoides* Oliv.	稀有种
16	豆科	Leguminosae	野大豆	*Glycine soja* Sieb. et Zucc.	渐危种
17	豆科	Leguminosae	红豆树	*Ormosia hosiei* Hemsl.et Wils.	渐危种
18	芸香科	Rutaceae	黄檗	*Phellodendron amurense* Rupr.	渐危种
19	楝科	Meliaceae	红椿	*Toona ciliate* Roem.	渐危种
20	槭树科	Aceraceae	梓叶槭	*Acer amplum* Rehder ssp. *catalpifolium*（Rehder）Y. S. Chen	濒危种
21	槭树科	Aceraceae	金钱槭	*Dipteronia sinensis* Oliv.	稀有种

续表

序号	科名	科拉丁名	中文名	学名	红皮书
三	被子植物				
22	无患子科	Sapindaceae	龙眼	*Dimocarpus longan* Lour.	渐危种
23	山茶科	Theaceae	紫茎	*Stewartia sinensis* Rehd. et Wils.	渐危种
24	蓝果树科	Nyssaceae	珙桐	*Davidia involucrata* Baill.	稀有种
25	安息香科	Styracaceae	白辛树	*Pterostyrax psilophyllus* Diels ex Perk.	渐危种
26	安息香科	Styracaceae	木瓜红	*Rehderodendron macrocarpum* Hu	渐危种
27	茜草科	Rubiaceae	香果树	*Emmenopterys henryi* Oliv.	稀有种
28	百合科	Liliaceae	延龄草	*Trillium tschonoskii* Maxim.	渐危种
29	兰科	Orchidaceae	独花兰	*Changnienia amoena* S. S. Chien	稀有种
30	兰科	Orchidaceae	天麻	*Gastrodia elata* Bl.	渐危种
31	兰科	Orchidaceae	金佛山兰	*Tangtsinia nanchuanica* S. C. Chen	稀有种

注：*为栽培种。

附表 2　重庆金佛山国家级自然保护区样方调查记录表

样方号：1		调查人：陶建平、郭庆学、伍小刚		调查时间：2013 年 5 月 15 日	
地点名称：		地形：山地		坡度：20°	
样地面积：20m×20m		坡向：NE30°		坡位：下坡	
经度：107°22′20.166″		纬度：29°9′29.45″		海拔/m：1935	

植被类型：落叶阔叶林

乔木层（10m×20m）

种号	中文名	拉丁名	株数	株高/m	胸围/cm	冠幅（m×m）
1	石灰花楸	*S. falgneri*（Schenid.）Rehd	3	8	27	1×1
2	鹅耳枥	*C. viminea* Wall	5	10	25	1×2
3	小果南烛	*L. ovalifolia* var. *elliptica*	4	5.5	13	0.6×0.8
4	四照花	*D. japonica* var.	1	7	24	6×4
5	山矾	*S. sumuntia* Buch-Ham. ex D. Don	2	7.5	10	2×2
6	西南桦	*B. alnoides* Boch.-Ham. et D. Don	3	9	27	2×1

样方号：2		调查人：陶建平、伍小刚、钱凤		调查时间：2013 年 5 月 15 日	
地点名称：		地形：山地		坡度：20°	
样地面积：		坡向：NE30°		坡位：下坡	
经度：107°22′20.166″		纬度：29°9′29.45″		海拔/m：1935	

植被类型：

灌木层（5m×5m）

种号	中文名	拉丁名	株数	株高/m	冠幅（m×m）
1	木姜子	*Litsea pungens*	5	3.5	1×1
2	细枝柃	*E. loquaiana* Dunn	3	0.5	0.2×0.2
3	细齿柃	*E. nitida* Korthals	2	2.5	1.5×1.5
4	小果南烛	*L. ovalifolia* var. *elliptica*	2	0.5	0.3×0.5
5	异叶梁王茶	*Nothopanax davidii*（Franch.）Harms ex Diels	5	0.5	0.2×0.4
6	鹅耳枥	*Carpinus turczaninowii*	10	5	2×2
7	野鸦椿	*Euscaphis japonica*（Thunb.）Dippel	5	4.5	3×4
8	川桂	*C. wilsonii* Gamble	3	0.5	0.6×0.6
9	杜鹃	*R. simsii* Planch.	3	4.5	2×1.5

样方号：3		调查人：陶建平、伍小刚、钱凤		调查时间：2013 年 5 月 15 日	
地点名称：		地形：山地		坡度：20°	
样地面积：1m×1m		坡向：NE30°		坡位：下坡	
经度：107°22′20.166″		纬度：29°9′29.45″		海拔/m：1935	

草本层（1m×1m）

种号	中文名	拉丁名	株数	株高/m	盖度/%
1	莎草	*Cyperaceae*	10	0.2	2
2	竹叶草	*Oplismenus compositus*	5	0.3	4

样方号：4		调查人：陶建平、郭庆学、伍小刚			调查时间：2013 年 5 月 15 日	
地点名称：		地形：山地			坡度：20°	
样地面积：20m×20m		坡向：NE32°			坡位：下坡	
经度：107°13′51.25″		纬度：29°3′51.33″			海拔/m：1499	
植被类型：常绿落叶阔混交叶林						
乔木层（10m×20m）						
种号	中文名	拉丁名	株数	株高/m	胸围/cm	冠幅（m×m）
1	鹅耳枥	*Carpinus turczaninowii*	6	8	23	.1×2
2	山矾	*S. sumuntia* Buch-Ham. ex D. Don	3	8	11	2×2.5
3	小果南烛	*L. ovalifolia* var. *elliptica*	2	6	15	0.8×0.8
4	荚蒾	*V. dilatatum* Thunb.	5	5	9	1×1.5
5	杜鹃	*R. simsii* Planch.	4	5.5	16	4×3
6	野鸦椿	*Euscaphis japonica*（Thunb.）Dippel	2	7.5	25	4×4
7	异叶梁王茶	*Nothopanax davidii*（Franch.）Harms ex Diels	5	5	10	2×1

样方号：5		调查人：陶建平、伍小刚、钱凤			调查时间：2013 年 5 月 15 日
地点名称：		地形：山地			坡度：20°
样地面积：		坡向：NE32°			坡位：下坡
经度：107°13′5125″		纬度：29°3′51.33″			海拔/m：1499
植被类型：					
灌木层（5m×5m）					
种号	中文名	拉丁名	株数	株高/m	冠幅（m×m）
1	野鸦椿	*Euscaphis japonica*（Thunb.）Dippel	6	3.8	2×3
2	雷公鹅耳枥	*Carpinus turczaninowii*	8	4.8	2×2
3	细枝柃	*E. loquaiana* Dunn	3	0.6	0.2×0.2
4	细齿柃	*E. nitida* Korthals	2	3	1.5×1.5
5	杜鹃	*R. simsii* Planch.	4	0.5	1.5×1
6	白毛新木姜子	*Neolitsea aurata* var. *glauca* Yang	6	0.6	0.3×0.3
7	木姜子	*Litsea pungens*	4	2.5	0.8×0.8
8	山矾	*S. sumuntia* Buch-Ham. ex D. Don	5	0.5	0.1×0.1
9	川桂	*C. wilsonii* Gamble	3	0.5	0.2×0.3
10	朱砂根	*A. crenata* Sims	2	0.1	0.1×0.1

样方号：6		调查人：陶建平、伍小刚、钱凤			调查时间：2013 年 5 月 15 日
地点名称：		地形：山地			坡度：20°
样地面积：1m×1m		坡向：NE32°			坡位：下坡
经度：107°13′51.25″		纬度：29°3′51.33″			海拔/m：1499
草本层（1m×1m）					
种号	中文名	拉丁名	株数	株高/m	盖度/%
1	莎草	*Cyperaceae*	15	0.2	3
2	竹叶草	*Oplismenus compositus*	5	0.3	4
3	金佛山鳞毛蕨	*D. jinfoshanensis* Ching et Z. Y. Liu	5	0.13	4

样方号：7		调查人：陶建平、郭庆学、伍小刚		调查时间：2013 年 5 月 16 日		
地点名称：		地形：山地		坡度：20°		
样地面积：20m×20m		坡向：NE35°		坡位：下坡		
经度：107°12′51.55″		纬度：29°3′51.32″		海拔/m：1468		
植被类型：落叶阔叶林						
乔木层（10m×20m）						
种号	中文名	拉丁名	株数	株高/m	胸围/cm	冠幅（m×m）
1	鹅耳枥	*C. viminea* Wall	6	8	24	1.5×2
2	四照花	*D. japonica* var.	5	6	23	5×4
3	细枝柃	*E. loquaiana* Dunn	3	6.5	12	2×2
4	水马桑	*W. japonica* var. *sinica*（Rehd.）Bailey	2	8	13	3×2
5	野鸦椿	*Euscaphis japonica*（Thunb.）Dippel	3	7	22	3×2
6	山矾	*S. sumuntia* Buch-Ham. ex D. Don	4	7	17	4×4
7	异叶梁王茶	*Nothopanax davidii*（Franch.）Harms ex Diels	3	5	11	2×1
8	荚蒾	*V. dilatatum* Thunb.	3	5	10	1×1.5
9	小果南烛	*L. ovalifolia* var. *elliptica*	2	6	13	1×1

样方号：8		调查人：陶建平、伍小刚、钱凤		调查时间：2013 年 5 月 16 日	
地点名称：		地形：山地		坡度：20°	
样地面积：		坡向：NE35°		坡位：下坡	
经度：107°12′51.55″		纬度：29°3′51.32″		海拔/m：1468	
植被类型：					
灌木层（5m×5m）					
种号	中文名	拉丁名	株数	株高/m	冠幅（m×m）
1	映山红	*R. simsii* Planch.	5	1.5	1×1
2	老鼠矢	*S. stellaris* Brand	1	1	0.5×0.3
3	山矾	*S. sumuntia* Buch-Ham. ex D. Don	4	0.5	0.5×0.5
4	轮叶木姜子	*L. verticiflata* Hance	4	0.4	0.4×0.3
5	荚蒾	*V. dilatatum* Thunb.	3	2	0.3×0.4
6	寒莓	*R. buergeri* Miq.	2	0.2	0.2×0.1
7	黄荆	*V. negundo* L.	1	0.2	0.1×0.1
8	海桐	*P. tabira*（Thunb.）Ait.*	1	0.8	0.5×0.2
9	异叶梁王茶	*Nothopanax davidii*（Franch.）Harms ex Diels	2	0.4	0.2×0.1
10	木姜子	*Litsea pungens*	5	1.5	0.5×0.5
11	朱砂根	*A. crenata* Sims	3	0.2	0.5×0.4
12	光叶石楠	*Photinia glabra*（Thunb.）Maxim.	3	0.1	0.1×0.1
13	光叶山矾	*S. lancifolia* Sieb. et Zucc.	5	2	1×0.5

样方号：9		调查人：陶建平、伍小刚、钱凤		调查时间：2013 年 5 月 16 日	
地点名称：		地形：山地		坡度：18°	
样地面积：1m×1m		坡向：NE32°		坡位：下坡	
经度：107°12′51.55″		纬度：29°3′51.32″		海拔/m：1468	
草本层（1m×1m）					
种号	中文名	拉丁名	株数	株高/m	盖度/%
1	莎草	*Cyperaceae*	20	0.2	4
2	竹叶草	*Oplismenus compositus*	5	0.3	4
3	春兰	*C. goeringii*（Rchb. f.）Rchb. f.	3	0.13	1

样方号：10		调查人：陶建平、郭庆学、伍小刚		调查时间：2013 年 5 月 17 日	
地点名称：		地形：山地		坡度：18°	
样地面积：20m×20m		坡向：NW35°		坡位：下坡	
经度：107°13′51.55″		纬度：29°6′51.42″		海拔/m：1598	
植被类型：常绿阔叶林					
乔木层（10m×20m）					
种号	中文名	拉丁名	株数	株高/m	胸围/cm	冠幅（m×m）
1	鹅耳枥	*C. viminea* Wall	7	8	26	2×2
2	山矾	*S. sumuntia* Buch-Ham. ex D. Don	5	6.5	15	3×4
3	杜茎山	*M. japonica*（Thunb.）Moritzi et Zollinger	1	5	12	2×2
4	野鸦椿	*Euscaphis japonica*（Thunb.）Dippel	7	6	20	3×3
5	细齿柃木	*E. nitida* Korthals	2	7	12	2×2
6	小果南烛	*L. ovalifolia* var. *elliptica*	2	6	14	3×2

样方号：11		调查人：陶建平、伍小刚、钱凤		调查时间：2013 年 5 月 17 日	
地点名称：		地形：山地		坡度：18°	
样地面积：		坡向：NW35°		坡位：下坡	
经度：107°13′51.55″		纬度：29°6′51.42″		海拔/m：1598	
植被类型：					
灌木层（5m×5m）					
种号	中文名	拉丁名	株数	株高/m	冠幅（m×m）
1	鹅耳枥	*C. viminea* Wall	6	4.5	1×1.5
2	细齿柃木	*E. nitida* Korthals	3	0.5	0.1×0.1
3	细枝柃木	*E. loquaiana* Dunn	5	1	0.5×0.5
4	木姜子	*Litsea pungens*	4	1.5	0.5×0.5
5	山矾	*S. sumuntia* Buch-Ham. ex D. Don	3.5	2	1×1.5
6	野鸦椿	*Euscaphis japonica*（Thunb.）Dippel	10	0.5	0.1×0.2
7	海桐	*P. tabira*（Thunb.）Ait.*	2	0.6	0.1×0.2
8	荚蒾	*V. dilatatum* Thunb.	3	0.5	0.2×0.2
9	异叶梁王茶	*Nothopanax davidii*（Franch.）Harms ex Diels	2	0.4	0.2×0.1
10	川桂	*C. wilsonii* Gamble	3	0.8	0.2×0.2
11	小果南烛	*L. ovalifolia* var. *elliptica*	2	0.5	0.2×0.1
12	石灰花楸	*S. falgneri*（Schenid.）Rehd	1	4.5	0.8×0.8

样方号：12		调查人：陶建平、伍小刚、钱凤		调查时间：2013 年 5 月 17 日	
地点名称：		地形：山地		坡度：22°	
样地面积：1m×1m		坡向：NW35°		坡位：下坡	
经度：107°13′51.55″		纬度：29°6′51.42″		海拔/m：1598	
草本层（1m×1m）					
种号	中文名	拉丁名	株数	株高/m	盖度/%
1	莎草	*Cyperaceae*	15	0.2	3
2	淡竹叶	*Lophatherum gracile* Brongn.	5	0.3	4
3	麦冬	*O. japonicus*（L. f.）Ker.-Gawl.	20	0.13	4

样方号：13		调查人：陶建平、郭庆学、伍小刚		调查时间：2013 年 6 月 15 日		
地点名称：		地形：山地		坡度：21°		
样地面积：		坡向：NW28°		坡位：下坡		
经度：107°13′51.55″		纬度：29°8′51.42″		海拔/m：1568		

植被类型：常绿落叶阔混交叶林

乔木层（10m×20m）

种号	中文名	拉丁名	株数	株高/m	胸围/cm	冠幅（m×m）
1	鹅耳枥	*C. viminea* Wall	8	9	23	2×2
2	山矾	*S. sumuntia* Buch-Ham. ex D. Don	6	6	19	2×2.5
3	石灰花楸	*S. falgneri*（Schenid.）Rehd	2	9	25	1×1.5
4	野鸦椿	*Euscaphis japonica*（Thunb.）Dippel	4	7	18	1.2×1.5
5	杜鹃	*R. slmsll* Planch.	3	7.5	17	1×2
6	细齿柃木	*E. nitida* Korthals	3	6	15	2×2
7	细枝柃木	*E. loquaiana* Dunn	2	5.5	12	1.5×1.5
8	异叶梁王茶	*Nothopanax davidii*（Franch.）Harms ex Diels	1	8	27	4×3

样方号：14		调查人：陶建平、伍小刚、钱凤		调查时间：2013 年 6 月 15 日	
地点名称：		地形：山地		坡度：18°	
样地面积：		坡向：NW28°		坡位：下坡	
经度：107°13′51.55″		纬度：29°8′51.42″		海拔/m：1568	

植被类型：

灌木层（5m×5m）

种号	中文名	拉丁名	株数	株高/m	冠幅（m×m）
1	荚蒾	*V. dilatatum* Thunb.	3	3.5	1×1
2	野鸦椿	*Euscaphis japonica*（Thunb.）Dippel	7	0.8	0.2×0.3
3	山矾	*S. sumuntia* Buch-Ham. ex D. Don	5	1.8	0.8×1
4	细枝柃木	*E. loquaiana* Dunn	4	0.6	0.2×0.1
5	细齿柃木	*E. nitida* Korthals	5	0.5	0.1×0.1
6	鹅耳枥	*C. viminea* Wall	6	3	1×1
7	黄荆	*V. negundo* Linn.	3	0.6	0.1×0.2
8	海桐	*P. tabira*（Thunb.）Ait.*	3	0.8	0.4×0.3
9	异叶梁王茶	*Nothopanax davidii*（Franch.）Harms ex Diels	3	1.2	0.5×0.5
10	小果南烛	*L. ovalifolia* var. *elliptica*	3	1.2	0.8×0.5
11	川桂	*C. wilsonii* Gamble	2	0.5	0.2×0.2
12	山茶	*C. japonica* L. *	2	3.5	1.5×1

样方号：15		调查人：陶建平、伍小刚、钱凤		调查时间：2013 年 6 月 15 日	
地点名称：		地形：山地		坡度：18°	
样地面积：1m×1m		坡向：NW28°		坡位：下坡	
经度：107°13′51.55″		纬度：29°8′51.42″		海拔/m：1568	

草本层（1m×1m）

种号	中文名	拉丁名	株数	株高/m	盖度/%
1	莎草	*Cyperaceae*	17	0.18	3
2	麦冬	*O. japonicus*（L. f.）Ker.-Gawl.	12	0.25	4
3	春兰	*C. goeringii*（Rchb. f.）Rchb. f.	3	0.13	1

样方号：16		调查人：陶建平、郭庆学、伍小刚		调查时间：2013 年 6 月 15 日	
地点名称：		地形：山地		坡度：25°	
样地面积：		坡向：NW30°		坡位：下坡	
经度：107°13′25.55″		纬度：29°9′51.56″		海拔/m：1788	

植被类型：常绿落叶阔叶混交林

乔木层（10m×20m）

种号	中文名	拉丁名	株数	株高/m	胸围/cm	冠幅（m×m）
1	四照花	*D. japonica* var.	2	8	23	4×3
2	细枝柃木	*E. loquaiana* Dunn	7	6	15	3×2
3	细齿柃木	*E. nitida* Korthals	6	6.5	16	3×3
4	异叶梁王茶	*Nothopanax davidii* （Franch.）Harms ex Diels	8	6	16	2×1.5
5	金佛山杜鹃	*R. longipes* var. *chienianum* （Fang）Chamb. ex Cullen et Chamb.	4	9	30	3×4
6	鹅耳枥	*C. viminea* Wall	6	8	18	2×2
7	小果蔷薇	*R. cymosa* Tratt.	1	9	34	6×4

样方号：17		调查人：陶建平、伍小刚、钱凤		调查时间：2013 年 6 月 15 日	
地点名称：		地形：山地		坡度：25°	
样地面积：		坡向：NW30°		坡位：下坡	
经度：107°13′25.55″		纬度：29°9′51.56″		海拔/m：1788	

植被类型：

灌木层（5m×5m）

种号	中文名	拉丁名	株数	株高/m	冠幅（m×m）
1	川鄂连蕊茶	*C. rosthorniana* Hand.-Mazz.	2	2	1×1
2	杜鹃	*R. simsii* Planch.	3	2.5	1×1
3	南天竺	*Nandina domestica* Thunb.	2	0.3	0.2×0.2
4	光叶山矾	*S. lancifolia* Sieb. et Zucc.	7	1.5	0.5×0.8
5	马醉木	*P. polita* W. W. Sm. et J. F. Jeff.	5	0.8	0.3×0.4
6	木姜子	*Neolitsea aurata* var. *glauca* Yang	6	0.5	0.2×0.2
7	野鸦椿	*Euscaphis japonica*（Thunb.）Dippel	10	0.5	0.1×0.1
8	川桂	*C. wilsonii* Gamble	5	0.5	0.2×0.3
9	细枝柃木	*E. loquaiana* Dunn	6	0.5	0.2×0.2
10	白毛新木姜子	*Neolitsea aurata* var. *glauca* Yang	6	0.8	0.3×0.4
11	朱砂根	*A. crenata* Sims	1	0.1	0.1×0.1
12	山矾	*S. sumuntia* Buch-Ham. ex D. Don	7	0.2	0..1×0.15
13	细齿柃木	*E. nitida* Korthals	8	0.3	0.1×0.1

样方号：18		调查人：陶建平、伍小刚、钱凤		调查时间：2013 年 6 月 15 日	
地点名称：		地形：山地		坡度：25°	
样地面积：1m×1m		坡向：NW30°		坡位：下坡	
经度：107°13′25.55″		纬度：29°9′51.56″		海拔/m：1788	

草本层（1m×1m）

种号	中文名	拉丁名	株数	株高/m	盖度/%
1	莎草	*Cyperaceae*	17	0.18	3
2	麦冬	*O. japonicus*（L. f.）Ker.-Gawl.	12	0.25	4

样方号：19			调查人：陶建平、郭庆学、伍小刚		调查时间：2013 年 6 月 16 日	
地点名称：			地形：山地		坡度：22°	
样地面积：			坡向：NW32°		坡位：下坡	
经度：107°13′25.55″			纬度：29°9′51.56″		海拔/m：1788	
植被类型：落叶阔叶林						
乔木层（10m×20m）						
种号	中文名	拉丁名	株数	株高/m	胸围/cm	冠幅（m×m）
1	鹅耳枥	*C. viminea* Wall	5	8	17	2×3
2	石灰花楸	*S. falgneri*（Schenid.）Rehd	2	10	20	5×4
3	水马桑	*Weigela japonica* var. *sinica*（Rehd.）Bail.	6	5	12	3×2
4	细齿枹木	*E. nitida* Korthals	12	6	15	2×2
5	野鸦椿	*Euscaphis japonica*（Thunb.）Dippel	7	6.5	22	3×2
6	荚蒾	*V. dilatatum* Thunb.	8	9	9	2×2
7	细枝枹木	*E. loquaiana* Dunn	8	6	13	2×1

样方号：20			调查人：陶建平、伍小刚、钱凤		调查时间：2013 年 6 月 16 日	
地点名称：			地形：山地		坡度：22°	
样地面积：			坡向：NW32°		坡位：下坡	
经度：107°13′25.55″			纬度：29°9′51.56″		海拔/m：1788	
植被类型：						
灌木层（5m×5m）						
种号	中文名	拉丁名	株数	株高/m	冠幅（m×m）	
1	细枝枹木	*E. loquaiana* Dunn	7	2	1×1	
2	细齿枹木	*E. nitida* Korthals	6	1.8	1×1.5	
3	马醉木	*P. polita* W. W. Sm. et J. F. Jeff.	3	2.5	1×0.8	
4	野鸦椿	*Euscaphis japonica*（Thunb.）Dippel	6	0.5	0.1×0.15	
5	山矾	*S. sumuntia* Buch-Ham. ex D. Don	12	1	0.2×0.2	
6	川桂	*C. wilsonii* Gamble	4	0.5	0.4×0.5	
7	青荚叶	*H. japonica*（Thunb.）Dietr.	3	0.2	0.1×0.1	
8	木姜子	*Neolitsea aurata* var. *glauca* Yang	5	1.1	0.6×0.5	
9	山茶	*C. japonica* L. *	6	2	0.5×0.5	

样方号：21			调查人：陶建平、伍小刚、钱凤		调查时间：2013 年 6 月 16 日	
地点名称：			地形：山地		坡度：22°	
样地面积：1m×1m			坡向：NW32°		坡位：下坡	
经度：107°13′25.55″			纬度：29°9′51.56″		海拔/m：1788	
草本层（1m×1m）						
种号	中文名	拉丁名	株数	株高/m	盖度/%	
1	莎草	*Cyperaceae*	17	0.18	3	
2	沿阶草	*O. bodinieri* Lévl.	15	0.16	2	

样方号：22		调查人：陶建平、郭庆学、伍小刚			调查时间：2013 年 6 月 16 日		
地点名称：		地形：山地			坡度：17°		
样地面积：		坡向：NW36°			坡位：下坡		
经度：107°12′25.55″		纬度：29°8′51.76″			海拔/m：1688		
植被类型：常绿落叶阔叶混交林							
乔木层（10m×20m）							
种号	中文名	拉丁名	株数	株高/m	胸围/cm	冠幅（m×m）	
1	异叶梁王茶茶	*Nothopanax davidii*（Franch.）Harms ex Diels	4	9	16	2×1	
2	川桂	*C. wilsonii* Gamble	5	5.5	12	1×1	
3	鹅耳枥	*C. viminea* Wall	7	6	14	1.2×1.2	
4	细齿枔木	*E. nitida* Korthals	4	7	16	1.5×1.	
5	山茶	*C. japonica* L. *	5	6	13	1×1	
6	青榨槭	*Acer davidii*	1	5	14	1×0.8	
7	异叶榕	*Ficus heteromorpha*	2	7	23	2×1.5	
8	金山杜鹃	*R. longipes* var. *chienianum*（Fang）Chamb. ex Cullen et Chamb.	1	9	25	3×3	
9	小果南烛	*Lyonia ovalifolia*	6	6	18	3×2	

样方号：23		调查人：陶建平、伍小刚、钱凤		调查时间：2013 年 6 月 17 日	
地点名称：		地形：山地		坡度：17°	
样地面积：		坡向：NW36°		坡位：下坡	
经度：107°12′25.55″		纬度：29°8′51.76″		海拔/m：1688	
植被类型：					
灌木层（5m×5m）					
种号	中文名	拉丁名	株数	株高/m	冠幅（m×m）
1	山矾	*S. sumuntia* Buch-Ham. ex D. Don	12	0.3	0.5×0.5
2	木姜子	*Neolitsea aurata* var. *glauca* Yang	8	1	0.2×0.3
3	马醉木	*P. polita* W. W. Sm. et J. F. Jeff.	14	0.5	0.1×0.2
4	异叶梁王茶	*Nothopanax davidii*（Franch.）Harms ex Diels	3	0.6	0.3×0.2
5	粗榧	*C. sinensis*（Rehd. et Wils.）Li	4	1.1	0.4×0.3
6	细枝枔木	*E. loquaiana* Dunn	15	0.8	0.2×0.3
7	川桂	*C. wilsonii* Gamble	7	0.5	0.2×0.2

样方号：24		调查人：陶建平、伍小刚、钱凤		调查时间：2013 年 6 月 16 日	
地点名称：		地形：山地		坡度：17°	
样地面积：1m×1m		坡向：NW36°		坡位：下坡	
经度：107°12′25.55″		纬度：29°8′51.76″		海拔/m：1688	
草本层（1m×1m）					
种号	中文名	拉丁名	株数	株高/m	盖度/%
1	莎草	*Cyperaceae*	18	0.18	3
2	沿阶草	*O. bodinieri* Lévl.	15	0.16	2
3	禾本科	*Poaceae*	4	0.2	3
4	蓼	*Polygonaceae*	5	0.2	30

样方号：25		调查人：陶建平、郭庆学、伍小刚		调查时间：2013 年 6 月 16 日		
地点名称：		地形：山地		坡度：23°		
样地面积：		坡向：NW40°		坡位：下坡		
经度：107°12′25.55″		纬度：29°8′51.76″		海拔/m：1588		
植被类型：常绿阔叶林						
乔木层（10m×20m）						
种号	中文名	拉丁名	株数	株高/m	胸围/cm	冠幅（m×m）
1	鹅耳枥	*Carpinus turczaninowii*	6	10	32	4×3
2	西南卫矛	*Euonymus hamiltonianus*	3	5	10	2×3
3	山矾	S. sumuntia Buch-Ham. ex D. Don	10	6	15	2×2
4	杜鹃	R. simsii Planch.	3	8	22	3×4
5	小果南烛	*Lyonia ovalifolia*	5	7	18	2×2
6	大白杜鹃	R. decorum Franch.	1	12	34	5×6
7	异叶梁王茶	*Nothopanax davidii*（Franch.）Harms ex Diels	4	6	15	1×2

样方号：26		调查人：陶建平、伍小刚、钱凤		调查时间：2013 年 6 月 16 日	
地点名称：		地形：山地		坡度：17°	
样地面积：		坡向：NW40°		坡位：下坡	
经度：107°12′25.55″		纬度：29°8′51.76″		海拔/m：1588	
植被类型：					
灌木层（5m×5m）					
种号	中文名	拉丁名	株数	株高/m	冠幅（m×m）
1	山矾	S. sumuntia Buch-Ham. ex D. Don	15	0.2	0.5×0.5
2	木姜子	*Neolitsea aurata* var. *glauca* Yang	7	1	0.2×0.3
3	马醉木	P. polita W. W. Sm. et J. F. Jeff.	6	0.8	0.2×0.2
4	异叶梁王茶	*Nothopanax davidii*（Franch.）Harms ex Diels	3	0.6	0.3×0.2
5	粗榧	C. sinensis（Rehd. et Wils.）Li	4	1.1	0.4×0.3
6	细枝柃木	E. loquaiana Dunn	15	0.8	0.2×0.3
7	川桂	C. wilsonii Gamble	7	0.5	0.2×0.2
8	杜鹃	R. simsii Planch.	5	0.6	0..3×0.4
9	朱砂根	A. crenata Sims	2	0.4	0.1×0.1
10	宜昌荚蒾	V. erosum Thunb.	2	5	2×3
11	革叶冬青	*Ilex bioritsensis* Hayata	5	0.6	0.5×1

样方号：27		调查人：陶建平、伍小刚、钱凤		调查时间：2013 年 6 月 16 日	
地点名称：		地形：山地		坡度：23°	
样地面积：1m×1m		坡向：NW40°		坡位：下坡	
经度：107°12′25.55″		纬度：29°8′51.76″		海拔/m：1588	
草本层（1m×1m）					
种号	中文名	拉丁名	株数	株高/m	盖度/%
1	莎草	*Cyperaceae*	20	0.18	3
2	繁缕	*Stellaria media*	3	0.1	1
3	冷水花	*Pilea notata*	3	0.15	5
4	半夏	*Pinellia ternata*	2	0.03	1

样方号：28		调查人：陶建平、郭庆学、伍小刚			调查时间：2013 年 6 月 16 日	
地点名称：		地形：山地			坡度：23°	
样地面积：		坡向：NE36°			坡位：下坡	
经度：107°11′24.11″		纬度：29°7′25.11″			海拔/m：1768	
植被类型：常绿阔叶林						
乔木层（10m×20m）						
种号	中文名	拉丁名	株数	株高/m	胸围/cm	冠幅（m×m）
1	鹅耳枥	*Carpinus turczaninowii*	8	9	25	3×3
2	西南卫矛	*Euonymus hamiltonianus*	3	5	10	2×3
3	山矾	*S. sumuntia* Buch-Ham. ex D. Don	9	6	15	2×2
4	杜鹃	*R. simsii* Planch.	3	8	22	3×4
5	小果南烛	*Lyonia ovalifolia*	5	7	19	2×2
6	大白杜鹃	*R. decorum* Franch.	1	12	34	5×6
7	异叶梁王茶	*Nothopanax davidii*（Franch.）Harms ex Diels	5	6	15	1×2
8	马银花	*Rhododendron ovatum*	3	8	40	5×2
9	四川杜鹃	*Rhododendron sutchuenense*	1	10	33	2×3

样方号：29		调查人：陶建平、伍小刚、钱凤			调查时间：2013 年 6 月 16 日
地点名称：		地形：山地			坡度：23°
样地面积：		坡向：NE36°			坡位：下坡
经度：107°11′24.11″		纬度：29°7′25.11″			海拔/m：1768
植被类型：					
灌木层（5m×5m）					
种号	中文名	拉丁名	株数	株高/m	冠幅（m×m）
1	南天竺	*Nandina domestica* Thunb.	2	0.3	0.2×0.2
2	光叶山矾	*S. lancifolia* Sieb. et Zucc.	9	1.6	0.5×0.8
3	马醉木	*P. polita* W. W. Sm. et J. F. Jeff.	5	0.7	0.3×0.4
4	木姜子	*Neolitsea aurata* var. *glauca* Yang	5	0.5	0.2×0.2
5	野鸦椿	*Euscaphis japonica*（Thunb.）Dippel	11	0.5	0.1×0.1
6	川桂	*C. wilsonii* Gamble	6	0.5	0.2×0.3
7	细枝柃木	*E. loquaiana* Dunn	8	0.6	0.2×0.2
8	朱砂根	*A. crenata* Sims	1	0.2	0.1×0.1
9	山矾	*S. sumuntia* Buch-Ham. ex D. Don	7	0.3	0..1×0.15
10	细齿柃木	*E. nitida* Korthals	7	0.3	0.1×0.1
11	杜鹃	*R. simsii* Planch.	5	2	1×1
12	川鄂连蕊茶	*C. rosthorniana* Hand.-Mazz.	1	1.8	1×1

样方号：30		调查人：陶建平、伍小刚、钱凤			调查时间：2013 年 6 月 16 日
地点名称：		地形：山地			坡度：23°
样地面积：1m×1m		坡向：NE36°			坡位：下坡
经度：107°11′24.11″		纬度：29°7′25.11″			海拔/m：1768
草本层（1m×1m）					
种号	中文名	拉丁名	株数	株高/m	盖度/%
1	莎草	*Cyperaceae*	18	0.18	3
2	山麦冬	*Liriope spicata*	10	0.3	10
3	白茅	*Imperata cylindrica*	2	0.3	2
4	艾蒿	*Artemisia argyi*	5	0.3	20

样方号：31		调查人：陶建平、郭庆学、伍小刚		调查时间：2013 年 6 月 17 日		
地点名称：		地形：山地		坡度：26°		
样地面积：		坡向：NE24°		坡位：下坡		
经度：107°11′25.55″		纬度：29°7′51.76″		海拔/m：1766		
植被类型：常绿阔叶林						
乔木层（10m×20m）						
种号	中文名	拉丁名	株数	株高/m	胸围/cm	冠幅（m×m）
1	棱果海桐	*Pittosporum trigonocarpum*	3	5	20	2×3
2	小果冬青	*Ilex micrococca*	4	5	22	3×3
3	月月青	*Itea ilicifolia*	1	7	35	2×3
4	香叶树	*Lindera communis*	1	6	20	2×1
5	小果南烛	*Lyonia ovalifolia*	5	7	19	2×2
6	鹅耳枥	*Carpinus turczaninowii*	8	9	25	3×3
7	山矾	*S. sumuntia* Buch-Ham. ex D. Don	9	6	15	2×2
8	杜鹃	*R. simsii* Planch.	3	8	22	3×4
9	异叶梁王茶	*Nothopanax davidii*（Franch.）Harms ex Diels	5	6	15	1×2
10	大白杜鹃	*R. decorum* Franch.	1	12	34	5×6

样方号：32		调查人：陶建平、伍小刚、钱凤		调查时间：2013 年 6 月 17 日	
地点名称：		地形：山地		坡度：26°	
样地面积：		坡向：NE24°		坡位：下坡	
经度：107°11′25.55″		纬度：29°7′51.76″		海拔/m：1766	
植被类型：					
灌木层（5m×5m）					
种号	中文名	拉丁名	株数	株高/m	冠幅（m×m）
1	细枝柃木	*E. loquaiana* Dunn	8	0.5	0.15×0.2
2	朱砂根	*A. crenata* Sims	3	0.4	0.2×0.1
3	马醉木	*P. polita* W. W. Sm. et J. F. Jeff.	5	0.8	0.3×0.4
4	光叶山矾	*S. lancifolia* Sieb. et Zucc.	5	1.6	0.5×0.6
5	川鄂连蕊茶	*C. rosthorniana* Hand.-Mazz.	2	1.5	1×1
6	南天竺	*Nandina domestica* Thunb.	3	0.3	0.2×0.2
7	五加	*Acanthopanax gracilistylus*	3	0.8	0.2×0.3
8	香叶子树	*Lindera communis*	4	4.0	2×1.5
9	异叶榕	*Ficus heteromorpha*	2	2.0	1.2×0.3
10	胡颓子	*Elaeagnus pungens*	3	0.4	0.2×0.2
11	黄常山	*Dichroa febrifuga*	2	0.4	0.1×0.1
12	杜鹃	*R. simsii* Planch.	5	2	1×1

样方号：33		调查人：陶建平、伍小刚、钱凤		调查时间：2013 年 6 月 17 日	
地点名称：		地形：山地		坡度：26°	
样地面积：1m×1m		坡向：NE24°		坡位：下坡	
经度：107°11′25.55″		纬度：29°7′51.76″		海拔/m：1766	
草本层（1m×1m）					
种号	中文名	拉丁名	株数	株高/m	盖度/%
1	莎草	*Cyperaceae*	10	0.18	3
2	雾水葛	*Pouzolzia zeylanica*	2	0.3	5
3	狗脊	*Woodwardia japonica*	3	0.5	4
4	沿阶草	*Ophiopogon bodinieri*	11	0.3	2

样方号：34		调查人：陶建平、郭庆学、伍小刚		调查时间：2013 年 6 月 17 日	
地点名称：		地形：山地		坡度：23°	
样地面积：		坡向：NE22°		坡位：下坡	
经度：107°13′51″		纬度：29°13′51″		海拔/m：1448	
植被类型：针叶林					
乔木层（10m×20m）					
种号	中文名	拉丁名	株数	株高/m	胸围/cm	冠幅（m×m）
1	鹅耳枥	*Carpinus turczaninowii*	7	7	24	3×2
2	西南卫矛	*Euonymus hamiltonianus*	2	5	13	2×3
3	山矾	*S. sumuntia* Buch-Ham. ex D. Don	9	5.5	17	2×2
4	杜鹃	*R. simsii* Planch.	5	6	18	3×3
5	青榨槭	*Acer davidii*	2	6.5	14	1×1
6	异叶榕	*Ficus heteromorpha*	3	7	23	2×2
7	金山杜鹃	*R. longipes* var. *chienianum* （Fang）Chamb. ex Cullen et Chamb.	1	8	19	3×3.5
8	柏木	*Cupressus funebris*	2	8	28	4×3
9	杉木	*Taxodiaceae*	2	5	12	1×1

样方号：35		调查人：陶建平、伍小刚、钱凤		调查时间：2013 年 6 月 17 日	
地点名称：		地形：山地		坡度：23°	
样地面积：		坡向：NE22°		坡位：下坡	
经度：107°13′51″		纬度：29°13′51″		海拔/m：1448	
植被类型：					
灌木层（5m×5m）					
种号	中文名	拉丁名	株数	株高/m	冠幅（m×m）
1	鹅耳枥	*Carpinus turczaninowii*	7	3	1×1
2	细枝柃木	*E. loquaiana* Dunn	13	0.9	0.2×0.3
3	川桂	*C. wilsonii* Gamble	5	0.5	0.1×0.2
4	朱砂根	*A. crenata* Sims	4	0.4	0.1×0.1
5	山矾	*S. sumuntia* Buch-Ham. ex D. Don	16	0.2	0.5×0.5
6	粗榧	*C. sinensis*（Rehd. et Wils.）Li	4	1	0.4×0.3
7	杜鹃	*R. simsii* Planch.	5	0.6	0.3×0.4
8	木姜子	*Neolitsea aurata* var. *glauca* Yang	5	1	0.2×0.3
9	小果南烛	*Lyonia ovalifolia*	4	1.5	0.5×0.4
10	铁仔	*Myrsine africana*	2	1.4	1.1×1.1
11	荚蒾	*Viburnum dilatatum*	2	1.1	0.5×0.3
12	金山荚蒾	*Viburnum chinshanense*	1	0.9	0.4×0.4
13	瑞香	*Daphne odora*	1	2	0.8×0.8

样方号：36		调查人：陶建平、伍小刚、钱凤		调查时间：2013 年 6 月 17 日	
地点名称：		地形：山地		坡度：23°	
样地面积：1m×1m		坡向：NE22°		坡位：下坡	
经度：107°13′51″		纬度：29°13′51″		海拔/m：1448	
草本层（1m×1m）					
种号	中文名	拉丁名	株数	株高/m	盖度/%
1	竹叶草	*Oplismenus compositus*	2	0.2	5
2	蝴蝶花	*Iris japonica*	2	0.3	35
3	沿阶草	*Ophiopogon bodinieri*	15	0.4	5

样方号：37		调查人：陶建平、郭庆学、伍小刚		调查时间：2013 年 6 月 18 日	
地点名称：		地形：山地		坡度：18°	
样地面积：		坡向：NE37°		坡位：下坡	
经度：107°13′51″		纬度：29°13′51″		海拔/m：1548	
植被类型：落叶阔叶林					
乔木层（10m×20m）					
种号	中文名	拉丁名	株数	株高/m	胸围/cm	冠幅（m×m）
1	细齿枰木	*E. nitida* Korthals	5	6.5	17	1.5×1.5
2	小果南烛	*Lyonia ovalifolia*	4	6	20	3×2
3	鹅耳枥	*C. viminea* Wall	8	6	15	1.2×1.2
4	山茶	*C. japonica* L. *	5	6	16	1×1
5	野鸦椿	*Euscaphis japonica*（Thunb.）Dippel	7	6.5	22	3×2
6	荚蒾	*V. dilatatum* Thunb.	8	9	9	2×2

样方号：38		调查人：陶建平、伍小刚、钱凤		调查时间：2013 年 6 月 18 日	
地点名称：		地形：山地		坡度：18°	
样地面积：		坡向：NE37°		坡位：下坡	
经度：107°13′51″		纬度：29°13′51″		海拔/m：1548	
植被类型：					
灌木层（5m×5m）					
种号	中文名	拉丁名	株数	株高/m	冠幅（m×m）
1	铁仔	*Myrsine africana*	4	0.6	0.2×0.2
2	映山红	*Rhododendron pulchrum*	3	0.8	0.3×0.4
3	白栎	*Quercus fabri*	1	1.4	0.8×0.6
4	山矾	*S. sumuntia* Buch-Ham. ex D. Don	5	1.8	0.8×1
5	细枝枰木	*E. loquaiana* Dunn	4	0.6	0.2×0.1
6	细齿枰木	*E. nitida* Korthals	5	0.6	0.2×0.1
7	鹅耳枥	*C. viminea* Wall	6	3	1×1
8	荚蒾	*Viburnum dilatatum*	3	1.7	0.3×0.5
9	杉木	*Taxodiaceae*	3	1.3	0.8×0.8

样方号：39		调查人：陶建平、伍小刚、钱凤		调查时间：2013 年 6 月 18 日	
地点名称：		地形：山地		坡度：18°	
样地面积：1m×1m		坡向：NE37°		坡位：下坡	
经度：107°13′51″		纬度：29°13′51″		海拔/m：1548	
草本层（1m×1m）					
种号	中文名	拉丁名	株数	株高/m	盖度/%
1	狗脊蕨	*Woodwardia japonica*	3	0.4	35
2	紫萁	*Osmunda japonica*	1	0.5	12
3	香青	*Anaphalis sinica*	2	0.2	15
4	芒	*Miscanthus sinensis*	3	0.4	10

样方号：40		调查人：陶建平、郭庆学、伍小刚		调查时间：2013 年 6 月 18 日	
地点名称：		地形：山地		坡度：20°	
样地面积：		坡向：NE33°		坡位：下坡	
经度：107°15′51.26″		纬度：29°13′51.15″		海拔/m：1815	

植被类型：落叶阔叶林

乔木层（10m×20m）

种号	中文名	拉丁名	株数	株高/m	胸围/cm	冠幅（m×m）
1	鹅耳枥	*C. viminea* Wall	8	6.5	15	1.2×1.2
2	山茶	*C. japonica* L. *	5	6	16	1×1
3	野鸦椿	*Euscaphis japonica*（Thunb.）Dippel	7	6.5	22	3×2
4	荚蒾	*V. dilatatum* Thunb.	8	9	20	3×2
5	细齿枸木	*E. nitida* Korthals	5	7	17	1.5×1.5
6	柏木	*Cupressus funebris*	2	9	35	3×3
7	杉木	*Taxodiaceae*	2	6	19	1×1

样方号：41		调查人：陶建平、伍小刚、钱凤		调查时间：2013 年 6 月 18 日	
地点名称：		地形：山地		坡度：20°	
样地面积：		坡向：NE33°		坡位：下坡	
经度：107°15′51.26″		纬度：29°13′51.15″		海拔/m：1815	

植被类型：

灌木层（5m×5m）

种号	中文名	拉丁名	株数	株高/m	冠幅（m×m）
1	鹅耳枥	*C. viminea* Wall	4	2.8	1.5×1
2	铁仔	*Myrsine africana*	4	0.8	0.3×0.2
3	映山红	*Rhododendron pulchrum*	4	0.8	0.3×0.4
4	白栎	*Quercus fabri*	2	1.5	0.9×0.6
5	山矾	*S. sumuntia* Buch-Ham. ex D. Don	3	2	0.8×1.2
6	细枝枸木	*E. loquaiana* Dunn	5	0.5	0.2×0.2
7	细齿枸木	*E. nitida* Korthals	5	0.6	0.2×0.1
8	金山荚蒾	*Viburnum chinshanense*	3	1.2	1.5×2
9	异叶梁王茶	*Nothopanax davidii*	3	1.8	1×1
10	粗叶榕	*Ficus hirta*	2	1.7	0.5×1
11	青荚叶	*Helwingia japonica*	3	1.5	0.5×0.5
12	桦叶荚蒾	*Viburnum betulifolium*	2	4.0	1.5×1

样方号：42		调查人：陶建平、伍小刚、钱凤		调查时间：2013 年 6 月 18 日	
地点名称：		地形：山地		坡度：20°	
样地面积：1m×1m		坡向：NE33°		坡位：下坡	
经度：107°15′51.26″		纬度：29°13′51.15″		海拔/m：1815	

草本层（1m×1m）

种号	中文名	拉丁名	株数	株高/m	盖度/%
1	冷蕨	*Cystopteris fragilis*	2	0.1	1
2	画眉草	*Eragrostis pilosa*	1	0.3	2
3	芒	*Miscanthus sinensis*	3	0.4	10
4	香青	*Anaphalis sinica*	2	0.2	15

样方号：43		调查人：陶建平、郭庆学、伍小刚		调查时间：2014 年 5 月 23 日	
地点名称：		地形：山地		坡度：22°	
样地面积：		坡向：SE25°		坡位：下坡	
经度：107°15′51.26″		纬度：29°13′51.15″		海拔/m：1826	

植被类型：落叶阔叶林

乔木层（10m×20m）

种号	中文名	拉丁名	株数	株高/m	胸围/cm	冠幅（m×m）
1	鹅耳枥	*C. viminea* Wall	5	8	20	3×3
2	石灰花楸	*S. falgneri*（Schenid.）Rehd	2	7.5	24	1×1.2
3	小果南烛	*L. ovalifolia* var. *elliptica*	4	5.5	13	0.6×0.8
4	四照花	*D. japonica* var. *Chinensis*（Osborn.）Fang	2	7	24	6×4
5	山矾	*S. sumuntia* Buch-Ham. ex D. Don	3	7.5	10	2×2
6	西南桦	*B. alnoides* Buh.-Ham. et D. Don	2	9	27	2×1

样方号：44		调查人：陶建平、伍小刚、钱凤		调查时间：2014 年 5 月 23 日	
地点名称：		地形：山地		坡度：22°	
样地面积：		坡向：SE25°		坡位：下坡	
经度：107°15′51.26″		纬度：29°13′51.15″		海拔/m：1826	

植被类型：

灌木层（5m×5m）

种号	中文名	拉丁名	株数	株高/m	冠幅（m×m）
1	映山红	*Rhododendron pulchrum*	4	0.8	0.3×0.4
2	金山荚蒾	*Viburnum chinshanense*	3	1.2	1.5×2
3	异叶梁王茶	*Nothopanax davidii*	3	1.8	1×1
4	鹅耳枥	*C. viminea* Wall	4	2.8	1.5×1
5	铁仔	*Myrsine africana*	4	0.8	0.3×0.2
6	桦叶荚蒾	*Viburnum betulifolium*	2	4.0	1.5×1
7	棱果海桐	*Pittosporum trigonocarpum*	3	0.5	0.2×0.1
8	化香	*Platycarya strobilacea*	3	2.5	1×2
9	青荚叶	*Helwingia japonica*	2	0.8	0.3×0.2

样方号：45		调查人：陶建平、伍小刚、钱凤		调查时间：2014 年 5 月 23 日	
地点名称：		地形：山地		坡度：22°	
样地面积：1m×1m		坡向：SE25°		坡位：下坡	
经度：107°15′51.26″		纬度：29°13′51.15″		海拔/m：1826	

草本层（1m×1m）

种号	中文名	拉丁名	株数	株高/m	盖度/%
1	莎草	*Cyperaceae*	10	0.15	3
2	竹叶草	*Oplismenus compositus*	5	0.3	5
3	金佛山鳞毛蕨	*D. jinfoshanensis* Ching et Z. Y. Liu	3	0.16	4

样方号：46		调查人：陶建平、郭庆学、伍小刚		调查时间：2014 年 5 月 23 日	
地点名称：		地形：山地		坡度：20°	
样地面积：		坡向：SE27°		坡位：下坡	
经度：107°12′51.46″		纬度：29°13′51.54″		海拔/m：1839	

植被类型：常绿落叶阔叶混交林

乔木层（10m×20m）

种号	中文名	拉丁名	株数	株高/m	胸围/cm	冠幅（m×m）
1	异叶梁王茶茶	*Nothopanax davidii*（Franch.）Harms ex Diels	2	9	20	2×1.5
2	川桂	*C. wilsonii* Gamble	5	6	17	1×1
3	鹅耳枥	*C. viminea* Wall	6	6	18	2×1
4	细齿柃木	*E. nitida* Korthals	5	7	16	1.5×2
5	山茶	*C. japonica* L.	5	7	13	1×1
6	青榨槭	*Acer davidii*	2	5	14	1×0.8
7	异叶榕	*Ficus heteromorpha*	2	7	23	2×1.5
8	金山杜鹃	*R. longipes* var. *chienianum*（Fang）Chamb. ex Cullen et Chamb.	1	9	25	3×3

样方号：47		调查人：陶建平、伍小刚、钱凤		调查时间：2014 年 5 月 23 日	
地点名称：		地形：山地		坡度：20°	
样地面积：		坡向：SE27°		坡位：下坡	
经度：107°12′51.46″		纬度：29°13′51.54″		海拔/m：1839	

植被类型：

灌木层（5m×5m）

种号	中文名	拉丁名	株数	株高/m	冠幅（m×m）
1	火棘	*Pyracantha fortuneana*	3	3.2	2×2
2	异叶梁王茶	*Nothopanax davidii*	3	2.5	1×1
3	金山荚蒾	*Viburnum chinshanense*	5	1.4	1×0.5
4	荚蒾	*Viburnum dilatatum*	3	0.8	0.5×0.4
5	黄栌	*Cotinus coggygria*	2	3.5	1.5×1.5
6	铁仔	*Myrsine africana*	2	1.2	0.3×0.5
7	映山红	*Rhododendron pulchrum*	5	0.8	0.3×0.4
8	化香	*Platycarya strobilacea*	3	2.5	1×2
9	青荚叶	*Helwingia japonica*	2	0.8	0.3×0.4

样方号：48		调查人：陶建平、伍小刚、钱凤		调查时间：2014 年 5 月 23 日	
地点名称：		地形：山地		坡度：20°	
样地面积：1m×1m		坡向：SE27°		坡位：下坡	
经度：107°12′51.46″		纬度：29°13′51.54″		海拔/m：1839	

草本层（1m×1m）

种号	中文名	拉丁名	株数	株高/m	盖度/%
1	莎草	*Cyperaceae*	10	0.15	3
2	蝴蝶花	*Iris japonica*	2	0.2	10
3	淫羊藿	*Epimedium*	3	0.2	2
4	冷蕨	*Cystopteris fragilis*	2	0.3	2

样方号：49		调查人：陶建平、郭庆学、伍小刚		调查时间：2014 年 5 月 23 日			
地点名称：		地形：山地		坡度：16°			
样地面积：		坡向：SE24°		坡位：下坡			
经度：107°12′51.38″		纬度：29°9′51.54″		海拔/m：1939			
植被类型：常绿落叶阔叶混交林							
乔木层（10m×20m）							
种号	中文名	拉丁名		株数	株高/m	胸围/cm	冠幅（m×m）
1	鹅耳枥	*C. viminea* Wall		7	5	17	1×1
2	山茶	*C. japonica* L.		5	6	14	1×1.5
3	细齿枸木	*E. nitida* Korthals		6	5	15	1.5×2
4	异叶梁王茶茶	*Nothopanax davidii*（Franch.）Harms ex Diels		2	9	20	2×1.5
5	四照花	*D. japonica* var.		1	8	23	4×3
6	青榨槭	*Acer davidii*		2	5	14	1×0.8

样方号：50		调查人：陶建平、伍小刚、钱凤		调查时间：2014 年 5 月 23 日	
地点名称：		地形：山地		坡度：16°	
样地面积：		坡向：SE24°		坡位：下坡	
经度：107°12′51.38″		纬度：29°9′51.54″		海拔/m：1939	
植被类型：					
灌木层（5m×5m）					
种号	中文名	拉丁名	株数	株高/m	冠幅（m×m）
1	红紫荆	*Bauhinia variegata*	1	3.2	1.5×2
2	黄栌	*Cotinus coggygria*	1	2.3	1×1
3	棱果海桐	*Pittosporum trigonocarpum*	2	1.2	0.5×0.5
4	野花椒	*Zanthoxylum simulans*	2	1.1	0.8×0.8
5	金山荚蒾	*Viburnum chinshanense*	2	1.5	0.3×0.2
6	铁仔	*Myrsine africana*	3	0.6	0.3×0.2
7	细枝枸木	*E. loquaiana* Dunn	2	0.6	0.2×0.1
8	细齿枸木	*E. nitida* Korthals	5	0.5	0.1×0.1
9	鹅耳枥	*C. viminea* Wall	6	3	1×1
10	黄荆	*V. negundo* L.	3	0.6	0.1×0.2
11	海桐	*P. tabira*（Thunb.）Ait.*	3	0.8	0.4×0.3

样方号：51		调查人：陶建平、伍小刚、钱凤		调查时间：2014 年 5 月 23 日	
地点名称：		地形：山地		坡度：16°	
样地面积：1m×1m		坡向：SE24°		坡位：下坡	
经度：107°12′51.38″		纬度：29°9′51.54″		海拔/m：1939	
草本层（1m×1m）					
种号	中文名	拉丁名	株数	株高/m	盖度/%
1	蝴蝶花	*Iris japonica*	2	0.2	25
2	狗脊蕨	*Woodwardia japonica*	1	0.4	8
3	薹草	*Vittaria flexuosa*	10	0.3	3
4	天门冬	*Asparagus cochinchinensis*	2	0.4	2
5	淫羊霍	*Epimedium brevicomu* Maxim	1	0.1	1

样方号：52		调查人：陶建平、郭庆学、伍小刚		调查时间：2014 年 5 月 23 日		
地点名称：		地形：山地		坡度：22°		
样地面积：		坡向：SE20°		坡位：下坡		
经度：107°19′51.26″		纬度：28°59′18.18″		海拔/m：1796		
植被类型：落叶阔叶林						
乔木层（10m×20m）						
种号	中文名	拉丁名	株数	株高/m	胸围/cm	冠幅（m×m）
1	鹅耳枥	*C. viminea* Wall	5	8	24	1.5×2
2	四照花	*D. japonica* var. *Chinensis*（Osborn.）Fang	5	6	21	3×4
3	细枝柃木	*E. loquaiana* Dunn	3	6.5	15	2×2
4	水马桑	*W. japonica* var. *sinica*（Rehd.）Bailey	3	8	13	3×2
5	野鸦椿	*Euscaphis japonica*（Thunb.）Dippel	6	7	22	3×2
6	山茶	*C. japonica* L. *	5	6	14	1×1.5
7	细齿柃木	*E. nitida* Korthals	6	6	15	1.5×2

样方号：53		调查人：陶建平、伍小刚、钱凤		调查时间：2014 年 5 月 23 日	
地点名称：		地形：山地		坡度：22°	
样地面积：		坡向：SE20°		坡位：下坡	
经度：107°19′51.26″		纬度：28°59′18.18″		海拔/m：1796	
植被类型：					
灌木层（5m×5m）					
种号	中文名	拉丁名	株数	株高/m	冠幅（m×m）
1	细枝柃木	*E. loquaiana* Dunn	2	0.6	0.2×0.1
2	细齿柃木	*E. nitida* Korthals	4	0.5	0.1×0.1
3	鹅耳枥	*C. viminea* Wall	6	3	1×1.5
4	黄荆	*V. negundo* Linn.	3	0.6	0.1×0.2
5	海桐	*P. tabira*（Thunb.）Ait.*	3	0.8	0.4×0.3
6	川陕鹅耳枥	*Carpinus fargesiana*	1	3	2×2
7	青榨槭	*Acer davidii*	3	0.8	0.2×0.2
8	火棘	*Pyracantha fortuneana*	3	3	3×2.5
9	月月青	*Itea ilicifolia*	2	1.5	1×1
10	女贞	*Ligustrum lucidum*	2	1.6	0.3×0.2
11	卫矛	*Euonymus alatus*（Thanb.）Sieb	3	1.4	1.5×1.5

样方号：54		调查人：陶建平、伍小刚、钱凤		调查时间：2014 年 5 月 23 日	
地点名称：		地形：山地		坡度：22°	
样地面积：1m×1m		坡向：SE20°		坡位：下坡	
经度：107°19′51.26″		纬度：28°59′18.18″		海拔/m：1796	
草本层（1m×1m）					
种号	中文名	拉丁名	株数	株高/m	盖度/%
1	狗脊蕨	*Woodwardia japonica*	2	0.4	8
2	薹草	*Vittaria flexuosa*	10	0.3	5
3	天门冬	*Asparagus cochinchinensis*	2	0.4	2

样方号：55		调查人：陶建平、郭庆学、伍小刚			调查时间：2014 年 5 月 24 日	
地点名称：		地形：山地			坡度：28°	
样地面积：		坡向：SE35°			坡位：下坡	
经度：107°12′51.38″		纬度：29°9′51.54″			海拔/m：1439	

植被类型：落叶阔叶林

乔木层（10m×20m）

种号	中文名	拉丁名	株数	株高/m	胸围/cm	冠幅（m×m）
1	鹅耳枥	*C. viminea* Wall	4	8	24	1.5×2
2	野鸦椿	*Euscaphis japonica*（Thunb.）Dippel	5	6	22	3×2
3	细枝柃木	*E. loquaiana* Dunn	7	5.5	15	3×2
4	细齿柃木	*E. nitida* Korthals	6	6.5	17	3×2
5	异叶梁王茶	*Nothopanax davidii*（Franch.）Harms ex Diels	8	6	20	2×2
6	金佛山杜鹃	*R. longipes* var. *chienianum*（Fang）Chamb. ex Cullen et Chamb.	5	9	30	3×4
7	小果南烛	*L. ovalifolia* var. *elliptica*	2	6	13	1×1

样方号：56		调查人：陶建平、伍小刚、钱凤			调查时间：2014 年 5 月 24 日	
地点名称：		地形：山地			坡度：28°	
样地面积：		坡向：SE35°			坡位：下坡	
经度：107°12′51.38″		纬度：29°9′51.54″			海拔/m：1439	

植被类型：

灌木层（5m×5m）

种号	中文名	拉丁名	株数	株高/m	冠幅（m×m）
1	鹅耳枥	*C. viminea* Wall	6	2.8	1×1.5
2	细枝柃木	*E. loquaiana* Dunn	2	0.8	0.2×0.2
3	细齿柃木	*E. nitida* Korthals	4	0.6	0.1×0.1
4	小果南烛	*L. ovalifolia* var. *elliptica*	2	0.5	0.3×0.4
5	异叶梁王茶	*Nothopanax davidii*（Franch.）Harms ex Diels	5	0.6	0.3×0.4
6	木姜子	*Litsea pungens*	4	2.6	0.8×0.8
7	山矾	*S. sumuntia* Buch-Ham. ex D. Don	5	0.6	0.1×0.1
8	川桂	*C. wilsonii* Gamble	3	0.5	0.2×0.2
9	朱砂根	*A. crenata* Sims	2	0.2	0.1×0.1
10	黄荆	*V. negundo* L.	3	0.8	0.2×0.2
11	海桐	*P. tabira*（Thunb.）Ait.	3	0.5	0.4×0.3

样方号：57		调查人：陶建平、伍小刚、钱凤			调查时间：2014 年 5 月 24 日	
地点名称：		地形：山地			坡度：28°	
样地面积：1m×1m		坡向：SE35°			坡位：下坡	
经度：107°12′51.38″		纬度：29°9′51.54″			海拔/m：1439	

草本层（1m×1m）

种号	中文名	拉丁名	株数	株高/m	盖度/%
1	蓼	*Polygonaceae*	2	0.3	20
2	苎麻	*Boehmeria nivea*	2	0.1	2
3	野棉花	*Anemone vitifolia*	1	0.15	20

样方号：58		调查人：陶建平、郭庆学、伍小刚		调查时间：2014 年 5 月 24 日		
地点名称：		地形：山地		坡度：25°		
样地面积：20m×20m		坡向：SE38°		坡位：下坡		
经度：107°10′29.56″		纬度：28°59′11.21″		海拔/m：1825m		
植被类型：常绿阔叶林						
乔木层（10m×20m）						
种号	中文名	拉丁名	株数	株高/m	胸围/cm	冠幅（m×m）
1	杜茎山	*M. japonica*（Thunb.）Moritzi et Zollinger	2	5	12	2×2
2	野鸦椿	*Euscaphis japonica*（Thunb.）Dippel	7	6	22	3×3
3	细齿柃木	*E. nitida* Korthals	3	7	15	2×2.5
4	小果南烛	*L. ovalifolia* var. *elliptica*	3	6	14	3×2.2
5	鹅耳枥	*C. viminea* Wall	7	8	26	3×3
6	山矾	*S. sumuntia* Buch-Ham. ex D. Don	5	6.5	15	3×2

样方号：59		调查人：陶建平、伍小刚、钱凤		调查时间：2014 年 5 月 24 日	
地点名称：		地形：山地		坡度：25°	
样地面积：		坡向：SE38°		坡位：下坡	
经度：107°10′29.56″		纬度：28°59′11.21″		海拔/m：1825m	
植被类型：					
灌木层（5m×5m）					
种号	中文名	拉丁名	株数	株高/m	冠幅（m×m）
1	海桐	*P. tabira*（*Thunb.*）Ait.*	2	0.8	0.4×0.3
2	异叶梁王茶	*Nothopanax davidii*（Franch.）Harms ex Diels	1	1.5	0.5×0.6
3	小果南烛	*L. ovalifolia* var. *elliptica*	3	1.5	0.8×0.6
4	川桂	*C. wilsonii* Gamble	3	0.6	0.2×0.2
5	荚蒾	*V. dilatatum* Thunb.	3	3	1×1.2
6	野鸦椿	*Euscaphis japonica*（Thunb.）Dippel	6	0.8	0.2×0.3
7	山矾	*S. sumuntia* Buch-Ham. ex D. Don	5	2	0.8×1.5
8	细枝柃木	*E. loquaiana* Dunn	6	0.6	0.2×0.1
9	细齿柃木	*E. nitida* Korthals	5	0.5	0.2×0.3
10	朱砂根	*A. crenata* Sims	3	0.2	0.1×0.1

样方号：60		调查人：陶建平、伍小刚、钱凤		调查时间：2014 年 5 月 24 日
样地面积：1m×1m		坡向：SE38°		坡位：下坡
经度：107°10′29.56″		纬度：28°59′11.21″		海拔/m：1825m
草本层（1m×1m）				
种号	中文名	拉丁名	株数	株高/m	盖度/%
1	莎草	*Cyperaceae*	16	0.2	5
2	竹叶草	*Oplismenus compositus*	5	0.3	4

样方号：61	调查人：陶建平、郭庆学、伍小刚	调查时间：2014 年 11 月 10 日
地点名称：	地形：山地	坡度：20°
样地面积：10m×20m	坡向：NE 25°	坡位：下坡
经度：107°12′51.38″	纬度：29°9′51.54″	海拔/m：1539

植被类型：常绿阔叶林

乔木层（10m×20m）

种号	中文名	拉丁名	株数	株高/m	胸围/cm	冠幅（m×m）
1	木姜子	*Litsea pungens*	3	7	22	4×5
2	水麻	*Debregeasia orientalis*	2	6	20	2×2
3	马桑	*Coriaria nepalensis*	3	5	20	3×1
4	杉木	*Taxodiaceae*	2	9	28	5×4
5	柿子	*Diospyros Kaki*	1	8	20	5×2
6	棱果海桐	*Pittosporum trigonocarpum*	1	6.5	23	2×3
7	小果冬青	*Ilex micrococca*	2	6.3	22	3×3
8	椴树	*Tilia tuan*	2	7	38	4.5×4
9	马银花	*Rhododendron ovatum*	1	5.5	29	4×2

样方号：62	调查人：陶建平、伍小刚、钱凤	调查时间：2014 年 11 月 12 日
地点名称：	地形：山地	坡度：25°
样地面积：5m×5m	坡向：NE 30°	坡位：下坡
经度：107°12′51.38″	纬度：29°9′51.54″	海拔/m：1539

植被类型：灌丛

灌木层（5m×5m）

种号	中文名	拉丁名	株数	株高/m	冠幅（m×m）
1	刺叶冬青	*Ilex bioritsensis*	5	1.3	1.5×1
2	荚蒾	*Viburnum dilatatum*	3	0.6	0.2×0.2
3	润楠	*Machilus pingii*	6	3.0	2×1
4	小果冬青	*Ilex micrococca*	2	2.3	1.5×1
5	椴树	*Tilia tuan*	2	2.6	1.2×1.2
6	马银花	*Rhododendron ovatum*	1	2.5	2×1
7	红果树	*Stranvaesia davidiana*	12	0.8	0.8×0.3
8	箭竹	*Fargesia spathacea*	10	0.9	0.5×0.45
9	木姜子	*Litsea pungens*	5	1.6	1.2×1.2
10	水麻	*Debregeasia orientalis*	4	0.9	0.2×0.1
11	马桑	*Coriaria nepalensis*	3	1.2	0.8×0.3
12	杉木	*Taxodiaceae*	4	1.2	0.5×0.55

样方号：63	调查人：陶建平、伍小刚、钱凤	调查时间：2014 年 11 月 12 日
地点名称：	地形：山地	坡度：21°
样地面积：1m×1m	坡向：NW 30°	坡位：下坡
经度：107°12′51.38″	纬度：29°9′51.54″	海拔/m：1539

草本层（1m×1m）

种号	中文名	拉丁名	株数	株高/m	盖度/%
1	白芒	*Miscanthus sinensis*	11	0.7	20
2	蕨	*Pteridium aquilinum var. latiusculum*	3	0.5	3
3	野菊花	*Dendranthema indicum*	5	0.2	5
4	芸香草	*Brassica campestris*	8	1.5	20

注：*为栽培种。

样方号：64		调查人：陶建平、郭庆学、伍小刚		调查时间：2014 年 11 月 13 日		
地点名称：		地形：山地		坡度：22°		
样地面积：10m×20m		坡向：NE 25°		坡位：下坡		
经度：107°19′51.26″		纬度：28°59′18.18″		海拔/m：1716		
植被类型：常绿阔叶林						
乔木层（10m×20m）						
种号	中文名	拉丁名	株数	株高/m	胸围/cm	冠幅（m×m）
1	棱果海桐	*Pittosporum trigonocarpum*	2	5	20	2×3
2	小果冬青	*Ilex micrococca*	2	5	22	3×3
3	月月青	*Itea ilicifolia*	3	7	35	2×3
4	野柿子	*Diospyros Kaki*	4	8	20	5×2
5	小果冬青	*Ilex micrococca*	2	6.3	22	3×3
6	椴树	*Tilia tuan*	2	5.6	26	2×3.6
7	马银花	*Rhododendron ovatum*	1	6	29	5×2
8	红果树	*Stranvaesia davidiana*	1	9	39	6.5×3.2

样方号：65		调查人：陶建平、伍小刚、钱凤		调查时间：2014 年 11 月 13 日	
地点名称：		地形：山地		坡度：22°	
样地面积：5m×5m		坡向：NW 25°		坡位：下坡	
经度：107°19′51.26″		纬度：28°59′18.18″		海拔/m：1716	
植被类型：灌丛					
灌木层（5m×5m）					
种号	中文名	拉丁名	株数	株高/m	冠幅（m×m）
1	异叶榕	*Ficus heteromorpha*	1	2.0	1.2×0.3
2	高粱泡	*Rubus lambertianus*	3	0.4	0.3×0.2
3	胡颓子	*Elaeagnus pungens*	7	0.4	0.2×0.2
4	五加	*Acanthopanax gracilistylus*	2	1.6	1.2×0.2
5	润楠	*Machilus pingii*	5	3.5	2.3×1
6	红果树	*Stranvaesia davidiana*	1	1.8	1.2×0.3
7	椴树	*Tilia tuan*	5	1.2	0.3×0.2
8	马银花	*Rhododendron ovatum*	4	0.9	0.6×0.2
9	红果树	*Stranvaesia davidiana*	3	0.8	0.2×0.6
10	箭竹	*Fargesia spathacea*	12	0.8	0.5×0.4

样方号：66		调查人：陶建平、伍小刚、钱凤		调查时间：2014 年 11 月 15 日
地点名称：		地形：山地		坡度：25°
样地面积：1m×1m		坡向：NE 12°		坡位：下坡
经度：107°19′51.26″		纬度：28°59′18.18″		海拔/m：1716
草本层（1m×1m）				
种号	中文名	拉丁名	株数	株高/m	盖度/%
1	莎草	*Cyperaceae*	1	0.6	5
2	碎米蕨	*Cheilosoria mysurensis*	3	0.2	30
3	芸香草	*Brassica campestris*	6	1.5	30

样方号：67		调查人：陶建平、郭庆学、伍小刚		调查时间：2014 年 11 月 16 日	
地点名称：		地形：山地		坡度：13°	
样地面积：10m×20m		坡向：NW 26°		坡位：下坡	
经度：107°12′51.38″		纬度：29°9′51.54″		海拔/m：1439	
植被类型：常绿阔叶林					
乔木层（10m×20m）					
种号	中文名	拉丁名	株数	株高/m	胸围/cm	冠幅（m×m）
1	马银花	*Rhododendron ovatum*	3	5	21	5×6
2	异叶榕	*Ficus heteromorpha*	1	6	22	5×3
3	青榨槭	*Acer davidii*	3	6.7	23	7×7
4	荚蒾	*Viburnum dilatatum*	1	11	46	4×6
5	杜鹃	*Rhododendron simsii*	2	5.5	15	12×5
6	青荚叶	*Helwingia japonica*	1	6.8	19	3×3
7	鹅耳枥	*Carpinus turczaninowii*	5	9	20	6×5
8	棱果海桐	*Pittosporum trigonocarpum*	3	10	43	2×6
9	小果冬青	*Ilex micrococca*	3	6.4	22	4×4

样方号：68		调查人：陶建平、伍小刚、钱凤		调查时间：2014 年 11 月 16 日	
地点名称：		地形：山地		坡度：23°	
样地面积：5m×5m		坡向：NE 26°		坡位：下坡	
经度：107°12′51.38″		纬度：29°9′51.54″		海拔/m：1439	
植被类型：灌丛					
灌木层（5m×5m）					
种号	中文名	拉丁名	株数	株高/m	冠幅（m×m）
1	鹅耳枥	*Carpinus turczaninowii*	1	2.3	1.2×1.3
2	小果南烛	*Lyonia ovalifolia*	2	2	1.4×1.5
3	胡颓子	*Elaeagnus pungens*	1	0.4	0.2×0.2
4	五加	*Acanthopanax gracilistylus*	2	1.6	1.2×0.2
5	荚蒾	*Viburnum dilatatum*	3	1.1	0.5×0.3
6	柃木	*Eurya japonica*	1	1.1	0.6×0.3
7	映山红	*Rhododendron pulchrum*	2	0.8	0.8×0.7

样方号：69		调查人：陶建平、伍小刚、钱凤		调查时间：2014 年 11 月 17 日	
地点名称：		地形：山地		坡度：25°	
样地面积：1m×1m		坡向：NE 12°		坡位：下坡	
经度：107°12′51.38″		纬度：29°9′51.54″		海拔/m：1439	
草本层（1m×1m）					
种号	中文名	拉丁名	株数	株高/m	盖度/%
1	狗脊蕨	*Woodwardia japonica*	3	0.4	5
2	紫萁	*Osmunda japonica*	11	0.5	12
3	香青	*Anaphalis sinica*	7	0.2	15
4	芒	*Miscanthus sinensis*	5	0.4	10
5	芸香草	*Brassica campestris*	6	1.5	10

样方号：70			调查人：陶建平、郭庆学、伍小刚		调查时间：2014 年 11 月 18 日	
地点名称：			地形：山地		坡度：18°	
样地面积：10m×20m			坡向：NW 32°		坡位：下坡	
经度：107°19′51.26″			纬度：28°59′18.18″		海拔/m：1116	
植被类型：落叶阔叶林						
乔木层（10m×20m）						
种号	中文名	拉丁名	株数	株高/m	胸围/cm	冠幅（m×m）
1	杉木	*Taxodiaceae*	2	7	29	3×8
2	柏木	*Cupressus funebris*	3	9	24	4×3
3	马银花	*Rhododendron ovatum*	5	8	29	8×7
4	杜鹃	*Rhododendron simsii*	1	5	21	6×5
5	青荚叶	*Helwingia japonica*	2	6.5	25	6×3
6	鹅耳枥	*Carpinus turczaninowii*	2	11	42	5×5
7	棱果海桐	*Pittosporum trigonocarpum*	3	7	29	3×6
8	小果冬青	*Ilex micrococca*	2	6.5	26	4×4
9	异叶梁王茶	*Nothopanax davidii*	1	12	45	5×7
10	野花椒	*Zanthoxylum simulans*	1	6	27	4×5

样方号：71			调查人：陶建平、伍小刚、钱凤		调查时间：2014 年 11 月 18 日	
地点名称：			地形：山地		坡度：16°	
样地面积：5m×5m			坡向：SE 19°		坡位：下坡	
经度：107°19′51.26″			纬度：28°59′18.18″		海拔/m：1116	
植被类型：灌丛						
灌木层（5m×5m）						
种号	中文名	拉丁名	株数	株高/m		冠幅（m×m）
1	异叶榕	*Ficus heteromorpha*	1	2.0		1.2×0.3
2	高粱泡	*Rubus lambertianus*	3	0.4		0.3×0.2
3	胡颓子	*Elaeagnus pungens*	1	0.4		0.2×0.2
4	五加	*Acanthopanax gracilistylus*	5	1.6		1.2×0.2
5	润楠	*Machilus pingii*	4	3.5		2.3×1
6	红果树	*Stranvaesia davidiana*	4	1.8		1.2×0.3
7	柿子	*Diospyros Kaki*	4	1.6		1.2×0.2
8	棱果海桐	*Pittosporum trigonocarpum*	4	1.2		0.3×1
9	小果冬青	*Ilex micrococca*	3	0.8		0.2×0.6

样方号：72			调查人：陶建平、伍小刚、钱凤		调查时间：2014 年 11 月 18 日	
地点名称：			地形：山地		坡度：15°	
样地面积：1m×1m			坡向：NE 12°		坡位：下坡	
经度：107°19′51.26″			纬度：28°59′18.18″		海拔/m：1116	
草本层（1m×1m）						
种号	中文名	拉丁名	株数	株高/m		盖度/%
1	莎草	*Cyperaceae*	5	0.6		5
2	芒	*Miscanthus sinensis*	10	0.9		19

样方号：73		调查人：陶建平、郭庆学、伍小刚		调查时间：2014 年 11 月 18 日		
地点名称：		地形：山地		坡度：21°		
样地面积：10m×20m		坡向：NW 25°		坡位：下坡		
经度：107°12′51.38″		纬度：29°9′51.54″		海拔/m：1439		
植被类型：针阔混交林						
乔木层（10m×20m）						
种号	中文名	拉丁名	株数	株高/m	胸围/cm	冠幅（m×m）
1	荚蒾	*Viburnum dilatatum*	1	5.5	16	6×2
2	杉木	*Taxodiaceae*	1	9	35	8×5
3	映山红	*Rhododendron pulchrum*	1	5.6	18	3×3
4	白栎	*Quercus fabri*	1	6	19	4×6
5	柿子	*Diospyros Kaki*	2	6	20	5×2
6	棱果海桐	*Pittosporum trigonocarpum*	2	7	24	8×3
7	小果冬青	*Ilex micrococca*	1	8	29	6×4
8	柏木	*Cupressus funebris*	1	5.5	21	3×4
9	青荚叶	*Helwingia japonica*	1	6	26	5×3
10	异叶榕	*Ficus heteromorpha*	1	7	25	6×3
11	青榨槭	*Acer davidii*	1	6	21	3×5

样方号：74		调查人：陶建平、伍小刚、钱凤		调查时间：2014 年 11 月 20 日	
地点名称：		地形：山地		坡度：20°	
样地面积：5m×5m		坡向：NW 26°		坡位：下坡	
经度：107°12′51.38″		纬度：29°9′51.54″		海拔/m：1439	
植被类型：灌丛					
灌木层（5m×5m）					
种号	中文名	拉丁名	株数	株高/m	冠幅（m×m）
1	杜鹃	*Rhododendron simsii*	2	2.8	1.2×0.6
2	白栎	*Quercus fabri*	7	1.1	0.7×0.4
3	柏木	*Cupressus funebris*	1	1.2	0.6×1.3
4	五加	*Acanthopanax gracilistylus*	9	1.0	1.2×0.9
5	荚蒾	*Viburnum dilatatum*	2	1.5	1.5×0.6
6	柃木	*Eurya japonica*	1	1.3	0.6×0.5

样方号：75		调查人：陶建平、伍小刚、钱凤		调查时间：2014 年 11 月 20 日	
地点名称：		地形：山地		坡度：24°	
样地面积：1m×1m		坡向：NW 12°		坡位：下坡	
经度：107°12′51.38″		纬度：29°9′51.54″		海拔/m：1439	
草本层（1m×1m）					
种号	中文名	拉丁名	株数	株高/m	盖度/%
1	狗脊蕨	*Woodwardia japonica*	9	0.8	9
2	紫萁	*Osmunda japonica*	5	0.6	10
3	野棉花	*Anemone vitifolia*	1	0.4	5

样方号：76		调查人：陶建平、郭庆学、伍小刚		调查时间：2014 年 11 月 21 日		
地点名称：		地形：山地		坡度：19°		
样地面积：10m×20m		坡向：NW 32°		坡位：下坡		
经度：107°19′51.26″		纬度：28°59′18.18″		海拔/m：1716		
植被类型：落叶阔叶林						
乔木层（10m×20m）						
种号	中文名	拉丁名	株数	株高/m	胸围/cm	冠幅（m×m）
1	小果冬青	*Ilex micrococca*	2	6.4	25	5×4
2	异叶梁王茶	*Nothopanax davidii*	1	5.6	29	5×7
3	杜鹃	*Rhododendron simsii*	1	9	36	5×5
4	青荚叶	*Helwingia japonica*	2	6.2	26	5×3
5	鹅耳枥	*Carpinus turczaninowii*	2	6	29	6×5
6	棱果海桐	*Pittosporum trigonocarpum*	3	7	31	3×5

样方号：77		调查人：陶建平、伍小刚、钱凤		调查时间：2014 年 11 月 21 日	
地点名称：		地形：山地		坡度：21°	
样地面积：5m×5m		坡向：SE 19°		坡位：下坡	
经度：107°19′51.26″		纬度：28°59′18.18″		海拔/m：1716	
植被类型：灌丛					
灌木层（5m×5m）					
种号	中文名	拉丁名	株数	株高/m	冠幅（m×m）
1	小果南烛	*Lyonia ovalifolia*	1	1.1	0.4×1.2
2	棱果海桐	*Pittosporum trigonocarpum*	1	2.9	2.5×0.5
3	盐肤木	*Rhus chinensis*	2	2.2	1.2×1.3
4	绣线	*Spiraea salicifolia*	1	0.5	1.2×0.3
5	红果树	*Stranvaesia davidiana*	1	1.8	1.2×1.3
6	高粱泡	*Rubus lambertianus*	5	0.9	0.6×0.3
7	胡颓子	*Elaeagnus pungens*	2	1.2	0.8×0.3
8	马银花	*Rhododendron ovatum*	9	0.6	0.2×0.3

样方号：78		调查人：陶建平、伍小刚、钱凤		调查时间：2014 年 11 月 21 日	
地点名称：		地形：山地		坡度：20°	
样地面积：1m×1m		坡向：NE 12°		坡位：下坡	
经度：107°19′51.26″		纬度：28°59′18.18″		海拔/m：1716	
草本层（1m×1m）					
种号	中文名	拉丁名	株数	株高/m	盖度/%
1	芒	*Miscanthus sinensis*	5	0.4	18
2	狗脊蕨	*Woodwardia japonica*	3	0.4	15
3	紫萁	*Osmunda japonica*	2	0.5	5

样方号：79		调查人：陶建平、郭庆学、伍小刚		调查时间：2014 年 11 月 21 日		
地点名称：		地形：山地		坡度：19°		
样地面积：10m×20m		坡向：NW 25°		坡位：下坡		
经度：107°10′29.56″		纬度：28°59′11.21″		海拔/m：1725m		
植被类型：落叶阔叶林						
乔木层（10m×20m）						
种号	中文名	拉丁名	株数	株高/m	胸围/cm	冠幅（m×m）
1	马银花	*Rhododendron ovatum*	1	6	22	5×4
2	异叶榕	*Ficus heteromorpha*	2	6	22	6×2
3	青榨槭	*Acer davidii*	1	5.5	21	3×5
4	荚蒾	*Viburnum dilatatum*	2	6	29	6×2
5	杉木	*Taxodiaceae*	1	6.2	26	5×4
6	映山红	*Rhododendron pulchrum*	3	6.8	23	3×5
7	棱果海桐	*Pittosporum trigonocarpum*	1	9	35	8×3
8	小果冬青	*Ilex micrococca*	1	8	34	6×4
9	柏木	*Cupressus funebris*	1	5.6	26	3×4
10	青荚叶	*Helwingia japonica*	1	6.2	23	5×3

样方号：80		调查人：陶建平、伍小刚、钱凤		调查时间：2014 年 11 月 21 日	
地点名称：		地形：山地		坡度：21°	
样地面积：5m×5m		坡向：NW 15°		坡位：下坡	
经度：107°10′29.56″		纬度：28°59′11.21″		海拔/m：1725m	
植被类型：灌丛					
灌木层（5m×5m）					
种号	中文名	拉丁名	株数	株高/m	冠幅（m×m）
1	五加	*Acanthopanax gracilistylus*	2	2.2	2×0.9
2	荚蒾	*Viburnum dilatatum*	2	2.5	1.5×0.6
3	柃木	*Eurya japonica*	1	3.3	1.6×2.5
4	杜鹃	*Rhododendron simsii*	2	4.8	1.2×1.6
5	青榨槭	*Acer davidii*	5	1.5	1.5×0.6
6	映山红	*Rhododendron pulchrum*	6	0.8	0.6×0.5
7	杉木	*Taxodiaceae*	5	0.6	0.2×0.6
8	高粱泡	*Rubus lambertianus*	4	1.5	1.5×0.6
9	胡颓子	*Elaeagnus pungens*	3	1.2	0.8×0.5
10	马银花	*Rhododendron ovatum*	4	0.8	0.5×0.6

样方号：81		调查人：陶建平、伍小刚、钱凤		调查时间：2014 年 11 月 23 日	
地点名称：		地形：山地		坡度：20°	
样地面积：1m×1m		坡向：SE 12°		坡位：下坡	
经度：107°10′29.56″		纬度：28°59′11.21″		海拔/m：1725m	
草本层（1m×1m）					
种号	中文名	拉丁名	株数	株高/m	盖度/%
1	狗脊蕨	*Woodwardia japonica*	3	0.4	5
2	紫萁	*Osmunda japonica*	11	0.5	12
3	香青	*Anaphalis sinica*	7	0.2	15
4	芒	*Miscanthus sinensis*	5	0.4	10
5	芸香草	*Brassica campestris*	6	1.5	10

样方号：82		调查人：陶建平、郭庆学、伍小刚		调查时间：2014 年 11 月 23 日		
地点名称：		地形：山地		坡度：16°		
样地面积：10m×20m		坡向：SE 25°		坡位：下坡		
经度：107°13′12.11″		纬度：28°59′15.15″		海拔/m：1349		
植被类型：针阔混交林						
乔木层（10m×20m）						
种号	中文名	拉丁名	株数	株高/m	胸围/cm	冠幅（m×m）
1	盐肤木	*Rhus chinensis*	2	5.2	15	2×3
2	白栎	*Quercus fabri*	1	9	36	6×7
3	杉木	*Taxodiaceae*	2	5.6	16	3×2
4	柏木	*Cupressus funebris*	2	6	19	3×1.5
5	小果南烛	*Lyonia ovalifolia*	1	9	35	5×9
6	棱果海桐	*Pittosporum trigonocarpum*	2	5	16	2×3
7	小果冬青	*Ilex micrococca*	3	6	19	3×3.5

样方号：83		调查人：陶建平、伍小刚、钱凤		调查时间：2014 年 11 月 23 日	
地点名称：		地形：山地		坡度：15°	
样地面积：5m×5m		坡向：SE 30°		坡位：下坡	
经度：107°13′12.11″		纬度：28°59′15.15″		海拔/m：1349	
植被类型：灌丛					
灌木层（5m×5m）					
种号	中文名	拉丁名	株数	株高/m	冠幅（m×m）
1	刺叶冬青	*Ilex bioritsensis*	2	2.5	1.5×1
2	绣线	*Spiraea salicifolia*	1	2.6	6×0.3
3	三颗针	*Berberis diaphana*	2	4.5	2×3
4	白栎	*Quercus fabri*	1	3.6	4×0.8
5	盐肤木	*Rhus chinensis*	5	3.5	2×0.6
6	荚蒾	*Viburnum dilatatum*	2	3.9	2×0.4
7	润楠	*Machilus pingii*	5	1.5	2×1
8	红果树	*Stranvaesia davidiana*	1	4.1	2×1.3

样方号：84		调查人：陶建平、伍小刚、钱凤		调查时间：2014 年 11 月 23 日	
地点名称：		地形：山地		坡度：21°	
样地面积：1m×1m		坡向：SW 30°		坡位：下坡	
经度：107°13′12.11″		纬度：28°59′15.15″		海拔/m：1349	
草本层（1m×1m）					
种号	中文名	拉丁名	株数	株高/m	盖度/%
1	白芒	*Miscanthus sinensis*	9	0.5	10
2	野棉花	*Anemone vitifolia*	5	0.4	15
3	野菊花	*Dendranthema indicum*	4	0.6	5
4	芸香草	*Brassica campestris*	2	1.5	9

样方号：85		调查人：陶建平、郭庆学、伍小刚		调查时间：2014 年 11 月 23 日	
地点名称：		地形：山地		坡度：12°	
样地面积：10m×20m		坡向：SE 25°		坡位：下坡	
经度：107°10′29.56″		纬度：28°59′11.21″		海拔/m：1025m	
植被类型：针阔混交林					
乔木层（10m×20m）					
种号	中文名	拉丁名	株数	株高/m	胸围/cm	冠幅（m×m）
1	棱果海桐	*Pittosporum trigonocarpum*	1	5.6	26	6×3
2	异叶梁王茶	*Nothopanax davidii*	2	6	23	5×3
3	柏木	*Cupressus funebris*	1	5	25	4×2.5
4	杉木	*Taxodiaceae*	1	9	31	8×5
5	小果冬青	*Ilex micrococca*	3	5.5	23	3×5
6	月月青	*Itea ilicifolia*	1	6	26	2×5
7	马银花	*Rhododendron ovatum*	2	6	26	2×5
8	野柿子	*Diospyros Kaki*	2	8	29	5×3
9	小果冬青	*Ilex micrococca*	1	7	25	3×4

样方号：86		调查人：陶建平、伍小刚、钱凤		调查时间：2014 年 11 月 23 日	
地点名称：		地形：山地		坡度：22°	
样地面积：5m×5m		坡向：SW 15°		坡位：下坡	
经度：107°10′29.56″		纬度：28°59′11.21″		海拔/m：1025m	
植被类型：灌丛					
灌木层（5m×5m）					
种号	中文名	拉丁名	株数	株高/m	冠幅（m×m）
1	异叶榕	*Ficus heteromorpha*	1	2.5	1.2×2.3
2	荚蒾	*Viburnum dilatatum*	2	2.6	1.4×2.4
3	映山红	*Rhododendron pulchrum*	1	2.9	2.4×2.4
4	棕榈	*Trachycarpus fortunei*	3	3.5	3.6×2.6
5	青荚叶	*Helwingia japonica*	1	4.5	3.4×2
6	高粱泡	*Rubus lambertianus*	5	2.6	1.3×2
7	胡颓子	*Elaeagnus pungens*	3	2.9	2.2×0.8
8	五加	*Acanthopanax gracilistylus*	2	3	1.2×3.5
9	润楠	*Machilus pingii*	1	3.4	2.3×1.9
10	红果树	*Stranvaesia davidiana*	2	3.2	1.2×3.2

样方号：87		调查人：陶建平、伍小刚、钱凤		调查时间：2014 年 11 月 25 日	
地点名称：		地形：山地		坡度：15°	
样地面积：1m×1m		坡向：NE 22°		坡位：下坡	
经度：107°10′29.56″		纬度：28°59′11.21″		海拔/m：1025m	
草本层（1m×1m）					
种号	中文名	拉丁名	株数	株高/m	盖度/%
1	莎草	*Cyperaceae*	3	0.6	9
2	狗脊藤	*Woodwardia japonica*	6	0.7	11
3	野棉花	*Anemone vitifolia*	5	0.6	12

样方号：88		调查人：陶建平、郭庆学、伍小刚		调查时间：2014 年 11 月 25 日	
地点名称：		地形：山地		坡度：13°	
样地面积：10m×20m		坡向：NW 26°		坡位：下坡	
经度：107°19′51.26″		纬度：28°59′18.18″		海拔/m：1716	

植被类型：常绿阔叶林

乔木层（10m×20m）

种号	中文名	拉丁名	株数	株高/m	胸围/cm	冠幅（m×m）
1	杜鹃	*Rhododendron simsii*	1	5.6	20	4×3
2	青荚叶	*Helwingia japonica*	2	6.5	26	3×4
3	鹅耳枥	*Carpinus turczaninowii*	3	6.8	26	6×4
4	棱果海桐	*Pittosporum trigonocarpum*	2	11	35	8×6
5	小果冬青	*Ilex micrococca*	2	7	29	5×4

样方号：89		调查人：陶建平、伍小刚、钱凤		调查时间：2014 年 11 月 26 日	
地点名称：		地形：山地		坡度：21°	
样地面积：5m×5m		坡向：SE 26°		坡位：下坡	
经度：107°19′51.26″		纬度：28°59′18.18″		海拔/m：1716	

植被类型：灌丛

灌木层（5m×5m）

种号	中文名	拉丁名	株数	株高/m	冠幅（m×m）
1	鹅耳枥	*Carpinus turczaninowii*	2	3.6	2.2×1.3
2	小果南烛	*Lyonia ovalifolia*	2	3.5	2.4×1.5
3	胡颓子	*Elaeagnus pungens*	1	3.5	3.2×3.2
4	五加	*Acanthopanax gracilistylus*	1	2.9	1.2×1.2
5	杜鹃	*Rhododendron simsii*	5	0.9	0.2×0.2
6	青荚叶	*Helwingia japonica*	4	0.5	0.3×0.2
7	荚蒾	*Viburnum dilatatum*	2	2.6	1.5×2.3
8	柃木	*Eurya japonica*	3	2.5	1.6×2.3
9	映山红	*Rhododendron pulchrum*	1	1.6	0.8×0.7

样方号：90		调查人：陶建平、伍小刚、钱凤		调查时间：2014 年 11 月 26 日	
地点名称：		地形：山地		坡度：25°	
样地面积：1m×1m		坡向：NE 12°		坡位：下坡	
经度：107°19′51.26″		纬度：28°59′18.18″		海拔/m：1716	

草本层（1m×1m）

种号	中文名	拉丁名	株数	株高/m	盖度/%
1	狗脊蕨	*Woodwardia japonica*	3	0.2	9
2	紫萁	*Osmunda japonica*	5	0.6	12
3	野棉花	*Anemone vitifolia*	1	0.5	5

样方号：91		调查人：陶建平、郭庆学、伍小刚		调查时间：2014 年 11 月 26 日	
地点名称：		地形：山地		坡度：18°	
样地面积：10m×20m		坡向：NW 30°		坡位：下坡	
经度：107°13′12.11″		纬度：28°59′15.15″		海拔/m：1344	
植被类型：常绿阔叶林					
乔木层（10m×20m）					
种号	中文名	拉丁名	株数	株高/m	胸围/cm	冠幅（m×m）
1	葛藤	*Argyreia seguinii*	1			
2	中华青荚叶	*Helwingia chinensis*	1	8	29	6×7
3	马银花	*Rhododendron ovatum*	2	5	25	5×4
4	杜鹃	*Rhododendron simsii*	3	6	29	6×4
5	青荚叶	*Helwingia japonica*	2	10	35	7×3
6	鹅耳枥	*Carpinus turczaninowii*	1	9	31	4×5
7	棱果海桐	*Pittosporum trigonocarpum*	2	5	25	3×6

样方号：92		调查人：陶建平、伍小刚、钱凤		调查时间：2014 年 11 月 28 日	
地点名称：		地形：山地		坡度：17°	
样地面积：5m×5m		坡向：SE 19°		坡位：下坡	
经度：107°13′12.11″		纬度：28°59′15.15″		海拔/m：1344	
植被类型：灌丛					
灌木层（5m×5m）					
种号	中文名	拉丁名	株数	株高/m	冠幅（m×m）
1	水马桑	*Coriaria nepalensis*	3	2.5	1×2.5
2	野花椒	*Zanthoxylum simulans*	1	3.5	1.3×2.4
3	女贞	*Ligustrum lucidum*	5	2.3	2.3×1.2
4	卫矛	*Euonymus*	3	3.2	1.5×1.5
5	火棘	*Pyracantha fortuneana*	12	0.8	0.5×0.5
6	胡颓子	*Elaeagnus pungens*	1	0.4	1.2×1.2

样方号：93		调查人：陶建平、伍小刚、钱凤		调查时间：2014 年 11 月 28 日	
地点名称：		地形：山地		坡度：15°	
样地面积：1m×1m		坡向：NE 12°		坡位：下坡	
经度：107°13′12.11″		纬度：28°59′15.15″		海拔/m：1344	
草本层（1m×1m）					
种号	中文名	拉丁名	株数	株高/m	盖度/%
1	莎草	*Cyperaceae*	5	0.5	5
2	芒	*Miscanthus sinensis*	6	0.3	12
3	淫羊霍	*Epimedium*	12	0.6	9
4	薹草	*Vittaria flexuosa*	5	0.8	6
5	野棉花	*Anemone vitifolia*	8	0.5	5

样方号：94		调查人：陶建平、郭庆学、伍小刚		调查时间：2014 年 11 月 18 日		
地点名称：		地形：山地		坡度：6°		
样地面积：10m×20m		坡向：NW 25°		坡位：下坡		
经度：107°10′29.56″		纬度：28°59′11.21″		海拔/m：1025m		
植被类型：落叶阔叶林						
乔木层（10m×20m）						
种号	中文名	拉丁名	株数	株高/m	胸围/cm	冠幅（m×m）
1	荚蒾	*Viburnum dilatatum*	1	6	26	6×2
2	青榨槭	*Acer davidii*	2	6	25	4×5
3	鹅耳枥	*Carpinus turczaninowii*	1	8	24	4×6
4	柿子	*Diospyros Kaki*	3	9	22	5×2
5	棱果海桐	*Pittosporum trigonocarpum*	1	8	23	5×3
6	卫矛属	*Euonymus*	1	6	26	6×2
7	葛藤	*Argyreia seguinii*	2			
8	小果冬青	*Ilex micrococca*	2	6.5	25	4×4
9	柏木	*Cupressus funebris*	2	7.5	30	3×4
10	青荚叶	*Helwingia japonica*	1	8	30	5×3
11	异叶榕	*Ficus heteromorpha*	1	6	25	6×3
12	青榨槭	*Acer davidii*	1	7.5	25	4×5

样方号：95		调查人：陶建平、伍小刚、钱凤		调查时间：2014 年 11 月 28 日	
地点名称：		地形：山地		坡度：10°	
样地面积：5m×5m		坡向：NW 26°		坡位：下坡	
经度：107°10′29.56″		纬度：28°59′11.21″		海拔/m：1025m	
植被类型：灌丛					
灌木层（5m×5m）					
种号	中文名	拉丁名	株数	株高/m	冠幅（m×m）
1	火棘	*Pyracantha fortuneana*	2	1.6	1.5×0.3
2	棱果海桐	*Pittosporum trigonocarpum*	1	2.5	0.5×1.5
3	野花椒	*Zanthoxylum simulans*	2	2.8	0.8×1.8
4	五加	*Acanthopanax gracilistylus*	2	2.6	1.2×0.9
5	荚蒾	*Viburnum dilatatum*	3	3.5	2.5×2.6
6	柃木	*Eurya japonica*	2	0.5	0.2×0.5
7	小果冬青	*Ilex micrococca*	1	1.6	0.5×1.5
8	柏木	*Cupressus funebris*	3	1.5	0.8×0.8
9	青荚叶	*Helwingia japonica*	5	1.2	0.2×0.9
10	异叶榕	*Ficus heteromorpha*	6	0.8	0.5×2.6
11	青榨槭	*Acer davidii*	2	0.5	0.2×0.4

样方号：96		调查人：陶建平、伍小刚、钱凤		调查时间：2014 年 11 月 28 日	
地点名称：		地形：山地		坡度：24°	
样地面积：1m×1m		坡向：NW 32°		坡位：下坡	
经度：107°10′29.56″		纬度：28°59′11.21″		海拔/m：1025m	
草本层（1m×1m）					
种号	中文名	拉丁名	株数	株高/m	盖度/%
1	狗脊蕨	*Woodwardia japonica*	5	0.5	9
2	紫萁	*Osmunda japonica*	6	0.6	10
3	薏草	*Vittaria flexuosa*	5	0.8	6
4	野棉花	*Anemone vitifolia*	5	0.6	5

样方号：97		调查人：陶建平、郭庆学、伍小刚		调查时间：2014 年 11 月 28 日		
地点名称：		地形：山地		坡度：19°		
样地面积：10m×20m		坡向：NW 32°		坡位：下坡		
经度：107°19′51.26″		纬度：28°59′18.18″		海拔/m：1716		

植被类型：落叶阔叶林

乔木层（10m×20m）

种号	中文名	拉丁名	株数	株高/m	胸围/cm	冠幅（m×m）
1	鹅耳枥	*Carpinus turczaninowii*	1	5.5	20	5×4
2	荚蒾	*Viburnum dilatatum*	2	6	21	4×5
3	青荚叶	*Helwingia japonica*	1	6.5	25	5×3.5
4	小果冬青	*Ilex micrococca*	1	6	29	4×4.4
5	异叶梁王茶	*Nothopanax davidii*	1	6	19	5×2
6	棱果海桐	*Pittosporum trigonocarpum*	2	7	28	3×5.5
7	女贞	*Ligustrum lucidum*	3	6	26	5.5×2
8	卫矛	*Euonymus*	1	8	35	7×5
9	野花椒	*Zanthoxylum simulans*	5	8	28	5×2.5
10	五加	*Acanthopanax gracilistylus*	2	9	29	3×6.5
11	荚蒾	*Viburnum dilatatum*	4	8	29	5×2.5
12	柃木	*Eurya japonica*	6	11	38	7×5.5

样方号：98		调查人：陶建平、伍小刚、钱凤		调查时间：2014 年 12 月 2 日	
地点名称：		地形：山地		坡度：21°	
样地面积：5m×5m		坡向：SE 19°		坡位：下坡	
经度：107°19′51.26″		纬度：28°59′18.18″		海拔/m：1716	

植被类型：灌丛

灌木层（5m×5m）

种号	中文名	拉丁名	株数	株高/m	冠幅（m×m）
1	小果南烛	*Lyonia ovalifolia*	1	3	2.4×1.2
2	盐肤木	*Rhus chinensis*	2	3.5	2.2×1.3
3	绣线	*Spiraea salicifolia*	5	1.5	1.2×0.3
4	小果冬青	*Ilex micrococca*	5	0.5	0.4×0.2
5	异叶梁王茶	*Nothopanax davidii*	4	0.6	0.2×0.3
6	棱果海桐	*Pittosporum trigonocarpum*	5	3	1.2×0.3
7	女贞	*Ligustrum lucidum*	3	1.2	0.4×0.8
8	卫矛	*Euonymus*	5	0.9	0.2×0.3
9	野花椒	*Zanthoxylum simulans*	2	0.6	0.2×0.3

样方号：99		调查人：陶建平、伍小刚、钱凤		调查时间：2014 年 12 月 2 日	
地点名称：		地形：山地		坡度：20°	
样地面积：1m×1m		坡向：NE 12°		坡位：下坡	
经度：107°19′51.26″		纬度：28°59′18.18″		海拔/m：1716	

草本层（1m×1m）

种号	中文名	拉丁名	株数	株高/m	盖度/%
1	芒	*Miscanthus sinensis*	5	0.1	8
2	淫羊藿	*Epimedium*	3	0.6	6
3	野棉花	*Anemone vitifolia*	1	0.5	9

样方号：100		调查人：陶建平、郭庆学、伍小刚		调查时间：2014 年 12 月 2 日	
地点名称：		地形：山地		坡度：19°	
样地面积：10m×20m		坡向：NW 35°		坡位：下坡	
经度：107°10′29.56″		纬度：28°59′11.21″		海拔/m：1025m	

植被类型：落叶阔叶林

乔木层（10m×20m）

种号	中文名	拉丁名	株数	株高/m	胸围/cm	冠幅（m×m）
1	中华青荚叶	*Helwingia chinensis*	2	5.5	26	5×4
2	异叶凉王茶	*Helwingia chinensis*	1	6	26.5	3.2×5
3	女贞	*Ligustrum lucidum*	2	6	25	5×3.4
4	卫矛	*Euonymus*	2	6	19	2.5×4
5	杉木	*Taxodiaceae*	3	6.7	19.5	5×2.6
6	映山红	*Rhododendron pulchrum*	2	8	23	3×6.2
7	棱果海桐	*Pittosporum trigonocarpum*	1	9	35	8×3.5
8	小果冬青	*Ilex micrococca*	1	9	35.6	6×4.2

样方号：101		调查人：陶建平、伍小刚、钱凤		调查时间：2014 年 12 月 2 日	
地点名称：		地形：山地		坡度：21°	
样地面积：5m×5m		坡向：NW 15°		坡位：下坡	
经度：107°10′29.56″		纬度：28°59′11.21″		海拔/m：1025m	

植被类型：灌丛

灌木层（5m×5m）

种号	中文名	拉丁名	株数	株高/m	冠幅（m×m）
1	火棘	*Pyracantha fortuneana*	2	1.6	0.5×1.2
2	黄栌	*Cotinus coggygria*	1	2	1.5×1.6
3	杜鹃	*Rhododendron simsii*	2	1.5	1.2×1.0
4	化香	*Platycarya strobilacea*	5	0.6	0.5×0.2
5	中华青荚叶	*Helwingia chinensis*	5	2	1.5×1.6
6	异叶凉王茶	*Helwingia chinensis*	6	0.8	0.2×0.6
7	女贞	*Ligustrum lucidum*	3	0.9	0.5×0.2
8	棱果海桐	*Pittosporum trigonocarpum*	4	1.2	0.5×0.6
9	小果冬青	*Ilex micrococca*	5	0.9	0.2×0.6

样方号：102		调查人：陶建平、伍小刚、钱凤		调查时间：2014 年 12 月 8 日	
地点名称：		地形：山地		坡度：12°	
样地面积：1m×1m		坡向：SE 12°		坡位：下坡	
经度：107°10′29.56″		纬度：28°59′11.21″		海拔/m：1025m	

草本层（1m×1m）

种号	中文名	拉丁名	株数	株高/m	盖度/%
1	莎草	*Cyperaceae*	6	0.8	5
2	芒	*Miscanthus sinensis*	12	0.6	12

样方号：103		调查人：陶建平、郭庆学、伍小刚		调查时间：2014 年 12 月 8 日			
地点名称：		地形：山地		坡度：21°			
样地面积：10m×20m		坡向：SE 25°		坡位：下坡			
经度：107°19′51.26″		纬度：28°59′18.18″		海拔/m：1716			
植被类型：落叶阔叶林							
乔木层（10m×20m）							
种号	中文名	拉丁名		株数	株高/m	胸围/cm	冠幅（m×m）
1	化香	*Platycarya strobilacea*		1	6	22	5×2
2	中华青荚叶	*Helwingia chinensis*		2	6	25	5.5×5
3	异叶凉王茶	*Helwingia chinensis*		2	6.9	26	3×3.8
4	女贞	*Ligustrum lucidum*		1	6.5	26	4×4.2
5	棱果海桐	*Pittosporum trigonocarpum*		1	7	26	2.9×3
6	小果冬青	*Ilex micrococca*		1	7.5	25	5.5×4
7	柏木	*Cupressus funebris*		3	7	25	3×4.5
8	青荚叶	*Helwingia japonica*		1	7	29	5×3.5
9	异叶榕	*Ficus heteromorpha*		2	8	23	6×3.6
10	鹅耳枥	*Carpinus turczaninowii*		1	5.6	23	3×4.6

样方号：104		调查人：陶建平、伍小刚、钱凤		调查时间：2014 年 12 月 8 日		
地点名称：		地形：山地		坡度：22°		
样地面积：5m×5m		坡向：NW 16°		坡位：下坡		
经度：107°19′51.26″		纬度：28°59′18.18″		海拔/m：1716		
植被类型：灌丛						
灌木层（5m×5m）						
种号	中文名	拉丁名		株数	株高/m	冠幅（m×m）
1	杜鹃	*Rhododendron simsii*		1	2.5	1.2×1.6
2	火棘	*Pyracantha fortuneana*		2	2.6	2×1.5
3	鹅耳枥	*Carpinus turczaninowii*		1	3.5	3×3.1
4	勾儿茶	*Berchemia sinica*		2	3.6	1×2.5
5	化香	*Platycarya strobilacea*		1	4	2.5×1.7
6	白栎	*Quercus fabri*		1	2.6	1.7×1.4
7	柏木	*Cupressus funebris*		2	2.8	0.6×1.3
8	荚蒾	*Viburnum dilatatum*		2	3.2	1.5×2.6
9	柃木	*Eurya japonica*		1	2.6	1.6×1.5
10	野樱桃	*Cerasus szechuanica*		1	2.4	1.2×2

样方号：105		调查人：陶建平、伍小刚、钱凤		调查时间：2014 年 12 月 8 日	
地点名称：		地形：山地		坡度：14°	
样地面积：1m×1m		坡向：NE 22°		坡位：下坡	
经度：107°19′51.26″		纬度：28°59′18.18″		海拔/m：1716	
草本层（1m×1m）					
种号	中文名	拉丁名	株数	株高/m	盖度/%
1	狗脊蕨	*Woodwardia japonica*	5	0.5	9
2	紫萁	*Osmunda japonica*	6	0.6	12
3	野棉花	*Anemone vitifolia*	5	0.5	6

样方号：106			调查人：陶建平、郭庆学、伍小刚		调查时间：2014 年 12 月 8 日	
地点名称：			地形：山地		坡度：19°	
样地面积：10m×20m			坡向：NE 22°		坡位：下坡	
经度：107°4′51.44″			纬度：28°53′18.00″		海拔/m：1731	
植被类型：针阔混交林						
乔木层（10m×20m）						
种号	中文名	拉丁名	株数	株高/m	胸围/cm	冠幅（m×m）
1	华山松	*Pinus armandii*	1	6	26	5×3
2	野樱桃	*Cerasus szechuanica*	1	6.5	29	3.5×5
3	柃木	*Eurya japonica*	2	6	26	3×3.5
4	青荚叶	*Helwingia japonica*	2	7	23	5×3.2
5	鹅耳枥	*Carpinus turczaninowii*	1	7	25	6×5.1
6	棱果海桐	*Pittosporum trigonocarpum*	2	6.5	28	3×5.2
7	柏木	*Cupressus funebris*	1	6.8	25	2×3
8	棱果海桐	*Pittosporum trigonocarpum*	2	7	29	3×2.5
9	勾儿茶	*Berchemia sinica*	1	9	35	3×3.5

样方号：107		调查人：陶建平、伍小刚、钱凤		调查时间：2014 年 12 月 9 日	
地点名称：		地形：山地		坡度：21°	
样地面积：5m×5m		坡向：SW 19°		坡位：下坡	
经度：107°4′51.44″		纬度：28°53′18.00″		海拔/m：1731	
植被类型：灌丛					
灌木层（5m×5m）					
种号	中文名	拉丁名	株数	株高/m	冠幅（m×m）
1	鹅耳枥	*Carpinus turczaninowii*	1	4.5	2.5×1
2	柏木	*Cupressus funebris*	2	4.1	2.9×2
3	棱果海桐	*Pittosporum trigonocarpum*	1	4	2.5×2.5
4	勾儿茶	*Berchemia sinica*	2	3.6	1×2.5
5	黄栌	*Cotinus coggygria*	2	3.5	1.5×2.8
6	火棘	*Pyracantha fortuneana*	1	3.5	2×2.5
7	野樱桃	*Cerasus szechuanica*	1	2.6	3×3.5
8	华山松	*Pinus armandii*	1	2.6	2×2.5
9	化香	*Platycarya strobilacea*	2	0.9	0.5×0.7
10	柃木	*Eurya japonica*	1	2.5	2×2.1

样方号：108		调查人：陶建平、伍小刚、钱凤		调查时间：2014 年 12 月 9 日	
地点名称：		地形：山地		坡度：11°	
样地面积：1m×1m		坡向：NE 22°		坡位：下坡	
经度：107°4′51.44″		纬度：28°53′18.00″		海拔/m：1731	
草本层（1m×1m）					
种号	中文名	拉丁名	株数	株高/m	盖度/%
1	芒	*Miscanthus sinensis*	5	0.7	12
2	紫萁	*Osmunda japonica*	6	0.8	12
3	淫羊藿	*Epimedium*	2	0.7	5
4	狗脊蕨	*Woodwardia japonica*	8	0.6	9

样方号：109		调查人：陶建平、郭庆学、伍小刚		调查时间：2014 年 12 月 9 日		
地点名称：		地形：山地		坡度：28°		
样地面积：10m×20m		坡向：NW 30°		坡位：下坡		
经度：107°10′29.56″		纬度：28°59′22.29″		海拔/m：1342m		
植被类型：针阔混交林						
乔木层（10m×20m）						
种号	中文名	拉丁名	株数	株高/m	胸围/cm	冠幅（m×m）
1	马银花	*Rhododendron ovatum*	2	7	19	6×4
2	女贞	*Ligustrum lucidum*	1	7	24	5.5×2
3	中华青荚叶	*Helwingia chinensis*	1	5.5	26	5.1×2
4	异叶凉王茶	*Helwingia chinensis*	2	6.8	28	5×4
5	卫矛	*Euonymus*	1	8	28	6.5×3
6	小果冬青	*Ilex micrococca*	3	5.5	24	5×4
7	柏木	*Cupressus funebris*	2	6	25	3.5×4
8	青荚叶	*Helwingia japonica*	2	7	26	5×3.5

样方号：110		调查人：陶建平、伍小刚、钱凤		调查时间：2014 年 12 月 9 日	
地点名称：		地形：山地		坡度：21°	
样地面积：5m×5m		坡向：NW 15°		坡位：下坡	
经度：107°10′29.56″		纬度：28°59′22.29″		海拔/m：1342m	
植被类型：灌丛					
灌木层（5m×5m）					
种号	中文名	拉丁名	株数	株高/m	冠幅（m×m）
1	五加	*Acanthopanax gracilistylus*	1	2.5	2×0.9
2	黄栌	*Cotinus coggygria*	2	1.3	0.5×1.8
3	火棘	*Pyracantha fortuneana*	1	1.5	0.2×1.5
4	鹅耳枥	*Carpinus turczaninowii*	2	1.8	1.5×1
5	柏木	*Cupressus funebris*	1	1.6	0.8×0.8
6	狭叶海桐	*Pittosporum trigonocarpum*	1	1.8	1.5×0.5
7	荚蒾	*Viburnum dilatatum*	3	2.5	1.5×0.6
8	柃木	*Eurya japonica*	2	1.0	0.6×0.5
9	杜鹃	*Rhododendron simsii*	2	0.8	0.2×0.6

样方号：111		调查人：陶建平、伍小刚、钱凤		调查时间：2014 年 12 月 10 日	
地点名称：		地形：山地		坡度：20°	
样地面积：1m×1m		坡向：SE 23°		坡位：下坡	
经度：107°10′29.56″		纬度：28°59′22.29″		海拔/m：1342m	
草本层（1m×1m）					
种号	中文名	拉丁名	株数	株高/m	盖度/%
1	野棉花	*Anemone vitifolia*	5	0.15	15
2	紫萁	*Osmunda japonica*	10	0.5	12
3	香青	*Anaphalis sinica*	7	0.2	10
4	白茅	*Imperata cylindrica*	6	0.5	12
5	艾蒿	*Artemisia argyi*	5	0.3	9

样方号：112		调查人：陶建平、郭庆学、伍小刚		调查时间：2014 年 12 月 10 日		
地点名称：		地形：山地		坡度：16°		
样地面积：10m×20m		坡向：SE 15°		坡位：下坡		
经度：107°19′51.26″		纬度：28°59′18.18″		海/m：1716		

植被类型：落叶阔叶林

乔木层（10m×20m）

种号	中文名	拉丁名	株数	株高/m	胸围/cm	冠幅（m×m）
1	盐肤木	*Rhus chinensis*	1	5.6	25	5.5×3
2	白栎	*Quercus fabri*	2	8	26	4.5×5
3	杉木	*Taxodiaceae*	1	7.5	25	6×2.5
4	鹅耳枥	*Carpinus turczaninowii*	2	7	27	4×3
5	柏木	*Cupressus funebris*	3	6	28	6×7
6	狭叶海桐	*Pittosporum trigonocarpum*	2	6	27	3.5×2
7	柏木	*Cupressus funebris*	1	5.5	25	3.5×1.5
8	小果南烛	*Lyonia ovalifolia*	2	6	26	5×4.5
9	小果冬青	*Ilex micrococca*	1	5.5	27	3×3.5

样方号：113		调查人：陶建平、伍小刚、钱凤		调查时间：2014 年 12 月 10 日	
地点名称：		地形：山地		坡度：19°	
样地面积：5m×5m		坡向：SE 30°		坡位：下坡	
经度：107°19′51.26″		纬度：28°59′18.18″		海拔/m：1716	

植被类型：灌丛

灌木层（5m×5m）

种号	中文名	拉丁名	株数	株高/m	冠幅（m×m）
1	刺叶冬青	*Ilex bioritsensis*	2	2.5	1.5×1.5
2	绣线	*Spiraea salicifolia*	1	2.3	0.9×0.3
3	盐肤木	*Rhus chinensis*	2	0.9	0.5×0.6
4	荚蒾	*Viburnum dilatatum*	2	2.4	2×0.4
5	润楠	*Machilus pingii*	2	1.2	1.1×1
6	胡颓子	*Elaeagnus pungens*	1	1.6	1.0×1.1
7	宜昌胡颓子	*Elaeagnus henryi*	2	0.9	0.3×0.5
8	五裂槭	*Acer oliverianum*	1	2.5	1.2×1.2
9	狭叶海桐	*Pittosporum trigonocarpum*	2	1.9	1.0×1.1
10	白栎	*Quercus fabri*	5	1.2	0.3×0.5
11	杉木	*Taxodiaceae*	6	0.9	1.2×1.2

样方号：114		调查人：陶建平、伍小刚、钱凤		调查时间：2014 年 12 月 10 日	
地点名称：		地形：山地		坡度：27°	
样地面积：1m×1m		坡向：SW 30°		坡位：下坡	
经度：107°19′51.26″		纬度：28°59′18.18″		海拔/m：1716	

草本层（1m×1m）

种号	中文名	拉丁名	株数	株高/m	盖度/%
1	白芒	*Miscanthus sinensis*	6	0.9	12
2	野棉花	*Anemone vitifolia*	5	0.5	11
3	野菊花	*Dendranthema indicum*	4	0.6	10
4	白茅	*Imperata cylindrica*	2	0.3	2
5	艾蒿	*Artemisia argyi*	5	0.2	12

样方号：115		调查人：陶建平、郭庆学、伍小刚		调查时间：2014 年 12 月 10 日	
地点名称：		地形：山地		坡度：12°	
样地面积：10m×20m		坡向：SE 25°		坡位：下坡	
经度：107°10′29.56″		纬度：28°59′22.29″		海拔/m：1342m	

植被类型：落叶阔叶林						
乔木层（10m×20m）						
种号	中文名	拉丁名	株数	株高/m	胸围/cm	冠幅（m×m）
1	胡颓子	*Elaeagnus pungens*	2	5	16	4.5×3
2	宜昌胡颓子	*Elaeagnus henryi*	1	6	19	3.5×4
3	柏木	*Cupressus funebris*	2	6.5	19	4×2.5
4	杉木	*Taxodiaceae*	1	6.8	20	2.5×2.5
5	小果冬青	*Ilex micrococca*	3	7	20	3×5.5
6	五裂槭	*Acer oliverianum*	2	7.5	23	3.5×1
7	马银花	*Rhododendron ovatum*	2	5.6	25	4.5×5
8	鹅耳枥	*Carpinus turczaninowii*	3	6.5	26	5.5×5
9	野樱桃	*Cerasus szechuanica*	3	8	29	4×4.5

样方号：116		调查人：陶建平、伍小刚、钱凤		调查时间：2014 年 12 月 10 日	
地点名称：		地形：山地		坡度：21°	
样地面积：5m×5m		坡向：SW 15°		坡位：下坡	
经度：107°10′29.56″		纬度：28°59′22.29″		海拔/m：1342m	

植被类型：灌丛					
灌木层（5m×5m）					
种号	中文名	拉丁名	株数	株高/m	冠幅（m×m）
1	异叶榕	*Ficus heteromorpha*	3	2.5	2.2×2.3
2	荚蒾	*Viburnum dilatatum*	2	2.9	1.4×1.4
3	映山红	*Rhododendron pulchrum*	1	3.8	2.4×2.4
4	棕榈	*Trachycarpus fortunei*	1	2.6	1.6×2.6
5	青荚叶	*Helwingia japonica*	1	3.5	1.4×2
6	高粱泡	*Rubus lambertianus*	2	1.0	0.3×0.2
7	胡颓子	*Elaeagnus pungens*	2	1.2	1.1×0.8
8	润楠	*Machilus pingii*	1	1.1	0.3×0.9
9	红果树	*Stranvaesia davidiana*	6	2.5	1.2×3.2
10	桦叶荚蒾	*Viburnum betulifolium*	5	2.3	1.5×1.3

样方号：117		调查人：陶建平、伍小刚、钱凤		调查时间：2014 年 12 月 11 日	
地点名称：		地形：山地		坡度：17°	
样地面积：1m×1m		坡向：NE 22°		坡位：下坡	
经度：107°10′29.56″		纬度：28°59′22.29″		海拔/m：1342m	

草本层（1m×1m）					
种号	中文名	拉丁名	株数	株高/m	盖度/%
1	莎草	*Cyperaceae*	5	0.9	19
2	狗脊藤	*Woodwardia japonica*	6	0.8	10
3	野棉花	*Anemone vitifolia*	2	0.6	8
4	白茅	*Imperata cylindrica*	3	0.5	9
5	艾蒿	*Artemisia argyi*	2	0.2	10

样方号：118		调查人：陶建平、郭庆学、伍小刚			调查时间：2014 年 12 月 11 日	
地点名称：		地形：山地			坡度：13°	
样地面积：10m×20m		坡向：NW 26°			坡位：下坡	
经度：107°10′29.56″		纬度：28°59′11.21″			海拔/m：1025m	
植被类型：常绿阔叶林						
乔木层（10m×20m）						
种号	中文名	拉丁名	株数	株高/m	胸围/cm	冠幅（m×m）
1	杜鹃	*Rhododendron simsii*	1	8	59	4×3.5
2	青荚叶	*Helwingia japonica*	2	9	49	6×4.5
3	鹅耳枥	*Carpinus turczaninowii*	1	5	26	1.2×4
4	棱果海桐	*Pittosporum trigonocarpum*	2	6.5	39	1.6×2.5
5	小果冬青	*Ilex micrococca*	1	7	36	1.6×4
6	五裂槭	*Acer oliverianum*	1	6.8	35	2.5×3
7	陇东海棠	*Malus kansuensis*	2	9	55	3.5×5
8	尾叶樱桃	*Cerasus dielsiana*	1	5	34	3×2
9	华中山楂	*Crataegus wilsonii*	1	6	72	5×3

样方号：119		调查人：陶建平、伍小刚、钱凤			调查时间：2014 年 12 月 11 日	
地点名称：		地形：山地			坡度：22°	
样地面积：5m×5m		坡向：SE 26°			坡位：下坡	
经度：107°10′29.56″		纬度：28°59′11.21″			海拔/m：1025	
植被类型：灌丛						
灌木层（5m×5m）						
种号	中文名	拉丁名	株数	株高/m	冠幅（m×m）	
1	鹅耳枥	*Carpinus turczaninowii*	2	2.5	1.2×1.3	
2	胡颓子	*Elaeagnus pungens*	3	1.6	1.2×1.3	
3	宜昌胡颓子	*Elaeagnus henryi*	2	1.9	1.3×1.4	
4	小果南烛	*Lyonia ovalifolia*	1	2.8	2.4×1.5	
5	胡颓子	*Elaeagnus pungens*	1	1.6	1.2×1.2	
6	五加	*Acanthopanax gracilistylus*	2	0.9	0.2×0.8	
7	荚蒾	*Viburnum dilatatum*	1	0.5	0.4×0.3	
8	柃木	*Eurya japonica*	1	1.2	1.0×0.3	
9	映山红	*Rhododendron pulchrum*	1	1.1	0.8×0.7	
10	箭竹	*Fargesia spathacea*	12	1.2	1.6×0.7	

样方号：120		调查人：陶建平、伍小刚、钱凤			调查时间：2015 年 2 月 4 日	
地点名称：		地形：山地			坡度：15°	
样地面积：1m×1m		坡向：SE 12°			坡位：下坡	
经度：107°10′29.56″		纬度：28°59′11.21″			海拔/m：1025	
草本层（1m×1m）						
种号	中文名	拉丁名	株数	株高/m	盖度/%	
1	沿阶草	*Ophiopogon bodinieri*	5	0.4	9	
2	艾蒿	*Artemisia argyi*	3	0.8	12	
3	野棉花	*Anemone vitifolia*	4	0.6	8	

样方号：121		调查人：陶建平、郭庆学、伍小刚		调查时间：2015 年 2 月 4 日		
地点名称：		地形：山地		坡度：18°		
样地面积：10m×20m		坡向：NW 30°		坡位：下坡		
经度：107°4′51.44″		纬度：28°53′18.00″		海拔/m：1731		
植被类型：落叶阔叶林						
乔木层（10m×20m）						
种号	中文名	拉丁名	株数	株高/m	胸围/cm	冠幅（m×m）
1	葛藤	*Argyreia seguinii*	1			
2	中华青荚叶	*Helwingia chinensis*	2	5	39	2.5×2.7
3	马银花	*Rhododendron ovatum*	1	9	58	5×4
4	杜鹃	*Rhododendron simsii*	1	10	70	6.5×4
5	青荚叶	*Helwingia japonica*	1	11	87	7.5×3
6	尾叶樱桃	*Cerasus dielsiana*	1	5	33	2.6×2
7	华中山楂	*Crataegus wilsonii*	1	8	58	3×5.5
8	宜昌胡颓子	*Elaeagnus henryi*	1	6	43	3×2.9
9	鹅耳枥	*Carpinus turczaninowii*	2	9	70	4×5
10	棱果海桐	*Pittosporum trigonocarpum*	1	12	98	8×6.9

样方号：122		调查人：陶建平、伍小刚、钱凤		调查时间：2015 年 2 月 5 日	
地点名称：		地形：山地		坡度：17°	
样地面积：5m×5m		坡向：SE 19°		坡位：下坡	
经度：107°4′51.44″		纬度：28°53′18.00″		海拔/m：1731	
植被类型：灌丛					
灌木层（5m×5m）					
种号	中文名	拉丁名	株数	株高/m	冠幅（m×m）
1	水马桑	*Coriaria nepalensis*	2	0.8	0.2×0.5
2	尾叶樱桃	*Cerasus dielsiana*	3	0.9	0.6×0.2
3	华中山楂	*Crataegus wilsonii*	2	2.6	1.2×1.5
4	卫矛	*Euonymus*	1	4.9	1.5×1.5
5	火棘	*Pyracantha fortuneana*	2	4.5	3.5×2.5
6	胡颓子	*Elaeagnus pungens*	5	1.8	1.2×1.2
7	箭竹	*Fargesia spathacea*	5	0.7	0.5×0.5
8	椴树	*Tilia tuan*	6	0.9	0.9×0.5
9	马银花	*Rhododendron ovatum*	2	0.9	0.2×0.6

样方号：123		调查人：陶建平、伍小刚、钱凤		调查时间：2015 年 2 月 5 日	
地点名称：		地形：山地		坡度：15°	
样地面积：1m×1m		坡向：SE 14°		坡位：下坡	
经度：107°4′51.44″		纬度：28°53′18.00″		海拔/m：1731	
草本层（1m×1m）					
种号	中文名	拉丁名	株数	株高/m	盖度/%
1	沿阶草	*Ophiopogon bodinieri*	5	0.5	16
2	艾蒿	*Artemisia argyi*	6	0.6	19
3	野棉花	*Anemone vitifolia*	2	0.6	5
4	狗牙根	*Cynodon dactylon*	3	0.9	8

附表3 重庆金佛山国家级自然保护区昆虫名录

编号	目	科名	中文种名（拉丁学名）	最新发现时间/年	数量状况	数据来源
1	蚖目	始蚖科	短跗新康蚖 *Neocondeellum brachytarsum*（Yin）	2010		文献
2	蚖目	檗蚖科	天目山巴蚖 *Baculentulus tianmushanenisi*（Yin）	2010		文献
3	古蚖目	古蚖科	珠目古蚖 *Eosentomon margarops* Yin et Zhang	2010		文献
4	弹尾目	等节跳科	普通毛德节跳 *Dotabilis notabilis*（Schäffer）	2010		文献
5	弹尾目	等节跳科	羽等节跳 *Isotoma pinnata* Börner	2010		文献
6	弹尾目	等节跳科	微小等节跳 *Isotomiella minor*（Schaffer）	2010		文献
7	双尾目	康趴科	东方羽趴 *Leniwy tsmania orientalisvar*（Schaffer）	2010		文献
8	双尾目	康趴科	韦氏鳞趴 *Lepidocampa weberi* Oudemans	2010		文献
9	衣鱼目	衣鱼科	衣鱼 *Lepisma saccharina* Linnaeus	2010		文献
10	蜻蜓目	大蜻科	闪蓝丽大蜻 *Epophthalmia elegans* Brauer	2014		文献
11	蜻蜓目	蜓科	狭痣头蜓 *Cephalaeschma magdalena* Marrin	2014		文献
12	蜻蜓目	箭蜓科	小团扇箭蜓 *Ictinogomphus elegans* Brauer	2010		文献
13	蜻蜓目	箭蜓科	环纹环尾箭蜓 *Lamelligomphus ringens* Needham	2010		文献
14	蜻蜓目	春蜓科	马奇异春蜓 *Anisogomphus maacki*（Selys）	2014		文献
15	蜻蜓目	春蜓科	小团扁春蜓 *Ictinogomphus rapax*（Rambur）	2014		文献
16	蜻蜓目	春蜓科	环纹环尾春蜓 *Lamelligomphus ringens*（Needham）	2014		文献
17	蜻蜓目	蜻科	基斑蜻 *Libellula depressa* Linnaeus	2014		文献
18	蜻蜓目	蜻科	迷尔蜻 *Libellula melli* Schmidt	2014		文献
19	蜻蜓目	蜻科	红蜻 *Crocothemis servilia* Drury	2014		文献
20	蜻蜓目	蜻科	狭腹灰蜻 *Orthetrum sabina* Drury	2014		文献
21	蜻蜓目	蜻科	白尾灰蜻 *Orthetrum albistylum* Selys	2014		文献
22	蜻蜓目	蜻科	黑尾灰蜻 *Orthetrum glaucum* Brauer	2014		文献
23	蜻蜓目	蜻科	赤褐灰蜡 *Orthetrum pruinosum neglectum*（Rambur）	2014		文献
24	蜻蜓目	蜻科	线痣灰蜻 *Orthetrum linteostigma* Selys	2014		文献
25	蜻蜓目	蜻科	异色灰蜻 *Orthetrum melania* Selys	2014	+	标本
26	蜻蜓目	蜻科	褐肩灰蜻 *Orthetrum japonicum internum* McLachlan	2014		文献
27	蜻蜓目	蜻科	黄翅灰蜻 *Orthetrum testaceum* Burmeister	2010		文献
28	蜻蜓目	蜻科	鼎脉灰蜻 *Orthetrum triangular* Selys	2014		文献
29	蜻蜓目	蜻科	介壳灰蜻 *Orthetrum testaceum testaceum*（Burmeister）	2014		文献
30	蜻蜓目	蜻科	黄蜻 *Pantala flavescens* Fabricius	2014		文献
31	蜻蜓目	蜻科	玉带蜻 *Pseudothemis zonata*（Burmeister）	2014		文献
32	蜻蜓目	蜻科	六斑曲缘蜡 *Paloleura sexmaculata*（Fabricius）	2014		文献
33	蜻蜓目	蜻科	夏赤蜻 *Sympetrum darwinianum*（Seiys）	2014		文献
34	蜻蜓目	蜻科	大赤蜻 *Sympetrum baccha* Selys	2014		文献
35	蜻蜓目	蜻科	竖眉赤蜻 *Sympetrum eroticum* McLachlan	2014		文献
36	蜻蜓目	蜻科	眉斑赤蜻 *Sympetrum erdens* McLachlan	2014		文献
37	蜻蜓目	蜻科	褐顶赤蜻 *Sympetrum infuscatum* Selys	2014	+	标本
38	蜻蜓目	蜻科	小黄赤蜻 *Sympetrum kunckle* Selys	2014		文献

续表

编号	目	科名	中文种名（拉丁学名）	最新发现时间/年	数量状况	数据来源
39	蜻蜓目	蜻科	黄基赤蜻 *Sympetrum speciosum* Oguma	2014		文献
40	蜻蜓目	蜻科	旭光赤蜻 *Sympetrum hypomelas* Selys	2014	+	标本
41	蜻蜓目	蜻科	华斜痣蜻 *Tramea virginia*（Rambur）	2014		文献
42	蜻蜓目	蜻科	晓褐蜻 *Trithemis aurora*（Bulmeister）	2014		文献
43	蜻蜓目	色蟌科	黑色蟌 *Calopteryx atratum* Selys	2014		文献
44	蜻蜓目	色蟌科	华红基色蟌 *Archineura incarnate* Karsch	2014		文献
45	蜻蜓目	色蟌科	神女单脉色蟌 *Matrona orecades* Hämäläinen，Yu and Zhang	2014		文献
46	蜻蜓目	色蟌科	透顶单脉色蟌 *Matrona basilaris* Selys	2014		文献
47	蜻蜓目	色蟌科	褐翅眉色蟌 *Matrona basilaris nigipectus* Selys	2014	+	标本
48	蜻蜓目	溪蟌科	紫闪溪蟌 *Caliphaea consimilis* McLachlan	2010		文献
49	蜻蜓目	溪蟌科	蓝斑溪蟌 *Anisopleura furcata* Selys	2014		文献
50	蜻蜓目	蟌科	杯斑小蟌 *Agriocnemis femina*（Brauer）	2014		文献
51	蜻蜓目	蟌科	赤斑异痣蟌 *Ischnura rufostigma* Selys	2014		文献
52	蜻蜓目	蟌科	东亚异痣蟌 *Ischnura asiatica*（Brauer）	2014		文献
53	蜻蜓目	蟌科	长尾黄蟌 *Ceriagrion fallax* Ris	2014		文献
54	蜻蜓目	蟌科	褐尾黄蟌 *Ceriagrion rubiae* Laidlaw	2014		文献
55	蜻蜓目	蟌科	黄黑黄蟌 *Ceriagrion nigroflavum* Fraser	2010		文献
56	蜻蜓目	蟌科	赤黄蟌 *Ceriagrion nipponicum* Asahina	2014		文献
57	蜻蜓目	蟌科	短尾黄蟌 *Ceriagrion melanurum* Selys	2014		文献
58	蜻蜓目	扇蟌科	四斑长腹扇蟌 *Coeliccia didyma*（Selys）	2014		文献
59	蜻蜓目	扇蟌科	六斑长腹扇蟌 *Coeliccia sexmaculatus* Wang	2014	+	标本
60	蜻蜓目	扇蟌科	黄纹长腹扇蟌 *Coeliccia cyanomelas* Ris	2014		文献
61	蜻蜓目	扇蟌科	白狭扇蟌 *Copera annulate*（Selys）	2014		文献
62	蜻蜓目	扇蟌科	白扇蟌 *Platycnemis foliacea*（Selys）	2014		文献
63	蜻蜓目	扇蟌科	叶足扇蟌 *Platycnemis phyllopoda* Djakonov	2014		文献
64.	蜻蜓目	山蟌科	巴斯扇山蟌 *Rhipidolestes bastiaan* Zhu and Yang	2014		文献
65	蜻蜓目	综蟌科	褐尾绿综蟌 *Megalestes distans* Needham	2014		文献
66	蜚蠊目	蜚蠊科	美洲大蠊 *Periplaneta americana* Linnaeus	2010		文献
67	蜚蠊目	蜚蠊科	黑胸大蠊 *Periplaneta fuliginosa* Serville	2010		文献
68	蜚蠊目	蜚蠊科	东方蜚蠊 *Blatta orientalis* Linnaeus	2113	++	标本
69	蜚蠊目	姬蠊科	中华拟歪尾蠊 *Episymloec sinensis*（Walker）	2010		文献
70	蜚蠊目	姬蠊科	拟德国小蠊 *Blattella liturieollis*（Walker）	2010		文献
71	蜚蠊目	姬蠊科	广纹小蠊 *Blattella latisteiga*（Walker）	2010		文献
72	蜚蠊目	姬蠊科	武陵拟歪尾蠊 *Symploce wulingensis* P. Z. Feng et F. Z. Woo	2010		文献
73	蜚蠊目	小蠊科	黑斑裂蠊 *Chorsoneura setshuna* B.-B	2010		文献
74	蜚蠊目	地鳖蠊科	中华真地鳖 *Eupolyphraga sinensis*（Walker）	2010		文献
75	蜚蠊目	地鳖蠊科	金边土鳖 *Opisthopatia orientalis* Burm	2010		文献
76	螳螂目	花螳科	艳眼斑花螳 *Creobroter urbanus* Fabricius	2010		文献
77	螳螂目	花螳科	透翅眼斑螳 *Creobroter vitripennis* Bei-Beier	2015	+	标本
78	螳螂目	长颈螳科	中华屏顶螳 *Kishinouyeum sinensae* Ouchi	2014	+	标本
79	螳螂目	螳科	薄翅螳 *Mantis religiosa* Linnaeus	2010		文献
80	螳螂目	螳科	斑腿小丝螳 *Leptomantella punctifemura* Yang	2010		文献

编号	目	科名	中文种名（拉丁学名）	最新发现时间/年	数量状况	数据来源
81	螳螂目	螳科	越南小丝螳 *Leptomantella tokinae* Linnaeus	2010		文献
82	螳螂目	螳科	枯叶大刀螳 *Tenodera aridifolia*（Stoll）	2014	+	标本
83	螳螂目	螳科	中华大刀螳 *Tenodera sinensis* Saussure	2014	+	标本
84	螳螂目	螳科	广斧螳 *Hierodula patellifera*（Serville）	2014	++	标本
85	螳螂目	螳科	勇斧螳 *Hierodula membranncea* Burmeister	2010		文献
86	螳螂目	螳科	棕静螳 *Statilis maculate* Thunberg	2014	+	标本
87	螳螂目	螳科	绿静螳 *Statilia nemoralis*（Saussure）	2014	+	标本
88	等翅目	草白蚁科	山原白蚁 *Hodotermopsis sjostedti* Holmgren	2010		文献
89	等翅目	鼻白蚁科	台湾乳白蚁（家白蚁）*Coptotermes formosanus* Shiraki	2010		文献
90	等翅目	鼻白蚁科	普通家白蚁 *Coptotermes communis* Xia et He	2010		文献
91	等翅目	鼻白蚁科	尖唇异白蚁 *Heterotermes aculabialis*（Tsai et Huang）	2010		文献
92	等翅目	鼻白蚁科	湖南异白蚁 *Heterotermes hunansis*（Tsai et Huang）	2010		文献
93	等翅目	鼻白蚁科	肖若散白蚁 *Reticuliternes affinis* Hsia et Tan	2010		文献
94	等翅目	鼻白蚁科	贵州散白蚁 *Reticuliternes guizhounsis* Psia et Xu	2010		文献
95	等翅目	鼻白蚁科	三色散白蚁 *Reticuliternes tricolorus* Ping	2010		文献
96	等翅目	白蚁科	黑翅土白蚁 *Odontotermes formosanus*（Shiraki）	2010		文献
97	等翅目	白蚁科	遵义土白蚁 *Odontotermes zonyiensis* Li et Ping	2010		文献
98	等翅目	白蚁科	扬子江近歪白蚁 *Pericapritermes jangtsekiangensis*（Kemner）	2010		文献
99	襀翅目	襀科	简单钩襀 *kamimuria simplex*（Chu）	2010		文献
100	襀翅目	襀科	黄色扣襀 *Kiotina biocellata*（Chu）	2010		文献
101	襀翅目	襀科	庐山新襀 *Neoperla lushana* Wu	2010		文献
102	蜻目	异蜻科	垂臀华枝蜻 *Sinophasma brevipenne* Günther	2010		文献
103	蜻目	蜻科	褐尾喙蜻 *Rhamphophasma modestum* Brunner	2010		文献
104	蜻目	蜻科	中华短肛蜻 *Baculum chinensis*（Brunner et Wattenwyl）	2010		文献
105	蜻目	蜻科	巫山短肛蜻 *Baculum wushanense* Chen et He	2010		文献
106	蜻目	蜻科	平利短肛蜻 *Baculum pingliense* Chen et He	2010		文献
107	蜻目	蜻科	四川无肛蜻 *Paraentoria sichuanensis* Chen et He	2015	+	标本
108	直翅目	锥头蝗科	长额负蝗 *Atractomorpha lata*（Motschoulsky）	2010		文献
109	直翅目	锥头蝗科	短额负蝗 *Atractomorpha sinensis* I. Bolivar	2015	++	标本
110	直翅目	斑腿蝗科	短星翅蝗 *Calliptanus abbreviatus* I. Konnikov	2010		文献
111	直翅目	斑腿蝗科	红褐斑腿蝗 *Catantops pinguis*（Stal）	2010		文献
112	直翅目	斑翅蝗科	中华稻蝗 *Oxya chinensis*（Thunbery）	2015	+++	标本
113	直翅目	斑翅蝗科	山稻蝗 *Oxya agavisa* Tsai	2015	+	标本
114	直翅目	斑翅蝗科	小稻蝗 *Oxya intricata*（Stal）	2010		文献
115	直翅目	斑翅蝗科	日本黄脊蝗 *Patanga japonica* I. Bolivar	2010		文献
116	直翅目	斑腿蝗科	棉蝗 *Chondracris rosea* De Geer	2015	+	标本
117	直翅目	斑腿蝗科	峨眉腹露蝗 *Fruhstorferiola omei*（Rehn et Rehn）	2010		文献
118	直翅目	斑腿蝗科	斑角蔗蝗 *Hieroglyphus annulicornis*（Shiraki）	2010		文献
119	直翅目	斑腿蝗科	四川凸额蝗 *Traulia orientalis szetshuanensis* Ramme	2010		文献
120	直翅目	斑腿蝗科	微翅小蹦蝗 *Pedopodisma microptera* Zhang	2015	+	标本
121	直翅目	斑腿蝗科	黄山小蹦蝗 *Pedopodisma huangshana* Huang	2014	+	标本
122	直翅目	斑腿蝗科	中华越北蝗 *Tonkinacris sinensis* Chane	2015	+	标本

续表

编号	目	科名	中文种名（拉丁学名）	最新发现时间/年	数量状况	数据来源
123	直翅目	斑腿蝗科	长翅素木蝗 *Shirakiacris shirakii*（I. Bolivar）	2010		文献
124	直翅目	斑腿蝗科	短角直斑腿蝗 *Stenocatantops mistshenkoi* F. Willemse	2010		文献
125	直翅目	斑腿蝗科	短角异斑腿蝗 *Xenocatantops brachycerus*（Willemse）	2015	+	标本
126	直翅目	斑腿蝗科	大斑外斑腿蝗 *Xenocatantops humilis humilis*（Servielle）	2010		文献
127	直翅目	斑翅蝗科	花胫绿纹蝗 *Aiolopus tamulus*（Fabricius）	2010		文献
128	直翅目	斑翅蝗科	方异距蝗 *Heteropternis respondens*（Walker）	2010		文献
129	直翅目	斑翅蝗科	黄胫小车蝗 *Oedaleus infernalis* Saussure	2010		文献
130	直翅目	斑翅蝗科	红胫小车蝗 *Oedaleus manjius* Chang	2010		文献
131	直翅目	斑翅蝗科	黄翅踵蝗 *Pternoscirta calliginosa*（De Haan）	2010		文献
132	直翅目	斑翅蝗科	红胫踵蝗 *Pternoscirta pulchripes* Uvarov	2014	+	标本
133	直翅目	斑翅蝗科	疣蝗 *Trilophidia annulata* Thunberg	2010		文献
134	直翅目	斑翅蝗科	云斑车蝗 *Gatrimargus marmoratus* Thunberg	2010		文献
135	直翅目	网翅蝗科	青脊竹蝗 *Ceracris nigricornis* Walker	2010		文献
136	直翅目	网翅蝗科	黄脊竹蝗 *Ceracris kiangsu* Tsai	2008		文献
137	直翅目	网翅蝗科	中华雏蝗 *Chorthippus chinensis* Tarbinsky	2010		文献
138	直翅目	网翅蝗科	黄脊阮蝗 *Rammearis kiangsu*（Tsai）	2010		文献
139	直翅目	剑角蝗科	短翅佛蝗 *Phlaeoba angustidorsis* Bolivar	2010		文献
140	直翅目	剑角蝗科	中华佛蝗 *Phlaeoba sinensis* I. Bolivar	2010		文献
141	直翅目	剑角蝗科	中华剑角蝗 *Acrida cinerea* Thunberg	2010		文献
142	直翅目	剑角蝗科	重庆鸣蝗 *Mongolotettix chongqingnsis* Xie et Li	2010		文献
143	直翅目	剑角蝗科	二色夏蝗 *Gonista bicolor*（De Haan）	2010		文献
144	直翅目	露螽科	云南安螽 *Anisotima yunnanea*（Bey-Bienko）	2010		文献
145	直翅目	露螽科	日本条螽 *Ducetia japonica*（Thunberg）	2014	+	标本
146	直翅目	露螽科	陈氏掩耳螽 *Elimaea cheni* Kang et Yang	2010		文献
147	直翅目	露螽科	短裂掩耳螽 *Elimaea*（*Rhaelimara*）*brevifissa* Liu et Liu	2015	+	标本
148	直翅目	露螽科	大掩耳螽 *Elimaea*（*Rhaelimara*）*maja* Gorochov	2015	+	标本
149	直翅目	露螽科	四刺掩耳螽 *Elimaea*（*Rhaelimara*）*quadrispina* Liu	2014	+	标本
150	直翅目	露螽科	万宁掩耳螽 *Elimaea*（*Elimaea.*）*wanningensis* Liu	2015	+	标本
151	直翅目	露螽科	中华半掩耳螽 *Hemielmaea chinensis* Brunner von Wattenwy	2010		文献
152	直翅目	露螽科	日本露（绿）螽 *Holochlora japonica* Brunner	2010		文献
153	直翅目	露螽科	细齿平背螽 *Isopsera denticulate* Ebner	2010		文献
154	直翅目	露螽科	显沟平背螽 *Isopsera sulcata* Bei-Bienko	2014	+	标本
155	直翅目	露螽科	截叶糙颈螽 *Ruidocollaris truncatolobata*（Brunner）	2010	++	标本
156	直翅目	露螽科	中华糙颈螽 *Ruidocollaris sinensis* Liu C. X. et Kang	2014	+	标本
157	直翅目	露螽科	中国华缘螽 *Sinochlora sinensis* Tinkham	2010		文献
158	直翅目	露螽科	宽翅绿树螽 *Sympaestria trancato-lobata* Brenner	2010		文献
159	直翅目	露螽科	黑胫沟额螽 *Ruspolia lineosa*（Walker）	2015	+	标本
160	直翅目	露螽科	日本似织螽 *Hexacentrus japonicus* Kamy	2015	+	标本
161	直翅目	露螽科	黑角露螽 *Phaneroptera nigroantennata* Brunner von Wattenwyl	2015	+	标本
162	直翅目	拟叶螽科	中华翡螽 *Phyllomimus sinicus* Beier	2010		文献
163	直翅目	拟叶螽科	绿背覆翅螽 *Tegra novaehollandiae viridinotata*（Stal）	2010		文献
164	直翅目	纺织娘科	纺织娘 *Mecopoda elongate*（Linnaeus）	2010		文献

续表

编号	目	科名	中文种名（拉丁学名）	最新发现时间/年	数量状况	数据来源
165	直翅目	纺织娘科	日本纺织娘 Mecopoda niponensi（De Haan）	2015	+	标本
166	直翅目	蛩螽科	佩带畸螽 Teratura（Teratura）cincta（Bey-Bienko）	2010		文献
167	直翅目	蛩螽科	巨叉畸螽 Teratura（Macroteratava）megafurcula（Tinkham）	2007		文献
168	直翅目	蛩螽科	黑膝畸螽 Teratura（Macroteratava）geniculata（Bey-Bienko）	2007		文献
169	直翅目	蛩螽科	横宽东栖螽 Xzicus（Eoxizicus）transversus（Tinkham）	2007		文献
170	直翅目	蛩螽科	四川原栖螽 Xzicus（Axizicus）szchwanensis（Tinkham）	2010		文献
171	直翅目	蛩螽科	犀尾副栖螽 Paraxizicus capricercus（Tinkham）	2007		文献
172	直翅目	蛩螽科	长刺拟库螽 Psudokuzicus（Psudokuzicus）spinus Shi，Mao et Chang	2007		文献
173	直翅目	蛩螽科	格尾剑螽 Xiphidiopsis（Xiphidiopsis）gurneyi（Tinkham）	2001		文献
174	直翅目	蛩螽科	棒尾剑螽 Xiphidiopsis（Xiphidiopsis）clavata Uvarov	2007		文献
175	直翅目	草螽科	斑翅草螽 Conocephalus maculatus（Le Guillou）	2010		文献
176	直翅目	草螽科	长瓣草螽 Conocephalus gladiatus（Redtenbacher）	2014	+	标本
177	直翅目	草螽科	比尔锥尾螽 Conanalus pieli（Tinkham）	2010		文献
178	直翅目	草螽科	日本似草螽 Hexacentrus japonicus Karny	2010		文献
179	直翅目	草螽科	素色似织螽 Hexacentrus unicolor Serville	2005		文献
180	直翅目	草螽科	粗头似草螽 Pscudorhynchus pyrgocorypha（Karny）	2005		文献
181	直翅目	草螽科	圆锥头螽斯 Euconoephalus varies（Walker）	2010		文献
182	直翅目	螽斯科	中华螽斯 Tettigonia chinensis Willemse	2014	+++	标本
183	直翅目	螽斯科	绿螽斯 Tettigonia uiridissima（Linnaeus）	2010		文献
184	直翅目	螽斯科	褐足螽斯 Homorocoryphus fuscipes Redtenbacher	2010		文献
185	直翅目	蚱科	日本蚱 Tetrix japonica Benzha	2010		文献
186	直翅目	蚱科	波氏蚱 Tetrix bolivari Saulcy	2010		文献
187	直翅目	蚱科	秦岭蚱 Tetrix qinlingensis Zheng et Huo	2015	+	标本
188	直翅目	蚱科	重庆蚱 Tetrix chongqingensis Zheng et Shi	2002		文献
189	直翅目	刺翼蚱科	大优角蚱 Eucriotettix grandis（Hancock）	2010		文献
190	直翅目	枝背蚱科	短翅悠背蚱 Euparatettix brachyptera Zheng et Mao	2014	+	标本
191	直翅目	蟋蟀科	云南茨娓蟋 Zvenella yunnana（Gorochov）	2014	+	标本
192	直翅目	蟋蟀科	黄脸油葫芦 Teleogryllus emma Ohmachi et Matsuura	2014	+	标本
193	直翅目	蟋蟀科	黑脸油葫芦 Teleogryllus occipitalis（Serville）	2015	+	标本
194	直翅目	蟋蟀科	污褐油葫芦 Teleogryllus testaceus（Walker）	2010		文献
195	直翅目	蟋蟀科	短翅灶蟋 Gryllodes sigillatus（Walker）	2010		文献
196	直翅目	蟋蟀科	迷卡斗蟋 Velarifictonus micado（Saussure）	2010		文献
197	直翅目	蟋蟀科	丽斗蟋 Velarifictonus ornatus（Shiraki）	2010		文献
198	直翅目	蟋蟀科	雅科棺头蟋 Loxoblemmus jacobsoni（Walker）	2010		文献
199	直翅目	蟋蟀科	小棺头蟋 Loxoblemmus aomoriensis Shiraki	2015	+	标本
200	直翅目	蟋蟀科	多伊棺头蟋 Loxoblemmus doentzi Stein	2015	+	标本
201	直翅目	蛉蟋科	斑腿双色针蟋 Dianemobius fascipes（Walker）	2010		文献
202	直翅目	蛉蟋科	阔胸拟蛉蟋 Paratrigonidium transversum Shiraki	2015	+	标本
203	直翅目	蝼蛄科	东方蝼蛄 Gryllotlpa orientalis Burmeistr	2015	++	标本
204	革翅目	肥螋科	海肥螋 Anisolabis maritime（Gene）	2010		文献
205	革翅目	蠼螋科	素钳螋 Forcipula decolyi Bormans	2010		文献
206	革翅目	蠼螋科	日本蠼螋 Labidure japonica De Geer	2010		文献

续表

编号	目	科名	中文种名（拉丁学名）	最新发现 时间/年	数量 状况	数据 来源
207	革翅目	球蠼科	异球蠼 *Allodahlia scabriuscula* Serville	2010		文献
208	革翅目	球蠼科	日本张球蠼 *Anechura japonica*（Bormns）	2010		文献
209	革翅目	球蠼科	垂缘球蠼 *Eudohrnia metallica*（Dohrn）	2010		文献
210	革翅目	球蠼科	欧洲蠼螋 *Forficula auricularia* Linn	2010		文献
211	革翅目	球蠼科	红褐蠼螋 *Forficula scudderi* Bormans	2010		文献
212	同翅目	沫蝉科	黑斑丽沫蝉 *Cosmoscarta dorsimacula* Walke	2014	+	标本
213	同翅目	沫蝉科	红二丽沫蝉 *Cosmoscarta egene* Walker	2010		文献
214	同翅目	沫蝉科	紫胸丽沫蝉 *Cosmoscarta exultns*（Walker）	2010		文献
215	同翅目	沫蝉科	橘红丽沫蝉 *Cosmoscara mandarina* Distant	2015	+	标本
216	同翅目	沫蝉科	桔黄稻沫蝉 *Callitettis braconoides*（Walker）	2010		文献
217	同翅目	沫蝉科	赤斑稻沫蝉 *Callitettis versicolor*（Fabricius）	2010		文献
218	同翅目	沫蝉科	尤氏曙沫蝉 *Eoscarta assimilis*（Uhler）	2010		文献
219	同翅目	沫蝉科	红头凤沫蝉 *Paphnutius ruficeps*（Melichar）	2010		文献
220	同翅目	沫蝉科	一带拟沫蝉 *Paracercopis atricapilla*（Distant）	2010		文献
221	同翅目	尖胸沫蝉科	二点尖胸沫蝉 *Aphrophora bipunctata* Melichar	2010		文献
222	同翅目	尖胸沫蝉科	宽带尖胸沫蝉 *Aphrophora horizontalis* Kato	2010		文献
223	同翅目	尖胸沫蝉科	海滨尖胸沫蝉 *Aphrophora maritima* Matsumura	2010		文献
224	同翅目	尖胸沫蝉科	毋忘尖胸沫蝉 *Aphrophora memorabilis* Walker	2010		文献
225	同翅目	尖胸沫蝉科	小白带尖胸沫蝉 *Aphrophora oblique* Uhler	2010		文献
226	同翅目	尖胸沫蝉科	方斑铲头沫蝉 *Clovia quadrangularis* Metcalf and Horton	2010		文献
227	同翅目	尖胸沫蝉科	松尖铲头沫蝉 *Clovia conifer*（Walker）	2010		文献
228	同翅目	尖胸沫蝉科	一点铲头沫蝉 *Clovia punca*（Walker）	2010		文献
229	同翅目	尖胸沫蝉科	白纹象沫蝉 *Philagra albinotata* Uhler	2010		文献
230	同翅目	尖胸沫蝉科	四斑象沫蝉 *Philagra quadrimaculata* Schmidt	2010		文献
231	同翅目	尖胸沫蝉科	岗田圆沫蝉 *Lepyronia okadae*（Matsumura）	2010		文献
232	同翅目	木虱科	合欢羞木虱 *Aczzia jamatonica*（Kuwayama）	2010		文献
233	同翅目	木虱科	桑异脉木虱 *Anomoneura morl* Schwar	2010		文献
234	同翅目	木虱科	梨赤木虱 *Psylla pyrisuga* Forster	2010		文献
235	同翅目	飞虱科	褐飞虱 *Nilaparvata lugens*（Stal）	2010		文献
236	同翅目	飞虱科	白条飞虱 *Terthron albovittatum*（Matsumura）	2010		文献
237	同翅目	飞虱科	灰飞虱 *Laodelphax striatellus*（Fallen）	2010		文献
238	同翅目	飞虱科	白背飞虱 *Sogatella furcifera*（Horvath）	2010		文献
239	同翅目	粒脉蜡蝉科	粉白粒脉蜡蝉 *Nisia atrovenosa*（Lethierry）	2010		文献
240	同翅目	象蜡蝉科	中华象蜡蝉 *Dictyophara sinica* Walker	2010		文献
241	同翅目	象蜡蝉科	中野象蜡蝉 *Dictyophara nakanonis* Matsumura	2010		文献
242	同翅目	象蜡蝉科	黑脊象蜡蝉 *Dictyophara pallida*（Don）	2010		文献
243	同翅目	广蜡蝉科	眼纹广翅蜡蝉 *Euricania ocellus*（Walker）	2010		文献
244	同翅目	广蜡蝉科	钩纹广翅蜡蝉 *Ricania simulans*（Walker）	2010		文献
245	同翅目	广蜡蝉科	阔带广翅蜡蝉 *Pochazia confuse* Distant	2013	+	标本
246	同翅目	蛾蜡蝉科	碧蛾蜡蝉 *Geisha distinctissima*（Walker）	2010		文献
247	同翅目	蛾蜡蝉科	青蛾蜡蝉 *Salurnis mariginellus*（Guerin）	2010		文献
248	同翅目	蛾蜡蝉科	晨星娥蜡蝉 *Cryptoflata guttularis*（Walker）	2015	+	标本

编号	目	科名	中文种名（拉丁学名）	最新发现时间/年	数量状况	数据来源
249	同翅目	蝉科	黑蚱蝉 *Cryptotympana atrata* Fabricius	2015	+	标本
250	同翅目	蝉科	华南蚱蝉 *Cryptotympana mandarina* Distant	2015	+	标本
251	同翅目	蝉科	蚱蝉 *Cryptotympana pustulata*（Fabricius）	2014	++	标本
252	同翅目	蝉科	黑安蝉 *Chremistica nigra* Chen	2015	+	标本
253	同翅目	蝉科	三瘤蝉 *Inthaxara olivacea* Chen	2014	+	标本
254	同翅目	蝉科	云春蝉 *Gaeana festiva*（Fabricius）	2010		文献
255	同翅目	蝉科	褐翅红娘 *Huechys philanata*（Fabricius）	2010		文献
256	同翅目	蝉科	短翅红娘 *Huechys thoracice* Distant	2010		文献
257	同翅目	蝉科	红蝉 *Huechys sanguinea*（De Geer）	2010		文献
258	同翅目	蝉科	兰草春蝉 *Mogannia cyanea* Walker	2010		文献
259	同翅目	蝉科	草春蝉 *Mogannia hebes*（Walker）	2010		文献
260	同翅目	蝉科	松寒蝉 *Meimuna opalifera*（Walker）	2015	+	标本
261	同翅目	蝉科	窄瓣寒蝉 *Meimuna microdon*（Walker）	2015	+	标本
262	同翅目	蝉科	日本蟪蝉 *Tanna japonensis*（Distant）	2015	+	标本
263	同翅目	蝉科	合哑蝉 *Karenia caelatata* Distant	2014	+	标本
264	同翅目	蝉科	鸣蝉 *Oncotympana maculaticollis*（Motschulsky）	2015	+	标本
265	同翅目	蝉科	蟪蛄 *Platypleura kaempferi*（Fabricius）	2014	+	标本
266	同翅目	蝉科	黄花蟪蛄 *Platypleura hilpa* Walker	2010		文献
267	同翅目	蝉科	夏至蟪蛄 *Platypleura fusca*（Olver）	2010		文献
268	同翅目	蝉科	皱瓣马蝉 *Platyomia radna*（Distant）	2015	+	标本
269	同翅目	蝉科	螗蝉 *Pomponia linearis*（Walker）	2014	+	标本
270	同翅目	蝉科	华田红蝉 *Scieroptera formosana* Schmidt	2010		文献
271	同翅目	蝉科	绿翅蝉 *Taona versicolor* Distant	2010		文献
272	同翅目	蜡蝉科	斑衣蜡蝉 *Lycorma delicatula*（White）	2014	+	标本
273	同翅目	角蝉科	黑角蝉 *Gergara genistae* Fabricius	2010		文献
274	同翅目	角蝉科	犀角蝉 *Jingkara hyalipunctata* Chou	2010		文献
2753	同翅目	角蝉科	油桐三刺角蝉 *Tricentrus aleuritis* Chou	2010		文献
276	同翅目	叶蝉科	稻斑叶蝉 *Inemadara oryzae*（Matsumura）	2010		文献
277	同翅目	叶蝉科	二点叶蝉 *Macrosteles fasciifrons*（Stal）	2010		文献
278	同翅目	叶蝉科	黑尾叶蝉 *Nephotettix cincticeps*（Uhler）	2010		文献
279	同翅目	叶蝉科	两点黑尾叶蝉 *Nephotettix virescens*（Distant）	2014	+	标本
280	同翅目	叶蝉科	电光叶蝉 *Inazuma dorsalis*（Motschulsky）	2010		文献
281	同翅目	叶蝉科	白翅叶蝉 *Thaia rubiginosa* Kuoh	2010		文献
282	同翅目	叶蝉科	小绿叶蝉 *Empoasca flavescens*（Fabricius）	2010		文献
283	同翅目	叶蝉科	棉二点叶蝉 *Empoasca biguttus*（Shiraki）	2010		文献
284	同翅目	叶蝉科	格氏安大叶蝉 *Atkinsonella grahami* Yong	2010		文献
285	同翅目	叶蝉科	弯凹大叶蝉 *Bothrogonia curvata* Yang et Li	2010		文献
286	同翅目	叶蝉科	大青叶蝉 *Cicadella viridis*（Limaeus）	2010		文献
287	同翅目	叶蝉科	白大叶蝉 *Cofana spectra*（Distant）	2010		文献
288	同翅目	叶蝉科	白边大叶蝉 *Tettigoniella albomarginatu*（Signoret）	2010		文献
289	同翅目	叶蝉科	浅绿短头叶蝉 *Batracomorphus viridulus*（Meilichar）	2010		文献
290	同翅目	叶蝉科	青头叶蝉 *Bythoscopus mandus* Uhler	2010		文献

续表

编号	目	科名	中文种名（拉丁学名）	最新发现 时间/年	数量 状况	数据 来源
291	同翅目	叶蝉科	单斑带叶蝉 *Scaphoideus unipunctatus* Li	2010		文献
292	同翅目	叶蝉科	条沙叶蝉 *Psammotettix striatus*（Linnaeus）	2015	+	标本
293	同翅目	叶蝉科	橙带突额叶蝉 *Gunungidia aurantiifasciata*（Jacobi）	2015	+	标本
294	同翅目	粉虱科	黑刺粉虱 *Aleurocanthus spiniferus*（Quaintance）	2010		文献
295	同翅目	粉虱科	马氏粉虱 *Aleurocanthus marlatti* Quaintance	2010		文献
296	同翅目	粉虱科	烟粉虱 *Bemisia tabaci* Gennadius	2010		文献
297	同翅目	粉虱科	桔黄粉虱 *Dialeurodes citri*（Ashmead）	2010		文献
298	同翅目	瘿绵蚜科	枣铁倍蚜 *Kaburagia rhusicola ensigallis*（Tsai et Tang）	2010		文献
299	同翅目	瘿绵蚜科	蛋铁倍蚜 *Kaburagia rhusicola ovogallis*（Tsai et Tang）	2010		文献
300	同翅目	瘿绵蚜科	红花倍蚜 *Nurudea yanoniella*（Matsumura）	2010		文献
301	同翅目	瘿绵蚜科	角倍蚜 *Schlechtendalia chinensis*（Bell）	2010		文献
302	同翅目	瘿绵蚜科	倍蛋蚜 *Schlechtendalia peitan*（Tsai et Tang）	2010		文献
303	同翅目	瘿绵蚜科	秋四脉棉蚜 *Tetraneura*（*Tetraneurella*）*akinire* Sasaki	2010		文献
304	同翅目	瘿绵蚜科	黑腹四脉棉蚜 *Tetraneura nigriabdominalis*（Sasaki）	2010		文献
305	同翅目	毛蚜科	柳黑毛蚜 *Chaitophorus sliniger* Shinji	2010		文献
306	同翅目	短痣蚜科	灯台短痣蚜 *Anoecia aorni*（Fabricius）	2010		文献
307	同翅目	大蚜科	马尾松大蚜 *Cinara formosana*（Takahashi）	2010		文献
308	同翅目	大蚜科	柏大蚜 *Cinara tujafilina*（del Guerico）	2010		文献
309	同翅目	大蚜科	板栗大蚜 *Lachnus tropicalis*（van der Goot）	2010		文献
310	同翅目	大蚜科	柳瘤大蚜 *Tuberolachnus salignus*（Gmelin）	2010		文献
311	同翅目	蚜科	豌豆蚜 *Acyrthosiphon pisum*（Harris）	2010		文献
312	同翅目	蚜科	豆蚜 *Aphis craccivora* Koch	2010		文献
313	同翅目	蚜科	绣线菊蚜 *Aphis citricola* Van der Goot	2010		文献
314	同翅目	蚜科	棉蚜 *Aphis gossypii* Glover	2010		文献
315	同翅目	蚜科	艾蚜 *Aphis kurosawai* Takahashi	2010		文献
316	同翅目	蚜科	夹竹桃蚜 *Aphis nerii* Boyer de Fronscolombe	2010		文献
317	同翅目	蚜科	洋槐蚜 *Aphis Aphis robiniae* Macchiati	2010		文献
318	同翅目	蚜科	甘蓝蚜 *Brevicoryne brassicae* Linnaeus	2010		文献
319	同翅目	蚜科	胡颓子钉毛蚜 *Capitophorus elaeagni*（del Guercio）	2010		文献
320	同翅目	蚜科	大麻疣蚜 *Paraphorodon cannabis* Passerini	2010		文献
321	同翅目	蚜科	艾蒿隐管蚜 *Hayhurstia atriplicis* Linnaeus	2010		文献
322	同翅目	蚜科	桃粉大尾蚜 *Hylopterus arundinis*（Fabricius）	2010		文献
323	同翅目	蚜科	菜溢管蚜 *Lipaphis erysimi*（Kaltenbach）	2010		文献
324	同翅目	蚜科	艾小长管蚜 *Macrosiphoniella yomogifoliae*（Shinji）	2010		文献
325	同翅目	蚜科	蔷薇长管蚜 *Macrosiphum rosae*（Linnaeus）	2010		文献
326	同翅目	蚜科	月季长管蚜 *Macrosiphum rosirvorum* Zhang	2010		文献
327	同翅目	蚜科	拔葜黑长管蚜 *Macrosiphum smilacifoliae* Takahashi	2010		文献
328	同翅目	蚜科	麦长管蚜 *Macrosiphum avenae*（Fabricius）	2010		文献
329	同翅目	蚜科	桃蚜 *Myzus persicac*（Sulzer）	2010		文献
330	同翅目	蚜科	橘二叉蚜 *Toxoptera aurantii*（Boyer et Fonscolombe）	2010		文献
331	同翅目	蚜科	桔蚜 *Toxoptera citricida*（Kikalda）	2010		文献
332	同翅目	蚜科	吴茱萸修尾蚜 *Sinomegoura evodiae* Takaheshi	2010		文献

编号	目	科名	中文种名（拉丁学名）	最新发现时间/年	数量状况	数据来源
333	同翅目	蚜科	梨二叉蚜 *Schizaphis piricola* Matsumura	2010		文献
334	同翅目	蚜科	麦二叉蚜 *Schizaphis graminum*（Rondani）	2010		文献
335	同翅目	蚜科	禾谷溢管蚜 *Rhopalosiphum padi*（Linnaeus）	2010		文献
336	同翅目	蚜科	蕨小尠蚜 *Shinjia orientalis*（Mordani）	2010		文献
337	同翅目	蚜科	玉米蚜 *Rhopalosiphum maidis*（Fitch）	2010		文献
338	同翅目	蚜科	高粱蚜 *Melanaphis sacchari*（Lehnlner）	2010		文献
339	同翅目	根瘤蚜科	梨黄粉蚜 *Aphanostigma iakusuiense*（Kishida）	2010		文献
340	同翅目	扁蚜科	林栖粉角蚜 *Ceratovacuna silvestrii*（Takanashi）	2010		文献
341	同翅目	斑蚜科	罗汉松新叶蚜 *Neophyllaphis podocarpi*（Takahashi）	2010		文献
342	同翅目	斑蚜科	朴绵叶蚜 *Shivaphis celti* Das	2010		文献
343	同翅目	球蚜科	叶球蚜 *Pineus cembrae pinikoreanus* Zhang et Fang	2010		文献
344	同翅目	球蚜科	枝缝球蚜 *Pineus cladogenus* Fang et Son	2010		文献
345	同翅目	球蚜科	球蚜 *Pineus cortacicolus* Fang et Son	2010		文献
346	同翅目	蜡蚧科	角蜡蚧 *Ceroplastes ceriferus*（Anderson）	2010		文献
347	同翅目	蜡蚧科	龟蜡蚧 *Ceroplastes floridensis* Comstock	2010		文献
348	同翅目	蜡蚧科	褐软蜡蚧 *Ceroplastes hespridum* Linnaeus	2010		文献
349	同翅目	蜡蚧科	日本蜡蚧 *Ceroplastes japonicus* Green	2010		文献
350	同翅目	蜡蚧科	伪角蜡蚧 *Ceroplastes pseudoceriferus* Green	2010		文献
351	同翅目	蜡蚧科	红蜡蚧 *Ceroplastes rubens* Maskell	2010		文献
352	同翅目	蜡蚧科	桔绿绵蜡蚧 *Chloropulvinaria aurantii*（Cockerell）	2010		文献
353	同翅目	蜡蚧科	绿绵蜡蚧 *Chloropulvinaria floccifera*（Westwood）	2010		文献
354	同翅目	蜡蚧科	白蜡蚧 *Ericerus pela* Chavannes	2010		文献
355	同翅目	蜡蚧科	豆背刺毡蜡蚧 *Eriopeltis eversmanni* Ferris	2010		文献
356	同翅目	蜡蚧科	网珠蜡蚧 *Saissetia hemisphaerica*（Targioni-Tozzetti）	2010		文献
357	同翅目	盾蚧科	黄圆盾蚧 *Aonidiella citrina*（Coquillett）	2010		文献
358	同翅目	盾蚧科	椰圆盾蚧 *Aspidiotus destructor* Signore	2010		文献
359	同翅目	盾蚧科	长蛎盾蚧 *Lepidosaphes gloverii*（Packard）	2010		文献
360	同翅目	盾蚧科	糠片盾蚧 *Parlatoria pergandii* Comstock	2010		文献
361	同翅目	盾蚧科	黑点盾蚧 *Parlatoria zizyphus*（Lucas）	2010		文献
362	同翅目	盾蚧科	梨白片盾蚧 *Leucaspis pentagona*（Targioni-Tozzetti）	2010		文献
363	同翅目	盾蚧科	桑白盾蚧 *Pseudaulacaspis pentagona* Targioni-Tozzetti	2010		文献
364	同翅目	盾蚧科	梨齿盾蚧 *Quadraspidiotus perniciosus*（Comstock）	2010		文献
365	同翅目	盾蚧科	矢尖盾蚧 *Unaspis yanonensis*（Kuwana）	2010		文献
366	同翅目	粉蚧科	带扁粉蚧 *Chaetococcus zonata* Green	2010		文献
367	同翅目	粉蚧科	松白粉蚧 *Crisicoccus pini*（Kuwana）	2010		文献
368	同翅目	粉蚧科	臀纹粉蚧 *Pianococcus citri*（Risso）	2010		文献
369	同翅目	硕蚧科	桑硕蚧 *Drosicha contrahens* Walker	2010		文献
370	同翅目	硕蚧科	草履硕蚧 *Drosicha conpulenta*（Kuwana）	2010		文献
371	同翅目	硕蚧科	吹绵蚧 *Icerya purchasi* Maskell	2010		文献
372	同翅目	链蚧科	樟链蚧 *Asterolecanium cinnamomi* Borchsenius	2010		文献
373	同翅目	胶蚧科	紫胶蚧 *Laccifer lacca*（Kerr）	2010		文献
374	半翅目	荔蝽科	巨蝽 *Eusthenes rodustus*（Lepeletier et Serville）	2010		文献

续表

编号	目	科名	中文种名（拉丁学名）	最新发现时间/年	数量状况	数据来源
375	半翅目	荔蝽科	异色巨蝽 *Eusthenes cupres*（Westwood）	2010		文献
376	半翅目	荔蝽科	硕蝽 *Eurostus validus* Dallas	2010		文献
377	半翅目	兜蝽科	九香虫 *Coridrus chinensis*（Dallas）	2010		文献
378	半翅目	兜蝽科	大皱蝽 *Cyclopelta obscura*（Lepeletier et Serville）	2010		文献
379	半翅目	兜蝽科	小皱蝽 *Cyclopelta parva* Distan	2010		文献
380	半翅目	蝽科	细角瓜蝽 *Megymenum gracilicorne* Dallas	2015	+	标本
381	半翅目	蝽科	弗氏尖头麦蝽 *Aelia fieberi*（Scott）	2014	+	标本
382	半翅目	蝽科	伊蝽 *Aenaria lewisi*（Scott）	2015	+	标本
383	半翅目	蝽科	宽缘伊蝽 *Aenaria pinchii* Yang	2010		文献
384	半翅目	蝽科	中华蝎蝽 *Arma chinensis*（Fallou）	2010		文献
385	半翅目	蝽科	腹突蝎蝽 *Arma tubercula*（Yang）	2001		文献
386	半翅目	蝽科	峨眉疣蝽 *Cazira emeia* Zhang et Lin	2010		文献
387	半翅目	蝽科	剪蝽 *Diplorhinus furcatus*（Westwood）	2010		文献
388	半翅目	蝽科	薄蝽 *Brachymna tenuis* Stali	2015	+	标本
389	半翅目	蝽科	辉蝽 *Carbula obtusangula* Reuter	2015	+	标本
390	半翅目	蝽科	中华岱蝽 *Dalpada cinctipes* Walker	2010		文献
391	半翅目	蝽科	绿岱蝽 *Dalpada smaragdina*（Walker）	2014	+	标本
392	半翅目	蝽科	岱蝽 *Dalpada oculata*（Fabricius）	2010		文献
393	半翅目	蝽科	卵圆蝽 *Hippotiscus dorsalis*（Stal）	2001		文献
394	半翅目	蝽科	斑须蝽 *Dolycoris baccarum*（Linnaeus）	2014	+	标本
395	半翅目	蝽科	麻皮蝽 *Erthesina fullo*（Thunderg）	2014	+	标本
396	半翅目	蝽科	滴蝽 *Dybowskyia reticulate*（Dallas）	2010		文献
397	半翅目	蝽科	菜蝽 *Eurydema dominulus*（Scopoli）	2010		文献
398	半翅目	蝽科	谷蝽 *Gonopsis affinis*（Uhler）	2010		文献
399	半翅目	蝽科	赤条蝽 *Graphosoma rubrolineata*（Westwood）	2010		文献
400	半翅目	蝽科	平蝽 *Drinostia fissipes* Stal	2010		文献
401	半翅目	蝽科	茶翅蝽 *Halyomorpha picus*（Fabricius）	2014	+	标本
402	半翅目	蝽科	红玉蝽 *Hoplistodera pulchra* Yang	2001		文献
403	半翅目	蝽科	玉蝽 *Hoplistodera fergussoni* Distant	2010		文献
404	半翅目	蝽科	全蝽 *Homalogonia obtusa*（Walker）	2010		文献
405	半翅目	蝽科	宽曼蝽 *Menida lata* Yang	2010		文献
406	半翅目	蝽科	饰纹曼蝽 *Menida ornate* Kirkaldy	2010		文献
407	半翅目	蝽科	紫蓝曼蝽 *Menida violacea* Motschulsky	2010		文献
408	半翅目	蝽科	北曼蝽 *Menida scotti* Puton	2010		文献
409	半翅目	蝽科	肖碧蝽 *Palomena hasiao* Zheng et Ling	2010		文献
410	半翅目	蝽科	川甘碧蝽 *Palomena chapana*（Distant）	2010		文献
411	半翅目	蝽科	卷蝽 *Paterculus elatus*（Yang）	2010		文献
412	半翅目	蝽科	圆卷蝽 *Paterculus ovatus* Hsiao et Cheng	2001		文献
413	半翅目	蝽科	似二星蝽 *Eysarcoris annamita*（Breddin）	2010		文献
414	半翅目	蝽科	二星蝽 *Eysarcoris guttgiter*（Thunberg）	2010		文献
415	半翅目	蝽科	广二星蝽 *Eysarcoris ventralis*（Westwood）	2010		文献
416	半翅目	蝽科	伪扁二星蝽 *Eysarcoris fallax*（Linnaeus）	2015	+	标本

编号	目	科名	中文种名（拉丁学名）	最新发现时间/年	数量状况	数据来源
417	半翅目	蝽科	稻绿蝽 *Nezara viridula*（Linnaeus）	2015	+	标本
418	半翅目	蝽科	稻褐蝽 *Niphe elongate*（Dallas）	2010		文献
419	半翅目	蝽科	绿滇蝽 *Tachengia viridula* Hsiao et Cheng	2014	+	标本
420	半翅目	蝽科	红角真蝽 *Pentatoma roseicornuta* Zheng et Ling	2010		文献
421	半翅目	蝽科	褐真蝽 *Pentatoma semiannulata*（Motschulsky）	2010		文献
422	半翅目	蝽科	壁蝽 *Piezodorus rubrofasciatus*（Fabricius）	2010		文献
423	半翅目	蝽科	珀蝽 *Plautia crossota*（Dallas）	2014	+	标本
424	半翅目	蝽科	庐山珀蝽 *Plautia lushanica* Yang	2001		文献
425	半翅目	蝽科	角胸蝽 *Tetroda histeroides* Fabricius	2010		文献
426	半翅目	蝽科	点蝽碎斑型 *Tolumnia latipes forma contingens*（Walker）	2010		文献
427	半翅目	蝽科	弯刺黑蝽 *Scotinophara horyathi* Distant	2010		文献
428	半翅目	蝽科	稻黑蝽 *Scotinophara lurida*（Burmeister）	2010		文献
429	半翅目	蝽科	尖角普蝽 *Priassus spiniger* Haglund	2014	+	标本
430	半翅目	蝽科	褐普蝽 *Priassus testaceus* Hsiao et Cheng	2010		文献
431	半翅目	蝽科	尖角二星蝽 *Stollia parvus*（Uhler）	2015		标本
432	半翅目	蝽科	棱蝽 *Rhynchocoris humeralis*（Thunberg）	2010		文献
433	半翅目	蝽科	蓝蝽 *Zicrona caerula*（Linnaeus）	2010		文献
434	半翅目	蝽科	突蝽 *Udonga spinidens* Distant	2015	+	标本
435	半翅目	蝽科	弯角蝽 *Lelia decernpuntata* Motschulsky	2015	+	标本
436	半翅目	蝽科	长叶蝽 *Amyntor obscurus* Dallas	2014	+	标本
437	半翅目	蝽科	库厉蝽 *Eocanthecona kyushuensis*（Walker）	2015	+	标本
438	半翅目	盾蝽科	扁盾蝽 *Eurygaster testudinarius*（Geoffroy）	2010		文献
439	半翅目	盾蝽科	亮盾蝽 *Lamprocoris roylii*（Westwood）	2001		文献
440	半翅目	盾蝽科	金绿宽盾蝽 *Poecilocoris lewisi* Distant	2014	+	标本
441	半翅目	龟蝽科	双列圆龟蝽 *Coptosoma bifaria* Montandon	2010		文献
442	半翅目	龟蝽科	达圆龟蝽 *Coptosoma davidi* Montandon	2010		文献
443	半翅目	龟蝽科	显著圆龟蝽 *Coptosoma notabilis* Montandon	2010		文献
444	半翅目	龟蝽科	执中圆龟蝽 *Coptosoma chekiana* Yang	2010		文献
445	半翅目	龟蝽科	多变圆龟蝽 *Coptosoma variegate*（Herrich-Schaeffer）	2010		文献
446	半翅目	龟蝽科	筛豆龟蝽 *Megacopta cribraria*（Fabricius）	2015	+	标本
447	半翅目	龟蝽科	狄豆龟蝽 *Megacopta distanti*（Montandon）	2010		文献
448	半翅目	龟蝽科	和豆龟蝽 *Megacopta horvathi*（Montandon）	2010		文献
449	半翅目	网蝽科	大角网蝽 *Copium japonicum* Esaki	2010		文献
450	半翅目	网蝽科	茶脊冠网蝽 *Stephanitis*（Norba）*chinensis* Drake	2010		文献
451	半翅目	网蝽科	梨冠网蝽 *Stephanitis*（Stephanitis）*nashz* Esaki et Takeya	2010		文献
452	半翅目	网蝽科	杜鹃冠网蝽 *Stephanitis pyriodes*（Scott）	2001		文献
453	半翅目	网蝽科	角菱背网蝽 *Eteoneus angulatus* Drake et Maa	2001		文献
454	半翅目	长蝽科	白边球胸长蝽 *Caridops allbomarginatus*（Scott）	2010		文献
455	半翅目	长蝽科	川西大眼长蝽 *Geocoris chinensis* Jakovlev	2010		文献
456	半翅目	长蝽科	宽大眼长蝽 *Geocoris varius*（Uhler）	2010		文献
457	半翅目	长蝽科	东亚毛肩长蝽 *Neolethaeus dallasi*（Scott）	2010		文献
458	半翅目	长蝽科	黄色小长蝽 *Nysius inconspicus* Distant	2010		文献

编号	目	科名	中文种名（拉丁学名）	最新发现时间/年	数量状况	数据来源
459	半翅目	长蝽科	拟黄纹梭长蝽 *Pachygrontha similis* Uhler	2010		文献
460	半翅目	长蝽科	长须梭长蝽 *Pachygrontha antennata* Uhler	2001		文献
461	半翅目	长蝽科	斑脊长蝽 *Tropidothorax cruciger*（Motschulsky）	2010		文献
462	半翅目	长蝽科	中华异腹长蝽 *Heterogaster chznenszs* Zou et Zheng	2001		文献
463	半翅目	长蝽科	褐色钝角长蝽 *Prosomoeus brunneus* Scott	2001		文献
464	半翅目	长蝽科	山地浅缢长蝽 *Stzgmatonotum rufzpes*（Motsch）	2001		文献
465	半翅目	长蝽科	小巨股长蝽 *Macropes harrzngtonae* Slater，Ashlock and Wilcox	2001		文献
466	半翅目	长蝽科	杉木扁长蝽 *Sinorsillus piliferus* Usinger	2001		文献
467	半翅目	束长蝽科	中国束长蝽 *Malcus sinicus* Stys	2010		文献
468	半翅目	束长蝽科	豆突眼长蝽 *Chauliops fallax* Scott	2010		文献
469	半翅目	瘤蝽科	天目螳瘤蝽 *Cnizocoris dimorphus* Maa et Lin	2010		文献
470	半翅目	蝎蝽科	中华螳蝎蝽 *Ranatra chinensis* Mayr	2015	+	标本
471	半翅目	蝎蝽科	日本长蝎蝽 *Leuotrephes japonensis*	2014	+	标本
472	半翅目	仰蝽科	黑纹仰蝽 *Notonecta chinensis* Fallou	2015	+	标本
473	半翅目	仰蝽科	小仰蝽 *Anisops fieberi* Kirkaldy	2015	+	标本
474	半翅目	负子蝽科	褐负子蝽 *Diplonychus rusticus* Fabricius	2015	+	标本
475	半翅目	红蝽科	棉红蝽 *Dysdercus cingulatus*（Fabricius）	2010		文献
476	半翅目	红蝽科	小斑红蝽 *Physopelta cincticollis* Stal	2010		文献
477	半翅目	红蝽科	突背斑红蝽 *Physopelta gutta*（Burmeister）	2010		文献
478	半翅目	红蝽科	二斑红蝽 *Physopelta cincticollis*（Fabricius）	2015	+	标本
479	半翅目	红蝽科	四斑红蝽 *Physopelta quadeiguttata* Bergroth	2010		文献
480	半翅目	红蝽科	中华斑红蝽 *Physopelta sinensis* Liu	2010		文献
481	半翅目	红蝽科	颈红蝽 *Antilochus coquebertii* Fabricius	2015	+	标本
482	半翅目	猎蝽科	缘斑光猎蝽 *Eetrychotes comottoi* Lethierry	2010		文献
483	半翅目	猎蝽科	云斑真猎蝽 *Harpactor rncerius* Distant	2010		文献
484	半翅目	猎蝽科	蚊猎蝽 *Metapterini tipulina* Reuter	2010		文献
485	半翅目	猎蝽科	华菱猎蝽 *Isyndus sinicus* Hsiao et Ren	2010		文献
486	半翅目	猎蝽科	红股隶猎蝽 *Lestomerus femoralis* Walker	2010		文献
487	半翅目	猎蝽科	日月盗猎蝽 *Pirates arcuatus*（Stal）	2010		文献
488	半翅目	猎蝽科	黄纹盗猎蝽 *Pirates atromaculatus* Stal	2010		文献
489	半翅目	猎蝽科	膜翅塞猎蝽 *Serendiba hymenoptera* China	2010		文献
490	半翅目	猎蝽科	中黑猎蝽 *Phynocoris fuscipes* Fabricius	2010		文献
491	半翅目	猎蝽科	桔红背猎蝽 *Reduvius tenebrosus* Walker	2010		文献
492	半翅目	猎蝽科	轮刺猎蝽 *Spipina horrida*（Stal）	2010		文献
493	半翅目	猎蝽科	红缘猛猎蝽 *Sphedanolestes gularis* Hsiao	2010		文献
494	半翅目	猎蝽科	环斑猛猎蝽 *Sphedanolestes impressicollis*（Stal）	2010		文献
495	半翅目	猎蝽科	赤腹猛猎蝽 *Sphedanolestes pubinotum* Reuter	2010		文献
496	半翅目	猎蝽科	四川犀猎蝽 *Sycanus szechuanus* Hsiao	2010		文献
497	半翅目	猎蝽科	淡裙猎蝽 *Yolinus albopustulatus* China	2010		文献
498	半翅目	猎蝽科	素猎蝽 *Epidaus famulus*（Stal）	2014	+	标本
499	半翅目	同蝽科	宽铗同蝽 *Acanthosoma labiduroidae* Jakovlev	2014	+	标本
500	半翅目	同蝽科	大翅同蝽 *Anaxandra giganlea*（Matsurmura）	2010		文献

续表

编号	目	科名	中文种名（拉丁学名）	最新发现时间/年	数量状况	数据来源
501	半翅目	同蝽科	宽翅同蝽 *Anaxandra laticollis* Hsiao et Liu	2010		文献
502	半翅目	同蝽科	川翅同蝽 *Anaxandra sichuanensis* Liu	2010		文献
503	半翅目	同蝽科	甘肃直同蝽 *Elasmostethus kansunsis* Hsiao et Liu	2001		文献
504	半翅目	同蝽科	背匙同蝽 *Elasmucha dorsalis* Jakovlev	2010		文献
505	半翅目	同蝽科	曲匙同蝽 *Elasmucha recuva*（Dallas）	2010		文献
506	半翅目	同蝽科	拟剪板同蝽 *Plartacantha similes* Hsiao et Liu	2010		文献
507	半翅目	同蝽科	伊椎同蝽 *Sastragala esakii* Hasegawa	2015	+	标本
508	半翅目	缘蝽科	瘤缘蝽 *Acanthocoris scaber*（Linneus）	2015	+	标本
509	半翅目	缘蝽科	黄伊缘蝽 *Rhopalus maculayus*（Fabricius）	2010		文献
510	半翅目	缘蝽科	点伊缘蝽 *Rhopalus latus*（Jakovlev）	2015	+	标本
511	半翅目	缘蝽科	红背安缘蝽 *Anoplocnemis phasiana*（Fabricius）	2010		文献
512	半翅目	缘蝽科	稻棘缘蝽 *Cletus punctzger* Dallas	2010		文献
513	半翅目	缘蝽科	波原缘蝽 *Coreus potanini* Jakovlev	2010		文献
514	半翅目	缘蝽科	平肩棘缘蝽 *Cletus tenuis* Kiritshenko	2010		文献
515	半翅目	缘蝽科	长肩棘缘蝽 *Cletus trigonus*（Thunberg）	2014	+	标本
516	半翅目	缘蝽科	环胫缘蝽 *Hygia*（*Hygia*）*touchi* Distant	2001		文献
517	半翅目	缘蝽科	广腹同缘蝽 *Homoeocerus dilatatus* Horvath	2010		文献
518	半翅目	缘蝽科	小点同缘蝽 *Homoeocerus marginellus* Herrich-Schaffer	2010		文献
519	半翅目	缘蝽科	一点同缘蝽 *Homoeocerus unipunctatus*（Thunberg）	2015		标本
520	半翅目	缘蝽科	黑边同缘蝽 *Homoeocerus siniolus*（Thunberg）	2015		标本
521	半翅目	缘蝽科	川曼缘蝽 *Manocoreus montanus* Hsiao	2010		文献
522	半翅目	缘蝽科	四川锤缘蝽 *Marcius sichuananus* Ren	2010		文献
523	半翅目	缘蝽科	黑胫侏缘蝽 *Mictis fuscipes* Hsiao	2010		文献
524	半翅目	缘蝽科	黄胫侏缘蝽 *Mictis serina* Dallas	2010		文献
525	半翅目	缘蝽科	曲胫侏缘蝽 *Mictis tenebrosa*（Fabricius）	2010		文献
526	半翅目	缘蝽科	茶色赭缘蝽 *Ochrochira camelina* Kiritshenko	2010		文献
527	半翅目	缘蝽科	锈赭缘蝽 *Ochrochira ferruginea* Hsiao et Cheng	2001		文献
528	半翅目	缘蝽科	肩异缘蝽 *Pterygomia humeralis* Hsiao	2010		文献
529	半翅目	缘蝽科	暗异缘蝽 *Pterygomia obscurata*（Stal）	2010		文献
530	半翅目	缘蝽科	拉缘蝽 *Rhamnomia dubia*（Hsiao）	2010		文献
531	半翅目	缘蝽科	黑竹缘蝽 *Notobitus meleagris*（Fabricius）	2010	+	标本
532	半翅目	缘蝽科	异足竹缘蝽 *Notobitus sexguttatus* Westwood	2010	+	标本
533	半翅目	缘蝽科	狭缘蝽 *Distachy vulgaris* Hsiao	2001		文献
534	半翅目	姬蝽科	桎姬蝽 *Aspilaspis pallida*（Fieber）	2010		文献
535	半翅目	姬蝽科	泛希姬蝽 *Himacerus*（*Himacerus*）*apterus*（Fabricius）	2010		文献
536	半翅目	珠缘蝽科	大稻缘蝽 *Leptocorisa acuta* Thunberg	2010		文献
537	半翅目	珠缘蝽科	异稻缘蝽 *Leptocorisa varicornis*（Fabricius）	2014	+	标本
538	半翅目	珠缘蝽科	条蜂缘蝽 *Riptortus linearis*（Fabricius）	2015	+	标本
539	半翅目	珠缘蝽科	点蜂缘蝽 *Riptortus pedestris*（Fabricius）	2010		文献
540	半翅目	盲蝽科	横断苜蓿盲蝽 *Adelphocoris funestus* Reuter	2010		文献
541	半翅目	盲蝽科	苜蓿盲蝽 *Adelphocoris lzneolatus*（Geoze）	2010		文献
542	半翅目	盲蝽科	中黑苜蓿盲蝽 *Adelphocoris suturalzs*（Jakovlev）	2010		文献

续表

编号	目	科名	中文种名（拉丁学名）	最新发现 时间/年	数量 状况	数据 来源
543	半翅目	盲蝽科	黑唇苜蓿盲蝽 *Adelphocoris nigritylus* Hsiao	2010		文献
544	半翅目	盲蝽科	狭领纹唇盲蝽 *Charagochilus angusticollis* Linnavuori	2010		文献
545	半翅目	盲蝽科	长角纹唇盲蝽 *Charagochilus longicornis*（Reuter）	2010		文献
546	半翅目	盲蝽科	大长盲蝽 *Dolichomiris antennatis*（Distan）	2010		文献
547	半翅目	盲蝽科	甘薯盲蝽 *Halticus minutus* Reut	2010		文献
548	半翅目	盲蝽科	多变光盲蝽 *Liocoridea mutabilis* Reute	2010		文献
549	半翅目	盲蝽科	牧草盲蝽 *Lygus pratensis*（Linnaeus）	2010		文献
550	半翅目	盲蝽科	绿丽盲蝽（绿盲蝽）*Lygocoris*（*Apolygus*）*lucorum*（Meyer-Dur）	2010		文献
551	半翅目	盲蝽科	黑肩绿盲蝽 *Cyrtorrhinus livdipennis*（Reute）	2010		文献
552	半翅目	盲蝽科	深色狭盲蝽 *Stenodema elegans* Reuter	2010		文献
553	半翅目	盲蝽科	跃盲蝽 *Ectmetopterus mzcantulus*（Horvath）	2001		文献
554	半翅目	盲蝽科	明翅盲蝽 *Isabel ravana*（Kirby）	2001		文献
555	半翅目	盲蝽科	长狭盲蝽 *Stenodema longula* Zheng	2001		文献
556	半翅目	盲蝽科	赤须盲蝽 *Trigonotylus coelestialium*（Kirkaldy）	2010		文献
557	半翅目	异蝽科	黄壮异蝽 *Urochela flavoannulata*（Stal）	2010		文献
558	半翅目	异蝽科	无斑壮异蝽 *Urochela pollescens*（Jakovlev）	2010		文献
559	半翅目	异蝽科	红足壮异蝽 *Urochela quadrinotata* Reuter	2015	+	标本
560	半翅目	异蝽科	斑娇异蝽 *Urochela tricarinata* Maa	2015	+	标本
561	半翅目	土蝽科	青草土蝽 *Macroscytus subaenelzs*（Dallas）	2010		文献
562	半翅目	土蝽科	日本朱蝽 *Perastrachia japonensis*（Scott）	2014	+	标本
563	半翅目	花蝽科	荷氏小花蝽 *Orius horvathi*（Ruter）	2010		文献
564	半翅目	花蝽科	微小花蝽 *Orius minutus*（Linnaeus）	2010		文献
565	半翅目	花蝽科	东亚小花蝽 *Orius sauteri*（Poppius）	2010		文献
566	半翅目	龟蝽科	圆臀大水龟 *Aquarium paludum paludum* Fabricius	2014	+	标本
567	缨翅目	蓟马科	稻蓟马 *Stenchaetohrips biformis*（Bagnall）	2010		文献
568	缨翅目	蓟马科	花蓟马 *Franklinielle intonsa*（Trybom）	2010		文献
569	缨翅目	蓟马科	豆条蓟马 *Hernkliniella fasciatus* Pergande	2010		文献
570	缨翅目	蓟马科	腹小头蓟马 *Microcephalothrips abdominalis*（Crawford）	2010		文献
571	缨翅目	蓟马科	塔六点蓟马 *Scolothrips takahashii* Priesner	2010		文献
572	缨翅目	蓟马科	色蓟马 *Thrips coloratus* Schmutz	2010		文献
573	缨翅目	蓟马科	八节黄蓟马 *Thrips flavidalus*（Bagnall）	2010		文献
574	缨翅目	蓟马科	黄胸蓟马 *Thrips hawaiiensis*（Morgan）	2010		文献
575	缨翅目	蓟马科	烟蓟马 *Thrips tabaci* Lindeman	2010		文献
576	缨翅目	管蓟马科	稻管蓟马 *Haplothrips aculeatus*（Fabricius）	2010		文献
577	缨翅目	管蓟马科	华简管蓟马 *Haplothrips chinensis* Priesner	2010		文献
578	虱目	虱科	人体虱 *Pediculus corpors* De Geer	2010		文献
579	虱目	兽虱科	牛虱 *Haematopinus eurysternus*（Nitsch）	2010		文献
580	虱目	兽虱科	猪虱 *Haematopinus suis*（Linnaeus）	2010		文献
581	鞘翅目	大蕈甲科	斑胸大蕈甲 *Encaustes cruenta* Macleay	2014	+	标本
582	鞘翅目	龙虱科	黄缘龙虱 *Cybister japonicus* Shap	2015	+	标本
583	鞘翅目	龙虱科	灰龙虱 *Eretes sticticus*（Linnaeus）	2014	+	标本
584	鞘翅目	虎甲科	中华虎甲 *Cieindela chnensis* Degee	2014	+	标本

编号	目	科名	中文种名（拉丁学名）	最新发现 时间/年	数量 状况	数据 来源
585	鞘翅目	虎甲科	金斑虎甲 *Cicindela aurulenta* Fabricius	2014	+	标本
586	鞘翅目	虎甲科	多型虎甲铜翅亚种 *Cicindela hybrida transbaicalica* Motschulsky	2014	+	标本
587	鞘翅目	虎甲科	绒斑虎甲 *Cieindela delavayi* Fairmaire	2010		文献
588	鞘翅目	虎甲科	银纹虎甲 *Cieindela haleen* Bates	2010		文献
589	鞘翅目	虎甲科	三星虎甲 *Cieindela triguttata* Herbst	2010		文献
590	鞘翅目	虎甲科	光端缺翅虎甲 *Tricondyla macrodera* Chaudoir	2010		文献
591	鞘翅目	步甲科	布氏细胫步甲 *Agonum buchanani*（Hope）	2010		文献
592	鞘翅目	步甲科	南方细胫步甲 *Agonum*（*Nipponagonum*）*meridies* Habu	2010		文献
593	鞘翅目	步甲科	青寡步甲 *Anoplogenius cyanescens* Hope	2010		文献
594	鞘翅目	步甲科	列王步甲 *Apotomopterus nestor* Breuning	2010		文献
595	鞘翅目	步甲科	金山步甲 *Apotomopterusr odysseus* Breuning	2010		文献
596	鞘翅目	步甲科	小边速步甲 *Badister marginellus* Bates	2010		文献
597	鞘翅目	步甲科	川滇须步甲 *Bembidxion exquisitum* Anolrewes	2010		文献
598	鞘翅目	步甲科	梳爪步甲 *Calathus*（*Dolichus*）*halensis* Schall	2010		文献
599	鞘翅目	步甲科	雅丽步甲 *Callida lepida* Redtenbacher	2010		文献
600	鞘翅目	步甲科	灿丽步甲 *Callida splendidula*（Fabricius）	2010		文献
601	鞘翅目	步甲科	裂唇步甲 *Carabus lenuis* Breuning	2010		文献
602	鞘翅目	步甲科	黑光颚大步甲 *Carabus opaculatus* Putzeys	2010		文献
603	鞘翅目	步甲科	印度细颈步甲 *Casnoidea indica* Thunberg	2010		文献
604	鞘翅目	步甲科	双斑青步甲 *Chlaenius bioculatus* Morawitz	2015	+	标本
605	鞘翅目	步甲科	黄边青步甲 *Chlaenius circumdatus* Brulle	2010		文献
606	鞘翅目	步甲科	脊青步甲 *Chlaenius costiger* Chaudoir	2010		文献
607	鞘翅目	步甲科	狭边青步甲 *Chlaenius inops* Chaudoir	2010		文献
608	鞘翅目	步甲科	黄斑青步甲 *Chlaenius micans*（Fabricius）	2010		文献
609	鞘翅目	步甲科	大黄缘青步甲 *Chlaenius nigricans* Wiedemann	2010		文献
610	鞘翅目	步甲科	宽逗青步甲 *Chlaenius pictus* Chaudoir	2010		文献
611	鞘翅目	步甲科	后黄斑青步甲 *Chlaenius bioculatus* Motschulsky	2010		文献
612	鞘翅目	步甲科	黄缘青步甲 *Chlaenius spoliatus* Rossi	2010		文献
613	鞘翅目	步甲科	细缘青步甲 *Chlaenius tetragonoderus* Chaudoir	2010		文献
614	鞘翅目	步甲科	异角青步甲 *Chlaenius variicornis* Bates	2010		文献
615	鞘翅目	步甲科	逗斑青步甲 *Chlaenius virgulifer* Chaudoir	2010		文献
616	鞘翅目	步甲科	大星步甲 *Calosoma maximoviczi* Morawitz	2014	+	标本
617	鞘翅目	步甲科	金佛山弯步甲 *Colpoideshauseri hauteri* Jedlicka	2010		文献
618	鞘翅目	步甲科	弯步甲 *Colpoideshauseri kulti* Jedlicka	2010		文献
619	鞘翅目	步甲科	膝敌步甲 *Dendrocellus geniadatus*（Klug）	2010		文献
620	鞘翅目	步甲科	大重唇步甲 *Diplochela macromandibularis* Habu et Tanaka	2010		文献
621	鞘翅目	步甲科	宽重唇步甲 *Diplochela zeelandica* Redtenbacher	2010		文献
622	鞘翅目	步甲科	赤背步甲 *Dolichus halensis*（Schaller）	2010		文献
623	鞘翅目	步甲科	赤绿撕步甲 *Drypte virgata* Chaudoir	2010		文献
624	鞘翅目	步甲科	谷婪步甲 *Harpalus*（*Pardileus*）*calceatus*（Duftschmid）	2010		文献
625	鞘翅目	步甲科	多毛婪步甲 *Harpalus eous* Tschitscherine	2010		文献
626	鞘翅目	步甲科	金山毛婪步甲 *Harpalus ginfushanus* Iedlicka	2010		文献

编号	目	科名	中文种名（拉丁学名）	最新发现 时间/年	数量 状况	数据 来源
627	鞘翅目	步甲科	肖毛梦步甲 *Harpalus jureceki*（Jedlicka）	2015	+	标本
628	鞘翅目	步甲科	毛婪步甲 *Harpalus griseus*（Panzer）	2010		文献
629	鞘翅目	步甲科	粘毛婪步甲 *Harpalus muciulus* Huang	2010		文献
630	鞘翅目	步甲科	箭炉毛婪步甲 *Harpalus praecurreus* Schauberger	2010		文献
631	鞘翅目	步甲科	单齿毛婪步甲 *Harpalus simplicidens* Schauberger	2010		文献
632	鞘翅目	步甲科	中华婪步甲 *Harpalus sinicus* Hope	2010		文献
633	鞘翅目	步甲科	小绿光婪步甲 *Harpalus tinctulus* Bates	2010		文献
634	鞘翅目	步甲科	三齿婪步甲 *Harpalus tridens* Morawitz	2010		文献
635	鞘翅目	步甲科	大盆步甲 *Lebia coelestis* Bates	2010		文献
636	鞘翅目	步甲科	大劫步甲 *Lesticus magnus*（Motschulsky）	2010		文献
637	鞘翅目	步甲科	黑脊青步甲 *Macrochlaenites insularis*（Sueno）	2010		文献
638	鞘翅目	步甲科	均圆步甲 *Omophron aeqltdlis* Morawitz	2010		文献
639	鞘翅目	步甲科	凹翅宽颚步甲 *Parena cavipennis*（Bates）	2010		文献
640	鞘翅目	步甲科	马来宽颚步甲 *Parena malaisei*（Andrewes）	2010		文献
641	鞘翅目	步甲科	广屁步甲 *Pheropsophus occipitalis*（Macleay）	2010		文献
642	鞘翅目	步甲科	耶屁步甲 *Pheropsophus jessoensis* Morawitz	2010		文献
643	鞘翅目	步甲科	大宽步甲 *Platynus magnus*（Bates）	2010		文献
644	鞘翅目	步甲科	直額蝼步甲 *Scarites rectidens* Chaudoir	2010		文献
645	鞘翅目	步甲科	虹狭胸步甲 *Stenolophus iridicolor* Redtenbacher	2010		文献
646	鞘翅目	步甲科	五斑狭胸步甲 *Stenolophus qunquepustulatus*（Wiedemann）	2010		文献
647	鞘翅目	步甲科	黄缘狭胸步甲 *Stenolophus agonoides* Bates	2015	+	标本
648	鞘翅目	步甲科	绿胸短角步甲 *Troigonotoma bhamoensis* Bates	2010		文献
649	鞘翅目	牙甲科	尖土巨牙甲 *Hydrophilus acuninatus* Motschulsky	2014	+	标本
650	鞘翅目	拟步甲科	亚刺土甲 *Gonocephalum subspinosum*（Fairmaire）	2010		文献
651	鞘翅目	叩甲科	中华垫甲 *Lypros sinensis* Marseul	2010		文献
652	鞘翅目	叩甲科	赤拟谷盗 *Tribolium castaneum*（Herbst）	2010		文献
653	鞘翅目	叩甲科	庶根平顶叩甲 *Agonischius obscuripes*（Gyllehal）	2010		文献
654	鞘翅目	叩甲科	沟胸平顶叩甲 *Agonischius sulcicollis*（Candeze）	2010		文献
655	鞘翅目	叩甲科	茶锥尾叩甲 *Agriotes sericotus* Schwarz	2010		文献
656	鞘翅目	叩甲科	泥红槽缝叩甲 *Agrypnus*（*Agrypnus*）*argllaceus*（Solsky）	2010		文献
657	鞘翅目	叩甲科	双瘤槽缝叩甲 *Agrypnus*（*Agrypnus*）*bipapulatus*（Candeze）	2014	+	标本
658	鞘翅目	叩甲科	大叩甲 *Agrypnus politus* Candeze	2014	+	标本
659	鞘翅目	叩甲科	暗带重脊叩甲 *Chiagosnius vittiger*（Heyden）	2010		文献
660	鞘翅目	叩甲科	暗粟叩甲 *Colaulon musculus*（Candeze）	2010		文献
661	鞘翅目	叩甲科	直角瘤盾叩甲 *Gnathodicrus perpendicularis*（Fleutiaux）	2010		文献
662	鞘翅目	叩甲科	木棉梳角叩甲 *Pectocera fortunei* Gandeze	2014	+	标本
663	鞘翅目	叩甲科	筛胸梳爪叩甲 *Melanotus*（*Spheniscosomus*）*cribricollis*（Faldermann）	2015	+	标本
664	鞘翅目	叩甲科	巨四叶叩甲 *Tetralobus perroti* Fleutiaux	2010		文献
665	鞘翅目	叶甲科	蓟跳甲 *Altica cirscola* Ohno	2010		文献
666	鞘翅目	叶甲科	黑角长跗跳甲 *Longitarsus belgaumensis* Jacoby	2010		文献
667	鞘翅目	叶甲科	血红长跗跳甲 *Longitarsus pinfaus* Chen	2010		文献
668	鞘翅目	叶甲科	细角长跗跳甲 *Longitarsus succineus* Foudras	2010		文献

编号	目	科名	中文种名（拉丁学名）	最新发现时间/年	数量状况	数据来源
669	鞘翅目	叶甲科	隆基侧刺跳甲 Aphthona howenchuni（Chen）	2010		文献
670	鞘翅目	叶甲科	细背侧刺跳甲 Aphthona serigosa Baly	2010		文献
671	鞘翅目	叶甲科	金绿沟胫跳甲 Hemipyxis plagioderoides（Motschulsky）	2010		文献
672	鞘翅目	叶甲科	卡代尔丝跳甲 Hespera cavaleri Chen	2010		文献
673	鞘翅目	叶甲科	长角黑丝跳甲 Hespera Krishna Maulik	2010		文献
674	鞘翅目	叶甲科	波毛丝跳甲 Hespera lomasa Maulik	2010		文献
675	鞘翅目	叶甲科	黄胸寡毛跳甲 Luperomorpha xanthodera（Fairmaire）	2010		文献
676	鞘翅目	叶甲科	斑翅粗角跳甲 Phygasia ornate Baly	2010		文献
677	鞘翅目	叶甲科	黄色凹缘跳甲 Podontia lutea（Olivier）	2010		文献
678	鞘翅目	叶甲科	油菜蚤跳甲 Psylliodes punctifrons Baly	2010		文献
679	鞘翅目	叶甲科	黑凹胫跳甲 Chaetocnema basalis（Baly）	2010		文献
680	鞘翅目	叶甲科	木菫沟基跳甲 Sinocrepis micans Chen	2010		文献
681	鞘翅目	叶甲科	黑足球跳甲 Sphaeroderma nigripes Kimono	2010		文献
682	鞘翅目	叶甲科	双齿长瘤跳甲 Trachyaphthona bidentata Chen et Wang	2010		文献
683	鞘翅目	叶甲科	蓝色九节跳甲 Nonarthra cyaneum Baly	2010		文献
684	鞘翅目	叶甲科	后带九节跳甲 Nonarthra postfasciatus（Fairmaire）	2010		文献
685	鞘翅目	叶甲科	多变九节跳甲 Nonarthra vsriabilis Baly	2010		文献
686	鞘翅目	叶甲科	蓝丽叶甲 Acrothinium cyaneum Chen	2010		文献
687	鞘翅目	叶甲科	蒿金叶甲 Chrusolina aurichalcea（Mannerheim）	2010		文献
688	鞘翅目	叶甲科	薄荷金叶甲 Chrusolina exanthematica（Wiedemann）	2010		文献
689	鞘翅目	叶甲科	白杨叶甲 Chrusomela tremulae Fabricis	2010		文献
690	鞘翅目	叶甲科	柳二十斑叶甲 Chrusomela vigintipunctata（Scopoli）	2010		文献
691	鞘翅目	叶甲科	恶性叶甲 Clitea metallica Chen	2010		文献
692	鞘翅目	叶甲科	菜无缘叶甲 Colaphellus bowringii Baly	2010		文献
693	鞘翅目	叶甲科	粉筒胸叶甲 Lypesthes ater（Motshulsky）	2010		文献
694	鞘翅目	叶甲科	核桃扁叶甲 Gastrolina depressa Baly	2010		文献
695	鞘翅目	叶甲科	黄鞘角胫叶甲 Gonioctena flavipennis（Jacoby）	2010		文献
696	鞘翅目	叶甲科	黄斑角胫叶甲 Gonioctena flavoplagiata（Jacoby）	2010		文献
697	鞘翅目	叶甲科	十三斑角胫叶甲 Gonioctena tredecimmaculata（Jacoby）	2010		文献
698	鞘翅目	叶甲科	蓝胸圆肩叶甲 Chrysomela populi Linnaeus	2010		文献
699	鞘翅目	叶甲科	梨斑叶甲 Paropsides soriculata（Swartz）	2010		文献
700	鞘翅目	叶甲科	小猿叶甲 Phaedon brassicae Baly	2010		文献
701	鞘翅目	叶甲科	牡荆叶甲 Phola octobeciguttata（Fabricius）	2010		文献
702	鞘翅目	叶甲科	柳圆叶甲 Plagiodera versicolora（Laicharting）	2010		文献
703	鞘翅目	叶甲科	桔潜叶甲 Podagricomela nigricollis Chen	2010		文献
704	鞘翅目	叶甲科	黄腹拟大萤叶甲 Meristoides grandipennis（Fairmaire）	2010		文献
705	鞘翅目	叶甲科	黄缘樟萤叶甲 Atysa marginata（Hope）	2010		文献
706	鞘翅目	叶甲科	钩殊角萤叶甲 Agetocera deformicornis Laboissiere	2010		文献
707	鞘翅目	叶甲科	丝殊角萤叶甲 Agetocera filicornis Laboissiere	2010		文献
708	鞘翅目	叶甲科	旋心异跗萤叶甲 Apophylia flavovirens（Fairmaire）	2010		文献
709	鞘翅目	叶甲科	紫缘异跗萤叶甲 Apophylia epipleuralis Laboissiere	2010		文献
710	鞘翅目	叶甲科	豆长刺萤叶甲 Atrachya menetriesi（Faldermann）	2010		文献

续表

编号	目	科名	中文种名（拉丁学名）	最新发现时间/年	数量状况	数据来源
711	鞘翅目	叶甲科	麻克萤叶甲 *Cneorane cariosipennis*	2010		文献
712	鞘翅目	叶甲科	基刻克萤叶甲 *Cneorane femoralis* Jacoby	2010		文献
713	鞘翅目	叶甲科	闽克萤叶甲 *Cneorane fokiensis* Weise	2010		文献
714	鞘翅目	叶甲科	黑条波萤叶甲 *Brachyphora nigrovittata* Jacoby	2010		文献
715	鞘翅目	叶甲科	褐背小萤叶甲 *Galerucella grisescens*（Joannis）	2010		文献
716	鞘翅目	叶甲科	黑缝攸萤叶甲 *Euliroetis suturalis*（Laboissiere）	2010		文献
717	鞘翅目	叶甲科	黄斑德萤叶甲 *Dercetina flavocincta*（Hope）	2010		文献
718	鞘翅目	叶甲科	斑刻拟柱萤叶甲 *Laphris emarginata* Baly	2010		文献
719	鞘翅目	叶甲科	背毛萤叶甲 *Pyrrhalta dorsalis*（Chen）	2010		文献
720	鞘翅目	叶甲科	蓝翅瓢萤叶甲 *Oides bowringii*（Baly）	2010		文献
721	鞘翅目	叶甲科	葡萄瓢萤叶甲 *Oides decempunctatus*（Billberg）	2010		文献
722	鞘翅目	叶甲科	黑胸瓢萤叶甲 *Oides lividus*（Fabricius）	2010		文献
723	鞘翅目	叶甲科	黑跗瓢萤叶甲 *Oides tarsatus*（Baly）	2010		文献
724	鞘翅目	叶甲科	中华拟守瓜 *Paridea*（*Paridea*）*sinensis* Laboissiere	2010		文献
725	鞘翅目	叶甲科	横带拟守瓜 *Paridea*（*Semacia*）*transversofasciata*（Laboissiere）	2010		文献
726	鞘翅目	叶甲科	黑顶哈萤叶甲 *Haplosomoides verticolis* Jiang	2010		文献
727	鞘翅目	叶甲科	桑黄米萤叶甲 *Mimastra cyanura*（Hope）	2010		文献
728	鞘翅目	叶甲科	黄缘米萤叶甲 *Mimastra limbata* Baly	2010		文献
729	鞘翅目	叶甲科	桤木讷萤叶甲 *Cneoranidea signatipes* Chen	2010		文献
730	鞘翅目	叶甲科	日格萤叶甲 *Morphosphaera japonica*（Hornstedt）	2010		文献
731	鞘翅目	叶甲科	双斑长跗萤叶甲 *Monolepta hieroglyphica*（Motschulsky）	2010		文献
732	鞘翅目	叶甲科	小长跗萤叶甲 *Monolepta longitarsoides* Chujo	2010		文献
733	鞘翅目	叶甲科	竹长跗萤叶甲 *Monolepta pallidula*（Baly）	2010		文献
734	鞘翅目	叶甲科	云南长跗萤叶甲 *Monolepta yunnanica* Gressitt et Kimoto	2010		文献
735	鞘翅目	叶甲科	曲脊萤叶甲 *Paragetocera involuta* Laboissiere	2010		文献
736	鞘翅目	叶甲科	褐凹翅萤叶甲 *Paleosepharia fulvicornis* Chen	2010		文献
737	鞘翅目	叶甲科	二纹柱萤叶甲 *Gallerucida bifasciata* Motschulsky	2010		文献
738	鞘翅目	叶甲科	丽柱萤叶甲 *Gallerucida gloriosa*（Baly）	2010		文献
739	鞘翅目	叶甲科	黄守瓜 *Aulacophora femoralis* Motschulsky	2010		文献
740	鞘翅目	叶甲科	印度黄守瓜 *Aulacophora indica*（Gmelin）	2010		文献
741	鞘翅目	叶甲科	黑足黄守瓜 *Aulacohora nigripennis* Motschulsky	2010		文献
742	鞘翅目	叶甲科	柳氏黑守瓜 *Aulacophora lewisii* Bal	2010		文献
743	鞘翅目	叶甲科	褐翅拟隶萤叶甲 *Siemssenius fulvinnis*（Jacoby）	2010		文献
744	鞘翅目	叶甲科	细刻斯萤叶甲 *Sphenoraia micans*（Fairmaire）	2010		文献
745	鞘翅目	叶甲科	膨宽缘萤叶甲 *Pseudosepharia dilatipennis* Fairmaire	2015	+	标本
746	鞘翅目	肖叶甲科	盾厚缘叶甲 *Aoria scutellaris* Pic	2010		文献
747	鞘翅目	肖叶甲科	鞘角胸肖叶甲 *Basilepta consobrina* Chen	2010		文献
748	鞘翅目	肖叶甲科	褐足角胸叶甲 *Basilepta fulvipes*（Motschulsky）	2010		文献
749	鞘翅目	肖叶甲科	隆基角胸叶甲 *Basilepta leechi*（Jacoby）	2010		文献
750	鞘翅目	肖叶甲科	棕角胸肖叶甲 *Basilepta sinara* Weise	2010		文献
751	鞘翅目	肖叶甲科	黄跗瘤叶甲 *Chlamisus palliditarsis*（Chen）	2010		文献
752	鞘翅目	肖叶甲科	凹股齿爪叶甲 *Melixanthus moupinensis*（Gressitt）	2010		文献

编号	目	科名	中文种名（拉丁学名）	最新发现时间/年	数量状况	数据来源
753	鞘翅目	肖叶甲科	华齿缘肖叶甲 *Pseudometaxis nanus* Chen	2010		文献
754	鞘翅目	肖叶甲科	大毛肖叶甲 *Trichochrysea imperalis*（Baly）	2010		文献
755	鞘翅目	肖叶甲科	亮肖叶甲 *Chrusolampra splendens* Baly	2010		文献
756	鞘翅目	肖叶甲科	黑额光叶甲 *Smaragdina nigrifrons*（Hope）	2010		文献
757	鞘翅目	肖叶甲科	麦颈叶甲 *Colasposoma dauricum dauricum*（Motschulsky）	2010		文献
758	鞘翅目	肖叶甲科	甘薯叶甲 *Colasposoma dauricum*（Motschulsky）	2010		文献
759	鞘翅目	负泥虫科	短腿水叶甲 *Donacia frontalis* Jacoby	2010		文献
760	鞘翅目	负泥虫科	稻食根叶甲 *Donacia provosti* Fairmaire	2010		文献
761	鞘翅目	负泥虫科	水稻负泥虫 *Oulema oryzae* Kuwayana	2010		文献
762	鞘翅目	负泥虫科	红胸负泥虫 *Lema*（*Petauristes*）*fortunei* Baly	2010		文献
763	鞘翅目	负泥虫科	蓝负泥虫 *Lema*（*Lema*）*concinnipennis* Baly	2010		文献
764	鞘翅目	负泥虫科	鸭距草负泥虫 *Lema*（*Lema*）*diversa* Baly	2010		文献
765	鞘翅目	负泥虫科	薯蓣负泥虫 *Lema*（*Lema*）*infranigra* Pic	2010		文献
766	鞘翅目	负泥虫科	蓝翅负泥虫 *Lema*（*Petauristes*）*honorata* Baly	2010		文献
767	鞘翅目	负泥虫科	异负泥虫 *Lilioceris iemprssa*（Fabricius）	2010		文献
768	鞘翅目	负泥虫科	隆顶负泥虫 *Lilioceris merdigera*（Linnaeus）	2010		文献
769	鞘翅目	负泥虫科	中华负泥虫 *Lilioceris sinica*（Heyden）	2010		文献
770	鞘翅目	负泥虫科	蓝耀茎甲 *Sagra fulgida janthina* Chen	2010		文献
771	鞘翅目	负泥虫科	黑胸距甲 *Temnaspis atrithorax* Pic	2010		文献
772	鞘翅目	瓢虫科	二星瓢虫 *Adalis bipunctata*（Linnaeus）	2010		文献
773	鞘翅目	瓢虫科	球端崎齿瓢虫 *Afissula expansa*（Dieke）	2010		文献
774	鞘翅目	瓢虫科	六斑异瓢虫 *Aiolocaria hexaspilota*（Hope）	2010		文献
775	鞘翅目	瓢虫科	十斑大瓢虫 *Megalocaria dilatata*（Fabricius）	2010		文献
776	鞘翅目	瓢虫科	黑斑瓢虫 *Anisolemnia zephirinae* Mulsant	2010		文献
777	鞘翅目	瓢虫科	日本丽瓢虫 *Callicaria superba*（Mulsant）	2010		文献
778	鞘翅目	瓢虫科	闪蓝唇瓢虫 *Chilocorus hauseri* Weise	2010		文献
779	鞘翅目	瓢虫科	宽缘唇瓢虫 *Chilocorus rufitarsus* Motschulsky	2010		文献
780	鞘翅目	瓢虫科	黑缘唇瓢虫 *Chilocorus rubidus* Hope	2010		文献
781	鞘翅目	瓢虫科	黑背唇瓢虫 *Chilocorus nigritus* Hope	2010		文献
782	鞘翅目	瓢虫科	七星瓢虫 *Coccinella septempunctata* Linnaeus	2010		文献
783	鞘翅目	瓢虫科	红星盘瓢虫 *Phrynocaeia congener*（Billberg）	2015	+	标本
784	鞘翅目	瓢虫科	四斑广盾瓢虫 *Platynaspis maculosa* Weise	2014	+	标本
785	鞘翅目	瓢虫科	链纹裸瓢虫 *Calvia sicardi*（Mader）	2010		文献
786	鞘翅目	瓢虫科	四斑裸瓢虫 *Calvia muiri* Timberlake	2014	+	标本
787	鞘翅目	瓢虫科	华裸瓢虫 *Calvia chinensis*（Mulsant）	2015	+	标本
788	鞘翅目	瓢虫科	三纹裸瓢虫 *Calvia championorum* Booth	2014	+	标本
789	鞘翅目	瓢虫科	长斑中齿瓢虫 *Myzia oblongoguttata*（Linnaeus）	2014	+	标本
790	鞘翅目	瓢虫科	四斑月瓢虫 *Menochilus quadriplagiala*（Swartz）	2010		文献
791	鞘翅目	瓢虫科	六斑月瓢虫 *Menochilus sexmaculata*（Fabricius）	2010		文献
792	鞘翅目	瓢虫科	变斑隐势瓢虫 *Cryptogonus orbiculus*（Gyllenhal）	2015	+	标本
793	鞘翅目	瓢虫科	七斑隐势瓢虫 *Cryptogonus schraiki* Mader	2010		文献
794	鞘翅目	瓢虫科	新月食植瓢虫 *Epilachna bicrescens*（Dieke）	2010		文献

编号	目	科名	中文种名（拉丁学名）	最新发现时间/年	数量状况	数据来源
795	鞘翅目	瓢虫科	菱斑食植瓢虫 *Epilachna insignis* Gorham	2010		文献
796	鞘翅目	瓢虫科	黑缘光瓢虫 *Exochomus nigromarginatus* Miyatake	2010		文献
797	鞘翅目	瓢虫科	白条菌瓢虫 *Macroillers hauseri* Mader	2010		文献
798	鞘翅目	瓢虫科	红肩瓢虫 *Harmonia dimidiate*（Fabricius）	2010		文献
799	鞘翅目	瓢虫科	隐斑瓢虫 *Harmonia yedoensis*（Takizawa）	2012	+	标本
800	鞘翅目	瓢虫科	八斑和瓢虫 *Harmonia octomaculata*（Fabricius）	2010		文献
801	鞘翅目	瓢虫科	异色瓢虫 *Harmonia axyridis*（Pallas）	2014	++	标本
802	鞘翅目	瓢虫科	马铃薯瓢虫 *Henosepilachna vigintioctopunctata*（Fabricius）	2010		文献
803	鞘翅目	瓢虫科	十二星瓢虫 *Hippedamia tredecimpunctata*（Linnaeus）	2010		文献
804	鞘翅目	瓢虫科	素鞘瓢虫 *Illeis cincta*（Fabricius）	2010		文献
805	鞘翅目	瓢虫科	狭叶菌瓢虫 *Illeis confuse* Silvestri	2014	+	标本
806	鞘翅目	瓢虫科	黄斑盘瓢虫 *Lemria saucia*（Mulsant）	2010		文献
807	鞘翅目	瓢虫科	稻红瓢虫 *Verania discolor*（Fabricius）	2010		文献
808	鞘翅目	瓢虫科	斧斑广盾瓢虫 *Platynaspis angulimaculata* Mader	2010		文献
809	鞘翅目	瓢虫科	双斑广盾瓢虫 *Platynaspis bimaculata* Pang et Mao	2010		文献
810	鞘翅目	瓢虫科	龟纹瓢虫 *Propylea japonica*（Thunberg）	2010		文献
811	鞘翅目	瓢虫科	大红瓢虫 *Rodolia rufopilosa* Mulsant	2010		文献
812	鞘翅目	瓢虫科	黑背小瓢虫 *Scymnus*（Pullus）*kawamuai*（Ohta）	2010		文献
813	鞘翅目	瓢虫科	刀角瓢虫 *Serangium japonicum* Chapin	2010		文献
814	鞘翅目	瓢虫科	束管食满瓢虫 *Stethorus chengi* Sasaji	2010		文献
815	鞘翅目	瓢虫科	黑斑赤艳瓢虫 *Sticholotis punctata* Crotch	2010		文献
816	鞘翅目	瓢虫科	四川寡节瓢虫 *Telsimia sichuanensis* Pang et Mao	2010		文献
817	鞘翅目	瓢虫科	十二斑菌瓢虫 *Vibidia duodeimguttata*（Poda）	2010		文献
818	鞘翅目	萤科	大端黑萤 *Luciola anceyi* Olivier	2010		文献
819	鞘翅目	萤科	维神光萤 *Luciola chinensis* Linnaeus	2010		文献
820	鞘翅目	萤科	封劲火腹萤 *Luciola signaticollis* Olivier	2010		文献
821	鞘翅目	红萤科	中华阔红萤 *Plateros chinensis* Waterhouse	2010		文献
822	鞘翅目	红萤科	瘤突阔红萤 *Plateros tuberculatus* Pic	2010		文献
823	鞘翅目	花萤科	褐异花萤 *Athemus testaceipes* Pic	2010		文献
824	鞘翅目	花萤科	中国圆胸花萤 *Prothemus chinensis* Wittmer	2010		文献
825	鞘翅目	花萤科	黑胫丽花萤 *Themus talianus*（Pic）	2010		文献
826	鞘翅目	花萤科	赤胸花萤 *Canthari scurtata* Kies	2015	+	标本
827	鞘翅目	芫菁科	长毛豆芫菁 *Epicauta apicipennis* Tan	2010		文献
828	鞘翅目	芫菁科	短翅豆芫菁 *Epicauta aptera* Kaszab	2010		文献
829	鞘翅目	芫菁科	钩刺豆芫菁 *Epicauta curvispina* Kasza	2010		文献
830	鞘翅目	芫菁科	锯角豆芫菁 *Epicauta gorhami* Marseul	2010		文献
831	鞘翅目	芫菁科	暗头豆芫菁 *Epicauta obscurocephala* Reitter	2010		文献
832	鞘翅目	芫菁科	红头豆芫菁 *Epicauta cuficeps* Iliger	2014	+	标本
833	鞘翅目	芫菁科	毛胫豆芫菁 *Epicauta tibialis* Waterhous	2014	++	标本
834	鞘翅目	芫菁科	眼斑芫菁 *Mylabris cichorii*（Linnaeus）	2010		文献
835	鞘翅目	芫菁科	多毛斑芫菁 *Mylabris hirta* Tan	2010		文献
836	鞘翅目	芫菁科	大斑芫菁 *Mylabris phalerata* Palla	2010		文献

编号	目	科名	中文种名（拉丁学名）	最新发现时间/年	数量状况	数据来源
837	鞘翅目	伪叶甲科	黑胸伪叶甲 *Lagria nigricollis* Hope	2010		文献
838	鞘翅目	伪叶甲科	杨氏彩伪叶甲 *Mimobor chmannia* Yangi Merkl et Chen	2014	+	标本
839	鞘翅目	粪金龟科	变武粪金龟 *Enoplotrupes variicolor* Fairmaire	2010		文献
840	鞘翅目	粪金龟科	齿股粪金龟 *Geotrupes armicrus* Fairmaire	2010		文献
841	鞘翅目	粪金龟科	波笨粪金龟 *Lethrus potanini* Jakovlev	2014	+	标本
842	鞘翅目	驼金龟科	缺暗驼金龟 *Phaeochrous emarginatus* Castelna	2010		文献
843	鞘翅目	犀金龟科	双叉犀金龟 *Allomyrina dichotoma* Linnaeus	2010		文献
844	鞘翅目	犀金龟科	蒙瘤犀金龟 *Trichogomaphus mongol* Arrow	2012	+	标本
845	鞘翅目	犀金龟科	阔胸禾犀金龟 *Pentodon mongolicus* Motschulsky	2013	+	标本
846	鞘翅目	金龟科	独角凯蜣螂 *Caccobius unicornis*（Fabricius）	2010		文献
847	鞘翅目	金龟科	短凯蜣螂 *Caccobius brevis* Waterhouse	2014	+	标本
848	鞘翅目	金龟科	神农蜣螂 *Canthasius mollossus*（Linnaeus）	2010		文献
849	鞘翅目	金龟科	四川蜣螂 *Copris szechouanisis* Balthasar	2010		文献
850	鞘翅目	金龟科	紫蜣螂 *Geotrupes laeuistriatus* Motschulsky	2010		文献
851	鞘翅目	金龟科	墨玉利蜣螂 *Liatongus gagatinus*（Hope）	2010		文献
852	鞘翅目	金龟科	戴联蜣螂 *Sisyphus davidis* Fairmaire	2014	+	标本
853	鞘翅目	鳃角金龟科	展六鳃金龟 *Hexatenius protensus* Fairmaira	2010		文献
854	鞘翅目	鳃角金龟科	华脊鳃金龟 *Holotrichia sinensis* Hope	2010		文献
855	鞘翅目	鳃角金龟科	棕背鳃金龟 *Holotrichia castanea* Waterhouse	2010		文献
856	鞘翅目	鳃角金龟科	暗黑鳃金龟 *Holotrichia parallela* Motschulsky	2014	+	标本
857	鞘翅目	鳃角金龟科	华南大黑鳃金龟 *Holotrichia sauteri* Moser	2010		文献
858	鞘翅目	鳃角金龟科	棕色鳃金龟 *Holotrichia titanis* Reitter	2010		文献
859	鞘翅目	鳃角金龟科	大狭肋鳃金龟（巨狭肋鳃金龟）*Holotrichia maxima* Chang	2010		文献
860	鞘翅目	鳃角金龟科	海南狭肋鳃金龟 *Holotrichia hainanensis* Chang	2010		文献
861	鞘翅目	鳃角金龟科	直齿爪鳃金龟 *Holotrichia koraiensis* Murayama	2010		文献
862	鞘翅目	鳃角金龟科	灰胸突鳃金龟 *Hoplosternus incanus* Motschulsky	2010		文献
863	鞘翅目	鳃角金龟科	桔金星金龟 *Liocola speculifera* Swartz	2010		文献
864	鞘翅目	鳃角金龟科	鲜黄鳃金龟 *Metabolus tumidifrons* Fairmaire	2015	+	标本
865	鞘翅目	鳃角金龟科	小黄鳃金龟 *Metabolus flavescens* Brenske	2014	+	标本
866	鞘翅目	鳃角金龟科	戴云鳃金龟 *Polyphylla davidis* Fairmaire	2010		文献
867	鞘翅目	鳃角金龟科	大云鳃金龟 *Polyphylla laticollis* Lewis	2010		文献
868	鞘翅目	鳃角金龟科	莱雪鳃金龟 *Chioneosoma reitteri* Semenov	2014	+	标本
869	鞘翅目	鳃角金龟科	二色希鳃金龟 *Hilyotrogus bicolorelus*（Heyden）	2014	+	标本
870	鞘翅目	花金龟科	赭翅臀花金龟 *Campsiura mirabilis*（Faldermann）	2010		文献
871	鞘翅目	花金龟科	褐鳞花金龟 *Cosmiomorphs modesta* Westwood	2010		文献
872	鞘翅目	花金龟科	毛鳞花金龟 *Cosmiomorphs setulosa* Westwood	2010		文献
873	鞘翅目	花金龟科	宽带鹿花金龟 *Dicranocephalus adamsi* Pasooe	2010		文献
874	鞘翅目	花金龟科	四带丽花金龟 *Euselates quadrilineata*（Hope）	2010		文献
875	鞘翅目	花金龟科	红缘白纹花金龟 *Glycyphana horsfieidi* Hope	2010		文献
876	鞘翅目	花金龟科	斑青花金龟 *Oxycetonia bealiae*（Gory et Prrcheron）	2010		文献
877	鞘翅目	花金龟科	小青花金龟 *Oxycetonia jucundu* Faldermann	2010		文献
878	鞘翅目	花金龟科	绿罗花金龟 *Rhomborrhina vnicolor* Motschulsky	2010		文献

续表

编号	目	科名	中文种名（拉丁学名）	最新发现 时间/年	数量 状况	数据 来源
879	鞘翅目	花金龟科	横纹罗花金龟 *Rhomborrhina fortunei* Saunders	2010		文献
880	鞘翅目	花金龟科	日铜罗花金龟 *Rhomborrhina japonica* Hope	2010		文献
881	鞘翅目	花金龟科	黄毛罗花金龟 *Rhomborrhina fulvopilosa* Moser	2010		文献
882	鞘翅目	花金龟科	铜花金龟 *Rhomborrhina japonica* Hope	2015	+	标本
883	鞘翅目	花金龟科	铜绿星花金龟 *Protaetia*（*Potosia*）*metallica* Herbst	2014	+	标本
884	鞘翅目	斑金龟科	短毛斑金龟 *Lasiotrichius succinctus*（Pallas）	2010		文献
885	鞘翅目	斑金龟科	十点绿斑金龟 *Trichius dubernardi* Pouillaude	2010		文献
886	鞘翅目	丽金龟科	黑跗长丽金龟 *Adoretosoma atritarse*（Fairmaire）	2010		文献
887	鞘翅目	丽金龟科	斑喙丽金龟 *Adoretus tennuimaculatus* Waterhouse	2010		文献
888	鞘翅目	丽金龟科	白花绿丽金龟 *Adoretus albopilosa* Hope	2010		文献
889	鞘翅目	丽金龟科	绿腿丽金龟 *Adoretus chamaeleon* Fairmaire	2010		文献
890	鞘翅目	丽金龟科	蓝边丽金龟 *Callistethus plagiicollis* Fairmaire	2014	+	标本
891	鞘翅目	丽金龟科	铜绿丽金龟 *Anomala corpulenta* Motschulsky	2014	+	标本
892	鞘翅目	丽金龟科	弱脊异丽金龟 *Anomala sulcipennis* Faldermann	2014	+	标本
893	鞘翅目	丽金龟科	红脚异丽金龟 *Anomala cupripes* Hope	2010		文献
894	鞘翅目	丽金龟科	漆里异丽金龟 *Anomala ebenina* Fairmaire	2010		文献
895	鞘翅目	丽金龟科	腹毛异丽金龟 *Anomala amychodes*	2010		文献
896	鞘翅目	丽金龟科	川毛异丽金龟 *Anomala pilosella* Fairmaire	2010		文献
897	鞘翅目	丽金龟科	毛边异丽金龟 *Anomala coxalis* Bates	2010		文献
898	鞘翅目	丽金龟科	皱唇异丽金龟 *Anomala rugiclypea* Lin	2010		文献
899	鞘翅目	丽金龟科	多色异丽金龟 *Anomala chamaeleon* Fairmaire	2014	+	标本
900	鞘翅目	丽金龟科	黄褐异丽金龟 *Anomala exoleta* Fald	2014	+	标本
901	鞘翅目	丽金龟科	蒙古异丽金龟 *Anomala mongolica* Faldermann	2014	+	标本
902	鞘翅目	丽金龟科	中华弧丽金龟 *Popillia quadriguttata*（Fabricius）	2010		文献
903	鞘翅目	丽金龟科	弱斑弧丽金龟 *Popillia histeroidea* Gyllenhal	2010		文献
904	鞘翅目	丽金龟科	曲带弧丽金龟 *Popillia pustulata* Fairmaire	2010		文献
905	鞘翅目	丽金龟科	棉花弧丽金龟 *Popillia mutans* Newman	2015	+	标本
906	鞘翅目	丽金龟科	川绿弧丽金龟 *Popillia sichuanensi* Lin	2010		文献
907	鞘翅目	丽金龟科	光盾弧丽金龟 *Popillia laeviscutala* Lin	2015	+	标本
908	鞘翅目	丽金龟科	中华彩丽金龟 *Mimela chinensis* Kirby	2010		文献
909	鞘翅目	丽金龟科	墨绿彩丽金龟 *Mimela splendens*（Gyllenhal）	2010		文献
910	鞘翅目	丽金龟科	浅褐彩丽金龟 *Mimela testaceoviridis* Blanchard	2015	+	标本
911	鞘翅目	绒毛金龟科	弗长角绒金龟 *Toxocerus florentini*（Fairmaire）	2010		文献
912	鞘翅目	埋葬甲科	大葬甲 *Necrophorus japonicus* Harold	2015	+	标本
913	鞘翅目	埋葬甲科	黑负葬甲 *Necrophorus concolor* Kraatz	2014	+	标本
914	鞘翅目	埋葬甲科	花葬甲 *Necrophorus maculifrons* Kraatz	2010		文献
915	鞘翅目	埋葬甲科	尼负葬甲 *Necrophorus nepalensis* Hope	2015	+	标本
916	鞘翅目	锹甲科	光环锹甲 *Cyclommatus alberst* Kraatz	2010		文献
917	鞘翅目	锹甲科	三带环锹甲 *Cyclommatus strihiceps* Westwood	2010		文献
918	鞘翅目	锹甲科	缝前锹甲 *Prosopocoilus suturalis*（Olivier）	2014	+	标本
919	鞘翅目	锹甲科	黄褐前凹锹甲 *Prosopocoilus blanchardi*（Parry）	2014	+	标本
920	鞘翅目	锹甲科	弓齿黑锹甲 *Rhaetulus screnatus* Mizunuma et Nagai	2015	+	标本

续表

编号	目	科名	中文种名（拉丁学名）	最新发现时间/年	数量状况	数据来源
921	鞘翅目	锹甲科	斑股锹甲 *Lucanus maculifemoratus* Motschulsky	2014	+	标本
922	鞘翅目	锹甲科	绒根锹甲 *Gnaphaloryx velutinus* Thomson	2010		文献
923	鞘翅目	锹甲科	小黑新锹甲 *Neolucanus championi* Parry	2010		文献
924	鞘翅目	锹甲科	巨锯锹甲 *Serrognathus titanus*（Boisduval）	2015	+	标本
925	鞘翅目	花蚤科	克氏带花蚤 *Glipa klapperichi* Ermisch	2010		文献
926	鞘翅目	花蚤科	皮氏花蚤 *Glipa pici* Ermisc	2010		文献
927	鞘翅目	天牛科	桑天牛 *Apriona germari*（Hope）	2014	+	标本
928	鞘翅目	天牛科	橙斑白条天牛 *Batocera davidis* Deyrolle	2014	+	标本
929	鞘翅目	天牛科	黑尾丽天牛 *Rosalia fornosa* Pic	2014	+	标本
930	鞘翅目	天牛科	栗灰锦天牛 *Acalolepta degener*（Bates）	2010		文献
931	鞘翅目	天牛科	金绒锦天牛 *Acalolepta permutans*（Pascoe）	2010		文献
932	鞘翅目	天牛科	双斑锦天牛 *Acalolepta sublucus*（Thomson）	2010		文献
933	鞘翅目	天牛科	黑棘翅天牛 *Aethalodes verrucossus* Gahan	2010		文献
934	鞘翅目	天牛科	白角虎天牛 *Anaglyptus apicicornis*（Gressitt）	2010		文献
935	鞘翅目	天牛科	赤杨花天牛 *Anoplodera rubra dichroa*（Blanchard）	2010		文献
936	鞘翅目	天牛科	星天牛 *Anoplophora* chinensis（Forster）	2015	+	标本
937	鞘翅目	天牛科	四川星天牛 *Anoplophora freyi*（Breuning）	2010		文献
938	鞘翅目	天牛科	棟星天牛 *Anoplophora horsfieldi*（Hope）	2010		文献
939	鞘翅目	天牛科	拟星天牛 *Anoplophora imitatrix*（White）	2010		文献
940	鞘翅目	天牛科	槐星天牛 *Anoplophora lurida*（Pascoe）	2010		文献
941	鞘翅目	天牛科	皱绿柄天牛 *Aphlodisium gibbicolle*（White）	2010		文献
942	鞘翅目	天牛科	粒肩天牛 *Apriona germari* Hope	2010		文献
943	鞘翅目	天牛科	绣色粒肩天牛 *Apriona swainsoni*（Hope）	2014	+	标本
944	鞘翅目	天牛科	凹胸梗天牛 *Arhopalus oberthui* Sharp	2010		文献
945	鞘翅目	天牛科	褐梗天牛 *Arhopalus rusticus*（Linnaeus）	2010		文献
946	鞘翅目	天牛科	瘤胸簇天牛 *Aristobia hispida*（Saunders）	2010		文献
947	鞘翅目	天牛科	桃红颈天牛 *Aromia bungii*（Falderman）	2010		文献
948	鞘翅目	天牛科	黄荆重突天牛 *Astathes episcopalis* Chevrolat	2010		文献
949	鞘翅目	天牛科	橙斑白条天牛 *Batocera davidis* Deyrolle	2010		文献
950	鞘翅目	天牛科	云斑白条天牛 *Batocera lineolata* Chevrolat	2010		文献
951	鞘翅目	天牛科	榕八星白条天牛 *Batocera rubus*（Linnaeus）	2010		文献
952	鞘翅目	天牛科	灰牛天 *Blepephaeus succincter*（Chevrolat）	2010		文献
953	鞘翅目	天牛科	簇角缨象牛天 *Cacis cretifera* Hope	2010		文献
954	鞘翅目	天牛科	红翅拟柄天牛 *Cataphrodisium rubripenne*（Hope）	2010		文献
955	鞘翅目	天牛科	柳枝豹天牛 *Coscinesthes porosa* Bates	2010		文献
956	鞘翅目	天牛科	桃绿虎天牛 *Chelidonium citri* Gressitt	2010		文献
957	鞘翅目	天牛科	绿长虎天牛 *Chloridolum virida*（Thomson）	2010		文献
958	鞘翅目	天牛科	竹绿虎天牛 *Chlorophorus annularis*（Fabricius）	2010		文献
959	鞘翅目	天牛科	樱桃虎天牛 *Chlorophorus diadema*（Motschulsky）	2010		文献
960	鞘翅目	天牛科	榄绿虎天牛 *Chlorophorus eleodes*（Fairmaire）	2010		文献
961	鞘翅目	天牛科	裂纹绿虎天牛 *Chlorophorus separatus* Gressitt	2010		文献
962	鞘翅目	天牛科	黑跗眼天牛 *Chreonoma atritarsis* Picard	2010		文献

续表

编号	目	科名	中文种名（拉丁学名）	最新发现时间/年	数量状况	数据来源
963	鞘翅目	天牛科	白盾筛天牛 *Cribragapanthia scutellata* Pic	2010		文献
964	鞘翅目	天牛科	二斑绒天牛 *Embrik-strandia bimaculata*（White）	2010		文献
965	鞘翅目	天牛科	红天牛 *Erythrus championi* White	2010		文献
966	鞘翅目	天牛科	弧斑红天牛 *Erythrus fortunei* White	2010		文献
967	鞘翅目	天牛科	榆并脊天牛 *Glenea relicta* Poscoe	2010		文献
968	鞘翅目	天牛科	四面山长颊花天牛 *Gnathostraga lissimianshana* Chiang et Chen	2010		文献
969	鞘翅目	天牛科	拉米天牛 *Lamiodorcadion annulipes* Pic	2010		文献
970	鞘翅目	天牛科	双带粒翅天牛 *Lamiominus gottschei* Kolbe	2010		文献
971	鞘翅目	天牛科	瘤筒大牛 *Linda femorata*（Chevrolat）	2010		文献
972	鞘翅目	天牛科	赤瘤筒天牛 *Linda nigroscutata*（Fairmaire）	2010		文献
973	鞘翅目	天牛科	栗山天牛 *Massicus raddei*（Blessig）	2010		文献
974	鞘翅目	天牛科	中华薄翅天牛 *Megopis sinica sinica*（Mhite）	2010		文献
975	鞘翅目	天牛科	松墨天牛 *Monochamus atternatus* Hope	2010		文献
976	鞘翅目	天牛科	蓝墨天牛 *Monochamus guerryi* Pic	2010		文献
977	鞘翅目	天牛科	松巨瘤天牛 *Morimospasma paradoxum* Ganglbauer	2010		文献
978	鞘翅目	天牛科	粗粒巨瘤天牛 *Morimospasma tuberculatum* Breuning	2010		文献
979	鞘翅目	天牛科	桔褐天牛 *Naudezhdiella cantori* Hope	2010		文献
980	鞘翅目	天牛科	黑翅脊筒天牛 *Nupserha infantula* Ganglbauer	2010		文献
981	鞘翅目	天牛科	暗翅筒天牛 *Oberea fuscipennis*（Checrolat）	2010		文献
982	鞘翅目	天牛科	日本筒天牛 *Oberea japonica* Thunberg	2010		文献
983	鞘翅目	天牛科	黑腹筒天牛 *Oberea nigriceps* Bates	2010		文献
984	鞘翅目	天牛科	凹尾筒天牛 *Oberea walkeri* Gahan	2010		文献
985	鞘翅目	天牛科	苎麻双脊天牛 *Paraglenea fortunei*（Saunders）	2010		文献
986	鞘翅目	天牛科	蜡斑齿胫天牛 *Paraleprodera carolina* Fairmair	2010		文献
987	鞘翅目	天牛科	云纹肖绵天牛 *Perihammus infelix*（Pascoe）	2010		文献
988	鞘翅目	天牛科	桔根接锯天牛 *Priotyrranus closteroides* Thomson	2010		文献
989	鞘翅目	天牛科	中华棒角天牛 *Rhodopina sinjca*（Pic）	2010		文献
990	鞘翅目	天牛科	短角椎天牛 *Spondylis buprestoides*（Linnaeus）	2010		文献
991	鞘翅目	天牛科	蚤瘦花天牛 *Sprangalis fortunei* Pascoe	2010		文献
992	鞘翅目	天牛科	二点廋花天牛 *Sprangalis*（*Parastranglis*）*savioi* Pic	2010		文献
993	鞘翅目	天牛科	黄带刺楔天牛 *Thermistis croceocincta*（Saunders）	2010		文献
994	鞘翅目	天牛科	刺角天牛 *Trirachys orientalis* Bates	2010		文献
995	鞘翅目	天牛科	合欢双条天牛 *Xystrocera globosa*（Olivier）	2015	+	标本
996	鞘翅目	天牛科	核桃脊虎天牛 *Xylotrechus contortus* Gahan	2010		文献
997	鞘翅目	铁甲科	水稻铁甲 *Dicladispa armigera*（Olivier）	2010		文献
998	鞘翅目	铁甲科	红端叉趾铁甲 *Dactylispa*（*s. str.*）*sauteri* Uhmann	2010		文献
999	鞘翅目	铁甲科	锯齿叉趾铁甲 *Dactylispa*（*Tr.*）*angulosa*（Solsky）	2010		文献
1000	鞘翅目	铁甲科	中华叉趾铁甲 *Dactylispa*（*Tr.*）*chinensis* Weise	2010		文献
1001	鞘翅目	铁甲科	多刺叉趾铁甲 *Dactylispa*（*Tr.*）*higoniae*（Lewis）	2010		文献
1002	鞘翅目	铁甲科	束腰扁趾铁甲 *Dactylispa*（*Pl.*）*excise*（Kraatz）	2010		文献
1003	鞘翅目	铁甲科	红胸丽甲 *Callispa ruficollis* Fairmaire	2010		文献
1004	鞘翅目	铁甲科	西南锯龟甲 *Basiprionota*（*s. str.*）*pudica*（Spaeth）	2010		文献

编号	目	科名	中文种名（拉丁学名）	最新发现时间/年	数量状况	数据来源
1005	鞘翅目	铁甲科	双斑锯龟甲 Basiprionota（s. str.）bimaculata（Thunberg）	2010		文献
1006	鞘翅目	铁甲科	大锯龟甲 Basiprionota chinensis	2010		文献
1007	鞘翅目	铁甲科	蒿龟甲 Cassida（s. str.）fuscorufa Motschulsky	2010		文献
1008	鞘翅目	铁甲科	虾钳菜日龟甲 Cassida（s. str.）japana Baly	2010		文献
1009	鞘翅目	铁甲科	甘薯台龟甲 Taiwania（s. str.）circumdata（Herbst）	2010		文献
1010	鞘翅目	铁甲科	真台龟甲 Taiwania（s. str.）sauteri Spaeth	2010		文献
1011	鞘翅目	铁甲科	素带台龟甲 Taiwania（s. str.）postarcuata Chen et Zia	2010		文献
1012	鞘翅目	铁甲科	苹果台龟甲 Taiwania（s. str.）versicolor（Boheman）	2010		文献
1013	鞘翅目	铁甲科	豹短椭龟甲 Glyphocassis（H.）spilota（Gorham）	2010		文献
1014	鞘翅目	铁甲科	双枝尾龟甲 Thlaspida biramosa（Boheman）	2010		文献
1015	鞘翅目	铁甲科	甘薯蜡龟甲 Laccoptera quadrimaculata（Thunberg）	2010		文献
1016	鞘翅目	铁甲科	甘薯梳龟甲 Aspidomorpha furcata（Thunberg）	2010		文献
1017	鞘翅目	豆象科	豌豆象 Bruchus pisorum Linneaus	2010		文献
1018	鞘翅目	豆象科	绿豆象 Callosobruchus chinensis（Linnaeus）	2010		文献
1019	鞘翅目	小蠹科	瘤胸材小蠹 Ambrosiodmus rubricolls（Eichhoff）	2010		文献
1020	鞘翅目	小蠹科	两色材小蠹 Cnestus maculates Browne	2010		文献
1021	鞘翅目	小蠹科	马尾松梢小蠹 Cryphalus masonianus Tsai et Li	2010		文献
1022	鞘翅目	小蠹科	破面材小蠹 Euwallacea interjectus（Blandford）	2010		文献
1023	鞘翅目	小蠹科	平穴小蠹 Hadrodemius armorphus（Eggers）	2010		文献
1024	鞘翅目	小蠹科	杉肤小蠹 Phloeosinus sinensis Schedl	2010		文献
1025	鞘翅目	小蠹科	毛刺锉小蠹 Scolytoplatypus raja Batzeburg	2010		文献
1026	鞘翅目	小蠹科	小毛喙小蠹 Sueus niisimai（Eggers）	2010		文献
1027	鞘翅目	小蠹科	小粒材小蠹 Xyleborus saxeseni Ratzebur	2010		文献
1028	鞘翅目	小蠹科	秃尾材小蠹 Xyleborus amputates Blandford	2010		文献
1029	鞘翅目	小蠹科	光滑材小蠹 Xyleborus germanus（Blandford）	2010		文献
1030	鞘翅目	吉丁虫科	柑橘吉丁甲 Agrilus auriventris Saund	2010		文献
1031	鞘翅目	吉丁虫科	中华窄吉丁虫 Agrilus sinensis Thomson	2010		文献
1032	鞘翅目	吉丁虫科	柑桔溜皮虫 Agrilus inamoenus Kerrmans	2010		文献
1033	鞘翅目	隐翅虫科	梭毒隐翅虫 Paederus fuscipes Curtis	2010		文献
1034	鞘翅目	象甲科	短胸长足象 Alcidodes trifidus（Pascoe）	2010		文献
1035	鞘翅目	象甲科	日本长足象 Alcidodes nipponicus（Kono）	2010		文献
1036	鞘翅目	象甲科	中国角喙象 Anosimus klapperichi Voss	2010		文献
1037	鞘翅目	象甲科	小卵象 Calomycterus obconicus Chao	2010		文献
1038	鞘翅目	象甲科	山茶象 Curculio chinensis Chevrolat	2010		文献
1039	鞘翅目	象甲科	竹直锥象 Chrtotrachelus longimanus Fabricius	2010		文献
1040	鞘翅目	象甲科	淡灰瘤象 Dermatoxenus caesicollis（Gyllenhal）	2010		文献
1041	鞘翅目	象甲科	稻象甲 Echinocenmus squameus Pillberg	2010		文献
1042	鞘翅目	象甲科	灌县癞象 Episomus kwanbsienllberisis Heller	2010		文献
1043	鞘翅目	象甲科	长实光注象 Gasteroclisus rlapperichi Voss	2010		文献
1044	鞘翅目	象甲科	绿鳞象 Hypomeces squamosus Herbst	2010		文献
1045	鞘翅目	象甲科	圆筒筒喙象 Lixus mandaranus fukienensis Voss	2010		文献
1046	鞘翅目	象甲科	斜纹筒喙象 Lixus obliquivittis Voss	2010		文献

续表

编号	目	科名	中文种名（拉丁学名）	最新发现时间/年	数量状况	数据来源
1047	鞘翅目	象甲科	暗褐圆筒象 *Macrocorynus capito*（Faust）	2010		文献
1048	鞘翅目	象甲科	大圆筒象 *Macrocorynus psittacinus* Redtenbacher	2010		文献
1049	鞘翅目	象甲科	茶丽纹象 *Myllocerinus aurolineatus* Voss	2010		文献
1050	鞘翅目	象甲科	松瘤象 *Sipalus gigas*（Fabricius）	2010		文献
1051	鞘翅目	象甲科	大灰象 *Sympiezomias velatus*（Chevrolat）	2010		文献
1052	鞘翅目	卷象科	黑尾卷叶象 *Apoderus nigroapicatus* Jekel	2010		文献
1053	鞘翅目	卷象科	中华卷叶象 *Apoderus chinensis* Jekel	2010		文献
1054	鞘翅目	卷象科	淡赤落纹象 *Apoderus rubidus* Motschulsky	2010		文献
1055	鞘翅目	卷象科	六星卷象 *Apoderus praecellens* Sharp	2010		文献
1056	鞘翅目	卷象科	瘤胸茸卷象 *Euscelophilus gibbicollis*（Schilsky）	2010		文献
1057	鞘翅目	卷象科	黑胸须喙卷象 *Henicolabus hypomelas*（Fairmaier）	2010		文献
1058	鞘翅目	卷象科	花斑切叶象 *Paroplapoderus pardalis*（Vollenhoven）	2010		文献
1059	鞘翅目	卷象科	瘤圆斑卷象 *Paroplapoderus semiamulatus* Jekel	2010		文献
1060	鞘翅目	卷象科	漆黑瘤卷象 *Phymatapoderus latipennis*（Jekel）	2010		文献
1061	鞘翅目	卷象科	梨虎象 *Rhynchites foveipennis* Fairmarire	2010		文献
1062	鞘翅目	卷象科	桃实小象甲 *Rhynchites bacchus* Linnaus	2010		文献
1063	鞘翅目	卷象科	梨象甲 *Rhynchites heros* Roel	2010		文献
1064	广翅目	齿蛉科	中华斑鱼蛉 *Neochauliodes sinensis*（Walker）	2010		文献
1065	广翅目	齿蛉科	污翅斑鱼蛉 *Neochauliodes fraternus*	2010		文献
1066	广翅目	齿蛉科	黑头斑鱼蛉 *Neochauliodes nigris* Liu et Yang	2014	+	标本
1067	广翅目	齿蛉科	普通齿蛉 *Neoneuromus ignobilis* Navas	2010		文献
1068	广翅目	星齿蛉科	星齿蛉 *Protohermes grandis* Thunberg	2010		文献
1069	广翅目	星齿蛉科	基黄星齿蛉 *Protohermes basiflavus* Yang	2014	+	标本
1070	广翅目	星齿蛉科	花边星齿蛉 *Protohermes costalis*（Walker）	2010		文献
1071	脉翅目	草蛉科	大草蛉 *Chrysopa pallens*（Rambur）	2010		文献
1072	脉翅目	草蛉科	丽草蛉 *Chrysopa formosa* Brauer	2010		文献
1073	脉翅目	草蛉科	晋草蛉 *Chrysopa shansiensis* Kawa	2010		文献
1074	脉翅目	草蛉科	日本通草蛉 *Chrysoperla nipponsis*（Okamoto）	2010		文献
1075	脉翅目	褐蛉科	全北褐蛉 *Hemerobius humuli* Linnaeus	2010		文献
1076	脉翅目	蚁蛉科	东蚁蛉 *Euroleon sanxianus* Yang	2014	+	标本
1077	毛翅目	纹石蛾科	疗长角纹石蛾 *Macrostemum fastosum* Walker	2010		文献
1078	毛翅目	纹石蛾科	小缺距纹石蛾 *Potamyia parva*（Umer）	2010		文献
1079	毛翅目	角石蛾科	角石蛾 *Stenopsyche angustata* Walker	2010		文献
1080	毛翅目	角石蛾科	纳氏角石蛾 *Stenopsyche navasi* Ulmer	2010		文献
1081	鳞翅目	木蠹蛾科	咖啡豹蠹蛾 *Zeuzera coffeae* Nietner	2014	+	标本
1082	鳞翅目	织蛾科	坚平祝蛾 *Lecithocera*（*Patouissa*）*erecta* Meyrick	2010		文献
1083	鳞翅目	尖蛾科	茶梢蛾 *Parametriates theae* Jus	2010		文献
1084	鳞翅目	蓑蛾科	吊袋蛾 *Clania preyeri*（Leech）	2010		文献
1085	鳞翅目	蓑蛾科	大蓑蛾 *Clania variegate* Snelln	2010		文献
1086	鳞翅目	蓑蛾科	小窠蓑蛾 *Eumeta minuscule* Butle	2010		文献
1087	鳞翅目	麦蛾科	甘薯麦蛾 *Brachmia macroscopa* Meyrick	2010		文献
1088	鳞翅目	麦蛾科	马铃薯块麦蛾 *Phthorimaea operculella* Zeller	2010		文献

续表

编号	目	科名	中文种名（拉丁学名）	最新发现时间/年	数量状况	数据来源
1089	鳞翅目	麦蛾科	棉花红铃麦蛾 *Pectinophora gossypiella*（Saunders）	2010		文献
1090	鳞翅目	麦蛾科	麦蛾 *Sitotroga cerealella*（Olivier）	2010		文献
1091	鳞翅目	麦蛾科	黑星麦蛾 *Telphusa chloroderces* Meyrich	2010		文献
1092	鳞翅目	草蛾科	衡山草蛾 *Ethmia maculate* Sattler	2010		文献
1093	鳞翅目	木蛾科	梅木蛾 *Odites issikii*（Takahashi）	2010		文献
1094	鳞翅目	潜蛾科	旋纹潜叶蛾 *Leucoptera Scitella* Zelle	2010		文献
1095	鳞翅目	潜蛾科	银纹潜叶蛾 *Lyonetia prunifoliella* Hubner	2010		文献
1096	鳞翅目	菜蛾科	小菜蛾 *Plutella xylostella*（Linnweus）	2010		文献
1097	鳞翅目	卷蛾科	梨小食心虫 *Grapholita molesta*（Busck）	2010		文献
1098	鳞翅目	卷蛾科	豆小卷蛾 *Matsumuraeses phaseoli*（Matsumura）	2010		文献
1099	鳞翅目	卷蛾科	桃白小卷蛾 *Spilonota albicana*（Motschulsky）	2010		文献
1100	鳞翅目	卷蛾科	柑桔褐带卷蛾 *Adoxophyes cyrtosema* Meyrick	2010		文献
1101	鳞翅目	卷蛾科	棉褐带卷蛾 *Adoxophyes orana orana*（Fischer von. Roslerstamm）	2010		文献
1102	鳞翅目	卷蛾科	梨黄卷蛾 *Archips breviplicana* Walsingham	2010		文献
1103	鳞翅目	卷蛾科	丽黄卷蛾 *Archips opiparus* Liu	2010		文献
1104	鳞翅目	卷蛾科	苹黄卷蛾 *Archips ingentanus*（Christoph）	2010		文献
1105	鳞翅目	卷蛾科	樱黄卷蛾 *Archips crataegnus endoi* Hiibner	2010		文献
1106	鳞翅目	卷蛾科	拟后黄卷蛾 *Archips compacta* Meyrick	2010		文献
1107	鳞翅目	卷蛾科	柑桔长卷蛾 *Homona coffearia*（Nietner）	2010		文献
1108	鳞翅目	卷蛾科	茶长卷蛾 *Homona magnanima* Diakonoff	2010		文献
1109	鳞翅目	螟蛾科	竹织叶野螟 *Algedonis coclesalis* Walker	2010		文献
1110	鳞翅目	螟蛾科	园斑黄缘野螟 *Cirrhochrista brizoalis* Walker	2010		文献
1111	鳞翅目	螟蛾科	梨大食心虫 *Nephopteryx pirivorella* Matsumura	2010		文献
1112	鳞翅目	螟蛾科	栀子三纹野螟 *Archernis tropicalis* Walker	2010		文献
1113	鳞翅目	螟蛾科	三化螟 *Tryporyza incertulas*（Walker）	2010		文献
1114	鳞翅目	螟蛾科	日本巢螟 *Ancylolomia japonica* Zeller	2010		文献
1115	鳞翅目	螟蛾科	大黄缀叶野螟 *Botyodes principalis* Leech	2015	+	标本
1116	鳞翅目	螟蛾科	金黄镰翅野螟 *Circobotys aurealis*（Leech）	2014	+	标本
1117	鳞翅目	螟蛾科	二化螟 *Chilo suppressalis*（Walker）	2010		文献
1118	鳞翅目	螟蛾科	条螟 *Prqcenas venosatum*（Walker）	2010		文献
1119	鳞翅目	螟蛾科	叉纹草螟 *Crambus marcissus* Bleszynski	2010		文献
1120	鳞翅目	螟蛾科	缀叶丛螟 *Locastra muscosalis* Walker	2010		文献
1121	鳞翅目	螟蛾科	盐肤木瘤螟 *Orthaga euadrusalis* Walker	2010		文献
1122	鳞翅目	螟蛾科	金双点螟 *Orybina flaviplaga* Walker	2010		文献
1123	鳞翅目	螟蛾科	艳双点螟 *Orybina regalis* Leech	2014	+	标本
1124	鳞翅目	螟蛾科	黑脉厚须螟 *Propachys nigrivena* Walker	2014	+	标本
1125	鳞翅目	螟蛾科	白斑黑野螟 *Phlyctaenia tyres* Cramer	2014	+	标本
1126	鳞翅目	螟蛾科	稻水螟 *Nymphula vittalis*（Bremer）	2010		文献
1127	鳞翅目	螟蛾科	稻暗水螟 *Bradina admixtalis*（Walker）	2010		文献
1128	鳞翅目	螟蛾科	珍洁波水螟 *Paracymoriza prodigalis*（Leech）	2010		文献
1129	鳞翅目	螟蛾科	甜菜白带野螟 *Hymenia recurvalis* Fabricius	2010		文献
1130	鳞翅目	螟蛾科	丛毛展须野螟 *Eurrphyparodae contortali*s Hampson	2010		文献

续表

编号	目	科名	中文种名（拉丁学名）	最新发现时间/年	数量状况	数据来源
1131	鳞翅目	螟蛾科	扶桑四点野螟 *Lygropia quaternalis* Zeller	2010		文献
1132	鳞翅目	螟蛾科	枇杷卷叶野螟 *Sylepta balteata*（Fabricius）	2010		文献
1133	鳞翅目	螟蛾科	台湾卷叶野螟 *Sylepta taiwanalis* Shibuya	2010		文献
1134	鳞翅目	螟蛾科	棉大卷叶野螟 *Sylepte derogate* Fabricius	2010		文献
1135	鳞翅目	螟蛾科	稻纵卷叶野螟 *Cnaphalocrocis medinalis* Guenée	2010		文献
1136	鳞翅目	螟蛾科	黑点蚀叶野螟 *Lamprosema commixta* Bremer	2010		文献
1137	鳞翅目	螟蛾科	三纹蚀叶野螟 *Lamprosema tristrialis* Bremer	2010		文献
1138	鳞翅目	螟蛾科	茶须野螟 *Nosophora semitritalis*（Lederer）	2010		文献
1139	鳞翅目	螟蛾科	瓜绢野螟 *Diaphania indica*（Saunders）	2010		文献
1140	鳞翅目	螟蛾科	赭缘绢野螟 *Diaphania lacustralis*（Walker）	2010		文献
1141	鳞翅目	螟蛾科	绿翅绢野螟 *Diaphania angustalis*（Snellen）	2014	+	标本
1142	鳞翅目	螟蛾科	白蜡绢野螟 *Diaphania nigropunctalis*（Bremer）	2015	+	标本
1143	鳞翅目	螟蛾科	四斑绢野螟 *Diaphania quadrimaculalis*（Bremer et Grey）	2014	+	标本
1144	鳞翅目	螟蛾科	桃蛀野螟 *Dichocrocis punctiferalis* Guenée	2015	+	标本
1145	鳞翅目	螟蛾科	三条蛀野螟 *Dichocrocis chlorophanta* Butler	2010		文献
1146	鳞翅目	螟蛾科	黄黑纹野螟 *Tyspanodes hypsalis* Warren	2014	+	标本
1147	鳞翅目	螟蛾科	橙黑纹野螟 *Tyspanodes striata*（Butler）	2014	+	标本
1148	鳞翅目	螟蛾科	水稻切叶野螟 *Herpetogramma*（Psara）*licarsisalis*（Walker）	2010		文献
1149	鳞翅目	螟蛾科	葡萄切叶野螟 *Herpetogramma luctuosalis*（Guenée）	2010		文献
1150	鳞翅目	螟蛾科	豆荚野螟 *Maruca testulalis* Geyer	2010		文献
1151	鳞翅目	螟蛾科	亚洲玉米螟 *Ostrinia furnacalis*（Guenée）	2010		文献
1152	鳞翅目	螟蛾科	三点茎草螟 *Neopediasia mixtalis*（Walker）	2010		文献
1153	鳞翅目	螟蛾科	扬子茎草螟 *Neopediasia yangtseella*（Caradja）	2010		文献
1154	鳞翅目	螟蛾科	白大斑野螟 *Polythlipta liqvidalis* Leech	2014	+	标本
1155	鳞翅目	斑蛾科	黄纹旭锦斑蛾 *Campylotes pratti* Leech	2010		文献
1156	鳞翅目	斑蛾科	红肩旭锦斑蛾 *Campylotes romauovi* Leech	2010		文献
1157	鳞翅目	斑蛾科	茶斑蛾 *Eterusia aedea* Linnaeus	2010		文献
1158	鳞翅目	斑蛾科	梨叶斑蛾 *Illiberis pruni* Dyar	2010		文献
1159	鳞翅目	斑蛾科	茶六锦斑蛾 *Soritia pulchella*（Doubleday）	2010		文献
1160	鳞翅目	斑蛾科	榆斑蛾 *Iuiberis ulrmivora* Graeser	2010		文献
1161	鳞翅目	斑蛾科	亮翅毛斑蛾 *Phacusa translucidu* Poujade	2015	l	标本
1162	鳞翅目	斑蛾科	重阳木帆斑蛾 *Histia rhodope* Cramer	2014	+	标本
1163	鳞翅目	斑蛾科	华庆锦斑蛾 *Elcysma pulchella chinensis* Jordan	2014	+	标本
1164	鳞翅目	刺蛾科	枣刺蛾 *Iragoides conjuncta*（Walker）	2010		文献
1165	鳞翅目	刺蛾科	长焰刺蛾 *Iragoides elongate* Hering	2010		文献
1166	鳞翅目	刺蛾科	丽绿刺蛾 *Parasa lepida*（Cramer）	2010		文献
1167	鳞翅目	刺蛾科	迹斑绿刺蛾 *Parasa pastoralis*（Butler）	2014	+	标本
1168	鳞翅目	刺蛾科	肖媚绿刺蛾 *Parasa pseudorepanda* Hering	2010		文献
1169	鳞翅目	刺蛾科	棕边青刺蛾 *Parasa hilarata* Staudinger	2010		文献
1170	鳞翅目	刺蛾科	中华青刺蛾 *Parasa sinica*（Moore）	2010		文献
1171	鳞翅目	刺蛾科	斜纹刺蛾 *Oxyplax ochracea*（Moore）	2014	+	标本
1172	鳞翅目	刺蛾科	线银纹刺蛾 *Miresa urga* Hering	2010		文献

续表

编号	目	科名	中文种名（拉丁学名）	最新发现时间/年	数量状况	数据来源
1173	鳞翅目	刺蛾科	黄刺蛾 *Cnidocampa flavescens*（Walker）	2010		文献
1174	鳞翅目	刺蛾科	桑褐刺蛾 *Setora postornata*（Hampson）	2010		文献
1175	鳞翅目	刺蛾科	显脉球须刺蛾 *Scopelodes venosa kwangtungensis* Hering	2014	+	标本
1176	鳞翅目	刺蛾科	狡娜刺蛾 *Narosoideus vulpinus*（Wileman）	2010		文献
1177	鳞翅目	刺蛾科	眼鳞刺蛾 *Squamosa ocellata*（Moore）	2010		文献
1178	鳞翅目	刺蛾科	素刺蛾 *Susica pallida* Walker	2010		文献
1179	鳞翅目	刺蛾科	扁刺蛾 *Thosea sinensis*（Walker）	2010		文献
1180	鳞翅目	网蛾科	蝉网蛾 *Glanycus foochwensis* Chu et Wang	2010		文献
1181	鳞翅目	网蛾科	四川斜线网蛾 *Striglinasuzukii szechwanensi* Chu et Wang	2010		文献
1182	鳞翅目	凤蛾科	浅翅凤蛾 *Epieopeia hainesi sinicaria* Leech	2010		文献
1183	鳞翅目	凤蛾科	榆凤蛾 *Epieopeia mencia* Moore	2010		文献
1184	鳞翅目	圆钩蛾科	洋麻圆钩蛾 *Cyclidia substigmaria*（Hübner）	2015	+	标本
1185	鳞翅目	钩蛾科	美钩蛾 *Callicilis abraxata* Butler	2010		文献
1186	鳞翅目	钩蛾科	中华大窗钩蛾 *Macrauzata maxima chinensis* Inoue	2014	+	标本
1187	鳞翅目	钩蛾科	二点镰钩蛾 *Drepana dispilata* Warren	2014	+	标本
1188	鳞翅目	钩蛾科	日本线钩蛾 *Nordstroemia japonica*（Moore）	2010		文献
1189	鳞翅目	钩蛾科	星线钩蛾 *Nordstroemia vira*（Moore）	2010		文献
1190	鳞翅目	钩蛾科	双线钩蛾 *Nordstroemia grisearia*（Staudinger）	2014	+	标本
1191	鳞翅目	钩蛾科	缘点丽钩蛾 *Nordstroemia bicostata opalescens*（Oberthur）	2014	++	标本
1192	鳞翅目	钩蛾科	肾点丽钩蛾 *Callidrepana patrana patrana*（Moore）	2010		文献
1193	鳞翅目	钩蛾科	豆点丽钩蛾 *Callidrepana gemina gemina* Waston	2015	++	标本
1194	鳞翅目	钩蛾科	交让木山钩蛾 *Oreta insignts*（Butler）	2010		文献
1195	鳞翅目	钩蛾科	宏山钩蛾 *Oreta hoenei* Watsoacn	2014	+	标本
1196	鳞翅目	钩蛾科	哑铃带钩蛾 *Macrocilis mysticata*（Walker）	2014	+	标本
1197	鳞翅目	翼蛾科	栀子翼蛾 *Alucita flavofascia*（Inoue）	2010		文献
1198	鳞翅目	尖翅蛾科	茶梢蛾 *Parametriotes theae* Kusnetzov	2010		文献
1199	鳞翅目	细蛾科	金纹细蛾 *Lithocolletis ringoniella* Matsumura	2010		文献
1200	鳞翅目	叶潜蛾科	柑橘叶潜蛾 *Phyllocnistis citrella* Stainton	2010		文献
1201	鳞翅目	透翅蛾科	苹果透翅蛾 *Conopia hector* Butler	2010		文献
1202	鳞翅目	透翅蛾科	粗腿透翅蛾 *Melittia bombyli formis* Cramer	2010		文献
1203	鳞翅目	透翅蛾科	白杨透翅蛾 *Parathrene tabaniformis* Rottenberg	2010		文献
1204	鳞翅目	透翅蛾科	海棠透翅蛾 *Synanthedon haitangvora* Yang	2010		文献
1205	鳞翅目	尺蛾科	鲜鹿尺蛾 *Alcis perfurcana*（Wehrli）	2010		文献
1206	鳞翅目	尺蛾科	媚尺蛾 *Anthyperythra hermearia* Swinhoe	2010		文献
1207	鳞翅目	尺蛾科	滇沙弥尺蛾 *Arichanna furcifera* Wehrli	2010		文献
1208	鳞翅目	尺蛾科	茶尺蛾 *Ectropis obliqua*（Prout）	2010		文献
1209	鳞翅目	尺蛾科	贡尺蛾 *Gonodontis aurata* Prout	2015	+	标本
1210	鳞翅目	尺蛾科	达尺蛾 *Dalima apicata eoa* Wehrli	2014	+	标本
1211	鳞翅目	尺蛾科	四川尾尺蛾 *Ourapteryx ebuleata szechuana*（Wehrhi）	2015	++	标本
1212	鳞翅目	尺蛾科	赭尾尺蛾 *Ourapteryx aristidaria* Oberthür	2015	+	标本
1213	鳞翅目	尺蛾科	同尾尺蛾 *Ourapteryx similaria* Leech	2010		文献
1214	鳞翅目	尺蛾科	中国四眼绿尺蛾 *Chlorodontopera mandarinata*（Leech）	2010		文献

续表

编号	目	科名	中文种名（拉丁学名）	最新发现时间/年	数量状况	数据来源
1215	鳞翅目	尺蛾科	瑞霜尺蛾 *Cleora repulsaria*（Walker）	2010		文献
1216	鳞翅目	尺蛾科	云纹尺蛾 *Eulithis pyropata*（Hubner）	2010		文献
1217	鳞翅目	尺蛾科	染垂耳尺蛾 *Pachyodes decorate*（Warren）	2010		文献
1218	鳞翅目	尺蛾科	金边平沙尺蛾 *Parabapta perichrysa* Wehrli	2010		文献
1219	鳞翅目	尺蛾科	拟柿星尺蛾 *Percnia albinierata* Warre	2010		文献
1220	鳞翅目	尺蛾科	柿星尺蛾 *Percnia giraffata*（Guenée）	2015	++	标本
1221	鳞翅目	尺蛾科	灰点尺蛾 *Percnia grisearia* Leech	2010		文献
1222	鳞翅目	尺蛾科	均点尺蛾 *Percnia belluaria sifanica* Wehyli	2013	+	标本
1223	鳞翅目	尺蛾科	枯斑翠尺蛾 *Ochrognesia difficta* Walker	2010		文献
1224	鳞翅目	尺蛾科	蝶青尺蛾 *Hipparchus pilionaria*（Linnaeus）	2010		文献
1225	鳞翅目	尺蛾科	带四星尺蛾 *Ophthalmitis cordularia*（Swinhoe）	2010		文献
1226	鳞翅目	尺蛾科	四星尺蛾 *Ophthalmitis irrorataria* Bremer et Grey	2014	+	标本
1227	鳞翅目	尺蛾科	核桃目尺蛾 *Ophthalmitis albosignaria*（Bremer et Grey）	2014	+	标本
1228	鳞翅目	尺蛾科	木橑尺蠖 *Culcula panterinaria* Bremer et Grey	2015	+	标本
1229	鳞翅目	尺蛾科	折玉臂尺蛾 *Xandrames latiferaria*（Walker）	2015	+	标本
1230	鳞翅目	尺蛾科	黑玉臂尺蛾 *Xandrames dholaria* Moore	2015	+	标本
1231	鳞翅目	尺蛾科	掌尺蛾 *Buzura recursaria superans* Butler	2015	+	标本
1232	鳞翅目	尺蛾科	桐油茶尺蛾 *Buaura suppressaria* Guenee	2010		文献
1233	鳞翅目	尺蛾科	云尺蛾 *Buzura thibetaria* Oberthür	2010		文献
1234	鳞翅目	尺蛾科	丝棉木金星尺蛾 *Calospilos suspecta* Warren	2015	+++	标本
1235	鳞翅目	尺蛾科	小蜻蜓尺蛾 *Cystidia couaggaria*（Guenée）	2010		文献
1236	鳞翅目	尺蛾科	赫点峰尺蛾 *Dindica para para* Swinhoe	2010		文献
1237	鳞翅目	尺蛾科	尖翅绢尺蛾 *Doratoptera niceeille* Hampson	2014	++	标本
1238	鳞翅目	尺蛾科	隐折线尺蛾：*Ecliptopera haplocrossa*（Prout）	2010		文献
1239	鳞翅目	尺蛾科	埃尺蛾 *Ectropis crepuscularia*（Denis et Schiffermuller）	2010		文献
1240	鳞翅目	尺蛾科	黎明尺蛾 *Erobatodes eosaria*（Walker）	2010		文献
1241	鳞翅目	尺蛾科	白脉青尺蛾 *Geometra albovenaria* Bremer	2015	+	标本
1242	鳞翅目	尺蛾科	宽线青尺蛾 *Geometra euryagyia*（Prout）	2015	+	标本
1243	鳞翅目	尺蛾科	曲线青尺蛾 *Geometra sinosaria* Oberthür	2014	+	标本
1244	鳞翅目	尺蛾科	无常魑尺蛾 *Garaeus subsparsus* Wehrhi	2010		文献
1245	鳞翅目	尺蛾科	柑桔尺蠖 *Hemerophila sabplagiata* Ulker	2014	+	标本
1246	鳞翅目	尺蛾科	无脊青尺蛾 *Herochroma baba* Swinhoe	2010		文献
1247	鳞翅目	尺蛾科	大造桥虫 *Ascotis selenaria* Schiffermüller et Denis	2010		文献
1248	鳞翅目	尺蛾科	桑尺蛾 *Menophra atrilineata*（Butler）	2010		文献
1249	鳞翅目	尺蛾科	尘尺蛾 *Hypomecis punctinalis conferenda*（Butler）	2010		文献
1250	鳞翅目	尺蛾科	锯线烟尺蛾 *Phthonosema serratilinearia*（Leech）	2010		文献
1251	鳞翅目	尺蛾科	苹烟尺蛾 *Phthonosema tendinosaria* Bremer	2010		文献
1252	鳞翅目	尺蛾科	指眼尺蛾 *Problepsis crassinotata* Prout	2010		文献
1253	鳞翅目	尺蛾科	佳眼尺蛾 *Problepsis eucircota* Prout	2010		文献
1254	鳞翅目	尺蛾科	长眉眼尺蛾 *Problepsis changmei* Yang	2014	+	标本
1255	鳞翅目	尺蛾科	茶小白尺蛾 *Scopula subpunctaria*（Herrich-Schaeffer）	2010		文献
1256	鳞翅目	尺蛾科	绵庶尺蛾 *Semiothisa monticolaria*（Leech）	2010		文献

编号	目	科名	中文种名（拉丁学名）	最新发现时间/年	数量状况	数据来源
1257	鳞翅目	尺蛾科	双云尺蛾 *Biston comitata* Warren	2014	+	标本
1258	鳞翅目	尺蛾科	黄幅射尺蛾 *Iotaphora iridicolor* Butler	2014	+	标本
1259	鳞翅目	尺蛾科	枯叶尺蛾 *Gandaritis flavata sinicaria* Leech	2014	+	标本
1260	鳞翅目	尺蛾科	中国巨青尺蛾 *Limbatochlamys rothorni* Rothschild	2014	+	标本
1261	鳞翅目	尺蛾科	彩青尺蛾 *Cehlormachia gavissima aphrodite* Prout	2014	+	标本
1262	鳞翅目	尺蛾科	粉红边尺蛾 *Leptomiza crenularia* Leech	2014	+	标本
1263	鳞翅目	尺蛾科	椶星尺蛾 *Arichanna jaguararia* Guenée	2014	+	标本
1264	鳞翅目	尺蛾科	灰星尺蛾 *Arichanna jaguarinaria* Oberthür	2014	+	标本
1265	鳞翅目	尺蛾科	镰翅绿尺蛾 *Tanaorhinus luteiuirgatus* Yazaki et Waang	2014	+	标本
1266	鳞翅目	尺蛾科	茶担尺蛾 *Boarmia diorspliscens* Wehrli	2014	+	标本
1267	鳞翅目	尺蛾科	紫斑绿尺蛾 *Comibaena nigromacularia*（Leech）	2014	+	标本
1268	鳞翅目	尺蛾科	云纹绿尺蛾 *Comibaena pictipennis* Butler	2014	+	标本
1269	鳞翅目	尺蛾科	菊四目尺蛾 *Euchloris albocostaria* Butler	2014	+	标本
1270	鳞翅目	尺蛾科	隐纹尖尾尺蛾 *Maxates quadripunctata*（Inoue）	2014	+	标本
1271	鳞翅目	尺蛾科	银亚四目尺蛾 *Comostola chlorargyra*（Walker）	2014	+	标本
1272	鳞翅目	尺蛾科	纳艳青尺蛾 *Agathia antitheta* Prout	2014	+	标本
1273	鳞翅目	尺蛾科	树形尺蛾 *Erebomorpha fulguraria* Walker	2014	+	标本
1274	鳞翅目	尺蛾科	玻璃尺蛾 *Krananda semihyalina*（Moore）	2010		文献
1275	鳞翅目	尺蛾科	亚叉脉尺蛾 *Leptostegna asiatica*（Warren）	2010		文献
1276	鳞翅目	尺蛾科	辉尺蛾 *Luxiaria mitorrhaphes* Prout	2010		文献
1277	鳞翅目	尺蛾科	白蛮尺蛾 *Medasina albidaria* Walker	2010		文献
1278	鳞翅目	尺蛾科	默蛮尺蛾 *Medasina corticaria*（Leech）	2010		文献
1279	鳞翅目	尺蛾科	小坫尺蛾 *Naxidia glaphyra* Wehrli	2010		文献
1280	鳞翅目	尺蛾科	巨长翅尺蛾 *Obeidia gigantearia* Leech	2010		文献
1281	鳞翅目	尺蛾科	大斑豹纹尺蛾 *Obeidia tigrata maxima* Inou	2010		文献
1282	鳞翅目	尺蛾科	弓纹尺蛾 *Kyrtolitha obstinate cinerata* Staudinger	2010		文献
1283	鳞翅目	尺蛾科	极紫线尺蛾 *Timandra extremaria extremaria* Walker	2010		文献
1284	鳞翅目	尺蛾科	缅洁尺蛾 *Tyloptera bella diecena*（Prout）	2010		文献
1285	鳞翅目	尺蛾科	中华虎尺蛾 *Xanthabraxas nemionata*（Guenée）	2010		文献
1286	鳞翅目	尺蛾科	默尺蛾 *Medasima corticaria photina* Wehrli	2014	+	标本
1287	鳞翅目	尺蛾科	焦边尺蛾 *Bizia aexaria*（Walker）	2010		文献
1288	鳞翅目	波纹蛾科	花箩波纹蛾 *Gaurena florescens* Walker	2010		文献
1289	鳞翅目	波纹蛾科	陕箩波纹蛾 *Gaurena fletcheri* Werny	2015	++	标本
1290	鳞翅目	波纹蛾科	华波纹蛾 *Habrosyne pyritoides*（Hufnsgel）	2010		文献
1291	鳞翅目	波纹蛾科	边波纹蛾 *Horithyatira decorate*（Moore）	2015	+	标本
1292	鳞翅目	波纹蛾科	长大波纹蛾 *Macrothyatira oblong* Poujade	2010		文献
1293	鳞翅目	波纹蛾科	大波纹蛾 *Macrothyatira flavida*（Bremer）	2015	+	标本
1294	鳞翅目	波纹蛾科	金波纹蛾 *Plusinia aurea* Gaede	2010		文献
· 1295 ·	鳞翅目	波纹蛾科	红波纹蛾 *Thyatira rubrescers* Werny	2010		文献
1296	鳞翅目	波纹蛾科	粉太波纹蛾 *Tethea consimilis*（Warren）	2015	++	标本
1297	鳞翅目	波纹蛾科	藕太波纹蛾 *Tethea oberthüri*（Houldert）	2014	+	标本
1298	鳞翅目	波纹蛾科	拟太波纹蛾 *Tethea pseudomaulata*（Hufnsgel）	2010		文献

续表

编号	目	科名	中文种名（拉丁学名）	最新发现时间/年	数量状况	数据来源
1299	鳞翅目	舟蛾科	峨嵋迥舟蛾 *Disparia abraama*（Schaus）	2010		文献
1300	鳞翅目	舟蛾科	黑蕊舟蛾 *Dudusa sphingiformis* Moore	2010		文献
1301	鳞翅目	舟蛾科	著蕊舟蛾 *Dudusa nobilis* Walker	2015	+	标本
1302	鳞翅目	舟蛾科	剑心银斑舟蛾 *Tarsolepis remicauda* Butler	2014	+	标本
1303	鳞翅目	舟蛾科	白二尾舟蛾 *Cerura tattakana* Matsunura	2010	+	标本
1304	鳞翅目	舟蛾科	钩翅舟蛾 *Gangarides dharma* Moore	2014	+	标本
1305	鳞翅目	舟蛾科	苹掌舟蛾 *Pnalera flavescens*（Bremer et Grey）	2014	+	标本
1306	鳞翅目	舟蛾科	栎掌舟蛾 *Pnalera assimilis*（Bremer et Grey）	2014	++	标本
1307	鳞翅目	舟蛾科	刺槐掌舟蛾 *Phalera birmicola* Bryk	2014	!	标本
1308	鳞翅目	舟蛾科	核桃美舟蛾 *Uropyia meticulodina*（Oberthür）	2015	+++	标本
1309	鳞翅目	舟蛾科	黄二星舟蛾 *Euhampsonia ristata*（Butler）	2014	+	标本
1310	鳞翅目	舟蛾科	银二星舟蛾 *Euhampsonia splendida*（Oberthür）	2014	+	标本
1311	鳞翅目	舟蛾科	三线雪舟蛾 *Gazalina chrysolopha*（Kollar）	2014	+	标本
1312	鳞翅目	舟蛾科	梭舟蛾 *Netria viridescens* Walker	2014	+	标本
1313	鳞翅目	舟蛾科	赣闽威舟蛾 *Wilemanus hamata*（Cai）	2014	++	标本
1314	鳞翅目	舟蛾科	伪奇舟蛾 *Allata laticostalis*（Hampson）	2015	+	标本
1315	鳞翅目	舟蛾科	光锦舟蛾 *Ginshachia plooebe* Schinthmeister	2014	+	标本
1316	鳞翅目	舟蛾科	锦舟蛾 *Ginshachia elongate* Matsumura	2010		文献
1317	鳞翅目	舟蛾科	暗齿舟蛾 *Scotodonta tenebrosa*（Moore）	2014	+	标本
1318	鳞翅目	舟蛾科	歧怪舟蛾 *Hagapterys mirabilior*（Oberthür）	2014	+	标本
1319	鳞翅目	舟蛾科	涟新舟蛾 *Fentonia poraboliea*（Mateumura）	2014	+	标本
1320	鳞翅目	舟蛾科	栎纷舟蛾 *Fentonia ocypete*（Bermer）	2010		文献
1321	鳞翅目	舟蛾科	同心舟蛾 *Homocentridia concentrica*（Oberthür）	2014	+	标本
1322	鳞翅目	舟蛾科	曲良舟蛾 *Benbowia callista* Schintmeister	2014	+	标本
1323	鳞翅目	舟蛾科	窦舟蛾 *Zaranga pannosa* Moore	2014	+	标本
1324	鳞翅目	舟蛾科	纹峭舟蛾 *Rachia striata* Hampson	2014	+	标本
1325	鳞翅目	舟蛾科	点舟蛾 *Stigmatophorina hammamelis* Mell	2015	+	标本
1326	鳞翅目	舟蛾科	基新林舟蛾 *Neodrymonia basalis*（Moore）	2010		文献
1327	鳞翅目	舟蛾科	艳金舟蛾 *Spatalia doerriesi* Graeser	2015	+	标本
1328	鳞翅目	舟蛾科	剑心银斑舟蛾 *Tarsolepis remicauda* Butler	2010		文献
1329	鳞翅目	毒蛾科	珀色毒蛾 *Aroa substrigosa* Walker	2010		文献
1330	鳞翅目	毒蛾科	茶白毒蛾 *Arctornis alba*（Butler）	2010		文献
1331	鳞翅目	毒蛾科	轻白毒蛾 *Arctornis cloanges* Collenette	2010		文献
1332	鳞翅目	毒蛾科	绢白毒蛾 *Arctornis gelasphora* Collenette	2010		文献
1333	鳞翅目	毒蛾科	白毒蛾 *Arctornis l-nigrum*（Müller）	2015	+	标本
1334	鳞翅目	毒蛾科	萤白毒蛾 *Arctornis xanthochila* Collenette	2015		标本
1335	鳞翅目	毒蛾科	白斜带毒蛾 *Numenes albofascia*（Leech）	2015	+	标本
1336	鳞翅目	毒蛾科	叉斜带毒蛾 *Numenes separate* Leech	2015	+	标本
1337	鳞翅目	毒蛾科	黄斜带毒蛾 *Numenes disparilis separate* Leech	2015	+	标本
1338	鳞翅目	毒蛾科	肾毒蛾 *Ciuna locuples* Walker	2010		文献
1339	鳞翅目	毒蛾科	苔棕毒蛾 *Ilema eurydice*（Butler）	2010		文献
1340	鳞翅目	毒蛾科	霉棕毒蛾 *Ilema catocaloides*（Leech）	2010		文献

编号	目	科名	中文种名（拉丁学名）	最新发现时间/年	数量状况	数据来源
1341	鳞翅目	毒蛾科	绿棕毒蛾 Ilema chloroptera（Hampsom）	2010		文献
1342	鳞翅目	毒蛾科	松丽毒蛾 Calliteara axutha（Collenette）	2015	+	标本
1343	鳞翅目	毒蛾科	刻丽毒蛾日本亚种 Calliteara taiwana aurifera（Scriba）	2010		文献
1344	鳞翅目	毒蛾科	织结丽毒蛾 Calliteara contexta（Chao）	2015	+	标本
1345	鳞翅目	毒蛾科	线丽毒蛾 Calliteara grotei Moor	2010		文献
1346	鳞翅目	毒蛾科	霜茸毒蛾 Dasychira fascelina（Linnaeus）	2010		文献
1347	鳞翅目	毒蛾科	黄足毒蛾 Ivela auripes（Butler）	2010		文献
1348	鳞翅目	毒蛾科	黄素毒蛾 Laelia anamesa Collenette	2010		文献
1349	鳞翅目	毒蛾科	舞毒蛾 Lymantria dispar（Linnaeus）	2010		文献
1350	鳞翅目	毒蛾科	栎毒蛾 Lymantria mathura（Moore）	2010		文献
1351	鳞翅目	毒蛾科	珊毒蛾 Lymantria viola Swinhoe	2015	+	标本
1352	鳞翅目	毒蛾科	杧果毒蛾 Lymantria marginata Walker	2015	+	标本
1353	鳞翅目	毒蛾科	丛毒蛾 Locharna strigipennis Moore	2014	+	标本
1354	鳞翅目	毒蛾科	戟盗毒蛾 Porthesia kurosawai Inoue	2010		文献
1355	鳞翅目	毒蛾科	黑褐盗毒蛾 Porthesia atereta Collenette	2013	+	标本
1356	鳞翅目	毒蛾科	双线盗毒蛾 Porthesia scintillans（Walker）	2010		文献
1357	鳞翅目	毒蛾科	豆盗毒蛾 Porthesia piperta（Oberthür）	2010		文献
1358	鳞翅目	毒蛾科	盗毒蛾 Porthesia similes（Fueszly）	2010		文献
1359	鳞翅目	毒蛾科	古毒蛾 Orgyia gonostigma（Linnaeus）	2010		文献
1360	鳞翅目	毒蛾科	蜀柏毒蛾 Parocneria orienta Chao	2010		文献
1361	鳞翅目	毒蛾科	杨雪毒蛾 Stilpnotia candida Staudinger	2010		文献
1362	鳞翅目	毒蛾科	漫星黄毒蛾 Euproctis plana Walker	2010		文献
1363	鳞翅目	毒蛾科	梯带黄毒蛾 Euproctis montis（Leech）	2010		文献
1364	鳞翅目	毒蛾科	幻带黄毒蛾 Euproctis varians（Walker）	2010		文献
1365	鳞翅目	毒蛾科	乌桕黄毒蛾 Euproctis bipunctapes（Hampson）	2014	+	标本
1366	鳞翅目	毒蛾科	皎星黄毒蛾 Euproctis bimaculata Walker	2014	+	标本
1367	鳞翅目	毒蛾科	二点黄毒蛾 Euproctis stenosacea Collenette	2014	+	标本
1368	鳞翅目	毒蛾科	肘带黄毒蛾 Euproctis straminea Leech	2014	+	标本
1369	鳞翅目	毒蛾科	云星黄毒蛾 Euproctis niphonis（Butler）	2010		文献
1370	鳞翅目	毒蛾科	星黄毒蛾 Euproctis flavinata（Walker）	2010		文献
1371	鳞翅目	毒蛾科	茶黄毒蛾 Euproctis pseudoconspersa Strand	2010		文献
1372	鳞翅目	毒蛾科	闽羽毒蛾 Poda minensis Chao	2015	+	标本
1373	鳞翅目	毒蛾科	鹅点足毒蛾 Redoa anser Collenette	2014	+	标本
1374	鳞翅目	毒蛾科	刚竹毒蛾 Pantana phyllostachysae（Chao）	2009		文献
1375	鳞翅目	灯蛾科	滴苔蛾 Agrisius guttivitta Walker	2010		文献
1376	鳞翅目	灯蛾科	血猩雪苔蛾 Cyana coccinea（Moore）	2015	+	标本
1377	鳞翅目	灯蛾科	锈斑雪苔蛾 Cyana effracta（Walker）	2015	+	标本
1378	鳞翅目	灯蛾科	天目雪苔蛾 Cyana tienmiushanensis（Reich）	2014	+	标本
1379	鳞翅目	灯蛾科	血红雪苔蛾 Cyana sanguinea（Bremer et Gney）	2015	+	标本
1380	鳞翅目	灯蛾科	优雪苔蛾 Cyana hamata（Walker）	2015	++	标本
1381	鳞翅目	灯蛾科	草雪苔蛾 Cyana pratti（Elwes）	2010		文献
1382	鳞翅目	灯蛾科	明雪苔蛾 Cyana phaedra（Leech）	2010		文献

续表

编号	目	科名	中文种名（拉丁学名）	最新发现时间/年	数量状况	数据来源
1383	鳞翅目	灯蛾科	路雪苔蛾 *Cyana adita*（Moore）	2013	+	标本
1384	鳞翅目	灯蛾科	卷玛苔蛾 *Macotaca tortricoides*（Walker）	2015	++	标本
1385	鳞翅目	灯蛾科	粉鳞土苔蛾 *Eilema moorei*（Leech）	2015	+	标本
1386	鳞翅目	灯蛾科	闪光苔蛾 *Chrysaeglia magnitica*（Walker）	2015	+	标本
1387	鳞翅目	灯蛾科	黄缘苔蛾 *Listhosia subcosteola* Druce	2015	+	标本
1388	鳞翅目	灯蛾科	长斑苏苔蛾 *Thysanoptyx tetragona*（Walker）	2015	+	标本
1389	鳞翅目	灯蛾科	圆斑苏苔蛾 *Thysanoptyx signata* Walker	2015	+	标本
1390	鳞翅目	灯蛾科	白黑瓦苔蛾 *Vamuna ramelana* Moore	2015	+++	标本
1391	鳞翅目	灯蛾科	乌闪网苔蛾 *Macrobrochis staudingeri*（Apheraky）	2015	+	标本
1392	鳞翅目	灯蛾科	白条网苔蛾 *Macrobrochis albifascia*（Fang）	2010		文献
1393	鳞翅目	灯蛾科	泥苔蛾 *Pelosis muscerda*（Hufnagel）	2014	+	标本
1394	鳞翅目	灯蛾科	黑缘美苔蛾 *Miltochrista delineata*（Walker）	2015	+	标本
1395	鳞翅目	灯蛾科	明痣苔蛾 *Stigmatophora micans*（Bremer）	2014	+	标本
1396	鳞翅目	灯蛾科	银雀苔蛾 *Tarika varana*（Moore）	2015	+	标本
1397	鳞翅目	灯蛾科	肖褐带东灯蛾 *Eospilarctia jordansi*（Daniel）	2014	++	标本
1398	鳞翅目	灯蛾科	缘斑望灯蛾 *Lemyra costimacula*（Leech）	2014	+	标本
1399	鳞翅目	灯蛾科	伪姬白望灯蛾 *Lemyra anormala*（Daniel）	2014	+++	标本
1400	鳞翅目	灯蛾科	显脉污灯蛾 *Spilarctia bisecta* Leech	2014	+	标本
1401	鳞翅目	灯蛾科	净污灯蛾 *Spilarctia lutea*（Hüfnagel）	2010		文献
1402	鳞翅目	灯蛾科	尘污灯蛾 *Spilarctia oblique*（Walker）	2010		文献
1403	鳞翅目	灯蛾科	一点拟灯蛾 *Asota caricae*（Fabricius）	2014	+	标本
1404	鳞翅目	灯蛾科	楔斑拟灯蛾 *Asota paliura* Swinhoe	2014	+	标本
1405	鳞翅目	灯蛾科	毛玫灯蛾 *Amerila omissa*（Rohschild）	2014	+	标本
1406	鳞翅目	灯蛾科	乳白斑灯蛾 *Pericallia galactina* Hoeven	2015	+	标本
1407	鳞翅目	灯蛾科	八点灰灯蛾 *Creatonotos transiens* Walker	2014	++	标本
1408	鳞翅目	灯蛾科	黑条灰灯蛾 *Creatonotus gangis*（Linnaeus）	2014	+	标本
1409	鳞翅目	灯蛾科	大丽灯蛾 *Aglaomorpha histrio* Walker	2014	+	标本
1410	鳞翅目	灯蛾科	首丽灯蛾 *Callimorpha principalis*（Kollar）	2014	+	标本
1411	鳞翅目	灯蛾科	花布灯蛾 *Camptoloma intreriorata* Walker	2014	+	标本
1412	鳞翅目	灯蛾科	白雪灯蛾 *Chionarctia nivea* Ménétriès	2014	+	标本
1413	鳞翅目	灯蛾科	净白雪灯蛾 *Chionarctia pura*（Leech）	2014	++	标本
1414	鳞翅目	灯蛾科	黄星雪灯蛾 *Spilosoma lubriciedum*（Linnaeus）	2010		文献
1415	鳞翅目	灯蛾科	点斑雪灯蛾 *Spiolsoma ningyuenfui* Daniel	2010		文献
1416	鳞翅目	灯蛾科	粉蝶灯蛾 *Nyctemera adversata* Sthaller	2015	++	标本
1417	鳞翅目	灯蛾科	直蝶灯蛾 *Nyctemera arctata*（Walker）	2014	+	标本
1418	鳞翅目	灯蛾科	华虎灯蛾 *Calpenia zerenaria* Oberthür	2015	+	标本
1419	鳞翅目	鹿蛾科	广鹿蛾 *Amata emma*（Butler）	2015	+	标本
1420	鳞翅目	鹿蛾科	明鹿蛾 *Amata lucerna*（Wileman）	2010		文献
1421	鳞翅目	夜蛾科	冷靛夜蛾 *Belciana biformis*（Walker）	2010		文献
1422	鳞翅目	夜蛾科	柿鲜皮夜蛾 *Blenina sensx*（Butler）	2010		文献
1423	鳞翅目	夜蛾科	三斑蕊夜蛾 *Cymatophoropsis trimaculata*（Bremer）	2014	++	标本
1424	鳞翅目	夜蛾科	白点朋闪夜蛾 *Hypersypnoides astrigera*（Butler）	2015	+	标本

续表

编号	目	科名	中文种名（拉丁学名）	最新发现时间/年	数量状况	数据来源
1425	鳞翅目	夜蛾科	镶夜蛾 *Trichosea champa* Moore	2013	+	标本
1426	鳞翅目	夜蛾科	缤夜蛾 *Moma alpium*（Osbeck）	2010		文献
1427	鳞翅目	夜蛾科	桃剑纹夜蛾 *Acronica intermedia* Warren	2010		文献
1428	鳞翅目	夜蛾科	梨剑纹夜蛾 *Acronica rumicis*（Linnaeus）	2010		文献
1429	鳞翅目	夜蛾科	果剑纹夜蛾 *Acronica strigosa*（Denis et Schiffermüller）	2010		文献
1430	鳞翅目	夜蛾科	小地老虎 *Agrotis ypsilon* Rttemberg	2010		文献
1431	鳞翅目	夜蛾科	大地老虎 *Agrotis tokionis* Butler	2010		文献
1432	鳞翅目	夜蛾科	八字地老虎 *Xestia c-nigrum*（Linnaeus）	2014	+	标本
1433	鳞翅目	夜蛾科	玉边目夜蛾 *Erebus albicinctus* Kollar	2014	+	标本
1434	鳞翅目	夜蛾科	锯线荣夜蛾 *Gloriana dentilinea*（Leech）	2014	+	标本
1435	鳞翅目	夜蛾科	旋皮夜蛾 *Eligma narcissus*（Cramer）	2014	+	标本
1436	鳞翅目	夜蛾科	淡银纹夜蛾 *Puriplusia purissima* Butler	2014	+	标本
1437	鳞翅目	夜蛾科	银锭夜蛾 *Macdunnoughia crassisigna* Warren	2015	+	标本
1438	鳞翅目	夜蛾科	红衣夜蛾 *Clethrophora distincta*（Leech）	2014	+	标本
1439	鳞翅目	夜蛾科	绿角翅夜蛾 *Tyana falcata*（Walker）	2014	++	标本
1440	鳞翅目	夜蛾科	碧角翅夜蛾 *Tyana chloroleuca* Walker	2014	++	标本
1441	鳞翅目	夜蛾科	大斑角翅夜蛾 *Tyana maculata* Chen	2014	++	标本
1442	鳞翅目	夜蛾科	角镰须夜蛾 *Zanclognatha angulina*（Leech）	2014	+	标本
1443	鳞翅目	夜蛾科	犹镰须夜蛾 *Zanclognatha incerta*（Leech）	2014	+	标本
1444	鳞翅目	夜蛾科	连线析夜蛾 *Sypnoides hoenei* Derio	2014	+	标本
1445	鳞翅目	夜蛾科	粉蓝析夜蛾 *Sypnoides cyanivitta* Moore	2014	+	标本
1446	鳞翅目	夜蛾科	肘析夜蛾 *Sypnoides olena* Swinhoe	2015	+	标本
1447	鳞翅目	夜蛾科	白斑锦夜蛾 *Euplexia albovittatab* Moore	2014	+	标本
1448	鳞翅目	夜蛾科	角网夜蛾 *Heliophobus dissecta* Moore	2014	+	标本
1449	鳞翅目	夜蛾科	意光裳夜蛾 *Ephesia ella*（Butler）	2014	++	标本
1450	鳞翅目	夜蛾科	齿斑畸夜蛾 *Borsippa quadrilineata*（Walker）	2014	+	标本
1451	鳞翅目	夜蛾科	双线卷裙夜蛾 *Plecopera bilinealis*（Leech）	2015	+	标本
1452	鳞翅目	夜蛾科	玉蕊夜蛾 *Stictoptera semialba*（Walker）	2014	+	标本
1453	鳞翅目	夜蛾科	标瑙夜蛾 *Maliattha signifera*（Walker）	2014	+	标本
1454	鳞翅目	夜蛾科	瘠粘夜蛾 *Leucania pallidior*（Draudt）	2014	+	标本
1455	鳞翅目	夜蛾科	犁纹黄夜蛾 *Xanthodes transversa* Guenée	2014	+	标本
1456	鳞翅目	夜蛾科	环夜蛾 *Spirama retorta*（Clerck）	2014	+	标本
1457	鳞翅目	夜蛾科	安钮夜蛾 *Ophiusa tirhaca*（Cramer）	2014	+	标本
1458	鳞翅目	夜蛾科	斜额夜蛾 *Antha grata*（Butler）	2014	+	标本
1459	鳞翅目	夜蛾科	红晕散纹夜蛾 *Callopistria replete* Walker	2014	+	标本
1460	鳞翅目	夜蛾科	脉散纹夜蛾 *Callopistria venata* Leech	2010		文献
1461	鳞翅目	夜蛾科	肾巾夜蛾 *Dysgonia praetermissa*（Warren）	2010		文献
1462	鳞翅目	夜蛾科	霉巾夜蛾 *Dysgonia maturate*（Walker）	2015	++	标本
1463	鳞翅目	夜蛾科	玫瑰巾夜蛾 *Dysgonia arctotaenia*（Guenée）	2015	+	标本
1464	鳞翅目	夜蛾科	无肾巾夜蛾 *Dysgonia crameri* Moore	2015	+	标本
1465	鳞翅目	夜蛾科	石榴巾夜蛾 *Dysgonia stuposa*（Fabricius）	2015	+	标本
1466	鳞翅目	夜蛾科	棘翅夜蛾 *Scoliopteryx libatrix*（Linnaeus）	2015	+	标本

续表

编号	目	科名	中文种名（拉丁学名）	最新发现时间/年	数量状况	数据来源
1467	鳞翅目	夜蛾科	白线篦夜蛾 Episparis liturata（Fabricius）	2015	+	标本
1468	鳞翅目	夜蛾科	苎麻夜蛾 Arcte coerula（Guenee）	2015	+	标本
1469	鳞翅目	夜蛾科	辐射夜蛾 Apsarasa radians（Westwood）	2014	+	标本
1470	鳞翅目	夜蛾科	疆夜蛾 Peridroma saucia（Hübner）	2010		文献
1471	鳞翅目	夜蛾科	斜纹夜蛾 Spodoptera litura（Fabricius）	2010		文献
1472	鳞翅目	夜蛾科	稻蛀茎夜蛾 Sesamia inferens Walker	2010		文献
1473	鳞翅目	夜蛾科	谐夜蛾 Emmelia trabealis（Scopoli）	2010		文献
1474	鳞翅目	夜蛾科	小桥夜蛾 Anomis flava（Fabricius）	2010		文献
1475	鳞翅目	夜蛾科	超桥夜蛾 Anomis fulvida Guenée	2015	+	标本
1476	鳞翅目	夜蛾科	庸肖毛翅夜蛾 Thyas Juno Dalman	2015	+	标本
1477	鳞翅目	夜蛾科	斜线关夜蛾 Artena dotata（Fabricius）	2015	+	标本
1478	鳞翅目	夜蛾科	中金弧夜蛾 Diachrysia intermixta Warren	2015	+	标本
1479	鳞翅目	夜蛾科	枯艳叶夜蛾 Eudocima tyrannus（Guenee）	2010		文献
1480	鳞翅目	夜蛾科	凡艳叶夜蛾 Eudocima fullonica（Clerck）	2014	+	标本
1481	鳞翅目	夜蛾科	两色霉须夜蛾 Hypena trigonalis Guerée	2010		文献
1482	鳞翅目	夜蛾科	鼎点钻夜蛾 Earias cupreoviride（Walker）	2010		文献
1483	鳞翅目	夜蛾科	翠纹钻夜蛾 Earias vittella（Fabricius）	2010		文献
1484	鳞翅目	夜蛾科	霜夜蛾 Gelastocera exusta Butler	2010		文献
1485	鳞翅目	夜蛾科	棉铃虫 Helicoverpa armigera（Hübner）	2010		文献
1486	鳞翅目	夜蛾科	烟青虫 Helicoverpa assulta（Guerée）	2010		文献
1487	鳞翅目	夜蛾科	洼皮夜蛾 Nolathrpa lactaria（Graeser）	2010		文献
1488	鳞翅目	夜蛾科	粘虫 Pseudaletia separata Walker	2010		文献
1489	鳞翅目	夜蛾科	白点粘夜蛾 Leucania loreyi（Duponchel）	2010		文献
1490	鳞翅目	夜蛾科	日月明夜蛾 Sphragifera biplagiata（Walker）	2015	++	标本
1491	鳞翅目	夜蛾科	丹月明夜蛾 Sphragifera sigillata Menetres	2014	+	标本
1492	鳞翅目	夜蛾科	曲夜蛾 Loxioda similes（Moore）	2010		文献
1493	鳞翅目	夜蛾科	甘蓝夜蛾 Mamestra brassicae Linneaus	2010		文献
1494	鳞翅目	夜蛾科	皎盗夜蛾 Hadena eximia（Staudinger）	2010		文献
1495	鳞翅目	夜蛾科	掌夜蛾 Tiracola plagiata（Walker）	2015	++	标本
1496	鳞翅目	夜蛾科	稻螟蛉夜蛾 Naranga aenescens Moore	2010		文献
1497	鳞翅目	夜蛾科	蓝条夜蛾 Ischyja manlia（Cramer）	2014	+	标本
1498	鳞翅目	夜蛾科	苹眉夜蛾 Pangrapta obscurata（Butler）	2010		文献
1499	鳞翅目	夜蛾科	霉裙剑夜蛾 Polyphaenis oberthuri Staudinger	2010		文献
1500	鳞翅目	夜蛾科	胡桃豹夜蛾 Sinna extrema（Walker）	2015	+	标本
1501	鳞翅目	夜蛾科	白肾夜蛾 Edessena gentiusalis Walker	2014	+	标本
1502	鳞翅目	夜蛾科	钩白肾夜蛾 Edessena hamada Felder et Rogenhofer	2015	+	标本
1503	鳞翅目	夜蛾科	张卜夜蛾 Bomolocha rhombalis（Guenée）	2015	+	标本
1504	鳞翅目	夜蛾科	满卜夜蛾 Bomolocha mandrina Leech	2015	+	标本
1505	鳞翅目	夜蛾科	暗裙脊蕊夜蛾 Lophoptera squammigera（Guenée）	2015	+	标本
1506	鳞翅目	夜蛾科	壶夜蛾 Calyptra thalictri（Borkhausen）	2015	+	标本
1507	鳞翅目	夜蛾科	间纹炫夜蛾 Actinotia intermediate（Bremer）	2015	+	标本
1508	鳞翅目	夜蛾科	胖夜蛾 Orthogonia sera Felder et Felder	2015	+	标本

编号	目	科名	中文种名（拉丁学名）	最新发现时间/年	数量状况	数据来源
1509	鳞翅目	夜蛾科	黑缘红杉夜蛾 *Phlogophora fuscomargihata* Leech	2015	+	标本
1510	鳞翅目	夜蛾科	白云修虎蛾 *Sarbanissa transiens*（Walker）	2015	+	标本
1511	鳞翅目	夜蛾科	黄修虎蛾 *Sarbanissa flavide*（Leech）	2015	++	标本
1512	鳞翅目	夜蛾科	高山修虎蛾 *Sarbanissa bala*（Moore）	2015	+	标本
1513	鳞翅目	天蛾科	芝麻鬼脸天蛾 *Acherontia styx* Westwood	2014	+	标本
1514	鳞翅目	天蛾科	白薯天蛾 *Herse convolvuli* Linnaeus	2015	+++	标本
1515	鳞翅目	天蛾科	绒星天蛾 *Dolbina tancrei* Staudinge	2015	++	标本
1516	鳞翅目	天蛾科	霜天蛾 *Psilogramma menephron*（Cramer）	2010		文献
1517	鳞翅目	天蛾科	丁香天蛾 *Psilogramma increta*（Walker）	2010		文献
1518	鳞翅目	天蛾科	鹰翅天蛾 *Oxyambulyx ochracea* Butler	2014	++	标本
1519	鳞翅目	天蛾科	栎鹰翅天蛾 *Oxyambulyx liturata* Butler	2010		文献
1520	鳞翅目	天蛾科	日本鹰翅天蛾 *Oxyambulyx japonica* Rothschild	2014	+	标本
1521	鳞翅目	天蛾科	豆天蛾 *Clanis bilineata tsingtauica* Mell	2010		文献
1522	鳞翅目	天蛾科	洋槐天蛾 *Clanis deucalion*（Walker）	2015	+	标本
1523	鳞翅目	天蛾科	南方豆天蛾 *Clanis bilineata bilineata*（Walker）	2015	+	标本
1524	鳞翅目	天蛾科	齿翅三线天蛾 *Polyptychus dentatus* Gramer	2015	+	标本
1525	鳞翅目	天蛾科	椴六点天蛾 *Marumba dyras* Walker	2015	+	标本
1526	鳞翅目	天蛾科	梨六点天蛾 *Marumba gaschkewitschi complacens*（Walker）	2014	+	标本
1527	鳞翅目	天蛾科	构月天蛾 *Paeum colligate* Walker	2010		文献
1528	鳞翅目	天蛾科	月天蛾 *Parum porphyria* Butler	2013	+	标本
1529	鳞翅目	天蛾科	广东蓝目天蛾 *Smerithus planus kuantungensis* Clark	2010		文献
1530	鳞翅目	天蛾科	咖啡透翅天蛾 *Cephonodes hylas*（Linnaeus）	2010		文献
1531	鳞翅目	天蛾科	黄胸木蜂天蛾 *Satasoes tagalica tagalica* Bremer et Grey	2010		文献
1532	鳞翅目	天蛾科	锈胸黑斑天蛾 *Haemorrhagia staudingeri staudingeri*（Leech）	2010		文献
1533	鳞翅目	天蛾科	紫光盾天蛾 *Phyllosphingia dissimilis sinensis* Jordan	2010	+	标本
1534	鳞翅目	天蛾科	葡萄天蛾 *Ampelophaga rubiginosa rubiginosa* Bremer et Grey	2015	+	标本
1535	鳞翅目	天蛾科	葡萄缺角天蛾 *Acocmeryx naga* Moore	2015	++	标本
1536	鳞翅目	天蛾科	缺角天蛾 *Acosmeryx castanea* Jordan et Rothschild	2010	+	标本
1537	鳞翅目	天蛾科	榆绿天蛾 *Rhyncholaba tatarinovi*（Bremer et Grey）	2010		文献
1538	鳞翅目	天蛾科	团角锤天蛾 *Gurelca pyas*（Walker）	2010		文献
1539	鳞翅目	天蛾科	黑长喙天蛾 *Macroglossum pyrrhosticta*（Butler）	2014	+	标本
1540	鳞翅目	天蛾科	九节长喙天蛾 *Macroglossum fringilla*（Boisduval）	2014	+	标本
1541	鳞翅目	天蛾科	红天蛾 *Pergesa elpenor lewisi*（Butler）	2010	+	标本
1542	鳞翅目	天蛾科	横带天蛾 *Eupinanga transtriata* Chu et Wang	2015	+	标本
1543	鳞翅目	天蛾科	白肩天蛾 *Rhagastis mongoliana mongoliana*（Butler）	2015	+	标本
1544	鳞翅目	天蛾科	眼斑天蛾 *Callambulyx orbita* Chu et Wang	2015	+	标本
1545	鳞翅目	天蛾科	雀纹天蛾 *Theretra japonica* Orza	2010		文献
1546	鳞翅目	天蛾科	芋双线天蛾 *Theretra oldenlandiae* Fabricius	2010		文献
1547	鳞翅目	天蛾科	平背天蛾 *Cechenena minor*（Butler）	2015	+	标本
1548	鳞翅目	天蛾科	条背天蛾 *Cechenena lineosa* Walker	2015	+++	标本
1549	鳞翅目	天蛾科	斜绿天蛾 *Rhyncholaba acteus*（Cramer）	2014	+	标本
1550	鳞翅目	蚕蛾科	直线野蚕蛾 *Theophila religiosa* Helfe	2010		文献

编号	目	科名	中文种名（拉丁学名）	最新发现时间/年	数量状况	数据来源
1551	鳞翅目	蚕蛾科	野蚕蛾 *Theophila mandarina* Moore	2015	+	标本
1552	鳞翅目	蚕蛾科	白弧野蚕蛾 *Theophila albicurva* Zhu et Wang	2015	+	标本
1553	鳞翅目	蚕蛾科	家蚕 *Bombys mori* Linnaeus	2010		文献
1554	鳞翅目	大蚕蛾科	绿尾大蚕蛾 *Actias selenen ningpoana* Felder	2010		文献
1555	鳞翅目	大蚕蛾科	长尾大蚕蛾 *Actias dubernardi* Oberthür	2010		文献
1556	鳞翅目	大蚕蛾科	红尾大蚕蛾 *Actias rhodopneuma* Rober	2015	+	标本
1557	鳞翅目	大蚕蛾科	豹大蚕蛾 *Loepa oberthuri* Leech	2010		文献
1558	鳞翅目	大蚕蛾科	目豹大蚕蛾 *Loepa damartis* Jordan	2015	+	标本
1559	鳞翅目	大蚕蛾科	滕豹大蚕蛾 *Loepa anthera* Jordan	2014	+	标本
1560	鳞翅目	大蚕蛾科	黄豹大蚕蛾 *Loepa katinka* Westwood	2015	+	标本
1561	鳞翅目	大蚕蛾科	银杏大蚕蛾 *Dictyoploca japonica* Woore	2015	+	标本
1562	鳞翅目	大蚕蛾科	胡桃大蚕蛾 *Dictyoploca cachara* Moore	2015	+	标本
1563	鳞翅目	大蚕蛾科	樟蚕 *Eriogyna pyretorum pyretorum* Westwood	2010		文献
1564	鳞翅目	大蚕蛾科	猫豹大蚕蛾 *Salassa thespis* Leech	2010		文献
1565	鳞翅目	大蚕蛾科	乌桕大蚕蛾 *Attacus atlas*（Linnaeus）	2010		文献
1566	鳞翅目	大蚕蛾科	蓖麻蚕蛾 *Samia cynthia ricina*（Donovan）	2010		文献
1567	鳞翅目	大蚕蛾科	樗蚕蛾 *Samia cynthia cynthia*（Drurvy）	2014	+	标本
1568	鳞翅目	大蚕蛾科	柞蚕蛾 *Antheraea pernyi* Guérin-Ménevlle	2010		文献
1569	鳞翅目	笋纹蛾科	青球笋纹蛾 *Brahmophthalma hearseyi*（White）	2014	+	标本
1570	鳞翅目	笋纹蛾科	紫光笋纹蛾 *Brahmaea porpuyrio* Chu et Wang	2010		文献
1571	鳞翅目	枯叶蛾科	油松毛虫 *Dentrolimus tabulaeformis* Tsai et Liu	2010		文献
1572	鳞翅目	枯叶蛾科	马尾松毛虫 *Dendrolimus punctata*（Walker）	2015	++	标本
1573	鳞翅目	枯叶蛾科	云南松毛虫 *Dentrolimus grisea*（Moore）	2015	+	标本
1574	鳞翅目	枯叶蛾科	阿纹枯叶蛾 *Euthrix albomaculata*（Bremer）	2010	+	标本
1575	鳞翅目	枯叶蛾科	北李褐枯叶蛾 *Gastropacha quercifolis cerridifolia* Felder et Felder	2010		文献
1576	鳞翅目	枯叶蛾科	栗黄枯叶蛾 *Trabala vishnou* Lefebvre	2015	++	标本
1577	鳞翅目	带蛾科	灰纹带蛾 *Ganisa cyanugrisea* Mell	2015	+	标本
1578	鳞翅目	带蛾科	褐斑带蛾 *Apha subdives* Walker	2015	+	标本
1579	鳞翅目	凤蝶科	金裳凤蝶 *Troides aeacus*（Felder et Felder）	2010		文献
1580	鳞翅目	凤蝶科	麝凤蝶 *Byasa alcinous*（Klug）	2015	+	标本
1581	鳞翅目	凤蝶科	多姿麝凤蝶 *Byasa polyeuctes*（Doubleday）	2014	+	标本
1582	鳞翅目	凤蝶科	灰绒麝凤蝶 *Byasa mencius*（Felder et Felder）	2014	+	标本
1583	鳞翅目	凤蝶科	长尾麝凤蝶 *Byasa impediens*（Rothschild）	2010		文献
1584	鳞翅目	凤蝶科	达摩麝凤蝶 *Byasa darmonius*（Alpheraky）	2010		文献
1585	鳞翅目	凤蝶科	红基美凤蝶 *Papilio alcmenor* Felder	2014	+	标本
1586	鳞翅目	凤蝶科	窄斑翠凤蝶 *Papilio arcturus* Westwood	2014	+	标本
1587	鳞翅目	凤蝶科	美凤蝶 *Papilio memnon* Linnaeus	2010		文献
1588	鳞翅目	凤蝶科	蓝凤蝶 *Papilio protenor* Cramer	2010		文献
1589	鳞翅目	凤蝶科	牛郎凤蝶 *Papilio bootes* Westwood	2014	+	标本
1590	鳞翅目	凤蝶科	玉带凤蝶 *Papilio polytes* Linnaeus	2014	+	标本
1591	鳞翅目	凤蝶科	玉斑凤蝶 *Papilio helenus* Linnaeus	2010		文献
1592	鳞翅目	凤蝶科	宽带凤蝶 *Papilio nephelus* Boisduval	2010		文献

编号	目	科名	中文种名（拉丁学名）	最新发现时间/年	数量状况	数据来源
1593	鳞翅目	凤蝶科	巴黎翠凤蝶 Papilio paris Linnaeus	2014	+	标本
1594	鳞翅目	凤蝶科	碧凤蝶 Papilio bianor（Cramer）	2015	++	标本
1595	鳞翅目	凤蝶科	柑橘凤蝶 Papilio xuthus Linnaeus	2014	++	标本
1596	鳞翅目	凤蝶科	金凤蝶 Papilio machaon（Linnaeus）	2015	++	标本
1597	鳞翅目	凤蝶科	青凤蝶 Graphium sarpedon（Linnaeus）	2014	+	标本
1598	鳞翅目	凤蝶科	木兰青凤蝶 Graphium doson（Felder et Felder）	2010		文献
1599	鳞翅目	凤蝶科	宽带青凤蝶 Graphium cloanthus（Westwood）	2010		文献
1600	鳞翅目	凤蝶科	碎斑青凤蝶 Graphium chironides（Honrath）	2015	+	标本
1601	鳞翅目	凤蝶科	黎氏青凤蝶 Graphium leechi（Rothschild）	2010		文献
1602	鳞翅目	凤蝶科	华夏剑凤蝶 Pazala mandarina（Oberthür）	2010		文献
1603	鳞翅目	凤蝶科	宽尾凤蝶 Agehana elwesi（Leech）	2010		文献
1604	鳞翅目	凤蝶科	褐斑凤蝶 Chilasa agestor Gray	2010		文献
1605	鳞翅目	凤蝶科	燕凤蝶 Lamproptera curia（Fabricus）	2010		文献
1606	鳞翅目	凤蝶科	喙凤蝶 Teinopalpus imperialis Hope	2010		文献
1607	鳞翅目	粉蝶科	三黄绢粉蝶 Aporia larraldei（Oberthür）	2010		文献
1608	鳞翅目	凤蝶科	大翅绢粉蝶 Aporia largeteaui（Oberthür）	2015	+	标本
1609	鳞翅目	凤蝶科	黑角方粉蝶 Dercas lycorias（Doubleday）	2015	+	标本
1610	鳞翅目	凤蝶科	橙翅方粉蝶 Dercas nina Mell	2010		文献
1611	鳞翅目	凤蝶科	斑缘豆粉蝶 Coliasr erate（Esper）	2015	+	标本
1612	鳞翅目	凤蝶科	橙黄豆粉蝶 Colias fieldii Ménériès	2015	++	标本
1613	鳞翅目	粉蝶科	宽边黄粉蝶 Eurema hecabe（Linnaeus）	2015	+++	标本
1614	鳞翅目	粉蝶科	洒青斑粉蝶 Delias sanaca（Moore）	2010		文献
1615	鳞翅目	粉蝶科	隐条斑粉蝶 Delias subnubila Leech	2015	+	标本
1616	鳞翅目	粉蝶科	圆翅钩粉蝶 Gonepteryx amintha Blanchard	2015	+	标本
1617	鳞翅目	粉蝶科	尖钩粉蝶 Gonepteryx mahaguru Gistel	2010		文献
1618	鳞翅目	粉蝶科	钩粉蝶 Gonepteryx rhamni（Linnaeus）	2015	+	标本
1619	鳞翅目	粉蝶科	菜粉蝶 Pieris rapae（Linnaeus）	2015	+++	标本
1620	鳞翅目	粉蝶科	黑纹菜粉蝶 Pieris melete Ménériès	2015	++	标本
1621	鳞翅目	粉蝶科	东方菜粉蝶 Pieris canidia（Sparrman）	2015	+++	标本
1622	鳞翅目	粉蝶科	暗脉粉蝶 Pieris napi（Linnaeus）	2010		文献
1623	鳞翅目	粉蝶科	飞龙粉蝶 Talbotia naganum（Moore）	2010		文献
1624	鳞翅目	粉蝶科	黄尖襟粉蝶 Anthocharis scolymus Butler	2015	+	标本
1625	鳞翅目	粉蝶科	突角小粉蝶 Leptidea amurensis（Ménériès）	2010	+	文献
1626	鳞翅目	斑蝶科	虎斑蝶 Danaus genutis（Cramer）	2010		文献
1627	鳞翅目	斑蝶科	啬青斑蝶 Tirumala septentrionis（Butler）	2015	+	标本
1628	鳞翅目	斑蝶科	大绢斑蝶 Parantica sita（Kollar）	2015	+	标本
1629	鳞翅目	斑蝶科	黑绢斑蝶 Parantica melanea（Cramer）	2015	+	标本
1630	鳞翅目	环蝶科	灰翅串珠环蝶 Faunis aerope（Leech）	2010		文献
1631	鳞翅目	环蝶科	箭环蝶 Stichophthalma howqua（Westwood）	2010	+	标本
1632	鳞翅目	眼蝶科	暮眼蝶 Melantis leda（Linnaeus）	2014	+	标本
1633	鳞翅目	眼蝶科	黛眼蝶 Lethe dura（Marshall）	2010		文献
1634	鳞翅目	眼蝶科	明带黛眼蝶 Lethe helle（Leech）	2010		文献

编号	目	科名	中文种名（拉丁学名）	最新发现时间/年	数量状况	数据来源
1635	鳞翅目	眼蝶科	白带黛眼蝶 Lethe confuse（Aurivillius）	2014	+	标本
1636	鳞翅目	眼蝶科	黑带黛眼蝶 Lethe nigrifascia Leech	2014	+	标本
1637	鳞翅目	眼蝶科	白条黛眼蝶 Lethe albolineata（Poujade）	2014	+	标本
1638	鳞翅目	眼蝶科	圆翅黛眼蝶 Lethe butleri Leech	2010		文献
1639	鳞翅目	眼蝶科	连纹黛眼蝶 Lethe syrcis（Hewitson）	2010		文献
1640	鳞翅目	眼蝶科	直带黛眼蝶 Lethe lanaris（Butler）	2010		文献
1641	鳞翅目	眼蝶科	曲纹黛眼蝶 Lethe chandica Moore	2015	+	标本
1642	鳞翅目	眼蝶科	棕褐黛眼蝶 Lethe christophi（Leech）	2010		文献
1643	鳞翅目	眼蝶科	深山黛眼蝶 Lethe insane Kollar	2010		文献
1644	鳞翅目	眼蝶科	蟠纹黛眼蝶 Lethe labyrinthea Leech	2010		文献
1645	鳞翅目	眼蝶科	玉带黛眼蝶 Lethe verma Kollar	2010		文献
1646	鳞翅目	眼蝶科	蛇神黛眼蝶 Lethe satyrina Butler	2010		文献
1647	鳞翅目	眼蝶科	紫瞳黛眼蝶 Lethe manzorum Poujade	2010		文献
1648	鳞翅目	眼蝶科	苔娜黛眼蝶 Lethe diana（Butler）	2010		文献
1649	鳞翅目	眼蝶科	罗丹黛眼蝶 Lethe laodamia Leech	2010		文献
1650	鳞翅目	眼蝶科	黄带黛眼蝶 Lethe luteofasciata（Poujade）	2010		文献
1651	鳞翅目	眼蝶科	门左黛眼蝶 Lethe manzora（Poujade）	2010		文献
1652	鳞翅目	眼蝶科	边纹黛眼蝶 Lethe marginalis（Motschulsky）	2010		文献
1653	鳞翅目	眼蝶科	布莱荫眼蝶 Neope bremeri（Felder）	2010		文献
1654	鳞翅目	眼蝶科	蒙链荫眼蝶 Neope muirheadi Felder	2010		文献
1655	鳞翅目	眼蝶科	田园荫眼蝶 Neope agrestis Oberthür	2010		文献
1656	鳞翅目	眼蝶科	黄斑荫眼蝶 Neope pulaha Leech	2014	+	标本
1657	鳞翅目	眼蝶科	黑斑荫眼蝶 Neope pulahoides Moore	2010		文献
1658	鳞翅目	眼蝶科	阿芒荫眼蝶 Neope armandii（Oberthür）	2010		文献
1659	鳞翅目	眼蝶科	小眉眼蝶 Mycalesis mineus（Linnaeus）	2010		文献
1660	鳞翅目	眼蝶科	稻眉眼蝶 Mycalesis gotama Moore	2010		文献
1661	鳞翅目	眼蝶科	拟稻眉眼蝶 Mycalesis francisca（Stoll）	2010		文献
1662	鳞翅目	眼蝶科	中介眉眼蝶 Mycalesis intermedia（Moore）	2010		文献
1663	鳞翅目	眼蝶科	僧袈眉眼蝶 Mycalesis sangaica Butler	2010		文献
1664	鳞翅目	眼蝶科	斗毛眼蝶 Lasiommata deidamia（Eversmann）	2010		文献
1665	鳞翅目	眼蝶科	草原舜眼蝶 Loxerebia pratorum（Oberthür）	2010		文献
1666	鳞翅目	眼蝶科	白瞳舜眼蝶 Loxerebia saxicola（Oberthür）	2010		文献
1667	鳞翅目	眼蝶科	蓝斑丽眼蝶 Mandarinia regalis（Leech）	2010		文献
1668	鳞翅目	眼蝶科	甘藏白眼蝶 Melanargia ganymedes Ruhl-Heyne	2010		文献
1669	鳞翅目	眼蝶科	白斑眼蝶 Penthema adelma（Felder）	2015	+	标本
1670	鳞翅目	眼蝶科	蛇眼蝶 Minois dryas（Scopoli）	2010		文献
1671	鳞翅目	眼蝶科	古眼蝶 Palaeonympha opalina Butler	2010		文献
1672	鳞翅目	眼蝶科	网眼蝶 Rpaphicera dumicola（Oberthür）	2014	+	标本
1673	鳞翅目	眼蝶科	东北矍眼蝶 Ypthima argus Butler	2010		文献
1674	鳞翅目	眼蝶科	米垛矍眼蝶 Ypthima methorina Oberthür	2010		文献
1675	鳞翅目	眼蝶科	星矍眼蝶 Ypthima asterope（Klug）	2010		文献
1676	鳞翅目	眼蝶科	矍眼蝶 Ypthima balda（Fabricius）	2010		文献

续表

编号	目	科名	中文种名（拉丁学名）	最新发现时间/年	数量状况	数据来源
1677	鳞翅目	眼蝶科	幽矍眼蝶 *Ypthima conjuncta* Leech	2010		文献
1678	鳞翅目	眼蝶科	乱云矍眼蝶 *Ypthima megalomma* Butler	2010		文献
1679	鳞翅目	眼蝶科	前雾矍眼蝶 *Ypthima praenubila* Leech	2010		文献
1680	鳞翅目	眼蝶科	连斑矍眼蝶 *Ypthima sakra* Moore	2010		文献
1681	鳞翅目	眼蝶科	卓矍眼蝶 *Ypthima zodia* Butler	2010		文献
1682	鳞翅目	眼蝶科	中华矍眼蝶 *Ypthima chinensis* Leech	2010		文献
1683	鳞翅目	眼蝶科	多斑艳眼蝶 *Callerebia polyphemus* Oberthür	2010		文献
1684	鳞翅目	眼蝶科	大艳眼蝶 *Callerebia suroia* Tytler	2010		文献
1685	鳞翅目	眼蝶科	凤眼蝶 *Neorina patria* Leech	2010		文献
1686	鳞翅目	眼蝶科	带眼蝶 *Chonala episcopalis*（Oberthür）	2010		文献
1687	鳞翅目	眼蝶科	山眼蝶 *Paralasa batanga* van der Goltz	2010		文献
1688	鳞翅目	眼蝶科	藏眼蝶 *Tatinga tibetana*（Oberthür）	2014	+	标本
1689	鳞翅目	蛱蝶科	二尾蛱蝶 *Polyura narcaea*（Oberthür）	2010		文献
1690	鳞翅目	蛱蝶科	大紫蛱蝶 *Sasakia charonda*（Hewitson）	2010		文献
1691	鳞翅目	蛱蝶科	白斑迷蛱蝶 *Mimathyma schrenckii*（Oberthür）	2010	.	文献
1692	鳞翅目	蛱蝶科	柳紫闪蛱蝶 *Apatura ilis*（Deni et Schiffermüller）	2010		文献
1693	鳞翅目	蛱蝶科	紫闪蛱蝶 *Apatura iris*（Linnaeus）	2010		文献
1694	鳞翅目	蛱蝶科	螯蛱蝶 *Charaxes marmax* Westwood	2010		文献
1695	鳞翅目	蛱蝶科	白带螯蛱蝶 *Charaxes bernardus*（Fabricius）	2014	+	标本
1696	鳞翅目	蛱蝶科	栗铠蛱蝶 *Chitoria subcaerulea*（Leech）	2010		文献
1697	鳞翅目	蛱蝶科	铂铠蛱蝶 *Chitoria pallas*（Leech）	2014	+	标本
1698	鳞翅目	蛱蝶科	红锯蛱蝶 *Cethosia bibles*（Drury）	2014	+	标本
1699	鳞翅目	蛱蝶科	黄帅蛱蝶 *Sephisa princeps*（Fixsen）	2010		文献
1700	鳞翅目	蛱蝶科	嘉翠蛱蝶 *Euthalia kardama*（Moore）	2010		文献
1701	鳞翅目	蛱蝶科	西藏翠蛱蝶 *Euthalia thibetana*（Poujade）	2010		文献
1702	鳞翅目	蛱蝶科	黄铜翠蛱蝶 *Euthalia nara* Moore	2014	+	标本
1703	鳞翅目	蛱蝶科	太平翠蛱蝶 *Euthalia pacifica* Mell	2010		文献
1704	鳞翅目	蛱蝶科	珀翠蛱蝶 *Euthalia pratti* Leech	2010		文献
1705	鳞翅目	蛱蝶科	捻带翠蛱蝶 *Euthalia sterphon* Grose-Smith	2010		文献
1706	鳞翅目	蛱蝶科	傲白蛱蝶 *Helcyra subalba*（Poujade）	2010		文献
1707	鳞翅目	蛱蝶科	拟镂蛱蝶 *Litinga mimica* Fabricius	2010		文献
1708	鳞翅目	蛱蝶科	黑脉蛱蝶 *Hestina assimilis*（Linnaeus）	2010		文献
1709	鳞翅目	蛱蝶科	拟斑脉蛱蝶 *Hestina persimilis*（Westwood）	2010		文献
1710	鳞翅目	蛱蝶科	秀蛱蝶 *Pseudergolis wedah*（Kollar）	2015	+	标本
1711	鳞翅目	蛱蝶科	素饰蛱蝶 *Stibochiona nicea*（Gray）	2010		文献
1712	鳞翅目	蛱蝶科	斐豹蛱蝶 *Argyreus hyperbius*（Linnaeus）	2014	++	标本
1713	鳞翅目	蛱蝶科	老豹蛱蝶 *Argyonome laodice*（Pallas）	2010		文献
1714	鳞翅目	蛱蝶科	青豹蛱蝶 *Damora sagana*（Doubleday）	2010		文献
1715	鳞翅目	蛱蝶科	银豹蛱蝶 *Childrena childreni*（Gray）	2010		文献
1716	鳞翅目	蛱蝶科	绿豹蛱蝶 *Argynnis paphia*（Linnaeus	2010		文献
1717	鳞翅目	蛱蝶科	蟾福蛱蝶 *Fabriciana neripe*（C. R. Felker）	2010		文献
1718	鳞翅目	蛱蝶科	折线蛱蝶 *Limenitis sydyi* Ledere	2015	+	标本

续表

编号	目	科名	中文种名（拉丁学名）	最新发现时间/年	数量状况	数据来源
1719	鳞翅目	蛱蝶科	断眉线蛱蝶 Limenitis doerriesi Staudinger	2015	+	标本
1720	鳞翅目	蛱蝶科	扬眉线蛱蝶 Limenitis helmanni Lederer	2010		文献
1721	鳞翅目	蛱蝶科	戟眉线蛱蝶 Limenitis homeyeri Tancre	2010		文献
1722	鳞翅目	蛱蝶科	残锷线蛱蝶 Limenitis sulpitia（Cramer）	2010		文献
1723	鳞翅目	蛱蝶科	红线蛱蝶 Limenitis populi（Linnaeus）	2010		文献
1724	鳞翅目	蛱蝶科	幸福带蛱蝶 Athyma fortura Leech	2010		文献
1725	鳞翅目	蛱蝶科	六点带蛱蝶 Athyma punctata Leech	2015	+	标本
1726	鳞翅目	蛱蝶科	绢蛱蝶 Calinaga buddha Moore	2010		文献
1727	鳞翅目	蛱蝶科	阿圹蛱蝶 Neptis ananta Moore	2014	+	标本
1728	鳞翅目	蛱蝶科	羚环蛱蝶 Neptis antilope Leech	2001		文献
1729	鳞翅目	蛱蝶科	朝鲜环蛱蝶 Neptis philyroides Staudinger	2014	+	标本
1730	鳞翅目	蛱蝶科	小环蛱蝶 Neptis sappho（Pallas）	2010		文献
1731	鳞翅目	蛱蝶科	中环蛱蝶 Neptis hylas（Linnaeus）	2014	+	标本
1732	鳞翅目	蛱蝶科	断环蛱蝶 Neptis sankara（Kollar）	2010		文献
1733	鳞翅目	蛱蝶科	黄重环蛱蝶 Neptis cydippe Leech	2010		文献
1734	鳞翅目	蛱蝶科	重环蛱蝶 Neptis alwina（Bremer）	2010		文献
1735	鳞翅目	蛱蝶科	折环蛱蝶 Neptis beroe Leech	2014	+	标本
1736	鳞翅目	蛱蝶科	卡环蛱蝶 Neptis cartica Moore	2014	+	标本
1737	鳞翅目	蛱蝶科	伊洛环蛱蝶 Neptis ilos Fruhstorfe	2014	+	标本
1738	鳞翅目	蛱蝶科	宽环蛱蝶 Neptis mahendra Moore	2014	+	标本
1739	鳞翅目	蛱蝶科	弥环蛱蝶 Neptis miah Moore	2014	+	标本
1740	鳞翅目	蛱蝶科	矛环蛱蝶 Neptis armandia（Oberthür）	2010		文献
1741	鳞翅目	蛱蝶科	链环蛱蝶 Neptis pryeri（Butler）	2010		文献
1742	鳞翅目	蛱蝶科	黄环蛱蝶 Neptis themis Leech	2010		文献
1743	鳞翅目	蛱蝶科	海环蛱蝶 Neptis thestis Leech	2010		文献
1744	鳞翅目	蛱蝶科	蔼菲蛱蝶 Phaedyma aspasia（Leech）	2010		文献
1745	鳞翅目	蛱蝶科	网丝蛱蝶 Cyrestis thyodanms Boisduval	2010		文献
1746	鳞翅目	蛱蝶科	枯叶蛱蝶 Kallima inachus Doubleday	2010		文献
1747	鳞翅目	蛱蝶科	大红蛱蝶 Vanessa indica（Herbst）	2010		文献
1748	鳞翅目	蛱蝶科	小红蛱蝶 Vanessa cardui（Linnaeus）	2015		标本
1749	鳞翅目	蛱蝶科	琉璃蛱蝶 Kaniska canace（Linnaeus）	2010		文献
1750	鳞翅目	蛱蝶科	布网蜘蛱蝶 Araschnia burejana（Bremer）	2014	+	标本
1751	鳞翅目	蛱蝶科	白裳猫蛱蝶 Timelaea albescens（Oberthür）	2014	+	标本
1752	鳞翅目	蛱蝶科	白钩蛱蝶 Polygonis c-album（Linnaeus）	2010		文献
1753	鳞翅目	蛱蝶科	黄钩蛱蝶 Polygonis c-aureum（Linnaeus）	2010		文献
1754	鳞翅目	蛱蝶科	美眼蛱蝶 Junonia almana（Linnaeus）	2010		文献
1755	鳞翅目	蛱蝶科	翠蓝眼蛱蝶 Junonia orithya（Linnaeus）	2010		文献
1756	鳞翅目	蛱蝶科	钩翅眼蛱蝶 Junonia iphita Cramer	2015	+	标本
1757	鳞翅目	蛱蝶科	散纹盛蛱蝶 Symbrenthia lilaea（Hewitson）	2015	++	标本
1758	鳞翅目	蛱蝶科	黄豹盛蛱蝶 Symbrenthia brabira Moore	2001		文献
1759	鳞翅目	蛱蝶科	斑纹盛蛱蝶 Symbrenthia leoparda Chou et Li	2014	++	标本
1760	鳞翅目	珍蝶科	苎麻珍蝶 Acr aeaissoria（Hubner）	2015	+	标本

编号	目	科名	中文种名（拉丁学名）	最新发现时间/年	数量状况	数据来源
1761	鳞翅目	喙蝶科	朴喙蝶 *Libythea celtis* Laicharting	2014	+	标本
1762	鳞翅目	蚬蝶科	白带褐蚬蝶 *Abisara fylloides*（Moore）	2010		文献
1763	鳞翅目	蚬蝶科	银纹尾蚬蝶 *Dodona eugenes* Bates	2010		文献
1764	鳞翅目	蚬蝶科	斜带缺尾蚬蝶 *Dodona ouida* Moore	2015	+	标本
1765	鳞翅目	蚬蝶科	豹蚬蝶 *Takashia nana*（Leech）	2010		文献
1766	鳞翅目	蚬蝶科	波蚬蝶 *Zemeros flegyas*（Cramer）	2010		文献
1767	鳞翅目	灰蝶科	丫灰蝶 *Amblopala avidiena* Hewitson	2010		文献
1768	鳞翅目	灰蝶科	生灰蝶 *Sinthusa chandrana*（Moore）	2010		文献
1769	鳞翅目	灰蝶科	雅灰蝶 *Jamides bochus* Cramer	2010		文献
1770	鳞翅目	灰蝶科	线灰蝶 *Thecla betulae*（Linnaeus）	2010		文献
1771	鳞翅目	灰蝶科	豆粒银线灰蝶 *Spindasis syama*（Horsfied）	2015	+	标本
1772	鳞翅目	灰蝶科	红珠灰蝶 *Lycaeides argyrognomon* Bergstrasser	2010		文献
1773	鳞翅目	灰蝶科	尖翅银灰蝶 *Curetis acuta* Moore	2014	+	标本
1774	鳞翅目	灰蝶科	蚜灰蝶 *Taraka hamada* Druce	2015	++	标本
1775	鳞翅目	灰蝶科	铁椆金灰蝶 *Chrysozephyrus teisoi*（Sonan）	2010		文献
1776	鳞翅目	灰蝶科	霓沙燕灰蝶 *Rapala nissa*（Kollar）	2014	+	标本
1777	鳞翅目	灰蝶科	摩来彩灰蝶 *Heliophorus moorei*（Hewitson）	2015	+	标本
1778	鳞翅目	灰蝶科	莎菲彩灰蝶 *Heliophorus saphir*（Blanchard）	2010		文献
1779	鳞翅目	灰蝶科	金佛山何华灰蝶 *Howarthia wakaharai* Koiwaya	2010		文献
1780	鳞翅目	灰蝶科	黑铁灰蝶 *Teratozephyrus hecale*（Leech）	2010		文献
1781	鳞翅目	灰蝶科	瓦铁灰蝶 *Teratozephyrus vallonia* Oberthür	2010		文献
1782	鳞翅目	灰蝶科	酢浆灰蝶 *Pseudozizeeria maha*（Kollar）	2010		文献
1783	鳞翅目	灰蝶科	蓝灰蝶 *Everes argiades*（Pallas）	2014	++	标本
1784	鳞翅目	灰蝶科	长尾蓝灰蝶 *Everes lacturnus*（Godart）	2010		文献
1785	鳞翅目	灰蝶科	玄灰蝶 *Tongeia fischeri*（Eversmann）	2010		文献
1786	鳞翅目	灰蝶科	点玄灰蝶 *Tongeia filicaudis*（Pryer）	2010		文献
1787	鳞翅目	灰蝶科	琉璃灰蝶 *Celastrina argiola*（Linnaeus）	2014	+	标本
1788	鳞翅目	灰蝶科	珍贵妩灰蝶 *Udara dilrcta*（Moore）	2010		文献
1789	鳞翅目	灰蝶科	白斑妩灰蝶 *Udara albocaerulea*（Moore）	2010		文献
1790	鳞翅目	灰蝶科	范赭灰蝶 *Ussuriana fani* Koiwaya	2010		文献
1791	鳞翅目	灰蝶科	长腹灰蝶 *Zizula hylax*（Fabricius）	2010		文献
1792	鳞翅目	弄蝶科	双带弄蝶 *Lobocla bifasciata*（Bremer et Grey）	2010		文献
1793	鳞翅目	弄蝶科	纬带趾弄蝶 *Hosora vitta*（Butler）	2010		文献
1794	鳞翅目	弄蝶科	斑星弄蝶 *Celaenorrhinus maculosus*（Felder）	2010		文献
1795	鳞翅目	弄蝶科	小星弄蝶 *Celaenorrhinus ratna* Fruhstorfer	2010		文献
1796	鳞翅目	弄蝶科	黄射纹星弄蝶 *Celaenorrhinus oscula* Evans	2010		文献
1797	鳞翅目	弄蝶科	黄星弄蝶 *Celaenorrhinus pero* de Niceville	2010		文献
1798	鳞翅目	弄蝶科	绿伞弄蝶 *Bibasis striata*（Hewitson）	2010		文献
1799	鳞翅目	弄蝶科	绿弄蝶 *Choaspes benjaminii*（Guern-Menville）	2010		文献
1800	鳞翅目	弄蝶科	白弄蝶 *Abraximorpha davidii*（Mabille）	2010		文献
1801	鳞翅目	弄蝶科	河伯锷弄蝶 *Aeromachus inachus* Menetries	2010		文献
1802	鳞翅目	弄蝶科	卡锷弄蝶 *Aermachus catocynea*（Mabille）	2010		文献

续表

编号	目	科名	中文种名（拉丁学名）	最新发现时间/年	数量状况	数据来源
1803	鳞翅目	弄蝶科	腌翅弄蝶 *Astictopterus jama*（Felcler et Felder）	2010		文献
1804	鳞翅目	弄蝶科	花窗弄蝶 *Coladenia hoenei* Evans	2010		文献
1805	鳞翅目	弄蝶科	黑弄蝶 *Daimao tethys* Ménétriès	2010		文献
1806	鳞翅目	弄蝶科	黄班蕉弄蝶 *Erionota thrax* Linnaeus	2010		文献
1807	鳞翅目	弄蝶科	珠弄蝶 *Erynnis montanus*（Bremer）	2010		文献
1808	鳞翅目	弄蝶科	深山珠弄蝶 *Erynnis tages*（Linnaeus）	2010		文献
1809	鳞翅目	弄蝶科	匪夷捷弄蝶 *Gerosis phisara*（Moore）	2010		文献
1810	鳞翅目	弄蝶科	飒弄蝶 *Catarupa gopala* Moore	2010		文献
1811	鳞翅目	弄蝶科	密纹飒弄蝶 *Catarupa monbeigi* Oberthür	2010		义献
1812	鳞翅目	弄蝶科	西藏赭弄蝶 *Ochlodes thibetana* Oberthür	2010		文献
1813	鳞翅目	弄蝶科	小赭弄蝶 *Ochlodes venata*（Bremer）	2010		文献
1814	鳞翅目	弄蝶科	放踵珂弄蝶 *Caltoris cahira*（Moore）	2010		文献
1815	鳞翅目	弄蝶科	方斑珂弄蝶 *Caltoris cormasa*（Hewitson）	2015	+	标本
1816	鳞翅目	弄蝶科	直纹稻弄蝶 *Parnara guttata*（Bremer et Grey）	2015	+++	标本
1817	鳞翅目	弄蝶科	曲纹稻弄蝶 *Parnara ganga* Evans	2010		文献
1818	鳞翅目	弄蝶科	幺纹稻弄蝶 *Parnara bada*（Moore）	2015	+	标本
1819	鳞翅目	弄蝶科	隐纹谷弄蝶 *Pelopidas mathias*（Fabricius）	2001		文献
1820	鳞翅目	弄蝶科	透纹孔弄蝶 *Polytremis pellucida*（Murray）	2010		文献
1821	鳞翅目	弄蝶科	刺纹孔弄蝶 *Polytremis zina* Eversman	2010		文献
1822	鳞翅目	弄蝶科	孔子黄室弄蝶 *Potanthus confucia*（Felder et Felder）	2010		文献
1823	鳞翅目	弄蝶科	尖翅黄室弄蝶 *Potanthus palnis*（Fruhstorfer）	2010		文献
1824	鳞翅目	弄蝶科	黄纹长标弄蝶 *Telicota ohara*（Plotz）	2010		文献
1825	双翅目	大蚊科	稻大蚊 *Tipula ainp* Alexander	2010		文献
1826	双翅目	大蚊科	大蚊 *Tipula friedrichi* Alexander	2010		文献
1827	双翅目	大蚊科	暗缘尖大蚊 *Tipula*（*Acutipula*）*furvimarginata* Yang et Yang	2010		文献
1828	双翅目	大蚊科	黄头斐大蚊 *Tipula*（*Vestiplex*）*xanthocephala* Yang et Yang	2010		文献
1829	双翅目	毛蚊科	黑毛蚊 *Penthetria melanaspis* Wied	2013	+	标本
1830	双翅目	摇蚊科	长胫趋流摇蚊 *Rheocricotopus tibialis* Wang et Zheng	1991		文献
1831	双翅目	摇蚊科	二带趋流摇蚊 *Rheocricotopus bifasciatus* Wang et Zheng	1991		文献
1832	双翅目	摇蚊科	铺展趋流摇蚊 *Rheocricotopus effuses*（Walker）	1991		文献
1833	双翅目	虻科	双斑黄虻 *Atylotus bivittateinus* Takahasi	2010		文献
1834	双翅目	虻科	中华斑虻 *Chrysopis sinensis* Walker	2010		文献
1835	双翅目	虻科	广斑虻 *Chrysopis vanderwupi*（Krober）	2010		文献
1836	双翅目	虻科	土灰虻 *Tabannus griseus* Krober	2010		文献
1837	双翅目	虻科	黄巨虻 *Tabannus chryurus* Liew	2010		文献
1838	双翅目	虻科	杭州虻 *Tabannus hongchouensis* Liu	2010		文献
1839	双翅目	虻科	江苏虻 *Tabannus kiangsinsis* Wang et Liu	2010		文献
1840	双翅目	虻科	华广虻 *Tabannus amaenus*（Walker）	2010		文献
1841	双翅目	虻科	五带虻 *Tabannus quinquecinctus* Recardo	2010		文献
1842	双翅目	虻科	高砂虻 *Tabannus takasagoensis* Shiraki	2010		文献
1843	双翅目	虻科	三角虻 *Tabannus trigonus* Coquillett	2010		文献
1844	双翅目	虻科	山崎虻 *Tabannus yamasakii* Ouchi	2010		文献

编号	目	科名	中文种名（拉丁学名）	最新发现 时间/年	数量 状况	数据 来源
1845	双翅目	水虻科	金黄指突水虻 *Ptecticus aurifer*（Walker）	2014	+	标本
1846	双翅目	水虻科	黑色指突水虻 *Ptecticus tenebris*（Walker）	2010		文献
1847	双翅目	食虫虻科	膝低颜食虫虻 *Cerdistus debilis* Beche	2010		文献
1848	双翅目	食虫虻科	巧圆突食虫虻 *Machimus concinnus* Loew	2010		文献
1849	双翅目	食虫虻科	毛圆突食虫虻 *Machimus setibarbis* Loew	2010		文献
1850	双翅目	食虫虻科	微芒食虫虻 *Microstylum dux*（Wiedemann）	2010		文献
1851	双翅目	食虫虻科	蓝弯顶毛食虫虻 *Neotiamus cyanurrus*（Loew）	2010		文献
1852	双翅目	食虫虻科	白毛叉径食虫虻 *Promachus albopilosus* Macquart	2010		文献
1853	双翅目	瘿蚊科	花蕾瘿蚊 *Contarinia citri* Barnes	2010		文献
1854	双翅目	蝇科	瘤胫厕蝇 *Fannia scalaris*（Fabricius）	2010		文献
1855	双翅目	蝇科	逐畜家蝇 *Musca（Plaxemya）conducens* Walker	2010		文献
1856	双翅目	蝇科	家蝇 *Musca domestica* Linnaeus	2010		文献
1857	双翅目	蝇科	黑边家蝇 *Musca（Eumusca）hervei* Villeuve	2010		文献
1858	双翅目	蝇科	市蝇 *Musca（Lissosterna）sorbens* Wiedemann	2010		文献
1859	双翅目	蝇科	厩螫蝇 *Stomoxys calcitrans*（Linnaeus）	2010		文献
1860	双翅目	花蝇科	粪种蝇 *Adia cinerella*（Fallen）	2010		文献
1861	双翅目	花蝇科	黄股种蝇 *Hylemya detracta*（Walker）	2010		文献
1862	双翅目	丽蝇科	巨尾阿丽蝇 *Aldrichina grahami*（Aldrich）	2010		文献
1863	双翅目	丽蝇科	紫绿蝇 *Lucilia（Casariceps）porphyrina*（Walker）	2010		文献
1864	双翅目	丽蝇科	丝光绿蝇 *Lucilia（Phaenicia）sericata*（Meigen）	2010		文献
1865	双翅目	丽蝇科	肥躯金蝇 *Chrysomya（Compsomyia）pinguis*（Walker）	2010		文献
1866	双翅目	丽蝇科	大头金蝇 *Chrysomya（Compsomyia）megacephala*（Fabricius）	2010		文献
1867	双翅目	食蚜蝇科	狭口蚜蝇 *Asarkina porcina* Coquillette	2010		文献
1868	双翅目	食蚜蝇科	细腰巴食蚜蝇 *Baeeh maeulata* Walker	2010		文献
1869	双翅目	食蚜蝇科	黑胫异蚜蝇 *Allograpta nigritibia* Huo	2014	+	标本
1870	双翅目	食蚜蝇科	狭带食蚜蝇 *Betasyrphus serarius* Wiedemann	2010		文献
1871	双翅目	食蚜蝇科	日本黑蚜蝇 *Cheilosia josankeiana*（Shiraki）	2014	+	标本
1872	双翅目	食蚜蝇科	黑带食蚜蝇 *Epistrophe balteatus*（De Geer）	2010		文献
1873	双翅目	食蚜蝇科	具带食蚜蝇 *Epistrophe cinctella* Zetterstedt	2010		文献
1874	双翅目	食蚜蝇科	灰带管食蚜蝇 *Eristalis cerealls* Fabricius	2010		文献
1875	双翅目	食蚜蝇科	长尾管食蚜蝇 *Eristalis tenax*（Linnaeus）	2014	+	标本
1876	双翅目	食蚜蝇科	亮黑斑眼蚜蝇 *Eristalinus tarsalis*（Macquart）	2014	+	标本
1877	双翅目	食蚜蝇科	林优蚜蝇 *Eupeodes silvaticus* He	2015	+	标本
1878	双翅目	食蚜蝇科	宽带优蚜蝇 *Eupeodes confrater*（Wiedemann）	2015	+	标本
1879	双翅目	食蚜蝇科	斑翅蚜蝇 *Dideopsis aegrotus*（Fabricius）	2015	+	标本
1880	双翅目	食蚜蝇科	侧斑直脉蚜蝇 *Dideoides latus*（Coqeillett）	2015	+	标本
1881	双翅目	食蚜蝇科	羽芒宽盾蚜蝇 *Phytomia zonata*（Fabricius）	2014	+	标本
1882	双翅目	食蚜蝇科	石恒斑目蚜蝇 *Lathyrophthalmus ishigakiensis* Shiraki	2014	+	标本
1883	双翅目	食蚜蝇科	短刺腿食蚜蝇 *Ischiodon scutellaris*（Fabricius）	2010		文献
1884	双翅目	食蚜蝇科	梯斑黑食蚜蝇 *Melanostoma scalare*（Fabricius）	2010		文献
1885	双翅目	食蚜蝇科	中宽墨管蚜蝇 *Mesembrius amplintersitus* Huo	2014	+	标本
1886	双翅目	食蚜蝇科	细条墨管蚜蝇 *Mesembrius gracinterstatus* Huo	2014	+	标本

续表

编号	目	科名	中文种名（拉丁学名）	最新发现时间/年	数量状况	数据来源
1887	双翅目	食蚜蝇科	黄食蚜蝇 *Mesembrius flavipes* Matsumura	2010		文献
1888	双翅目	食蚜蝇科	爪哇柄角蚜蝇 *Monoceromyia javana*（Wiedemann）	2014	+	标本
1889	双翅目	食蚜蝇科	长小食蚜蝇 *Sphaerophoria cylindrica* Say	2010		文献
1890	双翅目	食蚜蝇科	宽带细腹小食蚜蝇 *Sphaerophorisa macrogaster*（Thompson）	2010		文献
1891	双翅目	食蚜蝇科	短翅细腹小食蚜蝇 *Sphaerophoria scripta*（Linnaeus）	2010		文献
1892	双翅目	食蚜蝇科	秦巴细腹蚜蝇 *Sphaerophoria qinbaensis* Huo et Ren	2014	+	标本
1893	双翅目	食蚜蝇科	黄色细腹蚜蝇 *Sphaerophoria flavescentis* Huo	2015	+	标本
1894	双翅目	食蚜蝇科	大灰食蚜蝇 *Syrphus corollae* Fabricius	2010		文献
1895	双翅目	食蚜蝇科	狭带食蚜蝇 *Syrphus serarius* Wiedemann	2010		文献
1896	双翅目	食蚜蝇科	黑足蚜蝇 *Syrphus vitripennis* Meigen	2014	+	标本
1897	双翅目	食蚜蝇科	熊蜂蚜蝇 *Volucella bombylans*（Linnaeus）	2015	+	标本
1898	双翅目	寄蝇科	天幕毛虫抱寄蝇 *Baumhaueria goniaeformis* Meigen	2010		文献
1899	双翅目	寄蝇科	毛虫追寄蝇 *Exorista amoena* Mesnil	2010		文献
1900	双翅目	寄蝇科	家蚕追寄蝇 *Exorista sorbillans*（Wiedemann）	2010		文献
1901	双翅目	寄蝇科	黄粉短须寄蝇 *Linnaemya paralongipalpis* Chao	2010		文献
1902	双翅目	寄蝇科	钩肛短须寄蝇 *Linnaemya picta*（Meigen）	2010		文献
1903	双翅目	寄蝇科	松毛虫狭颊寄蝇 *Carcelia matsukarehae* Shima	2010		文献
1904	双翅目	寄蝇科	蚕饰腹寄蝇 *Blepharipa zebina*（Walker）	2010		文献
1905	双翅目	寄蝇科	大型美根寄蝇 *Meigenia majuscule*（Rondani）	2010		文献
1906	双翅目	寄蝇科	常怯寄蝇 *Phryxe vulgaris*（Fallen）	2010		文献
1907	双翅目	寄蝇科	巨型柔寄蝇 *Thelaira macropus*（Wiedemann）	2010		文献
1908	双翅目	实蝇科	瓜实蝇 *Bactrocera cucurbitae*（Coquillett）	2010		文献
1909	双翅目	实蝇科	宽带寡鬃实蝇 *Bactrocera scutellata*（Hendel）	2010		文献
1910	双翅目	实蝇科	花侧鬃实蝇 *Hexaptilona palpate*（Hendel）	2010		文献
1911	双翅目	实蝇科	越川帕实蝇 *Paroxyna spenceri*（Hendel）	2010		文献
1912	双翅目	实蝇科	柑桔大实蝇 *Tetradcus citri*（Chen）	2010		文献
1913	双翅目	果蝇科	伊米果蝇 *Drosophila*（*Drosophila*）*immigrans* Sturtevant	2010		文献
1914	双翅目	果蝇科	锯阳果蝇 *Drosophila*（*Drosophila*）*lacertosa* Okada	2010		文献
1915	双翅目	果蝇科	普通果蝇 *Drosophila*（*Sophophora*）*melanogaster* Meigen	2010		文献
1916	双翅目	果蝇科	丽果蝇 *Drosophila*（*Sophophora*）*pulchrella* Tan，Hsu et Sheng	2010		文献
1917	双翅目	果蝇科	高桥果蝇 *Drosophila*（*Sophophora*）*takahashii* Sturtevant	2010		文献
1918	双翅目	果蝇科	谈氏果蝇 *Drosophila*（*Sophophora*）*tani* Okada	2010		文献
1919	双翅目	麻蝇科	棕尾别麻蝇 *Boettcherisca peregrine*（Robineau-Desvoidy）	2010		文献
1920	双翅目	麻蝇科	白头亚麻蝇 *Parasarcophaga albiceps*（Meigen）	2010		文献
1921	双翅目	麻蝇科	拟对岛亚麻蝇 *Parasarcophaga*（*Kanoisca*）*kanoi*（Park）	2010		文献
1922	双翅目	麻蝇科	巨耳亚麻蝇 *Parasarcophaga macroauriculata*（Ho）	2010		文献
1923	双翅目	麻蝇科	台南细麻蝇 *Pierretia josephi*（Bottcher）	2010		文献
1924	双翅目	麻蝇科	翼阳细麻蝇 *Pierretia subulata pterygota*（Thomas）	2010		文献
1925	双翅目	水蝇科	麦鞘毛眼水蝇 *Hydrellia chinensis* Qit et Li	2010		文献
1926	双翅目	狂蝇科	大头蝇 *Chrysomyia megacephala*（Fabricius）	2010		文献
1927	双翅目	狂蝇科	蜂蝇 *Eristalis tenax* Linnaeus	2010		文献
1928	膜翅目	三节叶蜂科	日本黄腹三节叶蜂 *Arge nipponensis*（Rohwer）	2010		文献

编号	目	科名	中文种名（拉丁学名）	最新发现时间/年	数量状况	数据来源
1929	膜翅目	三节叶蜂科	斑盾红胸三节叶蜂 *Arge captiva*（F. Smith）	2010		文献
1930	膜翅目	三节叶蜂科	杜鹃毛三节叶蜂 *Arge similes*（Vollenhoven）	2010		文献
1931	膜翅目	叶蜂科	当归钝甲叶蜂 *Aglaostigma occipitosa*（Malaise）	2010		文献
1932	膜翅目	叶蜂科	黑翅菜叶蜂 *Athalia lugens proxima*（Klug）	2010		文献
1933	膜翅目	叶蜂科	黄唇宽腹叶蜂 *Macrophya abbreviate* Takeuchi	2010		文献
1934	膜翅目	叶蜂科	弗盾溢腹叶蜂 *Tenthredo（Tenthredina）fortunii* Kirby	2010		文献
1935	膜翅目	叶蜂科	烟翅溢腹叶蜂 *Tenthredo nubipennis* Malaise	2010		文献
1936	膜翅目	姬蜂科	三化螟姬蜂 *Amauromorpha accpta*（Schmead）	2010		文献
1937	膜翅目	姬蜂科	负泥虫沟姬蜂 *Bathythrix kuwanae*（Viereck）	2010		文献
1938	膜翅目	姬蜂科	稻苞虫凹眼姬蜂 *Casinaria coloacae* Sonan	2010		文献
1939	膜翅目	姬蜂科	夹色姬蜂 *Centeterus alternecoloratus* Cushman	2010		文献
1940	膜翅目	姬蜂科	螟蛉悬茧姬蜂 *Charops bicolor*（Szépligeti）	2010		文献
1941	膜翅目	姬蜂科	稻苞虫黑瘤姬蜂 *Coccygomimus parncrae*（Viereck）	2014	+	标本
1942	膜翅目	姬蜂科	花胫蚜蝇姬蜂 *Diplazon laetatorius*（Fabricius）	2014	+	标本
1943	膜翅目	姬蜂科	三阶细颚姬蜂 *Enicospilus tripartitus* Chiu	2010		文献
1944	膜翅目	姬蜂科	中华钝唇姬蜂 *Eriborus sinicus*（Holmgren）	2010		文献
1945	膜翅目	姬蜂科	大螟钝唇姬蜂 *Eriborus terebrans*（Gravenhorst）	2010		文献
1946	膜翅目	姬蜂科	稻纵卷叶螟红腹姬蜂 *Eriborus vulgaris*（Morley）	2010		文献
1947	膜翅目	姬蜂科	横带驼姬蜂 *Goryphus basilaris* Holmgren	2010		文献
1948	膜翅目	姬蜂科	黑尾姬蜂 *Ischnojoppa luteator*（Fabricius）	2010		文献
1949	膜翅目	姬蜂科	桑黄聚瘤姬蜂 *Iserpus（Gregopimpla）kuwanae*（Wireck）	2010		文献
1950	膜翅目	姬蜂科	螟蛉瘤姬蜂 *Itoplectis naranyae*（Ashmead）	2010		文献
1951	膜翅目	姬蜂科	负泥瘦姬蜂 *Iemophaga japonica*（Sonan）	2010		文献
1952	膜翅目	姬蜂科	盘背菱室姬蜂 *Mesochorus discitergus*（Say）	2010		文献
1953	膜翅目	姬蜂科	甘蓝夜蛾拟瘦姬蜂 *Netelia ocellaris*（Thmson）	2014	+	标本
1954	膜翅目	姬蜂科	夜蛾瘦姬蜂 *Ophion luteus*（Linnaeus）	2010		文献
1955	膜翅目	姬蜂科	中国齿腿姬蜂 *Pristomevus chinensis* Ashmead	2010		文献
1956	膜翅目	姬蜂科	点尖腹姬蜂 *Stenichneumon appropinquans* Cameron	2010		文献
1957	膜翅目	姬蜂科	黄眶离缘姬蜂 *Trathala flavo-orbitalis*（Cameron）	2010		文献
1958	膜翅目	姬蜂科	两色深沟姬蜂 *Trogus bicolor* Radoszkowski	2010		文献
1959	膜翅目	姬蜂科	粘虫白星姬蜂 *Vulgichneumon leucaniae* Uchida	2010		文献
1960	膜翅目	姬蜂科	樗蚕黑点瘤姬蜂 *Xanthocampa konowi* Krieger	2010		文献
1961	膜翅目	姬蜂科	松毛黑点瘤姬蜂 *Xanthocampa pedator* Fabricius	2010		文献
1962	膜翅目	茧蜂科	折半脊茧蜂 *Aleiodes ruficornis*（Herrich-Schaffer）	2010		文献
1963	膜翅目	茧蜂科	弄蝶绒茧蜂 *Apanteles baoris* Wilkinson	2010		文献
1964	膜翅目	茧蜂科	纵卷叶螟绒茧蜂 *Apanteles cypris* Nixon	2010		文献
1965	膜翅目	茧蜂科	菜粉蝶绒茧蜂 *Apanteles glomeratus*（Linnaeus）	2010		文献
1966	膜翅目	茧蜂科	枯叶蛾绒茧蜂 *Apanteles lipanidis* Bouche	2010		文献
1967	膜翅目	茧蜂科	松毛虫绒茧蜂 *Apanteles ordinaries*（Ratzeburg）	2010		文献
1968	膜翅目	茧蜂科	螟蛉绒茧蜂 *Apanteles ruficrus*（Haliday）	2010		文献
1969	膜翅目	茧蜂科	中华茧蜂 *Bracon chinensis* Szepligeti	2010		文献
1970	膜翅目	茧蜂科	螟黑纹茧蜂 *Bracon onukii* Watanabe	2010		文献

续表

编号	目	科名	中文种名（拉丁学名）	最新发现时间/年	数量状况	数据来源
1971	膜翅目	茧蜂科	螟甲腹茧蜂 *Chelonus munakatae* Matsumura	2010		文献
1972	膜翅目	茧蜂科	黄长距茧蜂 *Macrocentrus abdominalis*（Fabricius）	2010		文献
1973	膜翅目	茧蜂科	松毛虫内茧蜂 *Rogas dendrolimi*（Matsumura）	2010		文献
1974	膜翅目	茧蜂科	褐斑内茧蜂 *Rogas fuscomaculatus* Ashmead	2010		文献
1975	膜翅目	茧蜂科	中华曲脉茧蜂 *Distilirella sinica* He	2014	+	标本
1976	膜翅目	金小蜂科	纯缘脊柄金小蜂 *Asaphes suspensus* Nees	2010		文献
1977	膜翅目	金小蜂科	菲麦瑞金小蜂 *Merismus megapterus* Walker	2010		文献
1978	膜翅目	金小蜂科	短角斯夫金小蜂 *Sphegigaster ciliatuta* Huang	2010		文献
1979	膜翅目	金小蜂科	异脉刻柄金小蜂 *Stictomtschus vartaumtdus* Huang	2010		文献
1980	膜翅目	金小蜂科	底诺金小蜂 *Thinodytes cyzicus*（Walker）	2010		文献
1981	膜翅目	金小蜂科	稻苞虫金小蜂 *Trichomalopsis apanteles*（Crawford）	2010		文献
1982	膜翅目	蚜茧蜂科	烟蚜茧蜂 *Aphidius giuensis* Ashmead	2010		文献
1983	膜翅目	蚜茧蜂科	燕麦蚜茧蜂 *Aphidius gifuensis*（Ashmead）	2010		文献
1984	膜翅目	蚜茧蜂科	麦蚜茧蜂 *Ephedrus plagiator*（Nees）	2010		文献
1985	膜翅目	蚜茧蜂科	棉蚜茧蜂 *lysiphlebia japonic*a（Ashrmead）	2010		文献
1986	膜翅目	土蜂科	金毛长睫土蜂 *Campsomers prismatica*（Smith）	2010		文献
1987	膜翅目	泥蜂科	红足沙泥蜂红足亚种 *Ammophila sabulosa vagabunda* Smith	2010		文献
1988	膜翅目	泥蜂科	红腰泥蜂 *Ammophila infersa* Smith	2010		文献
1989	膜翅目	泥蜂科	沙泥蜂南方亚种 *Ammophila sabulosa vagabunda* Tsuneki	2010		文献
1990	膜翅目	泥蜂科	刻臀小唇泥蜂 *Larra fenchihuensis* Tsuneki	2010		文献
1991	膜翅目	泥蜂科	异足小唇泥蜂 *Larra luzonensis* Ronwer	2010		文献
1992	膜翅目	泥蜂科	黄带小唇泥蜂 *Larra surusumi* Ronwer	2010		文献
1993	膜翅目	泥蜂科	黑小唇泥蜂 *Larra carbonaria* Smith	2014	+	标本
1994	膜翅目	泥蜂科	驼腹壁泥蜂指名亚种 *Sceliphron deforme deforme*（Fabricius）	2010		文献
1995	膜翅目	胡蜂科	三齿胡蜂 *Vespa analis paralleia* Andre	2010		文献
1996	膜翅目	胡蜂科	黄边胡蜂 *Vespa crabro* Linnaeus	2010		文献
1997	膜翅目	胡蜂科	黑尾胡蜂 *Vespa ducalis* Smith	2010		文献
1998	膜翅目	胡蜂科	墨胸胡蜂 *Vespa velutina* Lepeletier	2015	+	标本
1999	膜翅目	胡蜂科	金环胡蜂 *Vespa mandarinia mandarinia* Smith	2015	+	标本
2000	膜翅目	胡蜂科	黄边胡蜂 *Vespa crabroniformis* Smith	2014	+	标本
2001	膜翅目	胡蜂科	拟大胡蜂 *Vespa analis nigrans* Buyssson	2015	+	标本
2002	膜翅目	胡蜂科	北方黄胡蜂 *Vespula rufa*（Linnaeus）	2015	+	标本
2003	膜翅目	胡蜂科	变侧异腹胡蜂 *Parapolybia varia*（Fabricius）	2014	+	标本
2004	膜翅目	马蜂科	中国长脚马蜂 *Polistes chinensis* Perez	2010		文献
2005	膜翅目	马蜂科	长脚马蜂 *Polistes okinawanasis* Matsumura et Uchida	2010		文献
2006	膜翅目	马蜂科	日本长脚马蜂 *Polistes japonicus fadwigae* Dalla	2010		文献
2007	膜翅目	马蜂科	日本马蜂 *Polistes japonicus* Saussure	2014	+	标本
2008	膜翅目	马蜂科	约马蜂 *Polistes jokahamae* Radoszkowski	2014	+	标本
2009	膜翅目	马蜂科	柑马蜂 *Polistes mandarinus* Saussre de Geer	2010		文献
2010	膜翅目	马蜂科	斯马蜂 *Polistes snelleni* Saussure	2010		文献
2011	膜翅目	马蜂科	横滨长脚马蜂 *Polistes yokohamae* Radoszkowski	2010		文献
2012	膜翅目	异腹胡蜂科	变侧异腹胡蜂 *Parapolybia varia*（Fabricius）	2010		文献

续表

编号	目	科名	中文种名（拉丁学名）	最新发现时间/年	数量状况	数据来源
2013	膜翅目	蜾蠃科	黄缘蜾蠃 *Rhynchium quinquecinctum*（Fabricius）	2010		文献
2014	膜翅目	蜾蠃科	镶黄蜾蠃 *Eumenes decoratus* Smith	2015	+	标本
2015	膜翅目	蜾蠃科	多蜾蠃 *Eumenes losawae* Soika	2010		文献
2016	膜翅目	蜾蠃科	米蜾蠃 *Eumenes micado* Cameron	2014	+	标本
2017	膜翅目	蜾蠃科	中华唇蜾蠃 *Allorhynchium chinense*（Saussure）	2010		文献
2018	膜翅目	蜾蠃科	弓费蜾蠃 *Phi flavopunctatum continentale*（Zimmermann）	2010		文献
2019	膜翅目	蜾蠃科	丽喙蜾蠃 *Pararrhynchium ornatum*（Fabricius）	2014	+	标本
2020	膜翅目	蚁科	广布弓背蚁 *Camponotus herculeanus*（Linnaeus）	2010		文献
2021	膜翅目	蚁科	日本弓背蚁 *Camponotus japonicus* Mayr	2010		文献
2022	膜翅目	蚁科	东方食植行军蚁 *Dorylus orientalis*（Westwood）	2010		文献
2023	膜翅目	蚁科	四川曲颊猛蚁 *Gnamptogenys panda*（Brown）	2010		文献
2024	膜翅目	蚁科	亮毛蚁 *Lasius fuliginonis*（Latrelle）	2010		文献
2025	膜翅目	蚁科	黑蚁 *Lasius niger* Linnaeus	2010		文献
2026	膜翅目	蚁科	红蚁 *Tetramorium guineese* Fabricius	2010		文献
2027	膜翅目	蚁科	日本铺道蚁 *Tetramorium nipponense* Wheeler	2010		文献
2028	膜翅目	蚁科	小黄家蚁 *Monomorium pharaonis*（Linnaeus）	2010		文献
2029	膜翅目	蚁科	宽结大头蚁 *Pheidole nodus* F. Smith	2010		文献
2030	膜翅目	蚁科	刺蚁 *Polyrhachis lamellidens* F. Smith	2010		文献
2031	膜翅目	蚁科	梅氏刺蚁 *Polyrhachis mayi* Roger	2010		文献
2032	膜翅目	蚁科	鳞蚁 *Strumigengs godeffroyilewisi* Cameron	2010		文献
2033	膜翅目	条蜂科	冲绳芦蜂 *Ceratina*（*Ceratinidia*）*okinawana* Matsumura et Uchida	2010		文献
2034	膜翅目	条蜂科	中华回条蜂 *Habropoda sinensis* Alfken	2010		文献
2035	膜翅目	条蜂科	中华木蜂 *Xylocopa sinensis* Smith	2010		文献
2036	膜翅目	条蜂科	黄胸木蜂 *Xylocopa appendioulata* Smith	2010		文献
2037	膜翅目	条蜂科	竹小蜂 *Xylocopa dissmilis* Gahan.	2010		文献
2038	膜翅目	条蜂科	黄熊木蜂 *Xylocopa appendiculata* Smith	2015	+	标本
2039	膜翅目	条蜂科	赤足木蜂 *Xylocopa*（*Mimoxylocopa*）*rufipes* Smith	2015	+	标本
2040	膜翅目	条蜂科	中华绒木蜂 *Xylocopa*（*Bombiaxylocopa*）*chinensis* Friese	2015	+	标本
2041	膜翅目	条蜂科	北方条蜂 *Anthophora*（*Anthomegilla*）*arctic* Morawitz	2014	+	标本
2042	膜翅目	条蜂科	黑白条蜂 *Anthophora*（*P.*）*erschowi* Fedtschenko	2015	+	标本
2043	膜翅目	条蜂科	光腹原木蜂 *Proxylocopa nitidiventris*（Smith）	2014	+	标本
2044	膜翅目	蜜蜂科	暗翅无刺蜂 *Trigona*（*Heterotrigona*）*vidua* Lepeletier	2014	+	标本
2045	膜翅目	蜜蜂科	中华蜜蜂 *Apis cerana* Fabricius	2015	+++	标本
2046	膜翅目	蜜蜂科	意大利蜜蜂 *Apis mellifera* Ligusticq	2015	++	标本
2047	膜翅目	蜜蜂科	红源熊蜂 *Bombus*（*Alpigenobombus*）*rufocognitus* Ckll.	2010		文献
2048	膜翅目	蜜蜂科	宁波熊蜂 *Bombus*（*Diuersobombus*）*ningpoensis* Friese	2010		文献
2049	膜翅目	蜜蜂科	柑背熊蜂 *Bombus*（*Pyrobombus*）*atrocinctus* Smith	2010		文献
2050	膜翅目	蜜蜂科	黄熊蜂 *Bombus*（*Pyrobombus*）*flavecens* Smith	2010		文献
2051	膜翅目	蜜蜂科	鸣熊蜂 *Bombus*（*Pyrobombus*）*sonsni* Frison	2010		文献
2052	膜翅目	蜜蜂科	萃熊蜂 *Bombus*（*Rufipedibombus*）*eximius* Smith	2010		文献
2053	膜翅目	小蜂科	广大腿小蜂 *Brachymeria lasus*（Walker）	2010		文献
2054	膜翅目	小蜂科	无脊大腿小蜂 *Brachymeria excarinata* Gahan	2010		文献

续表

编号	目	科名	中文种名（拉丁学名）	最新发现时间/年	数量状况	数据来源
2055	膜翅目	广肩小蜂科	粘虫广肩小蜂 *Eurytoma verticillata*（Fabricius）	2010		文献
2056	膜翅目	蚜小蜂科	黄盾金黄蚜小蜂 *Prospaltella smithi* Silvestri	2010		文献
2057	膜翅目	旋小蜂科	荔蝽卵平腹蜂 *Anastatus japonicus* Ashmead	2010		文献
2058	膜翅目	赤眼蜂科	拟澳洲赤眼蜂 *Trichogramma confusum* Viggiani	2010		文献
2059	膜翅目	赤眼蜂科	稻螟赤眼蜂 *Trichogramma japonicum* Ashmead	2010		文献
2060	膜翅目	姬小蜂科	稻苞虫羽角姬小蜂 *Dimmokia parnarae*（Chu et Liao）	2010		文献
2061	膜翅目	姬小蜂科	螟蛉裹尸姬小蜂 *Euplectrus noctuidiphagus* Yasumatsu	2010		文献
2062	膜翅目	姬小蜂科	稻苞虫腹柄姬小蜂 *Pediobius mitsukurii*（Ashmead）	2010		文献
2063	膜翅目	缘腹细蜂科	等腹黑卵蜂 *Telenomus dignus* Gahan	2010		文献
2064	膜翅目	缘腹细蜂科	稻螟小黑卵蜂 *Telenomus gifuensis* Ashmead	2010		文献
2065	膜翅目	分盾细蜂科	菲岛黑蜂 *Cerphron manilae* Ashmead	2010		文献
2066	膜翅目	广腹细蜂科	黑粉虱细蜂 *Amitus hesperidum* Silvestri	2010		文献
2067	膜翅目	青蜂科	四齿蓝斑青蜂 *Chrysis perfecta* Cameron	2010		文献

注：+++为优势种，++为常见种，+为少见种。

附表 4   重庆金佛山国家级自然保护区软体动物名录

序号	目	科名	中文种名	拉丁学名	最新发现时间	数量状况	数据来源
1	中腹足目	膀胱螺科	泉膀胱螺	*Physa fontinalis*（Linnaeus）	2014	+	标本
2	中腹足目	田螺科	中国圆田螺	*Cipangopaludina chinensis*（Gray）	2014	+	标本
3	中腹足目	环口螺科	高大环口螺	*Cyclophorus exaltatus*（Pfeiffer）	2012	++	标本
4	中腹足目	环口螺科	大扁褶口螺	*Ptychopoma expoliatum expoliatum* Heude	2012	+	标本
5	中腹足目	环口螺科	小扁褶口螺	*Ptychopoma vestitum*（Heude）	2014	+	标本
6	中腹足目	环口螺科	狭窄圆螺	*Cyclotus stenomphalus* Heude	2013	+	标本
7	中腹足目	环口螺科	扁圆盘螺	*Discus potanini*（Moellendorff）	2012	+	标本
8	基眼目	椎实螺科	椭圆萝卜螺	*Radix swinhoei*（H. Adams）	2013	+	标本
9	基眼目	椎实螺科	尖萝卜螺	*Radix acuminate* Lamarck	2013	+	标本
10	基眼目	椎实螺科	截口土蜗	*Galba truncatuta*（Müller）	2014	+	标本
11	柄眼目	烟管螺科	尖真管螺	*Euphaedusa aculus aculus*（Benson）	2012	+	标本
12	柄眼目	钻螺科	细长钻螺	*Opeas gracile*（Hutton）	2012	+	标本
13	柄眼目	拟阿勇蛞蝓科	猛巨楯蛞蝓	*Macrochlamys rejecta*（Pfeiffer）	2012	+	标本
14	柄眼目	拟阿勇蛞蝓科	迟缓巨楯蛞蝓	*Macrochlamys segnis*（Pilsbry）	2012	+	标本
15	柄眼目	拟阿勇蛞蝓科	扁形巨楯蛞蝓	*Macrochlamys planula*（Heude）	2013	+	标本
16	柄眼目	拟阿勇蛞蝓科	光滑巨楯蛞蝓	*Macrochlamys superlita superlita*（Morelet）	2012	+	标本
17	柄眼目	拟阿勇蛞蝓科	小溪巨楯蛞蝓	*Macrochlamys riparius*（Heude）	2012	++	标本
18	柄眼目	拟阿勇蛞蝓科	小丘恰里螺	*Kaliella munipurensis*（Godwin-Austen）	2013	+	标本
19	柄眼目	坚齿螺科	美胄小丽螺	*Ganesella lepidostola*（Heude）	2014	+	标本
20	柄眼目	巴蜗牛科	中国大脐蜗牛	*Aegista chinensis*（Philippi）	2014	+	标本
21	柄眼目	巴蜗牛科	欧氏大脐蜗牛	*Aegista aubryana* Heude	2014	+	标本
22	柄眼目	巴蜗牛科	湖北大脐蜗牛	*Aegista hupeana*（Gredler）	2012	+	标本
23	柄眼目	巴蜗牛科	嫩大脐蜗牛	*Aegista tenerrima* Moellendorff	2012	++	标本
24	柄眼目	巴蜗牛科	同型巴蜗牛	*Bradybaena similaris*（Ferussac）	2014	+	标本
25	柄眼目	巴蜗牛科	短旋巴蜗牛	*Bradybaena brevispira*（H. Adams）	2014	+	标本
26	柄眼目	巴蜗牛科	松山巴蜗牛	*Bradybaena*（*Bradybaena*）*sueshanensis* Pilsbry	2012	+	标本
27	柄眼目	巴蜗牛科	平顶巴蜗牛	*Bradybaena strictotaenia* Moellendorff	2012	+	标本
28	柄眼目	巴蜗牛科	灰尖巴蜗牛	*Bradybaena*（*Acusta*）*ravida ravida*（Benson）	2014	++	标本
29	柄眼目	巴蜗牛科	细纹灰尖巴蜗牛	*Bradybaena*（*Acusta*）*ravida redfirldi*（Pfeiffer）	2014	+	标本
30	柄眼目	巴蜗牛科	江西鞭巴蜗牛	*Mastigeulota kiangsinensis*（Martens）	2013	+	标本
31	柄眼目	巴蜗牛科	粗纹华蜗牛	*Cathaica*（*Cathaica*）*constantinae*（H. Adams）	2014	+	标本
32	柄眼目	巴蜗牛科	格锐华蜗牛	*Cathaica*（*Cathaica*）*giraudeliana*（Heude）	2014	+	标本
33	柄眼目	巴蜗牛科	扁平毛蜗牛	*Trichochloritis submissa*（Deshayes）	2013	+	标本
34	柄眼目	巴蜗牛科	假穴环肋螺	*Plectotropis pseudopatula* Moellendorff	2014	+	标本
35	柄眼目	巴蜗牛科	微小环肋螺	*Plectotropis minima* Pilshry	2013	+	标本
36	柄眼目	巴蜗牛科	易碎环肋螺	*Plectotropis sterilis*（Heude）	2013	+	标本
37	柄眼目	巴蜗牛科	分开射带蜗牛	*Laeocathaica distinguenda*（Moellendorff）	2012	+	标本
38	柄眼目	巴蜗牛科	假拟锥螺	*Pseudobuliminus*（*Pseudobuliminus*）*buliminus*（Heude）	2012	+	标本
39	柄眼目	蛞蝓科	双线嗜粘液蛞蝓	*Philomycus bilineatus*（Benson）	2014	+	标本

注：+++为优势种，++为常见种，+为少见种。

附表5　重庆金佛山国家级自然保护区脊椎动物名录

附表5.1　重庆金佛山国家级自然保护区兽类名录

目名	科名	种名	保护级别	濒危等级	CITES附录	特有性	从属区系	数据来源
食虫目 INSECTIVORA	猬科 Erinaceidae	刺猬 *Erinaceus amurensis*					东洋	2
食虫目 INSECTIVORA	鼹科 Talpidae	长吻鼩鼹 *Uropsilus gracilis*				+	东洋	3
食虫目 INSECTIVORA	鼹科 Talpidae	少齿鼩鼹 *Uropsilus soricipes*				+	东洋	3
食虫目 INSECTIVORA	鼹科 Talpidae	峨眉鼩鼹 *Uropsilus andersoni*				+	东洋	3
食虫目 INSECTIVORA	鼹科 Talpidae	巨鼹 *Talpa grandis*				+	东洋	3
食虫目 INSECTIVORA	鼹科 Talpidae	长吻鼹 *Talpa longirostris*				+	东洋	3
食虫目 INSECTIVORA	鼹科 Talpidae	长尾鼹 *Scaptonyx fusicaudus*					东洋	3
食虫目 INSECTIVORA	鼹科 Talpidae	甘肃鼹 *Scapanulus oweni*					广布	3
食虫目 INSECTIVORA	鼩鼱科 Soricidae	灰褐长尾鼩 *Soriculus macrurus*					东洋	3
食虫目 INSECTIVORA	鼩鼱科 Soricidae	川鼩 *Blarinella quadraticauda*				+	广布	3
食虫目 INSECTIVORA	鼩鼱科 Soricidae	淡灰黑齿鼩鼱 *Blarinella griselda*					东洋	3
食虫目 INSECTIVORA	鼩鼱科 Soricidae	煤色麝鼩 *Crocidura fuliginosa*					东洋	3
食虫目 INSECTIVORA	鼩鼱科 Soricidae	北小麝鼩 *Crocidura suaveolens*					广布	3
食虫目 INSECTIVORA	鼩鼱科 Soricidae	灰麝鼩 *Crocidura attenuata*					东洋	3
食虫目 INSECTIVORA	鼩鼱科 Soricidae	四川短尾鼩 *Anourosorex squamipes*					东洋	3
食虫目 INSECTIVORA	鼩鼱科 Soricidae	斯氏水鼩 *Chimarogale styani*					东洋	3
翼手目 CHIROPTERA	蹄蝠科 Hipposideridae	无尾蹄蝠 *Coelops frithi*					东洋	3
翼手目 CHIROPTERA	菊头蝠科 Rhinolophidae	三叶蹄蝠 *Aselliscus stoliczkanus*					东洋	3
翼手目 CHIROPTERA	蹄蝠科 Hipposideridae	大蹄蝠 *Hipposideros armiger*					东洋	3
翼手目 CHIROPTERA	菊头蝠科 Rhinolophidae	角菊头蝠 *Rhinolophus cornutus*					广布	3
翼手目 CHIROPTERA	菊头蝠科 Rhinolophidae	小菊头蝠 *Rhinolophus pusillus*					广布	3
翼手目 CHIROPTERA	菊头蝠科 Rhinolophidae	大耳菊头蝠 *Rhinolophus macrotis*					东洋	3
翼手目 CHIROPTERA	菊头蝠科 Rhinolophidae	贵州菊头蝠 *Rhinolophus rex*				+	东洋	3
翼手目 CHIROPTERA	蝙蝠科 Vespertilionidae	小彩蝠 *Kerivoula hardwicki*					东洋	3
翼手目 CHIROPTERA	蝙蝠科 Vespertilionidae	斑蝠 *Scotomanes ornatus*					东洋	3
翼手目 CHIROPTERA	蝙蝠科 Vespertilionidae	亚洲宽耳蝠 *Barbastella leucomelas*					广布	3
翼手目 CHIROPTERA	蝙蝠科 Vespertilionidae	西南鼠耳蝠 *Myotis altarium*				+	东洋	3
翼手目 CHIROPTERA	蝙蝠科 Vespertilionidae	中华山蝠 *Nyctalus velutinus*				+	广布	3
翼手目 CHIROPTERA	蝙蝠科 Vespertilionidae	中国伏翼 *Pipistrellus pulveratus*					东洋	3
翼手目 CHIROPTERA	蝙蝠科 Vespertilionidae	伏翼 *pipistrellus pipistrellus*					广布	3
鳞甲目 PHOLIDOTA	鲮鲤科 Manidae	穿山甲 *Manis pentadactyla*	II级		附录II		东洋	2
灵长目 PRIMATES	猴科 Cercopithecidae	猕猴 *Macaca mulatta*	II级	易危	附录II		广布	1
灵长目 PRIMATES	猴科 Cercopithecidae	藏酋猴 *Macaca thibetana*	II级	易危	附录II	+	东洋	2
灵长目 PRIMATES	猴科 Cercopithecidae	黑叶猴 *Presbytis francoisi*	I级	濒危	附录II		东洋	1
食肉目 CARNIVORA	犬科 Canidae	豺 *Cuon alpinus*	II级				广布	2
食肉目 CARNIVORA	犬科 Canidae	狼 *Canis lupus*	市级				广布	2
食肉目 CARNIVORA	犬科 Canidae	貉 *Nyctereutes procyonoides*	市级				广布	3

续表

目名	科名	种名	保护级别	濒危等级	CITES附录	特有性	从属区系	数据来源
食肉目 CARNIVORA	犬科 Canidae	赤狐 *Vulpes vulpes*	市级				广布	3
食肉目 CARNIVORA	熊科 Ursidae	黑熊 *Selenarctos thibetanus*	II级	易危	附录 I		广布	2
食肉目 CARNIVORA	鼬科 Mustelidae	黄喉貂 *Martes flavigula*	II级		附录III		广布	1
食肉目 CARNIVORA	鼬科 Mustelidae	黄鼬 *Mustela sibirca*	市级				广布	1
食肉目 CARNIVORA	鼬科 Mustelidae	香鼬 *Mustela altaica*	市级				广布	3
食肉目 CARNIVORA	鼬科 Mustelidae	黄腹鼬 *Mustela kathiah*			附录III		广布	3
食肉目 CARNIVORA	鼬科 Mustelidae	鼬獾 *Melogale moschata*					东洋	3
食肉目 CARNIVORA	鼬科 Mustelidae	狗獾 *Meles meles*					广布	1
食肉目 CARNIVORA	鼬科 Mustelidae	猪獾 *Arctonyx collaris*					广布	3
食肉目 CARNIVORA	鼬科 Mustelidae	水獭 *Lutra lutra*	II级	易危	附录 I		广布	2
食肉目 CARNIVORA	灵猫科 Viverridae	大灵猫 *Viverra zibetha*	II级	易危	附录III		东洋	3
食肉目 CARNIVORA	灵猫科 Viverridae	小灵猫 *Viverricula indica*	II级		附录III		东洋	3
食肉目 CARNIVORA	灵猫科 Viverridae	花面狸 *Paguma larvata*	市级				广布	3
食肉目 CARNIVORA	獴科 Herpestidae	食蟹獴 *Herpestes urva*			附录III		东洋	3
食肉目 CARNIVORA	猫科 Felidae	金猫 *Felis temmincki*	II级				东洋	3
食肉目 CARNIVORA	猫科 Felidae	豹猫 *Felis bengalensis*	市级				广布	1
食肉目 CARNIVORA	猫科 Felidae	虎 *Panthera tigris*	I级	濒危	附录 I		广布	3
食肉目 CARNIVORA	猫科 Felidae	豹 *Panthera pardus*	I级				广布	3
食肉目 CARNIVORA	猫科 Felidae	云豹 *Neofelis nebulosa*	I级	濒危	附录 I		东洋	3
偶蹄目 ARTIODACTYLA	猪科 Suidae	野猪 *Sus scrofa*					广布	2
偶蹄目 ARTIODACTYLA	麝科 Moschidae	林麝 *Moschus berezovskii*	I级	濒危	附录 II	+	东洋	1
偶蹄目 ARTIODACTYLA	鹿科 Cervidae	赤麂 *Muntiacus muntjak*	市级				东洋	3
偶蹄目 ARTIODACTYLA	鹿科 Cervidae	小麂 *Muntiacus reevesi*	市级			+	东洋	1
偶蹄目 ARTIODACTYLA	鹿科 Cervidae	毛冠鹿 *Elaphodus cephalophus*	市级				东洋	1
偶蹄目 ARTIODACTYLA	牛科 Bovidae	斑羚 *Naemorhedus goral*	II级	易危	附录 I		广布	3
啮齿目 RODENTIA	松鼠科 Sciuridae	岩松鼠 *Sciurotamias davidianus*				+	广布	1
啮齿目 RODENTIA	松鼠科 Sciuridae	隐纹花鼠 *Tamiops swinhoei*					东洋	1
啮齿目 RODENTIA	松鼠科 Sciuridae	赤腹丽松鼠 *Callosciurus erythraeus*					东洋	1
啮齿目 RODENTIA	松鼠科 Sciuridae	红颊长吻松鼠 *Dremomys rufigenis*					东洋	3
啮齿目 RODENTIA	松鼠科 Sciuridae	珀氏长吻松鼠 *Dremomys pernyi*					东洋	1
啮齿目 RODENTIA	鼯鼠科 Petauristidae	复齿鼯鼠 *Trogopterus xanthipes*		易危		+	广布	3
啮齿目 RODENTIA	鼯鼠科 Petauristidae	灰鼯鼠 *Petaurista xanthotis*				+	东洋	3
啮齿目 RODENTIA	鼯鼠科 Petauristidae	红白鼯鼠 *Petaurista alborufus*					东洋	2
啮齿目 RODENTIA	鼠科 Muridae	巢鼠 *Micromys minutus*					广布	1
啮齿目 RODENTIA	鼠科 Muridae	黑线姬鼠 *Apodemus agrarius*					广布	3
啮齿目 RODENTIA	鼠科 Muridae	高山姬鼠 *Apodemus chevrieri*				+	东洋	3
啮齿目 RODENTIA	鼠科 Muridae	龙姬鼠 *Apodemus draco*					东洋	3
啮齿目 RODENTIA	鼠科 Muridae	褐家鼠 *Rattus norvegicus*					广布	1
啮齿目 RODENTIA	鼠科 Muridae	黄胸鼠 *Rattus flavipectus*					东洋	3
啮齿目 RODENTIA	鼠科 Muridae	大足鼠 *Rattus nitidus*					东洋	3
啮齿目 RODENTIA	鼠科 Muridae	黑家鼠 *Rattus rattus*					东洋	3
啮齿目 RODENTIA	鼠科 Muridae	安氏白腹鼠 *Niviventer andersoni*					东洋	1

续表

目名	科名	种名	保护级别	濒危等级	CITES附录	特有性	从属区系	数据来源
啮齿目 RODENTIA	鼠科 Muridae	针毛鼠 *Niviventer fulvscens*					东洋	3
啮齿目 RODENTIA	鼠科 Muridae	社鼠 *Niviventer confucianus*					广布	1
啮齿目 RODENTIA	鼠科 Muridae	青毛鼠 *Berylmys bowersi*					东洋	3
啮齿目 RODENTIA	鼠科 Muridae	小泡巨鼠 *Leopoldamys edwardsi*					东洋	3
啮齿目 RODENTIA	鼠科 Muridae	锡金小鼠 *Mus pahari*					东洋	3
啮齿目 RODENTIA	鼠科 Muridae	小家鼠 *Mus musculus*					广布	3
啮齿目 RODENTIA	田鼠科 Microtidae	黑腹绒鼠 *Eothenomys melanogaster*					东洋	3
啮齿目 RODENTIA	田鼠科 Microtidae	大绒鼠 *Eothenomys miletus*				+	东洋	3
啮齿目 RODENTIA	猪尾鼠科 Platacanthomyidae	猪尾鼠 *Typhlomys cinereus*					东洋	3
啮齿目 RODENTIA	鼢鼠科 Myospalacidae	罗氏鼢鼠 *Myospalax rothschildi*					东洋	3
啮齿目 RODENTIA	竹鼠科 Rhizomyidae	普通竹鼠 *Rhizomys sinensis*					东洋	2
啮齿目 RODENTIA	豪猪科 Hystricidae	帚尾豪猪 *Atherurus macrourus*		易危			东洋	2
啮齿目 RODENTIA	豪猪科 Hystricidae	豪猪 *Hystrix hodgsoni*					东洋	3
兔形目 LAGOMORPHA	兔科 Leporidae	草兔 *Lepus capensis*					广布	1

注：1 为野外见到，2 为访问调查，3 为查阅文献，+表示是特有物种。

附表 5.2　重庆金佛山国家级自然保护区鸟类名录

目	科	种名	保护别	濒危级	CITES附录	特有性	数据来源
䴙䴘目 PODICIPEDIFORMES	䴙䴘科 Podicipedidae	小䴙䴘 *Tachybaptus ruficollis*	市级				1
䴙䴘目 PODICIPEDIFORMES	䴙䴘科 Podicipedidae	赤颈䴙䴘 *Podiceps grisegena*	Ⅱ级				1
鹈形目 PELECANIFORMES	鸬鹚科 Phalacrocoracidae	普通鸬鹚 *Phalacrocorax carbo*	市级				1
鹳形目 CICONIIFORMES	鹭科 Ardeidae	苍鹭 *Ardea cinerea*					1
鹳形目 CICONIIFORMES	鹭科 Ardeidae	白鹭 *Egretta garzetta*					1
鹳形目 CICONIIFORMES	鹭科 Ardeidae	牛背鹭 *Bubulcus ibis*					1
鹳形目 CICONIIFORMES	鹭科 Ardeidae	池鹭 *Ardeola bacchus*					1
鹳形目 CICONIIFORMES	鹭科 Ardeidae	夜鹭 *Nycticorax nycticorax*					1
鹳形目 CICONIIFORMES	鹭科 Ardeidae	栗苇鳽 *Ixobrychus cinnamomeus*	市级				3
鹳形目 CICONIIFORMES	鹭科 Ardeidae	黑苇鳽 *Dupetor flavicollis*	市级				3
鹳形目 CICONIIFORMES	鹭科 Ardeidae	大麻鳽 *Botaurus stellaris*	市级				3
雁形目 ANSERIFORMES	鸭科 Anatidae	赤麻鸭 *Tadorna ferruginea*					3
雁形目 ANSERIFORMES	鸭科 Anatidae	鸳鸯 *Aix galericulata*	Ⅱ级	近危			3
雁形目 ANSERIFORMES	鸭科 Anatidae	绿翅鸭 *Anas crecca*					3
雁形目 ANSERIFORMES	鸭科 Anatidae	绿头鸭 *Anas platyrhynchos*					3
雁形目 ANSERIFORMES	鸭科 Anatidae	斑嘴鸭 *Anas poecilorhyncha*					3
雁形目 ANSERIFORMES	鸭科 Anatidae	针尾鸭 *Anas acuta*					3
雁形目 ANSERIFORMES	鸭科 Anatidae	赤嘴潜鸭 *Netta rufina*					3
雁形目 ANSERIFORMES	鸭科 Anatidae	凤头潜鸭 *Aythya fuligula*					3
雁形目 ANSERIFORMES	鸭科 Anatidae	普通秋沙鸭 *Mergus merganser*					3
隼形目 FALCONIFORMES	鹰科 Accipitridae	黑冠鹃隼 *Aviceda leuphotes*	Ⅱ级		附录Ⅱ		3
隼形目 FALCONIFORMES	鹰科 Accipitridae	黑鸢 *Milvus migrans*	Ⅱ级		附录Ⅱ		1
隼形目 FALCONIFORMES	鹰科 Accipitridae	鹊鹞 *Circus melanoleucos*	Ⅱ级		附录Ⅱ		3
隼形目 FALCONIFORMES	鹰科 Accipitridae	乌灰鹞 *Circus pygargus*	Ⅱ级		附录Ⅱ		3
隼形目 FALCONIFORMES	鹰科 Accipitridae	凤头鹰 *Accipiter trivirgatus*	Ⅱ级		附录Ⅱ		3

目	科	种名	保护别	濒危级	CITES 附录	特有性	数据来源
隼形目 FALCONIFORMES	鹰科 Accipitridae	松雀鹰 *Accipiter virgatus*	II级		附录II		3
隼形目 FALCONIFORMES	鹰科 Accipitridae	雀鹰 *Accipiter nisus*	II级		附录II		3
隼形目 FALCONIFORMES	鹰科 Accipitridae	苍鹰 *Accipiter gentilis*	II级		附录II		3
隼形目 FALCONIFORMES	鹰科 Accipitridae	普通鵟 *Buteo buteo*	II级		附录II		1
隼形目 FALCONIFORMES	鹰科 Accipitridae	金雕 *Aquila chrysaetos*	I级		附录II		3
隼形目 FALCONIFORMES	鹰科 Accipitridae	白腹隼雕 *Hieraaetus fasciatus*	II级		附录II		2
隼形目 FALCONIFORMES	隼科 Falconidae	红隼 *Falco tinnunculus*	II级		附录II		3
隼形目 FALCONIFORMES	隼科 Falconidae	燕隼 *Falco subbuteo*	II级		附录II		3
隼形目 FALCONIFORMES	隼科 Falconidae	游隼 *Falco peregrinus*	II级		附录II		1
鸡形目 GALLIFORMES	雉科 Phasianidae	鹌鹑 *Coturnix coturnix*					3
鸡形目 GALLIFORMES	雉科 Phasianidae	灰胸竹鸡 *Bambusicola thoracica*	市级			+	1
鸡形目 GALLIFORMES	雉科 Phasianidae	红腹角雉 *Tragopan temminckii*	II级	近危			1
鸡形目 GALLIFORMES	雉科 Phasianidae	白鹇 *Lophura nycthemera*	II级				1
鸡形目 GALLIFORMES	雉科 Phasianidae	白冠长尾雉 *Syrmaticus reevesii*	II级	易危		+	3
鸡形目 GALLIFORMES	雉科 Phasianidae	环颈雉 *Phasianus colchicus*					1
鸡形目 GALLIFORMES	雉科 Phasianidae	红腹锦鸡 *Chrysolophus pictus*	II级			+	1
鹤形目 GRUIFORMES	秧鸡科 Rallidae	普通秧鸡 *Rallus aquaticus*					3
鹤形目 GRUIFORMES	秧鸡科 Rallidae	白胸苦恶鸟 *Amaurornis phoenicurus*					3
鹤形目 GRUIFORMES	秧鸡科 Rallidae	红胸田鸡 *Porzana fusca*	市级				3
鹤形目 GRUIFORMES	秧鸡科 Rallidae	董鸡 *Gallicrex cinerea*	市级				3
鹤形目 GRUIFORMES	秧鸡科 Rallidae	白骨顶 *Fulica atra*					3
鸻形目 CHARADRIIFORMES	鸻科 Charadriidae	灰头麦鸡 *Vanellus cinereus*					3
鸻形目 CHARADRIIFORMES	鸻科 Charadriidae	金鸻 *Pluvialis fulva*					3
鸻形目 CHARADRIIFORMES	鸻科 Charadriidae	长嘴剑鸻 *Charadrius placidus*					3
鸻形目 CHARADRIIFORMES	鹬科 Scolopacidae	丘鹬 *Scolopax rusticola*					3
鸻形目 CHARADRIIFORMES	鹬科 Scolopacidae	白腰草鹬 *Tringa ochropus*					1
鸻形目 CHARADRIIFORMES	鹬科 Scolopacidae	林鹬 *Tringa glareola*					1
鸻形目 CHARADRIIFORMES	鹬科 Scolopacidae	矶鹬 *Actitis hypoleucos*					1
鸻形目 CHARADRIIFORMES	鹬科 Scolopacidae	青脚滨鹬 *Calidris temminckii*					3
鸽形目 COLUMBIFORMES	鸠鸽科 Columbidae	山斑鸠 *Streptopelia orientalis*					1
鸽形目 COLUMBIFORMES	鸠鸽科 Columbidae	灰斑鸠 *Streptopelia decaocto*					3
鸽形目 COLUMBIFORMES	鸠鸽科 Columbidae	火斑鸠 *Streptopelia tranquebarica*					1
鸽形目 COLUMBIFORMES	鸠鸽科 Columbidae	珠颈斑鸠 *Streptopelia chinensis*					1
鸽形目 COLUMBIFORMES	鸠鸽科 Columbidae	红翅绿鸠 *Treron sieboldii*	II级				3
鹃形目 CUCULIFORMES	杜鹃科 Cuculidae	大鹰鹃 *Cuculus sparverioides*					1
鹃形目 CUCULIFORMES	杜鹃科 Cuculidae	四声杜鹃 *Cuculus micropterus*	市级				3
鹃形目 CUCULIFORMES	杜鹃科 Cuculidae	大杜鹃 *Cuculus canorus*					1
鹃形目 CUCULIFORMES	杜鹃科 Cuculidae	中杜鹃 *Cuculus saturatus*	市级				3
鹃形目 CUCULIFORMES	杜鹃科 Cuculidae	小杜鹃 *Cuculus poliocephalus*	市级				3
鹃形目 CUCULIFORMES	杜鹃科 Cuculidae	翠金鹃 *Chrysococcyx maculatus*	市级				3
鹃形目 CUCULIFORMES	杜鹃科 Cuculidae	噪鹃 *Eudynamys scolopacea*	市级				1
鸮形目 STRIGIFORMES	草鸮科 Tytonidae	东方草鸮 *Tyto longimembris*	II级		附录II		3

续表

目	科	种名	保护别	濒危级	CITES 附录	特有性	数据来源
鸮形目 STRIGIFORMES	鸱鸮科 Strigidae	领角鸮 *Otus bakkamoena*	II级		附录II		3
鸮形目 STRIGIFORMES	鸱鸮科 Strigidae	红角鸮 *Otus sunia*	II级		附录II		3
鸮形目 STRIGIFORMES	鸱鸮科 Strigidae	灰林鸮 *Strix aluco*	II级		附录II		2
鸮形目 STRIGIFORMES	鸱鸮科 Strigidae	领鸺鹠 *Glaucidium brodiei*	II级		附录II		1
鸮形目 STRIGIFORMES	鸱鸮科 Strigidae	斑头鸺鹠 *Glaucidium cuculoides*	II级		附录II		1
鸮形目 STRIGIFORMES	鸱鸮科 Strigidae	鹰鸮 *Ninox scutulata*	II级		附录II		3
鸮形目 STRIGIFORMES	鸱鸮科 Strigidae	长耳鸮 *Asio otus*	II级		附录II		3
鸮形目 STRIGIFORMES	鸱鸮科 Strigidae	短耳鸮 *Asio flammeus*	II级		附录II		3
雨燕目 APODIFORMES	雨燕科 Apodidae	短嘴金丝燕 *Aerodramus brevirostris*					1
雨燕目 APODIFORMES	雨燕科 Apodidae	白腰雨燕 *Apus pacificus*					1
佛法僧目 CORACIIFORMES	翠鸟科 Alcedinidae	普通翠鸟 *Alcedo atthis*					1
佛法僧目 CORACIIFORMES	翠鸟科 Alcedinidae	蓝翡翠 *Halcyon pileata*	市级				1
佛法僧目 CORACIIFORMES	翠鸟科 Alcedinidae	冠鱼狗 *Megaceryle lugubris*					1
戴胜目 UPUPIFORMES	戴胜科 Upupidae	戴胜 *Upupa epops*					1
䴕形目 PICIFORMES	拟䴕科 Capitonidae	大拟啄木鸟 *Megalaima virens*	市级				1
䴕形目 PICIFORMES	啄木鸟科 Picidae	蚁䴕 *Jynx torquilla*					3
䴕形目 PICIFORMES	啄木鸟科 Picidae	斑姬啄木鸟 *Picumnus innominatus*					1
䴕形目 PICIFORMES	啄木鸟科 Picidae	星头啄木鸟 *Dendrocopos canicapillus*					1
䴕形目 PICIFORMES	啄木鸟科 Picidae	棕腹啄木鸟 *Dendrocopos hyperythrus*					3
䴕形目 PICIFORMES	啄木鸟科 Picidae	大斑啄木鸟 *Dendrocopos major*					3
䴕形目 PICIFORMES	啄木鸟科 Picidae	灰头绿啄木鸟 *Picus canus*					1
雀形目 PASSERIFORMES	百灵科 Alaudidae	小云雀 *Alauda gulgula*					3
雀形目 PASSERIFORMES	燕科 Hirundinidae	淡色崖沙燕 *Riparia diluta*					3
雀形目 PASSERIFORMES	燕科 Hirundinidae	岩燕 *Ptyonoprogne rupestris*					3
雀形目 PASSERIFORMES	燕科 Hirundinidae	家燕 *Hirundo rustica*					1
雀形目 PASSERIFORMES	燕科 Hirundinidae	金腰燕 *Hirundo daurica*					1
雀形目 PASSERIFORMES	燕科 Hirundinidae	烟腹毛脚燕 *Delichon dasypus*					3
雀形目 PASSERIFORMES	鹡鸰科 Motacillidae	山鹡鸰 *Dendronanthus indicus*					1
雀形目 PASSERIFORMES	鹡鸰科 Motacillidae	白鹡鸰 *Motacilla alba*					3
雀形目 PASSERIFORMES	鹡鸰科 Motacillidae	黄头鹡鸰 *Motacilla citreola*					1
雀形目 PASSERIFORMES	鹡鸰科 Motacillidae	黄鹡鸰 *Motacilla flava*					3
雀形目 PASSERIFORMES	鹡鸰科 Motacillidae	灰鹡鸰 *Motacilla cinerea*					1
雀形目 PASSERIFORMES	鹡鸰科 Motacillidae	树鹨 *Anthus hodgsoni*					1
雀形目 PASSERIFORMES	鹡鸰科 Motacillidae	粉红胸鹨 *Anthus roseatus*					1
雀形目 PASSERIFORMES	鹡鸰科 Motacillidae	水鹨 *Anthus spinoletta*					3
雀形目 PASSERIFORMES	山椒鸟科 Campephagidae	暗灰鹃鵙 *Coracina melaschistos*					1
雀形目 PASSERIFORMES	山椒鸟科 Campephagidae	长尾山椒鸟 *Pericrocotus ethologus*					1
雀形目 PASSERIFORMES	鹎科 Pycnonotidae	领雀嘴鹎 *Spizixos semitorques*				+	1
雀形目 PASSERIFORMES	鹎科 Pycnonotidae	黄臀鹎 *Pycnonotus xanthorrhous*					1
雀形目 PASSERIFORMES	鹎科 Pycnonotidae	白头鹎 *Pycnonotus sinensis*				+	1
雀形目 PASSERIFORMES	鹎科 Pycnonotidae	绿翅短脚鹎 *Hypsipetes mcclellandii*					1
雀形目 PASSERIFORMES	伯劳科 Laniidae	虎纹伯劳 *Lanius tigrinus*					1

目	科	种名	保护别	濒危级	CITES 附录	特有性	数据来源
雀形目 PASSERIFORMES	伯劳科 Laniidae	牛头伯劳 Lanius bucephalus					1
雀形目 PASSERIFORMES	伯劳科 Laniidae	红尾伯劳 Lanius cristatus					1
雀形目 PASSERIFORMES	伯劳科 Laniidae	棕背伯劳 Lanius schach					1
雀形目 PASSERIFORMES	伯劳科 Laniidae	灰背伯劳 Lanius tephronotus					3
雀形目 PASSERIFORMES	黄鹂科 Oriolidae	黑枕黄鹂 Oriolus chinensis					1
雀形目 PASSERIFORMES	卷尾科 Dicruridae	黑卷尾 Dicrurus macrocercus					1
雀形目 PASSERIFORMES	卷尾科 Dicruridae	灰卷尾 Dicrurus leucophaeus					1
雀形目 PASSERIFORMES	卷尾科 Dicruridae	发冠卷尾 Dicrurus hottentottus					1
雀形目 PASSERIFORMES	椋鸟科 Sturnidae	八哥 Acridotheres cristatellus					1
雀形目 PASSERIFORMES	椋鸟科 Sturnidae	丝光椋鸟 Sturnus sericeus					1
雀形目 PASSERIFORMES	椋鸟科 Sturnidae	灰椋鸟 Sturnus cineraceus					3
雀形目 PASSERIFORMES	鸦科 Corvidae	松鸦 Garrulus glandarius					1
雀形目 PASSERIFORMES	鸦科 Corvidae	灰喜鹊 Cyanopica cyana					3
雀形目 PASSERIFORMES	鸦科 Corvidae	红嘴蓝鹊 Urocissa erythrorhyncha					1
雀形目 PASSERIFORMES	鸦科 Corvidae	灰树鹊 Dendrocitta formosae					3
雀形目 PASSERIFORMES	鸦科 Corvidae	喜鹊 Pica pica		近危			1
雀形目 PASSERIFORMES	鸦科 Corvidae	达乌里寒鸦 Corvus dauuricus					3
雀形目 PASSERIFORMES	鸦科 Corvidae	秃鼻乌鸦 Corvus frugilegus					3
雀形目 PASSERIFORMES	鸦科 Corvidae	大嘴乌鸦 Corvus macrorhynchos					1
雀形目 PASSERIFORMES	鸦科 Corvidae	白颈鸦 Corvus torquatus					3
雀形目 PASSERIFORMES	河乌科 Cinclidae	褐河乌 Cinclus pallasii					1
雀形目 PASSERIFORMES	岩鹨科 Prunellidae	棕胸岩鹨 Prunella strophiata					3
雀形目 PASSERIFORMES	鸫科 Turdidae	蓝短翅鸫 Brachypteryx montana					2
雀形目 PASSERIFORMES	鸫科 Turdidae	红喉歌鸲 Luscinia calliope					3
雀形目 PASSERIFORMES	鸫科 Turdidae	蓝歌鸲 Luscinia cyane					3
雀形目 PASSERIFORMES	鸫科 Turdidae	红胁蓝尾鸲 Tarsiger cyanurus					1
雀形目 PASSERIFORMES	鸫科 Turdidae	鹊鸲 Copsychus saularis					1
雀形目 PASSERIFORMES	鸫科 Turdidae	黑喉红尾鸲 Phoenicurus hodgsoni					3
雀形目 PASSERIFORMES	鸫科 Turdidae	白喉红尾鸲 Phoenicurus schisticeps					3
雀形目 PASSERIFORMES	鸫科 Turdidae	北红尾鸲 Phoenicurus auroreus					1
雀形目 PASSERIFORMES	鸫科 Turdidae	蓝额红尾鸲 Phoenicurus frontalis					3
雀形目 PASSERIFORMES	鸫科 Turdidae	红尾水鸲 Rhyacornis fuliginosus					1
雀形目 PASSERIFORMES	鸫科 Turdidae	白顶溪鸲 Chaimarrornis leucocephalus					1
雀形目 PASSERIFORMES	鸫科 Turdidae	白腹短翅鸲 Hodgsonius phoenicuroides					3
雀形目 PASSERIFORMES	鸫科 Turdidae	白尾地鸲 Cinclidium leucurum					3
雀形目 PASSERIFORMES	鸫科 Turdidae	小燕尾 Enicurus scouleri		易危			1
雀形目 PASSERIFORMES	鸫科 Turdidae	黑背燕尾 Enicurus immaculatus					1
雀形目 PASSERIFORMES	鸫科 Turdidae	灰背燕尾 Enicurus schistaceus					1
雀形目 PASSERIFORMES	鸫科 Turdidae	黑喉石鵖 Saxicola torquata					1
雀形目 PASSERIFORMES	鸫科 Turdidae	灰林鵖 Saxicola ferrea					1
雀形目 PASSERIFORMES	鸫科 Turdidae	栗腹矶鸫 Monticola rufiventris					3
雀形目 PASSERIFORMES	鸫科 Turdidae	蓝矶鸫 Monticola solitarius					1

目	科	种名	保护别	濒危级	CITES 附录	特有性	数据 来源
雀形目 PASSERIFORMES	鸫科 Turdidae	紫啸鸫 *Myophonus caeruleus*					1
雀形目 PASSERIFORMES	鸫科 Turdidae	长尾地鸫 *Zoothera dixoni*					3
雀形目 PASSERIFORMES	鸫科 Turdidae	白颈鸫 *Turdus albocinctus*					3
雀形目 PASSERIFORMES	鸫科 Turdidae	乌鸫 *Turdus merula*					1
雀形目 PASSERIFORMES	鸫科 Turdidae	灰头鸫 *Turdus rubrocanus*					3
雀形目 PASSERIFORMES	鸫科 Turdidae	白腹鸫 *Turdus pallidus*					3
雀形目 PASSERIFORMES	鸫科 Turdidae	斑鸫 *Turdus eunomus*					3
雀形目 PASSERIFORMES	鹟科 Muscicapidae	白喉林鹟 *Rhinomyias brunneata*		易危			2
雀形目 PASSERIFORMES	鹟科 Muscicapidae	乌鹟 *Muscicapa sibirica*					3
雀形目 PASSERIFORMES	鹟科 Muscicapidae	北灰鹟 *Muscicapa dauurica*					3
雀形目 PASSERIFORMES	鹟科 Muscicapidae	白眉姬鹟 *Ficedula zanthopygia*					1
雀形目 PASSERIFORMES	鹟科 Muscicapidae	橙胸姬鹟 *Ficedula strophiata*					3
雀形目 PASSERIFORMES	鹟科 Muscicapidae	灰蓝姬鹟 *Ficedula tricolor*					3
雀形目 PASSERIFORMES	鹟科 Muscicapidae	铜蓝鹟 *Eumyias thalassina*					1
雀形目 PASSERIFORMES	鹟科 Muscicapidae	棕腹大仙鹟 *Niltava davidi*				+	3
雀形目 PASSERIFORMES	鹟科 Muscicapidae	方尾鹟 *Culicicapa ceylonensis*					1
雀形目 PASSERIFORMES	王鹟科 Monarchinae	寿带 *Terpsiphone paradisi*					1
雀形目 PASSERIFORMES	画眉科 Timaliidae	黑脸噪鹛 *Garrulax perspicillatus*					3
雀形目 PASSERIFORMES	画眉科 Timaliidae	白喉噪鹛 *Garrulax albogularis*		近危			3
雀形目 PASSERIFORMES	画眉科 Timaliidae	灰翅噪鹛 *Garrulax cineraceus*					3
雀形目 PASSERIFORMES	画眉科 Timaliidae	眼纹噪鹛 *Garrulax ocellatus*					1
雀形目 PASSERIFORMES	画眉科 Timaliidae	棕噪鹛 *Garrulax poecilorhynchus*				+	1
雀形目 PASSERIFORMES	画眉科 Timaliidae	画眉 *Garrulax canorus*		近危	附录II	+	1
雀形目 PASSERIFORMES	画眉科 Timaliidae	白颊噪鹛 *Garrulax sannio*					1
雀形目 PASSERIFORMES	画眉科 Timaliidae	橙翅噪鹛 *Garrulax elliotii*				+	1
雀形目 PASSERIFORMES	画眉科 Timaliidae	红翅噪鹛 *Garrulax formosus*					1
雀形目 PASSERIFORMES	画眉科 Timaliidae	红尾噪鹛 *Garrulax milnei*					3
雀形目 PASSERIFORMES	画眉科 Timaliidae	斑胸钩嘴鹛 *Pomatorhinus erythrocnemis*					3
雀形目 PASSERIFORMES	画眉科 Timaliidae	棕颈钩嘴鹛 *Pomatorhinus ruficollis*					1
雀形目 PASSERIFORMES	画眉科 Timaliidae	小鳞胸鹪鹛 *Pnoepyga pusilla*					3
雀形目 PASSERIFORMES	画眉科 Timaliidae	斑翅鹩鹛 *Spelaeornis troglodytoides*					3
雀形目 PASSERIFORMES	画眉科 Timaliidae	长尾鹩鹛 *Spelaeornis chocolatinus*					3
雀形目 PASSERIFORMES	画眉科 Timaliidae	红头穗鹛 *Stachyris ruficeps*					1
雀形目 PASSERIFORMES	画眉科 Timaliidae	宝兴鹛雀 *Moupinia poecilotis*		近危		+	3
雀形目 PASSERIFORMES	画眉科 Timaliidae	矛纹草鹛 *Babax lanceolatus*					1
雀形目 PASSERIFORMES	画眉科 Timaliidae	红嘴相思鸟 *Leiothrix lutea*		近危	附录II		1
雀形目 PASSERIFORMES	画眉科 Timaliidae	淡绿鵙鹛 *Pteruthius xanthochlorus*		近危			3
雀形目 PASSERIFORMES	画眉科 Timaliidae	蓝翅希鹛 *Minla cyanouroptera*					1
雀形目 PASSERIFORMES	画眉科 Timaliidae	火尾希鹛 *Minla ignotincta*					3
雀形目 PASSERIFORMES	画眉科 Timaliidae	金胸雀鹛 *Alcippe chrysotis*					3
雀形目 PASSERIFORMES	画眉科 Timaliidae	褐头雀鹛 *Alcippe cinereiceps*					1
雀形目 PASSERIFORMES	画眉科 Timaliidae	褐胁雀鹛 *Alcippe dubia*					3

目	科	种名	保护别	濒危级	CITES 附录	特有性	数据来源
雀形目 PASSERIFORMES	画眉科 Timaliidae	褐顶雀鹛 Alcippe brunnea					3
雀形目 PASSERIFORMES	画眉科 Timaliidae	灰眶雀鹛 Alcippe morrisonia					1
雀形目 PASSERIFORMES	画眉科 Timaliidae	白眶雀鹛 Alcippe nipalensis					3
雀形目 PASSERIFORMES	画眉科 Timaliidae	黑头奇鹛 Heterophasia melanoleuca					3
雀形目 PASSERIFORMES	画眉科 Timaliidae	丽色奇鹛 Heterophasia pulchella					3
雀形目 PASSERIFORMES	画眉科 Timaliidae	栗耳凤鹛 Yuhina castaniceps					1
雀形目 PASSERIFORMES	画眉科 Timaliidae	白领凤鹛 Yuhina diademata					1
雀形目 PASSERIFORMES	画眉科 Timaliidae	黑颏凤鹛 Yuhina nigrimenta					1
雀形目 PASSERIFORMES	鸦雀科 Paradoxornithidae	灰头鸦雀 Paradoxornis gularis					1
雀形目 PASSERIFORMES	鸦雀科 Paradoxornithidae	白眶鸦雀 Paradoxornis conspicillatus					3
雀形目 PASSERIFORMES	鸦雀科 Paradoxornithidae	棕头鸦雀 Paradoxornis webbianus					1
雀形目 PASSERIFORMES	鸦雀科 Paradoxornithidae	灰喉鸦雀 Paradoxornis alphonsianus					2
雀形目 PASSERIFORMES	鸦雀科 Paradoxornithidae	黄额鸦雀 Paradoxornis fulvifrons					3
雀形目 PASSERIFORMES	鸦雀科 Paradoxornithidae	黑喉鸦雀 Paradoxornis nipalensis					3
雀形目 PASSERIFORMES	鸦雀科 Paradoxornithidae	金色鸦雀 Paradoxornis verreauxi					3
雀形目 PASSERIFORMES	扇尾莺科 Cisticolidae	棕扇尾莺 Cisticola juncidis					3
雀形目 PASSERIFORMES	扇尾莺科 Cisticolidae	山鹪莺 Prinia crinigera					3
雀形目 PASSERIFORMES	扇尾莺科 Cisticolidae	灰胸山鹪莺 Prinia hodgsonii					3
雀形目 PASSERIFORMES	扇尾莺科 Cisticolidae	纯色山鹪莺 Prinia inornata					1
雀形目 PASSERIFORMES	莺科 Sylviidae	强脚树莺 Cettia fortipes					1
雀形目 PASSERIFORMES	莺科 Sylviidae	异色树莺 Cettia flavolivacea					3
雀形目 PASSERIFORMES	莺科 Sylviidae	黄腹树莺 Cettia acanthizoides					1
雀形目 PASSERIFORMES	莺科 Sylviidae	斑胸短翅莺 Bradypterus thoracicus					3
雀形目 PASSERIFORMES	莺科 Sylviidae	高山短翅莺 Bradypterus mandelli					3
雀形目 PASSERIFORMES	莺科 Sylviidae	棕褐短翅莺 Bradypterus luteoventris					3
雀形目 PASSERIFORMES	莺科 Sylviidae	黄腹柳莺 Phylloscopus affinis					1
雀形目 PASSERIFORMES	莺科 Sylviidae	棕腹柳莺 Phylloscopus subaffinis					3
雀形目 PASSERIFORMES	莺科 Sylviidae	棕眉柳莺 Phylloscopus armandii					3
雀形目 PASSERIFORMES	莺科 Sylviidae	淡黄腰柳莺 Phylloscopus chloronotus					3
雀形目 PASSERIFORMES	莺科 Sylviidae	黄腰柳莺 Phylloscopus proregulus					3
雀形目 PASSERIFORMES	莺科 Sylviidae	黄眉柳莺 Phylloscopus inornatus					3
雀形目 PASSERIFORMES	莺科 Sylviidae	暗绿柳莺 Phylloscopus trochiloides					1
雀形目 PASSERIFORMES	莺科 Sylviidae	乌嘴柳莺 Phylloscopus magnirostris					3
雀形目 PASSERIFORMES	莺科 Sylviidae	冕柳莺 Phylloscopus coronatus					3
雀形目 PASSERIFORMES	莺科 Sylviidae	冠纹柳莺 Phylloscopus reguloides					3
雀形目 PASSERIFORMES	莺科 Sylviidae	白斑尾柳莺 Phylloscopus davisoni					3
雀形目 PASSERIFORMES	莺科 Sylviidae	黑眉柳莺 Phylloscopus ricketti					3
雀形目 PASSERIFORMES	莺科 Sylviidae	金眶鹟莺 Seicercus burkii					1
雀形目 PASSERIFORMES	莺科 Sylviidae	比氏鹟莺 Seicercus valentini					2
雀形目 PASSERIFORMES	莺科 Sylviidae	栗头鹟莺 Seicercus castaniceps					1
雀形目 PASSERIFORMES	莺科 Sylviidae	棕脸鹟莺 Abroscopus albogularis					1
雀形目 PASSERIFORMES	绣眼鸟科 Zosteropidae	红胁绣眼鸟 Zosterops erythropleurus					2

续表

目	科	种名	保护别	濒危级	CITES附录	特有性	数据来源
雀形目 PASSERIFORMES	绣眼鸟科 Zosteropidae	暗绿绣眼鸟 Zosterops japonicus					1
雀形目 PASSERIFORMES	长尾山雀科 Aegithalidae	红头长尾山雀 Aegithalos concinnus					1
雀形目 PASSERIFORMES	山雀科 Paridae	煤山雀 Parus ater					3
雀形目 PASSERIFORMES	山雀科 Paridae	黑冠山雀 Parus rubidiventris					3
雀形目 PASSERIFORMES	山雀科 Paridae	黄腹山雀 Parus venustulus				+	1
雀形目 PASSERIFORMES	山雀科 Paridae	大山雀 Parus major					1
雀形目 PASSERIFORMES	山雀科 Paridae	绿背山雀 Parus monticolus					1
雀形目 PASSERIFORMES	山雀科 Paridae	黄眉林雀 Sylviparus modestus					1
雀形目 PASSERIFORMES	鸭科 Sittidae	普通鸭 Sitta europaea					1
雀形目 PASSERIFORMES	啄花鸟科 Dicaeidae	纯色啄花鸟 Dicaeum concolor					3
雀形目 PASSERIFORMES	花蜜鸟科 Nectariniidae	蓝喉太阳鸟 Aethopyga gouldiae					1
雀形目 PASSERIFORMES	花蜜鸟科 Nectariniidae	叉尾太阳鸟 Aethopyga christinae					1
雀形目 PASSERIFORMES	雀科 Passeridae	山麻雀 Passer rutilans					1
雀形目 PASSERIFORMES	雀科 Passeridae	麻雀 Passer montanus		近危			1
雀形目 PASSERIFORMES	梅花雀科 Estrildidae	白腰文鸟 Lonchura striata					1
雀形目 PASSERIFORMES	燕雀科 Fringillidae	燕雀 Fringilla montifringilla					1
雀形目 PASSERIFORMES	燕雀科 Fringillidae	普通朱雀 Carpodacus erythrinus					1
雀形目 PASSERIFORMES	燕雀科 Fringillidae	酒红朱雀 Carpodacus vinaceus				+	1
雀形目 PASSERIFORMES	燕雀科 Fringillidae	红交嘴雀 Loxia curvirostra					1
雀形目 PASSERIFORMES	燕雀科 Fringillidae	金翅雀 Carduelis sinica					1
雀形目 PASSERIFORMES	燕雀科 Fringillidae	黑尾蜡嘴雀 Eophona migratoria					3
雀形目 PASSERIFORMES	燕雀科 Fringillidae	长尾雀 Uragus sibiricus					3
雀形目 PASSERIFORMES	鹀科 Emberizidae	凤头鹀 Melophus lathami					3
雀形目 PASSERIFORMES	鹀科 Emberizidae	蓝鹀 Latoucheornis siemsseni				+	3
雀形目 PASSERIFORMES	鹀科 Emberizidae	灰眉岩鹀 Emberiza godlewskii					1
雀形目 PASSERIFORMES	鹀科 Emberizidae	戈氏岩鹀 Emberiza godlewskii					2
雀形目 PASSERIFORMES	鹀科 Emberizidae	三道眉草鹀 Emberiza cioides					1
雀形目 PASSERIFORMES	鹀科 Emberizidae	白眉鹀 Emberiza tristrami					3
雀形目 PASSERIFORMES	鹀科 Emberizidae	栗耳鹀 Emberiza fucata					1
雀形目 PASSERIFORMES	鹀科 Emberizidae	小鹀 Emberiza pusilla					1
雀形目 PASSERIFORMES	鹀科 Emberizidae	黄眉鹀 Emberiza chrysophrys					1
雀形目 PASSERIFORMES	鹀科 Emberizidae	黄喉鹀 Emberiza elegans					1
雀形目 PASSERIFORMES	鹀科 Emberizidae	灰头鹀 Emberiza spodocephala					3

注：1 为野外见到，2 为访问调查，3 为查阅文献，+表示是特有物种。

附表 5.3　重庆金佛山国家级自然保护区爬行动物名录

目	科	种名	保护级别	濒危等级	CITES附录	特有性	生态类型	数据来源
龟鳖目 TESTUDOFORMES	鳖科 TRIONYCHIDAE	鳖 Pelodiscus sinensis		易危	附录Ⅱ		水栖：底栖类型	3
龟鳖目 TESTUDOFORMES	龟科 EMYDIDAE	乌龟 Chinemys reevesii	市级	濒危	附录Ⅲ		水栖：静水类型	3
有鳞目 SQUAMATA	壁虎科 GEKKONIDAE	多疣壁虎 Gekko japonicus					陆栖：地上类型	3
有鳞目 SQUAMATA	壁虎科 GEKKONIDAE	蹼趾壁虎 Gekko subpalmatus					陆栖：地上类型	1
有鳞目 SQUAMATA	鬣蜥科 AGAMIDAE	丽纹龙蜥 Japalura splendida				+	陆栖：地上类型	3
有鳞目 SQUAMATA	蛇蜥科 ANGUIDAE	脆蛇蜥 Ophisaurus harti		易危			陆栖：地下类型	3

续表

目	科	种名	保护级别	濒危等级	CITES附录	特有性	生态类型	数据来源
有鳞目 SQUAMATA	蜥蜴科 LACERTIDAE	峨眉地蜥 *Platyplacopus intermedius*				+	陆栖：地上类型	1
有鳞目 SQUAMATA	蜥蜴科 LACERTIDAE	北草蜥 *Takydromus septentrionalis*				+	陆栖：地上类型	3
有鳞目 SQUAMATA	蜥蜴科 LACERTIDAE	白条草蜥 *Takydromus wolteri*					陆栖：地上类型	3
有鳞目 SQUAMATA	石龙子科 SCINCIDAE	中国石龙子 *Eumeces chinensis*				+	陆栖：地上类型	3
有鳞目 SQUAMATA	石龙子科 SCINCIDAE	蓝尾石龙子 *Eumeces elegans*				+	陆栖：地上类型	3
有鳞目 SQUAMATA	石龙子科 SCINCIDAE	铜蜓蜥 *Sphenomorphus indicus*					陆栖：地上类型	1
有鳞目 SQUAMATA	游蛇科 COLUBRIDAE	黑脊蛇 *Achalinus spinalis*					陆栖：地下类型	1
有鳞目 SQUAMATA	游蛇科 COLUBRIDAE	黑带腹链蛇 *Amphiesma bitaeniatum*		近危			半水栖类型	1
有鳞目 SQUAMATA	游蛇科 COLUBRIDAE	锈链腹链蛇 *Amphiesma craspedogaster*				+	半水栖类型	3
有鳞目 SQUAMATA	游蛇科 COLUBRIDAE	丽纹腹链蛇 *Amphiesma optatum*					半水栖类型	0
有鳞目 SQUAMATA	游蛇科 COLUBRIDAE	棕黑腹链蛇 *Amphiesma sauteri*				+	半水栖类型	3
有鳞目 SQUAMATA	游蛇科 COLUBRIDAE	翠青蛇 *Cyclophiops major*					陆栖：地上类型	3
有鳞目 SQUAMATA	游蛇科 COLUBRIDAE	赤链蛇 *Dinodon rufozonatum*					陆栖：地上类型	1
有鳞目 SQUAMATA	游蛇科 COLUBRIDAE	双斑锦蛇 *Elaphe bimaculata*				+	陆栖：地上类型	3
有鳞目 SQUAMATA	游蛇科 COLUBRIDAE	王锦蛇 *Elaphe carinata*		易危			陆栖：地上类型	3
有鳞目 SQUAMATA	游蛇科 COLUBRIDAE	玉斑锦蛇 *Elaphe mandarina*		易危			陆栖：地上类型	3
有鳞目 SQUAMATA	游蛇科 COLUBRIDAE	紫灰锦蛇 *Elaphe porphyracea*					陆栖：地上类型	3
有鳞目 SQUAMATA	游蛇科 COLUBRIDAE	黑眉锦蛇 *Elaphe taeniura*					陆栖：地上类型	3
有鳞目 SQUAMATA	游蛇科 COLUBRIDAE	双全白环蛇 *Lycodon fasciatus*					陆栖：地上类型	3
有鳞目 SQUAMATA	游蛇科 COLUBRIDAE	黑背白环蛇 *Lycodon ruhstrati*					陆栖：地上类型	3
有鳞目 SQUAMATA	游蛇科 COLUBRIDAE	中国小头蛇 *Oligodon chinensis*					陆栖：地上类型	3
有鳞目 SQUAMATA	游蛇科 COLUBRIDAE	平鳞钝头蛇 *Pareas boulengeri*				+	陆栖：地上类型	1
有鳞目 SQUAMATA	游蛇科 COLUBRIDAE	斜鳞蛇 *Pseudoxenodon macrops*					半水栖类型	3
有鳞目 SQUAMATA	游蛇科 COLUBRIDAE	滑鼠蛇 *Ptyas mucosus*		易危			半水栖类型	3
有鳞目 SQUAMATA	游蛇科 COLUBRIDAE	颈槽蛇 *Rhabdophis nuchalis*					陆栖：地上类型	3
有鳞目 SQUAMATA	游蛇科 COLUBRIDAE	虎斑颈槽蛇 *Rhabdophis tigrinus*					陆栖：地上类型	1
有鳞目 SQUAMATA	游蛇科 COLUBRIDAE	乌华游蛇 *Sinonatrix percarinata*					水栖：流溪类型	1
有鳞目 SQUAMATA	游蛇科 COLUBRIDAE	乌梢蛇 *Zaocys dhumnades*		易危			陆栖：地上类型	3
有鳞目 SQUAMATA	眼镜蛇科 ELAPIDAE	银环蛇 *Bungarus multicinctus*	市级	易危			陆栖：地上类型	3
有鳞目 SQUAMATA	蝰科 VIPERIDAE	白头蝰 *Azemiops feae*		易危			陆栖：地上类型	1
有鳞目 SQUAMATA	蝰科 VIPERIDAE	尖吻蝮 *Deinagkistrodon acutus*		易危			陆栖：地上类型	2
有鳞目 SQUAMATA	蝰科 VIPERIDAE	短尾蝮 *Gloydius brevicaudus*		易危			陆栖：地上类型	3
有鳞目 SQUAMATA	蝰科 VIPERIDAE	山烙铁头 *Ovophis monticola*		近危			陆栖：地上类型	1
有鳞目 SQUAMATA	蝰科 VIPERIDAE	菜花原矛头蝮 *Protobothrops jerdonii*					树栖类型	3
有鳞目 SQUAMATA	蝰科 VIPERIDAE	原矛头蝮 *Protobothrops mucrosquamatus*					陆栖：地上类型	2
有鳞目 SQUAMATA	蝰科 VIPERIDAE	竹叶青蛇 *Trimeresurus stejineeri*	市级				树栖类型	1

注：1 为野外见到，2 为访问调查，3 为查阅文献，+表示是特有物种。

附表 5.4　重庆金佛山国家级自然保护区两栖动物名录

目名	科名	种名	保护级别	濒危等级	CITES附录	特有性	生态类型	数据来源
有尾目 URODELA	小鲵科 Hynobiidae	黄斑拟小鲵 *Pseudohynobius flavomaculatus*		易危		+	陆栖静水型	3
有尾目 URODELA	小鲵科 Hynobiidae	金佛拟小鲵 *Pseudohynobius jinfo*				+	陆栖静水型	1
有尾目 URODELA	隐鳃鲵科 Cryptobranchidae	大鲵 *Andrias davidianus*	二级	极危	附录 I	+	陆栖流水型	2

续表

目名	科名	种名	保护级别	濒危等级	CITES附录	特有性	生态类型	数据来源
无尾目 ANURADUMERIL	角蟾科 Megophryidae	利川齿蟾 *Oreolalax lichuanensis*		近危		+	陆栖流水型	1
无尾目 ANURADUMERIL	角蟾科 Megophryidae	红点齿蟾 *Oreolalax rhodostigmatus*	市级	易危		+	陆栖流水型	1
无尾目 ANURADUMERIL	角蟾科 Megophryidae	峨山掌突蟾 *Paramegophrys oshanensis*				+	陆栖流水型	3
无尾目 ANURADUMERIL	角蟾科 Megophryidae	峨眉角蟾 *Megophrys omeimontis*		近危			陆栖流水型	3
无尾目 ANURADUMERIL	角蟾科 Megophryidae	棘指角蟾 *Megophrys spinata*					陆栖流水型	1
无尾目 ANURADUMERIL	角蟾科 Megophryidae	小角蟾 *Megophrys minor*					陆栖流水型	3
无尾目 ANURADUMERIL	蟾蜍科 Bufonidae	中华蟾蜍 *Bufo gargarizans*					陆栖静水型	1
无尾目 ANURADUMERIL	雨蛙科 Hylidae	华西雨蛙 *Hyla annectans*					树栖型	1
无尾目 ANURADUMERIL	树蛙科 Rhacophoridae	斑腿泛树蛙 *Polypedates megacephalus*					树栖型	1
无尾目 ANURADUMERIL	树蛙科 Rhacophoridae	峨眉树蛙 *Rhacophorus omeimontis*				+	树栖型	3
无尾目 ANURADUMERIL	树蛙科 Rhacophoridae	经甫树蛙 *Rhacophorus chenfui*				+	树栖型	1
无尾目 ANURADUMERIL	姬蛙科 Microhylidae	粗皮姬蛙 *Microhyla butleri*					陆栖静水型	3
无尾目 ANURADUMERIL	姬蛙科 Microhylidae	小弧斑姬蛙 *Microhyla heymonsi*					陆栖静水型	1
无尾目 ANURADUMERIL	姬蛙科 Microhylidae	饰纹姬蛙 *Microhyla ornata*					陆栖静水型	1
无尾目 ANURADUMERIL	姬蛙科 Microhylidae	四川狭口蛙 *Kaloula rugifera*				+	陆栖静水型	3
无尾目 ANURADUMERIL	蛙科 Raninae	峨眉林蛙 *Rana omeimontis*				+	陆栖静水型	1
无尾目 ANURADUMERIL	蛙科 Raninae	中国林蛙 *Rana chensinensis*				+	陆栖静水型	1
无尾目 ANURADUMERIL	蛙科 Raninae	湖北侧褶蛙 *Pelophylax hubeiensis*					陆栖静水型	3
无尾目 ANURADUMERIL	蛙科 Raninae	黑斑侧褶蛙 *Pelophylax nigromaculatus*		近危			陆栖静水型	1
无尾目 ANURADUMERIL	蛙科 Raninae	沼水蛙 *Hylarana guentheri*					陆栖静水型	1
无尾目 ANURADUMERIL	蛙科 Raninae	绿臭蛙 *Odorrana margaretae*				+	陆栖流水型	1
无尾目 ANURADUMERIL	蛙科 Raninae	花臭蛙 *Odorrana schmackeri*				+	陆栖流水型	1
无尾目 ANURADUMERIL	蛙科 Raninae	宜章臭蛙 *Odorrana yizhangensis*					陆栖流水型	3
无尾目 ANURADUMERIL	蛙科 Raninae	泽陆蛙 *Fejervarya multistriata*					陆栖静水型	1
无尾目 ANURADUMERIL	蛙科 Raninae	棘腹蛙 *paa boulengeri*		濒危		+	陆栖流水型	2
无尾目 ANURADUMERIL	蛙科 Raninae	棘胸蛙 *paa spinosa*		易危			陆栖静水型	3
无尾目 ANURADUMERIL	蛙科 Raninae	隆肛蛙 *Feirana quadranus*	市级	近危		+	陆栖静水型	1
无尾目 ANURADUMERIL	蛙科 Raninae	崇安湍蛙 *Amolops chunganensis*				+	陆栖流水型	1
无尾目 ANURADUMERIL	蛙科 Raninae	棘皮湍蛙 *Amolops granulosus*				+	陆栖流水型	3
无尾目 ANURADUMERIL	蛙科 Raninae	华南湍蛙 *Amolops ricketti*				+	陆栖流水型	1

注：1 为野外见到，2 为访问调查，3 为查阅文献，+表示是特有物种。

附表 5.5　重庆金佛山国家级自然保护区鱼类名录

目名	科名	种名	保护级别	濒危等级	CITES附录	长江上游特有种	数据来源
鲤形目 Cypriniformes	鲤科 Cyprinidae	马口鱼 *Opsariichthys bidens*		无危			1
鲤形目 Cypriniformes	鲤科 Cyprinidae	宽鳍鱲 *Zacco platypus*					1
鲤形目 Cypriniformes	鲤科 Cyprinidae	[鱼餐]*Hemiculter leucisculus*		无危			1
鲤形目 Cypriniformes	鲤科 Cyprinidae	彩石鳑鲏 *Rhodeus lighti*		无危		+	3
鲤形目 Cypriniformes	鲤科 Cyprinidae	云南光唇鱼 *Acrossocheilus yunnanensis*		无危		+	3
鲤形目 Cypriniformes	鲤科 Cyprinidae	粗须白甲鱼 *Onychostoma barbata*					3
鲤形目 Cypriniformes	鲤科 Cyprinidae	麦穗鱼 *Pseudorasbora parva*		无危		+	1
鲤形目 Cypriniformes	鲤科 Cyprinidae	鲤 *Cyprinus carpio*				+	2
鲤形目 Cypriniformes	鲤科 Cyprinidae	齐口裂腹鱼 *Schizothorax prenanti*					1

续表

目名	科名	种名	保护级别	濒危等级	CITES附录	长江上游特有种	数据来源
鲤形目 Cypriniformes	鲤科 Cyprinidae	鲫 *Carassius auratus*				+	2
鲤形目 Cypriniformes	鳅科 Cobitidae	泥鳅 *Misgurnus anguillicaudatus*		无危		+	1
鲤形目 Cypriniformes	爬鳅科 Balitoridae	四川爬岩鳅 *Beaufortia szechuanensis*					3
鲤形目 Cypriniformes	爬鳅科 Balitoridae	四川华吸鳅 *Sinogastromyzon szechuanensis*	市	无危			3
鲤形目 Cypriniformes	爬鳅科 Balitoridae	短体副鳅 *Paracobitis potanini*					3
鲤形目 Cypriniformes	爬鳅科 Balitoridae	红尾副鳅 *Paracobitis variegatus*					3
鲇形目 Siluriformes	鲇科 Siluridae	大口鲇 *Silurus meridionalis*		无危		+	2
鲇形目 Siluriformes	鲿科 Bagridae	黄颡鱼 *Pelteobagrus fulvidraco*				+	2
鲇形目 Siluriformes	鮡科 Sisoridae	中华纹胸鮡 *Glyptothorax sinensis*					3
鳉形目 Cyprinodontiformes	鳉科 Cyprinodontidae	中华青鳉 *Oryzias latipes*		无危			1
鳉形目 Cyprinodontiformes	胎鳉科 Poeciliidae	食蚊鱼 *Gambusia affinis*					1
合鳃鱼目 Synbgranchiformes	合鳃鱼科 Synbranchidae	黄鳝 *Monopterus albus*		无危		+	2
鲈形目 Perciformes	鰕虎鱼科 Gobiidae	子陵吻鰕虎鱼 *Rhinogobius giurinus*		无危			1

注：1 为野外见到，2 为访问调查，3 为查阅文献，+表示是特有物种。

大百合 *Cardiocrinum giganteum*

大叶火烧兰 *Epipactis mairei*

牛耳朵 *Chirita eburnea*

膀胱果 *Staphylea holocarpa*

多花蔷薇 *Rosa multiflora*

华中五味子 *Schisandra sphenanthera*

马桑 *Coriaria nepalensis*

卫矛 *Euonymus alatus*

三小叶碎米荠 *Cardamine trifoliolata*

火棘 *Pyracantha fortuneana*

香果树 *Emmenopterys henryi*

胡桃 *Juglans regia*

美脉花楸 *Sorbus caloneura*

大花万寿竹 *Disporum megalanthum*

附图 4　重庆金佛山国家级自然保护区动物图片

兽类

黑叶猴 *Trachypithecus francoisi*

藏酋猴 *Macaca thibetana*

猕猴 *Macaca mulatta*

林麝 *Moschus berezovskii*

小麂 *Muntiacus reevesi*

毛冠鹿 *Elaphodus cephalophus*

野猪 Sus scrofa

红颊长吻松鼠 Dremomys rufigenis

珀氏长吻松鼠 Dremomys pernyi

赤腹丽松鼠 Callosciurus erythraeus

两栖类

金佛拟小鲵 Pseudohynobius jinfo（金佛山模式物种）（自成都生物研究所曾晓茂）

红点齿蟾 Oreolalax rhodostigmatus

峨眉林蛙 Rana omeimontis

中国林蛙 Rana chensinensis

爬行类

丽纹龙蜥 *Japalura splendida*

峨眉地蜥 *Platyplacopus intermedius*

铜蜓蜥 *Sphenomorphus indicus*

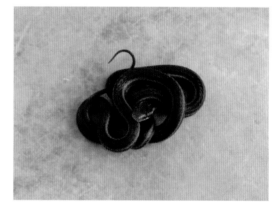

黑带腹链蛇 *Amphiesma bitaeniatum*（重庆新分布）

鸟类

小䴙䴘 *Tachybaptus ruficollis*

苍鹭 *Ardea cinerea*

白鹭 *Egretta garzetta*

池鹭 *Ardeola bacchus*

夜鹭 *Nycticorax nycticorax*

牛背鹭 *Bubulcus ibis*

白鹇 *Lophura nycthemera*

灰胸竹鸡 *Bambusicola thoracica*

环颈雉 *Phasianus colchicus*

红腹锦鸡 *Chrysolophus pictus*

蓝翡翠 *Halcyon pileata*

普通翠鸟 *Alcedo atthis*

冠鱼狗 *Megaceryle lugubris*

大拟啄木鸟 *Megalaima virens*

斑姬啄木鸟 *Picumnus innominatus*

灰头绿啄木鸟 *Picus canus*